포인트 공업수학

Advenced Industrial
Mathematics

장승준 · 이상덕 · 이민영 지음

KM 경문사

머리말

이 책은 이공계 학생과 그에 준하는 학생들이 수학 및 공학을 공부하는 데 필요한 미분방정식, 선형대수학, 복소함수론 등을 중심으로 필수적으로 알아야 할 수학의 기본적인 지식을 담은 책이다.

자연과학과 공학을 비롯하여 사회과학에서 수학이 차지하는 비중은 매우 크고 수학의 응용이라는 차원에서 매우 방대하다. 교육과정이 규격화 되어 있는 미분적분학, 미분방정식, 선형대수학 등과는 달리 공업수학의 교육과정은 교과과정에 따라 내용이 많이 달라진다. 그 내용은 모든 과학과 공학의 교육과정에 따라 여러 가지로 연관되어 있다.

대학교 1학년 과정에서 미분과 적분의 기초적 개념과 계산법을 아는 학생을 대상으로 현대 응용과학의 기본이 되고, 많이 사용되고 있는 미분방정식, 행렬과 행렬식, 그리고 복소수함수를 중심으로 교재를 편성하였다.

먼저 공업수학의 내용에서 주로 다루게 되는 미분방정식 분야에서는 일계 미분방정식에 대한 소개와 풀이법, 고계 선형미분방정식, 비동차 미분방정식, 라플라스 변환을 이용한 미분방정식의 풀이법에 대하여 서술하였다. 그리고 행렬과 행렬식을 소개하고 마지막으로 복소수, 복소수함수, 복소수적분에 대하여 자세히 설명하였다.

그리고 후반부에서는 복소수의 급수와 유수정리, 행렬과 연립미분방정식, 벡터해석 그리고 확률 및 통계에 대하여 설명하였다.

이 책의 특징은 다음과 같다.

- 이론을 매우 간결하고 쉽게 전개하였다.
- 직관을 통하여 새로운 내용에 대한 수학적 원리를 이해하기 쉽게 하였다.
- 학생들의 이해를 돕기 위하여 많은 문제와 예제를 삽입하였다.
- 절마다 난이도가 다른 예제를 수록하여 학생들의 개인차와 이해를 돕도록 하고 연습문제의 해답을 수록하여 활용할 수 있도록 하였다.
- 이 책에서 필요한 정리는 간결하게 설명하고, 증명이 어려우면 간단한 예제로서 설명하였다.
- 응용수학이나 공학에서 많이 쓰이는 미분방정식을 중점적으로 다루었다.

이 책이 나오기까지 여러 가지 격려와 협력을 아끼지 않으신 동료교수 여러분께 감사드리고, 교정을 보는데 도움을 준 학생들에게도 고마움을 표한다. 끝으로 도서출판 경문사 가족 여러분께도 감사드리며, 이 책이 여러 학생들에게 조금이라도 도움이 되기를 바란다.

2020년 2월

저자일동

차례

제1장
1계 미분방정식

1장에서는 미분방정식의 기본개념과 용어를 소개하고, 1계 미분방정식의 종류를 소개하고 미분과 적분을 이용하여 이에 대한 해를 구한다. 이 장에서의 미분방정식의 해를 구하기 위하여 1계 미분방정식의 종류를 구별하고, 몇 가지 종류의 미분방정식의 해를 구하는 방법에 대하여 공부한다.

1.1 서론

미분적분학에서 함수 $y=f(x)$의 도함수는

$$\frac{dy}{dx}=f'(x)$$

이고, 이 도함수도 마찬가지로 x에 대한 함수이다. 예를 들면 $y=e^{x^2}$의 도함수는 $y'=2xe^{x^2}$ 또는 $y'=2xy$이며, 역으로 부정적분을 하면 $y=e^{x^2}+C$이고 여기에서 C는 임의의 상수이다. 이것은 함수 $y=e^{x^2}$가 방정식 $y'-2xe^{x^2}=0$ 또는 $y'-2xy=0$의 해가 됨을 알 수 있다. 주어진 함수의 2계 도함수를 구하면

$$y''=2e^{x^2}+4x^2e^{x^2}=2e^{x^2}+2x(2xe^{x^2})=2y+2xy'$$

이므로

$$y''-2xy'-2y=0$$

이고 함수 $y=e^{x^2}$는 위의 방정식의 해가 된다. 미분방정식을 공부하는 것은 위와 같은 도함수를 포함하는 방정식이 주어졌을 때 그 방정식을 만족하는 함수를 찾는 것이다.

정의 1.1.1 하나 또는 그 이상의 독립변수에 대한, 하나 또는 그 이상의 종속변수의 도함수를 포함하는 방정식을 **미분방정식**이라 한다. 또한 이 미분방정식을 만족하는 함수 $y=f(x)$를 미분방정식의 **해**라 하고, 이 해를 구하는 것을 **미분방정식을 푼다**고 한다.

예 1.1.1 (1) 다음은 미분방정식의 예이다.

$$y''-2y'+y=0$$

$$\frac{dy}{dx}-\frac{2}{x}y=x^2\cos x$$

$$\frac{\partial^2 z}{\partial x^2} + \frac{\partial z}{\partial y} + e^{xy} = \sin(xy).$$

(2) 미분방정식 $y'' - 2y' + y = 0$에서 $y = e^x$와 $y = xe^x$는 각각 미분하여 대입하면 주어진 방정식을 만족하므로 두 함수는 주어진 미분방정식의 해가 되고, 또한 $y = e^x + xe^x$도 해가 된다.

(3) 함수 $y = \sin x$와 $y = \cos x$는 미분방정식 $y'' + y = 0$의 해이다. 또한 $y = \sin x + \cos x$도 주어진 방정식의 해가 된다.

정의 1.1.2 하나의 독립변수에 하나 또는 그 이상의 종속변수에 대한 도함수를 포함하는 미분방정식을 **상미분방정식**이라 하고, 두 개 이상의 독립변수에 대하여 하나 또는 그 이상의 종속변수의 편도함수를 포함하는 미분방정식을 **편미분방정식**이라 한다.

예 1.1.2 다음은 각각 상미분방정식과 편미분방정식의 예이다.

$$\frac{dy}{dx} + 2xy = e^x \qquad \frac{\partial u}{\partial x} + \frac{\partial v}{\partial y} = e^{xy}$$

$$\frac{du}{dx} + \frac{dv}{dx} = \sin x \qquad \frac{\partial^2 u}{\partial x^2} - \frac{\partial^2 v}{\partial y^2} = \tan(xy)$$

$$\frac{d^2y}{dx^2} + x\frac{dy}{dx} + y = x$$

(상미분 방정식) (편미분방정식)

정의 1.1.3 미분방정식에서 최고계의 도함수의 계수를 그 미분방정식의 계수라 한다.

예 1.1.3 미분방정식 $\dfrac{d^3y}{dx^3} + \dfrac{dy}{dx} = \sin x$는 3계 상미분방정식이고 $\dfrac{d^5y}{dx^5} + x\left(\dfrac{d^2y}{dx^2}\right)^4 + y = x$는 5계 미분방정식이다.

정의 1.1.4 $a_n(x),\ a_{n-1}(x),\ \cdots,\ a_0(x),\ f(x)$가 x에 대한 함수이고 $a_n(x) \neq 0$일 때

$$a_n(x)\frac{d^n y}{dx^n}+a_{n-1}(x)\frac{d^{n-1}y}{dx^{n-1}}+\cdots+a_1(x)\frac{dy}{dx}+a_0(x)y=f(x)$$

의 n계 상미분방정식을 **선형 미분방정식**이라 한다.

예 1.1.4 미분방정식 $\frac{d^3y}{dx^3}+\frac{dy}{dx}=\sin x$는 3계 선형 미분방정식이고 $e^x\frac{d^4y}{dx^4}+\cos x\frac{d^2y}{dx^2}+y=\tan x$는 4계 선형 미분방정식이다. 그러나 $\frac{d^2y}{dx^2}+\frac{dy}{dx}+\cos y=0$는 함수 y가 초월함수의 변수이고, $\frac{d^2y}{dx^2}+y\frac{dy}{dx}=x^2+x$는 y 와 $\frac{dy}{dx}$의 곱의 항이 있고, $\frac{d^2y}{dx^2}+\left(\frac{dy}{dx}\right)^2+y=x$는 $\left(\frac{dy}{dx}\right)^2$항이 있기 때문에 선형 미분방정식이 아니다.

주1 선형 미분방정식은 다음의 특성을 가지고 있다.

(1) $a_n(x),\ a_{n-1}(x),\ \cdots,\ a_0(x),\ f(x)$는 x에 대한 함수이다.

(2) y와 도함수 $y',\ \cdots,\ y^{(n)}$은 차수가 모두 1차이다.

(3) y와 도함수 $y',\ \cdots,\ y^{(n)}$은 서로 곱으로 표시되지 않고 초월함수의 변수로도 사용되지 않는다.

주2 미분방정식의 해를 구하는 것은 미분적분학에서의 부정적분과 유사하다. 예를 들면, 2계 미분방정식 $y''-e^x=0$을 만족하는 해는 먼저 y를 x에 대하여 두 번 적분하면 $y'=e^x+C_1$이므로 $y=e^x+C_1x+C_2$이며 여기에서 C_1과 C_2는 임의의 상수이다. 그러므로 다음과 같은 n계 미분방정식 해를 정의할 수 있다.

정의 1.1.5 n계 미분방정식

$$F(x\,;y,\ y',\ \cdots,\ y^{(n)})=0$$

의 해를 구하면 n 매개변수족 $G(x\,;y,c_1,\ \cdots,\ c_n)=0$을 구할 수 있다. 이 해를 주어진 미분방정식의 **일반해**라 하고, 임의의 매개변수로부터 자유인 해를 **특수해**라 한다.

예 1.1.5 (1) 미분방정식 $y'' - 2y' + y = 0$의 일반해는 $y = c_1 e^x + c_2 x e^x$이고 $y = e^x + \frac{1}{2} x e^x$는 특수해이다.

(2) $y'' = 4y$의 일반해는 $y = c_1 e^{2x} + c_2 e^{-2x}$이고 $y = -e^{2x} + 3e^{-2x}$는 특수해이다.

정의 1.1.6 실수 x_0를 포함하는 구간 I에서 다음의 초기조건

$$y(x_0) = \alpha_0,\ y'(x_0) = \alpha_1,\ \cdots,\ y^{(n-1)}(x_0) = \alpha_{n-1}$$

을 갖는 n계 미분방정식

$$\frac{d^n y}{dx^n} = f(x\,;y,\ y',\ \cdots,\ y^{(n)})$$

의 해를 구하는 문제를 **n계 초깃값 문제**라 한다.
여기에서 $\alpha_0,\ \cdots,\ \alpha_{n-1}$는 지정된 상수이다.

예 1.1.6 (1) 다음 초기조건을 갖는 미분방정식

$$\begin{cases} y' + y = 0 \\ y(0) = 1 \end{cases}$$

의 일반해는 $y = ce^{-x}$이고 초기조건을 대입하면 $c = 1$이므로 방정식을 만족하는 해는 $y = e^{-x}$이다.

(2) 초기조건을 갖는 미분방정식

$$\begin{cases} y'' + 2y' + y = 0 \\ y(0) = 1,\ y'(0) = 1 \end{cases}$$

의 일반해는 $y = c_1 e^x + c_2 x e^{-x}$이고 초기조건을 대입하면 $c_1 = 1$, $c_2 = 0$이므로 방정식을 만족하는 해는 $y = e^x$이다.

1.1 연습문제

[1-8] 주어진 미분방정식이 선형인지 아닌지를 구별하고 계수를 결정하여라.

01 $\frac{d^2y}{dt^2}+3\frac{dy}{dt}+y=0$

02 $y'+a_0(x)y=f(x)$

03 $\frac{dp}{dx}=ap-bp^2$

04 $y'=\frac{y}{x}$

05 $L\frac{di}{dt}+Ri=E(t)$

06 $2x^2y''+3xy'-y=0$

07 $y^2\frac{dx}{dy}+x=0$

08 $yy'''+y''-y'+15xy=0$

[9-12] 문제에서 주어진 함수가 주어진 방정식의 해임을 밝혀라.

09 $y'+2xy=0;\ y=e^{-x^2}$

10 $2xy'=3y;\ x^3-y^2=0$

11 $y''+2y'-3y=0;\ y=e^x+e^{-3x}$

12 $x^2y''+5xy'+4y=0;\ y=x^{-2}+x^{-2}\ln x,\ x>0$

[13-16] 문제에서 y 와 y'을 포함하는 미분방정식을 구하여라.

13 $y=e^{-2x}$

14 $y=\frac{1}{2}xe^x$

15 $y=\cos x$

16 $(x-1)^2+y^2=1$

1.2 변수분리형

미분방정식 중 가장 간단한 형태의 미분방정식에 대하여 알아보자.

정의 1.2.1 1계 미분방정식이 대수적 계산에 의하여

$$\frac{dy}{dx} = \frac{p(x)}{q(y)} \text{ 또는 } p(x)dx = q(y)dy$$

의 형식으로 쓸 수 있는 미분방정식을 **변수분리형**이라 한다.

위의 미분방정식 해를 구하면 $\frac{dy}{dx} = \frac{p(x)}{q(y)}$을 $p(x)dx = q(y)dy$으로 바꾸어 양변을 적분하면 $\int p(x)dx + C_1 = \int q(y)dy + C_2$이고 C_1과 C_2는 임의의 상수이므로 해는

$$\int p(x)dx = \int q(y)dy + C.$$

예 1.2.1 미분방정식 $\frac{dy}{dx} = \frac{y}{1-x}$의 해를 구하여라.

풀이 방정식 $\frac{dy}{dx} = \frac{y}{1-x}$는 변수분리형이므로, 변형하면 $(1-x)dy = y\,dx$이고 양변에 $\frac{1}{(1-x)y}$를 곱하면 $\frac{1}{y}dy = \frac{1}{1-x}dx$이다. 이 방정식을 각 변수 x, y에 대하여 적분하면

$$\int \frac{1}{y}dy = \int \frac{1}{1-x}dx$$

이므로 $\ln y = -\ln(1-x) + C$이다. 이 식을 간단히 정리하면 $\ln y(1-x) = C$이므로 일반해는

$$y(1-x) = e^C \text{ 또는 } y = \frac{1}{(1-x)}e^C. \qquad \blacksquare$$

예 1.2.2 미분방정식 $y' = \dfrac{3y+1}{x^2}$의 해를 구하여라.

풀이 방정식 $y' = \dfrac{3y+1}{x^2}$을 정리하면 $\dfrac{1}{3y+1}dy = \dfrac{1}{x^2}dx$이 되어 변수분리형이므로 양변을 적분하면

$$\int \frac{1}{3y+1}dy = \int \frac{1}{x^2}dx$$

이므로 일반해는 $\dfrac{1}{3}\ln(3y+1) = -\dfrac{1}{x} + C$이고 정리하면

$$y = \frac{1}{3}e^{-\frac{3}{x}+3C} - \frac{1}{3}. \qquad \blacksquare$$

예 1.2.3 방정식 $e^x y\dfrac{dy}{dx} = e^{-y} + e^{-2x-y}$의 해를 구하여라.

풀이 방정식 $e^x y\dfrac{dy}{dx} = e^{-y} + e^{-2x-y}$은 $e^x y dy = e^{-y}(1+e^{-2x})dx$의 형태로 바꿀 수 있으므로 변수분리형이다. 정리하면 $ye^y dy = (e^{-x} + e^{-3x})dx$이 되고 양변을 적분하면

$$\int ye^y dy = \int (e^{-x} + e^{-3x})dx$$

이고 일반해는

$$ye^y - e^y = -e^{-x} - \frac{1}{3}e^{-3x} + C. \qquad \blacksquare$$

예 1.2.4 초깃값 문제

$$\begin{cases} (e^{2y} - y)\cos x \dfrac{dy}{dx} = e^y \sin 2x \\ y(0) = 0 \end{cases}$$

의 해를 구하여라.

풀이 주어진 방정식을 변수를 분리하여 정리하면 다음과 같다.

$$\frac{(e^{2y} - y)}{e^y}dy = \frac{\sin 2x}{\cos x}dx = \frac{2\sin x \cos x}{\cos x}dx = 2\sin x dx$$

양변을 적분하면

$$\int \frac{(e^{2y} - y)}{e^y}dy = \int 2\sin x dx$$

따라서 일반해는

$$e^y + ye^{-y} + e^{-y} = -2\cos x + C$$

이다. 이것에 초깃값을 대입하면 $C = 4$이므로 주어진 방정식의 해는

$$e^y + ye^{-y} + e^{-y} = -2\cos x + 4. \qquad \blacksquare$$

1.2 연습문제

[1-13] 변수분리법을 이용하여 주어진 미분방정식을 풀어라.

01 $2ydx = 3xdy$

02 $y' = -\frac{x}{y},\ y(1) = 3$

03 $y' = \frac{y^2 - 1}{x^2 - 1}$

04 $\sec^2 x dy + \mathrm{cosec}\, y dx = 0$

05 $\frac{dp}{dt} = ap - bp^2$ (a, b는 상수)

06 $\frac{dN}{dt} + N = Nte^{t+2},\ N(1) = 1$

07 $(xy + x)dx - (x^2y^2 + x^2 + y^2 + 1)dy = 0$

08 $(1 + \ln x)dx + (1 + \ln y)dy = 0$

09 $2yy' - 1 = 2x,\ y(0) = 3$

10 $(y + 1)dy - y\ln x dx = 0$

11 $\frac{dy}{dx} = \frac{\sec^2 y}{1 + x^2}$

12 $y^{-1}dy + ye^{\cos x}\sin x dx = 0$

13 $x\frac{dv}{dx} = \frac{1 - 4v^2}{3v}$

1.3 동차형 미분방정식

정의 1.3.1 이변수함수 $z = f(x,\ y)$가 임의의 실수 t에 대하여

$$f(tx,\ ty) = t^n f(x,\ y)$$

이 성립할 때 이 함수 f를 n차 **동차함수**라 한다.

예 1.3.1 (1) $f(x,\ y) = x^2 + y^2 + xy$는 임의의 상수 t에 대하여

$$\begin{aligned} f(tx,\ ty) &= (tx)^2 + (ty)^2 + (tx)(ty) \\ &= t^2(x^2 + y^2 + xy) \\ &= t^2 f(x,\ y) \end{aligned}$$

이 성립하므로 2차 동차함수이고, 또한 이변수함수 $g(x,\ y) = \sqrt{x^5 - 2y^5}$ 도

$$\begin{aligned} g(tx,\ ty) &= \sqrt{(tx)^5 - 2(ty)^5} \\ &= \sqrt{t^5x^5 - 2t^5y^5} \\ &= t^{5/2}\sqrt{x^5 - 2y^5} \\ &= t^{5/2} g(x,\ y) \end{aligned}$$

이 성립하므로 5/2차 동차함수이다.

(2) $f(x,\ y) = x^2 + y^2 - 5$는 상수항 5가 있어 동차가 아니고 $g(x,\ y) = \sin(x^2 + y^2)$는 x와 y가 $\sin$함수의 변수이므로 동차함수가 아니다.

정의 1.3.2 미분형태를 가진 1계 미분방정식

$$M(x,\ y)dx + N(x,\ y)dy = 0$$

에서 이변수함수 $M(x,\ y)$, $N(x,\ y)$가 같은 차수의 동차함수일 때 주어진 미분방정식을 **동차 미분방정식**이라 한다.

예 1.3.2 다음은 동차 미분방정식의 예이다.

(1) $(x^4+y^4)dx+2x^3ydy=0$: 4차 동차 미분방정식

(2) $-ydx+(x+\sqrt{xy})dy=0$: 1차 동차 미분방정식

(3) $(x+ye^{y/x})dx-xe^{y/x}dy=0$: 1차 동차 미분방정식

주1 이변수함수 $z=f(x,\ y)$가 n차 동차함수이면 임의의 t에 대하여 $f(tx,\ ty)=t^n f(x,\ y)$이고 $t=\dfrac{1}{x}$로 놓으면 $f\left(1,\ \dfrac{y}{x}\right)=\dfrac{1}{x^n}f\ (x,\ y)$이므로 $f(x,\ y)=x^n f\left(1,\ \dfrac{y}{x}\right)$이다. 같은 방법으로 $t=\dfrac{1}{y}$로 놓으면 $f(x,\ y)=y^n f\left(\dfrac{x}{y},\ 1\right)$이 성립한다.

정리 1.3.3 **(동차 미분방정식의 해)**

n차 동차 미분방정식

$$M(x,\ y)dx+N(x,\ y)dy=0$$

에서 $y=vx$, 즉 $v=\dfrac{y}{x}$로 치환하면

$$x^n M\left(1,\ \frac{y}{x}\right)dx+x^n N\left(1,\ \frac{y}{x}\right)dy=0$$

$$\frac{dy}{dx}=-\frac{M\left(1,\ \frac{x}{y}\right)}{N\left(1,\ \frac{x}{y}\right)}=-\frac{M(1,\ v)}{N(1,\ v)}\equiv F(v)$$

이고

$$dy=vdx+xdv,\quad \frac{dy}{dx}=x\frac{dv}{dx}+v$$

이므로 주어진 방정식은

$$x\frac{dv}{dx}+v=F(v)$$

이다. 정리하면

$$xdv=(F(v)-v)dx$$

$$\frac{1}{(F(v)-v)}dv=\frac{1}{x}dx$$

이고 주어진 방정식은 x와 v의 변수분리형이므로 해를 구할 수 있다.

예 1.3.3 미분방정식 $(x^4+y^4)dx+2x^3ydy=0$의 해를 구하여라.

풀이 $M(x,\,y)=x^4+y^4$와 $N(x,\,y)=2x^3y$는 4차 동차함수이므로 $y=vx$라 하면 $dy=vdx+xdv$이고 주어진 방정식에 대입하면 다음과 같다.

$$(x^4+(vx)^4)\,dx+2x^3(vx)\,(v\,dx+x\,dv)=0$$

$$(v^4+2v^2+1)dx+2xv\,dv=0$$

$$\frac{1}{x}dx+\frac{2v}{(v^2+1)^2}\,dv=0$$

따라서 주어진 방정식은 변수분리형이므로 양변을 적분하면

$$\int\frac{1}{x}\,dx+\int\frac{2v}{(v^2+1)^2}\,dv=C.$$

그러므로 $\ln x-\dfrac{1}{1+v^2}=C$이고 $v=\dfrac{y}{x}$를 대입하여 정리하면 다음과 같은 일반해를 구할 수 있다.

$$\ln x-\frac{x^2}{x^2+y^2}=C \quad \text{또는} \quad (x^2+y^2)\ln x-x^2=C(x^2+y^2).$$ ■

예 1.3.4 미분방정식 $x\dfrac{dy}{dx}=y+xe^{\frac{y}{x}}$를 구하여라.

풀이 양변을 x로 나누고 dx로 곱하여 정리하면

$$\left(\frac{y}{x}+e^{\frac{y}{x}}\right)dx-dy=0 \quad \text{또는} \quad \left(\frac{y}{x}+e^{\frac{y}{x}}\right)dx=dy$$

이고 $M(x,\,y)=\dfrac{y}{x}+e^{\frac{y}{x}}$와 $N(x,\,y)=-1$은 동차함수이므로 주어진 방정식은 동차방정식이다. 그러므로 $y=vx$로 놓으면 $dy=vdx+xdv$이므로 이것을 위의 식에 대입하면

$$(v+e^v)dx=xdv+vdx$$

이다. 정리하면

$$e^{-v}dv=\frac{1}{x}dx$$

이고 변수분리형이므로 양변을 적분하면

$$\int e^{-v} dv = \int \frac{1}{x} dx.$$

따라서 구하는 해는 $\ln x = -e^{-v} + C$이고 $v = \frac{y}{x}$를 대입하면 일반해는

$$\ln x = -e^{-\frac{y}{x}} + C. \quad \blacksquare$$

다음 문제처럼 동차방정식을 풀 때, $y = vx$로 치환했을 때 적분이 어려운 경우, $x = vy$로 치환하면 주어진 동차방정식의 해를 쉽게 구할 수 있다.

예 1.3.5 방정식 $2x^3 y dx + (x^4 + y^4) dy = 0$의 해를 구하여라.

풀이 주어진 방정식은 동차방정식이므로 $y = vx$라 하면

$$dy = vdx + xdv$$

이고 주어진 방정식에 대입하면 다음과 같다.

$$\begin{aligned} 2x^3(vx)dx + (x^4 + (vx)^4)(vdx + xdv) &= 0 \\ (v^5 + 3v)dx + (1 + v^4)xdv &= 0 \\ \frac{1}{x}dx + \frac{v^4 + 1}{v^5 + 3v}dv &= 0 \end{aligned}$$

따라서 주어진 방정식은 변수분리형이다. 그러나 여기에서 두 번째 항의 적분은 쉽지 않다. 그러므로 변환을 $x = vy$라 하면

$$dx = vdy + ydv$$

이고 주어진 방정식에 대입하면 다음과 같다.

$$2v^3 y^4 (vdy + ydv) + (v^4 y^4 + y^4) dy = 0$$

정리하면

$$\frac{2v^3}{3v^4 + 1} dv + \frac{1}{y} dy = 0.$$

따라서 주어진 방정식은 변수분리형이고 양변을 적분하면

$$\frac{1}{6} \ln(3v^4 + 1) + \ln|y| = \ln|C|.$$

이것을 정리하면 일반해는

$$3x^4 y^2 + y^6 = C' \quad (\text{단 } C' = C^6). \quad \blacksquare$$

1.3 연습문제

[1-5] 주어진 함수가 동차인지 구별하여라.

01 $x^2+2xy+\dfrac{y^3}{x}$

02 $\dfrac{xy}{x^2+\sqrt{x^4+x^3y}}$

03 $\sin\left(\dfrac{y}{x+y}\right)$

04 $(x^{-1}+y^{-1})^2$

05 $(x+y+1)^2$

[6-17] 적당한 치환을 사용하여 주어진 방정식의 해를 구하여라.

06 $(x-y)dx+xdy=0$

07 $xdx+(y-2x)dy=0$

08 $(y^2+yx)dx-x^2dy=0$

09 $\dfrac{dy}{dx}=\dfrac{y-x}{y+x}$

10 $-ydx+(x+\sqrt{xy})dy=0$

11 $2x^2ydx=(3x^3+y^3)dy$

12 $\dfrac{dy}{dx}=\dfrac{y}{x}+\dfrac{x}{y}$

13 $y\dfrac{dx}{dy}=x+4ye^{-\frac{2x}{y}}$

14 $\left(y+x\cot\dfrac{y}{x}\right)dx-xdy=0$

15 $(x^2+xy-y^2)dx+xydy=0$

16 $(x+\sqrt{xy})\dfrac{dy}{dx}+x-y=x^{-1/2}y^{3/2},\ y(1)=1$

17 $y^2dx+(x^2+xy+y^2)dy=0,\ y(0)=1$

1.4 완전 미분방정식

미분적분학에서 이변수함수 $z=f(x,\ y)$가 xy-평면상의 영역에서 연속인 1계 편도함수를 가질 때 함수 f의 **전미분**은

$$df=\frac{\partial f}{\partial x}dx+\frac{\partial f}{\partial y}dy$$

이다. 예를 들면, 함수 $f(x,\ y)=x^2y$의 전미분은 $df=2xydx+x^2dy$이다. 만일 $f(x,\ y)=c$이면 위의 식은

$$\frac{\partial f}{\partial x}dx+\frac{\partial f}{\partial y}dy=0$$

이다. 즉, 곡선족 $f(x,\ y)=c$가 주어지면, 이것의 전미분을 계산함으로써 1계 미분방정식을 얻어낼 수 있다.

예 1.4.1 이변수함수 $f(x,\ y)=x^3+y^3+xy$에서 전미분은

$$df=\frac{\partial f}{\partial x}dx+\frac{\partial f}{\partial y}dy=(3x^2+y)dx+(3y^2+x)dy$$

이다. 역으로 곡선족 $(3x^2+y)dx+(3y^2+x)dy=C$는 $f(x,\ y)=x^3+y^3+xy$의 전미분형태이다.

정의 1.4.1 미분식 $M(x,\ y)dx+N(x,\ y)dy$가 어떤 함수 $f(x,\ y)$의 전미분으로 표현된다면, 즉 $\frac{\partial f}{\partial x}=M$이고 $\frac{\partial f}{\partial y}=N$을 만족할 때 주어진 미분식을 **완전 미분식**이라 하고, 완전 미분식에 대응하는 1계 미분방정식

$$M(x,\ y)dx+N(x,\ y)dy=0$$

을 **완전 미분방정식**이라 한다.

예 1.4.2 방정식 $2xydx+x^2dy=0$이 완전 미분방정식인지 결정하여라.

풀이 이변수함수 $f(x,\ y) = x^2y$의 1계 편도함수는 $\dfrac{\partial f}{\partial x} = 2xy,\ \dfrac{\partial f}{\partial y} = x^2$이므로, 좌변의 미분식은 함수 f의 전미분 df에 대응한다. 따라서 주어진 방정식은 완전 미분방정식이다. ■

위의 예는 완전 미분방정식임을 쉽게 판정할 수 있으나 실제로 완전 미분방정식에 대응하는 함수 f를 구하는 것은 쉽지 않다. 예를 들면

$$(\cos x \sin x - xy^2)dx + y(1-x^2)dy = 0$$

은 완전 미분방정식인지 아닌지 쉽게 구별할 수 없다. 다음 정리는 주어진 미분방정식이 완전 미분방정식인지 판단하는 데 유용하게 사용된다.

정리 1.4.2 **완전 미분방정식의 판정**

함수 $M(x,\ y)$, $N(x,\ y)$가 단순폐곡선으로 둘러싸인 영역 D 안에서 연속이고 1계 편도함수를 가진다고 하자. 미분식

$$M(x,\ y)dx + N(x,\ y)dy$$

가 완전 미분식이 될 필요충분조건은 영역 D안에서 다음 조건이 성립하는 것이다.

$$\frac{\partial M}{\partial y} = \frac{\partial N}{\partial x}$$

예 1.4.3 미분방정식 $2x\sin 3y dx + (3x^2\cos 3y + 2y)dy = 0$이 완전 미분방정식인지를 결정하여라.

풀이 $M(x,\ y) = 2x\sin 3y,\ N(x,\ y) = 3x^2\cos 3y + 2y$라 하면

$$\frac{\partial M}{\partial y} = 6x\cos 3y = \frac{\partial N}{\partial x}$$

이 성립하므로 주어진 방정식은 완전 미분방정식이다. ■

정리 1.4.3 **완전 미분방정식의 풀이법**

$M(x,\ y)dx + N(x,\ y)dy = 0$이 완전 미분방정식이면 다음이 성립한다.

$$\frac{\partial M}{\partial y} = \frac{\partial N}{\partial x}.$$

이것은 완전 미분방정식이므로 함수 $f(x,\ y)$가 존재하여

$$df = M(x,\ y)dx + N(x,\ y)dy = \frac{\partial f}{\partial x}dx + \frac{\partial f}{\partial y}dy$$

을 만족한다. 여기에서 $\partial f/\partial x = M(x,\ y)$이므로 $M(x,\ y)$을 x에 대하여 적분하면

$$f(x,\ y) = \int M(x,\ y)dx + g(y)$$

이고 여기에서 적분은 x에 대한 적분이므로 함수 $g(y)$는 적분상수이다. 또한 $\frac{\partial f}{\partial y} = N(x,\ y)$이므로 위의 f를 y에 대하여 편미분하면

$$\frac{\partial f}{\partial y} = \frac{\partial}{\partial y}\left(\int M(x,\ y)dx\right) + g'(y) = N(x,\ y)$$

이며,

$$g'(y) = N(x,\ y) - \frac{\partial}{\partial y}\left(\int M(x,\ y)dx\right)$$

이다. 이것을 y에 대하여 적분하고 위의 $f(x,\ y)$에 대입하면 주어진 방정식의 해 $f(x,\ y) = c$를 얻는다.

예 1.4.4 방정식 $(3x^2 + 4xy)dx + (2x^2 + 2y)dy = 0$의 일반해를 구하여라.

풀이 $M(x,\ y) = 3x^2 + 4xy,\ N(x,\ y) = 2x^2 + 2y$이면

$$\frac{\partial M}{\partial y} = 4x = \frac{\partial N}{\partial x}$$

이므로 완전 미분방정식이다. 그러므로 $\frac{\partial f}{\partial x} = M,\ \frac{\partial f}{\partial y} = N$을 만족하는 함수 f가 존재한다. 따라서

$$f(x,\ y) = \int^x M(x,\ y)dx + g(y) = \int^x (3x^2 + 4xy)dx + g(y)$$
$$= x^3 + 2x^2y + g(y)$$

이다. 여기에서 $\frac{\partial f}{\partial y} = N(x,\ y)$이므로 위의 식을 y에 대하여 편미분하면

$$\frac{\partial f}{\partial y} = 2x^2 + g'(y) = 2x^2 + 2y$$

가 되어 $g'(y) = 2y$이고 이것을 다시 적분하면 $g(y) = y^2 + C$이다. 이것을 $f(x,\ y)$

에 대입하면

$$f(x,\ y)=x^3+2x^2y+y^2+C.$$

따라서 일반해는 $x^3+2x^2y+y^2+C=0$ 또는 $x^3+2x^2y+y^2=C$이다. ■

예 1.4.5 방정식$(2x\cos y+3x^2y)dx+(x^3-x^2\sin y-y)dy=0$의 일반해를 구하여라.

풀이 $M(x,\ y)=2x\cos y+3x^2y,\ N(x,\ y)=x^3-x^2\sin y-y$이라 하면

$$\frac{\partial M}{\partial y}=-2x\sin y+3x^2=\frac{\partial N}{\partial x}$$

이므로 완전 미분방정식이다. 그러므로 $\frac{\partial f}{\partial x}=M(x,\ y),\ \frac{\partial f}{\partial y}=N(x,\ y)$을 만족하는 함수 f가 존재한다. 따라서

$$\begin{aligned}f(x,\ y)&=\int^x M(x,\ y)dx+g(y)\\&=\int^x(2x\cos y+3x^2y)dx+g(y)\\&=x^2\cos y+x^3y+g(y)\end{aligned}$$

이다. 여기에서 $\frac{\partial f}{\partial y}=N(x,\ y)$이므로 위의 식을 y에 대하여 편미분하면

$$\frac{\partial f}{\partial y}=-x^2\sin y+x^3+g'(y)=x^3-x^2\sin y-y$$

가 되어 $g'(y)=-y$이고 이것을 다시 적분하면 $g(y)=-\frac{1}{2}y^2+C$이다. 이것을 $f(x,\ y)$에 대입하면

$$f(x,\ y)=x^2\cos y+x^3y-\frac{y^2}{2}+C$$

이다. 따라서 일반해는 $x^2\cos y+x^3y-\frac{y^2}{2}+C=0$ 또는 $x^2\cos y+x^3y-\frac{y^2}{2}=C$이다. ■

주1 주어진 미분방정식이 완전 미분방정식이면 다음과 같은 **그룹식 방법**을 이용하여 구할 수 있다. 위의 예제 1.4.4에서 $(3x^2+4xy)dx+(2x^2+2y)dy=0$은 완전 미분방정식이다.

이것을 풀면 $3x^2dx+(4xydx+2x^2dy)+2ydy=0$이고

$$d(x^3)+d(2x^2y)+d(y^2)=d(C)$$

이다. 다른 방법으로 나타내면

$$d(x^3+2x^2y+y^2)=d(C)$$

이다. 양변을 적분하면 다음 해를 구할 수 있다.

$$x^3+2x^2y+y^2=C$$

예제 1.4.5의 문제도 다음과 같이 그룹식 방법을 이용하면

$$(2x\cos y dx - x^2\sin y dy)+(3x^2y dx + x^3 dy) - y dy = 0$$

이다. 다른 방법으로 나타내면

$$d(x^2\cos y)+d(x^3y)-d\left(\frac{y^2}{2}\right)=d(C).$$

양변을 적분하면

$$x^2\cos y + x^3y - \frac{y^2}{2} = C.$$

미분방정식 $(3y+4xy^2)dx+(2x+3x^2y)dy=0$은 완전 미분방정식이 아니다. 그러나 양변에 $\mu(x,\ y)=x^2y$를 양변에 곱하면

$$(3x^2y^2+4x^3y^3)dx+(2x^3y+3x^4y^2)dy=0$$

이고 $\dfrac{\partial M}{\partial y}=\dfrac{\partial N}{\partial x}$이므로 완전 미분방정식이다. 따라서 위의 방법으로 일반해를 구할 수 있다.

정의 1.4.4 미분방정식 $M(x,\ y)dx+N(x,\ y)dy=0$가 완전 미분방정식이 아닐 때 함수 $\mu(x,\ y)$가 존재하여

$$\mu(x,\ y)M(x,\ y)dx+\mu(x,\ y)N(x,\ y)dy=0$$

이 완전 미분방정식이면 $\mu(x,\ y)$를 주어진 미분방정식의 **적분인자**라 한다.

적분인자를 구하는 것은 미분방정식에서 매우 중요하다. 여기서는 두 가지의 적분인자를 구하는 방법에 대하여 알아본다. 방정식 $M(x,\ y)dx+N(x,\ y)dy=0$이 완전 미분방정식이 아닐 때 적분인자 $\mu\equiv\mu(x,\ y)$가 존재하여 양변에 곱한 식

$$\mu(x,\ y)M(x,\ y)dx+\mu(x,\ y)N(x,\ y)dy=0$$

이 완전 미분방정식이라고 하자. 그러면

$$\frac{\partial}{\partial y}(\mu M)=\frac{\partial}{\partial x}(\mu N).$$

양변을 편미분하여 정리하면

$$\mu\left(\frac{\partial M}{\partial y}-\frac{\partial N}{\partial x}\right)=N\frac{\partial \mu}{\partial x}-M\frac{\partial \mu}{\partial y}$$

이다. 적분인자를 구하기 위하여 이 식을 풀어야하는데 매우 복잡하고 일반적인 방법이 없다. 따라서 적분인자가 특별한 경우에 대하여 알아보자.

적분인자 $\mu \equiv \mu(x)$가 x 만의 함수라 하면 위의 식에서 $\frac{\partial \mu}{\partial y}=0$이고 $\frac{\partial \mu}{\partial x}=\frac{d\mu}{dx}$이므로 위의 마지막 식에 대입하여 정리하면

$$\frac{1}{\mu}\frac{d\mu}{dx}=\frac{1}{N}\left(\frac{\partial M}{\partial y}-\frac{\partial N}{\partial x}\right).$$

여기에서 좌변이 x만의 함수이므로 우변도 x만의 함수이다. 양변을 x에 대하여 적분하면

$$\ln\mu=\int\frac{1}{N}\left(\frac{\partial M}{\partial y}-\frac{\partial N}{\partial x}\right)dx.$$

그러므로 적분인자는 다음과 같다.

$$\mu=e^{\int\frac{1}{N}\left(\frac{\partial M}{\partial y}-\frac{\partial N}{\partial x}\right)dx}.$$

따라서 μ가 x의 함수이면 $\left(\frac{\partial M}{\partial y}-\frac{\partial N}{\partial x}\right)\Big/N$도 x 만의 함수라는 것을 알 수 있으므로 주어진 문제에서 $\left(\frac{\partial M}{\partial y}-\frac{\partial N}{\partial x}\right)\Big/N$가 x 에 대한 함수인지를 조사한다.

마찬가지로, 적분인자 $\mu=\mu(y)$가 y 만의 함수라 하면 위의 식에서 $\frac{\partial \mu}{\partial x}=0$이고 $\frac{\partial \mu}{\partial y}=\frac{d\mu}{dy}$이므로 대입하여 정리하면

$$\frac{1}{\mu}\frac{d\mu}{dy}=\frac{1}{M}\left(\frac{\partial N}{\partial x}-\frac{\partial M}{\partial y}\right)$$

이고, 이 함수는 y 만의 함수이므로 정리하여 적분하면 다음 적분인자를 구할 수 있다.

$$\mu=e^{\int\frac{1}{M}\left(\frac{\partial N}{\partial x}-\frac{\partial M}{\partial y}\right)dy}.$$

따라서 μ가 y의 함수이면 $\left(\frac{\partial N}{\partial x}-\frac{\partial M}{\partial y}\right)\Big/M$도 y만의 함수라는 것을 알 수 있으므로 주어진 문제에서 $\left(\frac{\partial N}{\partial x}-\frac{\partial M}{\partial y}\right)\Big/M$가 y에 대한 함수인지를 조사한다.

예 1.4.6 방정식 $(x^2+y^2+1)dx-(xy+y)dy=0$은 완전 미분방정식이 아니다. 함수 μ가 주어진 방정식의 적분인자라 하면, $M=x^2+y^2+1$, $N=-(xy+y)$이므로

$$\frac{\partial M}{\partial y}-\frac{\partial N}{\partial x}=3y,$$
$$\frac{1}{N}\left(\frac{\partial M}{\partial y}-\frac{\partial N}{\partial x}\right)=-\frac{3}{x+1}$$

이다. 그러므로 적분인자는 다음과 같다.

$$\mu(x)=e^{\int\frac{1}{N}\left(\frac{\partial M}{\partial y}-\frac{\partial N}{\partial x}\right)dx}=e^{-3\ln(x+1)}=\frac{1}{(x+1)^3}.$$

1.4 연습문제

[1-10] 다음 미분방정식이 완전 미분방정식인지를 판정하고 완전 미분방정식이면 해를 구하여라.

01 $(3x^2-6xy)dx-(3x^2+2y)dy=0$

02 $2xt\,dx+(x^2-1)dt=0$

03 $(y-x^3)dx+xdy=0$

04 $\cos y dx-(x\sin y-y^2)dy=0$

05 $(\cos\theta\sin\theta-\theta r^2)d\theta+r(1-\theta^2)dr=0$

06 $(2u-e^{3v})du-3(ue^{3v}-\cos 3v)dv=0$

07 $(\tan x-\sin x\sin y)dx+\cos x\cos y dy=0$

08 $(x+y)dx+(y-x)dy=0,\ y(1)=1$

09 $(3x^2y+8xy^2)dx+(x^3+8x^2y+12y^2)dy=0,\ y(0)=1$

10 $\sin x\cos y dx+\cos x\sin y dy=0,\ y\left(\frac{\pi}{4}\right)=\frac{\pi}{4}$

[11-12] 주어진 방정식이 완전 미분방정식이기 위한 상수 A를 구하고 방정식의 해를 구하여라.

11 $3y(x^2+y)dx+x(x^2+Ay)dy=0$

12 $(Ax\cos y+3x^2y)dx-(y+x^2\sin y-x^3)dy=0$

[13-15] 주어진 방정식의 적분인자를 구하고 일반해를 구하여라.

13 $6xydx+(4y+9x^2)dy=0$

14 $(2y^2+3x)dx+2xydy=0$

15 $(3xe^y+2y)dx+(x^2e^y+x)dy=0$

1.5 1계 선형 미분방정식과 베르누이 미분방정식

정의 1.5.1 $a_1(x)$, $a_0(x)$, $f(x)$가 x에 대한 함수일 때 다음과 같은 1계 상미분방정식을 1계 선형 미분방정식이라 한다.

$$a_1(x)\frac{dy}{dx}+a_0(x)y=f(x)$$

예 1.5.1 다음은 선형 미분방정식의 예이다.

(1) $xy'+(\sin x)y=e^x$

(2) $x\dfrac{dy}{dx}+(x+1)y=x^3$

(3) $\dfrac{dy}{dx}+xy=\tan x$

주1 일반적으로 선형 미분방정식은 완전 미분방정식이 아니다. 예를 들면

$$x\frac{dy}{dx}+(x+1)y=x^3$$

은 선형 미분방정식이다. 양변에 dx를 곱하고 정리하면

$$[(x+1)y-x^3]dx+xdy=0$$

이므로 완전 미분방정식이 아니다.

다음 정리는 적분인자를 이용하여 선형 미분방정식의 해를 구하는 방법이다.

정리 1.5.2 **선형 미분방정식의 해를 구하는 방법**

1계 선형 미분방정식 $a_1(x)\dfrac{dy}{dx}+a_0(x)y=f(x)$의 양변을 $a_1(x)$로 나누면

$$\frac{dy}{dx}+p(x)y=g(x)$$

이다. 여기에서 $p(x) = \dfrac{a_0(x)}{a_1(x)}$, $g(x) = \dfrac{f(x)}{a_1(x)}$ 이다. 양변에 dx를 곱하여 정리하면

$$[p(x)y - g(x)]dx + dy = 0$$

일반적으로 선형 미분방정식이 완전 미분방정식이 아니므로 $\mu \equiv \mu(x)$를 주어진 방정식의 적분인자라 하면

$$\mu(x)[p(x)y - g(x)]dx + \mu(x)dy = 0$$

은 완전 미분방정식이다. 그러므로

$$\frac{\partial}{\partial x}\mu(x) = \frac{\partial}{\partial y}(\mu(x)[p(x)y - f(x)]).$$

여기에서 $\mu(x)$는 x에 대한 함수이므로

$$\frac{d\mu}{dx} = \mu(x)p(x) \text{ 또는 } \frac{d\mu}{\mu} = p(x)dx$$

이고 양변을 x에 대하여 적분하면

$$\ln\mu = \int p(x)dx$$

이고 μ에 대하여 정리하면

$$\mu = e^{\int p(x)dx}$$

이고, 이것이 적분인자이다. 이것을 방정식에 곱하면 완전 미분방정식이 되어 해를 구할 수 있다.

예 1.5.2 $\dfrac{dy}{dx} + \left(\dfrac{2x+1}{x}\right)y = e^{-2x}$의 해를 구하여라.

풀이 먼저 $p(x) = \dfrac{2x+1}{x}$ 이므로 적분인자는

$$\mu(x) = e^{\int \frac{2x+1}{x}dx} = e^{2x+\ln x} = e^{\ln x}e^{2x} = xe^{2x}$$

이므로 이것을 방정식의 양변에 곱하면

$$x\,e^{2x}\frac{dy}{dx} + e^{2x}(2x+1)y = x$$

또는

$$xe^{2x}dy + 2xe^{2x}ydx + e^{2x}ydx = xdx$$

이다. 그룹식 방법을 사용하면 $d(xe^{2x}y) = xdx$ 이므로 일반해는 다음과 같다.

$$xe^{2x}y = \frac{1}{2}x^2 + C \quad \text{또는} \quad y = \frac{1}{2}xe^{-2x} + \frac{C}{x}e^{-2x}.$$ ■

예 1.5.3 $(x^2+1)\dfrac{dy}{dx} + 4xy = x$ 의 해를 구하여라.

풀이 주어진 방정식은 선형이고, 양변을 $(1+x^2)$으로 나누면

$$\frac{dy}{dx} + \frac{4x}{x^2+1}y = \frac{x}{x^2+1}$$

이고 적분인자는

$$\mu(x) = e^{\int \frac{4x}{x^2+1}dx} = e^{\ln(x^2+1)^2} = (x^2+1)^2$$

이므로 이것을 방정식의 양변에 곱하면

$$(x^2+1)^2dy + 4x(x^2+1)ydx = x(x^2+1)dx$$

이므로 그룹식 방법을 사용하면

$$d((x^2+1)^2y) = d\left(\frac{x^4}{4} + \frac{x^2}{2}\right)$$

이므로 양변을 적분하면 일반해는 다음과 같다.

$$(x^2+1)^2y = \frac{x^4}{4} + \frac{x^2}{2} + C$$

또는

$$y = (x^2+1)^{-2}\left(\frac{x^4}{4} + \frac{x^2}{2}\right) + \frac{C}{(x^2+1)^2}.$$ ■

예 1.5.4 $\dfrac{dy}{dx} = \dfrac{1}{x+y^2}$ 의 일반해를 구하여라.

풀이 주어진 미분방정식은 선형이 아니다. 그러나 다음과 같이 방정식의 형태를 바꾸면

$$\frac{dx}{dy} - x = y^2$$

는 x에 대한 선형 미분방정식이다. 따라서 적분인자는

$$\mu(y) = e^{\int(-1)dy} = e^{-y}$$

이다. 양변에 적분인자를 곱하면

$$e^{-y}dx - xe^{-y}dy = e^{-y}y^2dy \quad \text{또는} \quad d(xe^{-y}) = e^{-y}y^2dy$$

이므로 양변을 적분하여 정리하면

$$xe^{-y} = -y^2e^{-y} - 2ye^{-y} - 2e^{-y} + C \quad \text{또는} \quad x = -y^2 - 2y - 2 + Ce^y.$$ ■

정의 1.5.3 임의의 실수 n에 대하여 다음과 같은 형태의 방정식을 **베르누이 미분방정식**이라 한다.

$$\frac{dy}{dx} + P(x)y = Q(x)y^n$$

주2 베르누이 미분방정식에서 실수 $n = 0, 1$이라 하면, 이 방정식은 각각

$$\frac{dy}{dx} + P(x)y = Q(x), \quad \frac{dy}{dx} + (P(x) - Q(x))y = 0$$

이므로 선형 미분방정식이다.

정리 1.5.4 실수 $n \neq 0,\ 1$일 때 치환 $v = y^{1-n}$은 베르누이 미분방정식

$$\frac{dy}{dx} + P(x)y = Q(x)y^n$$

을 선형 미분방정식으로 변환한다. 먼저, 주어진 방정식 y^n으로 나누면

$$y^{-n}\frac{dy}{dx} + P(x)y^{1-n} = Q(x).$$

치환 $v = y^{1-n}$이라 하면

$$\frac{dv}{dx} = (1-n)y^{-n}\frac{dy}{dx} \quad \text{또는} \quad y^{-n}\frac{dy}{dx} = \frac{1}{(1-n)}\frac{dv}{dx}$$

이므로 위의 식에 대입하면

$$\frac{1}{(1-n)}\frac{dv}{dx} + P(x)v = Q(x)$$

는 x와 v의 선형 미분방정식이 되어 일반해를 구할 수 있다.

예 1.5.5 $\dfrac{dy}{dx} - 5y = -\dfrac{5}{2}xy^3$의 일반해를 구하여라.

풀이 베르누이 미분방정식이므로 먼저 양변을 y^3으로 나누면

$$y^{-3}\frac{dy}{dx}-5y^{-2}=-\frac{5}{2}x$$

이다. 여기에서 $v=y^{1-3}=y^{-2}$이면

$$y^{-3}\frac{dy}{dx}=-\frac{1}{2}\frac{dv}{dx}$$

가 되어 이를 위의 식에 대입하여 정리하면 다음과 같은 선형 미분방정식이 된다.

$$\frac{dv}{dx}+10v=5x$$

적분인자는

$$\mu(x)=e^{\int 10dx}=e^{10x}$$

이므로 양변에 이를 곱하면

$$e^{10x}dv+10ve^{10x}dx=5xe^{10x}dx$$

이므로 그룹식 방법을 이용하여 해를 구하면

$$ve^{10x}=\frac{1}{2}xe^{10x}-\frac{1}{20}e^{10x}+C.$$

또한, $v=y^{-2}$를 대입하면 일반해는 다음과 같다.

$$e^{10x}=\frac{1}{2}xe^{10x}y^2-\frac{1}{20}e^{10x}y^2+Cy^2$$ ■

1.5 연습문제

[1-14] 주어진 선형 미분방정식의 일반해를 구하여라.

01 $y' + 2y = 0$

02 $4xy^3 dy + dx = 0$

03 $y' + 2xy = xe^{-x^2}$

04 $xdy + ydx = (x \sin x)dx$

05 $(y^2 + 1)dx + xydy = dy$

06 $y' = 1 - 5y$

07 $xy' + y = x \sin x$

08 $xy' = 4y + x^6 e^x$

09 $z' = x - 4xz$

10 $\dfrac{dy}{dx} = \operatorname{cosec} x - y \cot x$

11 $(x^2 + 9)y' + xy = x$

12 $y' - my = e^{mx}$

13 $x^2 y' + x(x+2)y = e^x$

14 $xy' - ay = bx^k \ (x > 0,\ a \neq k)$

[15-18] 주어진 베르누이 미분방정식의 해를 구하여라.

15 $xy' + y = x^3 y^{-1}$

16 $x^2 y' + 2xy = y^3$

17 $6y^2 dx - x(2x^3 + y)dy = 0$

18 $y' - y = xy^5,\ y(0) = 1$

1.6 특수치환법

앞 절에서 공부한 선형 미분방정식이나 베르누이 미분방정식은 적분인자를 곱하거나 변환하여 일반해를 구한다. 이 절에서는 몇 가지 특수치환법에 대하여 알아본다.

[1] $\dfrac{dy}{dx}=G(ax+by)$의 형태에 대한 미분방정식(a, b는 상수)은 변환 $z=ax+by$을 이용하여 풀면 주어진 방정식은 변수분리형이 된다.

예 1.6.1 $\dfrac{dy}{dx}=y-x-1+\dfrac{1}{(x-y+2)}$의 일반해를 구하여라.

풀이 $z=x-y$라 하면

$$\frac{dy}{dx}=1-\frac{dz}{dx}$$

이고 원 식에 대입하면

$$\frac{dz}{dx}=(z+2)-\frac{1}{(z+2)} \quad \text{또는} \quad \frac{dz}{dx}=\frac{(z+2)^2-1}{z+2}.$$

따라서 변수를 분리하면

$$\frac{z+2}{(z+2)^2-1}dz = dx$$

이고 양변을 적분하면 일반해는 다음과 같다.

$$\frac{1}{2}\ln|(x-y+2)^2-1| = x+C \quad \text{또는} \quad (x-y+2)^2-1 = e^{2x+2C}.$$

[2] a_1, b_1, c_1, a_2, b_2, c_2가 임의의 상수일 때 다음 방정식에 대하여 알아보자.

$$(a_1x+b_1y+c_1)dx+(a_2x+b_2y+c_2)dy=0.$$

(1) $\dfrac{a_2}{a_1}\neq\dfrac{b_2}{b_1}$일 경우, x와 y를

$$\begin{cases} x=X+h \\ y=Y+k \end{cases}$$

로 치환하면 주어진 미분방정식은 다음과 같은 동차방정식으로 변환된다.

$$(a_1X+b_1Y)dX+(a_2X+b_2Y)dY=0.$$

여기에서 $(h,\ k)$는 아래 연립방정식의 해이다.

$$\begin{cases} a_1x + b_1y + c_1 = 0 \\ a_2x + b_2y + c_2 = 0 \end{cases}.$$

(2) $\dfrac{a_2}{a_1}=\dfrac{b_2}{b_1}$이면, [1]에서와 같이 변환 $z=ax+by$을 이용하여 풀면 주어진 방정식은 변수분리형이 된다.

예 1.6.2 $(x-2y+1)dx+(4x-3y-6)dy=0$의 일반해를 구하여라.

풀이 계수가 $a_1=1,\ b_1=-2,\ c_1=1,\ a_2=4,\ b_2=-3,\ c_2=-6$이므로 $\dfrac{a_2}{a_1}\neq\dfrac{b_2}{b_1}$이고 다음과 같이 치환을 한다.

$$\begin{cases} x = X+h \\ y = Y+k \end{cases}.$$

여기에서 $(h,\ k)$는 연립방정식

$$\begin{cases} h-2k+1=0 \\ 4h-3k-6=0 \end{cases}$$

을 풀면 해 $(h,\ k)=(3,\ 2)$이므로 이것을 윗식에 대입하면

$$\begin{cases} x=X+3 \\ y=Y+2 \end{cases}.$$

이것을 방정식에 대입하면 다음과 같은 동차방정식이 된다.

$$(X-2Y)dX+(4X-3Y)dY=0.$$

그러므로 $Y=VX$로 변환하여 일반해를 구하면

$$|3(y-2)+(x-3)|^5=C|y-2-x+3|$$

또는

$$|x+3y-9|^5=C|y-x+1|.$$ ■

[3] 그 밖에 여러 가지 형태를 생각할 수 있다.

(1) 방정식

$$y(1+2xy)dx+x(1-2xy)dy=0$$

은 $u = 2xy$으로 변환하면 다음과 같이 변수분리형이 된다.

$$2u^2dx + (1-u)xdu = 0.$$

(2) 방정식

$$2xy\frac{dy}{dx} + 2y^2 = 3x - 6$$

은 $u = y^2$으로 변환하면 다음과 같은 선형 미분방정식이 된다.

$$\frac{du}{dx} + \frac{2}{x}u = 3 - \frac{6}{x}.$$

1.6 연습문제

[1-4] 치환을 이용하여 주어진 미분방정식의 해를 구하여라.

01 $(5x+2y+1)dx+(2x+y+1)dy=0$

02 $(x-2y-3)dx+(2x+y-1)dy=0$

03 $(6x+4y+1)dx+(4x+2y+2)dy=0,\ y\left(\frac{1}{2}\right)=3$

04 $(2x+3y+1)dx+(4x+6y+1)dy=0,\ y(-2)=2$

제2장 고계 선형 미분방정식

앞장에서는 미분과 적분을 주로 이용하여 1계 미분방정식의 해를 구하였으나, 2장에서는 2계 및 그 이상의 미분방정식에 대하여 소개한다. 2.1-2.2절에서는 선형 미분방정식과 이에 관련된 몇 가지 이론 및 해법에 대하여 소개하고, 2.3절에서는 상수계수를 갖는 동차방정식에 대한 해법에 대하여 알아본다.

2.1 예비이론

정리 2.1.1 **유일해의 존재성**

실수 x_0를 포함하는 구간 I에서 다음의 초기조건

$$y(x_0)=\alpha_0,\ y'(x_0)=\alpha_1,\ \cdots,\ y^{(n-1)}(x_0)=\alpha_{n-1}$$

을 갖는 n계 선형 미분방정식

$$a_n(x)\frac{d^n y}{dx^n}+a_{n-1}(x)\frac{d^{n-1}y}{dx^{n-1}}+\cdots+a_1(x)\frac{dy}{dx}+a_0(x)y=f(x)$$

에 대하여 함수 $a_0(x),\ \cdots,\ a_n(x),\ f(x)$가 연속이고, 모든 $x\in I$에 대하여 $a_n(x)\neq 0$이므로 주어진 n계 초깃값문제는 유일한 해를 갖는다.

예 2.1.1 초깃값 문제

$$x^2y''+xy'+x^3y=e^x,\ y(0)=0,\ y'(0)=0$$

은 $x\neq 0$인 모든 x에 대하여 $x^2,\ x^3,\ x,\ e^x$는 연속함수이므로 유일한 해를 갖는다.

정의 2.1.2 n계 선형 미분방정식

$$a_n(x)\frac{d^n y}{dx^n}+a_{n-1}(x)\frac{d^{n-1}y}{dx^{n-1}}+\cdots+a_1(x)\frac{dy}{dx}+a_0(x)y=0 \qquad \text{(H)}$$

을 동차 미분방정식이라 하고, 함수 $f(x)\neq 0$일 때 선형 미분방정식

$$a_n(x)\frac{d^n y}{dx^n}+a_{n-1}(x)\frac{d^{n-1}y}{dx^{n-1}}+\cdots+a_1(x)\frac{dy}{dx}+a_0(x)y=f(x) \qquad \text{(N)}$$

을 비동차 미분방정식이라 한다.

정의 2.1.3 함수 $f_1(x)$, $\cdots$, $f_n(x)$가 $c_1f_1(x)+\cdots+c_nf_n(x)=0$일 때, 적어도 0이 아닌 상수가 하나 이상 존재하면 $f_1(x)$, $\cdots$, $f_n(x)$를 **일차종속**이라 한다. 만일 일차종속이 아니면, 즉 다음 조건이 성립하면 **일차독립**이라 한다.

$$c_1f_1(x)+\cdots+c_nf_n(x)=0 \iff c_1=\cdots=c_n=0$$

주1 두 개의 함수 $f_1(x)$와 $f_2(x)$가 일차종속이면, $c_1f_1(x)+c_2f_2(x)=0$일 때 상수 c_1 또는 c_2가 0이 아니다. $c_1 \neq 0$이라 하면 $f_1(x)=-\left(\dfrac{c_2}{c_1}\right)f_2(x)$이므로 함수 f_1은 f_2의 상수배로 나타난다. 그러나 두 함수 $f_1(x)$와 $f_2(x)$가 일차독립이면, 두 함수는 서로 상수배로 나타낼 수 없다.

예 2.1.2 (1) 두 함수 $f_1(x)=2x$, $f_2(x)=3x$는 일차종속이다. 실제로,

$$c_1f_1(x)+c_2f_2(x)=(2c_1+3c_2)x=0$$

이라 하면 $2c_1+3c_2=0$이므로 $c_1=-\dfrac{3}{2}c_2$이 되어 일차종속이다.

(2) 함수 $f_1(x)=\sin x$, $f_2(x)=\cos x$는 일차독립이다. 실제로,

$$c_1f_1(x)+c_2f_2(x)=c_1\sin x+c_2\cos x=0$$

이라 하면 $c_1=c_2=0$이므로 일차독립이다.

n계 선형 미분방정식의 해를 구하면 n개의 해가 나타나는데 이 해들이 서로 독립인 것은 매우 중요하다. 다음은 n개의 함수 $f_1(x)$, $\cdots$, $f_n(x)$의 일차독립성을 판별하는 데 매우 중요한 개념인 론스키안에 대한 정의이다.

정의 2.1.4 n개의 함수 $f_1(x)$, $\cdots$, $f_n(x)$가 구간 I에서 각각 $(n-1)$계 도함수를 가질 때 이들에 의한 함수행렬식

$$\mathrm{W}=\mathrm{W}(f_1,\ \cdots,\ f_n)=\det\begin{pmatrix} f_1(x) & f_2(x) & \cdots & f_n(x) \\ f_1{}'(x) & f_2{}'(x) & \cdots & f_n{}'(x) \\ \vdots & \vdots & \vdots & \vdots \\ f_1^{(n-1)}(x) & f_2^{(n-1)}(x) & \cdots & f_n^{(n-1)}(x) \end{pmatrix}$$

를 n개의 함수 $f_1(x)$, $\cdots$, $f_n(x)$의 **론스키안(Wronskian)**이라 한다.

정리 2.1.5

함수의 일차독립성 판정

함수 $f_1(x),\ \cdots,\ f_n(x)$의 론스키안 $\mathrm{W}(f_1,\ \cdots,\ f_n) \neq 0$이 되는 $x_0 \in I$가 존재하면 함수 $f_1(x),\ \cdots,\ f_n(x)$는 일차독립이다.

증명 함수가 두 개인 경우만 생각해 보자. 먼저 적당한 $x_0 \in I$에 대하여 $\mathrm{W}(f_1(x_0),\ f_2(x_0)) \neq 0$이고 $f_1(x)$와 $f_2(x)$가 일차종속이라 하자. 두 함수가 일차종속이므로 적당한 상수(둘 다 0이 아닌 상수) $c_1,\ c_2$가 존재하여 임의의 $x \in I$에 대하여

$$c_1 f_1(x) + c_2 f_2(x) = 0$$

이다. 이 식을 미분하면

$$c_1 f_1'(x) + c_2 f_2'(x) = 0.$$

그러므로 다음 두 방정식으로 이루어진 연립방정식을 얻는다.

$$\begin{aligned} c_1 f_1(x) + c_2 f_2(x) &= 0 \\ c_1 f_1'(x) + c_2 f_2'(x) &= 0 \end{aligned}$$

두 함수 f_1과 f_2가 일차종속이므로 임의의 $x \in I$에 대하여 이 연립방정식은 0이 아닌 해를 갖는다. 그러므로 임의의 $x \in I$에 대하여

$$\det\begin{pmatrix} f_1(x) & f_2(x) \\ f_1'(x) & f_2'(x) \end{pmatrix} = 0$$

이것은 적당한 $x_0 \in I$에 대하여 $\mathrm{W}(f_1(x_0),\ f_2(x_0)) \neq 0$에 모순이다. 따라서 $f_1(x), f_2(x)$는 일차독립이다. ■

예 2.1.3

(1) 함수 $f_1(x) = e^x,\ f_2(x) = e^{2x}$에 대하여

$$\mathrm{W} = \det\begin{pmatrix} e^x & e^{2x} \\ e^x & 2e^{2x} \end{pmatrix} = 2e^{3x} - e^{3x} = e^{3x} \neq 0$$

이므로 일차독립이다.

(2) 함수 $f_1(x) = 1 + x,\ f_2(x) = x,\ f_3(x) = x^2$에 대하여

$$\mathrm{W} = \det\begin{pmatrix} 1+x & x & x^2 \\ 1 & 1 & 2x \\ 0 & 0 & 2 \end{pmatrix} = 2 \neq 0$$

이므로 일차독립이다.

정리 2.1.6 **일차독립인 해의 판정**

구간 I에서 n개의 함수 y_1, $\cdots$, y_n가 다음과 같은 동차 미분방정식의 해라고 하자.

$$a_n(x)\frac{d^n y}{dx^n}+a_{n-1}(x)\frac{d^{n-1}y}{dx^{n-1}}+\cdots+a_1(x)\frac{dy}{dx}+a_0(x)y=0 \quad \text{(H)}$$

n개의 해 y_1, $\cdots$, y_n가 일차독립일 필요충분조건은 구간의 모든 x에 대하여 함수 y_1, $\cdots$, y_n의 론스키안 $W(y_1, \cdots, y_n) \neq 0$이다.

정의 2.1.7 n계 동차방정식 (H)의 n개의 일차독립인 해 y_1, $\cdots$, y_n를 구간 I에서의 해의 기본계라 한다.

예 2.1.4 함수 $y_1=e^x$, $y_2=e^{2x}$는 2계 동차방정식 $y''-3y'+2y=0$의 일차독립인 해이므로 $y_1=e^x$, $y_2=e^{2x}$는 해의 기본계이다.

정리 2.1.8 **동차 선형 미분방정식의 일반해**

n계 동차 선형 미분방정식 (H)의 해의 기본계를 y_1, $\cdots$, y_n이라 하면, 즉 y_1, $\cdots$, y_n이 일차독립인 해이면 동차 선형 미분방정식 (H)의 일반해는

$$y(x)=c_1y_1(x)+\cdots+c_ny_n(x)$$

이다. 여기에서 c_1, $\cdots$, c_n은 임의의 상수이다.

예 2.1.5 위의 예제 2.1.4에서 $y_1=e^x$, $y_2=e^{2x}$는 2계 동차 선형 미분방정식 $y''-3y'+2y=0$ 해의 기본계이므로 일반해는

$$y=c_1e^x + c_2e^{2x}.$$

예 2.1.6 함수 $y_1 = x^2$과 $y_2 = x^2 \ln x$은 미분방정식 $x^2 y'' - 3xy' + 4y = 0$의 기본계이므로 일반해는

$$y = c_1 x^2 + c_2 x^2 \ln x.$$

정의 2.1.9 함수 y_p가 매개변수, 즉 임의의 상수를 갖지 않는 n차 비동차 선형 미분방정식 (N)의 해일 때 이 함수 y_p를 **특수해**라 한다.

예 2.1.7 함수 $y_p = \left(\frac{x^3}{6} + \frac{x^2}{2}\right)e^{2x}$는 2계 비동차 선형 미분방정식 $y'' - 4y' + 4y = (x+1)e^{2x}$의 특수해이다. 실제로 y_p, y_p', y_p''를 계산하여 대입하면 방정식을 만족한다.

정의 2.1.10 **비동차 선형 미분방정식의 일반해**

n계 비동차 선형 미분방정식 (N)의 특수해를 y_p라 하고, 함수 $y_1, \cdots, y_n$을 동차 선형 미분방정식 (H) 해의 기본계라고 하자. 그러면 비동차 선형 미분방정식의 일반해는

$$y = c_1 y_1 + \cdots + c_n y_n + y_p$$

이다. 여기에서 $c_1, \cdots, c_n$은 임의의 상수이다. 이때 $y_c = c_1 y_1 + \cdots + c_n y_n$를 비동차 선형 미분방정식 (N)의 **보조해**라 한다. 따라서 비동차 선형 미분방정식 (N)의 일반해는 다음과 같이 보조해와 특수해의 합이다.

$$y = y_c + y_p.$$

예 2.1.8 비동차 선형 미분방정식 $y'' + y = x\cos x - \cos x$에서 $y_1 = \cos x$와 $y_2 = \sin x$는 동차 선형 미분방정식 $y'' + y = 0$의 일차독립인 해이므로 $y_c = c_1 \cos x + c_2 \sin x$는 비동차 선형 미분방정식의 보조해이다. 또한 $y_p = \frac{1}{4}x \cos x - \frac{1}{2}x \sin x + \frac{1}{4}x^2 \sin x$는 비동차방정식의 특수해이다. 그러므로 일반해는

$$y = y_c + y_p = c_1 \cos x + c_2 \sin x + \frac{1}{4} x \cos x - \frac{1}{2} x \sin x + \frac{1}{4} x^2 \sin x.$$

마지막으로 앞으로 유용하게 쓰일 미분연산자에 대하여 알아보자.

정의 2.1.11 임의의 자연수 n에 대하여 함수 $y=f(x)$가 구간 I에서 n계 도함수

$$D^n y = \frac{d^n y}{dx^n} = y^{(n)}$$

을 가질 때 D^n 또는 $\frac{d^n}{dx^n}$을 함수 $y=f(x)$에 대한 n계 **미분연산자**라 한다.

예 2.1.9

(1) $D(x^n) = nx^{n-1}$,

$D^2(x^n) = D(D(x^n)) = D(nx^{n-1}) = n(n-1)x^{n-2}$

(2) $D^3(\sin x) = D^2(D(\sin x)) = D(D(\cos x))$

$= D(-\sin x) = -\cos x$

(3) $D^n(e^{kx}) = D^{k-1}(D(e^{kx})) = kD^{k-1}(e^{kx}) = \cdots = k^n e^{kx}$

(4) $(D+3)\sin x = D(\sin x) + 3\sin x = \cos x + 3\sin x$

주2 임의의 상수 α, β와 함수 f와 g에 대하여

$$\begin{aligned} D(\alpha f(x) + \beta g(x)) &= \frac{d}{dx}(\alpha f(x)) + \frac{d}{dx}(\alpha g(x)) \\ &= \alpha D(f(x)) + \beta D(g(x)) \end{aligned}$$

이 성립하여 미분연산자는 **선형연산자**이다.

예 2.1.10

(1) $D(2e^{2x} + 3x^2) = 2D(e^{2x}) + 3D(x^2) = 4e^{2x} + 6x$

(2) $D(2\sin x - 3\ln x) = 2D(\sin x) - 3D(\ln x) = 2\cos x - \frac{3}{x}$

정리 2.1.12 **미분연산자의 성질**

α, β, γ가 임의의 상수이고 l, m, n이 음이 아닌 정수이며 D가 미분연산자 일 때 다음이 성립한다.

(1) $[(\alpha D^l)(\beta D^m)](\gamma D^n) = (\alpha D^l)[(\beta D^m)(\gamma D^n)]$ (곱셈에 대한 결합법칙)

$$[\alpha D^l + \beta D^m] + \gamma D^n = \alpha D^l + [\beta D^m + \gamma D^n]$$ (덧셈에 대한 결합법칙)

(2) $(\alpha D^m)(\beta D^n) = (\beta D^n)(\alpha D^m)$ (곱셈에 대한 교환법칙)

(3) $\alpha D^l (\beta D^m + \gamma D^n) = (\alpha D^l)(\beta D^m) + (\alpha D^l)(\gamma D^n)$ (분배법칙)

$$(\alpha D^l + \beta D^m)(\gamma D^n) = (\alpha D^l)(\gamma D^n) + (\beta D^m)(\gamma D^n)$$

예 2.1.11 $(D^2+3D+2)y = (D+2)(D+1)y = (D+1)(D+2)y$이 성립한다. 실제로, $y = e^{2x}$이면

$$\begin{aligned}(D^2+3D+2)(e^{2x}) &= D^2(e^{2x}) + 3D(e^{2x}) + 2e^{2x} \\ &= 4e^{2x} + 6e^{2x} + 2e^{2x} = 12e^{2x},\end{aligned}$$

$$\begin{aligned}(D+1)(D+2)(e^{2x}) &= (D+1)\left(D(e^{2x}) + 2e^{2x}\right) \\ &= (D+1)(2e^{2x} + 2e^{2x}) = (D+1)(4e^{2x}) \\ &= 12e^{2x},\end{aligned}$$

$$\begin{aligned}(D+2)(D+1)(e^{2x}) &= (D+2)(D(e^{2x}) + e^{2x}) \\ &= (D+2)(3e^{2x}) = 12e^{2x}.\end{aligned}$$

다음은 미분연산자가 갖는 중요한 성질로서 상수계수를 갖는 선형 미분방정식과 연립 미분방정식에서 매우 유용하게 쓰인다.

주3 (1) 임의의 자연수 n에 대하여 미분연산자 D^n은 다음의 각 함수를 0으로 만든다.

$$1,\ x,\ x^2,\ x^3,\ \cdots,\ x^{n-1}$$

(2) 임의의 자연수 n과 임의의 실수 α에 대하여 미분연산자 $(D-\alpha)^n$은 다음의 각 함수를 0으로 만든다.

$$e^{\alpha x},\ x e^{\alpha x},\ x^2 e^{\alpha x},\ \cdots,\ x^{n-1} e^{\alpha x}$$

(3) 임의의 자연수 n과 실수 α, β에 대하여 미분연산자 $[D^2 - 2\alpha D + (\alpha^2 + \beta^2)]^n$은 다음의 각 함수를 0으로 만든다.

$$e^{\alpha x}\cos\beta x,\ x e^{\alpha x}\cos\beta x,\ x^2 e^{\alpha x}\cos\beta x,\ \cdots,\ x^{n-1} e^{\alpha x}\cos\beta x,$$
$$e^{\alpha x}\sin\beta x,\ x e^{\alpha x}\sin\beta x,\ x^2 e^{\alpha x}\sin\beta x,\ \cdots,\ x^{n-1} e^{\alpha x}\sin\beta x$$

예 2.1.12 (1) $D^4(x^3)=0$이므로

$$D^3(x^2+x+1)=D^3(x^2)+D^3(x)+D^3(1)=0.$$

(2) (a) $(D-4)e^{4x}=D(e^{4x})-4e^{4x}=4e^{4x}-4e^{4x}=0$

(b) $(D-3)^2(xe^{3x})$는 $n=2$이고 $\alpha=3$이므로

$$(D-3)^2(xe^{3x})=0.$$

(c) $(D+2)(e^{-2x})=0$이고 $(D+3)^5(x^4e^{-3x})=0$이므로

$$\begin{aligned}&(D+2)(D+3)^5(e^{-2x}+x^4e^{-3x})\\&=(D+2)[(D+3)^5(e^{-2x})+(D+3)^5(x^4e^{-3x})]\\&=(D+2)[(D+3)^5(e^{-2x})+0]\\&=(D+3)^5(D+2)(e^{2x})=(D+3)^5(0)=0.\end{aligned}$$

(3) (a) $(D^2+\beta^2)(\cos\beta x)=0,\quad (D^2+\beta^2)(\sin\beta x)=0$

(b) $(D^2-2D+10)(e^x\sin 3x)=0\ \ (\alpha=1,\ \beta=3)$

(c) $(D^2+4D+8)(e^{2x}\cos 2x)=0\ \ (\alpha=-2,\ \beta=2).$

2.1 연습문제

[1-10] 주어진 함수가 일차독립인지 일차종속인지 결정하여라.

01 $y_1 = 1,\ y_2 = x$

02 $y_1 = x^n,\ y_2 = x^{n+1},\ n = 1, 2, \cdots$

03 $y_1 = \ln x,\ y_2 = 3\ln x^2$

04 $y_1 = e^x,\ y_2 = e^{2x}$

05 $y_1 = \cos x,\ y_2 = \sin x$

06 $y_1 = e^x + e^{-x},\ y_2 = e^x - e^{-x}$

07 $y_1 = e^x,\ y_2 = xe^x$

08 $y_1 = \sin x,\ y_2 = x\sin x$

09 $y_1 = x,\ y_2 = e^{-\ln x}$

10 $y_1 = \sin 2x,\ y_2 = \sin x \cos x$

[11-15] 주어진 미분연산자를 인수분해하여라.

11 $3D^2 - D$

12 $D^2 - 2D + 1$

13 $D^4 - D^2$

14 $D^3 + 1$

15 $D^2 - 6D + 25$

[16-20] 다음을 계산하여라.

16 $(D+1)x^2$

17 $D^2 e^{2x}$

18 $(D-3)\sin x$

19 $(D^2+1)\sin x$

20 $(D-6)e^{6x}$

2.2 이미 알고 있는 해로부터 독립인 제2의 해를 구하는 법

동차방정식 $(x^2+1)\frac{d^2y}{dx^2}-2x\frac{dy}{dx}+2y=0$에서 $y_1=x$는 주어진 방정식의 해이다. 이것을 이용하여 이 해와 독립이 되는 다른 제2의 해를 구하여 보자.

먼저 $y=y_1v(x)\equiv xv$가 주어진 방정식의 다른 해라고 하면

$$\frac{dy}{dx}=x\frac{dv}{dx}+v,\ \frac{d^2y}{dx^2}=x\frac{d^2v}{dx^2}+2\frac{dv}{dx}.$$

이것을 원 식에 대입하여 정리하면

$$x(x^2+1)\frac{d^2v}{dx^2}+2\frac{dv}{dx}=0.$$

여기에서 $w=\frac{dv}{dx}$라면 $\frac{d^2v}{dx^2}=\frac{dw}{dx}$이고 윗식은

$$\frac{dw}{w}=-\frac{2dx}{x(x^2+1)}=\left(-\frac{2}{x}+\frac{2x}{x^2+1}\right)dx.$$

양변을 적분하면 $\ln w=\ln x^{-2}+\ln(x^2+1)+C$. 그러므로 이것을 w에 대하여 정리하면

$$w=\frac{C'(x^2+1)}{x^2}\quad (\text{단 } C'=e^C).$$

여기에서 $C'=1$이면 $w=\frac{dv}{dx}$이므로

$$\frac{dv}{dx}=\frac{(x^2+1)}{x^2}\ \text{ 또는 }\ dv=\frac{(x^2+1)}{x^2}dx.$$

양변을 적분하여 정리하면

$$v(x)=x-\frac{1}{x}$$

이다. 그러므로 다른 제2의 해는

$$y=y_1v(x)=x\left(x-\frac{1}{x}\right)=x^2-1$$

이다. 또한, x 와 x^2-1의 론스키안

$$W(x,\ x^2-1)=\det\begin{pmatrix} x & x^2-1 \\ 1 & 2x \end{pmatrix}=2x^2-x^2+1=x^2+1\neq 0$$

이므로 두 함수는 일차독립인 해이다. 따라서 주어진 방정식의 일반해는

$$y=C_1x+C_2(x^2-1)$$

가 됨을 알 수 있다.

다음 정리는 위의 방법과 유사하게 알려진 해를 이용하여 독립인 다른 제2의 해를 구하는 일반적인 방법에 대한 것이다.

정리 2.2.1 **이미 알고 있는 해로부터 독립인 다른 제2의 해를 구하는 법**

함수 $a_2(x)\neq 0$일 때 2계 동차 선형 미분방정식

$$a_2(x)y''+a_1(x)y'+a_0(x)y=0$$

을 $a_2(x)$로 나누면

$$y''+p(x)y'+q(x)y=0$$

이다. 여기에서 y_1을 주어진 방정식의 알고 있는 해라 하고, $y=y_1u(x)$를 다른 해라고 하면 다음을 알 수 있다.

$$y'=uy_1{}'+u'y_1,\ y''=uy_1{}''+2u'y_1{}'+y_1u''$$

이것을 위의 식에 대입하면, $y_1{}''+p(x)y_1{}'+q(x)y_1=0$이므로

$$\begin{aligned}
&y''+p(x)y'+q(x)y \\
&=(uy_1{}''+2u'y_1{}'+y_1u'')+p(x)(uy_1{}'+u_1{}'y)+q(x)uy_1 \\
&=u(y_1{}''+p(x)y_1{}'+q(x)y_1)+y_1u''+(2y_1{}'+p(x)y_1)u' \\
&=y_1u''+(2y_1{}'+p(x)y_1)u'=0
\end{aligned}$$

이다. 여기에서 $w=u'$이라 하면 다음을 알 수 있다.

$$y_1w'+(2y_1{}'+p(x)y_1)w=0 \text{ 또는 } \frac{dw}{dx}+\left(\frac{2y_1{}'}{y_1}+p(x)\right)w=0.$$

그러므로 이 방정식은 변수분리형이므로 정리하면

$$\frac{dw}{w}+\left(\frac{2y_1{}'}{y_1}+p(x)\right)dx=0.$$

양변을 적분하여 정리하면

$$wy_1^2 = C_1 e^{-\int p(x)dx} \quad \text{또는} \quad w = C_1 \frac{e^{-\int p(x)dx}}{y_1^2}.$$

또한 $w = \dfrac{du}{dx}$ 이므로 위의 식에 대입하여 정리하면

$$u = C_1 \int \frac{e^{-\int p(x)dx}}{y_1^2} dx + C_2.$$

그러므로 제2의 해는 다음과 같다.

$$y = uy_1 = C_1 y_1 \int \frac{e^{-\int p(x)dx}}{y_1^2} dx + C_2 y_1.$$

그런데 여기에서 y_1는 이미 알려진 해이므로 $C_2 = 0$, $C_1 = 1$이면 제2의 해는

$$y_2 = y_1 \int \frac{e^{-\int p(x)dx}}{y_1^2} dx$$

이다. 또한 함수 y_1, y_2의 론스키안 $W(y_1, y_2) = e^{-\int p(x)dx} \neq 0$이므로 두 함수는 주어진 방정식의 일차독립인 해가 된다. 그러므로 주어진 선형 미분방정식의 일반해는 다음과 같다.

$$y = C_1 y_1 + C_2 y_1 \int \frac{e^{-\int p(x)dx}}{y_1^2} dx.$$

예 2.2.1 동차방정식 $y'' - 25y = 0$의 알려진 해가 $y_1 = e^{5x}$일 때 독립인 제2의 해를 구하면

$$y_2 = y_1 \int \frac{e^{-\int p(x)dx}}{y_1^2} dx = e^{5x} \int e^{-10x} dx = -\frac{1}{10} e^{-5x}.$$

2.2 연습문제

[1-8] 문제에서 주어진 해로부터 독립인 다른 제2의 해를 구하여라.

01 $y'' + 2y' = 0,\ y_1 = 1$

02 $y'' - 6y' + 9y = 0,\ y_1 = e^{3x}$

03 $y'' + y = 0,\ y_1 = \sin x$

04 $y'' - 2y' + 5y = 0,\ y_1 = e^{x}\cos 2x$

05 $x^2y'' - 6y = 0,\ y_1 = x^3$

06 $4x^2y'' + y = 0,\ y_1 = \sqrt{x}\, ln x$

07 $(1-x^2)y'' - 2xy' = 0,\ y_1 = 1$

08 $x^2y'' + xy' + \left(x^2 - \dfrac{1}{4}\right)y = 0,\ y_1 = x^{-1/2}\sin x$

2.3 상수계수를 갖는 동차방정식

이 절에서는 a_0, $\cdots$, a_n이 상수일 때 다음과 같은 상수계수를 갖는 동차방정식에 대하여 알아본다.

$$a_n \frac{d^n y}{dx^n} + a_{n-1} \frac{d^{n-1} y}{dx^{n-1}} + \cdots + a_1 \frac{dy}{dx} + a_0 y = 0$$

먼저 1계 선형 미분방정식을 생각해 보자. a와 b가 상수일 때

$$a \frac{dy}{dx} + by = 0.$$

양변을 a로 나누고 dx를 곱하면 주어진 방정식은 변수분리형이다.

$$\begin{aligned} &\frac{dy}{y} + \frac{b}{a} dx = 0 \\ &\ln|y| = -\frac{b}{a} x + C \\ &y = C_1 e^{-\frac{b}{a}x} = C_1 e^{mx}, \ \left(m = -\frac{b}{a}\right) \end{aligned}$$

따라서 상수계수를 갖는 선형 미분방정식의 해는 e^{mx}의 형태임을 알 수 있다.

먼저 a, b, c가 상수일 때 2계 선형 미분방정식 $ay'' + by' + cy = 0$에 대하여 알아본다. 함수 $y = e^{mx}$가 주어진 방정식의 해라면 $y' = me^{mx}$, $y'' = m^2 e^{mx}$이므로

$$ay'' + by' + cy = (am^2 + bm + c)e^{mx} = 0$$

이다. 그런데 $e^{mx} \neq 0$이므로 $am^2 + bm + c = 0$이어야 한다. 이 방정식을 주어진 미분방정식의 **보조방정식**이라 한다. 이 보조방정식은 이차방정식이므로 두 개의 다른 실수해, 하나의 중근, 두 개의 다른 허수해 중 하나의 형태가 나타난다.

정리 2.3.1

상수계수를 갖는 2계 선형방정식의 해

[I] 보조방정식이 두 개의 다른 실수해를 갖는 경우

m_1, m_2가 주어진 보조방정식의 서로 다른 두 개의 해라면 주어진 방정식의 해는 $y_1 = e^{m_1 x}$, $y_2 = e^{m_2 x}$이다. 여기에서 두 함수의 론스키안

$$\mathrm{W}(e^{m_1 x},\ e^{m_2 x}) = (m_2 - m_1)e^{(m_1 + m_2)x} \neq 0$$

이므로 두 해는 일차독립인 해이므로 주어진 방정식의 일반해는

$$y = c_1 e^{m_1 x} + c_2 e^{m_2 x}.$$

[II] 보조방정식이 한 개의 중복해를 갖는 경우

보조방정식의 해가 $m_1 = m_2$일 때 $y = e^{m_1 x}$가 주어진 방정식의 하나의 해이다. 앞 절에서 알고 있는 해로부터 독립인 다른 제2의 해를 구하는 법을 이용한다. 보조방정식이 중복해를 가지므로 $b^2 - 4ac = 0$이고, $m_1 = -\dfrac{b}{2a}$이다. 그러므로 제2의 해는

$$y_2 = e^{-\frac{b}{2a}x} \int \frac{e^{-(b/a)x}}{e^{-(b/a)x}} dx = x\, e^{-\frac{b}{2a}x} = x\, e^{m_1 x}$$

이다. 그러므로 일반해는

$$y = c_1 e^{m_1 x} + c_2 x e^{m_2 x}.$$

[III] 보조방정식이 두 개의 공액복소수의 해를 갖는 경우

두 개의 해가 $m_1 = \alpha + i\beta$, $m_2 = \alpha - i\beta$이므로 일반해는

$$y = c_1 e^{(\alpha + i\beta)x} + c_2 e^{(\alpha - i\beta)x}.$$

여기에서 오일러 함수는 $e^{\pm i\beta x} = \cos\beta x \pm i\sin\beta x$이므로 일반해는 다음과 같다.

$$\begin{aligned} y &= c_1 e^{(\alpha + i\beta)x} + c_2 e^{(\alpha - i\beta)x} \\ &= e^{\alpha x}(c_1 e^{i\beta x} + c_2 e^{-i\beta x}) \\ &= e^{\alpha x}((c_1 + c_2)\cos\beta x + i(c_1 - c_2)\sin\beta x) \\ &= e^{\alpha x}(k_1 \cos\beta x + k_2 \sin\beta x) \end{aligned}$$

그러므로 일반해는

$$y = e^{\alpha x}(k_1 \cos\beta x + k_2 \sin\beta x).$$

예 2.3.1 $y'' - 3y' + 2y = 0$의 해를 구하여라.

풀이 주어진 방정식의 보조방정식은 $m^2 - 3m + 2 = 0$이므로 $m = 1, 2$이고 일반해는

$$y = c_1 e^x + c_2 e^{2x}.$$ ■

예 2.3.2 $4y'' + 4y' + y = 0$의 해를 구하여라.

풀이 보조방정식이 $4m^2 + 4m + 1 = (2m+1)^2 = 0$이므로 중복해는 $m = -\frac{1}{2}$이므로 일반해는

$$y = c_1 e^{-x/2} + c_2 x\, e^{-x/2}.$$ ■

예 2.3.3 방정식 $y'' + y' + 2y = 0$의 해를 구하여라.

풀이 보조방정식이 $m^2 + m + 2 = 0$이므로 두 개의 공액복소수 해를 갖고 그 값은 $m = -\frac{1}{2} \pm \frac{\sqrt{7}\, i}{2}$이므로 일반해는

$$y = e^{-\frac{1}{2}x}\left(c_1 \cos\frac{\sqrt{7}}{2}x + c_2 \sin\frac{\sqrt{7}}{2}x\right).$$ ■

주1 상수계수를 갖는 방정식의 해를 구하는 방법을 앞 절에서 배운 미분연산자와 비교하여 보자. 위의 예제 2.3.1의 방정식 $y'' - 3y' + 2y = 0$을 미분연산자를 이용하여 바꾸면

$$D^2 y - 3Dy + 2y = (D^2 - 3D + 2)y = (D-1)(D-2)y = 0$$

이다. 다음의 도표를 이용하여 비교해 보자.

보조방정식을 이용		미분연산자를 이용
방정식	$y'' - 3y' + 2y = 0$	$(D^2 - 3D + 2)y = 0$
보조방정식	$m^2 - 3m + 2 = 0$	$D^2 - 3D + 2 = 0$
보조방정식의 해	$m = 1, 2$	$D = 1, 2$
일반해	$y = c_1 e^x + c_2 e^{2x}$	$y = c_1 e^x + c_2 e^{2x}$

그러므로 주어진 방정식의 보조방정식을 구하는 일반해를 구하는 것 보다 미분연산자를 이용하여 자연스럽게 해를 구할 수 있다.

예제 2.3.2도 같은 방법으로 미분연산자를 이용하면 $(4D^2+4D+1)y=0$이므로 $4D^2+4D+1=(2D+1)^2=0$이고 $D=-\frac{1}{2}$이므로 하나의 중복해를 가지므로 $y_1=e^{-x/2}$이고 제2의 근은 $y_2=x\,e^{-x/2}$가 되어 일반해는

$$y=c_1e^{-x/2}+c_2x\,e^{-x/2}$$

임을 알 수 있다. 따라서 상수계수를 갖는 선형 미분방정식의 일반해는 미분연산자를 이용하여 구하는 것이 편리하다.

다음은 미분연산자를 이용하여 해를 구하는 예제이다.

예 2.3.4

(1) 방정식 $y''-3y'-4y=0$의 해를 구하여라.

(2) 방정식 $y''+10y'+25y=0$의 해를 구하여라.

풀이

(1) 방정식을 미분연산자로 바꾸면 $(D^2-3D-4)y=0$이므로 $(D-4)(D+1)y=0$이고, 따라서 $D=-1,\ 4$이므로 일반해는

$$y=c_1e^{-x}+c_2e^{4x}.$$

(2) $(D^2+10D+25)y=(D+5)^2y=0$이므로 $D=-5$는 중복해이므로 일반해는 $y=c_1e^{-5x}+c_2\,x\,e^{-5x}$. ■

다음은 상수계수를 갖는 2계 선형방정식의 다른 풀이 방법이다.

주2 미분방정식 $y''-5y'+6y=0$의 해를 구해 보자.

주어진 미분방정식을 미분연산자로 나타내면 $(D^2-5D+6)y=0$이다. 그러므로

$$(D^2-5D+6)y=(D-2)(D-3)y=(D-2)(D-3)y=0$$

이 성립한다. 여기에서 $(D-3)y=z$이면 위의 식은

$$(D-2)z=0 \quad \text{또는} \quad \frac{dz}{dx}-2z=0 \quad \text{또는} \quad \frac{dz}{z}-2dx=0.$$

변수분리형이므로 일반해를 구하면 $z=c_1e^{2x}$ 이다. 이것을 위의 식에 대입하면

$$(D-3)y=c_1e^{2x} \quad \text{또는} \quad y'-3y=c_1e^{2x}.$$

이것은 선형방정식이므로 적분인자는 $\mu(x)=e^{-3x}$ 이고, 일반해를 구하면

$$y=c_1e^{2x}+c_2e^{3x}.$$

정리 2.3.2 **상수계수를 갖는 고계 선형방정식의 해**

상수계수를 갖는 n계 선형 미분방정식

$$a_n \frac{d^n y}{dx^n} + a_{n-1} \frac{d^{n-1} y}{dx^{n-1}} + \cdots + a_1 \frac{dy}{dx} + a_0 y = 0$$

에서

$$P(D) = a_n D^n + a_{n-1} D^{n-1} + \cdots + a_1 D + a_0$$

라 하면 일반해는 다음과 같다.

(I) $P(D)=0$이 n개의 서로 다른 실수해 m_1, $\cdots$, m_n을 가질 때 일반해는

$$y = c_1 e^{m_1 x} + \cdots + c_n e^{m_n x}.$$

(II) $P(D)=0$이 서로 다른 공액복소수 $\alpha_k \pm i\beta_k \, (1 \le k \le n/2)$를 가질 때

$$\sum_{j \le n/2} e_j^{\alpha} (\cos\beta_j x + i \sin\beta_j x)$$

도 주어진 방정식의 일차독립인 해이다.

(III) $P(D)=0$이 n개의 해 중에서 k 중근($k \le n$) m_0를 포함하면

$$e^{m_0 x}, \ x e^{m_0 x}, \ \cdots, \ x^{k-1} e^{m_0 x}$$

도 주어진 방정식의 일차독립인 해이다.

예 2.3.5

(1) $y''' - 2y'' - y' + 2y = 0$의 해를 구하여라.

(2) $y''' - y'' + y' - y = 0$의 해를 구하여라.

(3) $y^{(4)} + 2y'' + y = 0$의 해를 구하여라.

풀이

(1) $P(D) = D^3 - 2D^2 - D + 2 = (D-2)(D-1)(D+1) = 0$이므로 $D = -1, 1, 2$이다. 따라서 일반해는

$$y = c_1 e^{-x} + c_2 e^x + c_3 e^{2x}.$$

(2) $P(D) = D^3 - D^2 + D - 1 = (D^2+1)(D-1) = 0$이므로 $D = 1, \pm i$이므로 일반해는

$$y = c_1 e^x + c_2 \cos x + c_3 \sin x.$$

(3) $P(D)=D^4+2D^2+1=(D^2+1)^2=0$이므로 $D=\pm i$ (중복해)를 가지므로 일반해는

$$y=c_1\cos x+c_2\sin x+c_3x\cos x+c_4x\sin x.$$ ■

2.3 연습문제

[1-6] 주어진 2계 미분방정식의 일반해를 구하여라.

01 $3y'' - y' = 0$

02 $y'' - 2y' + y = 0$

03 $y'' + y' + y = 0$

04 $y'' + 2y' - 3y = 0$

05 $9y'' + 6y' + y = 0$

06 $2y'' - y' + y = 0$

[7-14] 주어진 방정식의 일반해를 구하여라.

07 $y''' - y = 0$

08 $y''' + 3y'' + 3y + y = 0$

09 $y^{(4)} + 3y''' + y'' = 0$

10 $4y''' + 4y'' + y' = 0$

11 $4y^{(4)} - 4y''' - 23y'' + 12y' + 36y = 0$

12 $4y^{(4)} - 8y''' - 7y'' + 11y' + 6y = 0$

13 $y^{(4)} + 4y''' - 10y'' - 20y' + 25y = 0$

14 $y''' + 5y'' = 0$

제3장
비동차 미분방정식

미분으로 이루어진 미분연산자는 주어진 미분방정식을 간단히 나타내고 쉽게 해를 구할 수 있게 한다. 이 장에서는 상수계수를 갖는 비동차 선형 미분방정식을 미분연산자가 작용된 미정계수법을 이용하여 해를 구하고, 변수계수를 갖는 선형 미분방정식의 해를 구하는 방법에 대하여 알아본다.

3.1 미분연산자와 미정계수법

2.1절에서와 살펴본 바와 같이 임의의 자연수 n과 실수 α, β에 대하여, 다음의 각 미분 연산자는 오른쪽에 제시된 함수들을 0으로 만든다.

[1] D^n : $1,\ x,\ x^2,\ x^3, \cdots,\ x^{n-1}$

[2] $(D-\alpha)^n$: $e^{\alpha x},\ x e^{\alpha x},\ x^2 e^{\alpha x},\ \cdots,\ x^{n-1} e^{\alpha x}$

[3] $[D^2 - 2\alpha D + (\alpha^2 + \beta^2)]^n$:

$$e^{\alpha x}\cos\beta x,\ x e^{\alpha x}\cos\beta x,\ x^2 e^{\alpha x}\cos\beta x,\ \cdots,\ x^{n-1} e^{\alpha x}\cos\beta x,$$
$$e^{\alpha x}\sin\beta x,\ x e^{\alpha x}\sin\beta x,\ x^2 e^{\alpha x}\sin\beta x,\ \cdots,\ x^{n-1} e^{\alpha x}\sin\beta x$$

[4] 이 연산자들의 적당한 유한개의 곱은 오른쪽의 함수들의 일차결합을 0으로 만든다. 예를 들면, $D^3(2x^2) = 0$, $(D^2+1)(\sin x) = 0$이고, 이것을 이용하면

$$\begin{aligned}
D^3(D^2+1)(2x^2 + \sin x) &= D^3((D^2+1)(2x^2 + \sin x)) \\
&= D^3((D^2+1)2x^2 + (D^2+1)\sin x) \\
&= D^3((D^2+1)(2x^2) + 0) = D^3(D^2+1)(2x^2) \\
&= (D^2+1)D^3(2x^2) = (D^2+1)(0) = 0.
\end{aligned}$$

이 절에서는 다음과 같은 상수계수를 갖는 n계 비동차 선형 미분방정식의 해를 구한다.

$$a_n \frac{d^n y}{dx^n} + a_{n-1}\frac{d^{n-1}y}{dx^{n-1}} + \cdots + a_1 \frac{dy}{dx} + a_0 y = g(x) \qquad \text{(N)}$$

또는

$$P(D)y = (a_n D^n + a_{n-1} D^{n-1} + \cdots + a_1 D + a_0)y = g(x) \quad \text{(N)}$$

이 방정식의 일반해를 구하기 위해서는 먼저 보조해 y_c와 비동차방정식의 특수해 y_p를 구하여 일반해 $y = y_c + y_p$를 구해야 한다. 위에서 살펴본 바와 같이 미분연산자는 다항함수, 자연지수함수, sine함수 cosine함수의 곱으로 주어진 함수를 0으로 만든다. 그러므로 이 절에서 소개되는 미정계수

법은 상수계수를 갖는 n계 비동차방정식 $P(D)y=g(x)$에서의 함수 $g(x)$가 다음과 같은 경우에 적용된다.

[1] 임의의 음이 아닌 정수 n 에 대하여 다항함수 x^n
[2] 지수함수 $e^{\alpha x}$ $(\alpha \in \mathbb{R})$
[3] sine함수, cosine함수 $\sin(\alpha x+\beta)$, $\cos(\alpha x+\beta)$
[4] [1], [2], [3]에서 주어진 함수의 유한개의 합이나 곱

정리 3.1.1 **미정계수법을 이용하여 해를 구하는 방법**

n계 비동차방정식 $P(D)y=g(x)$에서 다음과 같은 순서로 해를 구한다.

(1) 동차방정식 $P(D)y=0$의 일반해 y_c ($P(D)y=g(x)$의 보조해)를 구한다.
(2) 함수 $g(x)$를 0으로 하는, 즉 $P_1(D)(g(x))=0$으로 하는 미분연산자를 구한 다음 이것을 다음과 같이 원래의 비동차방정식에 적용한다.

$$P_1(D)P(D)y=P_1(D)P(D)g(x)=0$$

이것은 또한 동차방정식이므로 이 방정식의 해를 구하여 이 해 중에서 특수해 y_p 를 지정하여 원래의 방정식에 대입하여 구한다.
(3) 일반해 $y=y_c+y_p$를 구한다.

예 3.1.1 방정식 $y''+6y'+8y=e^{2x}$의 해를 구하여라.

풀이 주어진 방정식을 미분연산자를 이용하면

$$(D^2+6D+8)y = e^{2x} \text{ 또는 } (D+2)(D+4)y=e^{2x}.$$

여기에서 보조해를 구하려면 동차방정식 $(D+2)(D+4)y=0$의 해를 구한다. 따라서 보조해는

$$y_c = c_1e^{-2x}+c_2e^{-4x}$$

이다. 이제 특수해를 구해보자. 지수함수 e^{2x}를 0으로 만드는 미분연산자는 $(D-2)$이므로 다음이 성립한다.

$$(D-2)(D+2)(D+4)y=(D-2)e^{2x}=0$$

그러므로 이 동차방정식의 해를 구하면

$$y = c_1e^{-2x} + c_2e^{-4x} + c_3e^{2x}.$$

그런데 $c_1e^{-2x} + c_2e^{-4x}$는 주어진 방정식의 보조해이므로 $y_p = c_3e^{2x}$가 특수해임을 알 수 있다. 특수해 $y_p = Ae^{2x}$는 비동차방정식을 만족하므로 $y_p{}' = 2Ae^{2x}$, $y_p{}'' = 4Ae^{2x}$. 이것을 방정식에 대입하면

$$y_p{}'' + 6y_p{}' + 8'y_p = (4A + 12A + 8A)e^{2x} = 24Ae^{2x} = e^{2x}.$$

따라서 A의 계수를 비교하면 $A = \dfrac{1}{24}$이고, 특수해는 $y_p = \dfrac{1}{24}e^{2x}$이므로 일반해는

$$y = y_c + y_p = c_1e^{-2x} + c_2e^{-4x} + \frac{1}{24}e^{2x}.$$ ■

주1 위의 예제에서와 같이 보조해는 쉽게 구할 수 있으므로 특수해와 구별하여 구하지 않고 같이 구하는 것이 편리하다. 그러나 보조해 부분과 특수해 부분의 구성을 잘 구별해야 한다.

예 3.1.2 방정식 $y'' + y' - 2y = 3x + e^{-2x}$의 해를 구하여라.

풀이 주어진 방정식을 미분연산자를 이용하면

$$(D^2 + D - 2)y = 3x + e^{-2x} \quad \text{또는} \quad (D+2)(D-1)y = 3x + e^{-2x}.$$

그리고 $D^2(3x) = 0$이고 $(D+2)e^{-2x} = 0$이므로 이를 적용하면

$$D^2(D+2)(D+2)(D-1)y = D^2(D+2)^2(D-1)\ (3x + e^{-2x}) = 0.$$

따라서 이 동차방정식의 해는

$$y = c_1 + c_2x + c_3e^{-2x} + c_4xe^{-2x} + c_5e^x.$$

여기에서 보조해는 $y_c = c_1e^x + c_2e^{-2x}$이므로 특수해를 $y_p = A + Bx + Cxe^{-2x}$라 하면 $y'_p = B + Ce^{-2x} - 2Cxe^{-2x}$, $y''_p = -4Ce^{-2x} + 4Cxe^{-2x}$이므로 이것을 방정식에 대입하면

$$\begin{aligned} y''_p + y'_p - 2y_p &= (-4Ce^{-2x} + 4Cxe^{-2x}) + (B + Ce^{-2x} - 2Cxe^{-2x}) \\ &\quad - 2(A + Bx + Cxe^{-2x}) \\ &= (-2A + B) - 2Bx - 3Ce^{-2x} \\ &= 3x + e^{-2x} \end{aligned}$$

이다. 그러므로 $-2A + B = 0$, $-2B = 3$, $-3C = 1$이므로

$$A = -\frac{3}{4},\ B = -\frac{3}{2},\ C = -\frac{1}{3}$$

이 되어 특수해는 $y_p = -\frac{3}{4} - \frac{3}{2}x - \frac{1}{3}xe^{-2x}$이다. 따라서 일반해는

$$y = y_c + y_p = c_1 e^x + c_2 e^{-2x} - \frac{3}{4} - \frac{3}{2}x - \frac{1}{3}xe^{-2x}.$$

[예 3.1.3 방정식 $y^{(4)} + y'' = 3x^2 + 4\sin x - 2\cos x$의 해를 구하여라.

풀이] 주어진 방정식을 미분연산자를 이용하면

$$(D^4 + D^2)y = 3x^2 + 4\sin x - 2\cos x$$

또는

$$D^2(D^2+1)y = 3x^2 + 4\sin x - 2\cos x.$$

여기에서 $D^3(3x^2) = 0,\ (D^2+1)\sin x = 0,\ (D^2+1)\cos x = 0$이므로

$$D^3(D^2+1)(3x^2 + 4\sin x - 2\cos x) = 0$$

이다. 따라서 이를 적용하면

$$\begin{aligned} &D^3(D^2+1)(D^2(D^2+1))y \\ &= D^5(D^2+1)^2(3x^2 + 4\sin x - 2\cos x) = 0 \end{aligned}$$

따라서 이 동차방정식의 해는

$$\begin{aligned} y &= c_1 + c_2 x + c_3 x^2 + c_4 x^3 + c_5 x^4 \\ &\quad + c_6 \cos x + c_7 \sin x + c_8 x \cos x + c_9 x \sin x \end{aligned}$$

이고, 여기에서 보조해는 $y_c = c_1 + c_2 x + c_3 \sin x + c_4 \cos x$이므로 특수해는

$$y_p = Ax^4 + Bx^3 + Cx^2 + Dx\sin x + Ex\cos x$$

라 하고 $y_p^{(4)}$과 y''_p를 구하여 원래의 방정식에 대입하고

$$y_p^{(4)} + y_p'' = 3x^2 + 4\sin x - 2\cos x$$

계수를 비교하면 다음을 알 수 있다.

$$A = \frac{1}{4},\ B = 0,\ C = -3,\ D = 1,\ E = 2$$

따라서 특수해는

$$y_p = \frac{1}{4}x^4 - 3x^2 + x\sin x + 2x\cos x$$

이다. 그러므로 일반해는 다음과 같다.

$$y = y_c + y_p = c_1 + c_2 x + c_3 \sin x + c_4 \cos x + \frac{1}{4}x^4 - 3x^2 + x\sin x + 2x\cos x$$

■

3.1 연습문제

[1-14] 주어진 방정식의 일반해를 구하여라.

01 $y'' + y' = -\cos x$

02 $y'' - 6y' + 9y = e^x$

03 $y'' + 8y = 2e^{-x} + 5x$

04 $y'' + 4y = 3\sin x + 4\cos x - 8$

05 $y'' + 3y' - 4y = 30e^{4x}$

06 $y'' - 2y' + 5y = e^x \sin x$

07 $y'' + y' + y = 2\sin^2 x$

08 $y''' + y'' - 4y' - 4y = 3e^{-x} - 4x - 6$

09 $2y''' - 3y'' - 3y' + 2y = 4\cosh^2 x$

10 $y''' + y'' - 2y = x^2 + 10\sin 2x$

11 $x'' - 2x' + 5x = te^t \sin 2t$

12 $z'' - 4z' + 5z = x\sin 3x - \cos 3x$

13 $y'' + 2y' + 2y = e^{-x}\cos x + xe^{-x}\sin x$

14 $y^{(4)} - 2y'' + y = 4\cos(x+3)$

3.2 매개변수 변환법

3.1절의 미정계수법은 상수계수를 갖는 비동차방정식과 함수가 다항함수, 자연지수함수, sine함수, cosine함수 등에 제한된 것에 대하여 미분방정식의 해를 구하는 방법이다. 다음의 간단한 2계 미분방정식

$$\frac{d^2y}{dx^2}+y=\tan x$$

는 미분연산자로 $\tan x$ 를 0으로 만들 수 없으므로 위의 미분방정식에는 미정계수법을 적용하지 못한다. 따라서 이 절에서는 일반적인 선형 미분방정식의 일반적인 해를 구하는 방법인 매개변수 변환법에 대하여 알아본다.

[1] **1계 미분방정식**: 1.5절에서는 다음과 같은 1계 선형 미분방정식

$$\frac{dy}{dx}+p(x)y=f(x) \tag{N}$$

에 대하여 살펴보았고 적분인자는 $\mu(x)=e^{\int p(x)dx}$ 이므로 일반해는 다음과 같다.

$$y=e^{-\int p(x)dx}\int e^{\int p(x)dx}f(x)dx+Ce^{-\int p(x)dx}$$

여기서

$$y_c=Ce^{-\int p(x)dx}$$

는 보조해이고

$$y_p=e^{-\int p(x)dx}\int e^{\int p(x)dx}f(x)dx$$

는 주어진 방정식의 특수해 임을 알 수 있다. 이제 이러한 내용을 가지고 매개변수 변화법에 대한 방법에 대하여 알아보자.

먼저 y_1을 주어진 1계 미분방정식 (N)의 보조해라 하면 즉,

$$\frac{dy}{dx}+p(x)y=0 \tag{H}$$

의 일반해라 하면

$$\frac{dy_1}{dx} + p(x)y_1 = 0$$

이 성립한다. 실제로 $y_1 = e^{-\int p(x)dx}$가 (H)의 해이고, (H)의 일반해는 $y = c_1\, y_1$ 임을 알 수 있다. 매개변수 변환법은

$$y_p = u_1(x)y_1 = u_1 y_1$$

가 주어진 방정식 (N)의 특수해가 되는 u_1을 찾는 것이다. 즉, 상수 c_1을 x에 대한 함수 u_1으로 대치한 것이다. 이것을 위의 방정식 (N)에 대입하면

$$\begin{aligned} &\frac{d}{dx}(u_1 y_1) + p(x)(u_1 y_1) = f(x), \\ &u_1 y_1' + u_1' y_1 + p(x) u_1 y_1 = f(x), \\ &u_1(y_1' + p(x)y_1) + y_1 u_1' = f(x). \end{aligned}$$

여기에서 y_1은 동차방정식 (H)의 해이므로 $\frac{dy_1}{dx} + p(x)y_1 = 0$이고 윗식은

$$y_1 \frac{du_1}{dx} = f(x) \quad \text{또는} \quad du_1 = \frac{f(x)}{y_1} dx$$

이고 변수분리형이므로 적분하면

$$u_1 = \int \frac{f(x)}{y_1} dx = \int e^{\int p(x)dx} f(x) dx$$

이다.

$$y_p = u_1 y_1 = y_1 \int \frac{f(x)}{y_1} dx = e^{-\int p(x)dx} \int e^{\int p(x)dx} f(x) dx$$

가 되어 위의 특수해와 일치함을 알 수 있다.

[2] **2계 미분방정식:** 2계 미분방정식

$$y'' + p(x)y' + q(x)y = f\,(x) \tag{N}$$

의 보조해를 $y_c = c_1 y_1 + c_2 y_2$라 하자. 즉, y_1과 y_2는 다음의 동차방정식

$$y'' + p(x)y' + q(x)y = 0 \tag{H}$$

의 일차독립인 해이고, 1계 미분방정식과 같은 방법으로 특수해를

$$y_p = u_1 y_1 + u_2 y_2$$

라 하자. 그러면

$$y_p{}' = u_1 y_1{}' + u_1{}' y_1 + u_2 y_2{}' + u_2{}' y_2 = u_1{}' y_1 + u_2{}' y_2 + u_1 y_1{}' + u_2 y_2{}'.$$

여기에서

$$u_1{}' y_1 + u_2{}' y_2 = 0 \tag{H1}$$

라 하면

$$y_p{}' = u_1 y_1{}' + u_2 y_2{}'$$

이것을 다시 미분하면

$$y_p{}'' = u_1 y_1{}'' + y_1{}' u_1{}' + u_2 y_2{}'' + u_2{}' y_2{}'$$

이고 이것을 방정식 (N)에 대입하여 정리하면

$$\begin{aligned} & y_p{}'' + p(x) y_p{}' + q(x) y_p \\ &= u_1 [y_1{}'' + p(x) y_1{}' + q(x) y_1] + u_2 [y_2{}'' + p(x) y_2{}' + q(x) y_2] \\ &\quad + y_1{}' u_1{}' + y_2{}' u_2{}' \\ &= f(x) \end{aligned}$$

여기에서 y_1과 y_2가 동차방정식 (H)의 해이므로

$$y_1{}'' + p(x) y_1{}' + q(x) y_1 = 0, \quad y_2{}'' + p(x) y_2{}' + q(x) y_2 = 0$$

이 되어

$$y_1{}' u_1{}' + y_2{}' u_2{}' = f(x) \tag{N1}$$

인 조건도 만족한다. 그러므로 (H1)과 (N1)을 연립하면 다음과 같은 $u_1{}'$과 $u_2{}'$의 연립방정식이 된다.

$$\begin{aligned} y_1 u_1{}' + y_2 u_2{}' &= 0 \\ y_1{}' u_1{}' + y_2{}' u_2{}' &= f(x) \end{aligned}$$

여기에서

$$\mathrm{W}_1 = \det\begin{pmatrix} 0 & y_2 \\ f(x) & y_2{}' \end{pmatrix}, \quad \mathrm{W}_2 = \det\begin{pmatrix} y_1 & 0 \\ y_1{}' & f(x) \end{pmatrix}, \quad \mathrm{W} = \det\begin{pmatrix} y_1 & y_2 \\ y_1{}' & y_2{}' \end{pmatrix}$$

이라 하면 y_1과 y_2는 일차독립인 해이므로 $W(y_1,\ y_2) \neq 0$이다. 이를 이용하여 연립방정식을 풀면

$$u'_1 = \frac{W_1}{W} = -\frac{y_2 f(x)}{W}, \quad u'_2 = \frac{W_2}{W} = \frac{y_1 f(x)}{W}$$

이고 적분하여 u_1과 u_2를 구하면 다음 특수해를 얻는다.

$$y_p = u_1 y_1 + u_2 y_2$$

예 3.2.1 방정식 $y'' + y = \tan x$의 해를 구하여라.

풀이 먼저 보조해를 구하면

$$y_c = c_1 \sin x + c_2 \cos x$$

이므로 특수해를

$$y_p = u_1 \sin x + u_2 \cos x$$

라 하면 $y_1 = \sin x,\ y_2 = \cos x$이다.

$$W_1 = \det\begin{pmatrix} 0 & \cos x \\ \tan x & -\sin x \end{pmatrix},\ W_2 = \det\begin{pmatrix} \sin x & 0 \\ \cos x & \tan x \end{pmatrix},\ W = \det\begin{pmatrix} \sin x & \cos x \\ \cos x & -\sin x \end{pmatrix}$$

이므로

$$\begin{aligned} u'_1 &= \frac{W_1}{W} = \frac{\cos x \tan x}{1} = \sin x, \\ u'_2 &= \frac{W_2}{W} = \frac{\sin x \tan x}{-1} = -\frac{\sin^2 x}{\cos x} \\ &= \frac{(\cos^2 x - 1)}{\cos x} = \cos x - \sec x. \end{aligned}$$

양변을 적분하면

$$\begin{aligned} u_1 &= -\cos x + c_3, \\ u_2 &= \sin x - \ln|\sec x + \tan x| + c_4. \end{aligned}$$

그러므로 특수해는 $y_p = c_3 \sin x + c_4 \cos x - \cos x \ln|\sec x + \tan x|$이다. 그런데 $\sin x$와 $\cos x$는 보조해에 있으므로 일반해는

$$y = y_c + y_p = c_1 \sin x + c_2 \cos x - \cos x \ln|\sec x + \tan x|.$$

일반적으로 $u_1(x),\ u_2(x)$를 구할 때 적분상수를 표시하지 않아도 된다. ■

예 3.2.2 방정식 $2y'' + 18y = \csc 3x$의 해를 구하여라.

풀이 양변을 2로 나누면

$$y'' + 9y = \frac{1}{2}\csc 3x$$

이고 보조해는

$$y_c = c_1 \cos 3x + c_2 \sin 3x$$

이므로 특수해를

$$y_p = u_1 \cos 3x + u_2 \sin 3x$$

라 하자. 그러면 $y_1 = \cos 3x$, $y_2 = \sin 3x$이므로

$$W_1 = \det\begin{pmatrix} 0 & \sin 3x \\ \frac{1}{2}\csc 3x & 3\cos 3x \end{pmatrix} = -\frac{1}{2},$$

$$W_2 = \det\begin{pmatrix} \cos 3x & 0 \\ -3\sin 3x & \frac{1}{2}\csc 3x \end{pmatrix} = \frac{1}{2}\cot 3x,$$

$$W = \det\begin{pmatrix} \cos 3x & \sin 3x \\ -3\sin 3x & 3\cos 3x \end{pmatrix} = 3.$$

따라서 $u_1' = -\frac{1}{6}$, $u_2' = \frac{1}{6}\cot 3x$ 적분하면

$$u_1(x) = -\frac{x}{6},\ u_2(x) = \frac{1}{18}\ln|\sin 3x|$$

이므로 특수해는

$$y_p = u_1 y_1 + u_2 y_2 = -\frac{x}{6}\cos 3x + \frac{1}{18}\sin 3x \ln|\sin 3x|.$$

그러므로 일반해는 다음과 같다.

$$y = y_c + y_p = c_1 \cos 3x + c_2 \sin 3x - \frac{x}{6}\cos 3x + \frac{1}{18}\sin 3x \ln|\sin 3x|. \qquad \blacksquare$$

[3] n 계 미분방정식: n계 미분방정식

$$y^{(n)} + p_{n-1}(x)y^{(n-1)} + p_{n-2}(x)y^{(n-2)} + \cdots + p_1(x)y' + p_0(x)y = f(x) \quad \text{(N)}$$

의 보조해를 $y_c = c_1 y_1 + \cdots + c_n y_n$라 하자. 즉, $y_1, \cdots, y_n$은 다음 동차방정식

$$y^{(n)} + p_{n-1}(x)y^{(n-1)} + p_{n-2}(x)y^{(n-2)} + \cdots + p_1(x)y' + p_0(x)y = 0 \quad \text{(H)}$$

의 일차독립인 해이고, 2계 미분방정식의 해법과 같은 방법으로 특수해를

$$y_p = u_1 y_1 + u_2 y_2 + \cdots + u_n y_n$$

라 하자. 그러면 2계 미분방정식의 해법과 같은 방법으로 n계 일차 연립방정식을 만든다.

$$\begin{aligned} u'_1 y_1 + u'_2 y_2 + \cdots + u'_n y_n &= 0 \\ u'_1 y'_1 + u'_2 y'_2 + \cdots + u'_n y'_n &= 0 \\ &\vdots \\ u'_1 y_1^{(n-2)} + u'_2 y_2^{(n-2)} + \cdots + u'_n y_n^{(n-2)} &= 0 \\ u'_1 y_1^{(n-1)} + u'_2 y_2^{(n-1)} + \cdots + u'_n y_n^{(n-1)} &= f(x) \end{aligned}$$

이것을 행렬식을 이용하여 모든 $k=1, \cdots, n$에 대하여 u_k'을 구하고 적분하여 u_k를 구하고 대입하여 특수해와 일반해를 구한다.

예 3.2.3 방정식 $y''' + y' = \sec x$의 해를 구하여라.

풀이 먼저 보조해를 구하면

$$y_c = c_1 + c_2 \cos x + c_3 \sin x$$

이므로 특수해를

$$y_p = u_1 + u_2 \cos x + u_3 \sin x$$

라 하면 $y_1 = 1$, $y_2 = \cos x$, $y_3 = \sin x$이다.

$$W_1 = \det\begin{pmatrix} 0 & \cos x & \sin x \\ 0 & -\sin x & \cos x \\ \sec x & -\cos x & -\sin x \end{pmatrix},\ W_2 = \det\begin{pmatrix} 1 & 0 & \sin x \\ 0 & 0 & \cos x \\ 0 & \sec x & -\sin x \end{pmatrix},$$

$$W_3 = \det\begin{pmatrix} 1 & \cos x & 0 \\ 0 & -\sin x & 0 \\ 0 & -\cos x & \sec x \end{pmatrix},\qquad W = \det\begin{pmatrix} 1 & \cos x & \sin x \\ 0 & -\sin x & \cos x \\ 0 & -\cos x & -\sin x \end{pmatrix}$$

이므로

$$u'_1 = \frac{W_1}{W} = \sec x,\quad u'_2 = \frac{W_2}{W} = -1,\quad u'_3 = \frac{W_3}{W} = -\tan x$$

이다. 적분하면

$$u_1 = \ln|\sec x + \tan x|,\quad u_2 = -x,\quad u_3 = \ln|\cos x|$$

이므로 특수해는

$$\begin{aligned} y_p &= u_1 y_1 + u_2 y_2 + u_3 y_3 \\ &= \ln|\sec x + \tan x| - x\cos x + \sin x \ln|\cos x| \end{aligned}$$

이므로 일반해는

$$\begin{aligned} y &= y_c + y_p \\ &= c_1 + c_2\cos x + c_3\sin x + \ln|\sec x + \tan x| - x\cos x + \sin x \ln|\cos x|. \end{aligned}$$

■

3.2 연습문제

[1-14] 주어진 미분방정식의 일반해를 변수변환법을 이용하여 구하여라.

01 $y'' - y = e^x$

02 $y'' + 9y = \sin 3x$

03 $y'' + y = \sec x$

04 $y'' + y = \sec^4 x$

05 $y'' + y = \cot x$

06 $y'' + y = \sec x \ \mathrm{cosec}\, x$

07 $y'' - 4y' + 4y = (x+1)e^{2x}$

08 $y'' + 2y' + y = e^{-x}\ln x$

09 $y'' - y = e^{-2x}\sin(e^{-x})$

10 $y'' + y = \mathrm{cosec}^3 x \cot x$

11 $y'' - 2y' + y = xe^x \ln x \ (x > 0)$

12 $y'' - 2y' + y = e^x \sin^{-1} x$

13 $y'' + 3y' + 2y = \dfrac{1}{1+e^x}$

14 $y'' + y = \dfrac{1}{1+\sin x}$

제4장
변수계수를 갖는 선형 미분방정식

무한급수는 수학이나 공학에서 많이 쓰이는 방법이다. 이 장에서는 변수계수를 갖는 선형 미분방정식의 해를 구할 때 특별한 형태의 코시-오일러 방정식의 해법에 대하여 알아보고, 가장 일반적인 방법인 무한급수를 이용한 해법에 대하여 소개하며 공학에서 자주 쓰이는 두 가지 형태의 특별한 미분방정식에 대하여 알아본다.

4.1 코시-오일러 방정식

이 절에서는 변수계수를 갖는 선형 미분방정식 중에서 특수한 형태의 코시-오일러 방정식에 대하여 알아본다.

정의 4.1.1 $a_0,\ a_1,\ \cdots,\ a_n$이 임의의 상수이고 $f(x)$가 함수일 때 다음의 방정식

$$a_n x^n \frac{d^n y}{dx^n} + a_{n-1} x^{n-1} \frac{d^{n-1} y}{dx^{n-1}} + \cdots + a_1 x \frac{dy}{dx} + a_0 y = f(x)$$

를 코시-오일러(Cauchy-Euler) 방정식이라 한다.

2계 미분방정식

$$a_2 x^2 \frac{d^2 y}{dx^2} + a_1 x \frac{dy}{dx} + a_0 y = f(x)$$

에서 $x = e^t$라 하면 $t = \ln x\ \ (x > 0)$이고 다음이 성립한다.

$$\frac{dy}{dx} = \frac{dy}{dt}\frac{dt}{dx} = \frac{1}{x}\frac{dy}{dt},$$
$$\frac{d^2 y}{dx^2} = \frac{1}{x}\frac{d}{dx}\left(\frac{dy}{dt}\right) + \frac{dy}{dt}\frac{d}{dx}\left(\frac{1}{x}\right) = \frac{1}{x^2}\left(\frac{d^2 y}{dt^2} - \frac{dy}{dt}\right).$$

그러므로

$$x\frac{dy}{dx} = \frac{dy}{dt}, \quad x^2 \frac{d^2 y}{dx^2} = \frac{d^2 y}{dt^2} - \frac{dy}{dt}$$

가 되어 이것을 주어진 방정식에 대입하면

$$A_2 \frac{d^2 y}{dt^2} + A_1 \frac{dy}{dt} + A_0 y = g(t)$$

이다. 여기에서 $A_2 = a_2,\ A_1 = a_1 - a_2,\ A_0 = a_0,\ g(t) = f(e^t)$.

정리 4.1.2

변환 $x=e^t$ $(t=\ln x)$는 다음의 코시-오일러 방정식을 상수계수를 갖는 선형 미분방정식으로 바꾼다.

$$a_n x^n \frac{d^n y}{dx^n} + a_{n-1} x^{n-1} \frac{d^{n-1} y}{dx^{n-1}} + \cdots + a_1 x \frac{dy}{dx} + a_0 y = f(x).$$

다음은 코시-오일러 방정식의 해를 구하는 방법이다. 여기에서는 2계 미분방정식에 대한 소개를 하고 일반해는 3.2절에서와 같이 구한다. 우리는 3.2절의 매개변수 변환법에 의하여 주어진 방정식의 보조해를 구하면 일반해를 구할 수 있다. 따라서 여기에서는 동차방정식의 해를 구하는 것에 대하여 알아본다.

정리 4.1.3

코시-오일러 방정식의 해를 구하는 방법

다음의 2계 미분방정식

$$a_2 x^2 \frac{d^2 y}{dx^2} + a_1 x \frac{dy}{dx} + a_0 y = 0$$

의 해가 $y = x^m$이라 하자. 그러면 $y' = mx^{m-1}$, $y'' = m(m-1)x^{m-2}$이므로 이것을 식에 대입하면

$$\begin{aligned} a_2 x^2 \frac{d^2 y}{dx^2} + a_1 x \frac{dy}{dx} + a_0 y &= a_2 x^2 m(m-1)x^{m-2} + a_1 x\, m x^{m-1} + a_0 x^m \\ &= x^m \left(a_2 m(m-1) + a_1 m + a_0\right) = 0. \end{aligned}$$

여기에서 $x=0$이면 자명한 해가 되므로 $x \neq 0$이라 하면

$$a_2 m(m-1) + a_1 m + a_0 = 0$$

또는

$$a_2 m^2 + (a_1 - a_2)m + a_0 = 0 \qquad \text{(AE)}$$

이다. 이 식을 주어진 코시-오일러 미분방정식의 **보조방정식**이라 한다.

[1] 보조방정식이 서로 다른 두 실수해 m_1, m_2를 갖는 경우

$y_1 = x^{m_1}$과 $y_2 = x^{m_2}$는 일차독립인 해이고, 주어진 방정식의 일반해는

$$y = c_1 x^{m_1} + c_2 x^{m_2}.$$

[2] 보조방정식이 같은 중복해 $m_1 = m_2$를 갖는 경우

보조방정식이 중복해를 가지므로 $m_1 = -\dfrac{(a_1 - a_2)}{2a_2}$이고 방정식을 $a_2 x^2$으로 나누면

$$\frac{d^2y}{dx^2} + \frac{a_1}{a_2 x}\frac{dy}{dx} + \frac{a_0}{a_2 x^2} y = 0$$

이므로 $p(x) = \dfrac{a_1}{a_2 x}$라 하면 정리 2.2.1에 의하여

$$\begin{aligned} y_2 &= x_1^m \int \frac{e^{-\int (a_1/a_2 x)dx}}{(x^{m_1})^2} dx \\ &= x^{m_1} \int \frac{e^{-(a_1/a_2)\ln x}}{x^{2m_1}} dx \\ &= x^{m_1} \int x^{-a_1/a_2} \cdot x^{(a_1 - a_2)/a_2} dx \\ &= x^{m_1} \ln x. \end{aligned}$$

$y_1 = x^{m_1}$과 $y_2 = x^{m_1}\ln x$는 일차독립인 해이고, 그러므로 일반해는

$$y = c_1 x^{m_1} + c_2 x^{m_1} \ln x.$$

[3] 보조방정식이 서로 다른 두 허수해 $m_1 = \alpha + i\beta$, $m_2 = \alpha - i\beta$를 갖는 경우

$y_1 = x^{\alpha + i\beta}$, $y_2 = x^{\alpha - i\beta}$는 일차독립인 해이고 일반해는

$$y = c_1 x^{\alpha + i\beta} + c_2 x^{\alpha - i\beta}$$

이다. 여기에서 임의의 실수 β에 대하여 오일러 형식에 의하여

$$x^{\pm i\beta} = (e^{\ln x})^{\pm i\beta} = e^{\pm i\beta \ln x} = \cos(\beta \ln x) \pm i \sin(\beta \ln x)$$

이므로 일반해는

$$y = c_1 x^{\alpha + i\beta} + c_2 x^{\alpha - i\beta}$$

$$= x^{\alpha}[c_1(\cos(\beta\ln x) + i\sin(\beta\ln x)) + c_2(\cos(\beta\ln x) - i\sin(\beta\ln x))]$$
$$= x^{\alpha}[(c_1 + c_2)\cos(\beta\ln x) + i(c_1 - c_2)\sin(\beta\ln x)]$$
$$= x^{\alpha}[k_1\cos(\beta\ln x) + k_2\sin(\beta\ln x)].$$

[예 4.1.1 방정식 $2x^2y'' + 3xy' - y = 0$의 해를 구하여라.

풀이 보조방정식은

$$2m(m-1) + 3m - 1 = 2m^2 + m - 1$$
$$= (2m-1)(m+1) = 0$$

이므로 서로 다른 두 실수해 $m = \frac{1}{2}$, $m = -1$을 갖는다. 그러므로 일반해는

$$y = c_1 x^{\frac{1}{2}} + c_2 x^{-1}. \qquad \blacksquare$$

[예 4.1.2 $x^2y'' + 5xy' + 4y = 0$의 해를 구하여라.

풀이 보조방정식은 $m(m-1) + 5m + 4 = (m+2)^2 = 0$이므로 중복해 $m = -2$를 갖는다. 그러므로

$$y = c_1 x^{-2} + c_2 x^{-2}\ln x. \qquad \blacksquare$$

[예 4.1.3 $x^2y'' + xy' + y = 0$의 해를 구하여라.

풀이 보조방정식은 $m(m-1) + m + 1 = m^2 + 1 = 0$이므로 $m = \pm i$를 갖는다. 그러므로

$$y = c_1\cos(\ln x) + c_2\sin(\ln x). \qquad \blacksquare$$

[예 4.1.4 방정식 $x^2y'' - 2xy' + 2y = x^3$의 해를 구하여라.

풀이 $x = e^t$라 하면 $t = \ln x$이고

$$\frac{dy}{dx} = \frac{1}{x}\frac{dy}{dt},$$
$$\frac{d^2y}{dx^2} = \frac{1}{x}\frac{d}{dx}\left(\frac{dy}{dt}\right) + \frac{dy}{dt}\frac{d}{dx}\left(\frac{1}{x}\right) = \frac{1}{x^2}\left(\frac{d^2y}{dt^2} - \frac{dy}{dt}\right)$$

이다. 그러므로 이것을 방정식에 대입하면 주어진 방정식은

$$\frac{d^2y}{dt^2} - 3\frac{dy}{dt} + 2y = e^{3t}$$

가 되어 상수계수를 갖는 선형방정식이 된다. 여기에서 이 방정식의 보조해를 구하면 $y_c = c_1e^t + c_2e^{2t}$ 이고 이것을 이용하여 특수해를 구하면 $y_p = \frac{1}{2}e^{3t}$ 이다. 따라서 일반해는

$$y = c_1e^t + c_2e^{2t} + \frac{1}{2}e^{3t}.$$

■

여기에서 $t = \ln x$ 이므로 주어진 방정식의 일반해는

$$y = c_1x + c_2x^2 + \frac{1}{2}x^3.$$

주1 다음 n 계 방정식

$$a_nx^n\frac{d^ny}{dx^n} + a_{n-1}x^{n-1}\frac{d^{n-1}y}{dx^{n-1}} + \cdots + a_1x\frac{dy}{dx} + a_0y = 0$$

에서 보조방정식

$$a_nm(m-1)\cdots(m-n+1) + a_{n-1}m(m-1)\cdots(m-n+2) + \cdots + a_1m + a_0 = 0$$

이 k차 중근 m_1을 갖는다면

$$x_1^m,\ x_1^m\ln x,\ \cdots,\ x_1^m(\ln x)^{k-1}$$

도 주어진 방정식의 일차독립인 해가 된다.

예 4.1.5 방정식 $x^3y''' + 2x^2y'' + xy' - y = 0$의 해를 구하여라.

풀이 주어진 방정식의 보조방정식

$$m(m-1)(m-2) + 2m(m-1) + m - 1 = (m^2+1)(m-1) = 0$$

은 두 개의 허수해 $m = \pm i$와 $m = 1$을 갖는다. 그러므로 $y_1 = \cos(\ln x)$, $y_2 = \sin(\ln x)$, $y_3 = x$는 모두 일차독립인 해이고, 일반해는

$$y = c_1\cos(\ln x) + c_2\sin(\ln x) + c_3x.$$

■

4.1 연습문제

[1-15] 주어진 방정식의 일반해를 구하여라.

01 $x^2y'' - 5xy' + 5y = 0$

02 $x^2y'' - xy' + y = 0$

03 $3x^2y'' + 2xy' = 0$

04 $x^2y'' - 5xy' + 25y = 0$

05 $x^2y'' - 5xy' + 9y = 2x^3$

06 $x^2y'' - 4xy' + 6y = 4x - 6$

07 $x^2y'' + xy' - y = x$

08 $x^2y'' - 2xy' + 2y = x^3\ln x^2$

09 $x^2y'' - 4xy' + 6y = 0,\ y(2) = 0,\ y'(2) = 4$

10 $x^2y'' - 3xy' + 13y = 0,\ y(1) = 1,\ y'(1) = 0$

11 $x^3y''' + 2x^2y'' + xy' - y = 0$

12 $x^3y''' - x^2y'' + 2xy' - 2y = x^3$

13 $x^3y''' - 3x^2y'' + 6xy' - 6y = 0$

14 $x^3y''' - x^2y'' - 6xy' + 18y = 0$

15 $x^2y'' + xy' + 4y = 2x\ln x$

4.2 무한급수

이 절에서는 일반적인 미분방정식의 해를 구하는 급수해법을 설명하기 위하여 먼저 무한급수에 대하여 알아본다.

정의 4.2.1 자연수 전체의 집합 N에서 정의된 실수 집합 $\mathbb{R}$로의 함수

$$f : \mathbb{N} \to \mathbb{R}, \quad f(n) = a_n$$

을 **수열**이라 하고, 각 $n \in \mathbb{N}$에 대한 함숫값 $f(n) = a_n$을 수열 f의 제n 항, 수열 f를 $< a_n >$ 또는 $< a_1, a_2, \cdots >$으로 나타낸다.

예 4.2.1

(1) $\left\langle 1 + \dfrac{1}{n} \right\rangle = \left\langle 2, \dfrac{3}{2}, \dfrac{4}{3}, \cdots \right\rangle$

(2) $\langle (-1)^n 2^n \rangle = \langle -2, 4, -8, \cdots \rangle$

정의 4.2.2 수열 $< a_n >$에 대하여 각 항의 합

$$\sum_{n=1}^{\infty} a_n = a_1 + a_2 + \cdots$$

을 **(무한)급수**라 한다. 모든 $n \in \mathbb{N}$ 에 대하여 첫째 항에서 n 항까지의 합

$$S_n = \sum_{i=1}^{n} a_i = a_1 + a_2 + \cdots + a_n$$

을 주어진 급수의 **부분합**이라 하고 부분합에 대한 수열 $< S_n >$을 급수의 부분합의 수열이라 한다. 부분합의 수열 $< S_n >$이 실수 S에 수렴할 때 이 급수는 **수렴한다**고 하고 이때 극한값 S를 주어진 **급수의 합**이라고 하며 기호로

$$\sum_{n=1}^{\infty} a_n = S$$

로 나타낸다. 또한, 급수가 수렴하지 않으면 급수는 발산한다고 한다.

예 4.2.2 (1) 급수 $\sum_{n=1}^{\infty} \frac{1}{n(n+1)}$ 에서 부분합

$$S_n = \sum_{i=1}^{n} \frac{1}{i(i+1)} = \sum_{i=1}^{n} \left(\frac{1}{i} - \frac{1}{i+1}\right)$$

이므로

$$S_n = \left(1 - \frac{1}{2}\right) + \left(\frac{1}{2} - \frac{1}{3}\right) + \cdots + \left(\frac{1}{n} - \frac{1}{1+n}\right) = 1 - \frac{1}{n+1}$$

이고 $\lim_{n\to\infty} S_n = 1$ 이므로 이 급수는 수렴하고 합은 1이다.

(2) 급수 $\sum_{n=1}^{\infty} (-1)^{n+1}$ 에서 부분합을 생각하면

$$\begin{aligned} S_1 &= 1 \\ S_2 &= 1 - 1 = 0 \\ S_3 &= 1 - 1 + 1 = 1 \\ &\vdots \end{aligned}$$

이므로 부분합에 대한 수열은 다음과 같다.

$$1,\ 0,\ 1,\ 0,\ 1,\ 0,\ \cdots$$

그러므로 이 급수는 발산한다.

정리 4.2.3 급수 $\sum_{n=1}^{\infty} a_n$ 이 수렴하면 $\lim_{n\to\infty} a_n = 0$ 이다.

증명 주어진 급수의 부분합을 S_n 이라 하고 $\lim_{n\to\infty} S_n = S$ 라 하면, 주어진 급수의 일반항은 $a_n = S_n - S_{n-1}$ 이므로

$$\lim_{n\to\infty} a_n = \lim_{n\to\infty}(S_n - S_{n-1}) = \lim_{n\to\infty} S_n - \lim_{n\to\infty} S_{n-1} = S - S = 0. \qquad \blacksquare$$

이 정리는 급수의 발산을 판정하는 데 이용하는데 이 정리의 대우인 명제는 다음과 같다.

따름정리 4.2.4

급수의 발산

만일 $\lim_{n\to\infty} a_n \neq 0$이면 급수 $\sum_{n=1}^{\infty} a_n$은 발산한다.

예 4.2.3

(1) $\lim_{n\to\infty} \frac{n}{n+1} = 1 \neq 0$이므로 급수 $\sum_{n=1}^{\infty} \frac{n}{n+1}$은 발산한다.

(2) $\lim_{n\to\infty} \frac{3n^2}{n^2-n+1} = 3 \neq 0$이므로 $\sum_{n=1}^{\infty} \frac{3n^2}{n^2-n+1}$은 발산한다.

(3) 두 급수 $\sum_{n=1}^{\infty} \frac{1}{2^n}$과 $\sum_{n=1}^{\infty} \frac{1}{n}$에서 $\lim_{n\to\infty} \frac{1}{2^n} = 0$이고 $\lim_{n\to\infty} \frac{1}{n} = 0$이다. 그러나 급수 $\sum_{n=1}^{\infty} \frac{1}{2^n}$은 첫째 항이 $\frac{1}{2}$이고 공비가 $\frac{1}{2}$인 무한 등비급수이므로

$$\sum_{n=1}^{\infty} \frac{1}{2^n} = \frac{1}{2} \cdot \frac{1}{1-\frac{1}{2}} = 1$$

이고 급수 $\sum_{n=1}^{\infty} \frac{1}{n}$은 발산한다(뒤의 p-급수의 판정법에서 다룰 것이다).

정의 4.2.5

급수 $\sum_{n=1}^{\infty} a_n$에서 각 항이 $a_n > 0$이면 이 급수를 **양항급수**라 한다.

주1 양항급수에서 부분합은 $S_1 \le S_2 \le S_3 \le \cdots$ 이므로 수열 $< S_n >$은 유한값에 수렴하거나 $\lim_{n\to\infty} S_n = +\infty$가 되어 발산한다.

정리 4.2.6

양항급수 $\sum_{n=1}^{\infty} a_n$이 수렴하기 위한 필요충분조건은 그 부분합의 수열 $< S_n >$이 위로 유계인 것이다.

예 4.2.4 급수 $\sum_{n=1}^{\infty}\frac{1}{n!}$의 수렴성을 조사하여라.

풀이 위의 정리 4.2.6에 의하여 부분합

$$S_n = \frac{1}{1!}+\frac{1}{2!}+\cdots+\frac{1}{n!}$$

이 유계임을 보이자. 여기에서

$$n \neq 1 \cdot 2 \cdot 3 \cdot \cdots \cdot n \geq 1 \cdot 2 \cdot 2 \cdot \cdots \cdot 2 = 2^{n-1}$$

이므로

$$S_n = \frac{1}{1!}+\frac{1}{2!}+\cdots+\frac{1}{n!} \leq 1+\frac{1}{2}+\frac{1}{2^2}+\cdots+\frac{1}{2^{n-1}}$$
$$= \frac{1-\left(\frac{1}{2}\right)^n}{1-\frac{1}{2}} = 2\left[1-\left(\frac{1}{2}\right)^n\right] < 2$$

이다. 그러므로 이 급수는 수렴한다. ■

정리 4.2.7 **비교판정법**

두 양항급수 $\sum_{n=1}^{\infty}a_n$과 $\sum_{n=1}^{\infty}b_n$에서 자연수 $n\in\mathbb{N}$에 대하여 $a_n \leq b_n$이면 다음이 성립한다.

(1) $\sum_{n=1}^{\infty}b_n$이 수렴하면 $\sum_{n=1}^{\infty}a_n$도 수렴한다.

(2) $\sum_{n=1}^{\infty}a_n$이 발산하면 $\sum_{n=1}^{\infty}b_n$도 발산한다.

증명 (1) 가정에서 $\sum_{n=1}^{\infty}b_n < \infty$이므로

$$S_n = a_1 + a_2 + \cdots + a_n \leq b_1 + b_2 + \cdots + b_n \leq \sum_{n=1}^{\infty}b_n < \infty$$

이다. 정리 4.2.6에 의하여 급수 $\sum_{n=1}^{\infty}a_n$도 수렴한다.

(2) 같은 방법으로 증명한다. ■

예 4.2.5 (1) 급수 $\sum_{n=1}^{\infty}\frac{1}{n}$에 대하여 다음이 성립한다.

$$\begin{aligned}&1+\frac{1}{2} > \frac{1}{2}\\ &\frac{1}{3}+\frac{1}{4} > \frac{2}{4}=\frac{1}{2}\\ &\frac{1}{5}+\frac{1}{6}+\frac{1}{7}+\frac{1}{8} > \frac{4}{8}=\frac{1}{2}\\ &\frac{1}{9}+\frac{1}{10}+\cdots+\frac{1}{16} > \frac{8}{16}=\frac{1}{2}\\ &\qquad\vdots\end{aligned}$$

각 부등식에 변끼리 더하면

$$1+\frac{1}{2}+\frac{1}{3}+\frac{1}{4}+\cdots+\frac{1}{2^n} > \frac{n}{2}$$

이고 $\lim_{n\to\infty}\frac{n}{2}=\infty$이므로 비교판정법에 의하여 $\sum_{n=1}^{\infty}\frac{1}{n}$은 발산한다.

(2) 급수 $\sum_{n=1}^{\infty}\frac{2n}{n^2-1}$은 임의의 자연수 $n\in\mathbb{N}$에 대하여 다음이 성립한다.

$$\frac{2n}{n^2-1} > \frac{2n}{n^2}=2\left(\frac{1}{n}\right),\quad \sum_{n=1}^{\infty}\frac{1}{n}=\infty$$

그러므로 비교판정법에 의하여 $\sum_{n=1}^{\infty}\frac{2n}{n^2-1}$은 발산한다.

정리 4.2.8

두 양항급수 $\sum_{n=1}^{\infty}a_n$과 $\sum_{n=1}^{\infty}b_n$에 대하여

$$\lim_{n\to\infty}\frac{a_n}{b_n}=l\ \ (l>0)$$

이면 두 급수는 동시에 수렴하거나 또는 동시에 발산한다.

예 4.2.6 (1) 급수 $\sum_{n=1}^{\infty}\frac{1}{\sqrt{n^2+n}}$에 대하여 급수 $\sum_{n=1}^{\infty}\frac{1}{n}$은 발산하고

$$\lim_{n\to\infty}\frac{\frac{1}{n}}{\frac{1}{\sqrt{n^2+n}}}=\lim_{n\to\infty}\sqrt{\frac{n^2+n}{n^2}}=1$$

이므로 주어진 급수는 발산한다.

(2) 급수 $\sum_{n=1}^{\infty}\frac{1}{2n(2n-1)}$ 에 대하여 급수 $\sum_{n=1}^{\infty}\frac{1}{n^2}$ 은 수렴하고

$$\lim_{n\to\infty}\frac{\frac{1}{2n(2n+1)}}{\frac{1}{n^2}}=\frac{1}{4}$$

이므로 주어진 급수는 수렴한다.

정리 4.2.9 **적분판정법**

함수 f 가 $[1, \infty)$에서 정의된 연속함수이고 단조감소함수이며 $f(x)>0$ 이라 하자. 자연수 $n\in\mathbb{N}$에 대하여 $f(n)=a_n$이라 하면, 무한급수 $\sum_{n=1}^{\infty}a_n$ 이 수렴하기 위한 필요충분조건은 특이적분 $\int_1^{\infty}f(x)dx$가 수렴하는 것이다.

증명] 급수의 부분합

$$S_n=a_1+a_2+\cdots+a_n$$

과 함수 $y=f(x)$의 면적을 비교하면 다음 그림과 같이 다음 부등식이 성립한다.

$$\int_1^{n+1}f(x)dx<S_n<a_1+\int_1^{n}f(x)dx \qquad \cdots\cdots\cdots\cdots\cdots\cdots \text{(A)}$$

만일 $\int_1^{\infty}f(x)dx$가 수렴하면, 식 (A)의 오른쪽 부등식으로부터

$$S_n<a_1+\int_1^{n+1}f(x)dx<a_1+\int_1^{\infty}f(x)dx.$$

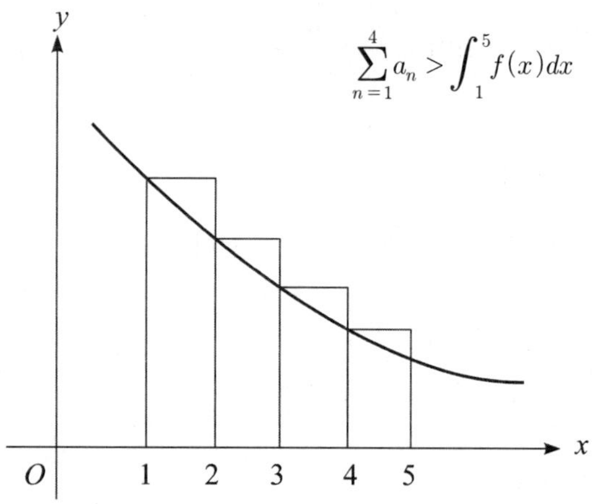

그림 4-1

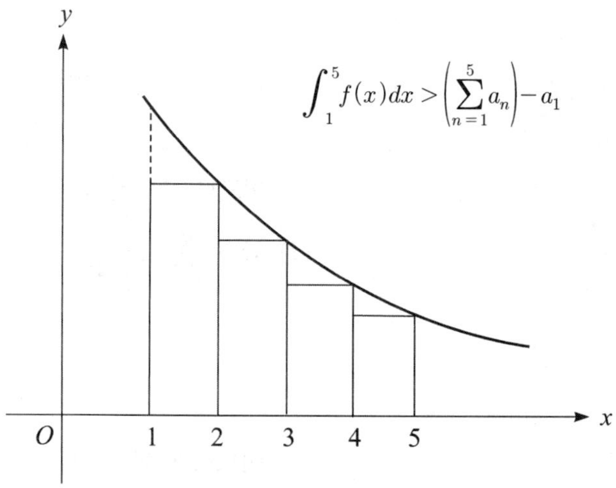

그림 4-2

따라서 각 부분합 S_n은 유계이므로 급수 $\sum_{n=1}^{\infty} a_n$은 수렴한다.
반면에 특이적분 $\int_1^{\infty} f(x)dx$가 발산하면 식 (A)의 왼쪽 부등식으로부터

$$\int_1^{\infty} f(x)dx = \lim_{n\to\infty}\int_1^{n} f(x)dx \le \lim_{n\to\infty} S_n = \sum_{n=1}^{\infty} a_n$$

이므로 $\sum_{n=1}^{\infty} a_n$는 발산한다. ■

다음 정리는 p-급수에 대한 판정법이며 이 급수는 유용한 하나의 비교급수이다.

정리 4.2.10 **p-급수 판정법**

임의의 실수 $p \in \mathbb{R}$에 대하여

$$\sum_{n=1}^{\infty} \frac{1}{n^p} = 1 + \frac{1}{2^p} + \frac{1}{3^p} + \cdots + \frac{1}{n^p} + \cdots$$

를 p-급수라 하고 다음이 성립한다.

(1) $p > 1$이면 급수는 수렴한다.

(2) $p \le 1$이면 급수는 발산한다.

증명 (1) $p>1$이므로 이 급수에 대응하는 함수 $f(x)=\frac{1}{x^p}$는 연속, $f(x)>0$, 그리고 단조감소함수이다. 따라서 적분판정법에 의하여 이 급수가 수렴하기 위한 필요충분조건은 특이적분 $\int_1^\infty f(x)dx$가 존재하는 것이다. 먼저 적분을 계산하면

$$\int_1^t x^{-p}dx=\frac{x^{1-p}}{1-p}\bigg|_1^t=\frac{t^{1-p}-1}{1-p},\ p\neq 1$$

이므로

$$\int_1^\infty x^{-p}dx=\lim_{t\to\infty}\int_1^t x^{-p}dx=\lim_{t\to\infty}\left[\frac{t^{1-p}-1}{1-p}\right]=\frac{1}{p-1}.$$

그러므로 급수는 수렴한다.

(2) (1)에서와 같이 $p=1$인 경우

$$\int_1^\infty \frac{1}{x}dx=\lim_{t\to\infty}\int_1^t \frac{1}{x}dx=\lim_{t\to\infty}\ln t=\infty.$$

$0\le p<1$인 경우 $\lim_{t\to\infty}t^{1-p}=\infty$이므로

$$\int_1^\infty \frac{1}{x^p}dx=\infty.$$

그러므로 발산한다. 끝으로 $p<0$인 경우 적당한 양수 q에 대하여 $p=-q$라 하면

$$\sum_{n=1}^\infty \frac{1}{n^p}=\sum_{n=1}^\infty n^q=\infty$$

이 되어 발산한다. 그러므로 $p\le 1$인 경우 p-급수는 발산한다. ■

예 4.2.7 (1) $\sum_{n=1}^\infty \frac{1}{n^{1/3}}$에서 $p=\frac{1}{3}$이므로 발산한다.

(2) $\sum_{n=1}^\infty \frac{1}{\left(n+\frac{1}{2}\right)^3}$에서 모든 자연수 $n\in\mathbb{N}$에 대하여

$$\frac{1}{\left(n+\frac{1}{2}\right)^3}<\frac{1}{n^3}$$

이고 p-급수 $\sum_{n=1}^\infty \frac{1}{n^3}$은 수렴하므로 비교판정법에 의하여 급수

$$\sum_{n=1}^\infty \frac{1}{\left(n+\frac{1}{2}\right)^3}$$

은 수렴한다.

다음은 양항급수의 비판정법에 대하여 알아본다.

정리 4.2.11 **비판정법**

양항급수 $\sum_{n=1}^{\infty} a_n$에 대하여 $\rho = \lim_{n\to\infty} \frac{a_{n+1}}{a_n}$일 때 다음이 성립한다.

(1) $\rho < 1$이면 이 급수는 수렴한다.

(2) $\rho > 1$이면 이 급수는 발산한다.

증명] 이 책의 범위를 벗어나므로 고등미적분학에서 증명한다. ■

[예 4.2.8 (1) 급수 $\sum_{n=1}^{\infty} \frac{n+1}{2^n}$에서 일반항은 $a_n = \frac{n+1}{2^n}$이고 $a_{n+1} = \frac{n+2}{2^{n+1}}$이므로

$$\rho = \lim_{n\to\infty} \frac{\frac{n+2}{2^{n+1}}}{\frac{n+1}{2^n}} = \lim_{n\to\infty} \frac{1}{2} \cdot \frac{n+2}{n+1} = \frac{1}{2}.$$

그러므로 이 급수는 수렴한다.

(2) 급수 $\sum_{n=1}^{\infty} \frac{n!}{10^n}$에서 일반항은 $a_n = \frac{n!}{10^n}$이고 $a_{n+1} = \frac{(n+1)!}{10^{n+1}}$이므로

$$\rho = \lim_{n\to\infty} \frac{a_{n+1}}{a_n} = \infty.$$

그러므로 이 급수는 발산한다.

다음은 모든 항이 양수가 아닌 무한급수와 성질에 대하여 알아보자.

정리 4.2.12 모든 자연수 $n \in \mathbb{N}$에 대하여 $a_n > 0$일 때 무한급수

$$\sum_{n=1}^{\infty} (-1)^{n+1} a_n = a_1 - a_2 + \cdots + (-1)^{n+1} a_n + \cdots$$

을 교대급수라 한다.

[예 4.2.9 $\sum_{n=1}^{\infty} (-1)^{n+1} \frac{1}{n} = 1 - \frac{1}{2} + \frac{1}{3} - \cdots$

정리 4.2.13 **교대급수 판정법**

교대급수 $\sum_{n=1}^{\infty}(-1)^{n+1}a_n$이 다음 두 조건

(1) 모든 자연수 $n \in \mathbb{N}$에 대하여 $0 < a_{n+1} < a_n$,

(2) $\lim_{n\to\infty} a_n = 0$

을 만족하면 수렴한다.

증명] 두 부분합

$$S_{2n} = (a_1 - a_2) + (a_3 - a_4) + \cdots + (a_{2n-1} - a_{2n})$$
$$S_{2n+1} = a_1 - (a_2 - a_3) - (a_4 - a_5) - \cdots - (a_{2n} - a_{2n+1})$$

을 생각하고 먼저 부분합 S_{2n}에 대하여 생각하면 S_{2n}의 모든 항이 양수이므로 $S_{2n} \le S_{2n+2}$이고 수열 $< S_{2n} >$은 증가수열이다. 또 S_{2n}을 다른 방법으로 표현하면

$$S_{2n} = a_1 - (a_2 - a_3) - (a_4 - a_5) - \cdots - (a_{2n-2} - a_{2n-1}) - a_{2n} \le a_1$$

이고 각 항은 0보다 크므로 $S_{2n} \le a_1$이 되어 $< S_{2n} >$은 유계이므로 하나의 극한값 L에 수렴한다. 또한 $S_{2n+1} = S_{2n} + a_{2n+1}$이고 $\lim_{n\to\infty} a_n = 0$이므로

$$\lim_{n\to\infty} S_{2n+1} = \lim_{n\to\infty}(S_{2n} + a_{2n+1}) = L$$

이다. $< S_{2n} >$과 $< S_{2n+1} >$은 하나의 극한값 L에 수렴하므로 교대급수는 수렴한다.

■

[**예 4.2.10** (1) 급수 $\sum_{n=1}^{\infty}(-1)^{n+1}\frac{1}{n}$에서 $a_n = \frac{1}{n}$이고 $a_{n+1} = \frac{1}{n+1}$이다. 모든 자연수 $n \in \mathbb{N}$에 대하여 $a_{n+1} \le a_n$이고 $\lim_{n\to\infty} a_n = 0$이므로 교대급수 판정법에 의하여 수렴한다.

(2) 급수 $\sum_{n=1}^{\infty}(-1)^{n+1}\frac{n+3}{n(n+1)}$에서 $a_n = \frac{n+3}{n(n+1)}$이고 $a_{n+1} = \frac{n+4}{(n+1)(n+2)}$이다. 여기에서 두 항의 크기를 비교하면

$$\frac{a_{n+1}}{a_n} = \frac{n(n+4)}{(n+3)(n+2)} = \frac{n^2+4n}{n^2+5n+6}$$
$$= \frac{n^2+4n}{(n^2+4n)+(n+6)} < 1$$

이다. 그러므로 $a_{n+1} < a_n$이고 또한, $\lim_{n\to\infty} a_n = 0$이므로 이 급수는 수렴한다.

다음은 일반적인 급수에 대한 수렴성에 대하여 알아본다.

정의 4.2.14

급수 $\sum_{n=1}^{\infty} a_n$에 대하여 각 항의 절댓값으로 이루어진 급수

$$\sum_{n=1}^{\infty} |a_n| = |a_1| + |a_2| + \cdots$$

가 수렴하면 주어진 급수는 **절대수렴**한다고 한다.

예 4.2.11 (1) 급수

$$\sum_{n=1}^{\infty} (-1)^{n+1} \frac{1}{2^n} = 1 - \frac{1}{2} + \frac{1}{2^2} - \frac{1}{2^3} + \cdots$$

의 각 항에 절댓값을 취하여 얻은 급수

$$1 + \frac{1}{2} + \frac{1}{2^2} + \frac{1}{2^3} + \cdots$$

는 첫째항이 1이고 공비가 $\frac{1}{2}$인 무한등비수열이기 때문에 수렴한다. 따라서 급수 $\sum_{n=1}^{\infty} (-1)^{n+1} \frac{1}{2^n}$은 절대수렴한다.

(2) 급수 $\sum_{n=1}^{\infty} (-1)^{n+1} \frac{1}{n}$은 교대급수이고 예제 4.2.10 (1)에서와 같이 수렴한다. 그러나

$$\sum_{n=1}^{\infty} \left| (-1)^{n+1} \frac{1}{n} \right| = 1 + \frac{1}{2} + \frac{1}{3} + \cdots$$

이므로 p-급수 판정법에 의하여 발산하므로 문제에서 주어진 급수는 절대수렴하지 않는다.

정의 4.2.15

주어진 급수가 수렴하지만 절대수렴하지 않으면 그 급수는 **조건부 수렴**한다고 한다.

예 4.2.12 예제 4.2.11 (1)의 급수는 수렴, 절대수렴하고, (2)는 수렴하지만 절대수렴하지 않는다.

정리 4.2.16 절대수렴하는 급수는 수렴한다.

증명 급수 $\sum_{n=1}^{\infty} a_n$이 절대수렴한다고 하자. 그러면 임의의 자연수 $n \in \mathbb{N}$에 대하여

$$-|a_n| \le a_n \le |a_n|$$

이 성립하므로 양변에 $|a_n|$을 더하면

$$0 \le a_n + |a_n| \le 2|a_n|$$

이다. 주어진 급수가 절대수렴하므로 $\sum_{n=1}^{\infty} 2|a_n|$도 수렴한다. 정리 4.2.7의 비교판정법에 의하여 $\sum_{n=1}^{\infty} (a_n + |a_n|)$은 수렴한다. 또한

$$\sum_{n=1}^{\infty} a_n = \sum_{n=1}^{\infty} (a_n + |a_n| - |a_n|) = \sum_{n=1}^{\infty} (a_n + |a_n|) - \sum_{n=1}^{\infty} |a_n|$$

이고 우변의 두 급수는 수렴하므로 주어진 급수는 수렴한다. ∎

예 4.2.13 급수 $\sum_{n=1}^{\infty} \frac{\cos n}{n^2}$의 수렴성에 대하여 알아보면, 임의의 자연수 n에 대하여 $|\cos n| \le 1$이므로

$$\sum_{n=1}^{\infty} \frac{\cos n}{n^2} \le \sum_{n=1}^{\infty} \left| \frac{1}{n^2} \right| = \sum_{n=1}^{\infty} \frac{1}{n^2}$$

이고 p-급수 $\sum_{n=1}^{\infty} \frac{1}{n^2}$은 수렴하므로 주어진 급수는 절대수렴하고 따라서 수렴한다.

정리 4.2.17 **절대수렴에 대한 비판정법**

각 항이 0이 아닌 급수 $\sum_{n=1}^{\infty} a_n$에 대하여

$$\rho = \lim_{n\to\infty}\left|\frac{a_{n+1}}{a_n}\right|$$

이면 다음이 성립한다.

(1) $\rho < 1$이면 이 급수는 수렴한다.

(2) $\rho > 1$이면 이 급수는 발산한다.

예 4.2.14 급수 $\sum_{n=1}^{\infty}(-1)^{n+1}\frac{n^2}{2^n}$에 대하여 일반항이 $a_n = (-1)^{n+1}\frac{n^2}{2^n}$이므로

$$\begin{aligned}\rho &= \lim_{n\to\infty}\left|\frac{a_{n+1}}{a_n}\right| \\ &= \lim_{n\to\infty}\left|\frac{(-1)^{n+2}\frac{(n+1)^2}{2^{n+1}}}{(-1)^{n+1}\frac{n^2}{2^n}}\right| \\ &= \lim_{n\to\infty}\frac{1}{2}\left(\frac{n+1}{n}\right)^2 = \frac{1}{2}.\end{aligned}$$

그러므로 이 급수는 수렴한다.

4.2 연습문제

[1-12] 주어진 양항급수의 수렴성을 판정하여라.

01 $\sum_{n=1}^{\infty} \frac{3^n}{n!}$

02 $\sum_{n=1}^{\infty} \frac{1}{5n}$

03 $\sum_{n=1}^{\infty} \frac{n!}{n^3}$

04 $\sum_{n=1}^{\infty} \left(\frac{3n+2}{2n-1}\right)^n$

05 $\sum_{n=1}^{\infty} \frac{n}{5^n}$

06 $\sum_{n=1}^{\infty} \frac{2^n}{n^3}$

07 $\sum_{n=1}^{\infty} \frac{7^n}{n!}$

08 $\sum_{n=1}^{\infty} \frac{n^2}{5^n}$

09 $\sum_{n=1}^{\infty} \frac{n^{50}}{e^n}$

10 $\sum_{n=1}^{\infty} n\left(\frac{2}{3}\right)^n$

11 $\sum_{n=1}^{\infty} \frac{1}{n \ln n}$

12 $\sum_{n=1}^{\infty} \left(\frac{4}{7n-1}\right)^n$

[13-22] 주어진 교대급수의 수렴성을 조사하여라.

13 $\sum_{n=1}^{\infty} (-1)^{n+1} \frac{1}{2n+1}$

14 $\sum_{n=1}^{\infty} (-1)^{n+1} \frac{n+1}{3n+1}$

15 $\sum_{n=1}^{\infty} (-1)^{n+1} \frac{1}{e^n}$

16 $\sum_{n=1}^{\infty} (-1)^{n+1} \frac{1}{4n+3}$

17 $\sum_{n=1}^{\infty} (-1)^{n+1} \frac{1}{n^{1/3}}$

18 $\sum_{n=1}^{\infty} (-1)^{n+7} \frac{n^3}{n^4-2n^2+1}$

19 $\sum_{n=1}^{\infty} (-1)^{n+1} \frac{n \ln n}{n+4}$

20 $\sum_{n=1}^{\infty} \cos(n\pi) \frac{\ln n}{1+e^{-n}}$

21 $\sum_{n=1}^{\infty} \sin\left(\frac{n\pi}{5}\right) \frac{3n}{4n^3-2n+5}$

22 $\sum_{n=1}^{\infty} (-1)^{n+1} \frac{n+3}{3n^2+4n+2}$

[23-36] 주어진 급수에 대하여 수렴, 조건부수렴, 절대수렴, 또는 발산하는지를 밝혀라.

23 $\sum_{n=1}^{\infty}\left(-\frac{3}{5}\right)^n$

24 $\sum_{n=1}^{\infty}(-1)^{n+1}\frac{3^n}{n^2}$

25 $\sum_{n=1}^{\infty}(-1)^{n+1}\frac{n^3}{e^n}$

26 $\sum_{n=1}^{\infty}(-1)^{n+1}\frac{1}{3n}$

27 $\sum_{n=1}^{\infty}\frac{(-4)^{n+1}}{n^2}$

28 $\sum_{n=1}^{\infty}\frac{\cos n\pi}{n}$

29 $\sum_{n=1}^{\infty}(-1)^{n+1}\left(\frac{n+2}{3n-1}\right)^n$

30 $\sum_{n=1}^{\infty}(-1)^{n+1}\frac{n+2}{n(n+3)}$

31 $\sum_{n=1}^{\infty}\sin\frac{n\pi}{2}$

32 $\sum_{n=1}^{\infty}(-1)^{n+1}\frac{1}{n\ln n}$

33 $\sum_{n=1}^{\infty}\left(-\frac{1}{\ln n}\right)^n$

34 $\sum_{n=1}^{\infty}(-1)^{n+1}\frac{(n^2+1)}{n^3+2}$

35 $\sum_{n=1}^{\infty}(-1)^{n+1}\frac{1}{5n-3}$

36 $\sum_{n=1}^{\infty}\cos\left(\frac{n\pi}{5}\right)n^{-\frac{7}{6}}$

4.3 멱급수와 테일러급수

이 절에서는 다음 절에서부터 알아볼 미분방정식의 급수해에 대하여 쉽게 이해하기 위하여 필요하고, 또한 공학과 자연과학에서 매우 유용한 멱급수에 대하여 간단히 알아보자.

정의 4.3.1 임의의 음이 아닌 정수 n에 대하여 $\langle a_n \rangle$이 수열이고 b가 상수이고, x가 변수일 때 다음을 $x-b$에 대한 **멱급수**라 한다.

$$\sum_{n=0}^{\infty} a_n(x-b)^n = a_0 + a_1(x-b) + a_2(x-b)^2 + \cdots + a_n(x-b)^n + \cdots$$

예 4.3.1 (1) $\displaystyle\sum_{n=0}^{\infty}\frac{(x-1)^n}{(n+1)2^n}$ (2) $\displaystyle\sum_{n=0}^{\infty}\frac{2(x+4)^n}{(n+3)^n}$

예 4.3.2 멱급수 $\displaystyle\sum_{n=0}^{\infty}\frac{x^n}{(n+1)2^n}$의 수렴성을 조사하여라.

풀이 먼저 다음을 계산하면

$$\rho = \lim_{n\to\infty}\left|\frac{x^{n+1}}{(n+2)2^{n+1}}\cdot\frac{(n+1)2^n}{x^n}\right| = \frac{|x|}{2}\lim_{n\to\infty}\left|\frac{n+1}{n+2}\right| = \frac{|x|}{2}.$$

따라서 정리 4.2.17에 의하여 주어진 멱급수의 수렴성을 판정할 수 있다.

$\frac{|x|}{2}<1$, 즉 $|x|<2$ 또는 $x\in(-2,\ 2)$이면 주어진 멱급수는 수렴한다. 그러나 $|x|=2$인 경우는 수렴성을 판정할 수 없으므로 $x=2$와 $x=-2$인 경우 수렴성을 각각 조사하여야 한다. 먼저 $x=-2$이면 주어진 급수는

$$1-\frac{1}{2}+\frac{1}{3}-\frac{1}{4}+\cdots$$

이므로 수렴하고, $x=2$이면

$$1+\frac{1}{2}+\frac{1}{3}+\frac{1}{4}+\cdots$$

이므로 발산한다. 따라서 주어진 멱급수는 $[-2,\ 2)$의 모든 점에서 수렴한다. 이 경우 $(-2,\ 2)$를 **수렴구간**, $[-2,\ 2)$를 **수렴집합**이라 하며 $r=2$를 **수렴반경**이라 한다. ■

정리 4.3.2

멱급수 $\sum_{n=0}^{\infty} a_n (x-b)^n$은 수렴집합 내의 모든 점에서 오직 하나의 합을 가지므로

$$f(x) = \sum_{n=0}^{\infty} a_n (x-b)^n$$

으로 정의된 함수의 정의역은 그 멱급수의 수렴집합이다. 역으로 함수 $f(x)$가 수렴집합 I 내에서 위와 같이 정의된 함수이면 다음이 성립한다.

(1) 함수 f는 I에서 연속

(2) 함수 f는 I에서 미분가능하고 임의의 $x \in I$에 대하여

$$f'(x) = \sum_{n=0}^{\infty} \frac{d}{dx}[a_n (x-b)^n] = \sum_{n=0}^{\infty} n a_n (x-b)^{n-1}.$$

(3) 함수 f는 I에서 적분가능하고 임의의 $x \in I$에 대하여

$$\int_b^x f(t)dt = \sum_{n=0}^{\infty} \int_b^x a_n (t-b)^n dt = \sum_{n=0}^{\infty} \frac{a_n}{n+1}(x-b)^{n+1}.$$

주1 함수 $f(x)$가 다음과 같이 멱급수로 표시된다면 다음을 알 수 있다.

$$f(x) = \sum_{n=0}^{\infty} a_n (x-b)^n$$

$$f(x) = a_0 + a_1(x-b) + a_2(x-b)^2 + a_3(x-b)^3 + \cdots + a_n(x-b)^n + \cdots$$

$$f'(x) = 1!a_1 + 2a_2(x-b) + 3a_3(x-b)^2 + \cdots + na_n(x-b)^{n-1} + \cdots$$

$$f''(x) = 2!a_2 + 3 \cdot 2a_3(x-b) + \cdots + n(n-1)a_n(x-b)^{n-2} + \cdots$$

$$f'''(x) = 3!a_3 + \cdots + n(n-1)(n-2)a_n(x-b)^{n-3} + \cdots$$

$$\vdots$$

$$f^{(n)}(x) = n!a_n + (n+1)!a_{n+1}(x-b) + \cdots$$

여기에서 함수 f와 각 도함수에 대한 멱급수에 $x=b$를 대입하면

$$f(b) = a_0,\ f'(b) = 1!a_1,\ f''(b) = 2!a_2,\ \cdots,\ f^{(n)}(b) = n!a_n,\ \cdots$$

이므로 이것을 다시 정리하면

$$a_0 = \frac{f(b)}{0!},\ a_1 = \frac{f'(b)}{1!},\ a_2 = \frac{f''(b)}{2!},\ \cdots,\ a_n = \frac{f^{(n)}(b)}{n!},\ \cdots.$$

따라서 함수 f를 멱급수로 나타내면

$$f(x)=\sum_{n=0}^{\infty}\frac{f^{(n)}(b)}{n!}(x-b)^n.$$

정의 4.3.3 함수 f가 구간 I에서 모든 계수의 도함수를 갖고 $b\in I$이라 할 때

$$f(x)=\sum_{n=0}^{\infty}\frac{f^{(n)}(b)}{n!}(x-b)^n$$

를 $x=b$에서의 f의 **테일러급수**라 한다. 특히 $x=0$일 때 급수를 **매클로린급수**라 한다. 즉 함수 f의 매클로린급수는

$$f(x)=\sum_{n=0}^{\infty}\frac{f^{(n)}(0)}{n!}x^n.$$

예 4.3.3 (1) 지수함수 $f(x)=e^x$의 매클로린급수를 구하여라.

(2) 함수 $f(x)=\sin x$의 매클로린급수를 구하여라.

풀이 (1) $f(x)=f'(x)=f''(x)=\cdots=f^{(n)}(x)=\cdots=e^x$이므로

$$f(0)=f'(0)=f''(0)=\cdots=f^{(n)}(0)=\cdots=1$$

이다. 따라서 지수함수 $f(x)=e^x$의 매클로린급수는

$$e^x=\sum_{n=0}^{\infty}\frac{f^{(n)}(0)}{n!}x^n=\sum_{n=0}^{\infty}\frac{1}{n!}x^n=1+x+\frac{1}{2!}x^2+\frac{1}{3!}x^3+\cdots$$

(2) $f(x)=\sin x,\ f'(x)=\cos x,\ f''(x)=-\sin x,\ f'''(x)=-\cos x,,\ f^{(4)}(x)=\sin x$ 이므로

$$f(0)=0,\ f'(0)=1,\ f''(0)=0,\ f'''(0)=-1,\ f^{(4)}(0)=0$$

이다. 그러므로 사인함수 $f(x)=\sin x$의 매클로린급수는

$$\sin x=\sum_{n=0}^{\infty}\frac{f^{(n)}(0)}{n!}x^n=x-\frac{1}{3!}x^3+\frac{1}{5!}x^5-\frac{1}{7!}x^7+\cdots$$
$$=\sum_{n=0}^{\infty}(-1)^n\frac{x^{2n+1}}{(2n+1)!}.$$

■

주2 같은 방법으로 다음 함수에 대한 매클로린급수를 구할 수 있다.

$$\cos x=\sum_{n=0}^{\infty}(-1)^n\frac{x^{2n}}{(2n)!},\quad \cosh x=1+\frac{x^2}{2!}+\frac{x^4}{4!}+\cdots,$$
$$\tan^{-1}x=x-\frac{x^3}{3}+\frac{1}{5}x^5-\cdots+(-1)^n\frac{x^{2n+1}}{2n+1}+\cdots,$$
$$\frac{1}{1-x}=1+x+x^2+x^3+\cdots+x^n+\cdots$$

주3 (1) 위의 예제에서와 같이 함수의 테일러급수나 매클로린급수는 다항함수가 아닌 함수를 다항함수로 표현하는 역할을 한다. 따라서 다항함수에 대한 테일러급수는 의미가 없다. 예를 들면, 함수 $f(x)=1+x+x^2$에서 $f'(x)=1+2x$, $f''(x)=2$, $f'''(x)=0$이므로

$$f'(0)=1,\ f''(0)=2, f'''(0)=0$$

이고 3계 도함수부터 모두 0이므로 주어진 함수의 매클로린급수는 3차 다항함수 이상은 모두 0이다. 그러므로

$$\begin{aligned} f(x)&=\sum_{n=0}^{\infty}\frac{f^{(n)}(0)}{n!}x^n \\ &=f(0)+f'(0)x+\frac{f''(0)}{2!}x^2 \\ &=1+x+\frac{2}{2!}x^2=1+x+x^2 \end{aligned}$$

이므로 원래 함수와 같아진다.

(2) 위의 예제에서

$$e^x=1+x+\frac{1}{2!}x^2+\frac{1}{3!}x^3+\cdots$$

이고 이것을 미분하면

$$\begin{aligned} \frac{d}{dx}(e^x)&=\frac{d}{dx}\left(1+x+\frac{1}{2!}x^2+\frac{1}{3!}x^3+\cdots\right) \\ &=1+x+\frac{1}{2!}x^2+\frac{1}{3!}x^3+\cdots=e^x. \end{aligned}$$

또한 $\sin x$의 급수를 미분하면 $\cos x$이고 $\cos x$를 미분하면 $-\sin x$가 됨을 쉽게 알 수 있다.

4.3 연습문제

[1-6] 주어진 함수에 대하여 제 4 항까지의 매클로린급수를 구하여라.

01 e^{-2x}

02 $\sin 2x$

03 $\tan x$

04 $x e^{x}$

05 $\sec x$

06 $\ln(3+2x)$

[7-10] 주어진 함수에 대하여 $x = a$에서의 제 3 항까지의 테일러급수를 구하여라.

07 $e^{x},\ a=1$

08 $\sqrt{x},\ a=4$

09 $\cos x,\ a=\dfrac{\pi}{4}$

10 $\sin \pi x,\ a=-\dfrac{1}{3}$

[11-15] 주어진 함수에 대하여, 매클로린급수에 대한 일반항을 무한급수로 표시하여라.

11 e^{-x}

12 $\dfrac{1}{1+x}$

13 $\ln(1+x)$

14 $\cos\left(\dfrac{x}{2}\right)$

15 $\cos nx$

4.4 보통점 근방에서의 급수해

이 절에서는 보통점 근방에서의 급수해에 대하여 알아본다. 먼저 1계 선형 미분방정식에 대하여 알아보자.

$$\frac{dy}{dx} - y = 0$$

이 방정식은 선형 미분방정식이므로 1.5절에서와 같이 적분인자를 구하면

$$\mu(x) = e^{-\int dx} = e^{-x}$$

이므로 준식의 양변에 곱하면

$$e^{-x}\frac{dy}{dx} - e^{-x}y = 0$$
$$e^{-x}dy - e^{-x}ydx = 0$$

이고 양변을 적분하여 해를 구하면 $y = Ce^x$. 예제 4.3.3에서와 같이 지수함수 e^x를 급수로 나타내면

$$y = Ce^x = C\sum_{n=0}^{\infty}\frac{x^n}{n!}$$

이 되므로 주어진 미분방정식의 해의 급수표현임을 알 수 있다.

역으로 임의의 급수 $y = \sum_{n=0}^{\infty} c_n x^n$이 주어진 방정식의 해라면

$y' = \sum_{n=0}^{\infty} nc_n x^{n-1}$이므로 방정식에 대입하면

$$\begin{aligned}\frac{dy}{dx} - y &= \sum_{n=0}^{\infty} n\,c_n x^{n-1} - \sum_{n=0}^{\infty} c_n x^n \\ &= (c_1 + 2c_2x + 3c_3x^2 + \cdots) - (c_0 + c_1x + c_2x^2 + c_3x^3 + \cdots) \\ &= (c_1 - c_0) + (2c_2 - c_1)x + (3c_3 - c_2)x^2 + (4c_4 - c_3)x^3 + (5c_5 - c_4)x^4 + \cdots = 0\end{aligned}$$

따라서 다음을 알 수 있다.

$$
\begin{aligned}
&c_1 - c_0 = 0, \quad c_1 = c_0 \\
&2c_2 - c_1 = 0, \quad c_2 = \frac{1}{2}c_1 = \frac{1}{2!}c_0 \\
&3c_3 - c_2 = 0, \quad c_3 = \frac{1}{3}c_2 = \frac{1}{3!}c_0 \\
&4c_4 - c_3 = 0, \quad c_4 = \frac{1}{4}c_3 = \frac{1}{4!}c_0 \\
&\qquad\qquad\vdots
\end{aligned}
$$

그러므로 주어진 미분방정식의 급수해는

$$y = \sum_{n=0}^{\infty} c_n x^n = c_0 \sum_{n=0}^{\infty} \frac{x^n}{n!}$$

이고 이것은 지수함수 e^x의 급수표현임을 알 수 있다.

정의 4.4.1 2계 미분방정식

$$y'' + p(x)y' + q(x)y = 0$$

에서 $p(x)$, $q(x)$가 $x = x_0$에서 해석적이면, 즉 멱급수 전개가 가능하면 이 점을 **보통점**이라 하고, 보통점이 아닌 점을 **특이점**이라 한다.

예 4.4.1 (1) $2xy'' + (\sin x)y = 0$에서 양변을 $2x$로 나누면

$$y'' + \left(\frac{\sin x}{2x}\right)y = 0$$

이고

$$\frac{\sin x}{2x} = \frac{1}{2}\left(1 - \frac{x^2}{3!} + \frac{x^4}{5!} - \frac{x^6}{7!} + \cdots\right)$$

이므로 모든 실수 x는 보통점이다.

(2) $y'' + (e^x)y' + (\sin x)y = 0$에서

$$e^x = \sum_{n=0}^{\infty} \frac{x^n}{n!}, \quad \sin x = x - \frac{1}{3!}x^3 + \frac{1}{5!}x^5 - \cdots$$

이므로 모든 실수 x는 보통점이다.

(3) $(1-x^2)y'' - 2xy' + 2y = 0$에서 양변을 $1-x^2$으로 나누면

$$y'' - \frac{2x}{(1-x^2)}y' + \frac{2}{(1-x^2)}y = 0$$

이므로 $x = \pm 1$은 특이점이다.

(4) $y'' + (\ln x)y = 0$에서 $x \le 0$인 모든 실수에서는 $\ln x$는 정의할 수 없으므로 $x \le 0$인 모든 실수는 특이점이다.

정의 4.4.2 **해의 존재성**

2계 미분방정식

$$a_2(x)y'' + a_1(x)y' + a_0(x)y = 0$$

에서 $x = x_0$가 주어진 방정식의 보통점이라 하면 일반해는

$$y = \sum_{n=0}^{\infty} c_n (x - x_0)^n = c_0\, y_1 + c_1\, y_2$$

이다. 여기에서 c_0와 c_1은 임의의 상수이다.

주1 **(합의 첨자의 이동)** 합의 첨자를 이동하려면 먼저 새로운 첨자 k를 $n = k - 1$로 만들어 k와 n을 바꾸어 준다. 예를 들면,

$$\sum_{n=0}^{\infty}(-1)^n \frac{x^{2n+1}}{(2n+1)!}$$

에서 시작을 첨자에서 $n = 1$부터 시작하려면 $n = k - 1$, 즉 $k = n + 1$이면 위의 급수는 다음과 같이 바뀌진다.

$$\sum_{n=0}^{\infty}(-1)^n \frac{x^{2n+1}}{(2n+1)!} = \sum_{k=1}^{\infty}(-1)^{k-1} \frac{x^{2k-1}}{(2k-1)!}$$

예 4.4.2 방정식 $y'' - 2xy = 0$의 급수해를 구하여라.

풀이 여기에서 $x = 0$는 보통점이므로 $y = \sum_{n=0}^{\infty} c_n x^n$이 주어진 방정식의 급수해라 하면

$$y' = \sum_{n=0}^{\infty} n c_n x^{n-1} = \sum_{n=1}^{\infty} n c_n x^{n-1},$$

$$y'' = \sum_{n=0}^{\infty} n(n-1) c_n x^{n-2} = \sum_{n=2}^{\infty} n(n-1) c_n x^{n-2}.$$

따라서 이것을 주어진 방정식에 대입하면

$$\begin{aligned} y'' - 2xy &= \sum_{n=2}^{\infty} n(n-1)\, c_n x^{n-2} - 2x \sum_{n=0}^{\infty} c_n x^n \\ &= \sum_{n=2}^{\infty} n(n-1)\, c_n x^{n-2} - 2\sum_{n=0}^{\infty} c_n x^{n+1} \end{aligned}$$

이다. 여기에서 첫째 급수의 첫항은 $x^0 = 1$으로 시작하고 둘째 급수의 첫항은 $x^1 = x$로 시작한다. 첫째 급수에서 첫항을 빼면

$$\sum_{n=2}^{\infty} n(n-1)c_n x^{n-2} = 2c_2 + \sum_{n=3}^{\infty} n(n-1)c_n x^{n-2}$$

이다. 이것을 위의 식에 대입하면

$$y'' - 2xy = 2c_2 + \sum_{n=3}^{\infty} n(n-1)\, c_n x^{n-2} - 2\sum_{n=0}^{\infty} c_n x^{n+1}$$

이고, 첫째 급수의 첨자를 n에서 $n+3$으로 바꾸면

$$\sum_{n=3}^{\infty} n(n-1)c_n x^{n-2} = \sum_{n=0}^{\infty} (n+3)(n+2)c_{n+3} x^{n+1}$$

이므로 위의 식은 다음과 같다.

$$\begin{aligned} y'' - 2xy &= 2c_2 + \sum_{n=0}^{\infty} (n+3)(n+2)c_{n+3} x^{n+1} - 2\sum_{n=0}^{\infty} c_n x^{n+1} \\ &= 2c_2 + \sum_{n=0}^{\infty} [(n+3)(n+2)c_{n+3} - 2c_n] x^{n+1} \\ &= 0 \end{aligned}$$

그러므로 다음 **점화식**을 얻는다.

$$2c_2 = 0, \quad (n+3)(n+2)\, c_{n+3} - 2c_n = 0, \quad n = 0, 1, \cdots$$

여기에서 $n = 0, 1, 2, \cdots$을 대입하면

$$\begin{aligned} c_3 &= \frac{2}{3 \cdot 2} c_0 \\ c_4 &= \frac{2}{4 \cdot 3} c_1 \\ c_5 &= \frac{2}{5 \cdot 4} c_2 = 0 \\ c_6 &= \frac{2}{6 \cdot 5} c_3 = \frac{2^2}{6 \cdot 5 \cdot 3 \cdot 2} c_0 \\ c_7 &= \frac{2}{7 \cdot 6} c_4 = \frac{2^2}{7 \cdot 6 \cdot 4 \cdot 3} c_1 \\ c_8 &= \frac{2}{8 \cdot 7} c_5 = 0 \\ &\vdots \end{aligned}$$

그러므로 주어진 방정식의 일반해는

$$\begin{aligned} y &= \sum_{n=0}^{\infty} c_n x^n = c_0 + c_1 x + c_2 x^2 + c_3 x^3 + c_4 x^4 + \cdots \\ &= c_0\left[1 + \frac{2}{3 \cdot 2} x^3 + \cdots\right] + c_1\left[x + \frac{2}{4 \cdot 3} x^4 + \cdots\right] \\ &= c_0 y_1(x) + c_1 y_2(x). \end{aligned}$$

■

예 4.4.3 $(1-x^2)y'' - 2xy + 2y = 0$의 급수해를 구하여라.

풀이 먼저 $1-x^2=0$, 즉 $x=\pm 1$은 주어진 방정식의 특이점이다. 그러나 $x=0$는 보통점이므로 주어진 방정식의 급수해는 $y = \sum_{n=0}^{\infty} c_n x^n$이다.

$$\begin{aligned} y' &= \sum_{n=0}^{\infty} n c_n x^{n-1}, \\ y'' &= \sum_{n=0}^{\infty} n(n-1) c_n x^{n-2}. \end{aligned}$$

따라서 이것을 주어진 방정식에 대입하면

$$\begin{aligned} (1-x^2)y'' - 2xy' + 2y &= (1-x^2)\sum_{n=0}^{\infty} n(n-1)c_n x^{n-2} - 2x\sum_{n=0}^{\infty} n c_n x^{n-1} + 2\sum_{n=0}^{\infty} c_n x^n \\ &= \sum_{n=0}^{\infty} n(n-1)c_n x^{n-2} - \sum_{n=0}^{\infty} n(n-1)c_n x^n - \sum_{n=0}^{\infty} 2nc_n x^n + \sum_{n=0}^{\infty} 2c_n x^n = 0. \end{aligned}$$

여기에서 윗식의 마지막 첫째항은 x^{-2}부터 시작하고 나머지 세 개의 항은 $x^0=1$부터 시작하므로 뒤의 세 개의 항에서 n을 $n-2$로 바꾸어 정리하면 위의 마지막 식은

$$\sum_{n=0}^{\infty} n(n-1)c_n x^{n-2} - \sum_{n=2}^{\infty} (n-2)(n-3)c_{n-2} x^{n-2} - \sum_{n=2}^{\infty} 2(n-2)c_{n-2} x^{n-2} + \sum_{n=2}^{\infty} 2c_{n-2} x^{n-2} = 0$$

이고 앞의 식에서 두 항을 빼면

$$0 \cdot c_0 x^{-2} + 0 \cdot c_1 x^{-1} + \sum_{n=2}^{\infty} [n(n-1)c_n - (n-2)(n-3)c_{n-2} - 2(n-2)c_{n-2} + 2c_{n-2}] x^{n-2} = 0.$$

여기에서 c_0, c_1은 임의의 상수이므로 다음 점화식을 얻는다.

$$n(n-1)\, c_n - (n-2)(n-3)\, c_{n-2} - 2(n-2)c_{n-2} + 2c_{n-2} = 0, \quad n = 2, 3, \cdots$$

이것을 간단히 하면

$$c_n = \left(\frac{n-3}{n-1}\right) c_{n-2}, \quad n = 2, 3, \cdots$$

여기에 $n=2, 3, 4, \cdots$를 대입하면

$$
\begin{aligned}
c_2 &= -c_0 \\
c_3 &= 0 \\
c_4 &= \frac{1}{3}c_2 = -\frac{1}{3}c_0 \\
c_5 &= \frac{2}{4}c_3 = 0 \\
c_6 &= \frac{3}{5}c_4 = -\frac{1}{5}c_0 \\
c_7 &= \frac{4}{6}c_5 = 0 \\
c_8 &= \frac{5}{7}c_6 = -\frac{1}{7}c_0 \\
&\vdots
\end{aligned}
$$

이다. 그러므로 일반해는

$$
\begin{aligned}
y = \sum_{n=0}^{\infty} c_n x^n &= c_0 + c_1 x + c_2 x^2 + c_3 x^3 + c_4 x^4 + \cdots \\
&= c_0 + c_1 x - c_0 x^2 - \frac{1}{3}c_0 x^4 - \frac{1}{5}c_0 x^6 - \frac{1}{7}c_0 x^8 + \cdots \\
&= c_0\left(1 - x^2 - \frac{1}{3}x^4 - \frac{1}{5}x^6 - \frac{1}{7}x^8 + \cdots\right) + c_1 x \\
&= c_0 y_1(x) + c_1 y_2(x).
\end{aligned}
$$

■

다음 **에르미트방정식**은 양자역학의 조화진동에 관한 **슈뢰딩거방정식**과 같은 이론물리학에서 자주 사용된다.

예 4.4.4 (에르미트방정식) $y'' - 2xy + \lambda y = 0$의 일반해를 구하여라.

풀이 먼저 $x=0$는 방정식의 보통점이고 주어진 방정식의 급수해는 $y = \sum_{n=0}^{\infty} c_n x^n$이므로 다음을 알 수 있다.

$$
\begin{aligned}
y' &= \sum_{n=0}^{\infty} n c_n x^{n-1} = \sum_{n=1}^{\infty} n c_n x^{n-1} \\
y'' &= \sum_{n=0}^{\infty} n(n-1) c_n x^{n-2} = \sum_{n=2}^{\infty} n(n-1) c_n x^{n-2}.
\end{aligned}
$$

이것을 주어진 방정식에 대입하여 위의 예제와 같은 방법으로 정리하면

$$\begin{aligned}
&y''-2xy'+\lambda y \\
&=\sum_{n=0}^{\infty} n(n-1)c_n x^{n-2}-2x\sum_{n=0}^{\infty} nc_n x^{n-1}+\lambda\sum_{n=0}^{\infty} c_n x^n \\
&=\sum_{n=0}^{\infty}(n+2)(n+1)c_{n+2}x^n+\sum_{n=1}^{\infty}(-2n)c_n x^n+\lambda\sum_{n=0}^{\infty} c_n x^n \\
&=(2c_2+\lambda c_0)+\sum_{n=1}^{\infty}[(n+2)(n+1)c_{n+2}-(2n-\lambda)c_n]x^n \\
&=0.
\end{aligned}$$

따라서 다음 점화식을 얻는다.

$$\begin{aligned}
&2c_2+\lambda c_0=0, \\
&(n+2)(n+1)c_{n+2}-(2n-\lambda)c_n=0, \quad n=1,\ 2,\ \cdots.
\end{aligned}$$

이것을 정리하면 $c_2=-\dfrac{\lambda}{2}c_0$이고

$$c_{n+2}=\frac{2n-\lambda}{(n+2)(n+1)}c_n, \quad n=1,\ 2,\ \cdots.$$

여기에 $n=1,\ 2,\ \cdots$를 대입하면

$$\begin{aligned}
c_3&=\frac{2-\lambda}{3\cdot 2}c_1 \\
c_4&=\frac{4-\lambda}{4\cdot 3}c_2=-\frac{(4-\lambda)\lambda}{4!}c_0 \\
c_5&=\frac{6-\lambda}{5\cdot 4}c_3=\frac{(6-\lambda)(2-\lambda)}{5!}c_1 \\
c_6&=\frac{8-\lambda}{6\cdot 5}c_4=-\frac{(8-\lambda)(4-\lambda)\lambda}{6!}c_0 \\
c_7&=\frac{10-\lambda}{7\cdot 6}c_5=\frac{(10-\lambda)(6-\lambda)(2-\lambda)}{7!}c_1 \\
&\vdots
\end{aligned}$$

이고 여기에서 c_0, c_1은 임의의 상수이다. 따라서 주어진 방정식의 일반해는

$$\begin{aligned}
y&=c_0+c_1x+c_2x^2+c_3x^3+c_4x^4+\cdots \\
&=c_0\left(1-\frac{\lambda}{2!}x^2-\frac{(4-\lambda)\lambda}{4!}x^4-\frac{(8-\lambda)(4-\lambda)\lambda}{6!}x^6-\cdots\right) \\
&\quad+c_1\left(x+\frac{(2-\lambda)}{3!}x^3+\frac{(6-\lambda)(2-\lambda)}{5!}x^5+\frac{(10-\lambda)(6-\lambda)(2-\lambda)}{7!}x^7-\cdots\right) \\
&=c_0y_1(x)+c_1y_2(x).
\end{aligned}$$

■

여기에서 λ가 음이 아닌 짝수이면 위의 두 급수 중 어느 하나는 유한차수가 된다. 예를 들어 $\lambda = 0,\ 2,\ 4,\ 6$에 대한 에르미트방정식의 해는 $1,\ x,\ 1-2x^2,\ x-\frac{2}{3}x^3$이다. 이와 같이 짝수 $\lambda = 2n$에 대응하는 에르미트방정식의 해를 **에르미트다항식**이라 하고 $H_n(x)$로 나타낸다.

예 4.4.5 초깃값을 갖는 다음 미분방정식의 급수해를 구하여라.

$$y'' + (x+1)^2 y' - 4(x+1)y = 0, \quad y(-1) = 5, \quad y'(-1) = 2$$

풀이 먼저 주어진 조건은 $x = -1$에서의 조건이다. 그러므로 $t = x+1$로 변수를 바꿔주면 위의 방정식은 다음 초깃값을 갖는 간단한 미분방정식이 된다.

$$y'' + t^2 y' - 4ty = 0, \quad y(0) = 5, \quad y'(0) = 2$$

그러면 모든 실수가 이 방정식의 보통점이므로 $t=0$에서의 급수해를 구하면 된다. 일반해를 $y = \sum_{n=0}^{\infty} c_n t^n$이라 하면

$$y' = \sum_{n=0}^{\infty} n c_n t^{n-1}, \quad y'' = \sum_{n=0}^{\infty} n(n-1) c_n t^{n-2}$$

이므로 이를 방정식에 대입하면

$$y'' + t^2 y' - 4ty = \sum_{n=0}^{\infty} n(n-1) c_n t^{n-2} + \sum_{n=0}^{\infty} n c_n t^{n+1} - \sum_{n=0}^{\infty} 4 c_n t^{n+1} = 0.$$

앞의 예제와 같은 방법으로 위의 식에서 앞의 항은 t^{-2}에서 시작하고 나머지 두 항은 $t^1 = t$로 시작하므로 윗식의 첫째 항에서 세 개의 항을 빼면 위의 식은 다음과 같다.

$$0 \cdot c_0 t^{-2} + 0 \cdot c_1 t^{-1} + 2c_2 t^0 + \sum_{n=3}^{\infty} n(n-1) c_n t^{n-2} + \sum_{n=0}^{\infty} n c_n t^{n+1} - \sum_{n=0}^{\infty} 4 c_n t^{n+1} = 0.$$

여기에서 뒤의 두 항에 n을 $n-3$으로 바꾸어 정리하면

$$0 \cdot c_0 t^{-2} + 0 \cdot c_1 t^{-1} + 2c_2 t^0 + \sum_{n=3}^{\infty} [n(n-1) c_n + (n-3) c_{n-3} - 4 c_{n-3}] t^{n-2} = 0.$$

앞의 세 개의 항에서 c_0와 c_1은 임의의 실수이고 $c_2 = 0$이며 점화식은 다음과 같다.

$$n(n-1) c_n + (n-3) c_{n-3} - 4 c_{n-3} = 0, \quad n = 3,\ 4,\ 5,\ \cdots$$

이다. 이것을 정리하면

$$c_n = -\frac{n-7}{n(n-1)} c_{n-3}, \quad n = 3,\ 4,\ 5,\ \cdots$$

이다. 여기에 $n=3, 4, 5, \cdots$를 대입하면

$$\begin{aligned}
c_2 &= 0\\
c_3 &=-\frac{(-4)}{3\cdot 2}c_0=\frac{4}{3\cdot 2}c_0\\
c_4 &=-\frac{(-3)}{4\cdot 3}c_1=\frac{3}{4\cdot 3}c_1\\
c_5 &=-\frac{(-2)}{5\cdot 4}c_2=0\\
c_6 &=-\frac{(-1)}{6\cdot 5}c_3=\frac{4}{6\cdot 5\cdot 3\cdot 2}c_0\\
c_7 &= 0\\
c_8 &= 0\\
c_9 &=-\frac{2}{9\cdot 8}c_6=-\frac{2\cdot 4}{9\cdot 8\cdot 6\cdot 5\cdot 3\cdot 2}c_0\\
&\ \ \vdots
\end{aligned}$$

그러므로 주어진 방정식의 해는

$$\begin{aligned}
y(t) &= c_0+c_1t+c_2t^2+c_3t^3+c_4t^4+\cdots\\
&= c_0\left(1+\frac{4}{3\cdot 2}t^3+\frac{4}{6\cdot 5\cdot 3\cdot 2}t^6-\frac{2\cdot 4}{9\cdot 8\cdot 6\cdot 5\cdot 3\cdot 2}t^9+\cdots\right)+c_1\left(t+\frac{1}{4}t^4\right)
\end{aligned}$$

이므로 여기에 초깃값 조건 $y(0)=5$, $y'(0)=2$를 대입하면 $c_0=5$, $c_1=2$이다. 또한 원래 방정식에서 $t=x+1$로 되었으므로 이것을 대입하면 해는 다음과 같다.

$$y(t)=5\left(1+\frac{4}{3\cdot 2}(x+1)^3+\frac{1}{45}(x+1)^6-\frac{1}{1620}(x+1)^9+\cdots\right)+2\left((x+1)+\frac{1}{4}(x+1)^4\right)$$

■

4.4 연습문제

[1-6] 주어진 방정식의 보통점과 특이점을 찾아라.

01 $(1+x)y'+y=0$

02 $5y''+6xy'-x^2y=0$

03 $(x^2-x-2)y''+xy'-(x+1)y=0$

04 $e^{-x}y''-x^2y'+(x^3-1)y=0$

05 $(x^2-3x)y''+(x+2)y'+y=0$

06 $(x^4-2x^3+x^2)y''+2(x-1)y'+x^2y=0$

[7-12] 보통점 $x=0$에서의 멱급수 해를 구하여라.

07 $y''+xy'+y=0$

08 $y''+xy'+(2x^2+1)y=0$

09 $y''+xy'+(3x+2)y=0$

10 $(x^2+1)y''+xy'+xy=0$

11 $(x^3-1)y''+x^2y'+xy=0$

12 $y'+y=x$

4.5 특이점 근방에서의 급수해

앞의 4.4절에서는 보통점에서의 급수해에 대하여 알아보았다. 이 절에서는 특이점 근방에서의 해에 대하여 알아본다. 주어진 미분방정식에서 특이점에서는 급수해가 존재하지 않을 수도 있지만 다음과 같은 약간 다른 해가 존재한다.

$$y=(x-x_0)^r\sum_{n=0}^{\infty}c_n(x-x_0)^n$$

여기에서 r은 임의의 상수로서 계산 과정에서 구할 수 있다. 일반적으로 $x=x_0$가 방정식

$$y''+p(x)y'+q(x)y=0$$

의 특이점이면 $\lim_{x\to x_0}p(x)=\infty$ 또는 $\lim_{x\to x_0}q(x)=\infty$ 이거나 둘 다 성립하는 경우이다. 다시 말하면, $x=x_0$가 특이점이면 $p(x)$와 $q(x)$는 이 점에서 테일러급수 전개가 불가능하다. 따라서 다음과 같이 급수해가 존재하는 정규특이점과 존재하지 않는 비정규특이점에 대한 정의에 대하여 알아본다.

정의 4.5.1 미분방정식

$$y''+p(x)y'+q(x)y=0 \tag{1}$$

에서 $x=x_0$가 특이점이라 할 때, $(x-x_0)p(x)$와 $(x-x_0)^2q(x)$가 $x=x_0$에서 해석적이면, 즉 $(x-x_0)p(x)$와 $(x-x_0)^2q(x)$가 적당한 수렴반경에서 $(x-x_0)$에 대한 멱급수를 갖는다면 $x=x_0$를 주어진 방정식의 **정규특이점**이라 하고, 정규특이점이 아니면 **비정규특이점**이라 한다.

예 4.5.1 (1) $xy''+y'+xy=0$에서 $x=0$은 특이점이므로 양변을 x로 나누면

$$y''+\frac{1}{x}y'+y=0$$

이므로 $p(x)=\dfrac{1}{x}$, $q(x)=1$이고

$$xp(x)=1, \quad x^2q(x)=x^2$$

이므로 $x=0$는 주어진 방정식의 정규특이점이다.

(2) $x(x-1)^2(x+3)y''+5x^2y'+(2x^3+1)y=0$에서 $x=0,\ 1,\ -3$이 특이점이다. 주어진 방정식을 $x(x-1)^2(x+3)$으로 나누면

$$p(x)=\frac{5x^2}{[x(x-1)^2(x+3)]}, \quad q(x)=\frac{(2x^3+1)}{[x(x-1)^2(x+3)]}$$

이다. 먼저 $x=0$에 대하여 알아보면

$$xp(x)=\frac{5x^2}{(x-1)^2(x+3)}, \quad x^2q(x)=\frac{x(2x^3+1)}{(x-1)^2(x+3)}$$

이므로 $x=0$는 정규특이점이고, $x=1$은

$$(x-1)p(x)=\frac{5x}{(x-1)(x+3)}, \quad (x-1)^2q(x)=\frac{2x^3+1}{x(x+3)}$$

이 되어 비정규특이점이다. 또한 $x=-3$은

$$(x+3)p(x)=\frac{5x}{(x-1)^2}, \quad (x+3)^2q(x)=\frac{(2x^3+1)(x+3)}{x(x-1)^2}$$

이 되어 정규특이점이다.

정리 4.5.2 **프로베니우스 정리**

점 $x=x_0$가 미분방정식 (1)의 정규특이점이면 다음과 같은 해가 적어도 하나 존재한다.

$$y=(x-x_0)^r\sum_{n=0}^{\infty}c_n(x-x_0)^n=\sum_{n=0}^{\infty}c_n(x-x_0)^{n+r} \qquad (2)$$

여기에서 상수 r은 계산 과정에서 구해진다.

주1 방정식 $y''+p(x)y'+q(x)y=0$의 정규특이점이 $x=x_0$이면

$$y=(x-x_0)^r\sum_{n=0}^{\infty}c_n(x-x_0)^n=\sum_{n=0}^{\infty}c_n(x-x_0)^{n+r}$$

이 해가 된다. 여기에서 정규특이점을 $x_0=0$라 하면, 주어진 미분방정식은

$$y''+\frac{b(x)}{x}y'+\frac{c(x)}{x^2}y=0 \qquad (3)$$

의 형태로 쓸 수 있다. 여기에서 $b(x)$, $c(x)$는 $x=0$에서 해석적이다. 즉,

$$xp(x)=x\left(\frac{b(x)}{x}\right)=b(x),\quad x^2q(x)=x^2\left(\frac{c(x)}{x^2}\right)=c(x).$$

양변에 x^2을 곱하면 $x^2y''+xb(x)y'+c(x)y=0$.
여기에서 $b(x)$와 $c(x)$는 해석적이므로 다음과 같이 급수로 나타낼 수 있다.

$$b(x)=b_0+b_1x+b_2x^2+\cdots$$

$$c(x)=c_0+c_1x+c_2x^2+\cdots$$

만일 $y=\sum_{n=0}^{\infty}a_nx^{n+r}$이 주어진 방정식의 해라면

$$\begin{aligned}y'&=\sum_{n=0}^{\infty}(n+r)a_nx^{n+r-1}\\&=x^{r-1}[ra_0+(r+1)a_1x+\cdots]\\y''&=\sum_{n=0}^{\infty}(n+r)(n+r-1)a_n\,x^{n+r-2}\\&=x^{r-2}[r(r-1)a_0+(r+1)ra_1x+\cdots]\end{aligned}$$

이므로 이것을 식 (3)에 대입하면

$$\begin{aligned}x^2y''+xb(x)y'+c(x)y&=x^r[r(r-1)a_0+(r+1)ra_1x+\cdots]\\&\quad+[b_0+b_1x+\cdots]\,x^r\,[ra_0+(r+1)a_1x+\cdots]\\&\quad+[c_0+c_1x+\cdots]x^r[a_0+a_1x+\cdots]\\&=x^r[r(r-1)+b_0r+c_0]a_0+\cdots=0.\end{aligned}$$

여기에서 $a_0\neq 0$이면

$$r(r-1)+b_0r+c_0=0 \tag{4}$$

이다. 이 식을 주어진 방정식의 **결정방정식**이라 하고 이 방정식의 근을 **결정근**이라 한다.

정리 4.5.3 **프로베니우스 방법**

미분방정식 (1)에서 결정방정식의 두 실수해가 r_1, r_2 $(r_2<r_1)$라 할 때 (1)의 일반해는 다음과 같다.

(1) 만일 r_1-r_2가 정수가 아닐 때, 즉 $r_1-r_2\not\in\mathbb{Z}$이면 방정식 (1)은 다음과 같은 일차독립인 해를 갖는다.

$$y_1 = \sum_{n=0}^{\infty} c_n x^{n+r_1}, \quad c_0 \neq 0$$
$$y_2 = \sum_{n=0}^{\infty} b_n x^{n+r_2}, \quad b_0 \neq 0$$

(2) 만일 $r_1 - r_2 \in \mathbb{Z}$ 이면 방정식 (1)은 다음과 같은 일차독립인 해를 갖는다.

$$y_1 = \sum_{n=0}^{\infty} c_n x^{n+r_1}, \quad c_0 \neq 0$$
$$y_2 = C y_1(x) \ln x + \sum_{n=0}^{\infty} b_n x^{n+r_2}, \quad b_0 \neq 0$$

여기에서 C는 임의의 상수이고 0이 될 수 있다.

(3) 만일 $r_1 = r_2$이면 방정식 (1)은 다음과 같은 일차독립인 해를 갖는다.

$$y_1 = \sum_{n=0}^{\infty} c_n x^{n+r_1}, \quad c_0 \neq 0$$
$$y_2 = y_1(x) \ln x + \sum_{n=1}^{\infty} b_n x^{n+r_1}$$

예 4.5.2 (결정근의 차가 정수가 아닌 경우)

방정식 $2xy'' + (1-2x)y' - y = 0$에 대한 $x=0$에서의 급수해를 구하여라.

풀이 여기에서 양변을 $2x$으로 나누면 $p(x) = \frac{1}{2x} - 1,\ q(x) = -\frac{1}{2x}$이므로 $x=0$는 정규 특이점이다. 따라서 주어진 방정식의 해는

$$y = x^r \sum_{n=0}^{\infty} c_n x^n = \sum_{n=0}^{\infty} c_n x^{n+r}$$

이고 이것을 주어진 방정식에 대입하면

$$\begin{aligned} &2xy'' + (1-2x)y' - y \\ &= \sum_{n=0}^{\infty} 2(n+r)(n+r-1)c_n x^{n+r-1} + \sum_{n=0}^{\infty}(n+r)c_n x^{n+r-1} - \sum_{n=0}^{\infty} 2(n+r)c_n x^{n+r} - \sum_{n=0}^{\infty} c_n x^{n+r} = 0. \end{aligned}$$

여기에서 우변 식의 앞에서 두 항의 x에 대한 차수는 x^{n+r-1}이고 그 뒤 두 항은 x^{n+r}이므로 앞의 두 항에서 한 개의 항을 빼고 뒤의 두 항에 n 대신에 $n-1$을 대입하면

$$[2r(r-1)+r]c_0 x^{r-1} + \sum_{n=1}^{\infty}[2(n+r)(n+r-1)c_n + (n+r)c_n - 2(n+r-1)c_{n-1} - c_{n-1}]x^{n+r-1} = 0.$$

여기에서 $c_0 \neq 0$이므로 다음 결정방정식을 알 수 있다.

$$2r^2 - r = r(2r-1) = 0$$

그러므로 결정근은 $r_1 = \frac{1}{2}$, $r_2 = 0$이고 이 두 근의 차 $r_1 - r_2 = \frac{1}{2} \notin \mathbb{Z}$이므로 프로베니우스 방법을 사용한다. 또한 합의 식에서 다음 점화식을 알 수 있다.

$$c_n = \frac{c_{n-1}}{n+r}, \quad n = 1, 2, 3, \cdots$$

먼저 $r = r_1 = \frac{1}{2}$인 경우를 생각해 보자. 그러면 점화식은

$$c_n = \frac{2c_{n-1}}{2n+1}, \quad n = 1, 2, 3, \cdots$$

이므로 $n = 1, 2, 3, \cdots$을 대입하고 계산의 편리를 위하여 $c_0 = 1$이라면

$$\begin{aligned} c_0 &= 1 \\ c_1 &= \frac{2c_0}{3} = \frac{2}{3} \\ c_2 &= \frac{2c_1}{5} = \frac{2^2}{3 \cdot 5} \\ c_3 &= \frac{2c_2}{7} = \frac{2^3}{3 \cdot 5 \cdot 7} \\ &\vdots \end{aligned}$$

그러므로 결정근 $r_1 = \frac{1}{2}$에 대한 해는

$$\begin{aligned} y_1(x) &= x^{\frac{1}{2}}(c_0 + c_1 x + c_2 x^2 + c_3 x^3 + \cdots) \\ &= x^{\frac{1}{2}}\left(1 + \frac{2x}{3} + \frac{2^2 x^2}{3 \cdot 5} + \frac{2^3 x^3}{3 \cdot 5 \cdot 7} + \cdots\right) \end{aligned}$$

이다. 또한, 계산의 편리를 위하여 $c_0 = 1$이라 하면 $r_2 = 0$에 대한 점화식은

$$c_n = \frac{c_{n-1}}{n}, \quad n = 1, 2, 3, \cdots$$

이다. 여기에서

$$\begin{aligned} c_0 &= 1 \\ c_1 &= c_0 = 1 \\ c_2 &= \frac{c_1}{2} = \frac{1}{2} \\ c_3 &= \frac{c_2}{3} = \frac{1}{3!} \\ c_4 &= \frac{c_3}{4} = \frac{1}{4!} \\ &\vdots \end{aligned}$$

그러므로 두 번째 일차독립인 해는

$$y_2(x) = x^0(c_0 + c_1 x + c_2 x^2 + c_3 x^3 + \cdots)$$
$$= 1 + x + \frac{x^2}{2!} + \frac{x^3}{3!} + \frac{x^4}{4!} + \cdots$$

이다. 그러므로 주어진 방정식의 일반해는

$$y = Ay_1(x) + By_2(x)$$
$$= Ax^{\frac{1}{2}}\left(1 + \frac{2x}{3} + \frac{2^2x^2}{3\cdot 5} + \frac{2^3x^3}{3\cdot 5\cdot 7} + \cdots\right) + B\left(1 + x + \frac{x^2}{2!} + \frac{x^3}{3!} + \frac{x^4}{4!} + \cdots\right) \quad ■$$

예 4.5.3 (결정근의 차가 정수인 경우 I: 로그항이 나타나지 않는 경우)

방정식 $xy'' - (4+x)y' + 2y = 0$에 대한 $x = 0$에서의 급수해를 구하여라.

풀이 $x = 0$는 주어진 방정식의 정규특이점이므로 주어진 방정식의 일반해는

$$y = \sum_{n=0}^{\infty} c_n x^{n+r}$$

이고 이것을 주어진 방정식에 대입하면

$$xy'' - (4+x)y' + 2y$$
$$= \sum_{n=0}^{\infty}(n+r)(n+r-1)c_n x^{n+r-1} - \sum_{n=0}^{\infty}4(n+r)c_n x^{n+r-1} - \sum_{n=0}^{\infty}(n+r)c_n x^{n+r} + \sum_{n=0}^{\infty}2c_n x^{n+r} = 0$$

위의 예제와 같이 우변의 마지막 두 항에 n 대신에 $n-1$을 대입하고 계수를 맞추어 정리하면

$$[r(r-1) - 4r]c_0 x^{r-1} + \sum_{n=1}^{\infty}[(n+r)(n+r-1)c_n - 4(n+r)c_n - (n+r-1)c_{n-1} + 2c_{n-1}]x^{n+r-1} = 0.$$

그러므로 결정방정식은

$$r(r-1) - 4r = r(r-5) = 0$$

이므로 결정근은 $r_1 = 5,\ r_2 = 0$이고 위의 식에서 다음 점화식을 얻는다.

$$(n+r)(n+r-5)c_n = (n+r-3)c_{n-1}, \quad n = 1, 2, 3, \cdots$$

여기에서 먼저 결정근이 작은 $r_2 = 0$인 경우 점화식은

$$n(n-5)c_n = (n-3)c_{n-1}, \quad n = 1, 2, 3, \cdots$$

이다. 그런데 이 점화식은 $n = 5$이면 $n(n-5)$로 나눌 수 없으므로 $n = 5$일 때 전후로 c_n을 나누어 생각하여야 한다.

$$n=1: \quad -4c_1 = -2c_0$$
$$n=2: \quad -6c_2 = -c_1$$
$$n=3: \quad -6c_3 = 0 \cdot c_2 = 0$$
$$n=4: \quad -4c_4 = c_3 = 0$$
$$n=5: \quad 0 \cdot c_5 = 2c_4 = 0$$

이것을 정리하면

$$c_1 = \frac{1}{2}c_0, \quad c_2 = \frac{1}{6}c_1 = \frac{1}{12}c_0, \quad c_3 = c_4 = 0.$$

그리고 $0 \cdot c_5 = 0$이고 c_5는 임의의 모든 상수에 대하여 모두 성립하므로 c_5는 임의의 상수이고, 임의의 $n > 5$일 때 다음 점화식이 성립한다.

$$c_n = \frac{n-3}{n(n-5)}c_{n-1}, \quad n = 6, 7, 8, \cdots$$

그러므로

$$c_6 = \frac{3}{6 \cdot 1}c_5$$
$$c_7 = \frac{4}{7 \cdot 2}c_6 = \frac{3 \cdot 4}{7 \cdot 6 \cdot 2 \cdot 1}c_5$$
$$c_8 = \frac{5}{8 \cdot 3}c_7 = \frac{3 \cdot 4 \cdot 5}{8 \cdot 7 \cdot 6 \cdot 3 \cdot 2 \cdot 1}c_5$$
$$\vdots$$

그러므로

$$\begin{aligned} y_1 &= x^0(c_0 + c_1x + c_2x^2 + c_3x^3 + c_4x^4 + c_5x^5 + \cdots) \\ &= c_0\left(1 + \frac{1}{2}x + \frac{1}{12}x^2\right) + c_5\left(x^5 + \frac{3}{6 \cdot 1}x^6 + \frac{3 \cdot 4}{7 \cdot 6 \cdot 2 \cdot 1}x^7 + \frac{3 \cdot 4 \cdot 5}{8 \cdot 7 \cdot 6 \cdot 3 \cdot 2 \cdot 1}x^8 + \cdots\right) \end{aligned}$$

또는

$$y_1 = c_0\left(1 + \frac{1}{2}x + \frac{1}{12}x^2\right) + c_5\left(x^5 + \frac{1}{2}x^6 + \frac{1}{7}x^7 + \frac{5}{168}x^8 + \cdots\right).$$

이제 결정근 $r_2 = 5$인 경우에 대하여 알아보면

$$y_2 = \sum_{n=0}^{\infty} c_n x^{n+5}$$

의 형태로 이루어짐을 알 수 있다. 여기에서 이러한 형태는 위의 첫번째 해에 포함되어 있고 또한 첫번째 해는 임의의 상수를 두 개를 포함하므로 주어진 방정식의 일반해는

$$y = A\left(1 + \frac{1}{2}x + \frac{1}{12}x^2\right) + B\left(x^5 + \frac{1}{2}x^6 + \frac{1}{7}x^7 + \frac{5}{168}x^8 + \cdots\right). \quad ■$$

예 4.5.4 (결정근의 차가 정수인 경우 II: 로그항이 나타나지 않는 경우)

방정식 $x^2y''+xy'+\left(x^2-\dfrac{1}{4}\right)y=0$에 대한 $x=0$에서의 급수해를 구하여라.

풀이 예제 4.5.3과 같이 $x=0$는 정규특이점이므로 일반해는

$$y=\sum_{n=0}^{\infty}c_nx^{n+r}$$

의 형태로 주어지고 이것을 식에 대입하면

$$\begin{aligned}&x^2y''+xy'+\left(x^2-\frac{1}{4}\right)y\\&=\sum_{n=0}^{\infty}(n+r)(n+r-1)c_nx^{n+r}+\sum_{n=0}^{\infty}(n+r)c_nx^{n+r}+\sum_{n=0}^{\infty}c_nx^{n+r+2}-\sum_{n=0}^{\infty}\frac{1}{4}c_nx^{n+r}=0\end{aligned}$$

앞의 예제와 같이 우변 식의 세 번째 항에 n 대신에 $n-2$를 대입하고 계수를 정리하면

$$\left(r^2-\frac{1}{4}\right)c_0x^r+\left(r+\frac{3}{2}\right)\left(r+\frac{1}{2}\right)c_1x^{r+1}+\sum_{n=2}^{\infty}\left[(n+r)(n+r-1)c_n+(n+r)c_n+c_{n-2}-\frac{1}{4}c_n\right]x^{n+r}=0.$$

따라서 특성방정식은

$$r^2-\frac{1}{4}=0$$

이므로 특성근은 $r_1=\dfrac{1}{2}$, $r_2=-\dfrac{1}{2}$이고 여기에서 먼저 작은 특성근 $r_2=-\dfrac{1}{2}$은 위의 합 안에서 c_0와 c_1을 임의의 상수로 만들고, 다음 점화식을 만들어 낸다.

$$c_n=-\frac{c_{n-2}}{n(n-1)},\quad n=2,\ 3,\ 4,\ \cdots$$

그러므로 $n=2,\ 3,\ 4,\ \cdots$를 대입하면

$$\begin{aligned}c_2&=-\frac{c_0}{2\cdot 1}=-\frac{c_0}{2!}\\c_3&=-\frac{c_1}{3\cdot 2}=-\frac{c_1}{3!}\\c_4&=-\frac{c_2}{4\cdot 3}=\frac{c_0}{4!}\\c_5&=-\frac{c_3}{5\cdot 4}=\frac{c_1}{5!}\\&\ \ \vdots\end{aligned}$$

그러므로

$$\begin{aligned}y_1&=x^{-1/2}(c_0+c_1x+c_2x^2+c_3x^3+c_4x^4+c_5x^5+\cdots)\\&=x^{-1/2}c_0\left(1-\frac{1}{2!}x^2+\frac{1}{4!}x^4-\frac{1}{6!}x^6+\cdots\right)+x^{-1/2}c_1\left(x-\frac{1}{3!}x^3+\frac{1}{5!}x^5-\frac{1}{7!}x^7+\cdots\right).\end{aligned}$$

또한 위의 급수는 $\cos x$와 $\sin x$의 급수의 형태이므로

$$y_1 = c_0\frac{\cos x}{\sqrt{x}} + c_1\frac{\sin x}{\sqrt{x}}$$

이다. 그리고 만일 $r = \frac{1}{2}$인 경우 두 번째 해는

$$y_2 = \sum_{n=0}^{\infty} c_n x^{n+1/2}$$

이므로 위의 첫번째 해 안에 존재하므로 주어진 방정식의 일반해는

$$y = x^{-1/2}c_0\left(1 - \frac{1}{2!}x^2 + \frac{1}{4!}x^4 - \frac{1}{6!}x^6 + \cdots\right) + c_1\left(x^{1/2} - \frac{1}{3!}x^{5/2} + \frac{1}{5!}x^{9/2} - \frac{1}{7!}x^{13/2} + \cdots\right).$$

■

예 4.5.5 (결정근의 차가 정수인 경우 III: 로그항이 나타나는 경우)

방정식 $xy'' + 3y' - y = 0$에 대한 $x = 0$에서의 급수해를 구하여라.

풀이 예제 4.5.4와 같이 $x = 0$는 정규특이점이므로 일반해는

$$y = \sum_{n=0}^{\infty} c_n x^{n+r}$$

의 형태로 주어지고 이것을 식에 대입하면

$$xy'' + 3y' - y = \sum_{n=0}^{\infty}(n+r)(n+r-1)c_n x^{n+r-1} + \sum_{n=0}^{\infty}3(n+r)c_n x^{n+r-1} - \sum_{n=0}^{\infty}c_n x^{n+r} = 0.$$

예제 4.5.4와 같이 우변식의 세 번째 항에 n 대신에 $n-1$을 대입하고 계수를 정리하면

$$r(r+2)c_0x^{r-1} + \sum_{n=1}^{\infty}[(n+r)(n+r+2)c_n - c_{n-1}]x^{n+r-1} = 0$$

이고 특성방정식은 $r(r+2) = 0$이므로 특성근은 $r = -2,\ 0$이고 점화식은

$$(n+r)(n+r+2)c_n - c_{n-1} = 0, \quad n = 1, 2, 3, \cdots$$

이다. 여기에서 먼저 특성근 $r = -2$일 때 점화식은

$$n(n-2)c_n = c_{n-1}, \quad n = 1, 2, 3, \cdots$$

이다. 여기에서 $n = 2$일 때 $n(n-2)$로 양변을 나누지 못한다. 그러므로

$$n = 1:\ -c_1 = c_0$$
$$n = 2:\ 0 \cdot c_2 = c_1$$

이고 $c_n = \dfrac{c_{n-1}}{n(n-2)}$, $n = 3, 4, 5, \cdots$이다. 첫번째 두 개의 식에서 $c_1 = c_0 = 0$이고

이것은 $c_0 \neq 0$에 모순이다. 그러므로 $r_1 = 0$일 때 점화식은

$$n(n+2)c_n = c_{n-1}, \quad n = 1,\ 2,\ 3,\ \cdots$$

그러므로

$$c_1 = \frac{1}{1 \cdot 3}c_0 = \frac{1}{3}c_0$$

$$c_2 = \frac{1}{2 \cdot 4}c_1 = \frac{1}{4!}c_0 = \frac{1}{24}c_0$$

$$c_3 = \frac{1}{3 \cdot 5}c_2 = \frac{1}{2^3 \cdot 3^2 \cdot 5}c_0 = \frac{1}{360}c_0$$

$$c_4 = \frac{1}{4 \cdot 6}c_3 = \frac{1}{4 \cdot 6 \cdot 360}c_3 = \frac{1}{8640}c_0$$

$$\vdots$$

이고

$$y_1(x) = c_0\left(1 + \frac{1}{3}x + \frac{1}{24}x^2 + \frac{1}{360}x^3 + \frac{1}{8640}x^4 + \cdots\right)$$

이다. 그러므로 정리 2.2.1로부터 다음과 같은 일차독립인 두 번째 해를 얻는다.

$$\begin{aligned}
y_2(x) &= y_1(x)\int \frac{e^{-\int (3/x)dx}}{y_1^2(x)}dx \\
&= y_1(x)\int \frac{1}{x^3\left[1 + \frac{1}{3}x + \frac{1}{24}x^2 + \frac{1}{360}x^3 + \cdots\right]^2}dx \\
&= y_1(x)\int \frac{1}{x^3\left[1 + \frac{2}{3}x + \frac{7}{36}x^2 + \frac{1}{30}x^3 + \cdots\right]}dx \\
&= y_1(x)\int \frac{1}{x^3}\left[1 - \frac{2}{3}x + \frac{1}{4}x^2 - \frac{19}{270}x^3 + \cdots\right]dx \\
&= y_1(x)\int \left[\frac{1}{x^3} - \frac{2}{3x^2} + \frac{1}{4x} - \frac{19}{270} + \cdots\right]dx \\
&= y_1(x)\left[-\frac{1}{2x^2} + \frac{2}{3x} + \frac{1}{4}\ln x - \frac{19}{270}x + \cdots\right] \\
&= \frac{1}{4}y_1(x)\ln x + y_1(x)\left[-\frac{1}{2x^2} + \frac{2}{3x} - \frac{19}{270}x + \cdots\right]
\end{aligned}$$

그러므로 주어진 방정식의 일반해는

$$y = Ay_1(x) + B\left[\frac{1}{4}y_1(x)\ln x + y_1(x)\left(-\frac{1}{2x^2} + \frac{2}{3x} - \frac{19}{270}x + \cdots\right)\right].$$ ■

예 4.5.6 (결정근이 같은 경우)

방정식 $xy''+y'-4y=0$에 대한 $x=0$에서의 급수해를 구하여라.

풀이 $x=0$는 정규특이점이므로 일반해는

$$y=\sum_{n=0}^{\infty}c_n x^{n+r}$$

의 형태로 주어지고, 이것을 식에 대입하여 계수를 정리하면

$$\begin{aligned}xy''+y'-4y&=\sum_{n=0}^{\infty}(n+r)(n+r-1)c_n x^{n+r-1}+\sum_{n=0}^{\infty}(n+r)c_n x^{n+r-1}-4\sum_{n=0}^{\infty}c_n x^{n+r}\\&=\sum_{n=0}^{\infty}(n+r)^2c_n x^{n+r-1}-4\sum_{n=0}^{\infty}c_n x^{n+r}\\&=r^2c_0x^{r-1}+\sum_{n=0}^{\infty}[(n+r+1)^2c_{n+1}-4c_n]x^{n+r}=0\end{aligned}$$

이다. 그러므로 $r^2=0$이고 $r_1=r_2=0$이다. 따라서 점화식은

$$(n+r+1)^2c_{n+1}-4c_n=0,\quad n=0,1,2,\cdots$$

여기에 $r=0$을 대입하여 정리하면

$$c_{n+1}=\frac{4c_n}{(n+1)^2},\quad n=0,1,2,3,\cdots$$

위의 예제에서와 같은 방법으로 하나의 해를 구하면($c_0=1$인 경우)

$$y_1(x)=\sum_{n=0}^{\infty}\frac{4^n}{(n!)^2}x^n=1+4x+4x^2+\frac{16}{9}x^3+\cdots$$

그러므로 위의 예제에서와 같이 정리 2.2.1에 의하여 일차독립인 두 번째 해를 얻는다.

$$\begin{aligned}y_2(x)&=y_1(x)\int\frac{e^{-\int(1/x)dx}}{y_1^2(x)}dx\\&=y_1(x)\int\frac{1}{x\left[1+4x+4x^2+\frac{16}{9}x^3+\cdots\right]^2}dx\\&=y_1(x)\int\frac{1}{x\left[1+8x+24x^2+\frac{320}{9}x^3+\cdots\right]}dx\\&=y_1(x)\int\frac{1}{x}\left[1-8x+40x^2-\frac{1472}{9}x^3+\cdots\right]dx\\&=y_1(x)\int\left[\frac{1}{x}-8+40x-\frac{1472}{9}x^2+\cdots\right]dx\\&=y_1(x)\left[\ln x-8x+20x^2-\frac{1472}{27}x^3+\cdots\right]\\&=y_1(x)\ln x+y_1(x)\left[-8x+20x^2-\frac{1472}{27}x^3+\cdots\right]\end{aligned}$$

따라서 주어진 방정식의 일반해는

$$y = Ay_1(x) + B\left[y_1(x)\ln x + y_1(x)\left(-8x + 20x^2 - \frac{1472}{27}x^3 + \cdots\right)\right].$$ ■

4.5 연습문제

[1-5] 각 미분방정식의 특이점을 결정하고, 각 특이점을 정칙 또는 비정칙으로 분류하여라.

01 $(x^2-3x)y''+(x+2)y'+y=0$

02 $(x^4-2x^3+x^2)y''+2(x-1)y'+x^2y=0$

03 $x^3(x^2-1)y''-x(x+1)y'+(x-1)y=0$

04 $x^4(x^2+1)(x-1)^2y''+4x^3(x-1)y'+(x+1)y=0$

05 $x^2(x-2)^2y''+3xy'-(x-4)y=0$

[6-17] 정칙특이점 $x=0$에서의 일반해를 프로베니우스 방법을 이용하여 구하여라.

06 $2xy''+(1+x)y'-2y=0$

07 $2xy''+5(1+2x)y'+5y=0$

08 $2x^2y''+3xy'-y=0$

09 $2x^2y''-xy'+(1+x)y=0$

10 $2x^2y''+xy'+(x^2-3)y=0$

11 $xy''+y'-4y=0$

12 $x^2y''-x(1+x)y'+y=0$

13 $x^2y''+5xy'+4y=0$

14 $x^2y''+x(x-1)y'+(1-x)y=0$

15 $(2x^2-x)y''+(2x-2)y'+(-2x^2+3x-2)y=0$

16 $x^2y''+xy'+(x-1)y=0$

17 $xy''+y'+2y=0$

4.6 특별한 형식의 두 미분방정식

이 절에서는 응용수학, 물리학 그리고 전자공학 등에서 자주 쓰이는 베셀방정식과 르장드르방정식에 대하여 알아보기로 한다.

먼저 위의 두 방정식에 알아보기 전에 다음 감마함수에 대하여 알아본다.

정의 4.6.1 구간 $(0, \infty)$에 다음과 같이 정의된 함수를 감마함수(gamma function)라 한다.

$$\Gamma(t) = \int_0^\infty e^{-u}u^{t-1}du$$

주1 임의의 $t > 0$라 하면

$$\begin{aligned}\Gamma(t+1) &= \int_0^\infty e^{-u}u^t du = \lim_{N\to\infty}\int_0^N e^{-u}u^t du \\ &= \lim_{N\to\infty}[-e^{-u}u^t|_0^N + \int_0^N te^{-u}u^{t-1}du] \\ &= \lim_{N\to\infty} -e^{-N}N^t + t\lim_{N\to\infty}\int_0^N e^{-u}u^{t-1}du \\ &= 0 + t\Gamma(t) = t\Gamma(t)\end{aligned}$$

특히, n이 자연수이면

$$\begin{aligned}\Gamma(n+1) &= n\Gamma(n) = n(n-1)\Gamma(n-1) = \cdots \\ &= n(n-1)(n-2)\cdots 2\cdot 1\Gamma(1) \\ &= n!\end{aligned}$$

정의 4.6.2 음이 아닌 실수 $\alpha \geq 0$에 대하여 다음 방정식

$$x^2y'' + xy' + (x^2 - \alpha^2)y = 0 \qquad \text{(B)}$$

을 베셀(Bessel)방정식이라 한다.

정리 4.6.3 **베셀방정식의 해**

방정식 (B)에서 $x=0$는 정규특이점이므로 일반해를

$$y=\sum_{n=0}^{\infty} c_n x^{n+r}$$

이라 하고 이것을 위 식 (B)에 대입하여 계수를 맞춘 다음 정리하면

$$\begin{aligned}
&x^2y''+xy'+(x^2-\alpha^2)y \\
&=\sum_{n=0}^{\infty} c_n(n+r)(n+r-1)x^{n+r}+\sum_{n=0}^{\infty}(n+r)c_nx^{n+r} \\
&\quad+\sum_{n=0}^{\infty} c_nx^{n+r+2}-\alpha^2\sum_{n=0}^{\infty} c_nx^{n+r} \\
&=(r^2-\alpha^2)c_0x^r+\sum_{n=1}^{\infty} c_n[(n+r)^2-\alpha^2]x^{n+r}+\sum_{n=0} c_nx^{n+r+2}=0.
\end{aligned}$$

위의 식에서 결정방정식은 $r^2-\alpha^2=0$이므로 $r_1=\alpha$, $r_2=-\alpha$이고, $r_1=\alpha$일 때 위의 마지막 식은

$$\begin{aligned}
&\sum_{n=1}^{\infty} c_nn(n+2\alpha)x^{n+\alpha}+\sum_{n=0}^{\infty} c_nx^{n+2+\alpha} \\
&=(1+2\alpha)c_1x^{\alpha+1}+\sum_{n=2}^{\infty} n(n+2\alpha)c_nx^{n+\alpha}+\sum_{n=0}^{\infty} c_nx^{n+\alpha+2} \\
&=(1+2\alpha)c_1x^{\alpha+1}+\sum_{n=0}^{\infty}[(n+2)(n+2+2\alpha)c_{n+2}+c_n]x^{n+2+\alpha} \\
&=0
\end{aligned}$$

따라서 다음을 알 수 있다.

$$\begin{aligned}
&(1+2\alpha)c_1=0 \\
&(n+2)(n+2+2\alpha)c_{n+2}+c_n=0, \quad n=0,\ 1,\ 2,\ \cdots.
\end{aligned}$$

또는 임의의 $n=0,\ 1,\ 2,\ 3,\ \cdots$에 대하여 점화식은

$$c_{n+2}=-\frac{c_n}{(n+2)(n+2+2\alpha)}.$$

여기에서 $c_1=0$이라 하면 윗식에 의하여 $c_3=c_5=c_7=\cdots=0$이 되므로 $n=0,\ 2,\ 4,\ \cdots$에 대하여 짝수 $n+2$을 $2n\,(n=1,\ 2,\ 3,\ \cdots)$으로 바꾸면

위의 점화식은

$$c_{2n} = -\frac{c_{2n-2}}{2^2 n(n+\alpha)}, \quad n = 1, 2, 3, \cdots$$

위의 식에 $n = 1, 2, 3, \cdots$을 대입하면

$$\begin{aligned}
c_2 &= -\frac{c_0}{2^2 \cdot 1 \cdot (1+\alpha)} \\
c_4 &= -\frac{c_2}{2^2 \cdot 2(2+\alpha)} = \frac{c_0}{2^4 \cdot 1 \cdot 2(1+\alpha)(2+\alpha)} \\
c_6 &= -\frac{c_4}{2^2 \cdot 3(3+\alpha)} = -\frac{c_0}{2^6 \cdot 1 \cdot 2 \cdot 3(1+\alpha)(2+\alpha)(3+\alpha)} \\
&\vdots \\
c_{2n} &= \frac{(-1)^n c_0}{2^{2n} n!(1+\alpha)(2+\alpha)(3+\alpha)\cdots(n+\alpha)}, \quad n = 1, 2, 3, \cdots
\end{aligned}$$

이고 c_0에 다음과 같이 특수한 값을 대입하자.

$$c_0 = \frac{1}{2^\alpha \Gamma(1+\alpha)}.$$

그러면 $\Gamma(1+\alpha) = \alpha\Gamma(\alpha)$이므로 위의 일반항 c_{2n}은 다음과 같이 바꾸어 쓸 수 있다.

$$\begin{aligned}
c_{2n} &= \frac{(-1)^n}{2^{2n+\alpha} n!(1+\alpha)(2+\alpha)\cdots(n+\alpha)\Gamma(1+\alpha)} \\
&= \frac{(-1)^n}{2^{2n+\alpha} n!\Gamma(1+\alpha+n)}, \quad n = 0, 1, 2, \cdots
\end{aligned}$$

따라서 한 해는

$$y = \sum_{n=0}^{\infty} c_{2n} x^{2n+\alpha} = \sum_{n=0}^{\infty} \frac{(-1)^n}{n!\Gamma(1+\alpha+n)} \left(\frac{x}{2}\right)^{2n+\alpha}.$$

이 급수해를 $J_\alpha(x)$로 나타낸다. 즉

$$J_\alpha(x) = \sum_{n=0}^{\infty} \frac{(-1)^n}{n!\Gamma(1+\alpha+n)} \left(\frac{x}{2}\right)^{2n+\alpha}.$$

두 번째 특성근 $r_2 = -\alpha$인 경우도 같은 방법으로 다음과 같다.

$$J_{-\alpha}(x) = \sum_{n=0}^{\infty} \frac{(-1)^n}{n!\Gamma(1-\alpha+n)} \left(\frac{x}{2}\right)^{2n-\alpha}.$$

여기에서 함수 $J_\alpha(x)$와 $J_{-\alpha}(x)$를 각각 계수 α와 $-\alpha$의 **제1종 베셀함수**라 한다. 또한 α가 정수가 아닐 때 일반해는 다음과 같다.

$$y = c_1 J_\alpha(x) + c_2 J_{-\alpha}(x), \quad \alpha \notin \mathbb{Z}$$

또한 α가 임의의 실수에 대하여

$$Y_\alpha(x) = \frac{\cos\alpha\pi J_\alpha(x) - J_{-\alpha}(x)}{\sin\alpha\pi}$$

를 α계 **제2종 베셀함수**라 하고 이 함수는 함수 $J_\alpha(x)$와 일차독립인 해가 된다. 따라서 임의의 모든 실수 α에 대하여 베셀방정식의 일반해는 다음과 같다.

$$y = c_1\, J_\alpha(x) + c_2\, Y_\alpha(x).$$

예 4.6.1 다음 방정식의 일반해를 구하여라.

$$x^2 y'' + xy' + \left(x^2 - \frac{1}{4}\right)y = 0.$$

풀이 이 방정식은 베셀방정식이고 $\alpha^2 = \frac{1}{4}$이므로 $\alpha = \frac{1}{2}$이다. 그러므로 일반해는

$$y = c_1\, J_{1/2}(x) + c_2\, J_{-1/2}(x).$$ ■

예 4.6.2 다음 방정식의 일반해를 구하여라.

$$x^2 y'' + xy' + (x^2 - 9)y = 0.$$

풀이 이 방정식은 베셀방정식이고 $\alpha^2 = 9$이므로 $\alpha = 3$의 일반해는

$$y = c_1\, J_3(x) + c_2\, Y_3(x).$$ ■

주2
(1) $xJ_\alpha{}'(x) = \alpha J_\alpha(x) - xJ_{\alpha+1}(x)$.
(2) $\frac{d}{dx}[x^{-\alpha}J_\alpha(x)] = -x^{-\alpha}J_{\alpha+1}(x)$.
(3) $\frac{d}{dx}[x^{\alpha}J_\alpha(x)] = x^{\alpha}J_{\alpha-1}(x)$.

정의 4.6.4 임의의 음이 아닌 정수 n에 대하여

$$(1-x^2)y'' - 2xy' + n(n+1)y = 0 \qquad \text{(L)}$$

을 **르장드르방정식**이라고 한다.

정리 4.6.5 르장드르방정식 (L)에서 $x=0$은 보통점이므로 일반해는

$$y=\sum_{n=0}^{\infty} c_n x^n$$

의 형태이다. 그러므로 이것을 방정식 (L)에 대입하여 계수를 정리하면

$$\begin{aligned}
&(1-x^2)y''-2xy'+n(n+1)y\\
&=(1-x^2)\sum_{k=0}^{\infty} c_k k(k-1)x^{k-2}-2\sum_{k=0}^{\infty} kc_k x^k+n(n+1)\sum_{k=0}^{\infty} c_k x^k\\
&=\sum_{k=2}^{\infty} k(k-1)c_k x^{k-2}-\sum_{k=2}^{\infty} k(k-1)c_k x^k-2\sum_{k=1}^{\infty} kc_k x^k+n(n+1)\sum_{k=0}^{\infty} c_k x^k\\
&=[n(n+1)c_0+2c_2]x^0+[n(n+1)c_1-2c_1+6c_3]x\\
&\quad+\sum_{k=4}^{\infty} k(k-1)c_k x^{k-2}-\sum_{k=2}^{\infty} k(k-1)c_k x^k-2\sum_{k=2}^{\infty} kc_k x^k+n(n+1)\sum_{k=2}^{\infty} c_k x^k\\
&=[n(n+1)c_0+2c_2]+[(n-1)(n+2)c_1+6c_3]x\\
&\quad+\sum_{j=2}^{\infty}[(j+2)(j+1)c_{j+2}+(n-j)(n+j+1)c_j]x^j=0.
\end{aligned}$$

따라서 다음 점화식을 얻는다.

$$\begin{aligned}
&n(n+1)c_0+2c_2=0\\
&(n-1)(n+2)c_1+6c_3=0\\
&(j+2)(j+1)c_{j+2}+(n-j)(n+j+1)c_j=0,\quad j=2,\ 3,\ 4,\ \cdots
\end{aligned}$$

그러므로

$$\begin{aligned}
c_2&=-\frac{n(n+1)}{2!}c_0\\
c_3&=-\frac{(n-1)(n+2)}{3!}c_1\\
c_{j+2}&=-\frac{(n-j)(n+j+1)}{(j+2)(j+1)}c_j,\quad j=2,\ 3,\ 4,\ \cdots
\end{aligned}$$

따라서

$$\begin{aligned}
c_4&=-\frac{(n-2)(n+3)}{4\cdot 3}c_2=\frac{(n-2)n(n+1)(n+3)}{4!}c_0\\
c_5&=-\frac{(n-3)(n+4)}{5\cdot 4}c_3=\frac{(n-3)(n-1)(n+2)(n+4)}{5!}c_1\\
c_6&=-\frac{(n-4)(n+5)}{6\cdot 5}c_4=-\frac{(n-4)(n-2)n(n+1)(n+3)(n+5)}{6!}c_0\\
c_7&=-\frac{(n-5)(n+6)}{7\cdot 6}c_5=-\frac{(n-5)(n-3)(n-1)(n+2)(n+4)(n+6)}{7!}c_1\\
&\ \ \vdots
\end{aligned}$$

그러므로 르장드르방정식은 다음과 같은 일반해를 갖는다.

$$\begin{aligned} y =& \ c_0 y_1(x) + c_1 y_2(x) \\ =& \ c_0\left[1 - \frac{n(n+1)}{2!} + \frac{(n-2)n(n+1)(n+3)}{4!}x^4 \right. \\ & \left. - \frac{(n-4)(n-2)n(n+1)(n+3)(n+5)}{6!}x^6 + \cdots\right] \\ & + c_1\left[x - \frac{(n-1)(n+2)}{3!}x^3 + \frac{(n-3)(n-1)(n+2)(n+4)}{5!}x^5 \right. \\ & \left. - \frac{(n-5)(n-3)(n-1)(n+2)(n+4)(n+6)}{7!}x^7 + \cdots\right] \end{aligned}$$

주3 (1) 위의 일반해에서 n이 짝수이면 처음 급수의 항이 유한개로 끝나고, 홀수이면 두 번째 급수의 해가 유한개의 항으로 끝난다. 또한 일반적으로 다음과 같이 c_0와 c_1에 특수한 값을 대입하여 여러 가지 성질을 생각한다.

먼저 $n=0$이고 $c_0=1$이라 할 때 $n=2, 4, 6, \cdots$라 하면

$$c_0 = (-1)^{n/2}\frac{1\cdot 3\cdot \cdots \cdot (n-1)}{2\cdot 4\cdot \cdots \cdot n}$$

이고, $n=1$이고 $c_1=1$이라 할 때 $n=3, 5, 7, \cdots$라 하면

$$c_1 = (-1)^{(n-1)/2}\frac{1\cdot 3\cdot \cdots \cdot n}{2\cdot 4\cdot \cdots \cdot (n-1)}$$

이를 이용하여 나타난 n계 다항식의 해를 **르장드르다항식**이라 하고 $P_n(x)$로 표기한다. 예를 들면

$$P_0(x)=1,\quad P_1(x)=x,\quad P_2(x)=\frac{1}{2}(3x^2-1),\quad P_3(x)=\frac{1}{2}(5x^3-3x)$$
$$P_4(x)=\frac{1}{8}(35x^4-30x^2+3),\quad P_5(x)=\frac{1}{8}(63x^5-70x^3+15x).$$

특히, 이 다항식은 다음 방정식의 특수해이다.

$$\begin{aligned} &n=0;\ (1-x^2)y''-2xy'=0 \\ &n=1;\ (1-x^2)y''-2xy'+2y=0 \\ &n=2;\ (1-x^2)y''-2xy'+6y=0 \\ &n=3;\ (1-x^2)y''-2xy'+12y=0 \\ &\qquad\vdots \end{aligned}$$

(2) 르장드르다항식의 특성

① $P_n(-x)=(-1)^n P_n(x)$

② $P_n(1)=1$

③ $P_n(-1)=(-1)^n$

④ $P_n(0)=0, \quad n=1, 3, 5, \cdots$

⑤ $P_n'(0)=0, \quad n=0, 2, 4, 6, \cdots$

제5장
라플라스 변환과 미분방정식

라플라스 변환은 푸리에변환과 함께 수학 및 공학분야에서 쓰이는 가장 유용한 방법이다. 이 장에서는 초깃값을 갖는 상수계수의 미분방정식의 해를 구할 때 아주 유용하게 쓰이는 라플라스 변환과 역변환에 대하여 알아보고, 이를 이용하여 주어진 미분방정식의 해를 구하는 방법에 대하여 알아본다.

5.1 라플라스 변환

이 절에서는 초깃값 문제에서 해를 구하는 데 아주 유용한 개념인 라플라스 변환에 대하여 알아본다. 라플라스 변환은 푸리에 변환과 함께 순수수학, 응용수학 그리고 공학에서 매우 유용한 변환이다. 지금까지의 대부분의 상미분방정식은 미분방정식

$$a_2(x)y'' + a_1(x)y' + a_0(x)y = f(x)$$

에서 함수 $f(x)$가 연속인 경우에 대하여 알아보았다. 그러나 기계공학이나 전기공학에서는 불연속으로 나타나는 경우가 많다. 이러한 경우에도 라플라스 변환이 많이 쓰인다.

라플라스 변환의 기본 개념은 주어진 어려운 초깃값 문제를 쉬운 대수적 문제로 변환하여 대수적인 방법으로 풀고 다시 역변환에 의하여 주어진 방정식의 해를 구하는 것이다.

정의 5.1.1 함수 $f(t)$가 $t \geq 0$에서 정의된 함수일 때 다음 특이적분

$$\int_0^{\infty} e^{-st} f(t)dt = \lim_{R\to\infty}\int_0^{R} e^{-st} f(t)dt \tag{1}$$

이 존재하면 식 (1)을 함수 $f(t)$의 **라플라스 변환**이라 하고 다음 기호로 나타낸다.

$$\mathcal{L}\{f(t)\} = F(s)$$

여기에서 $F(s)$는 함수 $f(t)$의 라플라스 변환 값이 s의 함수임을 나타내고 앞으로는 F는 f의 라플라스 변환을 나타낸다.

예 5.1.1 다음 함수의 라플라스 변환 $\mathcal{L}\{f(t)\}$을 구하여라.

(1) $f(t) = 1$ (2) $f(t) = t$

(3) $f(t) = e^{at}$ (4) $f(t) = \sin \alpha t$

풀이 (1) 임의의 $s > 0$에 대하여

$$\mathcal{L}\{1\}=\int_0^\infty e^{-st}\cdot 1dt=\lim_{R\to\infty}\int_0^R e^{-st}\cdot 1dt$$
$$=\lim_{R\to\infty}\left[\frac{-e^{-st}}{s}\right]_0^R=\lim_{R\to\infty}\left[\frac{1}{s}-\frac{e^{-sR}}{s}\right]=\frac{1}{s}.$$

(2) 임의의 $s>0$에 대하여

$$\mathcal{L}\{t\}=\int_0^\infty e^{-st}\cdot t\,dt=\lim_{R\to\infty}\int_0^R e^{-st}\cdot t\,dt$$
$$=\lim_{R\to\infty}\left[\frac{-e^{-st}}{s^2}(st+1)\right]_0^R=\lim_{R\to\infty}\left[\frac{1}{s^2}-\frac{e^{-sR}}{s^2}(sR+1)\right]=\frac{1}{s^2}.$$

(3) 임의의 $s>a$에 대하여

$$\mathcal{L}\{e^{at}\}=\int_0^\infty e^{-st}\cdot e^{at}dt=\lim_{R\to\infty}\int_0^R e^{-st}\cdot e^{at}dt$$
$$=\lim_{R\to\infty}\left[\frac{e^{(a-s)t}}{a-s}\right]_0^R=\lim_{R\to\infty}\left[\frac{e^{(a-s)R}}{a-s}-\frac{1}{a-s}\right]=\frac{1}{s-a}.$$

(4) 임의의 $s>0$에 대하여

$$\mathcal{L}\{\sin\alpha t\}=\int_0^\infty e^{-st}\cdot\sin\alpha t\,dt=\lim_{R\to\infty}\int_0^R e^{-st}\cdot\sin\alpha t\,dt$$
$$=\lim_{R\to\infty}\left[\frac{-e^{-st}}{s^2+\alpha^2}(s\sin\alpha t+\alpha\cos\alpha t)\right]_0^R$$
$$=\lim_{R\to\infty}\left[\frac{\alpha}{s^2+\alpha^2}-\frac{e^{-sR}}{s^2+\alpha^2}(s\sin\alpha R+\alpha\cos\alpha R)\right]$$
$$=\frac{\alpha}{s^2+\alpha^2}.$$

같은 방법으로 $\mathcal{L}\{\cos\alpha\}=\dfrac{s}{s^2+\alpha^2}$을 구할 수 있다.

정의 5.1.2 함수 $f(t)$가 $t\geq 0$에서 정의되었을 때 적당한 양수 $T>0$와 $M>0$이 존재하여 다음을 만족하면 **지수위수** α를 갖는다고 한다.

$$|f(t)|\leq Me^{\alpha t} \quad \text{또는} \quad e^{-\alpha t}|f(t)|\leq M$$

정의 5.1.3 **라플라스 변환의 존재성**

함수 $f(t)$가 $t\geq 0$에서 정의되고 다음 두 조건을 만족하면 이 함수의 라플라스 변환이 존재한다.

(1) 임의의 T에 대하여 함수 $f(t)$는 $[0,\ T)$에서 연속이다.

(2) 구간 $[T,\ \infty)$에서 적당한 상수 α와 $M>0$이 존재하여 임의의 t에 대하여

$$|f(t)| \le Me^{\alpha t} \quad \text{또는} \quad e^{-\alpha t}|f(t)| \le M$$

을 만족한다. 즉, $f(t)$는 지수위수 α를 갖는다.

예 5.1.2 (1) $f(t)=\sin\alpha t$에서 $|\sin\alpha t| \le 1$이므로 라플라스 변환이 존재한다.

(2) $f(t)=e^{\alpha t}\cos kt$에서 $e^{-\alpha t}|f(t)| \le e^{-\alpha t}e^{\alpha t}|\sin kt| = |\sin kt| \le 1$이므로 이 함수의 라플라스 변환이 존재한다.

(3) $f(t)=t^n\,(n>0)$에서 $e^{-\alpha t}|f(t)| = e^{-\alpha t}t^n$이다. 또한 로피탈의 정리에 의하여 임의의 $\alpha>0$에 대하여

$$\lim_{t\to\infty} e^{-\alpha t}t^n = \lim_{t\to\infty}\frac{t^n}{e^{\alpha t}} = 0$$

이다. 그러므로 적당한 상수 $M>0$과 $T>0$이 존재하여 임의의 $t>T$에 대하여

$$e^{-\alpha t}|f(t)| = e^{\alpha t}t^n < M$$

이므로 라플라스 변환이 존재한다.

주1 다음 함수의 라플라스 변환은 존재하고 결과는 다음과 같다. 여기에서 a는 임의의 상수이다.

(1) n이 자연수일 때 $\mathcal{L}\{t^n\} = \dfrac{n!}{s^{n+1}}$

(2) $\mathcal{L}\{e^{at}\} = \dfrac{1}{s-a}$

(3) $\mathcal{L}\{\cos at\} = \dfrac{s}{s^2+a^2}$

(4) $\mathcal{L}\{\sin at\} = \dfrac{a}{s^2+a^2}$

(5) $\mathcal{L}\{\cosh at\} = \dfrac{s}{s^2-a^2}$

(6) $\mathcal{L}\{\sinh at\} = \dfrac{a}{s^2-a^2}$

정리 5.1.4 **라플라스 변환의 선형성**

함수 $f_1(t)$와 $f_2(t)$의 라플라스 변환이 존재하고 c_1과 c_2를 임의의 상수라 할 때

$$\mathcal{L}\{c_1 f_1(t)+c_2 f_2(t)\}=c_1\mathcal{L}\{f_1(t)\}+c_2\mathcal{L}\{f_2(t)\}$$

증명 적분과 극한의 선형성에 의하여 자명하다. ■

예 5.1.3 (1) 라플라스 변환의 선형성에 의하여

$$\begin{aligned}\mathcal{L}\{\sin^2\alpha t\}&=\mathcal{L}\left\{\frac{1-\cos 2\alpha t}{2}\right\}=\mathcal{L}\left\{\frac{1}{2}\right\}-\mathcal{L}\left\{\frac{\cos 2\alpha t}{2}\right\}\\&=\frac{1}{2}\mathcal{L}\,1-\frac{1}{2}\mathcal{L}\cos 2\alpha t\end{aligned}$$

[주1]의 (1)과 (3)에 의하여

$$\mathcal{L}\{\sin^2\alpha t\}=\frac{1}{2}\cdot\frac{1}{s}-\frac{1}{2}\cdot\frac{s}{s^2+4\alpha^2}=\frac{2\alpha^2}{s(s^2+4\alpha^2)}.$$

(2) $\cosh t=\dfrac{e^t+e^{-t}}{2}$이므로 라플라스 변환의 선형성과 [주1]의 (2)에 의하여

$$\mathcal{L}\{\cosh t\}=\frac{1}{2}\mathcal{L}\{e^t\}+\frac{1}{2}e^{-t}=\frac{1}{2}\left[\frac{1}{s-1}+\frac{1}{s+1}\right]=\frac{s}{s^2-1}.$$

정리 5.1.5 **제1이동정리**

함수 $f(t)$의 라플라스 변환을 $\mathcal{L}\{f(t)\}=F(s)$라 하면, 임의의 상수 a에 대하여, $s>a$일 때

$$\mathcal{L}\{e^{at}f(t)\}=F(s-a).$$

증명 여기에서 $F(s)=\mathcal{L}\{f(t)\}=\int_0^\infty e^{-st}f(t)dt$이므로 s 대신에 $s-a$를 대입하면

$$\begin{aligned}F(s-a)&=\int_0^\infty e^{-(s-a)t}f(t)dt=\int_0^{INF}e^{-st}[e^{at}f(t)]dt.\\&=\mathcal{L}\{e^{at}f(t)\}\end{aligned}$$ ■

예 5.1.4 (1) $\mathcal{L}\{e^{at}\,t\}$를 구하여라.

(2) $\mathcal{L}\{e^{at}\,\sin t\}$를 구하여라.

풀이 (1) $F(s)=\mathcal{L}\{f(t)\}=\mathcal{L}\{t\}$라 하면 $F(s)=\mathcal{L}\{t\}=\dfrac{1}{s^2}$이므로

$F(s-a)=\dfrac{1}{(s-a)^2}$. 따라서 $\mathcal{L}\{e^{at}t\}=\dfrac{1}{(s-a)^2}$.

(2) 먼저 $F(s)=\mathcal{L}\{\sin t\}=\dfrac{1}{(s^2+1)}$이고, $F(s-a)=\dfrac{1}{[(s-a)^2+1]}$이므로

$$\mathcal{L}\{e^{at}\sin t\}=\frac{1}{(s-a)^2+1}.$$ ■

다음은 라플라스 변환을 이용하여 미분방정식의 해를 구할 때 사용되는 중요한 정리이다.

정리 5.1.6 **도함수의 변환**

함수 $f(t)$가 $[0,\,\infty)$에서 연속이고, $f'(t),\ \cdots,\ f^{(n)}(t)$가 존재하고 같은 구간에서 연속이며 위의 함수가 지수위수 α를 갖는다고 하자. 그러면 임의의 자연수 $n\in\mathbb{N}$과 $s>\alpha$에 대하여

$$\mathcal{L}\{f^{(n)}(t)\}=s^nF(s)-s^{n-1}f(0)-s^{n-2}f'(0)-\cdots-f^{(n-1)}(0).$$

여기에서 $F(s)=\mathcal{L}\{f(t)\}$이다.

풀이 먼저 $n=1$일 때

$$\begin{aligned}\mathcal{L}\{f'(t)\}&=\int_0^\infty e^{-st}f'(t)\,dt\\&=[e^{-st}f(t)]_0^\infty+s\int_0^\infty e^{-st}f(t)\,dt\end{aligned}$$

여기에서 $f(t)$는 지수위수이므로, 임의의 $s>\alpha$에 대하여 $\lim\limits_{t\to\infty}e^{-st}f(t)\to 0$이므로

$$\mathcal{L}\{f'(t)\}=sF(s)-f(0).$$

같은 방법으로 $n=2$일 때

$$\begin{aligned}\mathcal{L}\{f''(t)\}&=s\mathcal{L}\{f'(t)\}-f'(0)\\&=s[sF(s)-f(0)]-f'(0)\\&=s[sF(s)-f(0)]-f'(0)\end{aligned}$$

$$= s^2F(s) - sf(0) - f'(0).$$

따라서 수학적 귀납법으로 쉽게 증명할 수 있다. ■

예 5.1.5 정리 5.1.6을 이용하여 임의의 n에 대하여 $\mathcal{L}\{t^n\}$을 구하여라.

풀이 먼저 $f(t) = t^n$이라 하면 이 함수와 모든 도함수들이 지수위수이다. 또한

$$f(0) = f'(0) = \cdots = f^{(n-1)}(0) = 0$$
$$f^{(n)}(t) = n!$$

이다. 이것을 위의 정리에 대입하면

$$\mathcal{L}\{n!\} = s^n \mathcal{L}\{t^n\} - 0 - 0 - \cdots - 0.$$

그러므로

$$\mathcal{L}\{t^n\} = \frac{n!\mathcal{L}\{1\}}{s^n} = \frac{n!}{s^{n+1}}, \quad n = 0, 1, 2, \cdots.$$ ■

예 5.1.6 $\mathcal{L}\{\sin bt\} = \dfrac{b}{s^2+b^2}$임을 이용하여 $\mathcal{L}\{\cos bt\}$를 구하여라.

풀이 $f(t) = \sin bt$ 라 하면 $f(0) = 0$이고 $f'(t) = b\cos bt$이다. 정리 5.1.6에 의하여 $\mathcal{L}\{f'(t)\} = s\mathcal{L}\{f(t)\} - f(0)$이므로

$$\mathcal{L}\{b\cos bt\} = s\mathcal{L}\{\sin bt\} - 0 \quad \text{또는} \quad b\mathcal{L}\{\cos bt\} = \frac{sb}{s^2+b^2}.$$

양변을 b로 나누면 $\mathcal{L}\{\cos bt\} = \dfrac{s}{s^2+b^2}$. ■

정리 5.1.7 **변환에 대한 도함수**

함수 $f(t)$가 $[0, \infty)$에서 연속이고 지수위수 α를 갖는다 하고 $F(s) = \mathcal{L}\{f(t)\}$라 하면 임의의 자연수 $n \in \mathbb{N}$과 $s > \alpha$에 대하여

$$\mathcal{L}\{t^n f(t)\} = (-1)^n \frac{d^n}{ds^n} F(s).$$

증명 $F(s) = \mathcal{L}\{f(t)\}$이므로

$$\frac{d}{ds}F(s) = \frac{d}{ds}\int_0^\infty e^{-st} f(t)\,dt.$$

함수 $f(t)$가 지수위수의 함수이므로 라이프니츠 법칙에 의하여 적분과 미분의 순서를 바꾸면

$$\begin{aligned}\frac{d}{ds}F(s) &= \frac{d}{ds}\int_0^\infty e^{-st}f(t)dt = \int_0^\infty \frac{\partial}{\partial s}[e^{-st}f(t)]dt \\ &= -\int_0^\infty te^{-st}f(t)dt = -\mathcal{L}\{tf(t)\}.\end{aligned}$$

그러므로

$$\mathcal{L}\{tf(t)\} = -F'(s).$$

위의 방법을 반복하면

$$\begin{aligned}F''(s) &= \int_0^\infty (-t)^2e^{-st}f(t)dt = \int_0^\infty t^2e^{-st}f(t)dt \\ F'''(s) &= \int_0^\infty (-t)^3e^{-st}f(t)dt = -\int_0^\infty t^3e^{-st}f(t)dt \\ &\vdots\end{aligned}$$

따라서 임의의 자연수 $n\in\mathbb{N}$에 대하여

$$F^{(n)}(s) = \int_0^\infty (-t)^n e^{-st}f(t)dt = (-1)^n\int_0^\infty e^{-st}[t^nf(t)]dt.$$

그러므로 $\mathcal{L}\{t^n f(t)\} = (-1)^nF^{(n)}(s)$.

예 5.1.7 $\mathcal{L}\{t\,e^{-3t}\sin t\}$를 계산하여라. ■

풀이 $\mathcal{L}\{\sin t\} = \dfrac{1}{s^2+1} = F(s)$이고 정리 5.1.7에 의하여

$$\mathcal{L}\{t\sin t\} = -F'(s) = -\frac{d}{ds}\left(\frac{1}{s^2+1}\right) = \frac{2s}{(s^2+1)^2}.$$

따라서 정리 5.1.5에 의하여

$$\mathcal{L}\{t\,e^{-3t}\sin t\} = \frac{2(s+3)}{[(s+3)^2+1]^2} = \frac{2s+6}{(s^2+6s+10)^2}.$$

다음은 불연속함수를 쉽게 나타내는 단위계단함수이다. ■

정의 5.1.8 **단위계단함수**

임의의 상수 $a \geq 0$에 대하여 **단위계단함수** $U(t-a)$를 다음과 같이 정의한다.

$$U(t-a)=\begin{cases}0, & t < a\\ 1, & t \geq a\end{cases}$$

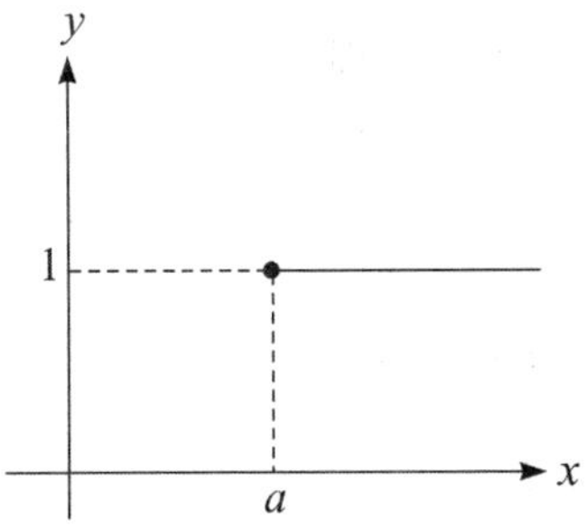

그림 5.1.1

예 5.1.8 (1) 구간 $[0, \infty)$위의 함수

$$f(t) = \begin{cases}\sin t, & t < \pi\\ t, & \pi < t\end{cases}$$

는 단위계단함수를 이용하여 나타내면

$$\begin{aligned} f(t) &= \sin t + \begin{cases}0, & t < \pi\\ t-\sin t, & \pi < t\end{cases}\\ &= \sin t + (t-\sin t)\,U(t-\pi)\end{aligned}$$

(2) 임의의 $s > 0$에 대하여

$$\begin{aligned}\mathcal{L}\{U(t-a)\} &= \int_0^\infty e^{-st}\,U(t-a)dt = \int_a^\infty e^{-st}dt\\ &= \lim_{R\to\infty}\left[-\frac{e^{-st}}{s}\right]_a^R = \frac{e^{-as}}{s}.\end{aligned}$$

이고 특히, $U(t)=1\,(t>0)$이므로

$$\mathcal{L}\{U(t)\} = \mathcal{L}\{1\} = \frac{1}{s}.$$

(3) 함수

$$f(t)=\begin{cases}3, & t < 2\\ -1, & 2 < t < 5\\ 7, & 5 < t\end{cases}$$

의 라플라스 변환을 구해보면, 먼저 이 함수는 t가 2가 되기까지 함숫값은 3이고 2에서 -1이 되어 $3-4U(t-2)$이다. 그리고 $t=5$에서 -1에서 7로 함숫값이 변한다. 그러므로 여기에 $8U(t-5)$를 더하면 위의 함수가 된다. 즉,

$$f(t) = 3-4U(t-2)+8U(t-5)$$

이다. 그러므로 이 함수의 라플라스 변환은

$$\begin{aligned}\mathcal{L}\{f(t)\} &= 3\mathcal{L}\{1\} - 4\mathcal{L}\{U(t-2)\} + 8\mathcal{L}\{U(t-5)\} \\ &= \frac{3}{s} - \frac{4e^{-2s}}{s} + \frac{8e^{-5s}}{s}.\end{aligned}$$

다음 정리는 단위계단함수를 이용한 이동정리에 대한 라플라스 변환이다.

정리 5.1.9 **제2이동정리**

임의의 $s > \alpha \ge 0$와 $a \ge 0$에 대하여 $F(s) = \mathcal{L}\{f(t)\}$일 때

$$\mathcal{L}\{f(t-a)U(t-a)\} = e^{-as}F(s).$$

증명]

$$\begin{aligned}\mathcal{L}\{f(t-a)U(t-a)\} &= \int_0^\infty e^{-st}f(t-a)U(t-a)dt \\ &= \int_a^\infty e^{-st}f(t-a)dt\end{aligned}$$

여기에서 $v = t-a$이면 $dv = dt$이고 위의 식은

$$\begin{aligned}\mathcal{L}\{f(t-a)U(t-a)\} &= \int_0^\infty e^{-as}e^{-sv}f(v)dv \\ &= e^{-as}\int_0^\infty e^{-sv}f(v)dv = e^{-as}F(s)\end{aligned}$$ ■

주2 예 5.1.8의 (2)에서 $\mathcal{L}\{U(t-a)\}$은 정리 5.1.9의 이동정리에서 주어진 $\mathcal{L}\{f(t-a)U(t-a)\} = e^{-as}F(s)$의 특수한 경우이다. 실제로 $f(t) = 1$이면 $F(s) = \frac{1}{s}$이므로 $\mathcal{L}\{U(t-a)\} = \frac{e^{-as}}{s}$이다. 또한, 우리가 라플라스 변환을 계산함에 있어서 $f(t-a)U(t-a)$를 계산하는 것 보다 $f(t)U(t-a)$를 계산하는 것을 더욱 많이 사용한다. 그러면 $g(t) = f(t-a)$이라 하면 $f(t) = g(t+a)$이므로 정리 5.1.9의 이동정리에 의하여

$$\mathcal{L}\{g(t)U(t-a)\} = e^{-as}\mathcal{L}\{g(t+a)\}.$$

예 5.1.9

(1) $\mathcal{L}\{t^2U(t-1)\}$을 구하여라.

(2) $\mathcal{L}\{\cos t\, U(t-\pi)\}$을 구하여라.

(3) $f(t)$가 다음과 같을 때 $\mathcal{L}\{f(t)U(t-1)\}$를 구하여라.

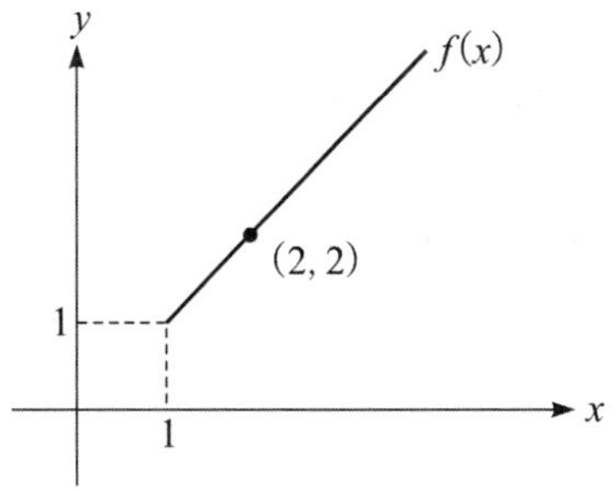

그림 5.1.2

풀이 (1) $g(t)=t^2,\ a=1$이므로

$$g(t+a)=g(t+1)=(t+1)^2=t^2+2t+1.$$

그러므로 $\mathcal{L}\{g(t+1)\}=\frac{2}{s^3}+\frac{2}{s^2}+\frac{1}{s}$이고 위의 식을 이용하면

$$\mathcal{L}\{t^2U(t-1)\}=e^{-s}\left(\frac{2}{s^3}+\frac{2}{s^2}+\frac{1}{s}\right).$$

(2) $g(t)=\cos t,\ a=\pi$이므로 $g(t+\pi)=\cos(t+\pi)=-\cos t$이고

$$\mathcal{L}\{g(t+\pi)\}=-\mathcal{L}\{\cos t\}=-\frac{s}{s^2+1}.$$

그러므로 $\mathcal{L}\{\cos t\, U(t-\pi)\}=-e^{-\pi s}\frac{s}{s^2+1}.$

(3) 위의 예제와 같이 생각하면 $f(t)=t,\ a=1$이고 $g(t+1)=(t+1)$이므로

$$\mathcal{L}\{tU(t-1)\}=e^{-s}\left(\frac{1}{s^2}+\frac{1}{s}\right).$$

■

정리 5.1.10 임의의 상수 $T>0$에 대하여 다음 조건을 만족하는 함수를 주기가 T인 주기함수라 하자.

$$f(t+T)=f(t)$$

그러면 이 함수의 라플라스 변환은

$$\mathcal{L}\{f(t)\}=\frac{1}{1-e^{-sT}}\int_0^T e^{-st}f(t)dt.$$

증명 함수 $f(t)$가 주기 $T>0$의 주기함수이므로

$$\mathcal{L}\{f(t)\}=\int_0^T e^{-st}f(t)dt+\int_T^\infty e^{-st}f(t)dt.$$

여기에서 위의 둘째 항에 $t=u+T$로 변환하면

$$\begin{aligned}\mathcal{L}\{f(t)\}&=\int_0^T e^{-st}f(t)dt+\int_0^\infty e^{-s(u+T)}f(u+T)du\\&=\int_0^T e^{-st}f(t)dt+e^{-sT}\int_0^\infty e^{-su}f(u)du\\&=\int_0^T e^{-st}f(t)dt+e^{-sT}\mathcal{L}\{f(t)\}\end{aligned}$$

이것을 $\mathcal{L}\{f(t)\}$에 대하여 풀면

$$\mathcal{L}\{f(t)\}=\frac{1}{1-e^{-sT}}\int_0^T e^{-st}f(t)dt.$$ ■

예 5.1.10 다음 함수에 대한 변환을 구하여라.

$$f(t)=\begin{cases}\sin t, & 0<t<\pi \\ 0, & \pi<t<2\pi\end{cases}, \quad f(t+2\pi)=f(t).$$

풀이 주기 $T=2\pi$이므로

$$\int_0^{2\pi} e^{-st}f(t)dt=\int_0^{\pi} e^{-st}f(t)dt=\frac{1+e^{-\pi s}}{s^2+1}.$$

그러므로

$$\begin{aligned}\mathcal{L}\{f(t)\}&=\frac{1}{1-e^{-2\pi s}}\cdot\frac{1+e^{-\pi s}}{s^2+1}\\&=\frac{1}{(1-e^{-\pi s})(s^2+1)}.\end{aligned}$$ ■

정리 5.1.11 **적분에 관한 변환**

함수 $f(t)$가 연속인 지수위수의 함수라 하고 $\mathcal{L}\{f(t)\}=F(s)$이면

$$\mathcal{L}\left\{\int_0^t f(u)du\right\}=\frac{1}{s}\mathcal{L}\{f(t)\}=\frac{1}{s}F(s).$$

풀이 $g(t)=\int_0^t f(u)du$이면 $g(t)$는 연속인 지수위수의 함수가 된다. 따라서 $g(t)$의 변환식은 존재하고 $g'(t)=f(t)$이고 $g(0)=0$이므로 정리 5.1.6의 도함수의 변환을 이용하면

$$\mathcal{L}\{f(t)\}=\mathcal{L}\{g'(t)\}=s\mathcal{L}\{g(t)\}-g(0)=s\mathcal{L}\left\{\int_0^t f(u)du\right\}.$$

그러므로 $\mathcal{L}\left\{\int_0^t f(u)du\right\}=\frac{1}{s}\mathcal{L}\{f(t)\}=\frac{1}{s}F(s).$ ■

예 5.1.11 (1) $\mathcal{L}\left\{\int_0^t e^{3u}du\right\}=\frac{1}{s}\mathcal{L}\{e^{3t}\}=\frac{1}{s}\cdot\frac{1}{(s-3)}=\frac{1}{s(s-3)}.$

(2) $\mathcal{L}\left\{\int_0^t \sin 2u\,du\right\}=\frac{1}{s}\mathcal{L}\{\sin 2t\}=\frac{1}{s}\cdot\frac{2}{(s^2+4)}=\frac{2}{s(s^2+4)}.$

5.1 연습문제

[1-6] 정의를 사용하여 각 함수의 라플라스 변환을 구하여라.

01 t

02 $t^n \ (n=1,2,\cdots)$

03 $\cos kt$

04 $e^{-at}-e^{-bt}$

05 $\cosh kt$

06 $\sin(at+b)$

[7-24] 주어진 함수의 라플라스 변환을 구하여라.

07 $\cosh^2 kt$

08 $e^{at}\cosh kt$

09 te^{at}

10 $t^2\cos kt$

11 $\cos^2 kt$

12 $\sin kt \cos kt$

13 $t^2 - te^t + e^{4t}\cos t$

14 $e^{3t}\sin 6t - t^3 + e^t$

15 $t^2e^{5t} - e^t\cos\sqrt{7}\,t$

16 $\cosh kt \cos kt$

17 $3e^{-4t}(\cos 4t - t\sin 4t)$

18 $\sinh t \cos t$

19 $\cos 3t$

20 $\sin 2t \sin 5t$

21 $\cos nt \sin mt \ (n \neq m)$

22 $\int_0^t e^u \cos u\, du$

23 $\int_0^t u\, e^{t-u}\, du$

24 $t\int_0^t \sin u\, du$

5.2 역변환

5.1절에서와 같이 함수 $f(t)$가 $[0, \infty)$에서 정의된 연속인 지수위수 함수라 하고 이 함수의 라플라스 변환 $F(s)$는 s의 함수로 나타내고 기호로 $\mathcal{L}\{f(t)\} = F(s)$로 나타낸다.

정의 5.2.1 함수 $F(s)$에 대하여 이 함수에 대응하는 함수 $f(t)$가 존재하여 $\mathcal{L}\{f(t)\} = F(s)$를 만족할 때 함수 $f(t)$를 $F(s)$의 **역변환**이라 하고 다음과 같이 나타낸다.

$$f(t) = \mathcal{L}^{-1}\{F(s)\}$$

정리 5.2.3 a가 임의의 상수일 때, 함수들의 역변환이 존재하면 다음을 알 수 있다.

(1) n이 자연수일 때 $\mathcal{L}^{-1}\left\{\dfrac{n!}{s^{n+1}}\right\} = t^n$

(2) $\mathcal{L}^{-1}\left\{\dfrac{1}{s-a}\right\} = e^{at}$

(3) $\mathcal{L}^{-1}\left\{\dfrac{s}{s^2+a^2}\right\} = \cos at$

(4) $\mathcal{L}^{-1}\left\{\dfrac{a}{s^2+a^2}\right\} = \sin at$

(5) $\mathcal{L}^{-1}\left\{\dfrac{s}{s^2-a^2}\right\} = \cosh at$

(6) $\mathcal{L}^{-1}\left\{\dfrac{a}{s^2-a^2}\right\} = \sinh at$

예 5.2.1 (1) $\mathcal{L}^{-1}\left\{\dfrac{1}{s}\right\} = 1$ (2) $\mathcal{L}^{-1}\left\{\dfrac{1}{s-1}\right\} = e^t$

(3) $\mathcal{L}^{-1}\left\{\dfrac{1}{s^2+4}\right\} = \dfrac{1}{2}\sin 2t$

정리 5.2.3 (역변환의 성질)

$\mathcal{L}^{-1}\{F_1(s)\}$, $\mathcal{L}^{-1}\{F_2(s)\}$가 존재하고 연속이면 임의의 상수 a_1, a_2에 대하여

$$\mathcal{L}^{-1}\{\alpha_1 F_1(s)+\alpha_2 F_2(s)\}=\alpha_1\mathcal{L}^{-1}\{F_1(s)\}+\alpha_2\mathcal{L}^{-1}\{F_2(s)\},$$
$$\mathcal{L}^{-1}\{F(s-a)\}=e^{at}\mathcal{L}^{-1}\{F(s)\}.$$

예 5.2.2 다음 역변환을 계산하여라.

(1) $\mathcal{L}^{-1}\left\{\dfrac{3s+7}{s^2+5}\right\}$　　(2) $\mathcal{L}^{-1}\left\{\dfrac{s-5}{s^2+6s+13}\right\}$

풀이 (1) 정리 5.2.3의 역변환 성질에 의하여

$$\mathcal{L}^{-1}\left\{\frac{3s+7}{s^2+5}\right\}=3\mathcal{L}^{-1}\left\{\frac{s}{s^2+(\sqrt{5})^2}\right\}+\frac{7}{\sqrt{5}}\mathcal{L}^{-1}\left\{\frac{\sqrt{5}}{s^2+(\sqrt{5})^2}\right\}$$
$$=3\cos\sqrt{5}\,t+\frac{7}{\sqrt{5}}\sin\sqrt{5}\,t$$

(2) 역변환 안에 함수는

$$\frac{s-5}{s^2+6s+13}=\frac{s-5}{(s+3)^2+4}=\frac{(s+3)-8}{(s+3)^2+4}$$

이므로 정리 5.2.3의 역변환 성질을 이용하면

$$\mathcal{L}^{-1}\left\{\frac{s-5}{s^2+6s+13}\right\}=\mathcal{L}^{-1}\left\{\frac{(s+3)-8}{(s+3)^2+4}\right\}=e^{-3t}\mathcal{L}^{-1}\left\{\frac{s-8}{s^2+4}\right\}$$
$$=e^{-3t}\left[\mathcal{L}^{-1}\left\{\frac{s}{s^2+4}\right\}-4\mathcal{L}^{-1}\left\{\frac{2}{s^2+4}\right\}\right]$$
$$=e^{-3t}(\cos2t-4\sin2t)$$

■

주1 (부분 분수법) $P(s)$와 $Q(s)$를 변수 s에 대한 다항함수라 하자. 유리함수 $\dfrac{P(s)}{Q(s)}$에서 분자 $P(s)$의 차수가 분모 $Q(s)$의 차수보다 작을 때 다음 부분 분수법은 역변환을 계산할 때 매우 중요하다.

(1) 분모의 $Q(s)$가 다음의 서로 다른 일차인수의 곱이 될 경우

$$Q(s)=(s-a_1)(s-a_2)\cdot\cdots\cdot(s-a_m)$$

분수 $\dfrac{P(s)}{Q(s)}$는 다음과 같이 부분 분수 전개식으로 나타난다.

$$\frac{P(s)}{Q(s)}=\frac{A_1}{s-a_1}+\frac{A_2}{s-a_2}+\cdots+\frac{A_m}{s-a_m}.$$

(2) 분모의 $Q(s)$가 인수들 중에 $(s-a)^m$를 포함한 경우

분수 $\dfrac{P(s)}{Q(s)}$는 다음과 같이 부분 분수 전개식을 포함한다.

$$\frac{A_1}{s-a}+\frac{A_2}{(s-a)^2}+\ \cdots\ +\frac{A_m}{(s-a)^m}.$$

(3) 분모의 $Q(s)$가 인수 중 $(s^2+as+b)^m$를 포함한 경우

분수 $\dfrac{P(s)}{Q(s)}$는 다음과 같이 부분 분수 전개식을 포함한다.

$$\frac{A_1s+B_1}{s^2+as+b}+\frac{A_2s+B_2}{(s^2+as+b)^2}+\ \cdots\ +\frac{A_ms+B_m}{(s^2+as+b)^m}.$$

여기에서 $A_1,\ \cdots,\ A_m,\ B_1,\ \cdots,\ B_m$은 상수이다.

예 5.2.3 역변환 $\mathcal{L}^{-1}\left\{\dfrac{2s^2+5s-1}{s^3-s}\right\}$를 구하여라.

풀이 분모가 $s^3-s=s(s-1)(s+1)$로 분해되므로

$$\frac{2s^2+5s-1}{s^3-s}=\frac{2s^2+5s-1}{s(s-1)(s+1)}=\frac{A}{s}+\frac{B}{s-1}+\frac{C}{s+1}.$$

우측 분모를 정리하면 다음 식을 얻고

$$2s^2+5s-1=A(s-1)(s+1)+Bs(s+1)+Cs(s-1).$$

이것을 전개하여 계수를 비교하면 $A=1,\ B=3,\ C=-2$이다. 따라서

$$\mathcal{L}^{-1}\left\{\frac{2s^2+5s-1}{s^3-s}\right\}=\mathcal{L}^{-1}\left\{\frac{1}{s}\right\}+3\mathcal{L}^{-1}\left\{\frac{1}{s-1}\right\}-2\mathcal{L}^{-1}\left\{\frac{1}{s+1}\right\}$$
$$=1+3e^t-2e^{-t}$$

■

예 5.2.4 역변환 $\mathcal{L}^{-1}\left\{\dfrac{1}{(s+1)(s^2+4)}\right\}$를 구하여라.

풀이 분모가 일차와 이차의 인수를 포함하므로

$$\frac{1}{(s+1)(s^2+4)}=\frac{A}{s+1}+\frac{Bs+C}{s^2+4}$$

위의 식으로부터

$$1=A(s^2+4)+(Bs+C)(s+1)$$

이고 전개하여 계수를 비교하면 $A=\dfrac{1}{5},\ B=-\dfrac{1}{5},\ C=\dfrac{1}{5}$이므로

$$\mathcal{L}^{-1}\left\{\frac{1}{(s+1)(s^2+4)}\right\}=\frac{1}{5}\left[\mathcal{L}^{-1}\left\{\frac{1}{s+1}\right\}-\mathcal{L}^{-1}\left\{\frac{s}{s^2+4}\right\}+\mathcal{L}^{-1}\left\{\frac{1}{s^2+4}\right\}\right]$$
$$=\frac{1}{5}\left(e^{-t}-\cos 2t+\frac{1}{2}\sin 2t\right)$$ ■

예 5.2.5 역변환 $\mathcal{L}^{-1}\left\{\frac{s+1}{s^2(s+2)^3}\right\}$를 구하여라.

풀이 분모가 s^2과 $(s+2)^3$을 포함하므로

$$\frac{s+1}{s^2(s+2)^3}=\frac{A}{s}+\frac{B}{s^2}+\frac{C}{s+2}+\frac{D}{(s+2)^2}+\frac{E}{(s+2)^3}$$

이고 우측의 분모를 통분하고 분자를 정리하면

$$s+1=As(s+2)^3+B(s+2)^3+Cs^2(s+2)^2+Ds^2(s+2)+Es^2.$$

이것을 전개하여 계수를 비교하면

$$-A=C=\frac{1}{16},\ B=\frac{1}{8},\ D=0,\ E=-\frac{1}{4}.$$

그러므로

$$\mathcal{L}^{-1}\left\{\frac{s+1}{s^2(s+2)^3}\right\}=-\frac{1}{16}\mathcal{L}^{-1}\left\{\frac{1}{s}\right\}+\frac{1}{8}\mathcal{L}^{-1}\left\{\frac{1}{s^2}\right\}+\frac{1}{16}\mathcal{L}^{-1}\left\{\frac{1}{s+2}\right\}-\frac{1}{4}\mathcal{L}^{-1}\left\{\frac{1}{(s+2)^3}\right\}$$
$$=\frac{1}{16}(-1+2t+e^{-2t}-4t^2e^{-2t}).$$ ■

정리 5.2.4 함수 $f(t)$가 연속인 지수위수를 갖는 함수이고 $\mathcal{L}\{f(t)\}=F(s)$라 하자. 임의의 상수 $a\geq 0$에 대하여

$$f(t-a)U(t-a)=\mathcal{L}^{-1}\{e^{-as}F(s)\}$$

예 5.2.6 $\mathcal{L}^{-1}\left\{\frac{e^{-\frac{\pi}{2}s}}{s^2+9}\right\}$를 구하여라.

풀이 정리 5.2.3에서 $a=\frac{\pi}{2}$이고 $f(t)=\mathcal{L}^{-1}\left\{\frac{1}{s^2+9}\right\}=\frac{1}{3}\sin 3t$ 라 하면

$$\mathcal{L}^{-1}\left\{\frac{e^{-\frac{\pi}{2}s}}{s^2+9}\right\}=\frac{1}{3}\mathcal{L}^{-1}\left\{\frac{3}{s^2+9}\right\}\bigg|_{t=t-\pi/2}U\left(t-\frac{\pi}{2}\right)$$
$$=\frac{1}{3}\sin 3\left(t-\frac{\pi}{2}\right)U\left(t-\frac{\pi}{2}\right)$$
$$=\frac{1}{3}\cos 3t\,U\left(t-\frac{\pi}{2}\right)$$

■

5.2 연습문제

[1-6] 주어진 함수의 역변환을 구하여라.

01 $\dfrac{6}{(s-1)^4}$

02 $\dfrac{s+1}{s^2+2s+10}$

03 $\dfrac{1}{s^2+4s+8}$

04 $\dfrac{2s+16}{s^2+4s+13}$

05 $\dfrac{3s-15}{2s^2-4s+10}$

06 $\dfrac{5s-2}{3s^2+4s+8}$

[7-18] 부분 분수법을 이용하여 역변환을 구하여라.

07 $\dfrac{1}{s^2+s}$

08 $\dfrac{s^2}{(s+2)^3}$

09 $\dfrac{s+1}{(s^2-4s)(s+5)^2}$

10 $\dfrac{s^2+1}{(s^2-1)(s^2-4)}$

11 $\dfrac{s+1}{s^3+s^2-6s}$

12 $\dfrac{s^2-3}{(s+2)(s-3)(s^2+2s+5)}$

13 $\dfrac{6s^2-13s+2}{s(s-1)(s-6)}$

14 $\dfrac{5s^2+34s+53}{(s+3)^2(s+1)}$

15 $\dfrac{7s^2+23s+30}{(s-1)(s^2+2s+5)}$

16 $\dfrac{1}{s^3+4s^2+3s}$

17 $\dfrac{s+3}{(s^2+4)^2}$

18 $\dfrac{5}{(s+2)^5}$

5.3 라플라스 변환과 상수계수 선형 미분방정식의 해법

이 절에서는 라플라스 변환을 이용하여 다음과 같은 초깃값을 갖는 상수계수 선형 미분방정식의 해를 구하는 방법에 대하여 알아본다.

$$a_n \frac{d^n y}{dt^n} + a_{n-1} \frac{d^{n-1} y}{dt^{n-1}} + \cdots + a_1 \frac{dy}{dt} + a_0 y = f(t) \qquad \text{(L)}$$

$$y(0) = \alpha_0, \; y'(0) = \alpha_1, \; \cdots, \; y^{(n-1)} = \alpha_{n-1}$$

여기에서 $a_n, a_{n-1}, \cdots, a_0, \alpha_{n-1}, \cdots, \alpha_0$은 상수이다.

해를 구하는 방법은 다음과 같다.

(1) 원래의 방정식에 변환을 한다.

(2) 변환된 s 에 대한 방정식을 푼다.

(3) 역변환을 시켜 원래 방정식의 해를 구한다.

다시 말하면, 다음과 같은 방법을 이용하여 해를 구한다.

먼저 $Y(s) = \mathcal{L}\{y(t)\}$, $F(s) = \mathcal{L}\{f(t)\}$라 하면 정리 5.1.6에 의하여

$$\begin{aligned}
\mathcal{L}\left\{\frac{d^n y}{dt^n}\right\} &= s^n \mathcal{L}\{y(t)\} - s^{n-1} y(0) - s^{n-2} y'(0) - \cdots - y^{(n-1)}(0) \\
&= s^n Y(s) - \alpha_0 s^{n-1} - \alpha_1 s^{n-2} - \cdots - \alpha_{n-1}, \\
\mathcal{L}\left\{\frac{d^{n-1} y}{dt^{n-1}}\right\} &= s^{n-1} \mathcal{L}\{y(t)\} - s^{n-2} y(0) - s^{n-3} y'(0) - \cdots - y^{(n-2)}(0) \\
&= s^{n-1} Y(s) - \alpha_0 s^{n-2} - \alpha_1 s^{n-3} - \cdots - \alpha_{n-2} \\
&\vdots \\
\mathcal{L}\left\{\frac{dy}{dt}\right\} &= s\mathcal{L}\{y(t)\} - y(0) = sY(s) - \alpha_0.
\end{aligned}$$

이것을 주어진 방정식 (L)에 대입하면

$$\begin{aligned}
&a_n [s^n Y(s) - s^{n-1} y(0) - \cdots - y^{(n-1)}(0)] \\
&+ a_{n-1} [s^{n-1} Y(s) - s^{n-2} y(0) - \cdots - y^{(n-2)}(0)] \\
&+ \;\cdots\; + a_0 Y(s) = F(s).
\end{aligned}$$

이것을 $Y(s)$에 대하여 정리하면

$$[a_n s^n + a_{n-1}s^{n-1} + \cdots + a_0]\,Y(s) = a_n[s^{n-1}\alpha_0 + \cdots + \alpha_{n-1}] + a_{n-1}[s^{n-2}\alpha_0 + \cdots + \alpha_{n-2}] + \cdots + F(s)$$

이다. 이것을 $Y(s)$에 대하여 해를 구한 후 다음과 같이 역변환하여 해를 구한다.

$$y(t) = \mathcal{L}^{-1}\{Y(s)\}$$

이 절에서는 $Y(s)$를 함수 $y(t)$의 변환이라고 하겠다.

예 5.3.1 초깃값문제 $y' + y = 3e^t$, $y(0) = 7$의 해를 구하여라.

풀이 양변을 변환하면, 라플라스 변환의 선형성에 의하여

$$\mathcal{L}\{y'\} + \mathcal{L}\{y\} = \mathcal{L}\{3e^t\}$$

이고 $\mathcal{L}\{y(t)\} = Y(s)$라 하면

$$\mathcal{L}\{y'(t)\} = sY(s) - y(0) = sY(s) - 7$$
$$\mathcal{L}\{3e^t\} = \frac{3}{s-1}$$

이므로 위의 식에 대입하면

$$[sY(s) - 7] + Y(s) = \frac{3}{s-1}.$$

그러므로 이것을 $Y(s)$에 대하여 풀면

$$Y(s) = \frac{7}{s+1} + \frac{3}{(s-1)(s+1)} = \frac{11/2}{s+1} + \frac{3/2}{s-1}.$$

따라서 구하는 해는

$$y(t) = \mathcal{L}^{-1}\{Y(s)\} = \frac{11}{2}\mathcal{L}^{-1}\left\{\frac{1}{s+1}\right\} + \frac{3}{2}\mathcal{L}^{-1}\left\{\frac{1}{s-1}\right\}$$
$$= \frac{11}{2}e^{-t} + \frac{3}{2}e^t$$

■

예 5.3.2 초깃값문제 $y'' - 2y' + 5y = -8e^{-t}$, $y(0) = 2$, $y'(0) = 12$의 해를 구하여라.

풀이 양변을 변환하면, 라플라스 변환의 선형성에 의하여

$$\mathcal{L}\{y''\} - 2\mathcal{L}\{y'\} + 5\mathcal{L}\{y\} = -8\mathcal{L}\{e^{-t}\}.$$

여기에서

$$\mathcal{L}\{y'\}=sY(s)-y(0)=sY(s)-2$$
$$\mathcal{L}\{y''\}=s^2Y(s)-sy(0)-y'(0)=s^2Y(s)-2s-12$$

이므로 이것을 윗식에 대입하면

$$[s^2Y(s)-2s-12]-2[sY(s)-2]+5Y(s)=-\frac{8}{s+1}$$

이다. 이것을 $Y(s)$에 대하여 정리하면

$$Y(s)=\frac{2s^2+10s}{(s^2-2s+5)(s+1)}.$$

또한 부분 분수법에 의하여

$$\frac{2s^2+10s}{(s^2-2s+5)(s+1)}=\frac{A(s-1)+2B}{(s-1)^2+2^2}+\frac{C}{s+1}$$

이다. 정리하여 계산하면 $A=3,\ B=4,\ C=-1$이고

$$\frac{2s^2+10s}{(s^2-2s+5)(s+1)}=\frac{3(s-1)+2\cdot 4}{(s-1)^2+2^2}-\frac{1}{s+1}.$$

따라서 방정식의 해는

$$\begin{aligned} y(t)&=\mathcal{L}^{-1}\left\{\frac{2s^2+10s}{(s^2-2s+5)(s+1)}\right\}\\ &=\mathcal{L}^{-1}\left\{\frac{3(s-1)+2\cdot 4}{(s-1)^2+2^2}-\frac{1}{s+1}\right\}\\ &=3\mathcal{L}^{-1}\left\{\frac{s-1}{(s-1)^2+2^2}\right\}+4\mathcal{L}^{-1}\left\{\frac{2}{(s-1)^2+2^2}\right\}-\mathcal{L}^{-1}\left\{\frac{1}{s+1}\right\}\\ &=3e^t\cos 2t+4e^t\sin 2t-e^{-t}. \end{aligned}$$

■

예 5.3.3 초깃값문제 $y''+y=e^{-2t}\sin t,\ y(0)=0,\ y'(0)=0$의 해를 구하여라.

풀이 양변을 변환하면, 라플라스변환의 선형성에 의하여

$$\mathcal{L}\{y''\}+\mathcal{L}\{y\}=\mathcal{L}\{e^{-2t}\sin t\}.$$

여기에서

$$\mathcal{L}\{y''\}=s^2Y(s)-sy(0)-y'(0)=s^2Y(s)$$

이므로 이것을 위의 식에 대입하면

$$(s^2+1)Y(s)=\frac{1}{(s+2)^2+1}.$$

이것을 $Y(s)$에 대하여 정리하면

$$Y(s)=\frac{1}{(s^2+1)[(s+2)^2+1]}.$$

또한 부분 분수법에 의하여

$$\frac{1}{(s^2+1)[(s+2)^2+1]}=\frac{As+B}{s^2+1}+\frac{Cs+D}{s^2+4s+5}.$$

정리하여 계산하면 $A=-\frac{1}{8}$, $B=C=\frac{1}{8}$, $D=\frac{3}{8}$이므로 일반해는

$$\begin{aligned}
y(t)&=\mathcal{L}^{-1}\left\{\frac{1}{(s^2+1)(s^2+4s+5)}\right\}\\
&=-\frac{1}{8}\mathcal{L}^{-1}\left\{\frac{s}{s^2+1}\right\}+\frac{1}{8}\mathcal{L}^{-1}\left\{\frac{1}{s^2+1}\right\}+\frac{1}{8}\mathcal{L}^{-1}\left\{\frac{s}{s^2+4s+5}\right\}+\frac{3}{8}\mathcal{L}^{-1}\left\{\frac{1}{s^2+4s+5}\right\}\\
&=-\frac{1}{8}\mathcal{L}^{-1}\left\{\frac{s}{s^2+1}\right\}+\frac{1}{8}\mathcal{L}^{-1}\left\{\frac{1}{s^2+1}\right\}+\frac{1}{8}\mathcal{L}^{-1}\left\{\frac{s+2}{(s+2)^2+1}\right\}+\frac{1}{8}\mathcal{L}^{-1}\left\{\frac{1}{(s+2)^2+1}\right\}\\
&=-\frac{1}{8}\cos t+\frac{1}{8}\sin t+\frac{1}{8}e^{-2t}\cos t+\frac{1}{8}e^{-2t}\sin t
\end{aligned}$$

■

예 5.3.4 다음 적분방정식의 해를 구하여라.

$$y(t)=3t^2-e^{-t}-\int_0^t y(u)\,du$$

풀이 양변을 변환하면

$$\mathcal{L}\{y(t)\}=3\mathcal{L}\{t^2\}-\mathcal{L}\{e^{-t}\}-\mathcal{L}\left\{\int_0^t y(u)\,du\right\}.$$

그러므로 정리 5.1.11에 의하여

$$Y(s)=\frac{6}{s^3}-\frac{1}{s+1}-\frac{1}{s}Y(s).$$

이것을 $Y(s)$에 대하여 정리하면

$$Y(s)=\frac{6}{s^2(s+1)}-\frac{s}{(s+1)^2}.$$

이것을 위의 예제와 같이 부분 분수법에 의하여

$$Y(s)=-\frac{6}{s}+\frac{6}{s^2}+\frac{5}{s+1}+\frac{1}{(s+1)^2}.$$

따라서 일반해는

$$\begin{aligned}
y(t)&=\mathcal{L}^{-1}\{Y(s)\}\\
&=-6\mathcal{L}^{-1}\left\{\frac{1}{s}\right\}+6\mathcal{L}^{-1}\left\{\frac{1}{s^2}\right\}+5\mathcal{L}^{-1}\left\{\frac{1}{s+1}\right\}+\mathcal{L}^{-1}\left\{\frac{1}{(s+1)^2}\right\}\\
&=-6+6t+5e^{-t}+te^{-t}.
\end{aligned}$$

■

예 5.3.5 다음 미적분방정식의 해를 구하여라.

$$\frac{dy}{dt}+6y(t)+9\int_0^t y(u)\,du=1,\quad y(0)=0$$

풀이 양변을 변환하면 주어진 방정식은

$$\mathcal{L}\left\{\frac{dy}{dt}\right\}+6\mathcal{L}\{y(t)\}+9\mathcal{L}\left\{\int_0^t y(u)\,du\right\}=\mathcal{L}\{1\}$$

이므로 예제 5.3.4에서와 같이

$$(sY(s)-y(0))+6Y(s)+9\frac{Y(s)}{s}=\frac{1}{s}.$$

또는 $\left(s+6+\frac{9}{s}\right)Y(s)=\frac{1}{s}$. 이것을 $Y(s)$에 대하여 정리하면

$$Y(s)=\frac{s}{s^2+6s+9}\cdot\frac{1}{s}=\frac{1}{(s+3)^2}.$$

그러므로 일반해는

$$\mathcal{L}^{-1}\{Y(s)\}=\mathcal{L}^{-1}\left\{\frac{1}{(s+3)^2}\right\}=te^{-3t}.$$

■

5.3 연습문제

[1-13] 라플라스 변환을 이용하여 초깃값을 갖는 미분방정식의 해를 구하여라.

01 $y'' - 2y' + 5y = 0,\ y(0) = 2,\ y'(0) = 4$

02 $y'' + 6y' + 9y = 0,\ y(0) = -1,\ y'(0) = 6$

03 $y'' + y = t^2 + 2,\ y(0) = 1,\ y'(0) = -1$

04 $y'' - 7y' + 10y = 9\cos t + 7\sin t,\ y(0) = 5,\ y'(0) = -4$

05 $y'' + 5y' - 6y = 21e^t,\ y(0) = -1,\ y'(0) = 9$

06 $y'' - y = t - 2,\ y(2) = 3,\ y'(2) = 0$

07 $y'' - y' - 2y = -8\cos t - 2\sin t,\ y\left(\frac{\pi}{2}\right) = 1,\ y'\left(\frac{\pi}{2}\right) = 0$

08 $y'' + 4y = g(t),\ y(0) = 0,\ y'(0) = 0,\ g(t) = \begin{cases} 1, & 0 < t < 1 \\ -1, & 1 < t < 2 \\ 0, & 2 < t \end{cases}$

09 $y'' + 5y' + 6y = g(t),\ y(0) = 0,\ y'(0) = 2,\ g(t) = \begin{cases} 0, & 0 \le t < 1 \\ t, & 1 < t < 5 \\ 1, & 5 < t \end{cases}$

10 $y'' + 16y = \cos 4t,\ y(0) = 0,\ y'(0) = 1,$

11 $y'' + 16y = g(t),\ y(0) = 0,\ y'(0) = 1,\ g(t) = \begin{cases} 1, & 0 \le t < \pi \\ 0, & \pi \le t \end{cases}$

12 $g(t) + \int_0^t g(t)du = 1$

13 $y'(t) = 1 - \sin t - \int_0^t y(u)du,\ y(0) = 0$

제6장
행렬과 행렬식

수학에서 수나 함수의 배열을 다루는 문제를 자주 다루게 되는데, 이를 표현해 주는 것이 행렬이다. 먼저 행렬에 대하여 간략히 소개하고 기본성질과 곱에 대하여 알아보고, 연립방정식의 소거법과 행렬식과 역행렬에 대하여 알아본다.

6.1 행렬과 기본성질

몇 개의 수 또는 문자를

$$\begin{pmatrix} 1 & 2 & 3 \\ 2 & 1 & -5 \end{pmatrix},\ (a\ \ b\ \ c\ ),\ \begin{pmatrix} 1 \\ 2 \\ 3 \end{pmatrix}$$

로 나타내면 편리한 경우가 많다. 이와 같이 수 또는 문자를 괄호 안에 직사각형 모양으로 배열한 것을 행렬이라 하는데 구체적인 정의는 다음과 같다.

정의 6.1.1 임의의 자연수 m, n에 대하여 mn개의 수 또는 수를 나타내는 문자를 다음과 같은 직사각형으로 배열한 것을 $m\times n$**행렬** 또는 **행렬**이라 한다.

$$A=\begin{pmatrix} a_{11} & a_{12} & \cdots & a_{1n} \\ a_{21} & a_{22} & \cdots & a_{2n} \\ \vdots & \vdots & \cdots & \vdots \\ a_{m1} & a_{m2} & \cdots & a_{mn} \end{pmatrix}$$

여기에서 $i=1,\ \cdots,\ m,\ j=1,\ \cdots,\ n$이라 할 때 이 행렬을

$$A=(a_{ij})_{m\times n} \quad \text{또는} \quad A=(a_{ij})$$

로 나타낸다. 또한 가로줄을 **행**이라 하고, 위로부터 i번째의 행

$$R_i=(a_{i1}\ a_{i2}\ \cdots\ a_{in})$$

을 **제 i 행**이라 하고, 세로줄을 **열**이라 하고, 왼쪽에서 j 번째의 열

$$C_j=\begin{pmatrix} a_{1j} \\ a_{2j} \\ \vdots \\ a_{mj} \end{pmatrix}$$

를 **제 j 열**이라 한다. a_{ij}를 행렬 A의 $(i,\ j)$**성분**이라 하고, 행렬 A는 $m\times n$의 **크기를 갖는다**고 한다.

특히, 행과 열의 크기가 같은 $n\times n$행렬은 n**차 정방행렬**이라 한다. 행렬 $A=(a_{ij})_{n\times n}$가 n차 정방행렬일 때 $a_{11},\ a_{22},\ \cdots,\ a_{nn}$을 A의 **주대각성분**

이라 하고, 만일 주대각성분 이외의 성분이 모두 0인 행렬을 **대각행렬**이라 한다. 또한, 주대각성분이 모두 1이고 그밖의 성분은 모두 0인 행렬을 **단위행렬**이라 하고 I로 나타낸다. 특히, 크기를 나타내야 할 때는 I_n이라 한다. 모든 원소가 0인 행렬을 **영행렬**이라 하며 보통 O으로 표시한다.

예 6.1.1 행렬

$$\begin{pmatrix} 1 & 2 \\ 2 & 3 \\ 5 & 6 \end{pmatrix},\ (2\ 3\ 4\ 5),\ \begin{pmatrix} 2 & 3 & 4 \\ 1 & 6 & 9 \\ 8 & 9 & 0 \end{pmatrix},\ \begin{pmatrix} 2 \\ 1 \\ 0 \end{pmatrix}$$

은 3×2, 1×4, 3×3, 3×1 행렬이다. 두 번째 예와 같이 모든 n차원 벡터 $(a_1, \cdots, a_n)$는 $1\times n$ 행렬과 같음을 알 수 있다.

예 6.1.2 행렬

$$\begin{pmatrix} 2 & 3 & 4 \\ 1 & 6 & 9 \\ 8 & 9 & 0 \end{pmatrix}$$

의 3×3 행렬이고 주대각성분은 2, 6, 0이며 행렬

$$\begin{pmatrix} 1 & 0 \\ 0 & 1 \end{pmatrix},\ \begin{pmatrix} 1 & 0 & 0 \\ 0 & 1 & 0 \\ 0 & 0 & 1 \end{pmatrix},\ \begin{pmatrix} 1 & 0 & 0 & 0 \\ 0 & 1 & 0 & 0 \\ 0 & 0 & 1 & 0 \\ 0 & 0 & 0 & 1 \end{pmatrix}$$

은 각각 2×2, 3×3, 4×4 행렬인 단위행렬이다.

정의 6.1.2 행렬 $A=(a_{ij})_{m\times n}$, $B=(b_{ij})_{m\times n}$는 크기가 같고, 모든 $1\le i\le m$, $1\le j\le n$에 대하여 $a_{ij}=b_{ij}$이면 **두 행렬은 같다**고 하고 $A=B$로 나타낸다.

정의 6.1.3 크기가 같은 두 행렬 $A=(a_{ij})_{m\times n}$, $B=(b_{ij})_{m\times n}$에 대하여 두 행렬의 **합** $A+B$는 다음과 같이 정의한다.

$$A+B=(a_{ij}+b_{ij})_{m\times n}$$

그리고 상수 k에 대하여 행렬 A의 **상수배** kA는 다음과 같이 정의한다.

$$kA=(ka_{ij})_{m\times n}$$

예 6.1.3 행렬

$$A=\begin{pmatrix}1&0&2\\3&1&6\\1&7&2\end{pmatrix},\quad B=\begin{pmatrix}0&2&4\\1&5&3\\2&2&2\end{pmatrix},\quad C=\begin{pmatrix}1&2&0\\3&6&1\end{pmatrix}$$

에서

$$A+B=\begin{pmatrix}1&2&6\\4&6&9\\3&9&4\end{pmatrix},\quad 3A=\begin{pmatrix}3&0&6\\9&3&18\\3&21&6\end{pmatrix}$$

이고 $A+C$, $B+C$는 정의되지 않는다.

정리 6.1.4 크기가 같은 행렬 A, B, C와 상수 k, l에 대하여 다음이 성립한다.

(1) $A+B=B+A$

(2) $(A+B)+C=A+(B+C)$

(3) $A+O=A=O+A$

(4) $A+(-A)=(-A)+A=O$

(5) $k(A+B)=kA+kB$

(6) $(k+l)A=kA+lA$

(7) $k(lA)=(kl)A$

(8) $1A=A$

증명 행렬의 덧셈과 상수배의 정의를 이용하여 쉽게 증명할 수 있다. ■

정의 6.1.5 $m\times n$행렬

$$A=\begin{pmatrix}a_{11}&a_{12}&\cdots&a_{1n}\\a_{21}&a_{22}&\cdots&a_{2n}\\\vdots&\vdots&\cdots&\vdots\\a_{m1}&a_{m2}&\cdots&a_{mn}\end{pmatrix}$$

에 대하여 A의 제1행, 제2행, …, 제m행을 다음과 같이 각각 제1열, 제2열, …, 제m열로 바꾼 행렬을 A의 전치행렬이라 하고 A^t로 나타낸다.

$$A^t=\begin{pmatrix}a_{11}&a_{21}&\cdots&a_{m1}\\a_{12}&a_{22}&\cdots&a_{m2}\\\vdots&\vdots&\cdots&\vdots\\a_{1n}&a_{2n}&\cdots&a_{mn}\end{pmatrix}$$

예 6.1.4 행렬

$$A=\begin{pmatrix} 1 & 2 \\ 2 & 3 \\ 5 & 6 \end{pmatrix},\quad B=(2\ \ 3\ \ 4\ \ 5)$$

의 전치행렬은

$$A^t=\begin{pmatrix} 1 & 2 & 5 \\ 2 & 3 & 6 \end{pmatrix},\quad B^t=\begin{pmatrix} 2 \\ 3 \\ 4 \\ 5 \end{pmatrix}.$$

정리 6.1.6 임의의 행렬 A, B와 실수 k에 대하여 다음이 성립한다.

(1) $(A^t)^t = A$ (2) $(A+B)^t = A^t + B^t$ (3) $(kA)^t = kA^t$

증명 행렬과 전치행렬의 정의를 이용하여 쉽게 증명할 수 있다. ■

6.2 행렬의 곱

이 절에서는 행렬의 곱셈과 성질에 대하여 알아본다.

정의 6.2.1 두 행렬 $1\times n$행렬 $A=(a_1\ a_2\ \cdots\ a_n)$와 $n\times 1$행렬 $B=\begin{pmatrix} b_1 \\ b_2 \\ \vdots \\ b_n \end{pmatrix}$의 곱은

$$(a_1b_1+a_2b_2+\cdots+a_nb_n)$$

인 1×1행렬이며 AB로 나타낸다. 여기에서 A의 열의 수와 B의 행의 수가 같다. 앞으로는 1×1행렬 (a)와 상수 a는 구별하지 않고 같은 것으로 본다.

예 6.2.1 행렬 $A=(2\ 3)$, $B=\begin{pmatrix} 1 \\ 2 \end{pmatrix}$, $C=\begin{pmatrix} -1 \\ 2 \end{pmatrix}$에 대하여

$$AB=(2\times 1+3\times 2)=(8),\quad AC=(2\times(-1)+3\times 2)=(4)$$

다음 일반행렬의 곱에 대하여 알아본다.

정의 6.2.2 m, n, r이 자연수이고 $m\times r$행렬 $A=(a_{ik})_{m\times r}$와 $r\times n$ 행렬 $B=(b_{kj})_{r\times n}$이라 하자. 행렬 A의 행을 R_1, R_2, $\cdots$, R_m이라 하면 이것은 각각 $1\times r$행렬이고, B의 열들을 C_1, C_2, $\cdots$, C_n이라 하면 이것은 각각 $r\times 1$행렬이다. 그러면 $A=\begin{pmatrix} R_1 \\ R_2 \\ \vdots \\ R_m \end{pmatrix}$이고 $B=(C_1\ C_2\ \cdots\ C_n)$이다. 행렬 A와 B의 곱 AB는 $m\times n$행렬로 $(i,\ j)$성분이 R_iC_j $(1\le i\le m,\ 1\le j\le n)$인 행렬로 다음과 같다.

$$AB=\begin{pmatrix} a_{11} & a_{12} & \cdots & a_{1r} \\ a_{21} & a_{22} & \cdots & a_{2r} \\ \vdots & \vdots & \cdots & \vdots \\ a_{m1} & a_{m2} & \cdots & a_{mr} \end{pmatrix}\begin{pmatrix} b_{11} & b_{12} & \cdots & b_{1n} \\ b_{21} & b_{22} & \cdots & b_{2n} \\ \vdots & \vdots & \cdots & \vdots \\ b_{r1} & b_{r2} & \cdots & b_{rn} \end{pmatrix}$$

$$=\begin{pmatrix} a_{11}b_{11}+a_{12}b_{21}+\cdots+a_{1r}b_{r1} & \cdots & a_{11}b_{1n}+a_{12}b_{2n}+\cdots+a_{1r}b_{rn} \\ a_{21}b_{11}+a_{22}b_{21}+\cdots+a_{2r}b_{r1} & \cdots & a_{21}b_{1n}+a_{22}b_{2n}+\cdots+a_{2r}b_{rn} \\ \vdots & \cdots & \vdots \\ a_{m1}b_{11}+a_{m2}b_{21}+\cdots+a_{mr}b_{r1} & \cdots & a_{m1}b_{1n}+a_{m2}b_{2n}+\cdots+a_{mr}b_{rn} \end{pmatrix}$$

즉, 행렬 AB의 i행과 j열의 원소는 $\sum_{k=1}^{r} a_{ik}\, b_{kj}$로 정의된다.

예 6.2.2

(1) $(a_1\ a_2\ a_3)\begin{pmatrix} b_1 \\ b_2 \\ b_3 \end{pmatrix} = (a_1b_1+a_2b_2+a_3b_3)$

(2) $\begin{pmatrix} 1 & 2 & 4 \\ 2 & 6 & 0 \end{pmatrix}\begin{pmatrix} 3 & 2 & 1 \\ 1 & -1 & 1 \\ 5 & 6 & 4 \end{pmatrix}$

$$=\begin{pmatrix} 1\times3+2\times1+4\times5 & 1\times2+2\times(-1)+4\times6 & 1\times1+2\times1+4\times4 \\ 2\times3+6\times1+0\times5 & 2\times2+6\times(-1)+0\times6 & 2\times1+6\times1+0\times4 \end{pmatrix}$$

$$=\begin{pmatrix} 25 & 24 & 19 \\ 12 & -2 & 8 \end{pmatrix}$$

(3) 두 행렬 $\begin{pmatrix} 1 & 2 & 3 \\ 5 & 8 & 1 \end{pmatrix}$와 $\begin{pmatrix} 0 & 2 & 1 \\ 1 & 5 & 2 \end{pmatrix}$는 앞 행렬의 열은 3이고 뒤 행렬의 행은 2이므로 곱할 수 없다.

주1 두 행렬 A와 B의 곱 AB가 정의되기 위해서는 A의 열의 수와 B의 행의 수가 같아야 한다.

예 6.2.3 예제 6.2.2에서 (1)에서 앞 행렬의 열의 수는 3이고 뒤 행렬의 행의 수가 3이므로 곱할 수 있고 (2)에서는 앞 행렬의 열의 수는 3이고 뒤 행렬의 행의 수가 3이므로 두 행렬의 곱이 정의된다. 그러나 (3)에서는 앞 행렬의 열의 수는 3이고 뒤 행렬의 행의 수는 2이므로 서로 같지 않아 두 행렬의 곱이 정의되지 않는다.

주2 임의의 실수 a, b, c에서 다음이 성립한다.

(1) $ab=ba$

(2) $ab=ac$이고 $a\neq 0$이면 $b=c$이다.

(3) $ab=0$이면 $a=0$이거나 $b=0$이다.

그러나 행렬에서는 이러한 성질이 다음 예제에서와 같이 성립하지 않는다.

예 6.2.4 (1) $A=\begin{pmatrix}1 & 2\\3 & 4\end{pmatrix}$, $B=\begin{pmatrix}1 & 3\\2 & 0\end{pmatrix}$이면 $AB=\begin{pmatrix}5 & 3\\11 & 9\end{pmatrix}$, $BA=\begin{pmatrix}10 & 14\\2 & 4\end{pmatrix}$이므로 $AB\neq BA$이다. 또한 예제 6.2.2의 (2)에서 앞 행렬의 열의 수는 3이고 뒤 행렬의 행의 수가 3이므로 두 행렬을 곱할 수 있지만 순서를 바꾸어 계산을 할 수 없다.

(2) $A=\begin{pmatrix}0 & 1\\0 & 2\end{pmatrix}$, $B=\begin{pmatrix}1 & 1\\3 & 4\end{pmatrix}$, $C=\begin{pmatrix}2 & 5\\3 & 4\end{pmatrix}$, $D=\begin{pmatrix}3 & 7\\0 & 0\end{pmatrix}$에서

$$AB=AC=\begin{pmatrix}3 & 4\\6 & 8\end{pmatrix}.$$

따라서 $A\neq O$이고 $AB=AC$이지만 $B\neq C$이다. 또한 $AD=O$이지만 $A\neq O$이고 $D\neq O$이다. 그러므로 [주2]에서의 (2)와 (3)은 행렬에서 성립하지 않는다.

정리 6.2.3 A, B, C를 행렬이라 하고 k를 상수라 할 때 다음 등식이 성립한다.

(1) $(AB)C=A(BC)$

(2) $A(B+C)=AB+AC$, $(A+B)C=AC+BC$

(3) $k(AB)=(kA)B=A(kB)$

(4) $(AB)^t=B^tA^t$

여기에서 위의 등식은 한쪽에서 성립하면 다른 한쪽도 정의되고 같다.

증명 증명은 연습문제로 남긴다. ■

6.2 연습문제

01 두 행렬

$$A=\begin{pmatrix} 1 & 2 & 4 \\ 0 & 3 & 9 \\ -1 & -4 & 0 \end{pmatrix},\ B=\begin{pmatrix} 3 & 1 & 1 \\ 2 & 0 & 6 \\ 1 & 1 & 4 \end{pmatrix}$$

에 대하여 다음을 답하여라.

(1) $A+B,\ B-A$

(2) $AB,\ BA$

(3) $(A+B)^t,\ A^t+B^t$

(4) $(AB)^t,\ A^tB^t,\ B^tA^t,\ 3B^t,\ (3B)^t$

(5) $(A+B)^2,\ A^2+2AB+B^2,\ A^2+2BA+B^2$

02 정리 6.2.3을 증명하여라.

03 $A^2=O$이지만 $A\neq O$인 행렬을 만들어 보아라.

04 임의의 행렬 A에 대하여 $(A^t)^t=A$, $(A+B)^t=A^t+B^t$, $(kA)^t=kA^t$을 증명하여라.

6.3 연립방정식과 소거법

이 절에서는 행렬을 이용하여 연립방정식의 해를 구한다.

일반적으로 $a_1, a_2, \cdots, a_n, b$가 상수이고 미지수 $x_1, x_2, \cdots, x_n$에 대하여 다음의 방정식을 $x_1, x_2, \cdots, x_n$에 관한 **일차방정식**이라 한다.

$$a_1x_1 + a_2x_2 + \cdots + a_nx_n = b$$

정의 6.3.1 n개의 미지수 $x_1, x_2, \cdots, x_n$에 관한 일차 방정식으로 이루어진 **일차연립방정식**은 다음과 같다.

$$\begin{cases} a_{11}x_1 + a_{12}x_2 + \cdots + a_{1n}x_n & = b_1 \\ a_{21}x_1 + a_{22}x_2 + \cdots + a_{2n}x_n & = b_2 \\ \quad \vdots \qquad\qquad \cdots & \quad \vdots \\ a_{m1}x_1 + a_{m2}x_2 + \cdots + a_{mn}x_n & = b_m \end{cases}$$

여기에서

$$A = \begin{pmatrix} a_{11} & a_{12} & \cdots & a_{1n} \\ a_{21} & a_{22} & \cdots & a_{2n} \\ \vdots & \vdots & \cdots & \vdots \\ a_{m1} & a_{m2} & \cdots & a_{mn} \end{pmatrix}, \quad X = \begin{pmatrix} x_1 \\ x_2 \\ \vdots \\ x_n \end{pmatrix}, \quad B = \begin{pmatrix} b_1 \\ b_2 \\ \vdots \\ b_m \end{pmatrix}$$

이면 위의 방정식은

$$AX = B$$

로 간단히 표시된다. 여기에서 행렬 A를 주어진 연립방정식의 **계수행렬**이라 하고

$$[A : B] = \begin{pmatrix} a_{11} & a_{12} & \cdots & a_{1n} & b_1 \\ a_{21} & a_{22} & \cdots & a_{2n} & b_2 \\ \vdots & & \cdots & & \vdots \\ a_{m1} & a_{m2} & \cdots & a_{mn} & b_m \end{pmatrix}$$

를 **확대행렬**이라 한다.

예 6.3.1 다음 일차 연립방정식을 풀어라.

(1) $\begin{cases} x_1 + 2x_2 = 2 \\ x_1 + x_2 \quad = 1 \end{cases}$ (2) $\begin{cases} 2x_1 + 4x_2 = 1 \\ x_1 \quad + 2x_2 = 5 \end{cases}$

(3) $\begin{cases} x_1 \quad - 2x_2 = 2 \\ 2x_1 - 4x_2 = 4 \end{cases}$

풀이 (1)의 해는 $\begin{pmatrix} x_1 \\ x_2 \end{pmatrix} = \begin{pmatrix} 0 \\ 1 \end{pmatrix}$인 유일한 해를 갖는다.

(2) 주어진 방정식은 해를 갖지 않는다.

(3) t를 임의의 실수라 할 때 $\begin{pmatrix} x_1 \\ x_2 \end{pmatrix} = \begin{pmatrix} t \\ \frac{t}{2} - 1 \end{pmatrix}$이므로 무수히 많은 해가 있다. ■

주1 예제 6.3.1에서 연립방정식을 직선으로 생각하면 (1)은 한 점에서 만나는 경우이고, (2)는 평행인 두 직선이고, (3)은 두 직선이 일치하는 경우이다. 따라서 다음과 같은 정리를 생각할 수 있다.

정리 6.3.2 모든 일차 연립방정식은 해에 대하여 다음과 같은 세 가지의 경우가 있다.

(1) 유일한 해가 존재한다.

(2) 해가 없다.

(3) 무수히 많은 해가 있다.

이 절에서는 연립방정식의 해를 구할 때 유용하게 사용되는 가우스 소거법과 가우스-조던 소거법에 대하여 알아본다.

정의 6.3.3 행렬이 다음의 세 가지 성질을 만족할 때 **사다리꼴**이라 한다.

(1) 0행들은 행렬의 밑 부분에 있다.

(2) 0행이 아닌 행의 0이 아닌 첫 **성분은** 1(leading one)이다.

(3) 0행이 아닌 두 행에서는 위 행의 0이 아닌 첫 성분 1은 아래 행의 0이 아닌 첫 성분 1의 왼쪽에 있다.

위의 (1), (2), (3)을 만족하고 아래의 조건 (4)를 만족하면 **기약사다리꼴**이라 한다.

(4) 0행이 아닌 행의 0이 아닌 첫 성분을 포함하고 있는 열의 성분은 그 1을 제외하고 모두 0이다.

예 6.3.2 (1) 다음 행렬은 사다리꼴이다.

$$\begin{pmatrix} 1 & 0 & 0 & 4 \\ 0 & 0 & 1 & 2 \\ 0 & 0 & 0 & 1 \end{pmatrix}, \quad \begin{pmatrix} 1 & 2 & 3 & 0 & 0 \\ 0 & 1 & 1 & 2 & 3 \\ 0 & 0 & 0 & 1 & 2 \\ 0 & 0 & 0 & 0 & 0 \end{pmatrix}, \quad \begin{pmatrix} 1 & 1 & 2 \\ 0 & 1 & 0 \\ 0 & 0 & 0 \end{pmatrix}$$

(2) 다음의 행렬은 기약 사다리꼴이다.

$$\begin{pmatrix} 1 & 0 & 0 & 0 \\ 0 & 0 & 1 & 0 \\ 0 & 0 & 0 & 1 \end{pmatrix}, \quad \begin{pmatrix} 1 & 0 & 0 & 0 & 0 \\ 0 & 1 & 1 & 0 & 0 \\ 0 & 0 & 0 & 1 & 2 \\ 0 & 0 & 0 & 0 & 0 \end{pmatrix}, \quad \begin{pmatrix} 1 & 1 & 2 \\ 0 & 0 & 0 \\ 0 & 0 & 0 \end{pmatrix}, \quad \begin{pmatrix} 0 & 0 & 0 \\ 0 & 0 & 0 \\ 0 & 0 & 0 \end{pmatrix}, \quad \begin{pmatrix} 0 & 0 \\ 0 & 0 \end{pmatrix}$$

예 6.3.3 일차 연립방정식의 확대행렬이 다음과 같이 기약사다리꼴로 되었을 때 그 해를 구하여라.

(1) $\begin{pmatrix} 1 & 0 & 0 & 2 \\ 0 & 1 & 0 & 3 \\ 0 & 0 & 1 & -3 \end{pmatrix}$　　　(2) $\begin{pmatrix} 1 & 0 & 0 & 2 & 1 \\ 0 & 1 & 0 & 4 & 6 \\ 0 & 0 & 1 & 2 & 2 \end{pmatrix}$

풀이 (1) 대응하는 일차 연립방정식은

$$\begin{aligned} x_1 \qquad\quad &= 2 \\ x_2 \quad\; &= 3 \\ x_3 &= -3 \end{aligned}$$

이므로 해는 $x_1 = 2,\ x_2 = 3,\ x_3 = -3$이다.

(2) 대응하는 일차 연립방정식은

$$\begin{aligned} x_1 \qquad\quad + \;\; x_4 &= 1 \\ x_2 \quad + 4x_4 &= 6 \\ x_3 + 2x_4 &= 2 \end{aligned}$$

이므로

$$\begin{aligned} x_1 &= 1 - x_4 \\ x_2 &= 6 - 4x_4 \\ x_3 &= 2 - 2x_4 \end{aligned}$$

이다. t를 임의의 실수라 하고 $x_4 = t$라 하면 주어진 방정식의 해는 무수히 많고 그 해는 다음과 같다.

$$x_1 = 1 - t,\ x_2 = 6 - 4t,\ x_3 = 2 - 2t.$$ ■

위와 같이 일차 연립방정식의 해를 구할 때 먼저 이 방정식에 대응하는 확대행렬을 구하여 이 행렬을 사다리꼴로 만들어 구하는 방법을 가우스(Gauss) 소거법이라 하고 기약사다리꼴로 만들어 해를 구하는 방법을 가우스-조던(Gauss-Jordan) 소거법이라 한다.

다음은 지금까지 써오던 연립방정식과 이에 대응하는 확대행렬을 이용하여 해를 구하는 예제이다.

예 6.3.4 연립방정식의 해를 가우스-조던 소거법을 이용하여 구하여라.

$$\begin{aligned} x_1 - 2x_2 &= 0 \\ 2x_1 - \ \ x_2 &= 3 \end{aligned}$$

풀이 왼쪽은 연립방정식의 풀이이고 오른쪽은 확대행렬의 소거법이다. 여기에서 R_i는 제 i 행을 나타낸다.

$x_1 - 2x_2 = 0 \ \cdots$ ①
$2x_1 - x_2 = 3 \ \cdots$ ②

$\begin{pmatrix} 1 & -2 & 0 \\ 2 & -1 & 3 \end{pmatrix}$

①×(−2)+②하여 다음을 얻는다. $R_1 \times (-2) + R_2$하여 다음 행렬을 얻는다.

$x_1 - 2x_2 = 0 \ \cdots$ ①
$3x_2 = 3 \ \cdots$ ②

$\begin{pmatrix} 1 & -2 & 0 \\ 0 & 3 & 3 \end{pmatrix}$

②×(1/3)을 한다. $R_2 \times (1/3)$을 한다.

$x_1 - 2x_2 = 0 \ \cdots$ ①
$x_2 = 1 \ \cdots$ ②

$\begin{pmatrix} 1 & -2 & 0 \\ 0 & 1 & 1 \end{pmatrix}$

②×(2)+①을 하여 다음을 얻는다. $R_2 \times (2) + R_1$을 한다.

$x_1 = 2$
$x_2 = 1$

$\begin{pmatrix} 1 & 0 & 2 \\ 0 & 1 & 1 \end{pmatrix}$

따라서 해는 $x_1 = 2$, $x_2 = 1$이다.

다음은 확대행렬만을 이용하여 해를 구하는 예이다. ■

예 6.3.5 주어진 일차 연립방정식의 해를 가우스 소거법과 가우스-조던 소거법을 이용하여 구하여라.

$$\begin{aligned} x_1 + 2x_2 + 3x_3 &= 6 \\ 2x_1 - 3x_2 + 2x_3 &= 14 \\ 3x_1 + \ \ x_2 - \ \ x_3 &= -2 \end{aligned}$$

풀이 먼저 주어진 연립방정식의 확대행렬을 구하면

$$\begin{pmatrix} 1 & 2 & 3 & 6 \\ 2 & -3 & 2 & 14 \\ 3 & 1 & -1 & -2 \end{pmatrix}$$

이고 다음과 같은 순서로 계산한다.

$$\begin{pmatrix}1 & 2 & 3 & 6\\ 2 & -3 & 2 & 14\\ 3 & 1 & -1 & -2\end{pmatrix} \Rightarrow R_1\times(-2)+R_2 \Rightarrow \begin{pmatrix}1 & 2 & 3 & 6\\ 0 & -7 & -4 & 2\\ 3 & 1 & -1 & -2\end{pmatrix}$$

$$\Rightarrow R_1\times(-3)+R_3 \Rightarrow \begin{pmatrix}1 & 2 & 3 & 6\\ 0 & -7 & -4 & 2\\ 0 & -5 & -10 & -20\end{pmatrix}$$

$$\Rightarrow R_2\text{과 } R_3\text{의 바꿈} \Rightarrow \begin{pmatrix}1 & 2 & 3 & 6\\ 0 & -5 & -10 & -20\\ 0 & -7 & -4 & 2\end{pmatrix}$$

$$\Rightarrow R_2\times(-1/5) \Rightarrow \begin{pmatrix}1 & 2 & 3 & 6\\ 0 & 1 & 2 & 4\\ 0 & -7 & -4 & 2\end{pmatrix}$$

$$\Rightarrow R_2\times 7+R_3 \Rightarrow \begin{pmatrix}1 & 2 & 3 & 6\\ 0 & 1 & 2 & 4\\ 0 & 0 & 10 & 30\end{pmatrix}$$

$$\Rightarrow R_3\times(1/10) \Rightarrow \begin{pmatrix}1 & 2 & 3 & 6\\ 0 & 1 & 2 & 4\\ 0 & 0 & 1 & 3\end{pmatrix}.$$

이 행렬은 사다리꼴이다. 이것을 원래의 방정식으로 나타내면

$$\begin{aligned} x_1+2x_2+3x_3&=6\\ x_2+2x_3&=4\\ x_3&=3. \end{aligned}$$

그러므로 $x_3=3$이고, 두 번째 방정식에서

$$x_2+2x_3=4 \quad \text{또는 } x_2=4-2x_3=4-2(3)=-2.$$

첫 번째 방정식에서

$$x_1+2x_2+3x_3=6 \text{ 또는 } x_1=6-2x_2-3x_3=6-2(-2)-3(3)=1.$$

이 과정이 가우스 소거법이다. 위 계산의 마지막 행렬에서 제 2 행에 -2를 곱하여 제 1 행에 더하면

$$\begin{pmatrix}1 & 0 & -1 & -2\\ 0 & 1 & 2 & 4\\ 0 & 0 & 1 & 3\end{pmatrix} \Rightarrow R_3\times(-2)+R_2 \Rightarrow \begin{pmatrix}1 & 0 & -1 & -2\\ 0 & 1 & 0 & -2\\ 0 & 0 & 1 & 3\end{pmatrix} \Rightarrow R_3+R_1 \Rightarrow \begin{pmatrix}1 & 0 & 0 & 1\\ 0 & 1 & 0 & -2\\ 0 & 0 & 1 & 3\end{pmatrix}.$$

이 행렬은 기약사다리꼴이고 이 방정식의 해는

$$x_1=1,\ x_2=-2,\ x_3=3$$

이다. 이 과정이 가우스-조던 소거법이다. ■

연립방정식에서 행렬을 이용하여 해를 구할 때 가우스-조던 소거법을 이용하지 않고 가우스 소거법을 이용하면 더 빠르게 해를 구할 수 있다.

정리 6.3.4 미지수의 개수가 방정식의 개수보다 많은 일차 연립방정식은 무수히 많은 해를 갖는다.

주2 행렬을 적절히 변형하여 사다리꼴로 바꾸어 나타내는 방법은 여러 가지가 있지만 기약사다리꼴로 바꾸면 형태는 유일하다.

정리 6.3.5 A가 $n \times n$행렬이고 $X = \begin{pmatrix} x_1 \\ x_2 \\ \vdots \\ x_n \end{pmatrix}$일 때, 임의의 $n \times 1$행렬 $B = \begin{pmatrix} b_1 \\ b_2 \\ \vdots \\ b_n \end{pmatrix}$에 대하여 $AX = B$가 유일한 해를 가질 필요충분조건은 A가 I_n의 기약사다리꼴을 갖는다.

6.3 연습문제

01 다음 일차 연립 방정식의 해를 가우스-조던 소거법을 이용하여 구하여라.

(1) $\begin{aligned} x_1 - \ \ x_2 &= 11 \\ 4x_1 + 3x_2 &= 1 \end{aligned}$

(2) $\begin{aligned} 2x_1 + 10x_2 &= 2 \\ 2x_1 + \ \ 2x_2 &= -3 \end{aligned}$

(3) $\begin{aligned} x_1 + 2x_2 - 3x_3 &= -1 \\ 2x_1 - x_2 \ \ + 9x_3 &= 2 \\ -x_1 + 6x_2 - x_3 \ \ &= 10 \end{aligned}$

(4) $\begin{aligned} x_1 + 3x_2 - 4x_3 \ \ &= 10 \\ 2x_1 - x_2 \ \ + 12x_3 &= -1 \end{aligned}$

(5) $\begin{aligned} x_1 + x_2 \ \ + 2x_3 &= -1 \\ x_1 - 2x_2 + x_3 \ \ &= -5 \\ 3x_1 + x_2 \ \ + x_3 \ \ &= 3 \end{aligned}$

(6) $\begin{aligned} x_1 + 2x_2 + 3x_3 + 4x_4 &= 5 \\ 2x_1 + x_2 \ \ + 3x_3 - 1x_4 &= 2 \\ 3x_1 + x_2 \ \ + 2x_3 + 4x_4 &= 1 \end{aligned}$

02 주어진 확대행렬로 이루어진 연립방정식의 해를 구하여라.

(1) $\begin{pmatrix} 1 & 1 & 1 & 0 \\ 1 & 1 & 0 & 3 \\ 0 & 1 & 1 & 1 \end{pmatrix}$

(2) $\begin{pmatrix} 1 & 2 & 3 & 0 \\ 1 & 1 & 1 & 0 \\ 1 & 1 & 2 & 0 \end{pmatrix}$

(3) $\begin{pmatrix} 1 & 2 & 3 & 0 \\ 1 & 1 & 0 & 1 \\ 5 & 7 & 9 & 0 \end{pmatrix}$

(4) $\begin{pmatrix} 1 & 2 & 1 & 7 \\ 2 & 0 & 1 & 4 \\ 1 & 0 & 2 & 5 \\ 1 & 2 & 3 & 11 \end{pmatrix}$

6.4 역행렬

정의 6.4.1 정방행렬 A에 대하여 $AB=BA=I$를 만족하는 행렬 B가 존재할 때 A를 정칙행렬이라 하고 B를 A의 **역행렬**이라 하며 A^{-1}로 표시한다. 여기에서 단위행렬 I는 A와 크기가 같은 정방행렬이다.

예 6.4.1 행렬 $A=\begin{pmatrix} 2 & -5 \\ -1 & 3 \end{pmatrix}$, $B=\begin{pmatrix} 3 & 5 \\ 1 & 2 \end{pmatrix}$에 대하여

$$AB=\begin{pmatrix} 2 & -5 \\ -1 & 3 \end{pmatrix}\begin{pmatrix} 3 & 5 \\ 1 & 2 \end{pmatrix}=\begin{pmatrix} 1 & 0 \\ 0 & 1 \end{pmatrix}=I,$$

$$BA=\begin{pmatrix} 3 & 5 \\ 1 & 2 \end{pmatrix}\begin{pmatrix} 2 & -5 \\ -1 & 3 \end{pmatrix}=\begin{pmatrix} 1 & 0 \\ 0 & 1 \end{pmatrix}=I.$$

그러므로 A는 정칙이고 B는 A의 역행렬이다.

다음은 역행렬에 대한 성질이다.

정리 6.4.2

(1) A가 정칙행렬이면 역행렬은 유일하게 존재한다.

(2) A와 B가 같은 크기의 정칙행렬이면 AB도 정칙이고 역행렬은 다음과 같다.

$$(AB)^{-1}=B^{-1}A^{-1}$$

(3) A가 정칙이면 A^{-1}도 정칙이고 $(A^{-1})^{-1}=A$이다.

(4) 0이 아닌 상수 k에 대하여 kA도 정칙이고 역행렬은 다음과 같다.

$$(kA)^{-1}=\frac{1}{k}A^{-1}$$

증명 (1) B와 C가 행렬 A의 역행렬이라 하자. 그러면 $BA=I$이므로 오른쪽에 C를 곱하면 $(BA)C=IC=C$이다. 또한 $(BA)C=B(AC)=BI=B$이므로 $B=C$이다. 그러므로 역행렬은 유일하다.

(2) 행렬의 곱의 결합법칙에 의하여 다음이 성립한다.

$$(AB)(B^{-1}A^{-1}) = A(BB^{-1})A^{-1} = AIA^{-1} = AA^{-1} = I$$
$$(B^{-1}A^{-1})(AB) = B^{-1}(A^{-1}A)B = B^{-1}IB = B^{-1}B = I$$

그러므로 AB는 정칙이고 역행렬은 다음과 같다.

$$AB = B^{-1}A^{-1}$$

(3) $AA^{-1} = A^{-1}A = I$이므로 행렬 A^{-1}는 정칙행렬이고 $(A^{-1})^{-1} = A$이다.

(4) 정리 6.2.3의 (3)에 의하여 다음이 성립한다.

$$(kA)\left(\frac{1}{k}A^{-1}\right) = \left(k\frac{1}{k}\right)(AA^{-1}) = I$$
$$\left(\frac{1}{k}A^{-1}\right)(kA) = \left(\frac{1}{k}k\right)(A^{-1}A) = I$$

그러므로 kA는 정칙이고 역행렬은 다음과 같다.

$$(kA)^{-1} = \frac{1}{k}A^{-1}.$$ ■

보조정리 6.4.3 행렬 A가 정방행렬이고 n 이 자연수일 때

$$A^n = \underbrace{AA\cdots A}_{n\text{개}}, \quad A^0 = I$$

이라 정의한다. 특히 A가 정칙이면 다음이 성립한다.

$$(A^n)^{-1} = (A^{-1})^n$$

6.5 행렬식과 역행렬

이 절에서는 정방행렬에 대한 행렬식에 대하여 알아보고 이 행렬식을 이용하여 역행렬을 구하는 방법에 대하여 알아본다.

정의 6.5.1 정방행렬 $A=(a_{ij})_{n\times n}$에서 제 i 행과 제 j 열을 뺀 나머지 행렬을 A_{ij}라 할 때, A의 행렬식을 다음과 같이 정의하고, $\det A$로 표시한다.

(1) 1차 정방행렬 (a)에 대하여 $\det(a)=a$로 정의한다.

(2) n차 정방행렬 $A=(a_{ij})_{n\times n}$에 대하여

$$\det A = a_{11}\det A_{11} - a_{21}\det A_{21} + \cdots + (-1)^{i+1}a_{i1}\det A_{i1} + \cdots + (-1)^{n+1}a_{n1}\det A_{n1}$$

주1 다음은 위의 행렬식에 대한 간단한 예이다.

(1) $\det(a)=a$

(2) $\det\begin{pmatrix} a & b \\ c & d \end{pmatrix} = a\cdot\det(d) - c\cdot\det(b) = ad-bc$

(3) $\det\begin{pmatrix} a_{11} & a_{12} & a_{13} \\ a_{21} & a_{22} & a_{23} \\ a_{31} & a_{32} & a_{33} \end{pmatrix}$

$$= a_{11}\det\begin{pmatrix} a_{22} & a_{23} \\ a_{32} & a_{33} \end{pmatrix} - a_{21}\det\begin{pmatrix} a_{12} & a_{13} \\ a_{32} & a_{33} \end{pmatrix} + a_{31}\det\begin{pmatrix} a_{12} & a_{13} \\ a_{22} & a_{23} \end{pmatrix}$$

$$= a_{11}(a_{22}a_{33} - a_{23}a_{32}) - a_{21}(a_{12}a_{33} - a_{13}a_{32}) + a_{31}(a_{12}a_{23} - a_{13}a_{22})$$

$$= (a_{11}a_{22}a_{33} + a_{13}a_{21}a_{32} + a_{12}a_{23}a_{31}) - (a_{11}a_{23}a_{32} + a_{12}a_{21}a_{33} + a_{13}a_{22}a_{31})$$

예 6.5.1

(1) $\det(-2) = -2$

(2) $\det\begin{pmatrix} 1 & 2 \\ 6 & 3 \end{pmatrix} = 1\times\det(3) - 6\times\det(2) = 1\times 3 - 6\times 2 = -9$

(3) $\det\begin{pmatrix} 1 & 3 & 5 \\ 4 & 2 & 4 \\ 2 & 1 & 8 \end{pmatrix} = 1\det\begin{pmatrix} 2 & 4 \\ 1 & 8 \end{pmatrix} - 4\det\begin{pmatrix} 3 & 5 \\ 1 & 8 \end{pmatrix} + 2\det\begin{pmatrix} 3 & 5 \\ 2 & 4 \end{pmatrix}$

$$= 1(16-4) - 4(24-5) + 2(12-10)$$

$$= 12 - 76 + 4 = -60$$

$$\text{(4)}\ \det\begin{pmatrix} 2 & 4 & 5 & 7 \\ 0 & 1 & 3 & 5 \\ 0 & 0 & 8 & 5 \\ 0 & 0 & 0 & 4 \end{pmatrix} = 2\det\begin{pmatrix} 1 & 3 & 5 \\ 0 & 8 & 5 \\ 0 & 0 & 4 \end{pmatrix} = 2\det\begin{pmatrix} 8 & 5 \\ 0 & 4 \end{pmatrix}$$
$$= 2(4\times 8 - 5\times 0) = 64$$

다음 정리는 행렬식의 정의에 의하여 얻을 수 있다.

정리 6.5.2 A를 정방행렬이라 할 때 다음이 성립한다.

(1) 행렬 B를 A의 한 행에 상수 k를 곱한 행렬이라 하면

$$\det B = k\det A.$$

(2) 행렬 B를 A의 두 행을 서로 바꾼 행렬이라 하면

$$\det B = -\det A.$$

(3) 행렬 B가 A의 한 행에 상수 k를 곱하여 다른 행에 더하여 생긴 행렬이면

$$\det B = \det A.$$

예 6.5.2 행렬 $A = \begin{pmatrix} 1 & 3 \\ 4 & 9 \end{pmatrix}$이라 하면 $\det A = -3$이고 A_1을 A의 1행에 5를 곱한 행렬이라 하면

$$\det A_1 = \det\begin{pmatrix} 5\times 1 & 5\times 3 \\ 4 & 9 \end{pmatrix} = -15 = 5\det A$$

이고 A_2를 A의 두 행을 바꾼 행렬이라 하면

$$\det A_2 = \det\begin{pmatrix} 4 & 9 \\ 1 & 3 \end{pmatrix} = 3 = -\det A.$$

그리고 A_3를 A의 1행에 2를 곱하여 2행에 더한 행렬이면

$$\det A_3 = \det\begin{pmatrix} 1 & 3 \\ 4+2\times 1 & 9+2\times 3 \end{pmatrix} = -3 = \det A.$$

다음 정리는 위의 정리로부터 쉽게 알 수 있다.

따름정리 6.5.3 A를 정방행렬이라 할 때 다음이 성립한다.

(1) A의 두 행이 같으면 $\det A = 0$이다.

(2) A의 두 행의 성분이 비례하면 $\det A = 0$이다.

(3) n차 정방행렬 $A = (a_{ij})_{n \times n}$과 상수 k에 대하여

$$\det(kA) = k^n \det(A).$$

(4) A의 한 행의 성분이 모두 0이면 $\det(A) = 0$이다.

증명 (1) B를 같은 두 행을 바꾼 행렬이라 하면 $\det(B) = -\det(A)$이다. 그러나 성분이 같은 행을 바꾸었으므로 실제로 행렬 A와 B는 같은 행렬이다. 그러므로

$$\det(A) = \det(B) = -\det(A)$$

이므로 $\det(B) = 0$이다.

(2)와 (3)도 같은 방법으로 증명할 수 있다. ■

예 6.5.3 (1) 행렬 $\begin{pmatrix} 1 & 2 & 3 \\ 4 & 5 & 2 \\ 1 & 2 & 3 \end{pmatrix}$는 1행과 3행이 같으므로 $\det\begin{pmatrix} 1 & 2 & 3 \\ 4 & 5 & 2 \\ 1 & 2 & 3 \end{pmatrix} = 0$

(2) 행렬 $\begin{pmatrix} 1 & 2 & 3 \\ 3 & 6 & 9 \\ 5 & 7 & 9 \end{pmatrix}$는 1행과 2행이 비례하므로 $\det\begin{pmatrix} 1 & 2 & 3 \\ 3 & 6 & 9 \\ 5 & 7 & 9 \end{pmatrix} = 0$이다.

(3) 행렬 $\det\begin{pmatrix} 1 & 3 & 5 \\ 4 & 2 & 4 \\ 2 & 1 & 8 \end{pmatrix} = -60$이고 3×3행렬이므로

$$\det\left(2\begin{pmatrix} 1 & 3 & 5 \\ 4 & 2 & 4 \\ 2 & 1 & 8 \end{pmatrix}\right) = 2^3 \times (-60) = -480$$이다.

(4) $\begin{pmatrix} 1 & 2 & 3 & 4 \\ 4 & 5 & 2 & 1 \\ 1 & 2 & 3 & 2 \\ 0 & 0 & 0 & 0 \end{pmatrix}$에서 4행이 모두 0이므로 $\det\begin{pmatrix} 1 & 2 & 3 & 4 \\ 4 & 5 & 2 & 1 \\ 1 & 2 & 3 & 2 \\ 0 & 0 & 0 & 0 \end{pmatrix} = 0$이다.

다음은 행렬이 정칙이기 위한 필요충분조건이다.

정리 6.5.4 정방행렬 A가 정칙이기 위한 필요충분조건은 $\det(A) \neq 0$이다.

예 6.5.4 예제 6.5.3에서 $\det\begin{pmatrix}1&2&3\\4&5&2\\1&2&3\end{pmatrix}=0$이고 $\det\begin{pmatrix}1&2&3&4\\4&5&2&1\\1&2&3&2\\0&0&0&0\end{pmatrix}=0$이므로 두 행렬

$$\begin{pmatrix}1&2&3\\4&5&2\\1&2&3\end{pmatrix},\quad\begin{pmatrix}1&2&3&4\\4&5&2&1\\1&2&3&2\\0&0&0&0\end{pmatrix}$$

은 정칙이 아니고 $\det\begin{pmatrix}1&3&5\\4&2&4\\2&1&8\end{pmatrix}=-60$이므로 $\begin{pmatrix}1&3&5\\4&2&4\\2&1&8\end{pmatrix}$는 정칙이다.

다음 정리는 가우스-조던 소거법에 의하여 증명할 수 있다.

정리 6.5.5
(1) n차인 정방행렬 A, B에 대하여 $\det(AB)=\det(A)\det(B)$이다.
(2) 정방행렬 A에 대하여 $\det(A^t)=\det(A)$이다.

예 6.5.5 (1) $\det\begin{pmatrix}1&3&5\\4&2&4\\2&1&8\end{pmatrix}=-60$이고 $\det\begin{pmatrix}1&3&5\\0&8&5\\0&0&4\end{pmatrix}=32$이므로

$$\det\left(\begin{pmatrix}1&3&5\\4&2&4\\2&1&8\end{pmatrix}\begin{pmatrix}1&3&5\\0&8&5\\0&0&4\end{pmatrix}\right)=\det\begin{pmatrix}1&3&5\\4&2&4\\2&1&8\end{pmatrix}\det\begin{pmatrix}1&3&5\\0&8&5\\0&0&4\end{pmatrix}$$
$$=-60\times 32=-1920$$

(2) 행렬$A=\begin{pmatrix}1&3&5\\4&2&4\\2&1&8\end{pmatrix}$에서 $A^t=\begin{pmatrix}1&4&2\\3&2&1\\5&4&8\end{pmatrix}$이고
$\det(A)=-60=\det(A^t)$이다.

위의 정리를 이용하여 다음 정리를 얻을 수 있다.

따름정리 6.5.6 정방행렬 A가 정칙이면 $\det(A^{-1})=(\det(A))^{-1}$이다.

증명 정리 6.5.5 (1)에서

$$1=\det(I)=\det(AA^{-1})=\det(A)\det(A^{-1})$$

이므로 $\det(A^{-1})=(\det(A))^{-1}$이다. ■

예 6.5.6 예제 6.5.5 (2)에서 행렬 $A=\begin{pmatrix} 1 & 3 & 5 \\ 4 & 2 & 4 \\ 2 & 1 & 8 \end{pmatrix}$에 대하여 $\det(A)=-60$이므로

$$\det(A^{-1})=\frac{1}{\det(A)}=-\frac{1}{60}$$

지금부터 정방행렬의 여인수를 정의하고 이를 이용하여 수반행렬과 역행렬을 구하는 방법을 학습한다.

정의 6.5.7 n차 정방행렬 $A=(a_{ij})$의 제i 행과 제j 열을 뺀 나머지 행렬을 A_{ij}라 하자. 행렬식 $M_{ij}=\det A_{ij}$를 원소 a_{ij}의 **소행렬식**이라 하고, $(-1)^{n+1}M_{ij}$를 원소 a_{ij}의 **여인수**라 하고 C_{ij}로 나타낸다.

주2 위의 여인수를 이용하여 n차 정방행렬 $A=(a_{ij})$의 행렬식을 나타내면 다음과 같다.

$$\det(A)=a_{11}C_{11}+a_{21}C_{21}+\cdots+a_{n1}C_{n1}$$

예 6.5.7 행렬 $\begin{pmatrix} 1 & 3 & 5 \\ 4 & 2 & 4 \\ 2 & 1 & 8 \end{pmatrix}$에서 소행렬식을 모두 구하면

$$M_{11}=\det\begin{pmatrix} 2 & 4 \\ 1 & 8 \end{pmatrix}=12,\ M_{12}=\det\begin{pmatrix} 4 & 4 \\ 2 & 8 \end{pmatrix}=24,\ M_{13}=\det\begin{pmatrix} 4 & 2 \\ 2 & 1 \end{pmatrix}=0$$

$$M_{21}=\det\begin{pmatrix} 3 & 5 \\ 1 & 8 \end{pmatrix}=19,\ M_{22}=\det\begin{pmatrix} 1 & 5 \\ 2 & 8 \end{pmatrix}=-2,\ M_{23}=\det\begin{pmatrix} 1 & 3 \\ 2 & 1 \end{pmatrix}=-5$$

$$M_{31}=\det\begin{pmatrix} 3 & 5 \\ 2 & 4 \end{pmatrix}=2,\ M_{32}=\det\begin{pmatrix} 1 & 5 \\ 4 & 4 \end{pmatrix}=-16,\ M_{33}=\det\begin{pmatrix} 1 & 3 \\ 4 & 2 \end{pmatrix}=-10$$

이므로 여인수는

$$C_{11}=(-1)^{1+1}M_{11}=12,\quad C_{12}=(-1)^{1+2}M_{12}=-24,\quad C_{13}=(-1)^{1+3}M_{13}=0,$$

$$C_{21}=(-1)^{2+1}M_{21}=-19,\quad C_{22}=(-1)^{2+2}M_{22}=-2,\quad C_{23}=(-1)^{2+3}M_{23}=5,$$

$$C_{31}=(-1)^{3+1}M_{31}=2,\quad C_{32}=(-1)^{3+2}M_{32}=16,\quad C_{33}=(-1)^{3+3}M_{33}=-10.$$

다음 정리는 행렬식의 정의와 앞의 정리들을 이용하여 쉽게 유도할 수 있다.

정리 6.5.8 n차 정방행렬 $A=(a_{ij})_{n\times n}$의 행렬식에 대하여 다음이 성립한다.

(1) $\det A = a_{1j}C_{1j}+a_{2j}C_{2j}+\cdots+a_{nj}C_{nj}\ (1\le j\le n)$,

(2) $\det A = a_{i1}C_{i1}+a_{i2}C_{i2}+\cdots+a_{in}C_{in}\ (1\le i\le n)$

(1) 식을 행렬식 $\det A$의 제j열 여인수전개라 하고, (2)식을 제i행 여인수 전개라 한다.

주3 정리 6.5.8에 의하여 행렬식 $\det A$는 임의의 행이나 열의 여인수전개를 통하여 구할 수 있다. 따라서 행렬식 $\det A$는 0이 많은 행이나 열을 택하여 여인수전개를 하면 쉽게 구할 수 있다.

예 6.5.8 (1) 행렬 $A=\begin{pmatrix}3&1&0\\1&1&0\\4&2&5\end{pmatrix}$에서 3열이 0이 가장 많으므로 행렬식 $\det A$는

$$\det A=\det\begin{pmatrix}3&1&0\\1&1&0\\4&2&5\end{pmatrix}=5\det\begin{pmatrix}3&1\\1&1\end{pmatrix}=5\times2=10.$$

(2) 행렬 $B=\begin{pmatrix}1&3&0&6\\5&1&4&2\\4&0&0&0\\2&3&1&0\end{pmatrix}$에서 3행이 0이 가장 많은 행이므로 행렬 식 $\det A$는

$$\det B=\det\begin{pmatrix}1&3&0&6\\5&1&4&2\\4&0&0&0\\2&3&1&0\end{pmatrix}=4\det\begin{pmatrix}3&0&6\\1&4&2\\3&1&0\end{pmatrix}$$
$$=4\times4\det\begin{pmatrix}3&6\\3&0\end{pmatrix}-4\times1\det\begin{pmatrix}3&6\\1&2\end{pmatrix}$$
$$=16\times(-18)-4\times0=-288\sim$$

정리 6.5.9 n차 정방행렬 $A=(a_{ij})$의 여인수 C_{ij}를 (i,j)성분으로 갖는 행렬을 A의 여인수행렬이라 하고 C라 표시하며, 여인수행렬의 전치행렬 C^t를 수반행렬이라 하며 $\mathrm{adj}(A)$로 나타낸다.

예 6.5.9 예제 6.5.7의 행렬 $\begin{pmatrix}1&3&5\\4&2&4\\2&1&8\end{pmatrix}$에서

$$C_{11}=12,\quad C_{12}=-24,\quad C_{13}=0,$$
$$C_{21}=-19,\quad C_{22}=-2,\quad C_{23}=5,$$
$$C_{31}=2,\quad C_{32}=16,\quad C_{33}=-10$$

이므로 여인수행렬은

$$C=\begin{pmatrix} 12 & -24 & 0 \\ -19 & -2 & 5 \\ 2 & 16 & -10 \end{pmatrix}$$

이므로 수반행렬은 다음과 같다.

$$\mathrm{adj}(A)=C^t=\begin{pmatrix} 12 & -19 & 2 \\ -24 & -2 & 16 \\ 0 & 5 & -10 \end{pmatrix}$$

주4 정방행렬 $A=(a_{ij})$에 대하여 다음이 성립한다.

(1) $j\neq k$ 이면, $a_{1j}C_{1k}+a_{2j}C_{2k}+\cdots+a_{nj}C_{nk}=0,\ (1\le j\le n)$

(2) $i\neq j$ 이면, $a_{i1}C_{j1}+a_{i2}C_{j2}+\cdots+a_{in}C_{jn}=0,\ (1\le i\le n)$

다음은 수반행렬을 이용하는 역행렬을 구하는 방법이다.

정리 6.5.10 n차 정방행렬 A가 정칙이면

$$A^{-1}=\frac{1}{\det A}\mathrm{adj}\,A.$$

증명 $n=2$일 경우, 먼저 곱행렬

$$A\cdot\mathrm{adj}\,A=\begin{pmatrix} a_{11} & a_{12} \\ a_{21} & a_{22} \end{pmatrix}\begin{pmatrix} C_{11} & C_{21} \\ C_{12} & C_{22} \end{pmatrix}$$

의 원소를 보면 곱행렬의 대각선 원소는

$$a_{11}C_{11}+a_{12}C_{12}=\det A,\quad a_{21}C_{21}+a_{22}C_{22}=\det A$$

이다. 위의 [주4]에 의하여

$$a_{11}C_{21}+a_{12}C_{22}=0,\quad a_{21}C_{11}+a_{22}C_{12}=0$$

이므로 다음이 성립한다.

$$A\cdot\mathrm{adj}\,A=\begin{pmatrix} \det A & 0 \\ 0 & \det A \end{pmatrix}=(\det A)I$$

그런데 A가 정칙이므로 $\det A\neq 0$이다. 그러므로 양변을 $\det A$로 나누면 위의 식은

$$\frac{\text{adj}\,A}{\det A}A = I$$

이고 양변에 A^{-1}을 곱하면

$$A^{-1} = \frac{1}{\det A}\text{adj}\,A.$$

■

예 6.5.10 예제 6.5.7의 행렬 $\begin{pmatrix} 1 & 3 & 5 \\ 4 & 2 & 4 \\ 2 & 1 & 8 \end{pmatrix}$에서 행렬식 $\det A = -60$이므로 A는 정칙이고 수반행렬은

$$\text{adj}(A) = C^t = \begin{pmatrix} 12 & -19 & 2 \\ -24 & -2 & 16 \\ 0 & 5 & -10 \end{pmatrix}$$

이다. 따라서 역행렬은 다음과 같다.

$$A^{-1} = -\frac{1}{60}\begin{pmatrix} 12 & -19 & 2 \\ -24 & -2 & 16 \\ 0 & 5 & -10 \end{pmatrix}$$

마지막으로 일차 연립방정식의 해를 구하는 크래머공식에 대하여 알아본다.

정리 6.5.11 **크래머공식**

일차 연립방정식

$$\begin{aligned} a_{11}x_1 + a_{12}x_2 + \cdots + a_{1n}x_n &= b_1 \\ a_{21}x_1 + a_{22}x_2 + \cdots + a_{2n}x_n &= b_2 \\ &\vdots \\ a_{n1}x_1 + a_{n2}x_2 + \cdots + a_{nn}x_n &= b_n \end{aligned}$$

에서

$$A = \begin{pmatrix} a_{11} & a_{12} & \cdots & a_{1n} \\ a_{21} & a_{22} & \cdots & a_{2n} \\ \vdots & \vdots & \cdots & \vdots \\ a_{n1} & a_{n2} & \cdots & a_{nn} \end{pmatrix},\quad X = \begin{pmatrix} x_1 \\ x_2 \\ \vdots \\ x_n \end{pmatrix},\quad B = \begin{pmatrix} b_1 \\ b_2 \\ \vdots \\ b_n \end{pmatrix}$$

이면 위의 연립방정식은 $AX = B$이다. $\det A \neq 0$이고 B를 A의 제 j 열로 대치하여 얻은 행렬을 A_j이라 하면, 일차 연립방정식 $AX = B$의 해는 다음과 같다.

$$x_1 = \frac{\det A_1}{\det A},\ x_2 = \frac{\det A_2}{\det A},\ \cdots,\ x_n = \frac{\det A_n}{\det A}$$

증명 먼저 $\det A \neq 0$이면 A가 정칙이므로 주어진 연립방정식은 유일한 해가 있다. 따라서 $AX=B$의 해는

$$X = A^{-1}B = \frac{1}{\det A}\operatorname{adj}(A)B$$
$$= \frac{1}{\det A}\begin{pmatrix} C_{11} & C_{21} & \cdots & C_{n1} \\ C_{12} & C_{22} & \cdots & C_{n2} \\ \vdots & \vdots & \cdots & \vdots \\ C_{1n} & C_{2n} & \cdots & C_{nn} \end{pmatrix}\begin{pmatrix} b_1 \\ b_2 \\ \vdots \\ b_n \end{pmatrix}$$
$$= \frac{1}{\det A}\begin{pmatrix} b_1C_{11} + b_2C_{21} + \cdots + b_nC_{n1} \\ b_1C_{12} + b_2C_{22} + \cdots + b_nC_{n2} \\ \vdots \\ b_1C_{1n} + b_2C_{2n} + \cdots + b_nC_{nn} \end{pmatrix}$$

따라서 우리가 구하는 해를 구할 수 있다. ■

예 6.5.11 크래머공식을 이용하여 다음 일차 연립방정식을 풀어라.

$$x_1 - 2x_2 - 2x_3 = 1$$
$$-2x_1 + 5x_2 + x_3 = 3$$
$$3x_1 - 4x_2 - 3x_3 = 10$$

풀이 주어진 연립방정식의 계수행렬은 $A=\begin{pmatrix} 1 & -2 & -2 \\ -2 & 5 & 1 \\ 3 & -4 & -3 \end{pmatrix}$이므로 $\det A = 9$이다. 그리고 정리 6.5.11에서

$$A_1 = \begin{pmatrix} 1 & -2 & -2 \\ 3 & 5 & 1 \\ 10 & -4 & -3 \end{pmatrix},$$
$$A_2 = \begin{pmatrix} 1 & 1 & -2 \\ -2 & 3 & 1 \\ 3 & 10 & -3 \end{pmatrix},$$
$$A_3 = \begin{pmatrix} 1 & -2 & 1 \\ -2 & 5 & 3 \\ 3 & -4 & 10 \end{pmatrix}$$

이고 $\det A_1 = 75$, $\det A_2 = 36$, $\det A_3 = -3$이다. 그러므로 해는

$$x_1 = \frac{25}{3},\ x_2 = 4,\ x_3 = -\frac{1}{3}.$$ ■

6.5 연습문제

01 다음 행렬이 정칙인지 아닌지를 밝히고 정칙이면 역행렬을 구하여라.

(1) $\begin{pmatrix} 1 & 3 \\ 5 & 3 \end{pmatrix}$ (2) $\begin{pmatrix} 4 & 2 \\ 8 & 4 \end{pmatrix}$

(3) $\begin{pmatrix} 1 & 3 & 5 \\ 5 & 3 & 0 \\ 4 & 2 & 1 \end{pmatrix}$ (4) $\begin{pmatrix} 3 & 3 & 5 \\ 4 & 3 & 1 \\ 6 & 7 & 0 \end{pmatrix}$

(5) $\begin{pmatrix} 1 & 0 & 5 & 1 \\ 5 & 0 & 0 & 2 \\ 0 & 2 & 1 & 1 \\ 9 & 0 & 1 & 2 \end{pmatrix}$ (6) $\begin{pmatrix} 2 & 2 & 5 & 1 \\ 5 & 1 & 2 & 2 \\ 1 & 2 & 0 & 1 \\ 4 & 0 & 0 & 0 \end{pmatrix}$

02 다음 연립방정식의 해를 크래머공식을 이용하여 풀어라.

(1) $3x - 2y = 9$
$-x + 6y = -3$

(2) $-x + 3y - 2z = 7$
$3y + 3z = -3$
$2x + y + 2z = -1$

(3) $3x + y + 2z = 14$
$2x + y - z = 5$
$x - 4y + 2z = 3$

(4) $3x + 2y + z = 7$
$x - y - z = 0$
$2x - 3y + z = 10$

(5) $x_1 - 2x_2 + 3x_3 + x_4 = 6$
$2x_1 + x_2 - 3x_3 - 2x_4 = 0$
$x_1 + 4x_2 + 2x_3 + 3x_4 = 2$
$5x_1 + 6x_2 + x_3 + 4x_4 = -3$

(6) $2x_1 - x_2 - x_3 + 3x_4 = -5$
$x_1 + 3x_2 + 2x_3 + 5x_4 = -8$
$5x_1 - 4x_2 - 3x_3 + x_4 = 1$
$3x_1 + 2x_2 + 4x_3 + 3x_4 = 3$

제7장
행렬과 연립 미분방정식

연립 미분방정식은 다양한 응용분야에서 접할 수 있으며, 이들에 대한 이론 및 해법은 상미분방정식의 이론을 포함하고 있다. 연립 미분방정식은 여러 개념을 이용하여 풀 수 있지만 행렬과 벡터를 이용하면 효과적으로 풀 수 있다. 행렬을 이용하는 이유는 문제의 식과 풀이를 보다 간단하게 할 수 있기 때문이다. 이 장에서는 행렬의 고윳값과 고유벡터의 정의와 여러 성질을 설명하고 이를 응용하여 연립 미분방정식의 풀이에 대하여 설명하였다.

7.1 고윳값과 고유벡터

임의의 자연수 $n \in \mathbb{N}$에 대하여 $n \times 1$행렬 $\begin{pmatrix} x_1 \\ \vdots \\ x_n \end{pmatrix}$을 $\mathbb{R}^n$공간의 원소로 생각하고 n**차원 벡터** 또는 간단히 **벡터**라 한다.

연립방정식

$$\begin{cases} a_{11}x_1 + a_{12}x_2 + \cdots a_{1n}x_n = \lambda x_1 \\ a_{21}x_1 + a_{22}x_2 + \cdots a_{2n}x_n = \lambda x_2 \\ \qquad \vdots \\ a_{n1}x_1 + a_{n2}x_2 + \cdots a_{nn}x_n = \lambda x_n \end{cases}$$

에서 계수행렬을 A라 하고 $X = \begin{pmatrix} x_1 \\ \vdots \\ x_n \end{pmatrix}$이라 하면 위 식의 행렬 표현은 $AX = \lambda X$와 같다.

연립방정식 $AX = \lambda X$가 0이 아닌 해를 가질 때 상수 λ를 계수행렬 A의 고윳값이라 하는데 이 절에서는 고윳값을 구하는 문제를 다룬다.

정리 7.1.1 n차 정방행렬 A에 대하여 $AX = \lambda X$를 만족하는 상수 λ를 행렬 A의 **고윳값**이라 하고 O이 아닌 n차원 벡터 X를 고윳값 λ에 대응하는 **고유벡터**라 한다.

예 7.1.1 $A = \begin{pmatrix} 1 & 2 \\ 2 & 1 \end{pmatrix}$에 대하여 $X = \begin{pmatrix} 1 \\ 1 \end{pmatrix}$라 할 때

$$AX = \begin{pmatrix} 1 & 2 \\ 2 & 1 \end{pmatrix}\begin{pmatrix} 1 \\ 1 \end{pmatrix} = \begin{pmatrix} 1+2 \\ 2+1 \end{pmatrix} = 3\begin{pmatrix} 1 \\ 1 \end{pmatrix}$$

이므로 $X = \begin{pmatrix} 1 \\ 1 \end{pmatrix}$은 고윳값 3에 대응하는 행렬 $A = \begin{pmatrix} 1 & 2 \\ 2 & 1 \end{pmatrix}$의 고유벡터이다.

주1 행렬 A의 고윳값 전체의 집합을 A의 **고유공간** 또는 **스펙트럼**이라 하고 $|\lambda|$의 최댓값을 A의 **스펙트럼 반경**이라 한다.

일차 연립방정식 $\begin{cases} a_1x + b_1y = 0 \\ a_2x + b_2y = 0 \end{cases}$가 $x = 0,\ y = 0$이외의 해를 갖기 위해서는

$$\frac{a_1}{a_2} = \frac{b_1}{b_2} \neq 0 \tag{7.1.1}$$

가 성립해야한다. 위 연립방정식의 행렬 표현은 다음과 같다.

$$\begin{pmatrix} a_1 & b_1 \\ a_2 & b_2 \end{pmatrix}\begin{pmatrix} x \\ y \end{pmatrix} = \begin{pmatrix} 0 \\ 0 \end{pmatrix}.$$

이때 식 (7.1.1)에 의하여 다음의 결과를 얻는다.

$$\det\begin{pmatrix} a_1 & b_1 \\ a_2 & b_2 \end{pmatrix} = a_1 b_2 - b_1 a_2 = 0.$$

이를 응용하여 연립방정식 $\begin{cases} a_1 x + b_1 y = \lambda x \\ a_2 x + b_2 y = \lambda y \end{cases}$의 행렬 표현은

$$\begin{pmatrix} a_1 & b_1 \\ a_2 & b_2 \end{pmatrix}\begin{pmatrix} x \\ y \end{pmatrix} = \lambda\begin{pmatrix} x \\ y \end{pmatrix}$$

또는

$$\begin{pmatrix} a_1 - \lambda & b_1 \\ a_2 & b_2 - \lambda \end{pmatrix}\begin{pmatrix} x \\ y \end{pmatrix} = \begin{pmatrix} 0 \\ 0 \end{pmatrix} \tag{7.1.2}$$

이 되고 $x = 0, y = 0$ 이외의 해를 갖기 위한 조건은 다음과 같다.

$$\begin{aligned} \det\begin{pmatrix} a_1 - \lambda & b_1 \\ a_2 & b_2 - \lambda \end{pmatrix} = 0 \;&\Leftrightarrow\; \det\left[\begin{pmatrix} a_1 & b_1 \\ a_2 & b_2 \end{pmatrix} - \lambda\begin{pmatrix} 1 & 0 \\ 0 & 1 \end{pmatrix}\right] = 0 \\ &\Leftrightarrow\; \det\,(A - \lambda I_2) = 0. \end{aligned}$$

여기에서 I_2는 이차 단위행렬이다. 앞으로 모든 정방행렬에 대한 단위행렬은 I로 표시한다.

일반적으로 n차 정방행렬에 대해서도 같은 이야기를 할 수 있다.

정의 7.1.2 n차 정방행렬 A에 대하여 λ에 대한 방정식

$$\det(A - \lambda I) = 0$$

을 행렬 A의 **특성방정식**이라 한다.

주2
(1) λ에 대한 다항식 $\det(A - \lambda I)$을 행렬 A의 특성다항식이라 한다.
(2) 행렬 A의 특성방정식은 λ에 대한 방정식이고, 복소수 범위 안에서 n개의 해를 가진다. 즉 n차 정방행렬 A의 고윳값은 복소수가 될 수 있다.
(3) 고윳값 λ는 특성방정식 $\det(A - \lambda I) = 0$의 중근이 될 수 있다. k번 중복되는 근을 중복도 k인 고윳값이라 한다.
(4) X가 행렬 A의 고유벡터이면 임의의 상수 c에 대하여 cX도 A의 고유벡터가

된다.

예 7.1.2 행렬 $A=\begin{pmatrix}1&2\\2&1\end{pmatrix}$의 고윳값과 고유벡터를 구하면 다음과 같다. 행렬 A의 특성방정식 $\det(A-\lambda I)=0$을 정리하면 $\lambda^2-2\lambda-3=0$ 즉, $(\lambda-3)(\lambda+1)=0$이고 행렬 A의 고윳값은 $\lambda_1=3$ 또는 $\lambda_2=-1$이다. 식 (7.1.2)에 $\lambda_1=3$를 대입하면

$$\begin{pmatrix}1-3&2\\2&1-3\end{pmatrix}\begin{pmatrix}x\\y\end{pmatrix}=\begin{pmatrix}-2&2\\2&-2\end{pmatrix}\begin{pmatrix}x\\y\end{pmatrix}=\begin{pmatrix}0\\0\end{pmatrix}.$$

즉 $\begin{cases}-2x+2y=0\\2x-2y=0\end{cases}$이고 $x=y$이다. 따라서 $X_1=\begin{pmatrix}1\\1\end{pmatrix}$이 고윳값 $\lambda_1=3$에 대응하는 한 고유벡터가 된다. 임의의 상수 c에 대하여 $cX_1=\begin{pmatrix}c\\c\end{pmatrix}$는 $\lambda_1=3$에 대응하는 고유벡터이다. 같은 방법으로 $X_2=\begin{pmatrix}1\\-1\end{pmatrix}$는 고윳값 $\lambda_2=-1$에 대응하는 고유벡터임을 알 수 있다.

예 7.1.3 행렬 $A=\begin{pmatrix}2&2&0\\2&1&1\\-7&2&-3\end{pmatrix}$의 고윳값과 고유벡터를 구하면 다음과 같다. 행렬 A의 특성방정식 $\det(A-\lambda I)=0$을 정리하면 $\lambda^3-13\lambda+12=0$이고 이것을 인수분해하여 고윳값을 구하면 $\lambda_1=1$, $\lambda_2=3$, $\lambda_3=-4$이다. $\lambda_1=1$에 대응하는 고유벡터를 구하면

$$\begin{pmatrix}2&2&0\\2&1&1\\-7&2&-3\end{pmatrix}\begin{pmatrix}x\\y\\z\end{pmatrix}=\begin{pmatrix}x\\y\\z\end{pmatrix}\ \text{또는}\ \begin{pmatrix}1&2&0\\2&0&1\\-7&2&-4\end{pmatrix}\begin{pmatrix}x\\y\\z\end{pmatrix}=\begin{pmatrix}0\\0\\0\end{pmatrix}$$

에서 다음 식을 얻는다.

$$\begin{cases}x+2y=0\\2x+z=0\\-7x+2y-4z=0.\end{cases}$$

위 방정식의 해는 c가 임의의 상수일 때 $x=-2c$, $y=c$, $z=4c$이고 간단한 형태의 고유벡터를 구하면 $X_1=\begin{pmatrix}-2\\1\\4\end{pmatrix}$이다. 같은 방법으로 $\lambda_2=3$과 $\lambda_3=-4$에 대응하는 고유벡터는 각각 다음과 같다.

$$X_2=\begin{pmatrix}-2\\-1\\2\end{pmatrix},\quad X_3=\begin{pmatrix}1\\-3\\13\end{pmatrix}$$

예 7.1.4 행렬 $A = \begin{pmatrix} 1 & 2 \\ -2 & 1 \end{pmatrix}$의 고윳값과 고유벡터를 구하면 다음과 같다.
행렬 A의 특성방정식 $\det(A - \lambda I) = 0$을 정리하면 $\lambda^2 - 2\lambda + 5 = 0$, 고윳값을 구하면 $\lambda_1 = 1 + 2i$, $\lambda_2 = 1 - 2i$ 이다. $X_1 = \begin{pmatrix} 1 \\ i \end{pmatrix}$과 $X_2 = \begin{pmatrix} 1 \\ -i \end{pmatrix}$는 각각 λ_1과 λ_2에 대응하는 고유벡터이다.

다음은 고윳값의 성질에 관한 정리이다.

정리 7.1.3 λ가 행렬 A의 고윳값이면 다음이 성립한다.
(1) λ^n은 행렬 A^n의 고윳값이다.
(2) 임의의 상수 c에 대하여 $c\lambda$는 cA의 고윳값이다.
(3) 임의의 상수 $a_n, \cdots, a_1, a_0$에 대하여

$$a_n\lambda^n + a_{n-1}\lambda^{n-1} + \cdots + a_1\lambda + a_0$$

은 행렬 $a_nA^n + a_{n-1}A^{n-1} + \cdots + a_1A + a_0I$의 고윳값이다.

증명 고윳값 λ에 대응하는 고유벡터를 X라 하자.
(1) $A^2X = A(AX) = A(\lambda X) = \lambda AX = \lambda\lambda X = \lambda^2 X$이므로 λ^2은 A^2의 고윳값이다. 같은 방법으로 λ^n은 A^n의 고윳값이다.
(2) 임의의 상수 c에 대하여 $(cA)X = c(AX) = c\lambda X$이므로 $c\lambda$는 cA의 고윳값이다.
(3) (1)과 (2)에 의하여 성립한다. ■

예 7.1.5 $A = \begin{pmatrix} 4 & 2 \\ 3 & -1 \end{pmatrix}$일 때 A의 고윳값을 구하면 $\lambda_1 = -2$과 $\lambda_2 = 5$이다. 따라서 A^2의 고윳값은 $\lambda_1^2 = 4$, $\lambda_2^2 = 25$이다. 한편 행렬 $2A^2 - A + I$의 고윳값은 다음과 같이 구한다. $f(x) = 2x^2 - x + 1$ 이라 하면

$$f(\lambda_1) = f(-2) = 2 \cdot (-2)^2 - 2 + 1 = 11,$$
$$f(\lambda_2) = f(5) = 2 \cdot 5^2 - 5 + 1 = 46$$

다음 몇 가지 고윳값에 대한 성질을 소개한다. 증명은 연습문제로 남긴다.

정리 7.1.4

(1) 행렬 A 의 고윳값이 λ이고 A의 역행렬 A^{-1}이 존재하면 A^{-1}의 고윳값은 $1/\lambda$이다.

(2) 행렬 A와 전치행렬 A^t의 고윳값은 같다.

(3) 행렬 A, B가 n차 정방행렬이면 AB와 BA의 고윳값은 같다.

정리 7.1.5

케일리–해밀턴의 정리

A를 n차 정방행렬이라 하고 그 특성다항식을

$$\det(A-I)=(-1)^n\lambda^n+a_{n-1}\lambda^{n-1}+\cdots+a_1\lambda+a_0$$

라 할 때 다음이 성립한다.

$$(-1)^nA^n+a_{n-1}A^{n-1}+\cdots+a_1A+a_0I=O.$$

예 7.1.6 행렬 $A=\begin{pmatrix}1&2\\-2&3\end{pmatrix}$에 대하여 케일리-해밀턴의 정리를 검증하여라.

풀이 A의 특성다항식은 $\det(A-\lambda I)=\lambda^2-4\lambda+7$이므로

$$\begin{aligned}A^2-4A+7I_2&=\begin{pmatrix}1&2\\-2&3\end{pmatrix}\begin{pmatrix}1&2\\-2&3\end{pmatrix}-4\begin{pmatrix}1&2\\-2&3\end{pmatrix}+7\begin{pmatrix}1&0\\0&1\end{pmatrix}\\&=\begin{pmatrix}-3&8\\-8&5\end{pmatrix}-\begin{pmatrix}4&8\\-8&12\end{pmatrix}+\begin{pmatrix}7&0\\0&7\end{pmatrix}\\&=\begin{pmatrix}-3&8\\-8&5\end{pmatrix}-\begin{pmatrix}4&8\\-8&12\end{pmatrix}+\begin{pmatrix}7&0\\0&7\end{pmatrix}\\&=\begin{pmatrix}-3-4+7&8-8+0\\-8+8+0&5-12+7\end{pmatrix}\\&=\begin{pmatrix}0&0\\0&0\end{pmatrix}\end{aligned}$$

7.1 연습문제

[1-7] 다음 행렬의 고윳값과 고유벡터를 구하여라.

01 $\begin{pmatrix} 3 & 0 \\ 8 & -1 \end{pmatrix}$

02 $\begin{pmatrix} -2 & -1 \\ 5 & 2 \end{pmatrix}$

03 $\begin{pmatrix} 1 & 3 \\ 2 & 1 \end{pmatrix}$

04 $\begin{pmatrix} -5 & 0 \\ 1 & 2 \end{pmatrix}$

05 $\begin{pmatrix} 3 & -2 & 0 \\ -2 & 3 & 0 \\ 0 & 0 & 5 \end{pmatrix}$

06 $\begin{pmatrix} 1 & -2 & 0 \\ 0 & 0 & 0 \\ -5 & 0 & 7 \end{pmatrix}$

07 $\begin{pmatrix} -4 & 1 & 0 & 1 \\ 0 & 1 & 0 & 0 \\ 0 & 0 & 2 & 0 \\ 1 & 0 & 0 & 3 \end{pmatrix}$

08 행렬 $A = \begin{pmatrix} 4 & 2 \\ 3 & -1 \end{pmatrix}$에 대하여 다음을 구하여라.

(1) A^{-1}의 고윳값과 고유벡터

(2) $f(A) = A^{-2} - 2A^{-1} + 3I$의 고윳값과 고유벡터

[9-10] 행렬 A의 고윳값과 고유벡터를 구하여라. 그리고 고유벡터를 열로 가지는 행렬을 P라 하고 대각성분이 고윳값이고 나머지 성분은 모두 0으로 이루어진 행렬을 D라 할 때 $P^{-1}AP = D$임을 보여라.

09 $\begin{pmatrix} 1 & 1 \\ 4 & -2 \end{pmatrix}$

10 $\begin{pmatrix} 2 & 1 & 0 \\ 3 & 2 & 0 \\ 0 & 0 & 4 \end{pmatrix}$

11 정리 7.1.4의 (1), (2)와 (3)을 각각 증명하여라.

7.2 이차형식과 에르미트 형식

이 절에서는 행렬 A의 성분을 복소수로 확장하여 내용을 전개한다.

정방행렬 A에 대하여 $A^t = A$를 만족하면 A를 **대칭행렬**, $A^t = -A$를 만족하면 **교대행렬**이라 한다. 임의의 정방행렬 A에 대하여 다음이 성립한다.

$$A = \frac{1}{2}(A + A^t) + \frac{1}{2}(A - A^t)$$

이때 $(A + A^t)$는 대칭행렬이고 $(A - A^t)$는 교대행렬이 된다.

행렬 A의 각 성분을 그 공액복소수로 바꾸어 얻은 행렬을 A의 공액행렬이라 하고 $\overline{A}$로 나타낸다. 즉 행렬 $A = (a_{ij})_{m \times n}$의 공액행렬은 다음과 같이 정의한다.

$$\overline{A} = (\overline{a_{ij}})_{m \times n}.$$

예 7.2.1 행렬 $A = \begin{pmatrix} 1 & 2+i \\ -3-i & -2i \end{pmatrix}$의 공액행렬은 $\overline{A} = \begin{pmatrix} 1 & 2-i \\ -3+i & 2i \end{pmatrix}$.

다음 공액행렬에 관한 성질은 공액복소수의 성질을 이용하여 쉽게 증명된다.

정리 7.2.1

(1) 임의의 행렬 A에 대하여 $\overline{(\overline{A})} = A$.

(2) 덧셈이 가능한 두 행렬 A와 B에 대하여

$$\overline{A + B} = \overline{A} + \overline{B}.$$

(3) 임의의 복소수 c와 임의의 행렬 A에 대하여 $\overline{cA} = \overline{c}\,\overline{A}$.

(4) 곱셈이 가능한 두 행렬 A와 B에 대하여 $\overline{AB} = \overline{A}\,\overline{B}$.

임의의 행렬 A에 대하여 $(\overline{A})^t = \overline{A^t}$를 A의 **공액전치행렬** 또는 **수반행렬**이라 하고 A^*로 나타낸다. 즉 $(a_{ij})^* = (\overline{a_{ji}})$.

공액행렬의 경우와 같이 다음 성질이 성립한다.

정리 7.2.2 (1) 임의의 행렬 A에 대하여 $(A^*)^* = A$.

(2) 덧셈이 가능한 두 행렬 A와 B에 대하여

$$(A+B)^* = A^* + B^*.$$

(3) 임의 복소수 c와 임의의 행렬 A에 대하여 $(cA)^* = \bar{c}\, A^*$.

(4) 곱셈이 가능한 두 행렬 A와 B에 대하여

$$(AB)^* = B^* A^*.$$

A가 복소수를 성분으로 갖는 정방행렬이면, $AA^* = A^*A$일 때 A를 **정규행렬**이라 하고 $A^* = A$일 때 행렬 A를 **에르미트 행렬**이라 한다. $A^* = -A$를 만족하면 A를 **반에르미트 행렬**이라 한다.

주1 (1) $A=(a_{ij})$가 에르미트 행렬이면 임의의 i, j에 대해 $a_{ij}=\overline{a_{ji}}$이다. 따라서 $i=j$일 때 $a_{ii}=\overline{a_{ii}}$이므로 에르미트 행렬의 대각성분은 모두 실수이다. 그러므로 모든 성분이 실수인 대칭행렬은 에르미트 행렬이다.

(2) $A=(a_{ij})$가 반에르미트 행렬이면 임의의 i, j에 대하여 $a_{ij}=-\overline{a_{ji}}$일 때이다. 따라서 $i=j$일 때 $a_{ii}=-\overline{a_{ii}}$이므로 반에르미트 행렬의 대각성분은 모두 0이거나 순허수이다.

(3) A의 성분이 모두 실수일 때 A가 에르미트 행렬일 필요충분조건은 A가 대칭행렬인 것이다.

예 7.2.2 $\begin{pmatrix} -1 & i & 1+i \\ -i & 2 & i \\ 1-i & -i & 3 \end{pmatrix}$은 에르미트 행렬이고 $\begin{pmatrix} 2i & 1+i \\ -1+i & 0 \end{pmatrix}$은 반에르미트 행렬이다.

n차 정방행렬 A에 대하여 $A^{-1} = A^t$이면 즉 $AA^t = A^tA = I$를 만족하면 A를 **직교행렬**이라 한다. 행렬 U에 대하여 $U^{-1} = U^*$이면 즉, $U^*U = I$를 만족하면 U를 **유니타리 행렬**이라 한다. 유니타리 행렬의 정의에 의하여 n차 정방행렬 $U=(u_{ij})$이 유니타리이면 다음을 만족한다.

$$\sum_{j=1}^{n} \overline{u}_{ji}\, u_{jk} = \begin{cases} 1, & i = k \\ 0, & i \neq k. \end{cases}$$

주2 (1) A가 에르미트 행렬이면 A는 정규행렬이다.

(2) A가 유니타리 행렬이면 A는 정규행렬이다.

(3) A의 성분이 모두 실수일 때 A가 유니타리 행렬일 필요충분조건은 A가 직교행렬인 것이다.

예 7.2.3 다음 두 행렬은 유니타리 행렬이다.

$$A = \begin{pmatrix} \frac{1}{\sqrt{2}} & \frac{i}{\sqrt{2}} \\ \frac{i}{\sqrt{2}} & \frac{1}{\sqrt{2}} \end{pmatrix}, \quad B = \begin{pmatrix} \frac{\sqrt{2}\,i}{2} & \frac{\sqrt{2}\,i}{2} & 0 \\ -\frac{\sqrt{6}\,i}{6} & \frac{\sqrt{6}\,i}{6} & \frac{\sqrt{6}\,i}{3} \\ \frac{\sqrt{3}\,i}{3} & -\frac{\sqrt{3}\,i}{3} & \frac{\sqrt{3}\,i}{3} \end{pmatrix}.$$

정리 7.2.3 (1) U가 유니타리 행렬이면 U^*도 유니타리 행렬이다.

(2) 같은 크기의 정방행렬 U_1과 U_2가 유니타리 행렬이면 U_1U_2는 유니타리 행렬이다.

(3) U가 유니타리 행렬일 필요충분조건은 U^{-1}이 유니타리 행렬인 것이다.

(4) U가 유니타리 행렬일 필요충분조건은 U^t이 유니타리 행렬인 것이다.

(5) 유니타리 행렬의 행렬식의 값은 1이다.

다음은 에르미트 행렬과 유니타리 행렬의 고윳값에 관한 성질이다.

정리 7.2.4 (1) 에르미트 행렬 A의 고윳값은 실수이다. 따라서 성분이 실수인 대칭행렬 A의 고윳값은 실수이다.

(2) 유니타리 행렬 A의 고윳값의 크기는 1이다. 따라서 성분이 실수인 직교행렬 A의 고윳값의 절댓값은 1이다.

증명 (1) A를 에르미트 행렬이라 하고 λ와 X를 각각 A의 고윳값, 고유벡터라 하자. $X^*AX = X^*(\lambda X) = \lambda X^*X$이고 A는 에르미트 행렬이므로

$$X^*AX = X^*A^*X = (AX)^*X = (\lambda X)^*X = \bar{\lambda}X^*X$$

이다. $X \neq O$이므로 $X^*X > 0$이 되어 $\bar{\lambda} = \lambda$, 즉 고윳값 λ는 실수이다.

(2) A를 유니타리 행렬이라 하고 λ와 X를 각각 A의 고윳값, 고유벡터라 하자.

$$\begin{aligned} X^*X &= X^*IX \\ &= X^*(A^*A)X \\ &= (X^*A^*)(AX) \\ &= (AX)^*(AX) \\ &= (\lambda X)^*\lambda X \\ &= \bar{\lambda}\lambda X^*X \\ &= |\lambda|^2 X^*X \end{aligned}$$

이다. $X \neq O$이므로 $X^*X > 0$이 되어 $|\lambda| = 1$이다. ■

정의 7.2.5 n^2개의 실수 a_{ij} $(i,\ j = 1, \cdots, n)$와 n개의 변수 $x_1, \cdots, x_n$에 관한 이차의 동차식

$$Q(x_1, \cdots, x_n) = \sum_{i=1}^{n} a_{ii}x_i^2 + 2\sum_{i<j}^{n} a_{ij}\,x_i\,x_j \tag{7.2.1}$$

을 $x_1, \cdots, x_n$의 **이차형식**이라 한다.

식 (7.2.1)에서 $a_{ij} = a_{ji}$라 하면 $Q(x_1, \cdots, x_n) = \sum_{i=1}^{n}\sum_{j=1}^{n} a_{ij}\,x_i\,x_j$이고 이를 행렬로 표현하면 다음과 같다.

$$Q(x_1, \cdots, x_n) = (x_1 \cdots x_n)\begin{pmatrix} a_{11} & \cdots & a_{1n} \\ \vdots & \vdots & \vdots \\ a_{n1} & \cdots & a_{nn} \end{pmatrix}\begin{pmatrix} x_1 \\ \vdots \\ x_n \end{pmatrix}.$$

이때 $A = (a_{ij})$는 대칭행렬이 되고 Q를 대칭행렬 A에 대응하는 이차형식이라 한다.

예 7.2.4 실수를 성분으로 하는 대칭행렬 $A_1 = \begin{pmatrix} 2 & 3 \\ 3 & 1 \end{pmatrix}$에 대응하는 이차형식 Q_1는 다음과 같다.

$$Q_1(x_1, x_2) = (x_1\ x_2)\begin{pmatrix} 2 & 3 \\ 3 & 1 \end{pmatrix}\begin{pmatrix} x_1 \\ x_2 \end{pmatrix} = 2x_1^2 + 6x_1x_2 + x_2^2.$$

대칭행렬 $A_2 = \begin{pmatrix} 2 & 3 & 1 \\ 3 & -9 & 4 \\ 1 & 4 & 7 \end{pmatrix}$에 대응하는 이차형식 Q_2는

$$Q_2(x_1, x_2, x_3) = (x_1\ x_2\ x_3)\begin{pmatrix} 2 & 3 & 1 \\ 3 & -9 & 4 \\ 1 & 4 & 7 \end{pmatrix}\begin{pmatrix} x_1 \\ x_2 \\ x_3 \end{pmatrix}.$$

정의 7.2.6 에르미트 행렬 $A = (a_{ij})$에 대하여

$$\sum_{i=1}^{n}\sum_{j=1}^{n}\overline{a_{ij}}\,\overline{x_i}\,x_j = (\overline{x_1}\ \cdots\ \overline{x_n})A\begin{pmatrix} x_1 \\ \vdots \\ x_n \end{pmatrix}$$

을 **에르미트 형식**이라 한다.

n개의 임의의 복소수 $x_1,\cdots,x_n$에 대하여 $X = \begin{pmatrix} x_1 \\ \vdots \\ x_n \end{pmatrix}$이라 하자.

$\overline{X}^t AX$의 전치행렬은 $X^t A^t \overline{X}$이므로 A가 에르미트 행렬일 때

$$(\overline{X}^t AX)^* = X^* A^* (\overline{X^t}\ )^* = \overline{X}^t AX.$$

따라서 $\overline{X}^t AX$는 1×1 에르미트 행렬이 되고 에르미트 행렬의 성질에 의하여 실수가 된다. 즉 임의의 복소변수 $x_1, \cdots, x_n$에 대하여 에르미트 형식은 실수이다.

예 7.2.5 $A = \begin{pmatrix} 1 & 1-i \\ 1+i & -1 \end{pmatrix}$는 에르미트 행렬이고 이 행렬로 정의되는 에르미트 형식은 다음과 같다.

$$(\overline{x_1}\ \overline{x_2})\begin{pmatrix} 1 & 1-i \\ 1+i & -1 \end{pmatrix}\begin{pmatrix} x_1 \\ x_2 \end{pmatrix} = \overline{x_1}x_1 + (1-i)\overline{x_1}x_2 + (1+i)\overline{x_2}x_1 - \overline{x_2}x_2$$

7.2 연습문제

[1-3] 다음 이차형식 Q의 행렬 표현을 구하여라.

01 $(x_1+2x_2)^2$

02 $x_1^2+2x_1x_2+x_2^2-x_2x_3+3x_3^2$

03 $(x_1-x_2+x_3-x_4)^2$

[4-9] 다음 질문에 답하여라.

$$A=\begin{pmatrix} 1 & 2+i & -3i \\ 2-i & 4 & 1+i \\ 3i & 1-i & 3 \end{pmatrix},\ B=\begin{pmatrix} \frac{i}{\sqrt{2}} & -\frac{i}{\sqrt{2}} \\ \frac{i}{\sqrt{2}} & \frac{i}{\sqrt{2}} \end{pmatrix},$$

$$C=\begin{pmatrix} 1 & i \\ 1 & 2+i \end{pmatrix},\ D=\begin{pmatrix} 1 & 3 \\ 3 & 1 \end{pmatrix}$$

04 에르미트 행렬을 찾아라.

05 유니타리 행렬을 찾아라.

06 정규행렬을 찾아라.

07 대칭행렬을 찾아라.

08 정규행렬이지만 에르미트 행렬이 아닌 것을 찾아라.

09 정규행렬이지만 유니타리 행렬이 아닌 것을 찾아라.

10 다음 각 행렬들의 공액전치행렬을 구하여라.

$$A=\begin{pmatrix} 2i & 3 \\ -2 & i \\ 0 & 1-2i \end{pmatrix},\ B=\begin{pmatrix} 2i & 2+3i & 1-i \\ -1 & \sqrt{3}+2i & -i \\ -i & 2 & \sqrt{3} \end{pmatrix}$$

11 다음 행렬이 에르미트 행렬이 되도록 a, b, c 의 값을 구하여라.

$$\begin{pmatrix} 1 & 3+2i & 7i \\ a & 2 & b \\ c & 5-\sqrt{3}\,i & -3 \end{pmatrix}.$$

7.3 행렬의 대각화

7.1절에서 임의의 자연수 $n \in \mathbb{N}$에 대하여 $n \times 1$행렬 $\begin{pmatrix} x_1 \\ \vdots \\ x_n \end{pmatrix}$을 $\mathbb{R}^n$공간의 n차원 벡터라 하였다. 구체적으로 이를 n차원 열벡터라 하고 $1 \times n$행렬 $(x_1 \ \cdots \ x_n)$을 n차원 행벡터라 하자. 같은 성분을 갖는 행벡터와 열벡터는 서로 전치행렬로 생각할 수 있다. 즉,

$$\begin{pmatrix} x_1 \\ \vdots \\ x_n \end{pmatrix}^t = (x_1 \ \cdots \ x_n), \ (x_1 \ \cdots \ x_n)^t = \begin{pmatrix} x_1 \\ \vdots \\ x_n \end{pmatrix}.$$

n차원 행벡터의 모임 $\mathbb{R}^n$공간을 n차원 유클리드 공간이라 한다. $1 \times n$ 벡터 $(x_1, \cdots, x_n)$을 $\mathbb{R}^n$의 원소로 생각할 때 $(x_1, \cdots, x_n)$으로 표시한다. 유클리드 공간 $\mathbb{R}^n$의 원소 $(0, \cdots, 0)$을 $\mathbf{0}$으로 표시한다.

이 절에서는 대각화의 개념을 설명하기 위하여 n차원 유클리드 공간에 대하여 간단히 소개한다. 이 절에서는 열벡터는 X로 행벡터는 $\mathbf{x}$로 표시한다.

7.3.1 n차원 유클리드 공간 $\mathbb{R}^n$의 성질

$\mathbb{R}^n$공간의 두 벡터 $\mathbf{x} = (x_1, \cdots, x_n)$과 $\mathbf{y} = (y_1, \cdots, y_n)$에 대하여 대응하는 성분이 같으면 즉, 임의의 $i = 1, \cdots, n$에 대하여 $x_i = y_i$이면 두 벡터는 같다고 한다. 두 벡터의 합과 상수배를 다음과 같이 정의한다. 임의의 벡터 $\mathbf{x}, \mathbf{y} \in \mathbb{R}^n$과 임의의 실수 $k \in \mathbb{R}$에 대하여

$$\mathbf{x} + \mathbf{y} = (x_1 + y_1, \ \cdots, \ x_n + y_n)$$
$$k\mathbf{x} = (kx_1, \cdots, kx_n)$$

임의의 벡터 $\mathbf{x} = (x_1, \cdots, x_n)$에 대하여 $-\mathbf{x} = (-x_1, \cdots, -x_n)$을 정의하고 두 벡터 $\mathbf{x} = (x_1, \cdots, x_n)$과 $\mathbf{y} = (y_1, \cdots, y_n)$에 대하여 두 벡터의 차는

$$\begin{aligned} \mathrm{x}-\mathrm{y} &= \mathrm{x}+(-\mathrm{y}) \\ &= (x_1, \cdots, x_n)+(-y_1, \cdots, -y_n) \\ &= (x_1-y_1, \cdots, x_n-y_n) \end{aligned}$$

과 같이 정의한다.

위와 같이 $\mathbb{R}^n$상에 덧셈과 상수배를 정의할 때 다음이 성립한다. n차원공간 $\mathbb{R}^n$의 임의의 원소 $\mathrm{x}=(x_1,\cdots,x_n)$, $\mathrm{y}=(y_1,\cdots,y_n)$, $\mathrm{z}=(z_1,\cdots,z_n)$와 임의의 실수 k, l에 대하여 다음이 성립한다.

(1) $\mathrm{x}+\mathrm{y}=\mathrm{y}+\mathrm{x}$

(2) $\mathrm{x}+(\mathrm{y}+\mathrm{z})=(\mathrm{x}+\mathrm{y})+\mathrm{z}$

(3) $\mathrm{x}+0=\mathrm{x}=0+\mathrm{x}$

(4) $\mathrm{x}+(-\mathrm{x})=0$ 즉, $\mathrm{x}-\mathrm{x}=0$

(5) $k(l\mathrm{x})=(kl)\mathrm{x}$ (6) $k(\mathrm{x}+\mathrm{y})=k\mathrm{x}+l\mathrm{y}$

(7) $(k+l)\mathrm{x}=k\mathrm{x}+l\mathrm{x}$ (8) $1\mathrm{x}=\mathrm{x}$

$\mathbb{R}^n$의 임의의 두 벡터 $\mathrm{x}=(x_1, \cdots, x_n)$, $\mathrm{y}=(y_1, \cdots, y_n)$에 대하여 두 벡터의 유클리드 내적을 다음과 같이 정의한다.

$$\mathrm{x}\cdot\mathrm{y}=x_1y_1+x_2y_2+\cdots+x_ny_n.$$

유클리드 내적을 간단히 **내적**이라 한다. 예를 들면 $\mathbb{R}^3$의 두 벡터 $\mathrm{x}=(0, 1, 2)$와 $\mathrm{y}=(-1,-1,-2)$의 내적은

$$\mathrm{x}\cdot\mathrm{y}=0\cdot(-1)+1\cdot(-1)+2\cdot(-2)=-5.$$

$\mathbb{R}^4$공간의 두 벡터 $\mathrm{x}=(-1, 3, 4, 7)$와 $\mathrm{y}=(2, -1, 3, 0)$의 내적은

$$\mathrm{x}\cdot\mathrm{y}=(-1)\cdot 2+3\cdot(-1)+4\cdot 3+7\cdot 0=7.$$

$\mathbb{R}^n$의 임의의 원소 $\mathrm{x}=(x_1, \cdots, x_n)$, $\mathrm{y}=(y_1, \cdots, y_n)$, $\mathrm{z}=(z_1, \cdots, z_n)$와 임의의 실수 k, l에 대하여 다음이 성립한다.

(1) $\mathrm{x}\cdot\mathrm{y}=\mathrm{y}\cdot\mathrm{x}$

(2) $(\mathrm{x}+\mathrm{y})\cdot\mathrm{z}=\mathrm{x}\cdot\mathrm{z}+\mathrm{y}\cdot\mathrm{z}$

(3) $(k\mathrm{x})\cdot\mathrm{y}=k(\mathrm{x}\cdot\mathrm{y})$

(4) $\mathrm{x}\cdot\mathrm{x}\geq 0$ 특히, $\mathrm{x}\cdot\mathrm{x}=0 \iff \mathrm{x}=0$.

$\mathbb{R}^n$의 임의의 벡터 $\mathrm{x}=(x_1, \cdots, x_n)$에 대하여 x의 **노름**을 다음과 같이 정의한다.

$$\|\mathbf{x}\| = (\mathbf{x}\cdot\mathbf{x})^{1/2} = \sqrt{x_1^2 + x_2^2 + \cdots + x_n^2}\,.$$

$\mathbb{R}^2$공간이나 $\mathbb{R}^3$공간에서는 벡터 $\mathbf{x}$의 노름은 원점 $\mathbf{0}$으로부터의 거리가 된다. 따라서 $\mathbb{R}^n$차원의 두 벡터 $\mathbf{x} = (x_1, \cdots, x_n)$와 $\mathbf{y} = (y_1, \cdots, y_n)$의 거리는 다음과 같이 정의된다.

$$\|\mathbf{x} - \mathbf{y}\| = \sqrt{(x_1 - y_1)^2 + (x_2 - y_2)^2 + \cdots + (x_n - y_n)^2}\,.$$

예를 들면 $\mathbf{x} = (1, -1, 2)$, $\mathbf{y} = (-1, 3, -1) \in R^3$에 대하여

$$\|\mathbf{x}\| = \sqrt{1^2 + (-1)^2 + 2^2} = \sqrt{6}$$

이고

$$\|\mathbf{x} - \mathbf{y}\| = \sqrt{(1 - (-1))^2 + (-1 - 3)^2 + (2 - (-1))^2} = \sqrt{29}\,.$$

만일 두 벡터 $\mathbf{x} = (x_1, \cdots, x_n)$와 $\mathbf{y} = (y_1, \cdots, y_n)$에 대하여

$$\mathbf{x}\cdot\mathbf{y} = 0$$

이면 두 벡터는 서로 **수직** 또는 **직교**한다고 한다.

$\mathbb{R}^n$의 임의의 유한개의 벡터 $\mathbf{x}_1, \cdots, \mathbf{x}_k$에 대해 $c_1\mathbf{x}_1 + \cdots + c_k\mathbf{x}_k = 0$일 때, 적어도 0이 아닌 상수가 하나 이상 존재하면 $\mathbf{x}_1, \cdots, \mathbf{x}_k$를 **일차종속**이라 한다. 만일 일차종속이 아니면, 즉 다음 조건이 성립하면 일차독립이라 한다.

$$c_1\mathbf{x}_1 + \cdots + \mathbf{x}_k = 0 \quad \Leftrightarrow \quad c_1 = \cdots = c_n = 0.$$

예를 들면 $\mathbb{R}^3$공간의 세 벡터 $(1,2,3)$, $(1,-1,3)$, $(1,0,3)$에 대하여

$$\begin{aligned} 1(1, 2, 3) + 2(1, -1, 3) - 3(1, 0, 3) &= (1 + 2 - 3,\ 2 - 2 + 0,\ 3 + 6 - 9) \\ &= (0, 0, 0) \end{aligned}$$

이므로 $(1, 2, 3)$, $(1, -1, 3)$, $(1, 0, 3)$은 **일차종속**이다. $\mathbb{R}^3$의 두 벡터 $(-1, 0, 2)$와 $(-1, 2, -2)$에 대하여

$$c_1(-1, 0, 2) + c_2(-1, 2, -2) = (0, 0, 0)$$

이 성립하려면 $c_1 = c_2 = 0$이므로 두 벡터 $(-1, 0, 2)$, $(-1, 2, -2)$는 일차독립이다.

내적과 독립성에 대하여는 다음 성질이 성립한다. $\mathbf{0}$이 아닌 두 벡터 $\mathbf{x}$와

y에 대하여 x · y= 0이면 x와 y는 일차독립이다. 즉, 수직인 두 벡터는 일차독립이다.

$\mathbb{R}^n$의 유한개의 벡터 $\mathrm{x}_1, \cdots, \mathrm{x}_k$이 일차독립이고 임의의 x_i와 x_j가 서로 직교하면 $\{\mathrm{x}_1, \cdots, \mathrm{x}_k\}$을 직교집합이라 한다. 특히 임의의 x_i에 대하여 $\|\mathrm{x}_i\| = 1$이면 $\{\mathrm{x}_1, \cdots, \mathrm{x}_k\}$을 정규직교집합이라 한다. 예를 들면 $\mathbb{R}^3$에서

$$S_1 = \{(1, 0, 0),\ (0, 1, 0),\ (0, 0, 1)\},$$
$$S_2 = \{(1/\sqrt{2}, 0, 1/\sqrt{2}),\ (1/\sqrt{2}, 0, -1/\sqrt{2}),\ (0, 1, 0)\}$$

는 정규직교집합이다.

복소수집합 $\mathbb{C}$에 대하여 $\mathbb{C}^n = \{(z_1, \cdots, z_n) \mid z_i \in \mathbb{C},\ i = 1, \cdots, n\}$을 성분이 복소수인 $1 \times n$행렬들의 집합이라 생각할 수 있다. 임의의 두 벡터 $\mathrm{x}, \mathrm{y} \in \mathbb{C}^n$과 임의의 복소상수 $k \in \mathbb{C}$에 대하여 유클리드 공간 $\mathbb{R}^n$과 같이 두 벡터의 합과 상수배를 정의한다. 이러한 공간 $\mathbb{C}^n$을 유니타리 공간이라 한다. 유니타리 공간 $\mathbb{C}^n$에서는 내적과 노름을 다음과 같이 정의한다.

임의의 $\mathrm{x} = (x_1, \cdots, x_n)$, $\mathrm{y} = (y_1, \cdots, y_n) \in \mathbb{C}^n$에 대하여

$$\mathrm{x} \cdot \mathrm{y} = x_1 \overline{y_1} + \cdots + x_n \overline{y_n}$$
$$\|\mathrm{x}\| = (\mathrm{x} \cdot \mathrm{x})^{1/2} = \sqrt{x_1 \overline{x_1} + \cdots + x_n \overline{x_n}} = \sqrt{|x_1|^2 + \cdots + |x_n|^2}$$

7.3.2 행렬의 대각화

일반적으로 n차 정방행렬 A의 고유벡터들이 $\mathbb{R}^n$에서 서로 독립이 되지는 않는다. 이 절에서는 $\mathbb{R}^n$에서 일차독립인 고유벡터를 갖는 행렬에 관한 문제를 다룬다. 이러한 개념은 행렬에 관한 여러 성질을 연구하는 데 유용하게 쓰인다.

정의 7.3.1 정방행렬에서 주대각선 성분이 아닌 성분이 모두 0일 때 그 행렬을 대각행렬이라 한다.

다음은 대각행렬의 간단한 예이다.

$$\begin{pmatrix}1&0\\0&1\end{pmatrix},\ \begin{pmatrix}2&0\\0&-1\end{pmatrix},\quad \begin{pmatrix}0&0&0\\0&0&0\\0&0&2\end{pmatrix},\ \begin{pmatrix}1&0&0\\0&2&0\\0&0&3\end{pmatrix}$$

다음 정리는 행렬의 곱의 정의와 행렬식의 정의 그리고 고윳값의 정의에 의하여 간단히 증명된다.

정리 7.3.2

(1) 두 개의 n차 정방행렬 A와 B가 대각행렬이면 AB와 BA는 대각행렬이다.

(2) 대각행렬 $A=(a_{ij})$의 행렬식은 $\det A = a_{11}\,a_{22}\ \cdots\ a_{nn}$이다.

(3) 대각행렬 A가 정칙일 필요충분조건은 각 주대각선 성분이 모두 0이 아니다.

(4) 대각행렬 A의 고윳값은 A의 주대각선 성분이다.

(5) 정칙인 대각행렬 $A=(a_{ij})$의 역행렬 $A^{-1}=(b_{ij})$은 대각행렬이고 각 $i=1,\ \cdots,\ n$에 대하여 $b_{ii}=1/a_{ii}$이다.

정의 7.3.3

정방행렬 A에 대하여 $P^{-1}AP$가 대각행렬이 되는 정칙행렬 P가 존재하면 P는 A를 대각화한다고 하고 A는 대각화 가능하다고 한다.

예 7.3.1

행렬 $A=\begin{pmatrix}3&-2&0\\-2&3&0\\0&0&5\end{pmatrix}$과 정칙행렬 $P=\begin{pmatrix}-1&0&1\\1&0&1\\0&1&0\end{pmatrix}$에 대하여

$$P^{-1}AP=\begin{pmatrix}-1/2&1/2&0\\0&0&1\\1/2&1/2&0\end{pmatrix}\begin{pmatrix}3&-2&0\\-2&3&0\\0&0&5\end{pmatrix}\begin{pmatrix}-1&0&1\\1&0&1\\0&1&0\end{pmatrix}=\begin{pmatrix}5&0&0\\0&5&0\\0&0&1\end{pmatrix}$$

이므로 A는 대각화 가능한 행렬이다.

예제 7.3.1에서 대각행렬 $B=\begin{pmatrix}5&0&0\\0&5&0\\0&0&1\end{pmatrix}$의 주대각성분 5와 1은 실제로 행렬 A의 고윳값이다. 또한 행렬 B의 고윳값은 정리 7.3.2의 (4)에 의하여 B의 대각성분인 5와 1이다. 일반적으로 다음 정리가 성립한다.

정리 7.3.4 n차 정방행렬 A와 정칙행렬 P에 대하여 $B=P^{-1}AP$이면 행렬 A와 행렬 B의 고윳값은 같다.

증명 λ가 A의 고윳값이고 X가 λ에 대응하는 고유벡터라 하자. $Y=P^{-1}X$라 하면

$$\begin{aligned} BY &= (P^{-1}AP)Y = P^{-1}A(PP^{-1})X = P^{-1}AX \\ &= P^{-1}\lambda X = \lambda P^{-1}X = \lambda Y \end{aligned}$$

따라서 $P^{-1}X$는 $B=P^{-1}AP$의 고유벡터이고 λ는 E의 고윳값이다. ■

정리 7.3.5 n차 정방행렬 A가 고윳값 $\lambda_1, \cdots, \lambda_n$을 갖는다고 하고 각 고윳값에 대응하는 고유벡터가 $\mathbb{R}^n$에서 일차독립이라 하자. 그러면 다음을 만족하는 정칙행렬 P가 존재한다.

$$P^{-1}AP = \begin{pmatrix} \lambda_1 & 0 & \cdots & 0 \\ 0 & \lambda_2 & \cdots & 0 \\ & & \cdots & \\ 0 & 0 & \cdots & \lambda_n \end{pmatrix}$$

즉 행렬 A는 대각화 가능한 행렬이다.

위 정리에서 A의 일차독립인 고유벡터를 $X_1, \cdots, X_n$라 하면 X_i의 각 성분을 i번째 열로 배열하여 얻어지는 행렬이 P가 된다.

예 7.3.2 예제 7.1.2에서 행렬 $A=\begin{pmatrix} 1 & 2 \\ 2 & 1 \end{pmatrix}$의 고윳값은 $\lambda_1=3$ 또는 $\lambda_2=-1$이고 대응하는 고유벡터는 각각 $X_1=\begin{pmatrix} 1 \\ 1 \end{pmatrix}$와 $X_2=\begin{pmatrix} 1 \\ -1 \end{pmatrix}$이다. 이것을 행벡터로 바꾸어 표현하면 $\mathrm{x}_1=(1,1)$과 $\mathrm{x}_2=(1,-1)$이고 $\mathrm{x}_1 \cdot \mathrm{x}_2 = 1 \cdot 1 + 1 \cdot (-1) = 0$이다. 즉 내적의 값이 0이므로 x_1과 x_2는 서로 수직이고 일차독립이다. 즉 X_1과 X_2는 일차독립이다.

$P=\begin{pmatrix} 1 & 1 \\ 1 & -1 \end{pmatrix}$이라 하면 $P^{-1}=\begin{pmatrix} 1/2 & 1/2 \\ 1/2 & -1/2 \end{pmatrix}$이고

$$P^{-1}AP = \begin{pmatrix} 1/2 & 1/2 \\ 1/2 & -1/2 \end{pmatrix}\begin{pmatrix} 1 & 2 \\ 2 & 1 \end{pmatrix}\begin{pmatrix} 1 & 1 \\ 1 & -1 \end{pmatrix} = \begin{pmatrix} 3 & 0 \\ 0 & -1 \end{pmatrix}$$

이므로 위 정리가 성립함을 알 수 있다.

예 7.3.1의 행렬 $A=\begin{pmatrix} 3 & -2 & 0 \\ -2 & 3 & 0 \\ 0 & 0 & 5 \end{pmatrix}$에서도 A의 고윳값은 특성방정식의 이중근 $\lambda_1=5$와 $\lambda_2=1$이다. λ_1에 대응하는 고유벡터를 구하면 일차독립인 벡터 $X_1=\begin{pmatrix} -1 \\ 1 \\ 0 \end{pmatrix}$과 $X_2=\begin{pmatrix} 0 \\ 0 \\ 1 \end{pmatrix}$이고 λ_2에 대응하는 고유벡터는 $X_3=\begin{pmatrix} 1 \\ 1 \\ 0 \end{pmatrix}$이다. 세 개의 고유벡터 X_1, X_2, X_3도 일차독립이다. 이 경우에도 예제 7.3.1에서 알 수 있듯이 행렬 A는 세 고유벡터 X_1, X_2, X_3를 행으로 배열한 행렬 P에 의하여 대각화됨을 알 수 있다.

정리 7.3.6 n차 정방행렬 A의 모든 성분이 실수이면 A의 서로 다른 고윳값에 대응하는 고유벡터는 서로 직교한다.

서로 직교하는 벡터는 일차독립이다. 일반적으로 임의의 n차 정방행렬 A가 서로 다른 n개의 고윳값을 가지면 대응하는 n개의 고유벡터는 일차독립이고 A는 대각화 가능하다. 주의할 점은 예제 7.3.2에서 알 수 있듯이 n차 정방행렬의 고윳값의 개수가 $n-1$개 이하이더라도(특성방정식의 근의 중복도 개념을 생각하지 않은 경우) 일차독립인 n개의 고유벡터를 찾을 수 있는 행렬들이 있다. 다시 말하면 n개의 일차독립인 고유벡터를 갖는 n차 정방행렬은 대각화 할 수 있다.

예 7.3.3 행렬 $A=\begin{pmatrix} -1 & -4 \\ 3 & -2 \end{pmatrix}$의 고윳값은 $\lambda_1=(-3+\sqrt{47}i)/2$와 $\lambda_2=(-3-\sqrt{47}i)/2$이고 대응하는 고유벡터는

$$X_1=\begin{pmatrix} 8 \\ 1-\sqrt{47}i \end{pmatrix},\ X_2=\begin{pmatrix} 8 \\ 1+\sqrt{47}i \end{pmatrix}.$$

두 고윳값이 서로 다르므로 X_1과 X_2는 일차독립이다. 행렬

$$P=\begin{pmatrix} 8 & 8 \\ 1-\sqrt{47}i & 1+\sqrt{47}i \end{pmatrix}$$

는 A를 대각화하고 대각화 된 대각행렬은

$$D=\begin{pmatrix} \dfrac{-3+\sqrt{47}\,i}{2} & 0 \\ 0 & \dfrac{-3-\sqrt{47}\,i}{2} \end{pmatrix}.$$

행렬 A의 고유벡터들이 일차독립이면 $P^{-1}AP$를 직접 계산하지 않고 고윳값들을 계산하여 대각행렬을 구할 수 있다.

두 n차 대각행렬의 곱은 대각행렬이다. 즉

$$\begin{pmatrix} \alpha_1 \cdots & 0 \\ \vdots & \\ 0 & \cdots \alpha_n \end{pmatrix}\begin{pmatrix} \beta_1 \cdots & 0 \\ \vdots & \\ 0 & \cdots \beta_n \end{pmatrix}=\begin{pmatrix} \alpha_1\beta_1 \cdots & 0 \\ \vdots & \\ 0 & \cdots \alpha_n\beta_n \end{pmatrix}$$

A가 대각화 가능한 행렬이고 $P^{-1}AP=D$가 대각행렬이면 $(P^{-1}AP)^m = D^m$이고 $P^{-1}P=I$이므로 좌변을 정리하면

$$P^{-1}A^mP=D^m \tag{7.3.1}$$

따라서 A^m도 대각화 가능한 행렬이고 $A^m=PD^mP^{-1}$이다.

예 7.3.4 행렬 $A=\begin{pmatrix}1 & 2\\ 2 & 1\end{pmatrix}$의 고윳값은 $\lambda_1=3$과 $\lambda_2=-1$이고 대응하는 고유벡터는 $X_1=\begin{pmatrix}1\\1\end{pmatrix}$와 $X_2=\begin{pmatrix}1\\-1\end{pmatrix}$이다. $P=\begin{pmatrix}1 & 1\\ 1 & -1\end{pmatrix}$이라 하면 $P^{-1}=\begin{pmatrix}1/2 & 1/2\\ 1/2 & -1/2\end{pmatrix}$이고

$$P^{-1}AP=\begin{pmatrix}1/2 & 1/2\\ 1/2 & -1/2\end{pmatrix}\begin{pmatrix}1 & 2\\ 2 & 1\end{pmatrix}\begin{pmatrix}1 & 1\\ 1 & -1\end{pmatrix}=\begin{pmatrix}3 & 0\\ 0 & -1\end{pmatrix}$$

그러므로

$$\begin{aligned} A^m &= \begin{pmatrix}1 & 1\\ 1 & -1\end{pmatrix}\begin{pmatrix}3 & 0\\ 0 & -1\end{pmatrix}^m\begin{pmatrix}1/2 & 1/2\\ 1/2 & -1/2\end{pmatrix} \\ &= \begin{pmatrix}1 & 1\\ 1 & -1\end{pmatrix}\begin{pmatrix}3^m & 0\\ 0 & (-1)^m\end{pmatrix}\begin{pmatrix}1/2 & 1/2\\ 1/2 & -1/2\end{pmatrix} \\ &= \frac{1}{2}\begin{pmatrix}3^m+(-1)^m & 3^m+(-1)^{m+1}\\ 3^m+(-1)^{m+1} & 3^m+(-1)^{m+2}\end{pmatrix} \end{aligned}$$

성분이 실수인 n차 정방행렬 A가 직교행렬일 필요충분조건은 A의 행으로 구성된 벡터들과 열로 구성된 벡터들이 모두 $\mathbb{R}^n$에서 정규직교집합이어야 한다.

$$\begin{pmatrix} \frac{\sqrt{2}}{2} & \frac{\sqrt{2}}{2} \\ -\frac{\sqrt{2}}{2} & \frac{\sqrt{2}}{2} \end{pmatrix}$$

은 직교행렬이고 행벡터 $\mathrm{x}_1 = (\sqrt{2}/2,\ \sqrt{2}/2)$, $\mathrm{x}_2 = (-\sqrt{2}/2, \sqrt{2}/2)$는 $\mathbb{R}^n$에서 정규직교집합을 이룬다. 다음 행렬들도 위 성질이 성립한다.

$$\begin{pmatrix} \frac{\sqrt{2}}{2} & \frac{\sqrt{2}}{2} \\ \frac{\sqrt{2}}{2} & -\frac{\sqrt{2}}{2} \end{pmatrix}, \quad \begin{pmatrix} \frac{\sqrt{3}}{2} & \frac{1}{2} \\ -\frac{1}{2} & \frac{\sqrt{3}}{2} \end{pmatrix}$$

정리 7.3.7 n차 정방행렬 A가 모든 성분이 실수인 대칭행렬이면 A를 대각화하는 직교행렬이 존재한다.

다음의 예제 7.3.5에서는 A를 대각화하여 직교행렬을 구하고 있다.

예 7.3.5 행렬 $A = \begin{pmatrix} 1 & 0 & \sqrt{2} \\ 0 & 2 & 0 \\ \sqrt{2} & 0 & 0 \end{pmatrix}$은 성분이 실수인 대칭행렬이고 고윳값은 $\lambda_1 = -1$과 $\lambda_2 = 2$(특성방정식의 중근)이다. $\lambda_1 = -1$에 대응하는 고유벡터 $X_1 = \begin{pmatrix} 1 \\ 0 \\ -\sqrt{2} \end{pmatrix}$을 얻을 수 있다. $\lambda_2 = 2$에 대응하는 일반적인 형태의 고유벡터는 $X = \begin{pmatrix} \sqrt{2}\,s \\ t \\ s \end{pmatrix}$($s, t$는 임의의 실수)이고 일차독립인 두 고유벡터 $X_2 = \begin{pmatrix} 0 \\ 1 \\ 0 \end{pmatrix}$과 $X_3 = \begin{pmatrix} \sqrt{2} \\ 0 \\ 1 \end{pmatrix}$을 얻는다. 이들 세 열벡터에 대응하는 행벡터 $\mathrm{x}_1 = (1, 0, -\sqrt{2})$, $\mathrm{x}_2 = (0, 1, 0)$, $\mathrm{x}_3 = (\sqrt{2}, 0, 1)$은 $\mathbb{R}^3$에서 직교집합이고 일차독립이다. 그러므로 행렬 $\begin{pmatrix} 1 & 0 & \sqrt{2} \\ 0 & 1 & 0 \\ -\sqrt{2} & 0 & 1 \end{pmatrix}$은 A를 대각화하지만 직교행렬은 아니다.

$\mathrm{x}_1, \mathrm{x}_2, \mathrm{x}_3$은 직교집합이지만 정규직교집합은 아니다. 그러나 다음 과정을 통하여 정규직교집합으로 바꿀 수 있다.

$$\mathbf{y}_1 = \frac{1}{\|\mathbf{x}_1\|}\mathbf{x}_1 = \frac{1}{\sqrt{3}}(1,\ 0,\ -\sqrt{2}) = \left(\frac{1}{\sqrt{3}},\ 0,\ -\frac{\sqrt{2}}{\sqrt{3}}\right)$$
$$\mathbf{y}_2 = \frac{1}{\|\mathbf{x}_2\|}\mathbf{x}_2 = (0,\ 1,\ 0),$$
$$\mathbf{y}_3 = \frac{1}{\|\mathbf{x}_3\|}\mathbf{x}_3 = \frac{1}{\sqrt{3}}(\sqrt{2},\ 0,\ 1) = \left(\frac{\sqrt{2}}{\sqrt{3}},\ 0,\ \frac{1}{\sqrt{3}}\right)$$

$\mathbf{y}_1,\ \mathbf{y}_2,\ \mathbf{y}_3$은 $\mathbb{R}^3$에서 정규직교집합이고 대응하는 열벡터는

$$Y_1 = \begin{pmatrix} 1/\sqrt{3} \\ 0 \\ -\sqrt{2}/\sqrt{3} \end{pmatrix},\quad Y_2 = \begin{pmatrix} 0 \\ 1 \\ 0 \end{pmatrix},\quad Y_3 = \begin{pmatrix} \sqrt{2}/\sqrt{3} \\ 0 \\ 1/\sqrt{3} \end{pmatrix}$$
이 되고

$$Q = \begin{pmatrix} 1/\sqrt{3} & 0 & \sqrt{2}/\sqrt{3} \\ 0 & 1 & 0 \\ -\sqrt{2}/\sqrt{3} & 0 & 1/\sqrt{3} \end{pmatrix}$$

는 직교행렬이고 A를 대각화한다. $Y_1,\ Y_2,\ Y_3$는 각각 $X_1, X_2,\ X_3$의 상수배이므로 행렬 A의 고유벡터이다.

직교행렬을 사용하는 큰 장점은 역행렬이 전치행렬과 같다는 것이다. 위와 같이 행렬 A를 대각화하는 직교행렬 Q가 존재하면 A는 직교대각화 가능하다고 한다.

A를 대각화 하는 유니타리 행렬 U가 존재하면 A는 유니타리 대각화 가능하다고 하고 U는 A를 유니타리 대각화한다고 한다. 또한 A가 유니타리 대각화 가능한 필요충분조건은 A가 에르미트 행렬인 것이다.

정리 7.3.8 복소수 성분을 가지는 n차 정방행렬 A에 대하여 다음은 서로 동치이다.
(1) A는 유니타리 행렬이다.
(2) A의 임의의 두 행벡터는 유니타리 공간 $\mathbb{C}^n$에서 정규직교한다.
(3) A의 임의의 두 열벡터는 유니타리 공간 $\mathbb{C}^n$에서 정규직교한다.

예 7.3.6 행렬

$$A = \begin{pmatrix} \frac{i}{\sqrt{2}} & \frac{i}{\sqrt{2}} \\ \frac{i}{\sqrt{2}} & -\frac{i}{\sqrt{2}} \end{pmatrix}$$

는 유니타리 행렬이다. 2차원 유니타리 공간 $\mathbb{C}^2$의 원소

$$\mathbf{x}=\left(\frac{i}{\sqrt{2}},\ \frac{i}{\sqrt{2}}\right),\ \mathbf{y}=\left(\frac{i}{\sqrt{2}},\ -\frac{i}{\sqrt{2}}\right)$$

에 대하여

$$\mathbf{x}\cdot\mathbf{y}=\frac{i}{\sqrt{2}}\overline{\frac{i}{\sqrt{2}}}+\frac{i}{\sqrt{2}}\overline{\left(-\frac{i}{\sqrt{2}}\right)}=\frac{1}{2}-\frac{1}{2}=0,$$

$$\|\mathbf{x}\|^2=\frac{i}{\sqrt{2}}\frac{\overline{i}}{\sqrt{2}}+\frac{i}{\sqrt{2}}\frac{\overline{i}}{\sqrt{2}}=\frac{1}{2}+\frac{1}{2}=1,$$

$$\|\mathbf{y}\|^2=\frac{i}{\sqrt{2}}\frac{\overline{i}}{\sqrt{2}}+\left(-\frac{i}{\sqrt{2}}\right)\left(-\frac{\overline{i}}{\sqrt{2}}\right)=\frac{1}{2}+\frac{1}{2}=1$$

이므로 x, y는 $\mathbb{C}^2$에서 정규직교집합이다. 그러므로 A는 유니타리 행렬이다. 유니타리 행렬의 정의를 사용하여 $A^*A=AA^*=I$임을 알 수 있다.

예 7.3.7 행렬 $A=\begin{pmatrix}2 & 1-i\\ 1+i & 1\end{pmatrix}$는 에르미트 행렬이다. 행렬 A의 고윳값은 $\lambda_1=0$과 $\lambda_2=3$이고 대응하는 고유벡터는 $X_1=\begin{pmatrix}1-i\\ -2\end{pmatrix}$과 $X_2=\begin{pmatrix}1-i\\ 1\end{pmatrix}$이다. 유니타리 공간 $\mathbb{C}^2$에서 두 행벡터 $\mathbf{x}_1=(1-i,\ -2)$와 $\mathbf{x}_2=(1-i,\ 1)$에 대하여

$$\mathbf{x}_1\cdot\mathbf{x}_2=(1-i)\overline{(1-i)}+(-2)\overline{1}=(1-i)(1+i)-2=0$$

이므로 $\mathbf{x}_1$, $\mathbf{x}_2$는 직교집합이다.

$$\begin{aligned}\|\mathbf{x}_1\|&=\sqrt{(1-i)\overline{(1-i)}+(-2)\overline{(-2)}}\\&=\sqrt{(1-i)(1+i)+(-2)^2}=\sqrt{6},\\ \|\mathbf{x}_2\|&=\sqrt{(1-i)\overline{(1-i)}+1\cdot\overline{1}}=\sqrt{(1-i)(1+i)+1}=\sqrt{3}\end{aligned}$$

이고, 이때 $\mathbf{y}_1=\frac{\mathbf{x}_1}{\|\mathbf{x}_1\|}=\left(\frac{1-i}{\sqrt{6}},\ \frac{-2}{\sqrt{6}}\right)$와 $\mathbf{y}_2=\frac{\mathbf{x}_2}{\|\mathbf{x}_2\|}=\left(\frac{1-i}{\sqrt{3}},\ \frac{1}{\sqrt{3}}\right)$는 $\mathbb{C}^2$에서 정규직교집합이 된다. 그러므로 $Y_1=\begin{pmatrix}\frac{1-i}{\sqrt{6}}\\ \frac{-2}{\sqrt{6}}\end{pmatrix}$과 $Y_2=\begin{pmatrix}\frac{1-i}{\sqrt{3}}\\ \frac{1}{\sqrt{3}}\end{pmatrix}$는 A의 고유벡터가 되고 행렬 $U=\begin{pmatrix}\frac{1-i}{\sqrt{6}} & \frac{1-i}{\sqrt{3}}\\ \frac{-2}{\sqrt{6}} & \frac{1}{\sqrt{3}}\end{pmatrix}$는 유니타리 행렬이고 A를 유니타리 대각화한다.

7.3 연습문제

01 $\mathbb{R}^2$공간에서 다음 두 벡터의 노름과 내적 그리고 두 벡터의 거리를 구하여라.

$$\mathrm{x}_1 = (1, 1),\ \mathrm{x}_2 = (1, -1).$$

02 $\mathbb{R}^4$공간에서 다음 두 벡터의 노름과 내적 그리고 두 벡터의 거리를 구하여라.

$$\mathrm{x}_1 = (1, 2, \sqrt{3}, -2),\ \mathrm{x}_2 = (0, 1, -1, 2).$$

03 $\mathbb{C}^3$공간에서 다음 두 벡터의 노름과 내적 그리고 두 벡터의 거리를 구하여라.

$$\mathrm{x}_1 = (1+i, \sqrt{3}-i, -2),\ \mathrm{x}_2 = (0, \sqrt{2}\, i, i).$$

[4-9] 다음 각 행렬이 대각화 가능하면 대각화시키는 행렬을 구하여라.

04 $\begin{pmatrix} 0 & -1 \\ 4 & 3 \end{pmatrix}$

05 $\begin{pmatrix} 1 & 0 \\ -4 & 1 \end{pmatrix}$

06 $\begin{pmatrix} 5 & 0 & 0 \\ 1 & 0 & 3 \\ 0 & 0 & -2 \end{pmatrix}$

07 $\begin{pmatrix} -2 & 0 & 1 \\ 1 & 1 & 0 \\ 0 & 0 & -2 \end{pmatrix}$

08 $\begin{pmatrix} 1 & 0 & 0 & 0 \\ 0 & 4 & 1 & 0 \\ 0 & 0 & -3 & 1 \\ 0 & 0 & 1 & -2 \end{pmatrix}$

09 $\begin{pmatrix} 8 & -7 & 1 & 0 \\ 0 & 1 & 0 & 0 \\ 0 & 0 & 0 & 0 \\ 1 & 0 & 0 & 0 \end{pmatrix}$

[10-11] 식 (7.3.1)을 이용하여 다음 행렬을 계산하여라.

10 $A = \begin{pmatrix} -1 & 0 \\ 1 & -5 \end{pmatrix}$: A^{18}

11 $A = \begin{pmatrix} 0 & -2 \\ 1 & 0 \end{pmatrix}$: A^{43}

[12-17] 다음 행렬의 고윳값, 고유벡터를 구하여라. 고유벡터가 직교하는지를 말하고 대각화하는 직교행렬을 구하여라.

12 $\begin{pmatrix} 4 & -2 \\ -2 & 1 \end{pmatrix}$

13 $\begin{pmatrix} 6 & 1 \\ 1 & 4 \end{pmatrix}$

14 $\begin{pmatrix} 0 & 1 & 0 \\ 1 & -2 & 0 \\ 0 & 0 & 3 \end{pmatrix}$

15 $\begin{pmatrix} 5 & 0 & 2 \\ 0 & 0 & 0 \\ 2 & 0 & 0 \end{pmatrix}$

16 $\begin{pmatrix} 0 & 0 & 0 \\ 0 & 1 & -2 \\ 0 & -2 & 0 \end{pmatrix}$

17 $\begin{pmatrix} 0 & 0 & 0 & 0 \\ 0 & 1 & -2 & 0 \\ 0 & -2 & 1 & 0 \\ 0 & 0 & 0 & 0 \end{pmatrix}$

[18-20] 다음 행렬 중에서 에르미트 행렬, 반에르미트 행렬을 구별하고 고윳값, 고유벡터와 대각화 가능하면 대각화시키는 행렬을 구하여라.

18 $\begin{pmatrix} 0 & 2i \\ 2i & 4 \end{pmatrix}$

19 $\begin{pmatrix} 0 & 1 & 0 \\ -1 & 0 & 1-i \\ 0 & -1-i & 0 \end{pmatrix}$

20 $\begin{pmatrix} 8 & -1 & i \\ -1 & 0 & 0 \\ -i & 0 & 0 \end{pmatrix}$

7.4 연립 선형 미분방정식

1장부터 5장에서 살펴본 것과 같이 상미분방정식 중에서 한 개의 독립변수와 한 개의 종속변수의 도함수를 포함하는 미분방정식 풀이에 대하여 논하였으나 여기에서는 한 개의 독립변수와 두 개 또는 그 이상의 종속변수에 대한 도함수를 포함하는 미분방정식의 해법에 대하여 논한다.

하나의 독립변수에 대한 n개의 종속변수와 종속변수의 도함수가 n개의 미분방정식에 포함되어 있을 때, 이 미분방정식의 모임을 **연립 미분방정식**이라 한다.

예 7.4.1 다음은 연립 미분방정식의 예이다.

$$\begin{cases} \dfrac{dx}{dt} = 4x - 2y \\ \dfrac{dy}{dt} = x + y \end{cases}, \qquad \begin{cases} \dfrac{dx}{dt} + \dfrac{d^2y}{dt^2} + y = e^t \\ \dfrac{d^2x}{dt^2} - \dfrac{dz}{dt} + z = 1 \\ \dfrac{dy}{dt} + \dfrac{d^2z}{dt^2} + y + z = 0 \end{cases}$$

연립 미분방정식은 여러 개념을 이용하여 해를 구하는 데 여기에서는 세 가지 방법을 소개한다. 첫째는 미분연산자의 성질을 이용하는 것이고 둘째는 라플라스 변환을 이용하는 것이다. 그리고 세 번째는 행렬의 고윳값과 고유벡터의 성질을 이용하여 해를 구한다. 이 절에서는 미분연산자와 라플라스 변환을 이용한 풀이에 대하여 예를 들어 소개한다.

7.4.1 미분연산자를 이용한 소거법

3장에서 미분연산자를 이용하여 n계 비동차 선형 미분방정식

$$a_n \frac{d^n y}{dt^n} + \cdots + a_1 \frac{dy}{dt} + a_0 y = g(t)$$

를 다음과 같이 표현하였다.

$$(a_n D^n + \cdots + a_1 D + a_0)y = g(t).$$

예를 들면 2계 선형 미분방정식 $y'' - y' + 2y = \sin t$를 미분연산자로 표현하면

$$D^2 y - Dy + 2y = (D^2 - D + 2)y = \sin t$$

이고 $y'' - 4y' - 5y = e^t$를 미분연산자로 표현하면

$$D^2 y - 4Dy - 5y = (D^2 - 4D - 5)y = e^t.$$

연립 미분방정식 또한 미분연산자로 표현 된다.

예 7.4.2 다음 연립 미분방정식

$$\begin{cases} x'' - 3x' + 2y'' = -x + 3y + \sin t \\ x' + y' = -2x + 3y + e^{-t} \end{cases}$$

을 미분연산자로 표현하면

$$\begin{cases} D^2 x - 3Dx + 2D^2 y = -x + 3y + \sin t \\ Dx + Dy = -2x + 3y + e^{-t}. \end{cases}$$

일반적으로 이원 일차 연립방정식을 풀 때 한 문자를 소거한 결과를 준 연립방정식에 대입하여 푸는 것처럼 연립 미분방정식 또한 같은 논리로 풀 수 있다.

예 7.4.3 다음 동차 연립 1계 선형 미분방정식의 해를 구하여라.

$$\begin{cases} Dy = 2x \\ Dx = 3y \end{cases} \qquad (7.4.1)$$

여기에서 y와 x는 독립변수 t에 관한 함수이다.

풀이 (7.4.1)의 첫 번째 식의 양변에 미분연산자 D를 곱하면 $D^2 y = 2Dx$ 또는 $Dx = \frac{1}{2}D^2 y$이고 (7.4.1)의 두 번째 식에 대입하면 2계 선형 미분방정식

$$(D^2 - 6)y = 0$$

을 얻는다. 보조방정식 $D^2 - 6 = 0$의 해를 구하면 $D = \pm\sqrt{6}$이고 $y(t)$의 일반해를 구하면

$$y(t) = c_1 e^{\sqrt{6}t} + c_2 e^{-\sqrt{6}t}. \qquad (7.4.2)$$

같은 방법으로 (7.4.1)의 두 번째 식의 양변에 미분연산자 D를 곱하고 첫 번째 식에 대입하면 미분방정식 $(D^2-6)x=0$를 얻는다. $x(t)$의 일반해를 구하면

$$x(t)=c_3e^{\sqrt{6}t}+c_4e^{-\sqrt{6}t}. \tag{7.4.3}$$

식 (7.4.2)와 (7.4.3)은 임의의 상수 c_1, c_2, c_3, c_4에 대하여 연립방정식 (7.4.1)을 만족시키지 않는다. (7.4.2)의 양변을 t에 대하여 미분하고 (7.4.1)의 첫 번째 식에 대입하면 다음 방정식을 얻는다.

$$(\sqrt{6}c_1-2c_3)e^{\sqrt{6}t}-(\sqrt{6}c_2+2c_4)e^{-\sqrt{6}t}=0.$$

위 식은 임의의 실수 t에 대하여 성립해야 하므로 $c_3=\dfrac{\sqrt{6}}{2}c_1$과 $c_4=-\dfrac{\sqrt{6}}{2}c_2$이다. 따라서 다음 일반해를 얻는다.

$$\begin{aligned} x(t)&=\frac{\sqrt{6}}{2}c_1e^{\sqrt{6}t}-\frac{\sqrt{6}}{2}c_2e^{-\sqrt{6}t} \\ y(t)&=c_1e^{\sqrt{6}t}+c_2e^{-\sqrt{6}t}. \end{aligned}$$

(7.4.3)의 양변을 t에 대하여 미분하고 (7.4.1)의 두 번째 식에 대입하여도 같은 결과를 얻는다. ■

예 7.4.4 다음 비동차 연립 1계 선형 미분방정식의 해를 구하여라.

$$\begin{cases} \dfrac{dx}{dt}=-y+t \\ \dfrac{dy}{dt}=x-t \end{cases}$$

풀이 이 미분방정식을 미분연산자로 표현하면

$$\begin{cases} Dx+y=t \\ x-Dy=t \end{cases} \tag{7.4.4}$$

(7.4.4)의 첫 번째 식의 양변에 미분연산자 D를 곱하면 $D^2x+Dy=1$이고 $Dy=1-D^2x$이다. 두 번째 식에 대입하면 비동차 2계 선형 미분방정식

$$(D^2+1)x=t+1 \tag{7.4.5}$$

을 얻는다. 보조방정식 $D^2+1=0$을 이용하여 보조해

$$x_c(t)=c_1\cos t+c_2\sin t$$

을 얻을 수 있다. 비동차 미분방정식 (7.4.5)의 양변에 미분연산자 D^2을 곱하면 동차 미분방정식

$$D^2(D^2+1)x=0 \tag{7.4.6}$$

을 얻게 되고 보조방정식 $D^2(D^2+1)=0$을 이용하여 미분방정식 (7.4.6)의 해의 기본계 1, t, $\cos t$, $\sin t$을 구할 수 있다. $\cos t$와 $\sin t$는 (7.4.5)의 보조해를 구성하고 있으므로 특수해를 $x_p(t)=At+B$라 하고 (7.4.5)에 대입하면 $A=B=1$이고 특수해는 $x_p(t)=t+1$이다. 따라서 (7.4.5)의 일반해는 다음과 같다.

$$x(t)=c_1\cos t+c_2\sin t+t+1 \tag{7.4.7}$$

(7.4.4)의 두 번째 식의 양변에 미분연산자 D를 곱하면 $Dx=D^2y+1$이고 (7.4.4)의 첫 번째 식에 대입하면 $(D^2+1)y=t-1$이다. 이 비동차 미분방정식의 일반해는

$$y(t)=c_3\cos t+c_4\sin t+t-1 \tag{7.4.8}$$

(7.4.7)과 (7.4.8)을 (7.4.4)식에 대입하여 정리하면

$$(c_2+c_3)\cos t+(c_4-c_1)\sin t=0$$

이고 $c_4=c_1$와 $c_3=-c_2$임을 알 수 있다. 따라서 연립 미분방정식의 일반해는

$$x(t)=c_1\cos t+c_2\sin t+t+1$$
$$y(t)=-c_2\cos t+c_1\sin t+t-1.$$

■

예 7.4.5 다음 비동차 연립 2계 선형 미분방정식의 해를 구하여라.

$$\begin{cases} \dfrac{d^2x}{dt^2}=4y+e^t \\ \dfrac{d^2y}{dt^2}=4x-e^t \end{cases}$$

풀이 주어진 미분방정식을 미분연산자로 표현하면

$$\begin{cases} D^2x-4y=e^t \\ 4x-D^2y=e^t \end{cases} \tag{7.4.9}$$

첫 번째 식의 양변에 미분연산자 D^2을 곱하고 두 번째 식과 연립하여 y를 소거하면 다음 선형 미분방정식을 얻는다.

$$(D^4-16)x=-3e^t$$

또는

$$(D+2i)(D-2i)(D+2)(D-2)x=-3e^t \tag{7.4.10}$$

보조방정식 $(D+2i)(D-2i)(D+2)(D-2)=0$을 이용하여 위 미분방정식의 보조해

$$x_c(t) = c_1\cos 2t + c_2\sin 2t + c_3e^{-2t} + c_4e^{2t}$$

를 얻을 수 있고 비동차 미분방정식 (7.4.10)의 양변에 미분연산자 $D-1$을 곱하면 동차 미분방정식

$$(D-1)(D+2i)(D-2i)(D+2)(D-2)x = 0$$

을 얻는다. 이 미분방정식의 보조방정식을 이용하여 해의 기본계

$$e^t,\ \cos 2t,\ \sin 2t,\ e^{-2t},\ e^{2t}$$

을 구할 수 있다. 여기에서 $\cos 2t$, $\sin 2t$, e^{-2t}, e^{2t}는 (7.4.10)의 보조해를 구성하고 있다. 그러므로 특수해를 $x_p(t) = Ae^t$라 하고 (7.4.10)에 대입하면 $A = \frac{1}{5}$이다. 따라서 (7.4.10)의 일반해는

$$x(t) = c_1\cos 2t + c_2\sin 2t + c_3e^{-2t} + c_4e^{2t} + \frac{1}{5}e^t.$$

같은 방법으로 (7.4.9)에서 x를 소거하여 비동차 미분방정식 $(D^4-16)y = 3e^t$를 구할 수 있고 $y(t)$를 구하면

$$y(t) = c_5\cos 2t + c_6\sin 2t + c_7e^{-2t} + c_8e^{2t} - \frac{1}{5}e^t$$

이다. (7.4.9)를 만족시키는 $x(t)$와 $y(t)$를 구하면 다음과 같다.

$$x(t) = c_1\cos 2t + c_2\sin 2t + c_3e^{-2t} + c_4e^{2t} + \frac{1}{5}e^t$$
$$y(t) = -c_1\cos 2t - c_2\sin 2t + c_3e^{-2t} + c_4e^{2t} - \frac{1}{5}e^t.$$

■

7.4.2 라플라스 변환을 이용한 연립 미분방정식의 풀이

5장에서 초기조건이 주어진 미분방정식은 라플라스 변환을 이용하여 대수 방정식으로 바꾸어 쉽게 풀이를 할 수 있었다. 연립 미분방정식의 경우도 초기조건이 주어지면 라플라스 변환을 이용하여 해를 구할 수 있다.

예 7.4.6 다음 초깃값 문제의 해를 구하여라.

$$\begin{cases} 2x' + y' - y = t \\ x' + y' = t^2 \\ x(0) = 1,\ y(0) = 0 \end{cases}$$

풀이 미지함수 $x(t)$와 $y(t)$의 라플라스 변환을 각각 $X(s) = \mathcal{L}\{x(t)\}$, $Y(s) = \mathcal{L}\{y(t)\}$

라 하자. 주어진 두 미분방정식의 양변을 라플라스 변환을 취하면 다음 연립방정식을 얻는다.

$$\begin{cases} 2[sX(s)-x(0)]+sY(s)-y(0)-Y(s)=\dfrac{1}{s^2} \\ sX(s)-x(0)+sY(s)-y(0)=\dfrac{2}{s^3} \end{cases}$$

이고 초기조건 $x(0)=1,\ y(0)=0$을 대입하면

$$\begin{cases} 2sX(s)+(s-1)Y(s)=2+\dfrac{1}{s^2} \\ sX(s)+\quad sY(s)=1+\dfrac{2}{s^3} \end{cases}$$

두 식을 연립하여 $X(s)$와 $Y(s)$를 구하면

$$\begin{cases} X(s)=-Y(s)+\dfrac{1}{s}+\dfrac{2}{s^4} \\ Y(s)=\dfrac{4-s}{s^3(s+1)} \end{cases}$$

위 식에서 $\dfrac{4-s}{s^3(s+1)}$를 부분 분수법으로 분해하면

$$\frac{4-s}{s^3(s+1)}=\frac{A}{s}+\frac{B}{s^2}+\frac{C}{s^3}+\frac{D}{s+1}$$

이고 미정계수 $A,\ B,\ C,\ D$를 구하면 $A=5,\ B=-5,\ C=4,\ D=-5$이다. 즉

$$Y(s)=\frac{5}{s}-\frac{5}{s^2}+\frac{4}{s^3}-\frac{5}{s+1}.$$

따라서

$$y(t)=\mathcal{L}^{-1}\{Y(s)\}=5-5t+2t^2-5e^{-t}.$$

같은 방법으로 $X(t)$의 라플라스 역변환을 구하면

$$x(t)=-4+5t-2t^2+\frac{1}{3}t^3+5e^{-t}.$$

이와 같이 초기조건이 주어진 연립 미분방정식은 라플라스 변환을 이용하여 그 해를 쉽게 구할 수 있다.

7.4 연습문제

[1-10] 연립 미분방정식을 소거법을 이용하여 해를 구하여라.

01 $\begin{cases} Dx+(D+2)y=0 \\ (D-3)x-2y=0. \end{cases}$

02 $\begin{cases} x'+y''=4x+t^2 \\ x'+y'=-x. \end{cases}$

03 $\begin{cases} x'=3x-y-1 \\ y'=x+y+4e^t. \end{cases}$

04 $\begin{cases} \dfrac{dx}{dt}=2x-y \\ \dfrac{dy}{dt}=x. \end{cases}$

05 $\begin{cases} (D^2+5)x-2y=0 \\ -2x+(D^2+2)y=0. \end{cases}$

06 $\begin{cases} Dx+D^2y=e^{3t} \\ (D+1)x+(D-1)y=4e^{3t}. \end{cases}$

07 $\begin{cases} (D^2-1)x-y=0 \\ (D-1)x+Dy=0. \end{cases}$

08 $\begin{cases} (D-1)x+(D^2+1)y=1 \\ (D^2-1)x+(D+1)y=2. \end{cases}$

09 $\begin{cases} Dx=y \\ Dy=z \\ Dz=x. \end{cases}$

10 $\begin{cases} \dfrac{dx}{dt}-6y=0 \\ x-\dfrac{dy}{dt}+z=0 \\ x+y-\dfrac{dz}{dt}=0 \end{cases}$

[11-16] 초기조건이 주어진 연립 미분방정식을 라플라스 변환을 이용하여 풀어라.

11 $\begin{cases} x''+10x-4y=0 \\ -4x+y''+4y=0 \\ x(0)=y(0)=0 \\ x'(0)=1=-y'(0) \end{cases}$

12 $\begin{cases} \dfrac{dx}{dt}=-x+y \\ \dfrac{dy}{dt}=2x \\ x(0)=0,\ y(0)=1 \end{cases}$

13 $\begin{cases} \dfrac{dx}{dt}=x-2y \\ \dfrac{dy}{dt}=5x-y \\ x(0)=-1,\ y(0)=2 \end{cases}$

14 $\begin{cases} 2\dfrac{dx}{dt}+\dfrac{dy}{dt}-2x=1 \\ \dfrac{dx}{dt}+\dfrac{dy}{dt}-3x-3y=2 \\ x(0)=0=y(0) \end{cases}$

15 $\begin{cases} \dfrac{d^2x}{dt^2}+x-y=0 \\ \dfrac{d^2y}{dt^2}+y-x=0 \\ x(0)=0=y(0) \\ x'(0)=-2, y'(0)=1 \end{cases}$

16 $\begin{cases} \dfrac{d^2x}{dt^2}+\dfrac{d^2y}{dt^2}=t^2 \\ \dfrac{d^2x}{dt^2}-\dfrac{d^2y}{dt^2}=4t \\ x(0)=8 \\ x'(0)=y(0)=y'(0)=0 \end{cases}$

7.5 행렬과 연립 1계 선형 미분방정식

앞의 7.4절에서 다루었던 연립 선형 미분방정식은

$$\begin{aligned} P_{11}(D)x + P_{12}(D)y + P_{13}(D)z &= f_1(t) \\ P_{21}(D)x + P_{22}(D)y + P_{23}(D)z &= f_2(t) \\ P_{31}(D)x + P_{32}(D)y + P_{33}(D)z &= f_3(t) \end{aligned}$$

형태의 문제들을 살펴보았다. 이때 $P_{ij}(D)$는 미분연산자 D의 다항식 형태로 주어진다. 이러한 연립 선형 미분방정식은 연립 1계 선형 미분방정식으로 변형이 가능하다. 예를 들면 연립 미분방정식

$$\begin{cases} x'' - 2y'' = \sin t \\ x'' + y'' = \cos t \end{cases}$$

를 미분연산자로 표현하면

$$\begin{cases} D^2x - 2D^2y = \sin t \\ D^2x + D^2y = \cos t \end{cases} \tag{7.5.1}$$

이고 소거법을 이용하여 D^2x와 D^2y에 대하여 정리하면

$$D^2x = \frac{1}{3}(\sin t + 2\cos t),\ D^2y = \frac{1}{3}(\cos t - \sin t).$$

여기에서 $Dx = u$, $Dy = v$라 하면 미분방정식 (7.5.1)은 다음 연립 1계 선형 미분방정식으로 표현된다.

$$\begin{cases} Dx = u \\ Dy = v \\ Du = \dfrac{1}{3}(\sin t + 2\cos t) \\ Dv = \dfrac{1}{3}(\cos t - \sin t). \end{cases}$$

n계 선형 미분방정식 $a_n y^{(n)} + \cdots + a_1 y' + a_0 y = f(t)$도 연립 1계 선형 미분방정식의 형태로 표현 가능하다. 예를 들어 2계 선형 미분방정식 $3y'' - y' + 2y = \sin t$을 정리하면

$$y'' = \frac{1}{3}y' - \frac{2}{3}y + \frac{1}{3}\sin t \tag{7.5.2}$$

이고 $y = x_1$, $y' = x_2$라 하면 (7.5.2)는 다음과 같이 표현된다.

$$\begin{cases} x_1{}' = x_2 \\ x_2{}' = \frac{1}{3}x_2 - \frac{2}{3}x_1 + \frac{1}{3}\sin t. \end{cases}$$

따라서 연립 1계 선형 미분방정식은 미분방정식의 해법에 있어서 매우 중요하다.

정의 7.5.1 다음과 같은 형태의 연립 1계 미분방정식

$$\begin{cases} \frac{dx_1}{dt} = a_{11}(t)x_1 + a_{12}(t)x_2 + \cdots + a_{1n}(t)x_n + f_1(t) \\ \frac{dx_2}{dt} = a_{21}(t)x_1 + a_{22}(t)x_2 + \cdots + a_{2n}(t)x_n + f_2(t) \\ \vdots \\ \frac{dx_n}{dt} = a_{n1}(t)x_1 + a_{n2}(t)x_2 + \cdots + a_{nn}(t)x_n + f_n(t) \end{cases} \tag{7.5.3}$$

을 **연립 1계 선형 미분방정식**이라 하고 함수 $a_{ij}(t)$를 연립 미분방정식의 계수라 한다. 만일 함수 $f_i(t) = 0$ $(i = 1, \cdots, n)$이면 주어진 연립방정식을 동차라 하고 동차가 아닌 경우를 비동차라 한다.

연립 미분방정식을 풀기 위하여 행렬에 관련된 내용을 소개한다.

정의 7.5.2 각 성분이 어떤 공통구간에서 정의되는 $m \times n$개의 함수를 성분으로 갖는 행렬

$$A(t) = (a_{ij}(t))_{m \times n}$$

을 **행렬함수**라 한다.

$A(t)$를 다음과 같은 함수 $f_{ij}(t)$를 성분으로 갖는 행렬함수라 하자.

$$A \equiv A(t) = \begin{pmatrix} a_{11}(t) & a_{12(t)} & \cdots & a_{1n}(t) \\ a_{21}(t) & a_{22}(t) & \cdots & a_{2n}(t) \\ & \vdots & & \vdots \\ a_{m1}(t) & a_{m2}(t) & \cdots & a_{mn}(t) \end{pmatrix}$$

(1) 만일 A의 각 성분함수가 미분가능하면 A의 도함수는 다음과 같이 A의 각 성분을 미분하여 얻는 행렬로 정의한다.

$$\frac{dA}{dt} = \left(\frac{d}{dt}a_{ij}(t)\right)_{m\times n}.$$

(2) 만일 A의 각 성분함수가 적분가능하면 A의 적분은 다음과 같이 A의 각 성분을 적분하여 얻는 행렬로 정의한다.

$$\int_a^b A dt = \left(\int_a^b a_{ij}(t)dt\right)_{m\times n}, \quad \int A dt = \left(\int a_{ij}(t)dt\right)_{m\times n}.$$

예 7.5.1 $A = \begin{pmatrix} \sin t & t^2+4t \\ e^{-3t} & \ln t \end{pmatrix}$일 때 $\frac{dA}{dt}$와 $\int A dt$를 구하여라.

풀이 각 성분으로 주어지 함수의 도함수와 부정적분을 구하면 다음과 같이 계산된다.

$$\frac{dA}{dt} = \begin{pmatrix} \frac{d}{dt}\sin t & \frac{d}{dt}(t^2+4t) \\ \frac{d}{dt}e^{-3t} & \frac{d}{dt}\ln t \end{pmatrix} = \begin{pmatrix} \cos t & 2t+4 \\ -3e^{-3t} & 1/t \end{pmatrix},$$

$$\int A dt = \begin{pmatrix} \int \sin t dt & \int (t^2+4t)dt \\ \int e^{-3t}dt & \int \ln t dt \end{pmatrix} = \begin{pmatrix} -\cos t + c_1 & \frac{1}{3}t^3+2t^2+c_2 \\ -\frac{1}{3}e^{-3t}+c_3 & t\ln t - t + c_4 \end{pmatrix}. \quad \blacksquare$$

주1 행렬함수의 미분과 적분은 실함수 경우와 같이 다음 선형성이 성립한다.

(1) $\frac{d}{dt}(CA) = C\frac{dA}{dx}$ (단, C는 상수행렬이다).

(2) $\frac{d}{dt}(A+B) = \frac{dA}{dt} + \frac{dB}{dt}$.

(3) $\frac{d}{dt}(AB) = B\frac{dA}{dt} + A\frac{dB}{dt}$.

(4) $\int (A+B)dt = \int A dt + \int B dt$.

연립 1계 선형 미분방정식 (7.5.3)을 행렬로 표현하면 다음과 같다.

$$\begin{pmatrix} x_1' \\ x_2' \\ \vdots \\ x_n' \end{pmatrix} = \begin{pmatrix} a_{11}(t) & a_{12}(t) & \cdots & a_{1n}(t) \\ a_{21}(t) & a_{22}(t) & \cdots & a_{2n}(t) \\ & \vdots & & \\ a_{n1}(t) & a_{n2}(t) & \cdots & a_{nn}(t) \end{pmatrix} \begin{pmatrix} x_1 \\ x_2 \\ \vdots \\ x_n \end{pmatrix} + \begin{pmatrix} f_1(t) \\ f_2(t) \\ \vdots \\ f_n(t) \end{pmatrix} \tag{7.5.4}$$

위 식에서 계수행렬을 $A(t)$라 하고 $X=\begin{pmatrix} x_1 \\ x_2 \\ \vdots \\ x_n \end{pmatrix}$, $F(t)=\begin{pmatrix} f_1(t) \\ f_2(t) \\ \vdots \\ f_n(t) \end{pmatrix}$라 하면 식 (7.5.4)은 다음과 같이 표현된다.

$$X' = A(t)X + F(t) \tag{7.5.5}$$

초기조건 $x_1(t_0) = c_1$, $\cdots$, $x_n(t_0) = c_n$이 주어졌을 때 $C=\begin{pmatrix} c_1 \\ \vdots \\ c_n \end{pmatrix}$이라 하면 식 (7.5.5)의 초기조건은 다음과 같이 표현된다.

$$X(t_0) = C.$$

예 7.5.2 다음 초기조건이 주어진 연립 미분방정식을 행렬로 표현하여라.

$$\begin{cases} x_1' = 2x_1 + t^2 x_2 + 2t \\ x_2' = 2tx_1 + t^2 x_2 + t^3 \\ x_1(0) = 1, x_2(0) = -1 \end{cases}$$

풀이 위 미분방정식을 행렬로 표현하기 위하여

$$A(t) = \begin{pmatrix} 2 & t^2 \\ 2t & t^2 \end{pmatrix}, \quad X=\begin{pmatrix} x_1 \\ x_2 \end{pmatrix}, \quad F(t) = \begin{pmatrix} 2t \\ t^3 \end{pmatrix}, \quad C=\begin{pmatrix} 1 \\ -1 \end{pmatrix}$$

라 하면 준식은

$$\begin{pmatrix} x_1' \\ x_2' \end{pmatrix} = \begin{pmatrix} 2 & t^2 \\ 2t & t^2 \end{pmatrix}\begin{pmatrix} x_1 \\ x_2 \end{pmatrix} + \begin{pmatrix} 2t \\ t^3 \end{pmatrix}$$

또는

$$X' = A(t)X + F(t), \quad X(0) = C$$

로 표시된다.

미분방정식 (7.5.5)의 해벡터는 열행렬

$$X=\begin{pmatrix} x_1 \\ \vdots \\ x_n \end{pmatrix}$$

이고 각 성분 $x_i = x_i(t)$ $(i=1,\cdots,n)$은 미분가능한 함수로서 주어진 구간에서 연립 미분방정식 (7.5.5)를 만족한다. ■

예 7.5.3 $X_1 = \begin{pmatrix} e^{-2t} \\ -e^{-2t} \end{pmatrix}$와 $X_2 = \begin{pmatrix} 3e^{6t} \\ 5e^{6t} \end{pmatrix}$는 미분방정식 $X' = \begin{pmatrix} 1 & 3 \\ 5 & 3 \end{pmatrix}X$의 해임을 밝혀라.

풀이 $X_1{}' = \begin{pmatrix} -2e^{-2t} \\ 2e^{-2t} \end{pmatrix}$이고

$$\begin{pmatrix} 1 & 3 \\ 5 & 3 \end{pmatrix} X_1 = \begin{pmatrix} 1 & 3 \\ 5 & 3 \end{pmatrix}\begin{pmatrix} e^{-2t} \\ -e^{-2t} \end{pmatrix} = \begin{pmatrix} e^{-2t} - 3e^{-2t} \\ 5e^{-2t} - 3e^{-2t} \end{pmatrix} = \begin{pmatrix} -2e^{-2t} \\ 2e^{-2t} \end{pmatrix} = X_1{}'$$

또한 $X_2{}' = \begin{pmatrix} 18e^{6t} \\ 30e^{6t} \end{pmatrix}$이므로

$$\begin{pmatrix} 1 & 3 \\ 5 & 3 \end{pmatrix} X_2 = \begin{pmatrix} 1 & 3 \\ 5 & 3 \end{pmatrix}\begin{pmatrix} 3e^{6t} \\ 5e^{6t} \end{pmatrix} = \begin{pmatrix} 3e^{6t} + 15e^{6t} \\ 15e^{6t} + 15e^{6t} \end{pmatrix} = \begin{pmatrix} 18e^{6t} \\ 30e^{6t} \end{pmatrix} = X_2{}'.$$

정리 7.5.3 다음 초기조건이 주어진 연립 1계 선형 미분방정식

$$\begin{cases} X' = AX + F(t) \\ X(t_0) = C \end{cases}$$

가 주어졌다고 하자. 만일 A와 $F(t)$가 $t = t_0$를 포함하는 적당한 구간 I에서 연속이면 주어진 초깃값문제는 구간 I에서 유일한 해 X를 가진다.

연립 1계 선형 미분방정식의 대부분의 이론은 n계 선형 미분방정식의 이론과 비슷하다. 먼저 동차연립방정식

$$\begin{pmatrix} x_1{}' \\ x_2{}' \\ \vdots \\ x_n{}' \end{pmatrix} = \begin{pmatrix} a_{11}(t) & a_{12}(t) & \cdots & a_{1n}(t) \\ a_{21}(t) & a_{22}(t) & \cdots & a_{2n}(t) \\ & & \vdots & \\ a_{n1}(t) & a_{n2}(t) & \cdots & a_{nn}(t) \end{pmatrix}\begin{pmatrix} x_1 \\ x_2 \\ \vdots \\ x_n \end{pmatrix} \tag{7.5.6}$$

에 대해서 설명한다.

다음 정리는 연립 선형 미분방정식의 해에 대한 중첩원리이다.

정리 7.5.4 $X_1, \cdots, X_k$가 동차 연립 미분방정식 $X' = AX$의 해이면 이것들의 일차결합 $c_1X_1 + \cdots + c_kX_k$ 도 $X' = AX$의 해이다.

위 정리로부터 동차 연립 1계 선형 미분방정식의 한 해벡터의 상수배 또한 미분방정식의 해임을 알 수 있다.

예 7.5.4 $X_1 = \begin{pmatrix} -1 \\ 2 \end{pmatrix} e^{-2t}$, $X_2 = \begin{pmatrix} 3 \\ 1 \end{pmatrix} e^{5t}$이 연립 미분방정식 $X' = \begin{pmatrix} 4 & 3 \\ 2 & -1 \end{pmatrix} X$의 해임을 보이고 이들의 일차결합 $X = c_1X_1 + c_2X_2$또한 해임을 보여라.

풀이

$$X_1' = \begin{pmatrix} \dfrac{d}{dt}(-e^{-2t}) \\ \dfrac{d}{dt}2e^{-2t} \end{pmatrix} = \begin{pmatrix} 2e^{-2t} \\ -4e^{-2t} \end{pmatrix}$$

$$= \begin{pmatrix} 4 & 3 \\ 2 & -1 \end{pmatrix} \begin{pmatrix} -e^{-2t} \\ 2e^{-2t} \end{pmatrix} = \begin{pmatrix} 4 & 3 \\ 2 & -1 \end{pmatrix} X_1$$

이므로 X_1은 $X' = \begin{pmatrix} 4 & 3 \\ 2 & -1 \end{pmatrix} X$를 만족한다. 같은 방법으로 $X_2 = \begin{pmatrix} 3e^{5t} \\ e^{5t} \end{pmatrix}$도 주어진 미분방정식의 해임을 알 수 있다. 중첩원리에 의하여 일차결합

$$X = c_1X_1 + c_2X_2 = c_1 \begin{pmatrix} -e^{-2t} \\ 2e^{-2t} \end{pmatrix} + c_2 \begin{pmatrix} 3e^{5t} \\ e^{5t} \end{pmatrix}$$

은 이 연립방정식의 다른 해이다. ■

열행렬 $X_1, \cdots, X_k$에 대하여 다음이 성립하면

$$c_1X_1 + \cdots + c_kX_k = 0 \Leftrightarrow c_1 = \cdots = c_k = 0$$

$X_1, \cdots, X_k$은 일차독립이라 한다. 독립이 아닌 경우 $X_1, \cdots, X_k$을 일차종속이라 한다.

2장에서 n개의 함수 $f_1, \cdots, f_n$에 대한 론스키안을 정의하였다. 론스키안은 선형 미분방정식의 해를 구하는 데 유용하게 사용되었다. 연립 미분방정식의 풀이에서도 론스키안이 사용된다.

정의 7.5.5 n개의 $n \times 1$행렬 $X_1 = \begin{pmatrix} x_{11} \\ \vdots \\ x_{n1} \end{pmatrix}, \cdots, X_n = \begin{pmatrix} x_{1n} \\ \vdots \\ x_{nn} \end{pmatrix}$ 이 주어질 때 $X_1, \cdots, X_n$의 론스키안을 다음 행렬식으로 정의한다.

$$W(X_1, \cdots, X_n)(t) = \det \begin{pmatrix} x_{11}(t) & x_{12}(t) & \cdots & x_{1n}(t) \\ x_{21}(t) & x_{22}(t) & \cdots & x_{1n}(t) \\ & \vdots & & \\ x_{n1}(t) & x_{n2}(t) & \cdots & x_{nn}(t) \end{pmatrix}.$$

정리 7.5.6 $X_1 = \begin{pmatrix} x_{11} \\ \vdots \\ x_{n1} \end{pmatrix}$, $\cdots$, $X_n = \begin{pmatrix} x_{1n} \\ \vdots \\ x_{nn} \end{pmatrix}$가 구간 I 위에서 정의된 함수들을 성분으로 하는 $n \times 1$ 행렬이라 하자. X_1, $\cdots$, X_n이 연립 미분방정식 (7.5.6)의 일차독립인 해가 되는 필요충분조건은 I의 모든 t에 대하여

$$\mathrm{W}(X_1, \cdots, X_n)(t) \neq 0$$

가 되는 것이다.

계수행렬 A가 $n \times n$행렬인 동차 연립 미분방정식 $X' = A(t)X$의 n개의 해 $X_1 = \begin{pmatrix} x_{11} \\ \vdots \\ x_{n1} \end{pmatrix}, \cdots, X_n = \begin{pmatrix} x_{1n} \\ \vdots \\ x_{nn} \end{pmatrix}$가 일차독립이면 중첩원리에 의하여 c_1, $\cdots$, c_n를 임의의 상수라 하면

$$X = c_1 X_1 + \cdots + c_n X_n \tag{7.5.7}$$

는 $X' = AX$의 해이다. 이러한 독립인 해들의 일차결합으로 표현된 해를 동차 미분방정식 $X' = AX$의 일반해로 정의한다.

정의 7.5.7 계수행렬 A가 $n \times n$ 행렬인 동차 연립 미분방정식 $X' = AX$의 n개의 일차독립인 해의 집합 $\{X_1, \cdots, X_n\}$를 주어진 연립 미분방정식의 기본계라 한다.

예 7.5.5 예 7.5.3에서 $X_1 = \begin{pmatrix} 1 \\ -1 \end{pmatrix} e^{-2t}$와 $X_2 = \begin{pmatrix} 3 \\ 5 \end{pmatrix} e^{6t}$는 동차 미분방정식 $X' = \begin{pmatrix} 1 & 3 \\ 5 & 3 \end{pmatrix} X$의 해임을 보였다. 론스키안을 구해보면

$$\mathrm{W}(X_1, X_2)(t) = \det \begin{pmatrix} e^{-2t} & 3e^{6t} \\ -e^{-2t} & 5e^{6t} \end{pmatrix} = 5e^{4t} + 3e^{4t} = 8e^{4t}$$

이고 임의의 실수 t에 대하여 $\mathrm{W}(X_1, X_2) \neq 0$이다. 따라서 정리 7.5.6에 의하여 X_1과 X_2는 일차독립이고 주어진 미분방정식의 기본계이고 일반해는 다음과 같다.

$$X = c_1\begin{pmatrix} e^{-2t} \\ -e^{-2t} \end{pmatrix} + c_2\begin{pmatrix} 3e^{6t} \\ 5e^{6t} \end{pmatrix}$$

예 7.5.4에서 $X_1 = \begin{pmatrix} -e^{-2t} \\ 2e^{-2t} \end{pmatrix}$와 $X_2 = \begin{pmatrix} 3e^{5t} \\ e^{5t} \end{pmatrix}$는 동차 미분방정식 $X' = \begin{pmatrix} 4 & 3 \\ 2 & -1 \end{pmatrix}X$의 서로 다른 두 해이고 론스키안을 구하면

$$\mathrm{W}(X_1, X_2)(t) = \det\begin{pmatrix} -e^{-2t} & 3e^{5t} \\ 2e^{-2t} & e^{5t} \end{pmatrix} = -e^{3t} - 6e^{3t} = -7e^{3t}$$

이다. 임의의 실수 t 에 대하여 $\mathrm{W}(X_1,\ X_2)(t) \neq 0$이므로 X_1과 X_2는 일차독립이고 주어진 미분방정식의 기본계이다. 일반해는 다음과 같다.

$$X = c_1\begin{pmatrix} -e^{-2t} \\ 2e^{-2t} \end{pmatrix} + c_2\begin{pmatrix} 3e^{5t} \\ e^{5t} \end{pmatrix}.$$

비동차 연립 미분방정식에 대하여 구간 I에서 특수해 X_p는 임의의 매개변수표현이 없고 그 성분이 연립방정식 (7.5.5)를 만족하는 임의의 해벡터이다.

예 7.5.6 벡터 $X_p = \begin{pmatrix} 3t-4 \\ -5t+6 \end{pmatrix}$은 비동차 연립방정식

$$X' = \begin{pmatrix} 1 & 3 \\ 5 & 3 \end{pmatrix}X + \begin{pmatrix} 12t-11 \\ -3 \end{pmatrix}$$

의 특수해임을 보여라.

풀이 $X_p' = \begin{pmatrix} 3 \\ -5 \end{pmatrix}$이고

$$\begin{aligned}\begin{pmatrix} 1 & 3 \\ 5 & 3 \end{pmatrix}X_p + \begin{pmatrix} 12t-11 \\ -3 \end{pmatrix} &= \begin{pmatrix} 1 & 3 \\ 5 & 3 \end{pmatrix}\begin{pmatrix} 3t-4 \\ -5t+6 \end{pmatrix} + \begin{pmatrix} 12t-11 \\ -3 \end{pmatrix} \\ &= \begin{pmatrix} (3t-4)+3(-5t+6) \\ 5(3t-4)+3(-5t+6) \end{pmatrix} + \begin{pmatrix} 12t-11 \\ -3 \end{pmatrix} \\ &= \begin{pmatrix} -12t+14 \\ -2 \end{pmatrix} + \begin{pmatrix} 12t-11 \\ -3 \end{pmatrix} \\ &= \begin{pmatrix} 3 \\ -5 \end{pmatrix} = X_p'\end{aligned}$$

비동차 연립 미분방정식 (7.5.5)에 대하여 우변의 함수 $F(t)$를 생략한 동차 연립 미분방정식

$$X' = AX \tag{7.5.8}$$

을 비동차 연립 방정식에 대응하는 동차 연립 미분방정식이라 한다. ■

$X_1, \cdots, X_n$을 구간 I에서 동차 연립방정식 (7.5.8)의 일차독립인 해라 하고 X_p를 구간 I에서 비동차 연립방정식 (7.5.5)의 한 특수해라 하면 임의의 상수 $c_1, \cdots, c_n$에 대하여

$$X = c_1X_1 + \cdots + c_nX_n + X_p$$

는 비동차 연립방정식의 한 해이다. 이때 $X_c = c_1X_1 + \cdots + c_nX_n$를 비동차 연립방정식의 보조해라 하고 일반해는 다음과 같이 정의한다.

$$X = X_c + X_p$$

비동차 연립방정식의 보조해는 대응하는 동차방정식의 일반해와 같다.

예 7.5.7 비동차 미분방정식

$$X' = \begin{pmatrix} 1 & 3 \\ 5 & 3 \end{pmatrix} X + \begin{pmatrix} 12t - 11 \\ -3 \end{pmatrix}$$

에 대응하는 동차 미분방정식은

$$X' = \begin{pmatrix} 1 & 3 \\ 5 & 3 \end{pmatrix} X$$

이다. 예 7.5.5에서 $X_1 = \begin{pmatrix} e^{-2t} \\ -e^{-2t} \end{pmatrix}$와 $X_2 = \begin{pmatrix} 3e^{6t} \\ 5e^{6t} \end{pmatrix}$는 동차 미분방정식 $X' = \begin{pmatrix} 1 & 3 \\ 5 & 3 \end{pmatrix} X$의 일차독립인 해이고 일반해는

$$X = c_1\begin{pmatrix} e^{-2t} \\ -e^{-2t} \end{pmatrix} + c_2\begin{pmatrix} 3e^{6t} \\ 5e^{6t} \end{pmatrix}.$$

이다. 따라서 주어진 비동차 미분방정식의 보조해는

$$X_c = c_1\begin{pmatrix} e^{-2t} \\ -e^{-2t} \end{pmatrix} + c_2\begin{pmatrix} 3e^{6t} \\ 5e^{6t} \end{pmatrix}$$

이고 예 7.5.6에서 열벡터 $X_p = \begin{pmatrix} 3t - 4 \\ -5t + 6 \end{pmatrix}$은 주어진 비동차 연립방정식의 특수해임을 보였다. 따라서 주어진 비동차 미분방정식의 일반해는

$$X = X_c + X_p = c_1\begin{pmatrix} e^{-2t} \\ -e^{-2t} \end{pmatrix} + c_2\begin{pmatrix} 3e^{6t} \\ 5e^{6t} \end{pmatrix} + \begin{pmatrix} 3t - 4 \\ -5t + 6 \end{pmatrix}.$$

7.5 연습문제

01 다음 연립 미분방정식을 행렬로 나타내어라.

(1) $\begin{cases} \dfrac{dx}{dt} = 3x - 5y \\ \dfrac{dy}{dt} = 4x + 8y \end{cases}$ (2) $\begin{cases} \dfrac{dx}{dt} = 4x - 7y \\ \dfrac{dy}{dt} = 5x \end{cases}$

(3) $\begin{cases} \dfrac{dx}{dt} = -3x + 4y - 9z \\ \dfrac{dy}{dt} = 6x - y \\ \dfrac{dz}{dt} = 10x + 4y + 3z \end{cases}$ (4) $\begin{cases} \dfrac{dx}{dt} = x - y \\ \dfrac{dy}{dt} = x + 2z \\ \dfrac{dz}{dt} = -x + z \end{cases}$

(5) $\begin{cases} \dfrac{dx}{dt} = x - y + z + t - 1 \\ \dfrac{dy}{dt} = 2x + y - z - 3t^2 \\ \dfrac{dz}{dt} = x + y + z + t^2 - t + 2 \end{cases}$

(6) $\begin{cases} \dfrac{dx}{dt} = -3x + 4y + e^{-t}\sin 2t \\ \dfrac{dy}{dt} = 5x + 9y + 4e^{-t}\cos 2t \end{cases}$

02 다음 주어진 열행렬 X가 미분방정식의 해임을 보여라.

(1) $\begin{cases} \dfrac{dx}{dt} = 3x - 4y \\ \dfrac{dy}{dt} = 4x - 7y \end{cases}, \quad X = \begin{pmatrix} e^{-5t} \\ 2e^{-5t} \end{pmatrix}$

(2) $\begin{cases} \dfrac{dx}{dt} = -2x + 5y \\ \dfrac{dy}{dt} = -2x + 4y \end{cases}, \quad X = \begin{pmatrix} 5e^t \cos t \\ 3e^t(\cos t - \sin t) \end{pmatrix}$

(3) $X' = \begin{pmatrix} 2 & 1 \\ -1 & 0 \end{pmatrix} X, \quad X = \begin{pmatrix} 1 \\ 3 \end{pmatrix} e^t + \begin{pmatrix} 4 \\ -4 \end{pmatrix} te^t$

(4) $\dfrac{dX}{dt} = \begin{pmatrix} 1 & 2 & 1 \\ 6 & -1 & 0 \\ -1 & -2 & -1 \end{pmatrix} X, \quad X = \begin{pmatrix} 1 \\ 6 \\ -13 \end{pmatrix}$

03 다음 문제에서 주어진 해들이 적당한 동차 연립 미분방정식 $X' = AX$의 기본계인지 판정하여라.

(1) $X_1 = \begin{pmatrix} 1 \\ 1 \end{pmatrix} e^{-2t},\ X_2 = \begin{pmatrix} 1 \\ -1 \end{pmatrix} e^{-6t}$

(2) $X_1 = \begin{pmatrix} 1 \\ -1 \end{pmatrix} e^{t},\ X_2 = \begin{pmatrix} 2 \\ 6 \end{pmatrix} e^{t} + \begin{pmatrix} 8 \\ -8 \end{pmatrix} te^{t}$

(3) $X_1 = \begin{pmatrix} 1 \\ -2 \\ 4 \end{pmatrix} + t\begin{pmatrix} 1 \\ 2 \\ 2 \end{pmatrix},\ X_2 = \begin{pmatrix} 1 \\ -2 \\ 4 \end{pmatrix},\ X_3 = \begin{pmatrix} 3 \\ -6 \\ 12 \end{pmatrix} + t\begin{pmatrix} 2 \\ 4 \\ 4 \end{pmatrix}$

04 다음 문제에서 X_p가 주어진 연립 미분방정식의 특수해임을 보여라.

(1) $\begin{cases} \dfrac{dx}{dt} = x + 4y + 2t - 7 \\ \dfrac{dy}{dt} = 3x + 2y - 4t - 18 \end{cases},\ X_p = \begin{pmatrix} 2 \\ -1 \end{pmatrix} t + \begin{pmatrix} 5 \\ 1 \end{pmatrix}$

(2) $X' = \begin{pmatrix} 2 & 1 \\ 1 & -1 \end{pmatrix} X + \begin{pmatrix} -5 \\ 2 \end{pmatrix},\ X_p = \begin{pmatrix} 1 \\ 3 \end{pmatrix}$

(3) $X' = \begin{pmatrix} 2 & 1 \\ 3 & 4 \end{pmatrix} X - \begin{pmatrix} 1 \\ 7 \end{pmatrix} e^{t},\ X_p = \begin{pmatrix} 1 \\ 1 \end{pmatrix} e^{t} + \begin{pmatrix} 1 \\ -1 \end{pmatrix} te^{t}$

(4) $X' = \begin{pmatrix} 1 & 2 & 3 \\ -4 & 2 & 0 \\ -6 & 1 & 0 \end{pmatrix} X + \begin{pmatrix} -1 \\ 4 \\ 3 \end{pmatrix} \sin 3t,\ X_p = \begin{pmatrix} \sin 3t \\ 0 \\ \cos 3t \end{pmatrix}$

7.6 동차 연립 선형 미분방정식

상수계수 1계 선형 미분방정식 $y' + py = 0$의 일반해는 $y = ce^{-pt}$의 형태로 주어진다. 그러므로 $X = \begin{pmatrix} x_1(t) \\ x_2(t) \end{pmatrix}$일 때 동차 1계 연립 미분방정식

$$X' = AX \tag{7.6.1}$$

의 해를

$$X = \begin{pmatrix} k_1 e^{\lambda x} \\ k_2 e^{\lambda x} \end{pmatrix} = \begin{pmatrix} k_1 \\ k_2 \end{pmatrix} e^{\lambda x}$$

로 가정하자. 양변을 미분하면 $X' = \lambda \begin{pmatrix} k_1 \\ k_2 \end{pmatrix} e^{\lambda x} = \lambda X$이고 (7.6.1)에 대입하면 $\lambda X = AX$이다. 이것을 이항하여 정리하면 $(A - \lambda I)X = O$을 얻는다. 여기서, $X \neq O$이므로 위의 식이 자명하지 않은 해를 갖기 위해서는

$$\det(A - \lambda I) = 0 \tag{7.6.2}$$

이어야 한다. (7.6.2)는 미분방정식 (7.6.1)의 계수행렬 A의 특성방정식이다. 그러므로 계수행렬 A의 고윳값을 알면 주어진 미분방정식의 해를 구할 수 있다. 한편 $e^{\lambda} \neq 0$이므로

$$(A - \lambda I)X = O \iff (A - \lambda I)\begin{pmatrix} k_1 \\ k_2 \end{pmatrix} e^{\lambda x} = O \iff (A - \lambda I)\begin{pmatrix} k_1 \\ k_2 \end{pmatrix} = O$$

임을 알 수 있고 $K = \begin{pmatrix} k_1 \\ k_2 \end{pmatrix}$는 행렬 A의 고유벡터가 된다. 즉 계수행렬 A의 고윳값 λ와 고유벡터 K에 대하여 $X = Ke^{\lambda x}$는 동차 미분방정식 (7.6.1)의 한 해가 된다. 이러한 내용은 계수행렬 A가 n차 정방행렬일 때에도 같은 방법으로 적용된다.

계수행렬 A가 n차 정방행렬인 동차 연립방정식

$$X' = AX \tag{7.6.3}$$

이 주어졌을 때 특성방정식 $\det(A - \lambda I) = 0$의 해의 형태에 따라 미분방정식의 풀이에 대하여 설명한다.

I. (7.6.3)의 계수행렬 A의 고윳값이 서로 다른 실수 $\lambda_1, \cdots, \lambda_n$ 로 주어지고 각각의 대응하는 고유벡터를 $K_1, \cdots, K_n$ 이라고 하면 (7.6.3)의 일반해는

$$X = c_1 K_1 e^{\lambda_1 x} + \cdots + c_n K_n e^{\lambda_n x}.$$

예 7.6.1 다음 연립방정식을 풀어라.

$$\begin{cases} \dfrac{dx}{dt} = 2x + 3y \\ \dfrac{dy}{dt} = 2x + y \end{cases}$$

풀이 주어진 미분방정식의 행렬 표현은

$$X = \begin{pmatrix} x \\ y \end{pmatrix}, \quad X' = \begin{pmatrix} 2 & 3 \\ 2 & 1 \end{pmatrix} X$$

이고 계수행렬 $A = \begin{pmatrix} 2 & 3 \\ 2 & 1 \end{pmatrix}$의 특성방정식은

$$\det(A - \lambda I) = \det\begin{pmatrix} 2-\lambda & 3 \\ 2 & 1-\lambda \end{pmatrix} = \lambda^2 - 3\lambda - 4 = 0,$$

$\lambda^2 - 3\lambda - 4 = (\lambda+1)(\lambda-4)$이므로 고윳값은 $\lambda_1 = -1$, $\lambda_2 = 4$이다. 대응하는 고유벡터를 구하면 $K_1 = \begin{pmatrix} 1 \\ -1 \end{pmatrix}$과 $K_2 = \begin{pmatrix} 3 \\ 2 \end{pmatrix}$이다. 따라서 일차독립인 해

$$X_1 = \begin{pmatrix} 1 \\ -1 \end{pmatrix} e^{-t} \text{ 과 } X_2 = \begin{pmatrix} 3 \\ 2 \end{pmatrix} e^{4t}$$

을 얻고 주어진 미분방정식의 일반해는 다음과 같다.

$$X = c_1 X_1 + c_2 X_2 = c_1 \begin{pmatrix} 1 \\ -1 \end{pmatrix} e^{-t} + c_2 \begin{pmatrix} 3 \\ 2 \end{pmatrix} e^{4t}$$

즉,

$$x(t) = c_1 e^{-t} + 3c_2 e^{4t}, \ y(t) = -c_1 e^{-t} + 2c_2 e^{4t}.$$ ■

2차 이상의 실수계수 방정식이 복소수해 $z = a + bi$를 가지면 공액복소수 $\bar{z} = a - bi$도 방정식의 근이다. 실수를 성분으로 하는 행렬 A의 고윳값이 복소수이면 대응하는 고유벡터는 적어도 하나의 복소수 성분을 갖는다. 따라서 다음을 알 수 있다.

II-1. (7.6.3)의 계수행렬 A의 성분이 실수이고 한 고윳값이 복소수 $\lambda = a + bi$이면 공액복소수 $\bar{\lambda} = a - bi$ 또한 A의 고윳값이다. 또한 K를 λ에 대

응하는 고유벡터라 하면 $\overline{K}$는 $\overline{\lambda}$에 대응하는 고유벡터이다. 즉

$$X_1 = Ke^{\lambda t} \text{ 와 } X_2 = \overline{K}e^{\overline{\lambda}t}$$

는 (7.6.3)의 해이다.

위에서 주어진 두 해 X_1과 X_2는 실함수의 항으로 바꾸어 표현할 수 있다. 오일러공식 $e^{ibt} = \cos bt + i\sin bt$를 이용하면

$$\begin{aligned} e^{\lambda t} &= e^{(a+bi)t} = e^{at}(\cos bt + i\sin bt), \\ e^{\overline{\lambda}t} &= e^{(a-bi)t} = e^{at}(\cos bt - i\sin bt) \end{aligned}$$

이다. 중첩원리에 의하여

$$\begin{aligned} \frac{1}{2}(X_1 + X_2) &= \frac{1}{2}(Ke^{\lambda t} + \overline{K}e^{\overline{\lambda}t}) \\ &= \frac{1}{2}(K+\overline{K})e^{at}\cos bt + \frac{i}{2}(K-\overline{K})e^{at}\sin bt, \\ \frac{i}{2}(X_1 - X_2) &= \frac{i}{2}(Ke^{\lambda t} - \overline{K}e^{\overline{\lambda}t}) \\ &= \frac{i}{2}(K-\overline{K})e^{at}\cos bt - \frac{1}{2}(K+\overline{K})e^{at}\sin bt \end{aligned} \tag{7.6.4}$$

$$\begin{aligned} \frac{1}{2}(X_1 + X_2) + \frac{i}{2}(X_1 - X_2) = &\left[\frac{1}{2}(K+\overline{K})\cos bt + \frac{i}{2}(K-\overline{K})\sin bt\right]e^{at} \\ &+ \left[\frac{i}{2}(K-\overline{K})\cos bt - \frac{1}{2}(K+\overline{K})\sin bt\right]e^{at} \end{aligned} \tag{7.6.5}$$

는 모두 미분방정식 (7.6.3)의 해이고 임의의 복소수 z에 대해

$$Re(z) = \frac{z+\overline{z}}{2}, \quad Im(z) = \frac{z-\overline{z}}{2i}$$

이므로 행렬 $\frac{1}{2}(K+\overline{K})$는 K의 성분의 실수부만을 성분으로 가지게 되고 $-\frac{i}{2}(K-\overline{K})$는 K의 성분의 허수부만을 성분으로 갖게 된다. 따라서

$$B_1 = \frac{1}{2}(K+\overline{K}), \quad B_2 = \frac{i}{2}(K-\overline{K}) \tag{7.6.6}$$

라 하면 B_1과 B_2의 성분은 모두 실수이고 (7.6.5)은 다음과 같이 쓸 수 있다.

$$(B_1\cos bt + B_2\sin bt)e^{at} + (B_2\cos bt - B_1\sin bt)e^{at}.$$

론스키안을 이용하여

$$Y_1 = (B_1 \cos bt + B_2 \sin bt)e^{at}, \quad Y_2 = (B_2 \cos bt - B_1 \sin bt)e^{at}$$

은 (7.6.3)의 일차독립인 두 해임을 쉽게 확인할 수 있다.

II-2. (7.6.3)의 계수행렬 A의 성분이 실수이고 한 고윳값이 복소수 $\lambda = a + bi$에 대하여 λ와 $\overline{\lambda}$에 대응하는 고유벡터를 K와 $\overline{K}$라 할 때 (7.6.6)에서 정의된 두 열벡터에 대하여

$$Y_1 = (B_1 \cos bt + B_2 \sin bt)e^{at}$$
$$Y_2 = (B_2 \cos bt - B_1 \sin bt)e^{at}$$

는 (7.6.3)의 일차독립인 두 해이다.

예 7.6.2 다음 연립방정식을 풀어라.

$$\begin{cases} \dfrac{dx}{dt} = 6x - y \\ \dfrac{dy}{dt} = 5x + 4y \end{cases}$$

풀이 주어진 미분방정식의 행렬 표현은

$$X = \begin{pmatrix} x \\ y \end{pmatrix}, \quad X' = \begin{pmatrix} 6 & -1 \\ 5 & 4 \end{pmatrix} X$$

이고 계수행렬 $A = \begin{pmatrix} 6 & -1 \\ 5 & 4 \end{pmatrix}$의 특성방정식은

$$\det(A - \lambda I) = \det\begin{pmatrix} 6-\lambda & -1 \\ 5 & 4-\lambda \end{pmatrix} = \lambda^2 - 10\lambda + 29 = 0$$

이다. 근의 공식을 이용하면 고윳값은 $\lambda_1 = 5 + 2i$와 $\lambda_2 = 5 - 2i$이다. 대응하는 고유벡터를 구하면 $K_1 = \begin{pmatrix} 1 \\ 1-2i \end{pmatrix}$과 $K_2 = \overline{K_1} = \begin{pmatrix} 1 \\ 1+2i \end{pmatrix}$이다. 따라서 주어진 미분방정식의 일차독립인 해 $X_1 = \begin{pmatrix} 1 \\ 1-2i \end{pmatrix} e^{(5+2i)t}$ 과 $X_2 = \begin{pmatrix} 1 \\ 1+2i \end{pmatrix} e^{(5-2i)t}$을 얻고 주어진 미분방정식의 일반해는 다음과 같다.

$$X = c_1 X_1 + c_2 X_2 = c_1 \begin{pmatrix} 1 \\ 1-2i \end{pmatrix} e^{(5+2i)t} + c_2 \begin{pmatrix} 1 \\ 1+2i \end{pmatrix} e^{(5-2i)t}.$$

주어진 해의 각 항을 실함수로 바꾸어 표현하기 위하여 (7.6.6)을 이용하면

$$B_1 = \frac{1}{2}\left[\begin{pmatrix} 1 \\ 1-2i \end{pmatrix} + \begin{pmatrix} 1 \\ 1+2i \end{pmatrix}\right] = \begin{pmatrix} 1 \\ 1 \end{pmatrix}$$
$$B_2 = \frac{i}{2}\left[\begin{pmatrix} 1 \\ 1-2i \end{pmatrix} - \begin{pmatrix} 1 \\ 1+2i \end{pmatrix}\right] = \begin{pmatrix} 0 \\ 2 \end{pmatrix}$$

이고

$$Y_1 = \left[\begin{pmatrix}1\\1\end{pmatrix}\cos 2t + \begin{pmatrix}0\\2\end{pmatrix}\sin 2t\right]e^{5t}$$
$$Y_2 = \left[\begin{pmatrix}0\\2\end{pmatrix}\cos 2t - \begin{pmatrix}1\\1\end{pmatrix}\sin 2t\right]e^{5t}$$

또한 주어진 미분방정식의 일차독립인 두 해이다. 일반해 또한 다음과 같이 표현된다.

$$\begin{aligned} X &= c_1 Y_1 + c_2 Y_2 \\ &= c_1\left[\begin{pmatrix}1\\1\end{pmatrix}\cos 2t + \begin{pmatrix}0\\2\end{pmatrix}\sin 2t\right]e^{5t} + c_2\left[\begin{pmatrix}0\\2\end{pmatrix}\cos 2t - \begin{pmatrix}1\\1\end{pmatrix}\sin 2t\right]e^{5t} \\ &= c_1\begin{pmatrix}\cos 2t\\ \cos 2t + 2\sin 2t\end{pmatrix}e^{5t} + c_2\begin{pmatrix}-\sin 2t\\ 2\cos 2t - \sin 2t\end{pmatrix}e^{5t}. \end{aligned}$$

■

예 7.6.3 다음 연립 미분방정식을 풀어라.

$$X' = \begin{pmatrix}1 & 2\\ -1/2 & 1\end{pmatrix}X$$

풀이 계수행렬 $A = \begin{pmatrix}1 & 2\\ -1/2 & 1\end{pmatrix}$의 특성방정식

$$\det(A - \lambda I) = \det\begin{pmatrix}1-\lambda & 2\\ -1/2 & 1-\lambda\end{pmatrix} = \lambda^2 - 2\lambda + 2 = 0$$

의 해는 $\lambda_1 = 1+i$, $\lambda_2 = \overline{\lambda_1} = 1-i$이고 λ_1에 대응하는 고유벡터는 $K_1 = \begin{pmatrix}2\\i\end{pmatrix}$이다. (7.6.6)으로부터

$$B_1 = \begin{pmatrix}2\\0\end{pmatrix}, \quad B_2 = \begin{pmatrix}0\\-1\end{pmatrix}$$

이므로 일반해는 다음과 같다.

$$\begin{aligned} X &= c_1\left[\begin{pmatrix}2\\0\end{pmatrix}\cos t + \begin{pmatrix}0\\-1\end{pmatrix}\sin t\right]e^{t} + c_2\left[\begin{pmatrix}0\\-1\end{pmatrix}\cos t - \begin{pmatrix}2\\0\end{pmatrix}\sin t\right]e^{t} \\ &= c_1\begin{pmatrix}2\cos t\\ -\sin t\end{pmatrix}e^{t} + c_2\begin{pmatrix}-2\sin t\\ -\cos t\end{pmatrix}e^{t} \end{aligned}$$

■

(7.6.3)의 계수행렬 A의 성분이 실수이고 한 고윳값이 중복도 m(단, $m \le n$)을 갖는 경우 두 가지 내용으로 해가 결정된다.

III-1. 중복도가 m인 고윳값 λ에 대하여 m개의 일차독립인 고유벡터 $K_1, \cdots, K_m$이 존재하면 연립방정식 (7.6.3)의 일반해는 일차결합

$$c_1 K_1 e^{\lambda t} + \cdots + c_m K_m e^{\lambda t}$$

을 포함한다.

예 7.6.4 다음의 연립 미분방정식을 풀어라.

$$X' = \begin{pmatrix} 1 & -2 & 2 \\ -2 & 1 & -2 \\ 2 & -2 & 1 \end{pmatrix} X.$$

풀이 특성방정식

$$\det(A-\lambda I) = \det\begin{pmatrix} 1-\lambda & -2 & 2 \\ -2 & 1-\lambda & -2 \\ 2 & -2 & 1-\lambda \end{pmatrix} = 0$$

을 정리하면 $(\lambda+1)^2(\lambda-5)=0$이고 고윳값은 $\lambda_1=\lambda_2=-1$과 $\lambda_3=5$이다. 중복도가 2인 고윳값 $\lambda_1=\lambda_2=-1$의 고유벡터를 구하면 일반적인 형태인

$$K = \begin{pmatrix} k_1 \\ k_2 \\ k_3 \end{pmatrix}, \quad k_1 - k_2 + k_3 = 0$$

을 얻고 서로 일차독립인 두 고유벡터

$$K_1 = \begin{pmatrix} 1 \\ 1 \\ 0 \end{pmatrix} \text{과 } K_2 = \begin{pmatrix} 0 \\ 1 \\ 1 \end{pmatrix}$$

를 구할수 있다. 고윳값 $\lambda_3=5$에 대응하는 고유벡터를 구하면

$$K_3 = \begin{pmatrix} 1 \\ -1 \\ 1 \end{pmatrix}$$

을 얻는다. K_1, K_2, K_3는 일차독립인 벡터임을 쉽게 확인할 수 있다. 따라서 주어진 미분방정식의 일반해는 다음과 같다.

$$X = c_1\begin{pmatrix} 1 \\ 1 \\ 0 \end{pmatrix}e^{-t} + c_2\begin{pmatrix} 0 \\ 1 \\ 1 \end{pmatrix}e^{-t} + c_3\begin{pmatrix} 1 \\ -1 \\ 1 \end{pmatrix}e^{5t}.$$ ■

III-2. 중복도가 m인 고윳값 λ에 대하여 대응하는 고유벡터가 오직 하나만 존재하면

$$\begin{aligned} X_1 &= K_{11}e^{\lambda t} \\ X_2 &= K_{21}te^{\lambda t} + K_{22}e^{\lambda t} \\ &\vdots \\ X_m &= K_{m1}\frac{t^{m-1}}{(m-1)!}e^{\lambda t} + K_{m2}\frac{t^{m-2}}{(m-2)!}e^{\lambda t} + \cdots + K_{mm}e^{\lambda t} \end{aligned} \tag{7.6.7}$$

인 m개의 일차독립인 해를 구할 수 있고 일반해는 이들을 포함한다.

여기에서 K_{ij}는 열벡터이다.

K_{ij}를 구하는 과정은 다음과 같이 정리할 수 있다. 우선 λ를 중복도가 2인 고윳값이고 대응하는 고유벡터가 K라 하자. 첫 번째 해는 $X_1 = Ke^{\lambda t}$이고 두 번째 해는

$$X_2 = Kte^{\lambda t} + Pe^{\lambda t} \tag{7.6.8}$$

의 형태로 주어진다. P를 구하기 위하여 (7.6.8)을 연립방정식 $X' = AX$에 대입하여 정리하면

$$(AK - \lambda K)te^{\lambda t} + (AP - \lambda P - K)e^{\lambda t} = 0$$

이다. 임의의 실수 t에 대하여 $e^{\lambda t} \neq 0$이므로 다음 두 개의 연립방정식을 얻는다.

$$\begin{aligned}(A - \lambda I)K &= O \\ (A - \lambda I)P &= K.\end{aligned}$$

첫 번째 식은 K가 A의 고유벡터임을 의미한다. 두 번째 식을 새로운 연립방정식으로 생각하여 P를 구하면 X_2가 구해진다.

λ를 중복도가 3인 고윳값이고 대응하는 고유벡터가 K 하나라 하자. 세 개의 일차독립인 해는

$$\begin{aligned}X_1 &= Ke^{\lambda t} \\ X_2 &= Kte^{\lambda t} + Pe^{\lambda t} \\ X_3 &= K\frac{t^2}{2}e^{\lambda t} + Pte^{\lambda t} + Qe^{\lambda t}\end{aligned} \tag{7.6.9}$$

의 형태로 주어진다. (7.6.9)을 연립방정식 $X' = AX$에 대입하여 정리하면 세 개의 연립방정식

$$\begin{aligned}(A - \lambda I)K &= O \\ (A - \lambda I)P &= K \\ (A - \lambda I)Q &= P\end{aligned}$$

을 얻게 되고 K, P, Q를 구하여 X_1, X_2, X_3를 구할 수 있다. 중복도가 m인 고윳값에 대하여도 이와 같은 과정을 적용할 수 있다.

예 7.6.5 연립 미분방정식을 풀어라.

$$X' = \begin{pmatrix} 3 & -18 \\ 2 & -9 \end{pmatrix} X$$

풀이 계수행렬의 특성방정식은 $(\lambda+3)^2=0$이고 $\lambda_1=\lambda_2=-3$은 중복도 2인 고윳값이다. 이때 대응하는 고유벡터는

$$K=\begin{pmatrix} 3 \\ 1 \end{pmatrix}$$

하나 뿐이다(다른 고유벡터는 모두 K의 상수배이다). 따라서

$$X_1=\begin{pmatrix} 3 \\ 1 \end{pmatrix} e^{-3t}$$

는 주어진 미분방정식의 한 해가 된다. X_1과 일차독립인 해 (7.6.8)을 구하기 위하여 $K=\begin{pmatrix} 3 \\ 1 \end{pmatrix}$, $P=\begin{pmatrix} p_1 \\ p_2 \end{pmatrix}$라 하자. P는 연립방정식 $(A+3I)P=K$, 즉

$$\begin{pmatrix} 6 & -18 \\ 2 & -6 \end{pmatrix}\begin{pmatrix} p_1 \\ p_2 \end{pmatrix}=\begin{pmatrix} 3 \\ 1 \end{pmatrix} \tag{7.6.10}$$

의 해이다. 위 식에서 $2p_1-6p_2=1$인 관계를 얻고 $p_2=0$이라 하면 $p_1=1/2$이다. 따라서 (7.6.10)을 만족하는 하나의 벡터 $P=\begin{pmatrix} 1/2 \\ 0 \end{pmatrix}$를 얻는다. (7.6.8)로부터

$$X_2=\begin{pmatrix} 3 \\ 1 \end{pmatrix} te^{-3t}+\begin{pmatrix} 1/2 \\ 0 \end{pmatrix} e^{-3t}$$

이고 주어진 미분방정식의 일반해는

$$X=c_1\begin{pmatrix} 3 \\ 1 \end{pmatrix} e^{-3t}+c_2\left[\begin{pmatrix} 3 \\ 1 \end{pmatrix} te^{-3t}+\begin{pmatrix} 1/2 \\ 0 \end{pmatrix} e^{-3t}\right].$$ ■

7.6 연습문제

다음 연립 미분방정식의 해를 구하여라.

01 $\begin{cases} \dfrac{dx}{dt} = x + 2y \\ \dfrac{dx}{dt} = 4x + 3y \end{cases}$

02 $\begin{cases} \dfrac{dx}{dt} = -4x + 2y \\ \dfrac{dx}{dt} = -\dfrac{5}{2}x + 2y \end{cases}$

03 $X' = \begin{pmatrix} 10 & -5 \\ 8 & -12 \end{pmatrix} X$

04 $X' = \begin{pmatrix} 1 & 1 & -1 \\ 0 & 2 & 0 \\ 0 & 1 & -1 \end{pmatrix} X$

05 $X' = \begin{pmatrix} -1 & 1 & 0 \\ 1 & 2 & 1 \\ 0 & 3 & -1 \end{pmatrix} X$

06 $X' = \begin{pmatrix} -1 & -1 & 0 \\ 3/4 & -3/2 & 3 \\ 1/8 & 1/4 & -1/2 \end{pmatrix} X$

07 $\begin{cases} \dfrac{dx}{dt} = 6x - y \\ \dfrac{dx}{dt} = 5x + 2y \end{cases}$

08 $\begin{cases} \dfrac{dx}{dt} = 5x + y \\ \dfrac{dx}{dt} = -2x + 3y \end{cases}$

09 $X' = \begin{pmatrix} 4 & -5 \\ 5 & -4 \end{pmatrix} X$

10 $X' = \begin{pmatrix} 0 & 0 & 1 \\ 0 & 0 & -1 \\ 0 & 1 & 0 \end{pmatrix} X$

11 $X' = \begin{pmatrix} 1 & -1 & 2 \\ -1 & 1 & 0 \\ -1 & 0 & 1 \end{pmatrix} X$

12 $X' = \begin{pmatrix} 2 & 5 & 1 \\ -5 & -6 & 4 \\ 0 & 0 & 2 \end{pmatrix} X$

13 $\begin{cases} \dfrac{dx}{dt} = 3x - y \\ \dfrac{dx}{dt} = 9x - 3y \end{cases}$

14 $\begin{cases} \dfrac{dx}{dt} = -x + 3y \\ \dfrac{dx}{dt} = -3x + 5y \end{cases}$

15 $X' = \begin{pmatrix} 5 & -4 & 0 \\ 1 & 0 & 2 \\ 0 & 2 & 5 \end{pmatrix} X$

16 $X' = \begin{pmatrix} 1 & 0 & 0 \\ 2 & 2 & -1 \\ 0 & 1 & 0 \end{pmatrix} X$

7.7 비동차 연립 선형 미분방정식-매개변수 변환법

7.5절에서 살펴본 것과 같이 비동차 연립 미분방정식

$$X' = AX + F(t) \tag{7.7.1}$$

의 일반해는 보조해 X_c와 한 특수해 X_p의 합 $X = X_c + X_p$으로 주어진다. 여기에서 보조해 X_c는 (7.7.1)에 대응하는 동차 연립 미분방정식

$$X' = AX \tag{7.7.2}$$

의 기본계 $X_1, \cdots, X_n$의 일차결합 $X_c = c_1X_1 + \cdots + c_nX_n$이고 이것은 (7.7.2)의 일반해가 된다. 동차 연립방정식의 풀이는 7.6절에서 설명하였으므로 이 절에서는 비동차 연립방정식의 특수해를 구하는 과정을 설명한다.

기본계의 원소 X_i에 대하여 $X_i = \begin{pmatrix} x_{i1} \\ \vdots \\ x_{in} \end{pmatrix}$라 하면 (7.7.2)의 일반해 X는

$$\begin{aligned} X &= c_1X_1 + \cdots + c_nX_n \\ &= c_1\begin{pmatrix} x_{11} \\ \vdots \\ x_{1n} \end{pmatrix} + \cdots + c_n\begin{pmatrix} x_{n1} \\ \vdots \\ x_{nn} \end{pmatrix} \\ &= \begin{pmatrix} c_1x_{11} + \cdots + c_nx_{n1} \\ \vdots \qquad\qquad \vdots \\ c_1x_{1n} + \cdots + c_nx_{nn} \end{pmatrix} \\ &= \begin{pmatrix} x_{11} & \cdots & x_{n1} \\ \vdots & & \vdots \\ x_{1n} & \cdots & x_{nn} \end{pmatrix}\begin{pmatrix} c_1 \\ \vdots \\ c_n \end{pmatrix} = \Phi(t)C \end{aligned} \tag{7.7.3}$$

이고 $\Phi(t)$를 (7.7.2)의 기본행렬이라 한다. 기본계 $X_1, \cdots, X_n$는 일차독립이므로

$$\det\Phi(t) = \det\begin{pmatrix} x_{11} & \cdots & x_{n1} \\ \vdots & & \vdots \\ x_{1n} & \cdots & x_{nn} \end{pmatrix} = \mathrm{W}(X_1, \cdots, X_n) \neq 0$$

이고 $\Phi(t)$는 정칙행렬이다. $X = \Phi(t)C$가 (7.7.2)의 해이므로 $\Phi'(t)C = A\Phi(t)C$이고 $(\Phi'(t) - A\Phi(t))C = O$이다. C는 임의의 상수행렬이므로 $\Phi'(t) - A\Phi(t) = O$ 즉,

$$\Phi'(t) = A\Phi(t). \tag{7.7.4}$$

3.2절의 방법과 같이 C를 열행렬함수

$$U(t) = \begin{pmatrix} u_1(t) \\ \vdots \\ u_n(t) \end{pmatrix}$$

로 표현하여 $X_p = \Phi(t)U(t)$를 비동차 연립방정식 (7.7.1)의 특수해라 하자. 그러면

$$X_p{}' = \Phi'(t)U(t) + \Phi(t)U'(t)$$

이고, X_p와 $X_p{}'$를 (7.7.1)에 대입하면

$$\Phi'(t)U(t) + \Phi(t)U'(t) = A\Phi(t)U(t) + F(t).$$

이 식에 (7.7.4)를 대입하여 정리하면 $\Phi(t)U'(t) = F(t)$이다. 그러므로

$$U'(t) = \Phi^{-1}(t)F(t).$$

이것의 양변을 적분하면

$$U(t) = \int \Phi^{-1}(t)F(t)dt.$$

따라서 (7.7.1)의 한 특수해는

$$X_p = \Phi(t)\int \Phi^{-1}(t)F(t)dt \tag{7.7.5}$$

로 주어진다.

예 7.7.1 다음 비동차 연립 미분방정식의 일반해를 구하여라.

$$X' = \begin{pmatrix} -3 & 1 \\ 2 & -4 \end{pmatrix} X + \begin{pmatrix} 3t \\ e^{-t} \end{pmatrix}$$

풀이 첫째로 동차 연립방정식 $X' = \begin{pmatrix} -3 & 1 \\ 2 & -4 \end{pmatrix} X$의 해를 구한다. 계수행렬의 특성방정식은 $(\lambda+2)(\lambda+5) = 0$이고 고윳값은 $\lambda_1 = -2$와 $\lambda_2 = -5$이다. 대응하는 고유벡터는 각각

$$\begin{pmatrix} 1 \\ 1 \end{pmatrix} \text{과} \begin{pmatrix} 1 \\ -2 \end{pmatrix}$$

이므로 동차 연립방정식의 기본계는

$$X_1 = \begin{pmatrix} 1 \\ 1 \end{pmatrix} e^{-2t} \text{과 } X_2 = \begin{pmatrix} 1 \\ -2 \end{pmatrix} e^{-5t}$$

이다. 따라서 비동차 연립방정식의 보조해는

$$X_c = c_1 \begin{pmatrix} 1 \\ 1 \end{pmatrix} e^{-2t} + c_2 \begin{pmatrix} 1 \\ -2 \end{pmatrix} e^{-5t}.$$

한편 동차 연립방정식의 기본행렬은

$$\Phi(t) = \begin{pmatrix} e^{-2t} & e^{-5t} \\ e^{-2t} & -2e^{-5t} \end{pmatrix}, \quad \Phi^{-1}(t) = \begin{pmatrix} \frac{2}{3}e^{2t} & \frac{1}{3}e^{2t} \\ \frac{1}{3}e^{5t} & -\frac{1}{3}e^{5t} \end{pmatrix}$$

이다. (7.7.5)로부터

$$\begin{aligned} X_p &= \Phi(t) \int \Phi^{-1} F(t) dt \\ &= \begin{pmatrix} e^{-2t} & e^{-5t} \\ e^{-2t} & -2e^{-5t} \end{pmatrix} \int \begin{pmatrix} \frac{2}{3}e^{2t} & \frac{1}{3}e^{2t} \\ \frac{1}{3}e^{5t} & -\frac{1}{3}e^{5t} \end{pmatrix} \begin{pmatrix} 3t \\ e^{-t} \end{pmatrix} dt \\ &= \begin{pmatrix} e^{-2t} & e^{-5t} \\ e^{-2t} & -2e^{-5t} \end{pmatrix} \int \begin{pmatrix} 2te^{2t} + \frac{1}{3}e^{t} \\ te^{5t} - \frac{1}{3}e^{4t} \end{pmatrix} dt \\ &= \begin{pmatrix} e^{-2t} & e^{-5t} \\ e^{-2t} & -2e^{-5t} \end{pmatrix} \begin{pmatrix} te^{2t} - \frac{1}{2}e^{2t} + \frac{1}{3}e^{t} \\ \frac{1}{5}te^{5t} - \frac{1}{25}e^{5t} - \frac{1}{12}e^{4t} \end{pmatrix} \\ &= \begin{pmatrix} \frac{6}{5}t - \frac{27}{50} + \frac{1}{4}e^{-t} \\ \frac{3}{5}t - \frac{21}{50} + \frac{1}{2}e^{-t} \end{pmatrix} \end{aligned}$$

이다. 따라서 주어진 미분방정식의 일반해는

$$\begin{aligned} X &= c_1 \begin{pmatrix} 1 \\ 1 \end{pmatrix} e^{-2t} + c_2 \begin{pmatrix} 1 \\ -2 \end{pmatrix} e^{-5t} + \begin{pmatrix} \frac{6}{5}t - \frac{27}{50} + \frac{1}{4}e^{-t} \\ \frac{3}{5}t - \frac{21}{50} + \frac{1}{2}e^{-t} \end{pmatrix} \\ &= c_1 \begin{pmatrix} 1 \\ 1 \end{pmatrix} e^{-2t} + c_2 \begin{pmatrix} 1 \\ -2 \end{pmatrix} e^{-5t} + \begin{pmatrix} \frac{6}{5} \\ \frac{3}{5} \end{pmatrix} t - \begin{pmatrix} \frac{27}{50} \\ \frac{21}{50} \end{pmatrix} + \begin{pmatrix} \frac{1}{4} \\ \frac{1}{2} \end{pmatrix} e^{-t} \end{aligned}$$ ■

7.7 연습문제

다음 비동차 연립 미분방정식의 해를 구하여라.

01 $\begin{cases} \dfrac{dx}{dt} = 3x - 3y + 4 \\ \dfrac{dx}{dt} = 2x - 2y - 1 \end{cases}$

02 $\begin{cases} \dfrac{dx}{dt} = 3x - 5y + e^{t/2} \\ \dfrac{dx}{dt} = \dfrac{3}{4}x - y - e^{t/2} \end{cases}$

03 $X' = \begin{pmatrix} 0 & 2 \\ -1 & 3 \end{pmatrix} X + \begin{pmatrix} 1 \\ -1 \end{pmatrix} e^t$

04 $X' = \begin{pmatrix} 1 & 8 \\ 1 & -1 \end{pmatrix} X + \begin{pmatrix} 12 \\ 12 \end{pmatrix} t$

05 $X' = \begin{pmatrix} 3 & 2 \\ -2 & -1 \end{pmatrix} X + \begin{pmatrix} 2e^{-t} \\ e^{-t} \end{pmatrix}$

06 $X' = \begin{pmatrix} 0 & -1 \\ 1 & 0 \end{pmatrix} X + \begin{pmatrix} \sec t \\ 0 \end{pmatrix}$

07 $X' = \begin{pmatrix} 1 & -1 \\ 1 & 1 \end{pmatrix} X + \begin{pmatrix} \cos t \\ \sin t \end{pmatrix} e^t$

08 $X' = \begin{pmatrix} 0 & 1 \\ -1 & 0 \end{pmatrix} X + \begin{pmatrix} 0 \\ \sec t \tan t \end{pmatrix}$

09 $X' = \begin{pmatrix} 1 & 2 \\ -1/2 & 1 \end{pmatrix} X + \begin{pmatrix} \csc t \\ \sec t \end{pmatrix} e^t$

10 $X' = \begin{pmatrix} 1 & 1 & 0 \\ 1 & 1 & 0 \\ 0 & 0 & 3 \end{pmatrix} X + \begin{pmatrix} e^t \\ e^{2t} \\ te^{3t} \end{pmatrix}$

제8장 복소수

미분적분학은 실변수함수에 대한 학문이다. 이 장에서는 복소해석학에 대하여 알아본다. 먼저 복소수와 그의 극형식을 소개하고 영역을 알아본다. 그리고 정칙함수와 초월함수에 대하여 알아보고 복소적분에 대하여 알아본다.

8.1 복소수, 복소수의 표현과 극형식

이 절에서는 복소수에 대한 정의를 공부하고 여러 가지 표현 방법에 대하여 공부한다.

복소수를 공부하기 전에 다음과 같은 이차방정식의 해를 생각해 보자.

$$ax^2 + bx + c = 0$$

이 방정식의 해는 판별식 $D = b^2 - 4ac$에 따라 세 가지가 나타나는데, 특히 $D < 0$인 경우 다음과 같은 허근을 갖는다.

$$x_1 = -\frac{b}{2a} + \frac{i\sqrt{4ac-b^2}}{2a} \quad \text{또는} \quad x_2 = -\frac{b}{2a} - \frac{i\sqrt{4ac-b^2}}{2a}$$

여기에서 i 는 $i^2 = -1$이 되는 **허수**의 기본단위를 정의하였고 허근에 있는 $\frac{b}{2a}$와 $\frac{\sqrt{4ac-b^2}}{2a}$은 실수이다.

위의 내용을 이용하여 다음과 같이 복소수를 정의할 수 있다.

정의 8.1.1 x, y를 실수라 할 때

$$z = x + i\,y$$

로 표현되는 수 z를 **복소수**라 하고, x를 z의 **실수부**, y를 z의 **허수부**, i 를 **허수단위**라 한다. 그리고 임의의 복소수 z의 실수부와 허수부를 다음과 같이 나타낸다.

$$x = \mathrm{Re}(z), \quad y = \mathrm{Im}(z)$$

또한 복소수 전체의 집합을 $\mathbb{C}$로 표시한다.

주1 (1) 임의의 복소수 $z = x + iy$에 대하여 $-z = -x + i(-y) = -x - iy$로 정의한다. 특히 $x = 0$일 때 $z = iy$를 순허수라 하고, $y = 0$일 때 z는 실수가 된다. 따라서 실수집합 $\mathbb{R}$은 복소수집합 $\mathbb{C}$의 부분집합이다.

(2) 임의의 두 복소수 z_1, z_2 에 대하여 대소관계를 비교할 수 없지만 $z_1 = x_1 + iy_1$, $z_2 = x_2 + iy_2$ 는 $x_1 = x_2$ 이고 $y_1 = y_2$ 이면 두 복소수는 같다고 하고 $z_1 = z_2$ 로 나타낸다.

(3) $x = 0$이고 $y = 0$일 때, $z = 0$이라 한다.

정의 8.1.2 임의의 복소수 $z_1 = x_1 + iy_1$ 와 $z_2 = x_2 + iy_2$ 에 대하여 다음과 같이 정의한다.

(1) $z_1 \pm z_2 = (x_1 + iy_1) \pm (x_2 + iy_2) = (x_1 \pm x_2) + i(y_1 \pm y_2)$

(2) $z_1 z_2 = (x_1 + iy_1)(x_2 + iy_2) = (x_1 x_2 - y_1 y_2) + i(x_1 y_2 + x_2 y_1)$

(3) $\dfrac{z_1}{z_2} = \dfrac{x_1 + iy_1}{x_2 + iy_2} = \dfrac{x_1 x_2 + y_1 y_2}{x_2^2 + y_2^2} + i\dfrac{x_2 y_1 - x_1 y_2}{x_2^2 + y_2^2} \quad (z_2 \neq 0)$

위의 사칙연산의 정의에 의하여 다음 성질을 알 수 있다.

정리 8.1.3 임의의 복소수 z_1, z_2, z_3에 대하여 다음이 성립한다.

(1) $z_1 + z_2 = z_2 + z_1$, $z_1 z_2 = z_2 z_1$ (교환법칙)

(2) $z_1 + (z_2 + z_3) = (z_1 + z_2) + z_3$, $z_1(z_2 z_3) = (z_1 z_2) z_3$ (결합법칙)

(3) $z_1(z_2 + z_3) = z_1 z_2 + z_1 z_3$ (분배법칙)

(4) $0 + z_1 = z_1 = 0 + z_1$, $1z_1 = z_1 = z_1 1$

(5) $z_1 + (-z_1) = 0$

(6) $z_1 \neq 0$ 이면 $z_1 \dfrac{1}{z_1} = 1$

증명 (1) $z_1 = x_1 + iy_1$, $z_2 = x_2 + iy_2$라면

$$\begin{aligned} z_1 + z_2 &= (x_1 + iy_1) + (x_2 + iy_2) = (x_1 + x_2) + i(y_1 + y_2) \\ &= (x_2 + x_1) + i(y_2 + y_1) = (x_2 + iy_2) + (x_1 + iy_1) = z_2 + z_1. \end{aligned}$$ ■

(2)~(6)의 증명도 같은 방법으로 한다.

예 8.1.1 $z_1 z_2 = 0$이면 $z_1 = 0$ 또는 $z_2 = 0$임을 밝혀라.

풀이 $z_1 = x_1 + iy_1$, $z_2 = x_2 + iy_2$ 라면

$$z_1z_2=(x_1x_2-y_1y_2)+i(x_1y_2+x_2y_1)=0$$

에서

$$x_1x_2-y_1y_2=0, \quad x_1y_2+x_2y_1=0.$$

그러므로

$$(x_1x_2-y_1y_2)^2+(x_1y_2+x_2y_1)^2=(x_1^2+y_1^2)(x_2^2+y_2^2)=0$$

이므로 $x_1=y_1=0$ 또는 $x_2=y_2=0$이다. 따라서 $z_1=0$ 또는 $z_2=0$. ■

정의 8.1.4 임의의 복소수 $z=x+iy$에 대하여 $x-iy$를 z의 **공액복소수**라 하고 $\bar{z}$로 나타낸다.

복소수와 공액복소수는 다음과 같은 성질이 있다.

정리 8.1.5 임의의 복소수 z에 대하여 다음이 성립한다.

(1) $z+\bar{z}=(x+iy)+(x-iy)=2x=2\mathrm{Re}(z)$, 즉

$$\mathrm{Re}(z)=\frac{z+\bar{z}}{2}.$$

(2) $z-\bar{z}=(x+iy)-(x-iy)=2iy=2i\mathrm{Im}(z)$, 즉

$$\mathrm{Im}(z)=\frac{z-\bar{z}}{2i}.$$

(3) $\overline{z_1+z_2}=\overline{z_1}+\overline{z_2}$, $\overline{z_1z_2}=\overline{z_1}\cdot\overline{z_2}$

(4) $z_2\neq 0$ 이면 $\overline{\left(\frac{z_1}{z_2}\right)}=\frac{\overline{z_1}}{\overline{z_2}}$

(5) $z\bar{z}=(x+iy)(x-iy)=x^2+y^2\geq 0$이고 등호는 $z=0$일 때만 성립한다.

증명 정의에 의하여 간단히 증명할 수 있다. ■

정의 8.1.6 **복소수의 크기**

임의의 복소수 z 의 크기는 $|z|$로 나타내며 $z=x+iy$ 이면 $|z|$의 값을 다음과 같이 정의한다.

$$|z|=\sqrt{x^2+y^2}$$

주2 임의의 복소수 $z=x+iy$에 대하여 다음이 성립한다.

$$|z|^2=|x+iy|^2=x^2+y^2,\ |\bar{z}|^2=|x-iy|^2=x^2+(-y)^2=x^2+y^2$$

그러므로 $|z|^2=z\bar{z}=|\bar{z}|^2$이다.

예 8.1.2 다음 방정식을 풀어라.

(1) $|z|+z=2+6i$ (2) $2\bar{z}-iz=2+i$

풀이 (1) $z=x+iy$ 라 하면 $|z|=\sqrt{x^2+y^2}$ 이므로 다음이 성립한다.

$$\sqrt{x^2+y^2}+x+iy=2+6i,\quad \sqrt{x^2+y^2}+x=2,\quad y=6.$$

따라서 $\sqrt{x^2+36}+x=2$이고 이 방정식을 풀면 $x=-8$이다. 따라서 구하는 해는 $z=-8+6i$.

(2) $z=x+iy$ 라 하면 $\bar{z}=x-iy$ 이므로

$$(2x-2iy)-i(x+iy)=(2x+y)-i(x+2y)=2+i,$$
$$2x+y=2,\quad x+2y=-1.$$

이 연립방정식을 풀면 $x=\frac{5}{3}$, $y=-\frac{4}{3}$이다. 따라서 구하는 해는 $z=\frac{5}{3}-\frac{4}{3}i$ 이다. ■

복소수의 기하학적 표현

복소수 $z=x+iy$ 는 xy-평면의 점 $P(x,\ y)$와 일대일대응 관계가 있다. 예를 들면 $-1-i$ 는 점 $(-1,-1)$ 로 유일하게 표시되고, 역으로 점 $(-1,-1)$은 복소수 $-1-i$를 나타낸다. 이와 같이 복소수 $z=x+iy$를 나타내는 xy평면을 **복소수평면** 또는 **가우스평면**이라 부른다. 이때 x축 위의 점은 실수를, y축 위의 점은 순허수를 나타낸다. 따라서 복소수를 나타내는 평면의 x축을 **실수축**, y축을 **허수축**이라 한다.

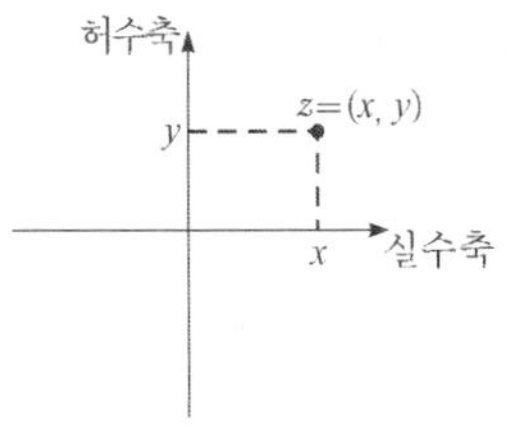

그림 8.1.1

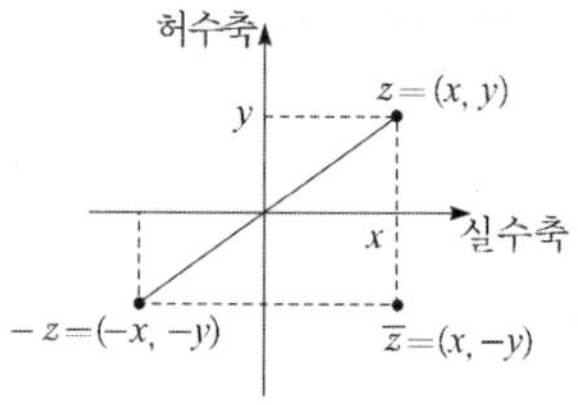

그림 8.1.2

임의의 복소수 z 를 $z=x+iy$ 라 하면 $\bar{z}=x-iy$ 이므로 $\bar{z}$는 z 와 x축(실수축)에 대칭인 점, $-z$는 $-z=-x-iy$ 이므로 z와 원점 대칭인 점으로 나타난다.

그리고 복소수 $z=x+iy$의 크기 $|z|$는 복소수평면에서 원점으로부터 점 (x,y)까지의 거리를 나타낸다.

두 복소수 $z_1=x_1+iy_1$, $z_2=x_2+iy_2$ 에 대하여 $z_1+z_2=x_1+y_1+i(y_1+y_2)$는 복소수평면에서 다음과 같이 나타낸다.

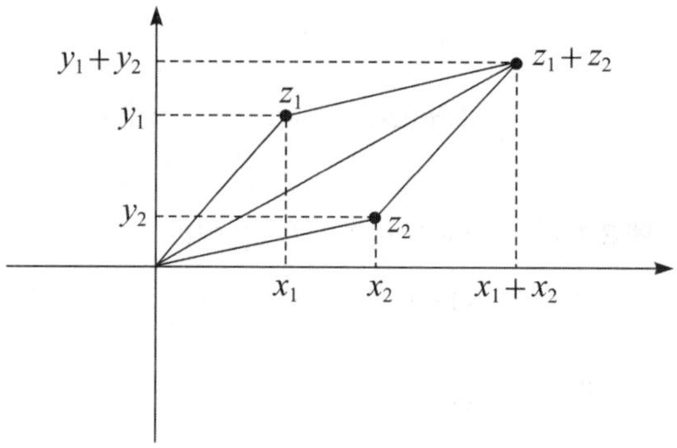

그림 8.1.3

위 그림에서와 같이 다음 정리가 성립한다.

정리 8.1.7 **삼각부등식**

임의의 두 복소수 z_1, z_2에 대하여 $|z_1+z_2| \le |z_1|+|z_2|$.

정의 8.1.8 **복소수의 극형식**

임의의 복소수 $z=x+iy$에 대하여 $|z|=r$이라 하고 복소수평면상의 점 $P(x, y)$를 극좌표 (r, θ)로 표시하면

$$x=r\cos\theta,\ y=r\sin\theta\ (r>0)$$

이므로 복소수 $z=x+iy$는 다음과 같이 쓸 수 있다.

$$z = x + iy = r(\cos\theta + i\sin\theta)$$
$$r = \sqrt{x^2 + y^2} = |z|, \ \theta = \tan^{-1}\frac{y}{x} \ (x \neq 0).$$

이때 θ를 z의 **편각**이라 하고 arg(z)로 나타낸다. 복소수 z를 크기 $|z|$와 편각 θ로 표시하는 식을 z의 **극형식**이라 한다.

θ가 z의 한 편각이면 $\theta + 2n\pi$ (n은 정수) 또한 z의 편각이다. 편리에 따라 θ의 범위를 $-\pi < \theta \leq \pi$로 한정한다. 이 경우 $\theta = \mathrm{Arg}(z)$로 표시하고 $\arg(z)$의 **주치**라 한다. $z = 0$일 때 편각은 정의하지 않는다.

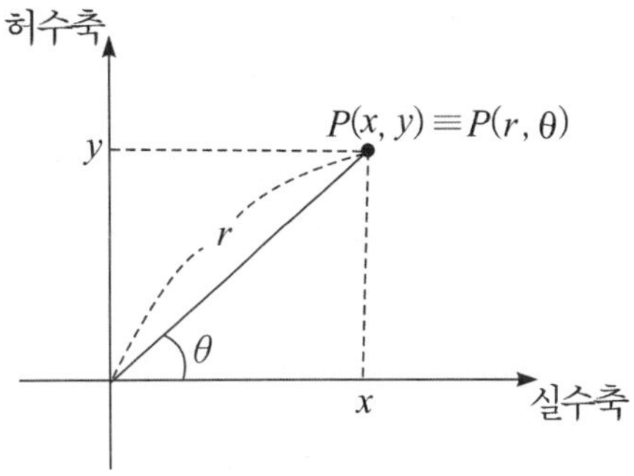

그림 8.1.4

예 8.1.3 $z = 1 + i\sqrt{3}$일 때 z를 극형식으로 표시하고 $\arg(z)$와 $\mathrm{Arg}(z)$를 구하여라.

풀이 $|1 + i\sqrt{3}| = 2$이고 $\arg(z) = \dfrac{\pi}{3} + 2n\pi$ (n은 정수)이다. 따라서

$$\mathrm{Arg}(z) = \frac{\pi}{3} \text{ 이므로 } z = 2\left(\cos\frac{\pi}{3} + i\sin\frac{\pi}{3}\right).$$ ■

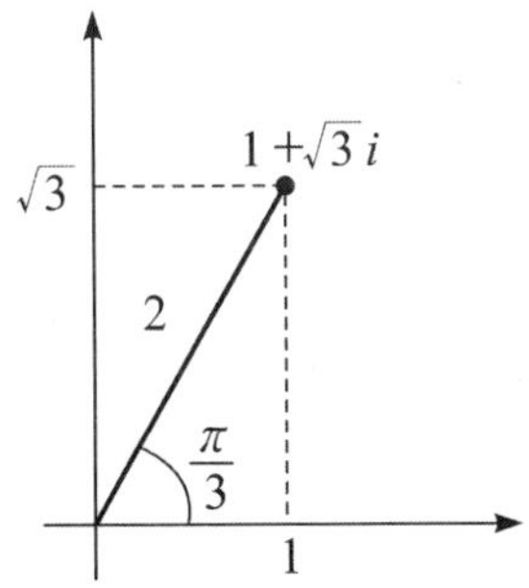

그림 8.1.5

극형식을 사용하면 두 복소수의 곱, 몫, 거듭제곱, n제곱근 등을 쉽게 구할 수 있다.

$$z_1 = r_1(\cos\theta_1 + i\sin\theta_1), \ z_2 = r_2(\cos\theta_2 + i\sin\theta_2)$$

라 하면 다음이 성립한다.

$$\begin{aligned} z_1 z_2 &= r_1 r_2\{(\cos\theta_1\cos\theta_2 - \sin\theta_1\sin\theta_2) + i(\sin\theta_1\cos\theta_2 + \cos\theta_1\sin\theta_2)\} \\ &= r_1 r_2\{\cos(\theta_1 + \theta_2) + i\sin(\theta_1 + \theta_2)\}. \end{aligned}$$

따라서

$$|z_1 z_2| = |z_1||z_2|, \ \arg(z_1 z_2) = \arg(z_1) + \arg(z_2).$$

같은 방법으로, $z_2 \neq 0$일 때

$$\frac{z_1}{z_2} = \frac{r_1}{r_2}\{\cos(\theta_1 - \theta_2) + i\sin(\theta_1 - \theta_2)\}$$

$$\left|\frac{z_1}{z_2}\right| = \frac{|z_1|}{|z_2|}, \ \arg\left(\frac{z_1}{z_2}\right) = \arg(z_1) - \arg(z_2).$$

일반적으로 임의의 $j = 1, \cdots, n$에 대하여 $z_j = r_j(\cos\theta_j + i\sin\theta_j)$이면

$$z_1 \cdots z_n = r_1 \cdots r_n\{\cos(\theta_1 + \cdots + \theta_n) + i\sin(\theta_1 + \cdots + \theta_n)\}$$

이다. 특히 $z = z_1 = \cdots = z_n$이고, $z = r(\cos\theta + i\sin\theta)$라면

$$z^n = \{r(\cos\theta + i\sin\theta)\}^n = r^n(\cos n\theta + i\sin n\theta)$$

을 얻는다. 여기에서 n은 양의 정수이다.

$\dfrac{z_1}{z_2}$에서 $z_1 = 1$인 경우

$$\frac{1}{z} = \frac{1}{r}\{\cos(-\theta) + i\sin(-\theta)\} = \frac{1}{r}(\cos\theta - i\sin\theta)$$

이므로 위의 식에서

$$z^{-n} = \frac{1}{z^n} = \frac{1}{r^n}\{\cos(-n\theta) + i\sin(-n\theta)\} = \left(\frac{1}{z}\right)^n.$$

따라서 다음 정리를 얻는다.

정리 8.1.9 **드무아브르 공식**

임의의 정수 $n \in \mathbb{Z}$에 대하여 복소수가 $z = r(\cos\theta + i\sin\theta)$이면

$$z^n = r^n(\cos n\theta + i\sin n\theta).$$

예 8.1.4 다음 복소수를 $x + iy$꼴로 나타내어라.

(1) $(\sqrt{3} + i)^5$ (2) $\left(\dfrac{1+i}{1-i}\right)^{10}$

풀이 (1) $(\sqrt{3} + i)^5 = \left\{2\left(\cos\frac{\pi}{6} + i\sin\frac{\pi}{6}\right)\right\}^5 = 2^5\left(\cos\frac{5\pi}{6} + i\sin\frac{5\pi}{6}\right)$

$$= 32\left(-\frac{\sqrt{3}}{2}+i\frac{1}{2}\right) = -16\sqrt{3}+i16.$$

(2) $$\frac{1+i}{1-i} = \frac{\sqrt{2}\left\{\cos\left(\frac{\pi}{4}\right)+i\sin\left(\frac{\pi}{4}\right)\right\}}{\sqrt{2}\left\{\cos\left(-\frac{\pi}{4}\right)+i\sin\left(-\frac{\pi}{4}\right)\right\}} = \cos\frac{\pi}{2}+i\sin\frac{\pi}{2}.$$

그러므로

$$\left(\frac{1+i}{1-i}\right)^{10} = \left(\cos\frac{\pi}{2}+i\sin\frac{\pi}{2}\right)^{10} = \cos 5\pi + i\sin 5\pi = -1.$$ ■

정의 8.1.10 α를 복소수라 하고 n을 양의 정수라 할 때 방정식

$$\alpha = z^n$$

을 만족하는 근 z를 α의 n**제곱근**이라 하고 $z = \alpha^{1/n}$으로 나타낸다. $\alpha = r_0(\cos\theta_0 + i\sin\theta_0)$, $z = r(\cos\theta + i\sin\theta)$라 하면 위의 방정식은

$$\begin{aligned} r_0(\cos\theta_0 + i\sin\theta_0) &= r^0\{\cos(\theta_0 + 2k\pi) + i\sin(\theta_0 + 2k\pi)\} \\ &= r^n(\cos n\theta + i\sin n\theta) \end{aligned}$$

그러므로 k가 임의의 정수일 때

$$r = \sqrt[n]{r_0}, \quad \theta = \frac{\theta_0 + 2k\pi}{n},$$

$$z = \sqrt[n]{r_0}\left(\cos\frac{\theta_0 + 2k\pi}{n} + i\sin\frac{\theta_0 + 2k\pi}{n}\right)$$

이다. 만일 $k = 0,\ 1,\ \cdots,\ n-1$일 때 구하고자 하는 해를 구할 수 있다. 특히 $\alpha = 1$이면 $r_0 = 1$, $\theta_0 = 0$이므로 $z^n = 1$의 해는 다음과 같다.

$$z = \cos\frac{2k\pi}{n} + i\sin\frac{2k\pi}{n}$$

따라서 $k = 1$일 때 값을 $\omega = \cos\frac{2\pi}{n} + i\sin\frac{2\pi}{n}$라 하면 1의 모든 n제곱근, 즉 $z^n = 1$의 해는

$$1,\ \omega,\ \omega^2,\ \cdots,\ \omega^{n-1}.$$

따라서 $\alpha = z^n$의 n제곱근의 하나를 z_1이라 하면 모든 n제곱근은

$$z_1,\ z_1\omega,\ z_1\omega^2,\ \cdots,\ z_1\omega^{n-1}.$$

예 8.1.5 -16 의 4제곱근을 모두 구하여라.

풀이 임의의 정수 k에 대하여

$$-16=16\{\cos(\pi+2k\pi)+i\sin(\pi+2k\pi)\}$$

이므로 임의의 복소수를 z를 $z=r(\cos\theta+i\sin\theta)$라 하면 드무아브르의 공식에 의하여 다음을 알 수 있다.

$$z^4=r^4(\cos 4\theta+i\sin 4\theta)=16\{\cos(\pi+2k\pi)+i\sin(\pi+2k\pi)\}$$
$$r^4=16,\quad 4\theta=\pi+2k\pi$$
$$r=2,\quad \theta=\frac{\pi+2k\pi}{4}$$
$$z_k=2\left\{\cos\left(\frac{\pi+2k\pi}{4}\right)+i\sin\left(\frac{\pi+2k\pi}{4}\right)\right\}$$

여기에서 $k=0,1,2,3$이다. ■

8.1 연습문제

01 다음 복소수의 실수부와 허수부를 구하여라.

(1) $\dfrac{5}{4+3i}$ (2) $\dfrac{-i^{19}}{-1+2i}$

(3) $i^4-3i^3+i^2-i$ (4) $\dfrac{1-i}{(1+i)(3+2i)}$

02 다음 복소수의 크기를 구하여라.

(1) $-i(3+i)(1-2i)$ (2) $\dfrac{1+i}{(2-i)(3+i)}$

(3) $\dfrac{2-i}{4+6i}$ (4) $(1-i)^2(2+i)^2$

03 다음 복소수를 극형식으로 표시하여라.

(1) -2 (2) $-2i$

(3) $\dfrac{1}{4}+i\dfrac{\sqrt{3}}{4}$ (4) $(2+2i)(-\sqrt{3}+3i)$

8.2 복소수에서의 영역

정의 8.2.1 임의의 양수 $\varepsilon > 0$에 대하여 복소수의 부분집합

$$\{z \in \mathbb{C} \ : \ |z - z_0| < \varepsilon\}$$

을 점 z_0의 ε-**근방**이라 하고 $N(z_0 \, ; \varepsilon)$으로 나타낸다.
일반적으로 실수 $r > 0$에 대하여 각각 다음과 같이 용어를 정의한다.
$\{z \in C : |z - z_0| < r\}$: 중심이 z_0이고 반지름의 길이가 r인 개원판
$\{z \in C : |z - z_0| \le r\}$: 중심이 z_0이고 반지름의 길이가 r인 폐원판
$\{z \in C : |z - z_0| = r\}$: 중심이 z_0이고 반지름의 길이가 r인 원

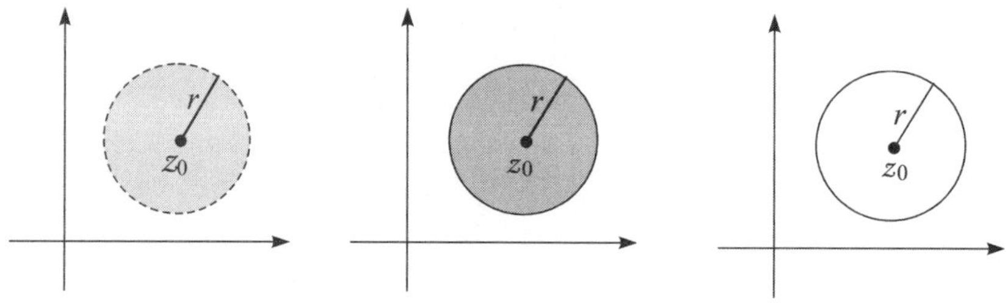

(a) 개원판 (b) 폐원판 (c) 원

그림 8.2.1

정의 8.2.2 S가 복소수집합 $\mathbb{C}$의 부분집합이고 z_0는 임의의 복소수라 하자.

(1) z_0의 적당한 δ-근방 $N(z_0 \, ; \delta)$이 S 안에 있으면 z_0를 S의 **내점**이라 하고, S의 모든 점이 S의 내점이면 S를 **개집합**이라 한다.

(2) z_0의 임의의 ϵ-근방 $N(z_0 \, ; \epsilon)$이 S의 점과 여집합 S^c의 점을 동시에 포함하고 있으면 z_0를 S의 **경계점**이라 하고, S의 모든 경계점들의 집합을 S의 **경계**라 한다.

(3) S의 여집합 S^c가 개집합이면 S를 **폐집합**이라 한다.

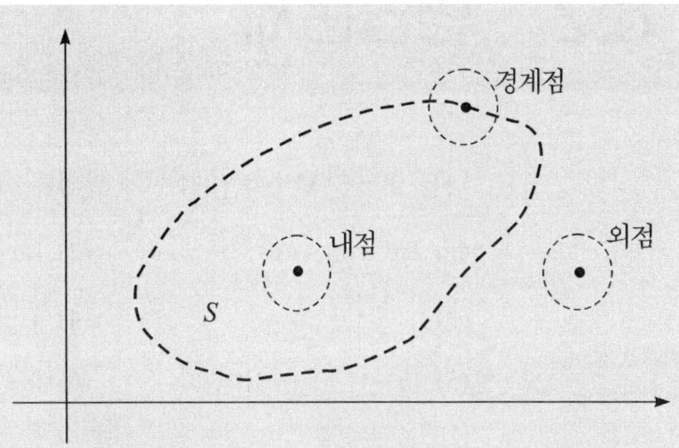

그림 8.2.2

(4) S의 임의의 두 점을 S에서 그려지는 곡선으로 연결할 수 있으면 S를 **연결집합**이라 한다.

(5) S가 개집합이고 동시에 연결집합이면 S를 **정의역**이라고 한다.

(6) 정의역과 그의 경계의 일부 또는 전체의 합집합으로 표현되는 집합을 모두 **영역**이라 한다.

예 8.2.1 다음 집합에서 영역인지를 밝혀라.

(1) $S_1 = \{z : |z| \leq 2\}$　　(2) $S_2 = \{ z : \mathrm{Re}(z) > 1 \}$

(3) $S_3 = \{ z : |\mathrm{Im}(z)| \leq 2\}$　　(4) $S_4 = \{ z : |\mathrm{Re}(z)| > 1 \}$

(5) $S_5 = \{ z : 1 < |z| < 2 \}$

풀이 다음 그림에서와 같이 S_1, S_2, S_3, S_5는 연결집합이므로 영역이지만 S_4는 연결집합이 아니므로 영역이 아니다. ■

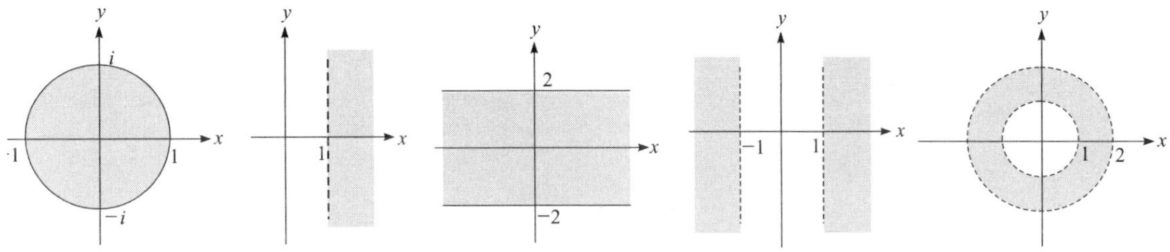

(a) S_1　(b) S_2　(c) S_3　(d) S_4　(e) S_5

그림 8.2.3

8.2 연습문제

01 다음 조건을 만족하는 점 z의 범위를 그려라.

(1) $\mathrm{Re}(z^2) \leq 1$　　(2) $|\arg z| < \dfrac{\pi}{3}$

(3) $\left|\dfrac{1}{z}\right| < 4$　　(4) $\left|\dfrac{z+1}{z-1}\right| > 1$

(5) $|z-1|+|z+3| < 3$　　(6) $|z-2||z+2| < 2$

02 복소수평면에서 $\{z : z+|z| \neq 0\}$는 원점과 음의 실수축을 제외한 영역임을 증명하여라.

8.3 정칙함수

정의 8.3.1 집합 S가 복소평면 $\mathbb{C}$의 부분집합이라 하고 S 안에 각 원소 z가 단 하나의 복소수 w를 대응하는 규칙 $f : S \to \mathbb{C}$를 **복소수함수**라 하고 이것을 $w = f(z)$으로 나타내며 z를 **독립변수**, w를 **종속변수**라 한다. 여기에서 S를 **정의역**, 집합 $\{w : w = f(z),\ z \in S\}$를 f의 **치역**이라 한다.

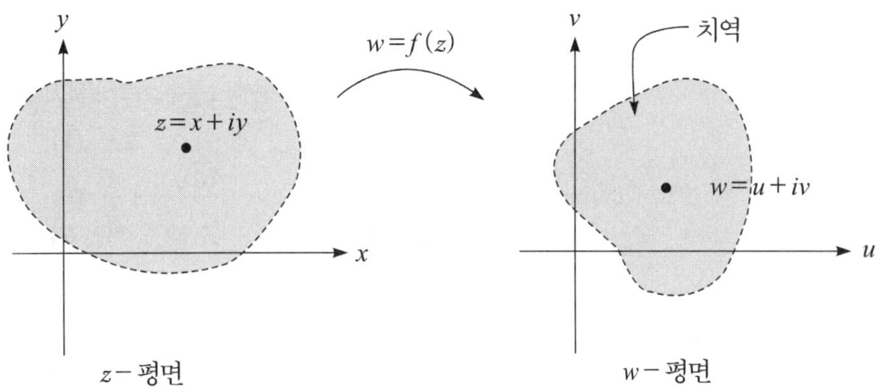

그림 8.3.1

주1 임의의 복소수 $z=x+iy$에 대한 함수 $w = f(z)$에 대한 상 w는 복소수이므로 다음과 같이 표현한다.

$$w = f(z) = u(x,\ y) + iv(x,\ y)$$

여기에서 u는 w의 실수부, v는 허수부로 실가함수이다. 따라서 정의역을 z-**평면** 또는 xy-**평면**이라 하고 치역의 영역을 w-**평면** 또는 uv-**평면**이라 한다.
또한 같은 방법으로 z를 극형식으로 표현하면 $z=r(\cos\theta+i\sin\theta)$이고 $w=f(z)$는

$$w = f(z) = u(r,\ \theta) + iv(r,\ \theta)$$

로 표시할 수 있다.

예 8.3.1 $f(z)=z^2$이고 $f(z) = u+iv$일 때 u, v를 구하여라.

풀이 $z=x+iy$ 라 할 때

$$f(z) = z^2 = (x+iy)^2 = x^2-y^2+i\,2xy$$

이므로 $u=x^2-y^2,\ v=2xy$이다. ■

다음 예제는 함수의 정의역인 z-평면에서의 영역이 치역인 w-평면에서 영역으로 표시되는 것을 보여준다.

예 8.3.2 (1) 함수 $f(z)=z^2+2z$에 의한 직선 $\mathrm{Re}(z)=1$의 상을 구하여라.

(2) 함수 $f(z)=\overline{z^2}$에 의한 영역 $\{z : |z|=2\}$의 상을 구하여라.

풀이 (1) 복소수 $z=x+iy$에 대하여

$$f(z)=(x+iy)^2+2(x+iy)=(x^2+2x-y^2)+i(2xy+2y)$$

이므로

$$u(x,\ y)=x^2+2x-y^2,\quad v(x,\ y)=2xy+2y$$

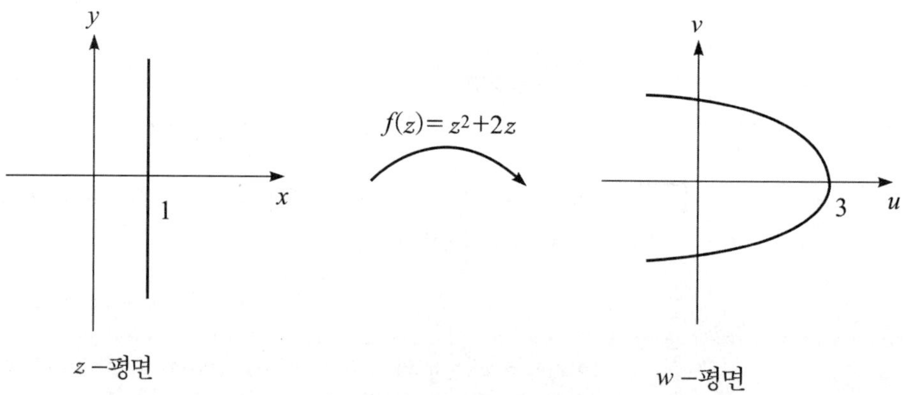

그림 8.3.2

이다. 그리고 $\mathrm{Re}(z)=x=1$이므로

$$u(x,y)=3-y^2,\quad v(x,y)=4y$$

이다. 그러므로

$$u=-\frac{v^2}{16}+3$$

이다.

(2) 영역내의 점을 극형식으로 나타내면

$$z = 2(\cos\theta + i\sin\theta), \quad (-\pi < \theta \le \pi)$$

이므로

$$f(z) = \overline{z^2} = 4(\cos 2\theta - i\sin 2\theta)$$

이 되어 다음과 같다. ■

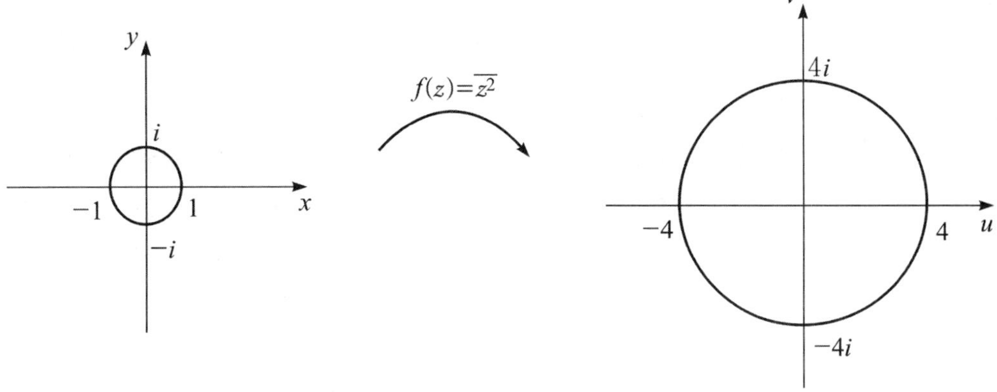

그림 8.3.3

실가함수에서의 극한은 실수에서의 좌·우극한으로 한정되어 있다. 그러나 복소수함수의 극한은 점 z_0로의 접근경로가 무수히 많다. 그러므로 복소수 z가 z_0의 접근경로에 따라 $f(z)$의 극한이 다르게 나타나면 극한은 존재하지 않는다고 한다.

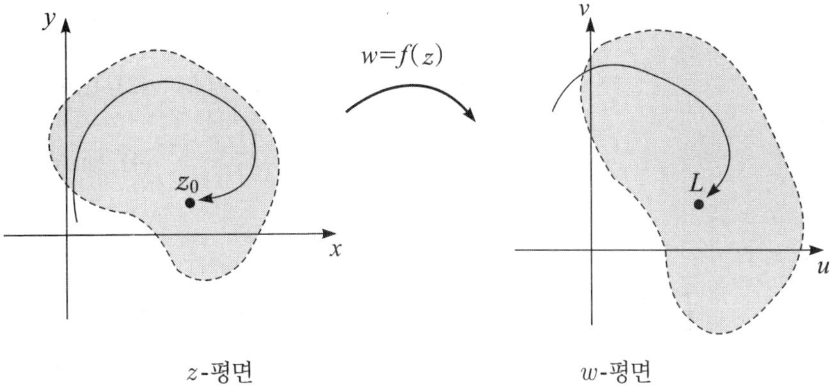

그림 8.3.4

따라서 다음과 같이 극한의 정의와 연속을 정의한다.

정의 8.3.2 복소수 z가 z_0에 모든 경로에 대하여 가까워 질 때, 함수 $w = f(z)$가 복소수 L에 가까워진다면 L을 f의 z_0에서의 극한이라 하고 다음과 같이 나타낸다.

$$\lim_{z \to z_0} f(z) = L$$

그리고 $\lim_{z \to z_0} f(z) = f(z_0)$이면 함수 f는 $z = z_0$에서 **연속**이라 한다.

주2 (1) 복소수함수 $w = f(z)$의 극한이 존재하면 유일하게 존재한다.
(2) 복소수함수 $w = f(z) = u(x, y) + iv(x, y)$이고, $z_0 = a + ib$라 하면

$$\lim_{z \to z_0} f(z) = A + iB$$

일 필요충분조건은

$$\lim_{(x, y) \to (a, b)} u(x, y) = A, \quad \lim_{(x, y) \to (a, b)} v(x, y) = B$$

이다.

다음은 극한에 관한 정리이다.

정리 8.3.3 모든 경로에 관하여 $\lim_{z \to z_0} f(z) = L_1$, $\lim_{z \to z_0} g(z) = L_2$이면 다음이 성립한다.

(1) $\lim_{z \to z_0}(f(z) + g(z)) = L_1 + L_2$ (2) $\lim_{z \to z_0} kf(z) = k L_1 \ (k \in \mathbb{C})$

(3) $\lim_{z \to z_0}(f(z)g(z)) = L_1 L_2$ (4) $\lim_{z \to z_0} \dfrac{f(z)}{g(z)} = \dfrac{L_1}{L_2} \ (L_2 \neq 0)$

예 8.3.3 (1) $\lim_{z \to 2+i}(z^2 + 2z) = (2+i)^2 + 2(2+i) = 7 + 6i$

(2) $\lim_{z \to 1+i} \dfrac{z^2}{z - 3i} = \dfrac{(1+i)^2}{(1+i) - 3i} = \dfrac{-4 + 2i}{5}$

(3) 임의의 복소수 $z = x + iy$에 대하여

$$\mathrm{Re}(z^2) = x^2 - y^2, \quad \mathrm{Re}(z) = x$$
$$[\mathrm{Im}(z^2)]^2 = 4x^2y^2, \quad |z| = (x^2 + y^2)^{1/2}$$

이므로

$$\lim_{z \to 3-4i} \frac{i\mathrm{Re}(z^2) - i\mathrm{Re}(z) + [\mathrm{Im}(z^2)]^2 - 1}{|z|} = 115 - 2i.$$

(4) 함수 $f(z) = \dfrac{2xy}{x^2 + y^2} + \dfrac{x^2}{y+1} i$ 에서 $z = 0$에서의 극한값에 대하여 알아보자. 먼저 x 축을 따라 $z \to 0$이면 $y = 0$이고 $x \to 0$이므로

$$\lim_{z \to 0} f(z) = \lim_{(x,y) \to (0,0)} f(z) = \lim_{x \to 0} [x^2 i] = 0.$$

그리고 직선 $y = x$를 따라 $z \to 0$이면

$$\lim_{z \to 0} f(z) = \lim_{x \to 0} \left[1 + \frac{x^2}{x+1} i \right] = 1.$$

따라서 경로에 따라 극한값이 다르므로 존재하지 않는다.

다음에는 복소수함수의 미분가능성과 도함수에 대하여 알아본다. 극한에서와 마찬가지로 복소수함수의 미분에서도 모든 경로에 대하여 존재하여야 한다.

정의 8.3.4 복소수평면의 부분영역 S에서 정의된 복소수함수

$$f : S \to \mathbb{C}$$

가 임의의 점 $z_0 \in S$의 근방에서 $z = z_0 + \Delta z$이고 $\Delta z = \Delta x + i \Delta y$라 할 때 유한인 극한값

$$\lim_{z \to z_0} \frac{f(z) - f(z_0)}{z - z_0} = \lim_{\Delta z \to 0} \frac{f(z_0 + \Delta z) - f(z_0)}{\Delta z}$$

이 존재할 때 함수 $f(z)$는 z_0에서 **미분가능하다**고 하고 이 극한값을 $f(z)$의 z_0에서의 **미분계수**라 하며 $f'(z_0)$로 나타 낸다.

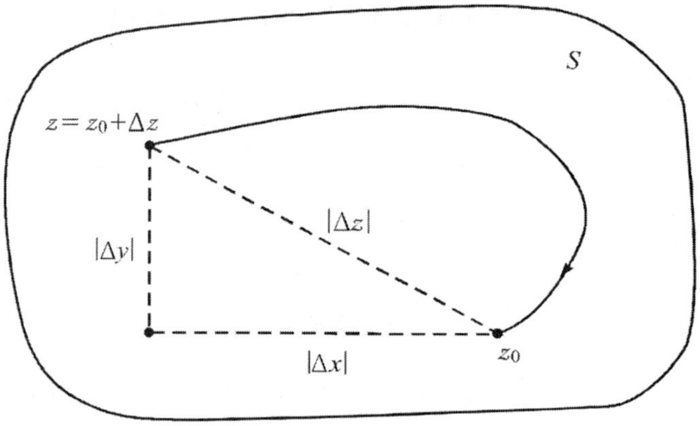

그림 8.3.5

특히, z_0와 z_0의 적당한 근방 안에 있는 모든 점에서 미분가능하면 z_0에서 **해석적**이라 하고, 정의역 전체에서 해석적인 함수를 **정칙함수**라 한다.

실가함수의 경우와 마찬가지로 복소수함수 f가 z_0에서 미분가능하면 이 함수는 z_0에서 연속이고, 복소수함수의 미분법은 다음과 같이 실가함수의 미분법을 따른다.

정리 8.3.5 복소수함수 f, g가 영역 S에서 정의된 함수이고 $z \in S$에서 미분가능하다고 하고 $k \in \mathbb{C}$하면 다음이 성립한다.

(1) $(f(z)+g(z))' = f'(z)+g'(z)$

(2) $(kf(z))' = kf'(z)$

(3) $(f(z)g(z))' = f'(z)g(z)+f(z)g'(z)$

(4) $\left(\dfrac{f(z)}{g(z)}\right)' = \dfrac{f'(z)g(z)-f(z)g'(z)}{g^2(z)}$

(5) $(f(g(z)))' = f'(g(z))g'(z)$

예 8.3.4 (1) $f(z)=z^3-3z^2+1$에서 $f'(z)=3z^2-6z$.

(2) $f(z)=(z^3-z^{-2})(z^2+5)$에서

$$f'(z)=(3z^2+2z^{-3})(z^2+5)+(z^3-z^{-2})2z.$$

(3) $f(z)=\dfrac{z^4-3}{z^2+1}$ 에서

$$f'(z)=\frac{4z^3(z^2+1)-(z^4-3)2z}{(z^2+1)^2}=\frac{2z^5+4z^3+6z}{(z^2+1)^2}.$$

다음은 복소수함수의 도함수를 구하는 데 매우 유용한 코시-리만방정식의 존재성에 대한 정리이다.

정리 8.3.6 영역 S에서 정의된 복소수함수 $w=f(z)=u(x,\ y)+iv(x,\ y)$에 대하여 다음이 성립한다.

(1) 함수 f가 다음의 두 조건

(i) $u(x,\ y)$, $v(x,\ y)$와 그 **편도함수** u_x, u_y, v_x, v_y가 적당한 점 z_0에서 연속이고,

(ii) 점 z_0에서 $u_x=v_y$, $v_x=-u_y$이면 도함수 f'가 존재하고 그 도함수는 다음과 같다.

$$f'=u_x+iv_x=v_y-iu_y$$

(2) 만일 함수 f가 z_0에서 미분가능하면 그 점에서의 도함수는

$$f'=u_x+iv_x=v_y-iu_y$$

이고 $u_x=v_y$, $v_x=-u_y$.

정의 8.3.7 복소수함수 $w=f(z)=u+iv$에서 다음 식

$$\frac{\partial u}{\partial x}=\frac{\partial v}{\partial y},\quad \frac{\partial u}{\partial y}=-\frac{\partial v}{\partial x}$$

를 코시–리만(Cauchy-Riemann)방정식(CR-방정식)이라 한다.

예 8.3.5 CR-방정식을 이용하여 함수 $f(z)=z^2$의 도함수를 구하여라.

풀이 $z=x+iy$이고 $w=f(z)=u(x,y)+iv(x,y)$라 하면

$$f(z)=z^2=(x+iy)^2=(x^2-y^2)+2xyi$$

이므로

$$u(x,\ y)=x^2-y^2,\quad v(x,\ y)=2xy$$
$$u_x=2x,\quad u_y=-2y,\quad v_x=2y,\quad v_y=2x$$

이다. 위의 함수들은 모두 연속이고 CR-방정식을 만족하므로

$$f'(z)=\frac{\partial u}{\partial x}+i\frac{\partial v}{\partial x}=2x+i2y=2(x+iy)=2z. \qquad \blacksquare$$

예 8.3.6 다음 함수의 도함수가 존재하는 영역을 구하고 그 도함수를 구하여라.

(1) $f(z)=x^2-iy^2$　　　(2) $f(z)=\cos y-i\sin y$

(3) $f(z)=e^x(\cos y+i\sin y)$

풀이 (1) $f(z)=u+iv=x^2-iy^2$에서 $u=x^2,\ v=-y^2$이므로

$$u_x=2x,\ u_y=0,\ v_x=0,\ v_y=-2y$$

이다. 그러므로 정리 8.3.6에 의하여 CR-방정식을 만족하면 도함수가 존재한다. 따라서

$$u_x=-v_y \quad \text{또는} \quad y=-x$$

일 때 도함수가 존재한다. 즉, z-평면상의 직선 $y=-x$상에서 도함수가 존재하며

$$f'(z)=u_x+iv_x=2x \quad \text{또는} \quad f'(z)=v_y-iu_y=-2y.$$

(2) $f(z)=\cos y-i\sin y$이므로 $u=\cos y,\ v=-\sin y$이다. 따라서

$$u_x=0,\quad u_y=-\sin y,\quad v_x=0,\quad v_y=-\cos y$$

이다. 이것들이 CR-방정식을 만족하려면

$$\cos y=0,\quad \sin y=0$$

이어야 한다. 그런데 위 두 식을 동시에 만족하는 해는 존재하지 않으므로 함수 f는 모든 점에서 미분불가능하다.

(3) $f(z)=e^x(\cos y+i\sin y)$이므로 $u=e^x\cos y,\ v=e^x\sin y$이다. 따라서

$$u_x=e^x\cos y,\ u_y=-e^x\sin y,\ v_x=e^x\sin y,\ v_y=e^x\cos y$$

이므로 복소수 평면의 모든 점에서 CR-방정식 $u_x=v_y, v_x=-u_y$을 만족하므로 도함수가 존재하고

$$f'(z)=u_x+iv_x=e^x\cos y+ie^x\sin y=e^x(\cos y+i\sin y)=f(z).$$ ■

정리 8.3.8 복소수함수 $w=f(z)=u(x,\ y)+iv(x,\ y)$에 대하여 복소수 $z=re^{i\theta}$이면 극형식에 관계되는 CR-방정식은 다음과 같다.

$$\frac{\partial u}{\partial r}=\frac{1}{r}\frac{\partial v}{\partial \theta},\quad \frac{\partial u}{\partial \theta}=-r\frac{\partial v}{\partial r}$$

증명 증명은 직교좌표계를 극좌표계로 바꾸는 과정을 통하여 계산할 수 있다. ■

정리 8.3.9 극형식으로 주어지는 $f(z)$의 도함수는 다음과 같다.

$$f'(z)=(\cos\theta-i\sin\theta)\frac{\partial f}{\partial r}$$

증명 먼저 $w=f(z)=u+iv$ 에서 $\dfrac{df}{dz}=\dfrac{\partial u}{\partial x}+i\dfrac{\partial v}{\partial x}=\dfrac{\partial f}{\partial x}$ 이므로

$$\frac{df}{dz}=\frac{\partial f}{\partial r}\frac{\partial r}{\partial x}+\frac{\partial f}{\partial \theta}\frac{\partial \theta}{\partial x}.$$

여기에서 $r=\sqrt{x^2+y^2}$ 이므로

$$\frac{\partial r}{\partial x}=\frac{x}{\sqrt{x^2+y^2}}=\frac{x}{r}=\cos\theta.$$

또한 $\theta=\tan^{-1}\dfrac{y}{x}$ 이므로

$$\frac{\partial \theta}{\partial x}=-\frac{y}{x^2+y^2}=-\frac{y}{r^2}=-\frac{1}{r}\sin\theta.$$

그리고 $u_\theta=-rv_r,\ u_r=\dfrac{1}{r}v_\theta$이므로

$$\frac{\partial f}{\partial \theta}=\frac{\partial u}{\partial \theta}+i\frac{\partial v}{\partial \theta}=-r\frac{\partial v}{\partial r}+ir\frac{\partial u}{\partial r}.$$

그러므로 다음이 성립한다.

$$\begin{aligned}\frac{\partial f}{\partial z}&=\frac{\partial f}{\partial r}\cos\theta+\left(-r\frac{\partial v}{\partial r}+ir\frac{\partial u}{\partial r}\right)\left(-\frac{\sin\theta}{r}\right)\\&=\frac{\partial f}{\partial r}\cos\theta-i\sin\theta\left(\frac{\partial u}{\partial r}+i\frac{\partial v}{\partial r}\right)=(\cos\theta-i\sin\theta)\frac{\partial f}{\partial r}.\end{aligned}$$ ■

예 8.3.7 함수 $f(z)=r^2(\cos 2\theta+i\sin 2\theta)$일 때, $\dfrac{df}{dz}$을 구하여라.

풀이

$$\begin{aligned}\frac{df}{dz}&=(\cos\theta-i\sin\theta)\cdot 2r(\cos 2\theta+i\sin 2\theta)\\&=2r(\cos\theta+i\sin\theta)=2z.\end{aligned}$$ ■

예 8.3.8 함수 $w=f(z)$는 정칙함수이고 $z=r\,e^{i\theta}$라면 다음을 증명하여라.

$$\frac{dw}{dz}=e^{-i\theta}\left(\frac{\partial u}{\partial r}+i\frac{\partial v}{\partial r}\right)=\frac{e^{-i\theta}}{r}\left(\frac{\partial v}{\partial \theta}-i\frac{\partial u}{\partial \theta}\right)$$

풀이 정리 8.3.8에서 $e^{-i\theta}=\cos\theta-i\sin\theta$이므로

$$\frac{dw}{dz}=(\cos\theta-i\sin\theta)\frac{\partial f}{\partial r}=e^{-i\theta}\left(\frac{\partial u}{\partial r}+i\frac{\partial v}{\partial r}\right).$$

또한 $\dfrac{\partial u}{\partial r}=\dfrac{1}{r}\dfrac{\partial v}{\partial \theta}$, $\dfrac{\partial v}{\partial r}=-\dfrac{1}{r}\dfrac{\partial u}{\partial \theta}$이므로

$$\frac{dw}{dz}=e^{-i\theta}\left(\frac{1}{r}\frac{\partial v}{\partial \theta}-i\frac{1}{r}\frac{\partial u}{\partial \theta}\right)=\frac{e^{-i\theta}}{r}\left(\frac{\partial v}{\partial \theta}-i\frac{\partial u}{\partial \theta}\right).$$ ■

8.3 연습문제

01 복소수 $z=x+iy$에 대하여 주어진 함수에 대하여 주어진 점에서의 극한을 구하여라.

(1) $f(z)=z^2+3,\ 1+i$

(2) $f(z)=z^4+1,\ i$

(3) $f(z)=\dfrac{z^3-1}{z+1},\ 3-2i$

(4) $f(z)=\dfrac{z^3-a^3}{z-a},\ a$

(5) $f(z)=\dfrac{z^2+(3-i)z+2-2i}{z+1-i},\ -1+i$

(6) $f(z)=\dfrac{z^n-1}{z-1},\ 1$

(7) $f(z)=\dfrac{i+\mathrm{Re}(z)}{|z|},\ i$

(8) $f(z)=\dfrac{\mathrm{Im}(z^2)-1}{z\bar{z}},\ 3-4i$

(9) $f(z)=\sin\pi x-e^{2xyi},\ 1+i$

02 복소수 $z=x+iy$에 대하여 지시한 경로에 따라 주어진 함수에 대한 극한을 구하여라.

$$f(z)=\frac{2xy}{x^2+y^2}-\frac{y^2}{x^2}i$$

(1) 직선 $y=x$를 경로로 하는 극한 $\lim_{z\to 0} f(z)$

(2) 직선 $y=2x$를 경로로 하는 극한 $\lim_{z\to 0} f(z)$

(3) 포물선 $y=x^2$를 경로로 하는 극한 $\lim_{z\to 0} f(z)$

03 다음 함수에 대해서 두 번의 지시한 경로에 따라 극한을 구하여라.

(1) $\lim_{z\to i}\dfrac{x+y-1}{z-i}$

(2) $\lim_{z\to 0}\dfrac{4x}{(x^2+y^2)^{1/2}}$

04 다음 주어진 함수의 도함수가 존재하는 영역을 구하고, 존재하면 도함수를 구하여라.

(1) $f(z)=x+iy$

(2) $f(z)=z^3$

(3) $f(z)=3i$

(4) $f(z)=x^2-iy$

(5) $f(z) = \sin x \cosh y + i \cos x \sinh y$ (6) $f(z) = \mathrm{Re}(z)$

(7) $f(z) = \mathrm{Im}(z)$ (8) $f(z) = \overline{z}$

(9) $f(z) = |z|^2$ (10) $f(z) = 2x^2 + 3y^3 i$

(11) $f(z) = r^3(\cos 3\theta + i \sin 3\theta)$ (12) $f(z) = \dfrac{1}{r}(\cos\theta - i \sin\theta)$

8.4 초월함수

8.4.1 지수함수

실가 지수함수 $f(x) = e^x$는 모든 실수에 대하여 미분가능하고 매클로린 급수는

$$f(x) = 1 + x + \frac{x^2}{2!} + \frac{x^3}{3!} + \cdots + \frac{x^n}{n!} + \cdots$$

이다. 여기에서 x에 ix를 대입하면

$$\begin{aligned} e^{ix} &= 1 + ix + \frac{(ix)^2}{2!} + \frac{(ix)^3}{3!} + \cdots + \frac{(ix)^n}{n!} + \cdots \\ &= \left(1 - \frac{x^2}{2!} + \frac{x^4}{4!} - \cdots\right) + i\left(x - \frac{x^3}{3!} + \frac{x^5}{5!} - \cdots\right) \\ &= \cos x + i \sin x. \end{aligned}$$

따라서 임의의 복소수 $z = x + iy$에 대하여 다음을 알 수 있다.

$$\begin{aligned} e^z &= e^{x+iy} = e^x e^{iy} \\ &= e^x(\cos y + i \sin y) \end{aligned}$$

정의 8.4.1 임의의 복소수 $z = x + iy$에 대하여 **지수함수** e^z를 다음과 같이 정의한다.

$$e^z = e^x(\cos y + i \sin y)$$

주1 지수함수 $e^z = e^x \cos y + i e^x \sin y = u(x, y) + iv(x, y)$이므로

$$u(x, y) = e^x \cos y, \quad v(x, y) = e^x \sin y.$$

따라서 다음이 성립한다.

$$\frac{\partial u}{\partial x} = e^x \cos y = \frac{\partial v}{\partial y}, \quad \frac{\partial u}{\partial y} = -e^x \sin y = -\frac{\partial v}{\partial x}$$

이 함수는 CR-방정식을 만족하므로 정칙함수이고, 도함수는

$$f'(z) = u_x + iv_x = e^x\cos y + ie^x\sin y = e^z.$$

정리 8.4.2 임의의 정수 n과 지수함수 e^z에 대하여 다음이 성립한다.

(1) $|e^z| = e^x$, $\arg(e^z) = y + 2n\pi$

(2) $e^{z_1+z_2} = e_1^z e_2^z$

(3) $e^z = e^{z+2n\pi i}$

(4) $\dfrac{e_1^z}{e_2^z} = e^{z_1-z_2}$

(5) $(e^z)^k = e^{k(z+2n\pi i)}$

증명 (1)~(4)는 정의에 의하여 간단히 증명할 수 있다.

(5) $(e^z)^k = [e^x\{\cos(y+2n\pi) + i\sin(y+2n\pi)\}]^k$

$= e^{kx}[\cos k(y+2n\pi) + i\sin k(y+2n\pi)]$

$= e^{kx+ik(y+2n\pi)}$

$= e^{k(z+2n\pi i)}$ ■

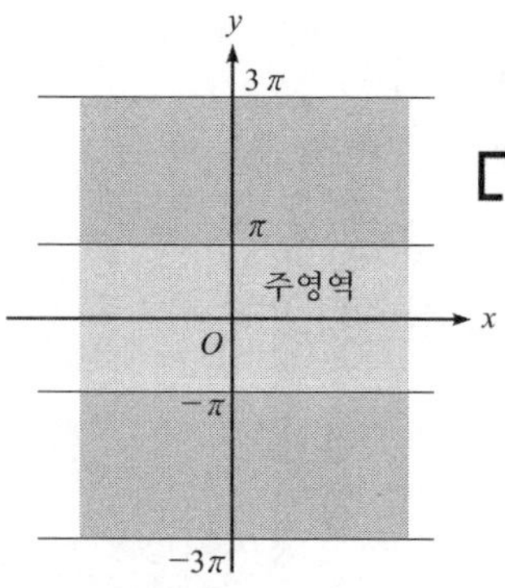

그림 8.4.1 $f(z) = e^z$의 주치와 주기성

주2 정리 8.4.2 (3)에서 $e^z = e^{z+2n\pi i} = e^z e^{2n\pi i}$이므로 $f(z) = e^z$의 값은 그림 8.14와 같이 폭이 2π인 무한히 긴 띠를 나타낸다. 그러므로 복소수평면에서 허수축을

$$(2n-1)\pi < y \le (2n+1)\pi, \quad n = 0, \pm 1, \pm 2, \cdots$$

과 같이 분할하면 $y \in (-\pi, \pi]$인 임의의 z에 대하여

$$\cdots = f(z-4\pi i) = f(z-2\pi i) = f(z) = f(z+2\pi i) = f(z+4\pi i) + \cdots$$

이다. 여기에서 띠 $-\pi < y \le \pi$를 주어진 함수의 **주영역**이라 한다.

예 8.4.1 (1) 방정식 $e^z = 1 + i$를 풀어라.

(2) $e^{\bar{z}} = \overline{e^z}$임을 증명하여라.

풀이 (1) $z = x + iy$이고 $|e^z| = e^x$, $\arg e^z = y$이므로

$$|e^z| = e^x = |1+i| = \sqrt{2}$$

이다. 따라서 n을 임의의 정수라 할 때 다음을 알 수 있다.

$$x = \ln\sqrt{2} = \frac{1}{2}\ln 2, \quad y = \arg(1+i) = \left(\frac{1}{4} + 2n\right)\pi$$

그러므로

$$z = \frac{1}{2}\ln 2 + i\left(\frac{1}{4} + 2n\right)\pi.$$

(2) 임의의 복소수 $z = x + iy$에 대하여

$$e^{\bar{z}} = e^{x-iy} = e^x e^{-iy}$$
$$= e^x(\cos y - i\sin y) = \overline{e^x(\cos y + i\sin y)} = \overline{e^z}.$$ ▪

8.4.2 로그함수

임의의 실수 $x > 0$에 대하여 실가 로그함수 $\ln x$는 지수함수 e^x의 역함수로 정의된다. 복소수함수에서도 같은 방법으로 정의한다.

정의 8.4.3 임의의 복소수 w에 대하여 $z = e^w$이면 w를 z의 로그함수라 하고 $w = \ln z$으로 나타낸다.

주3 (1) 로그함수 $w = \ln z$에서 $w = u + iv$라 하면 $z = e^w$이므로

$$z = x + iy = e^{u+iv} = e^u(\cos v + i\sin v)$$

이다. 여기에서 z를 극형식으로 표시하면 $z = r(\cos\theta + i\sin\theta)$이므로 k가 정수이면

$$r = e^u, \quad v = \theta + 2k\pi.$$

따라서 $r = e^u$에서 실수부 $u = \mathrm{Log}\, r$이며

$$w = \ln z = \mathrm{Log}\, r + (\theta + 2k\pi)i$$

이다. 또한 $k = 0$일 때 $-\pi < \theta \le \pi$이므로 이때 $\ln z$의 값을 $\mathrm{Log}\, z$로 나타내며

$$\mathrm{Log}\, z = \mathrm{Log}\, r + i\theta \ (-\pi < \theta \le \pi) \text{ 또는 } \mathrm{Log}\, z = \mathrm{Log}|z| + i\mathrm{Arg}\, z$$

를 $\ln z$의 주치라 한다.

(2) (1)에서 로그함수는 다음과 같다.

$$\mathrm{Log}\, z = \frac{1}{2}\mathrm{Log}(x^2 + y^2) + i\tan^{-1}\frac{y}{x}$$

여기에서

$$u = \frac{1}{2}\mathrm{Log}(x^2 + y^2), \quad v = \tan^{-1}\frac{y}{x}$$

이므로

$$\frac{\partial u}{\partial x} = \frac{x}{x^2+y^2} = \frac{\partial v}{\partial y}, \quad \frac{\partial u}{\partial y} = \frac{y}{x^2+y^2} = -\frac{\partial v}{\partial x}.$$

그러므로 $\mathrm{Log}\, z$는 정칙함수이고, 도함수는 다음과 같다.

$$\begin{aligned}\frac{d}{dz}\mathrm{Log}\, z &= \frac{1}{2}\frac{\partial}{\partial x}\mathrm{Log}(x^2+y^2) + i\frac{\partial}{\partial x}\tan^{-1}\frac{y}{x} \\ &= \frac{x}{x^2+y^2} - \frac{iy}{x^2+y^2} = \frac{\bar{z}}{z\bar{z}} = \frac{1}{z}\end{aligned}$$

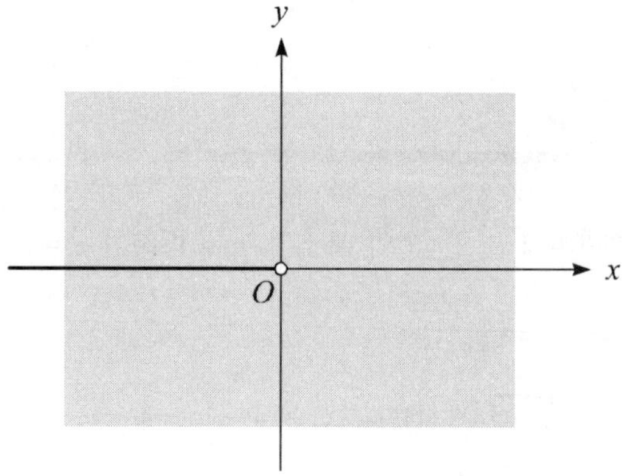

그림 8.4.2 $f(z) = \mathrm{Log}\, z$의 정칙인 영역

예 8.4.2 다음 주어진 복소수의 주치를 구하고, 일반값도 구하여라.

(1) $\mathrm{Log}\, i$　　(2) $\mathrm{Log}(1-i)$　　(3) $\ln 2$

풀이 (1) $|i| = 1$이고 n이 정수이면 $\arg i = \frac{\pi}{2} + 2n\pi$이므로

$$\ln i = \mathrm{Log} 1 + i\left(\frac{\pi}{2} + 2n\pi\right) = i\left(\frac{\pi}{2} + 2n\pi\right)$$

이다. 그러므로 주치는

$$\mathrm{Log}\, i = \frac{\pi i}{2}$$

(2) $|1-i| = \sqrt{2}$이고 n이 정수이면 $\arg(1-i) = -\frac{\pi}{4} + 2n\pi$이므로

$$\ln(1-i) = \mathrm{Log}\sqrt{2} + i\left(-\frac{\pi}{4} + 2n\pi\right)$$

이고, 주치는

$$\mathrm{Log}(1-i) = \mathrm{Log}\sqrt{2} - \frac{\pi i}{4}$$

(3) $|2| = 2$이고 n이 정수이면 $\arg 2 = 2n\pi$이므로

$$\ln 2 = \mathrm{Log}|2| + i\arg 2 = \mathrm{Log} 2 + i(2n\pi).$$

■

실수 $\mathbb{R}$에서 임의의 양수 $a(a \neq 1)$와 실수 x에 대하여 지수함수 a^x는 다음과 같다.

$$a^x = e^{x \ln a}$$

복소수에서도 같은 방법으로 정의한다.

정의 8.4.4 임의의 복소수 z_1, z_2에 대하여 복소수 지수는 다음과 같이 정의한다.

$$z_1^{z_2} = e^{z_2 \ln z_1}$$

주4 복소수 지수에서 만일 z_2가 정수이면 $z_1^{z_2}$는 한 가지 값을 갖는 함수이지만 일반적으로 로그함수 $\ln z$는 여러 가지 값을 갖는다. 그러나 $\ln z$의 주치 $\mathrm{Log} z$는 한 가지 값을 갖는 함수이다. 그러므로 $z_1^{z_2}$는 주치로서 $z_1^{z_2} = e^{z_2 \mathrm{Log} z_1}$을 사용한다.

예 8.4.3 다음 복소수의 지수 i^i를 구하여라.

풀이 $z_1 = i$, $z_2 = i$이므로 $|i| = 1$, $\mathrm{Arg} i = \dfrac{\pi}{2}$이므로 $n = 0, \pm 1, \pm 2, \cdots$에 대하여

$$i^i = e^{i \ln i} = e^{i(\ln 1 + i(\pi/2 + 2n\pi))} = e^{-(1/2 + 2n)\pi}.$$

■

정리 8.4.5 n이 임의의 정수이고 z_1과 z_2가 복소수일 때 다음이 성립한다.

(1) $\ln(z_1 z_2) = \ln z_1 + \ln z_2$ (2) $\ln\left(\dfrac{z_1}{z_2}\right) = \ln z_1 - \ln z_2$

(3) $\ln z_1^n = n \ln z_1$ (4) $\ln z^{\frac{1}{n}} = \dfrac{1}{n} ln z$

증명 실수에서의 로그함수와 정의에 의하여 간단히 증명할 수 있다. ■

예 8.4.4 복소수 $z_1 = i$, $z_2 = \sqrt{3} + i$에 대하여 다음을 구하여라.

(1) $\ln(z_1 z_2)$ (2) $\ln\left(\dfrac{z_1}{z_2}\right)$

풀이 (1) $\ln(z_1) = \left(\dfrac{\pi}{2}\right)i$, $\ln(z_2) = \ln 2 + i\left(\dfrac{\pi}{6}\right)$이므로

$$\ln(z_1 z_2) = \ln(i(\sqrt{3}+i)) = \ln(-1+i\sqrt{3}) = \ln 2 + \frac{2\pi}{3}i.$$

(2) $\ln\left(\frac{z_1}{z_2}\right) = \ln\left(\frac{i}{(\sqrt{3}+i)}\right) = \ln\left(\frac{(1+i\sqrt{3})}{4}\right) = -\ln 2 + \frac{\pi}{3}i.$ ■

8.4.3 삼각함수

실수 $\mathbb{R}$에서는 임의의 실수 x에 대하여

$$e^{ix} = \cos x + i\sin x, \quad e^{-ix} = \cos x - i\sin x$$

이므로 다음을 알 수 있다.

$$\cos x = \frac{e^{ix} + e^{-ix}}{2}, \quad \sin x = \frac{e^{ix} - e^{-ix}}{2i}$$

복소수에도 같은 방법으로 정의한다.

정의 8.4.6 복소수 z에 대한 $\sin z$와 $\cos z$는 다음과 같이 정의한다.

$$\sin z = \frac{e^{iz} - e^{-iz}}{2i}, \quad \cos z = \frac{e^{iz} + e^{-iz}}{2}$$

다른 삼각함수는 $\sin z$와 $\cos z$의 아래와 같은 관계식으로 표현한다.

$$\tan z = \frac{\sin z}{\cos z}, \quad \cot z = \frac{1}{\tan z},$$
$$\sec z = \frac{1}{\cos z}, \quad \operatorname{cosec} z = \frac{1}{\sin z}$$

주5 (1) 복소 지수함수는 정칙함수이므로 삼각함수는 모두 정칙이고 도함수는 실수에서와 같은 법칙을 따른다. 예를 들면,

$$\frac{d}{dx}\sin z = \frac{d}{dz}\left(\frac{e^{iz} - e^{-iz}}{2i}\right) = \frac{e^{iz} + e^{-iz}}{2} = \cos z$$

(2) 임의의 복소수 $z = x + iy$에 대하여 다음을 알 수 있다.

$$\sin z = \sin(x+iy) = \sin x \cosh y + i\cos x \sinh y,$$
$$\cos z = \cos(x+iy) = \cos x \cos y - i\sin x \sinh y$$

(3) 임의의 복소수 z에 대하여 다음 항등식이 성립함을 정의로서 쉽게 알 수 있다.

$$\sin(-z) = -\sin z, \quad \cos(-z) = \cos z,$$
$$\sin^2 z + \cos^2 z = 1,$$
$$\sin(z_1 \pm z_2) = \sin z_1 \cos z_2 \pm \cos z_1 \sin z_2,$$
$$\cos(z_1 \pm z_2) = \cos z_1 \cos z_2 \mp \sin z_1 \sin z_2,$$
$$\sin 2z = 2\sin z \cos z,$$
$$\cos 2z = \cos^2 z - \sin^2 z$$

예 8.4.5 (1) $\sin(1-i)$를 구하여라.

(2) 방정식 $\sin z = 0$의 해를 구하여라.

풀이 (1) $e^{i(1-i)} = e^{1+i} = e(\cos 1 + i \sin 1)$,

$$e^{-i(1-i)} = e^{-1-i} = e^{-1}(\cos 1 - i \sin 1)$$

이므로

$$\sin(1-i) = \frac{e^{i(1-i)} - e^{-i(1-i)}}{2i} = \frac{(e+e^{-1})\sin 1}{2} - i\frac{(e-e^{-1})\cos 1}{2}.$$

(2) 임의의 복소수 $z = x + iy$에 대하여

$$\sin z = \sin(x+iy) = \sin x \cosh y + i \cos x \sinh y = 0$$

이므로 $\sin x \cosh y = 0$, $\cos x \sinh y = 0$이다. 여기에서 $\cosh y > 0$이므로 임의의 정수 n 에 대하여 $x = n\pi$이고, $x = n\pi$일 때 $\cos x \neq 0$이므로 $\sinh y = 0$이 되어 $y = 0$이다. 따라서 해는 다음과 같다.

$$z = x + iy = n\pi.$$

■

8.4.4 쌍곡선함수

정의 8.4.7 복소수 z에 대한 쌍곡선함수 $\sinh z$와 $\cosh z$는 다음과 같이 정의한다.

$$\sinh z = \frac{e^z - e^{-z}}{2}, \quad \cosh z = \frac{e^z + e^{-z}}{2}$$

다른 쌍곡선함수는 $\sinh z$와 $\cosh z$의 다음과 같은 관계식으로 표현한다.

$$\tanh z = \frac{\sinh z}{\cosh z}, \quad \coth z = \frac{1}{\tanh z},$$
$$\operatorname{sech} z = \frac{1}{\cosh z}, \quad \operatorname{csch} z = \frac{1}{\sinh z}$$

주6 (1) 지수함수는 정칙함수이므로 쌍곡선함수는 모두 해석적이고 도함수는 실수에서와 같은 법칙을 따른다. 예를 들면,

$$\frac{d}{dx}\sinh z = \frac{d}{dz}\left(\frac{e^z - e^{-z}}{2}\right) = \frac{e^z + e^{-z}}{2} = \cosh z.$$

(2) 임의의 복소수 z에 대하여 다음의 항등식이 성립함을 정의를 이용하여 쉽게 알 수 있다.

$$\sinh(-z) = -\sinh z, \quad \cosh(-z) = \cosh z, \quad \cosh^2 z - \sinh^2 z = 1$$
$$\sinh(z_1 + z_2) = \sinh z_1 \cosh z_2 + \cosh z_1 \sinh z_2$$
$$\cosh(z_1 + z_2) = \cosh z_1 \cosh z_2 + \sinh z_1 \sinh z_2$$
$$\sinh 2z = 2\sinh z \cosh z, \quad \cosh 2z = \cosh^2 - \sinh^2 z.$$

예 8.4.6 방정식 $\sinh z = 0$을 풀어라.

풀이 $\sinh z = \frac{e^z - e^{-z}}{2} = 0$이므로 $e^{2z} = 1$이다. 그러므로 임의의 정수 n에 대하여 $e^{2z} = e^{2n\pi i}$이다. 따라서 $2z = 2n\pi i$가 되어 $z = n\pi i$이다. ■

8.4 연습문제

01 다음을 복소수 $A+iB$의 형태로 나타내어라.

(1) $e^{\frac{\pi i}{2}}$　　(2) $e^{1-\pi i}$

(3) $e^{-7\pi i}$　　(4) $e^{\ln 2+\frac{\pi}{3}i}$

(5) $e^{2-2\pi i}$

02 다음 함수의 주치를 구하여라.

(1) $\ln i$　　(2) $\ln(\sqrt{3}+i)$

(3) $(1+i)^i$　　(4) $(1-i)^i$

03 다음 방정식을 풀어라.

(1) $e^z=-3i$　　(2) $e^z=1-i$

(3) $\mathrm{Log}\,z=\frac{\pi i}{2}$　　(4) $\mathrm{Log}\,z=1+\pi i$

(5) $\sinh z=i$　　(6) $\sin z=2i$

(7) $\sin z=\cos z$　　(8) $\mathrm{Log}(z-1)=3$

8.5 복소적분

8.5.1 곡선과 선적분

정의 8.5.1 구간 $a \le t \le b$에서 정의된 함수 $z(t) = x(t) + iy(t)$에 대하여 $x(t)$와 $y(t)$가 연속일 때, 그 상 $C = \{z : z = z(t),\ a \le t \le b\}$를 복소수평면에서의 곡선이라 하며 $z(a)$를 곡선 C의 **시점**, $z(b)$를 **종점**이라 한다. 그리고 곡선 C에서 $z(a) \ne z(b)$일 때 C를 **개곡선**, $z(a) = z(b)$일 때 **폐곡선**이라 한다. 구간 $a \le t \le b$에서 $t_1 \ne t_2$인 t_1, t_2에 대하여 $z(t_1) \ne z(t_2)$이면 곡선 C를 **단순개곡선**이라 하고, $z(a) = z(b)$를 제외하고 $t_1 \ne t_2$인 t_1, t_2에 대하여 $z(t_1) \ne z(t_2)$이면 **단순폐곡선** 또는 **조던곡선**이라 한다.

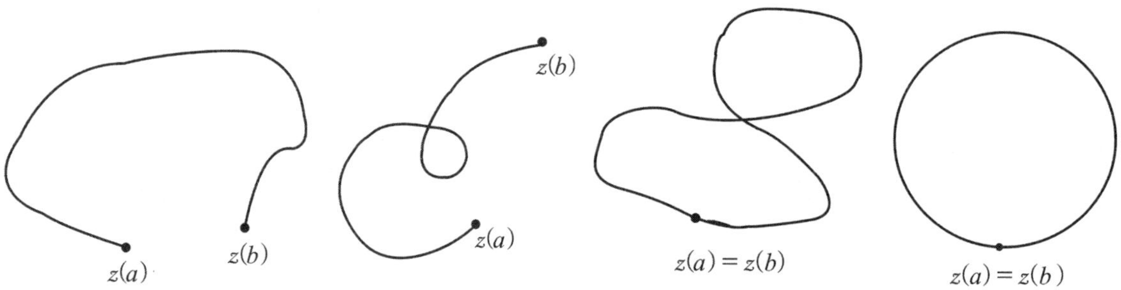

(a) 단순개곡선 (b) 개곡선 (c) 폐곡선 (d) 단순폐곡선

그림 8.5.1

주1 그림 (d)에서와 같이 단순폐곡선은 평면을 두 개의 다른 영역으로 나누는데, 하나는 **곡선의 내부**로서 유계인 영역이고, 다른 하나는 **곡선의 외부**로서 유계가 아닌 영역이다.

정의 8.5.2 복소수 평면내의 한 영역 S 안에 있는 각 단순폐곡선의 내부에 S 안에 점들만 포함될 때 S를 **단순연결영역**이라 한다. 즉, 그 내부의 한 점으로 연속적으로 변형할 수 있는 영역, 다시 말하면 그 내부에 구멍이 없는 영역을 말한다. 단순연결영역이 아닌 영역을 **다중연결영역**이라 한다.

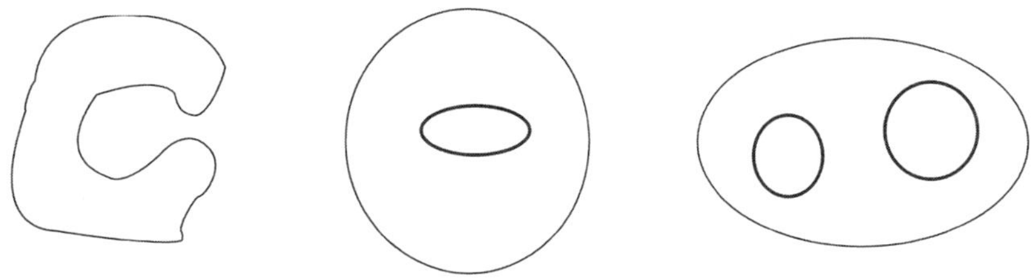

(a) 단순연결영역 (b) 다중연결영역 (c) 다중연결영역

그림 8.5.2

정의 8.5.3 (1) 곡선 $C=\{z : z(t)=x(t)+iy(t),\ a \le t \le b\}$에서 $x(t)$와 $y(t)$가 모두 미분가능하고 도함수 $x'(t), y'(t)$가 연속일 때 곡선 C는 부드러운 곡선이라 한다.

(2) 곡선 $\{z : z(t)=x(t)+iy(t),\ a \le t \le b\}$의 $z(a)=\alpha$에서 종점 $z(b)=\beta$에 향하는 방향으로 생각하여 이 곡선을 C라고 할 때 역으로 β에서 α로 향하는 곡선

$$\{z : z(-t)=x(-t)+iy(-t),\ -b \le t \le -a\}$$

를 $-C$로 나타낸다.

주2 한 영역의 곡선 C를 양의 방향으로 향한다는 것은 영역을 왼쪽에 두고 돌아간다는 것, 즉 시계 반대방향으로 향한다는 것을 의미한다.

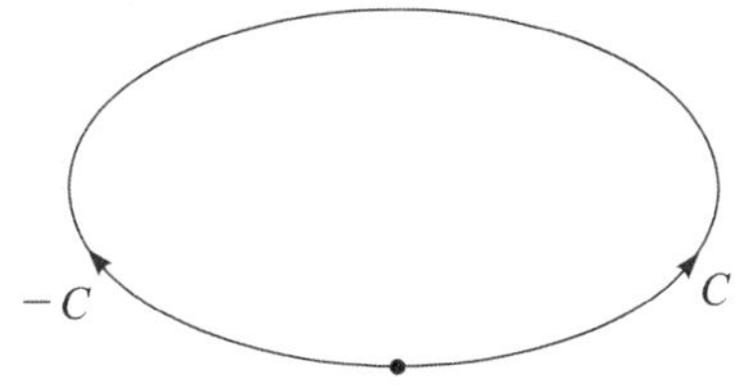

그림 8.5.3

정의 8.5.4 복소수함수 $f(z)$가 부드러운 곡선 $C=\{z|z(t)=x(t)+iy(t),\ a\le t\le b\}$에서 연속일 때 $f(z)$의 적분은 다음과 같이 정의한다.

$$\int_C f(z)\,dz=\int_a^b f(z(t))z'(t)dt$$

예 8.5.1 다음에서 주어진 곡선의 복소수적분 값을 구하여라.

(1) $C=\{z\ :\ z(t)=t+it,\ 0\le t\le 1\}$, $\int_C z^2\,dz$

(2) $C=\{z\ :\ z(t)=e^{it},\ 0\le t\le \pi\}$, $\int_C \bar{z}\,dz$

(3) $C=\{z\ :\ z(t)=z_0+r\,e^{it},\ 0\le t\le 2\pi,\ r>0\}$: 중심이 z_0이고 반지름이 r인 원일 때

$$\int_C \frac{1}{z-z_0}dz$$

(4) $C=\{z\ :\ z(t)=z_0+r\,e^{it},\ 0\le t\le 2\pi,\ r>0\}$, $\int_C (z-z_0)^n\,dz$

풀이 (1) $z(t)=t+$이고 $z'(t)=1+i$이므로

$$\int_C f(z)dz=\int_0^1 (t+it)^2(1+i)dt=(-1+i)\int_0^1 2t^2dt=-\frac{2}{3}+\frac{2}{3}i.$$

(2) $z(t)=e^{it}$이므로 $\bar{z}=e^{-it}$, $z'(t)=ie^{it}$이다. 따라서

$$\int_C \bar{z}\,dz=\int_0^\pi e^{-it}ie^{it}\,dt=\pi i.$$

(3) $z(t)=z_0+re^{it}$이므로 $\frac{1}{z-z_0}=\frac{1}{r}e^{-it}$, $z'(t)=ire^{it}$이다. 그러므로

$$\int_C \frac{1}{z-z_0}dz=\int_0^{2\pi}\frac{ire^{it}}{re^{it}}dt=i\int_0^{2\pi}dt=2\pi i.$$

(4) (3)과 같은 방법으로 $(z-z_0)^n=(re^{it})^n$, $z'(t)=ire^{it}$이다. 따라서

$$\int_C (z-z_0)^n dz=\int_0^{2\pi}(re^{it})^n ire^{it}dt=ir^{n+1}\int_0^{2\pi}e^{(n+1)it}dt=0.$$ ■

정리 8.5.5 곡선 C가 유한개의 부드러운 곡선의 합 $C=\sum_{k=1}^{n} C_k$로 표시 되고 복소수 함수 $f(z)$가 C에서 연속이면

$$\int_C f(z)\,dz=\int_{C_1+\cdots+C_n} f(z)\,dz=\sum_{k=1}^{n}\int_{C_k} f(z)\,dz$$

으로 정의한다.

예 8.5.2 (1) 두 곡선

$$C_1=\{z : z(t)=2t,\ 0\le t\le 1\},$$
$$C_2=\{z : z(t)=2+i(t-1),\ 1\le t\le 2\}$$

에 대하여 $C=C_1+C_2$라 하면 적분 $\int_C z\,dz$을 구하여라.

(2) 곡선 C_1, C_2, C_3, C_4가 그림 8.5.4와 같을 때 $C=C_1+C_2+C_3+C_4$에 대하여 적분 $\int_C \mathrm{Re}(z)\,dz$을 구하여라.

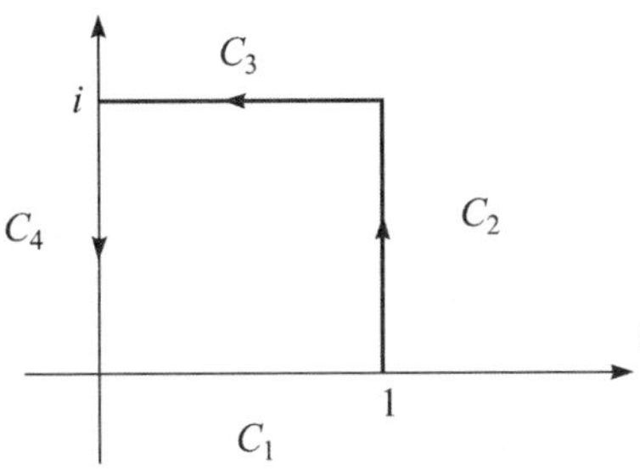

그림 8.5.4

풀이 (1) $\int_C z\,dz=\int_{C_1} z\,dz+\int_{C_2} z\,dz=\int_0^1 2t\,(2dt)+\int_1^2 (2+i(t-1))(idt)$

$=\frac{3}{2}+2i$

(2) 먼저 주어진 곡선의 경로를 생각하면

$$C_1 : z(t)=t+0i,\ 0\le t\le 1$$
$$C_2 : z(t)=1+(t-1)i,\ 1\le t\le 2$$
$$C_3 : z(t)=(3-t)+i,\ 2\le t\le 3$$
$$C_4 : z(t)=0+(4-t)i,\ 3\le t\le 4$$

이므로 다음을 알 수 있다.

$$\int_{C_1}\mathrm{Re}(z)\,dz=\int_0^1 t\cdot z'(t)dt=\int_0^1 t\,dt=\frac{1}{2}$$
$$\int_{C_2}\mathrm{Re}(z)\,dz=\int_1^2 1\cdot z'(t)dt=\int_1^2 i\,dt=i$$
$$\int_{C_3}\mathrm{Re}(z)\,dz=\int_2^3 (3-t)z'(t)dt=\int_2^3 -(3-t)\,dt=-\frac{1}{2}$$
$$\int_{C_4}\mathrm{Re}(z)\,dz=\int_3^4 0\cdot z'(t)dt=\int_3^4 0\,dt=0$$

그러므로

$$\int_C \mathrm{Re}(z)\,dz = \int_{C_1} \mathrm{Re}(z)\,dz + \int_{C_2} \mathrm{Re}(z)\,dz + \int_{C_3} \mathrm{Re}(z)\,dz + \int_{C_4} \mathrm{Re}(z)\,dz$$
$$= \frac{1}{2} + i - \frac{1}{2} + 0 = i.$$

■

8.5.2 복소적분

미적분학에서는

$$\int_C [P(x,y)dx + Q(x,y)dy]$$

형태의 적분을 실선적분이라 한다. 이 절에서는 복소수함수 $f(z)$에 대한 복소적분 $\int_C f(z)dz$에 대하여 알아본다.

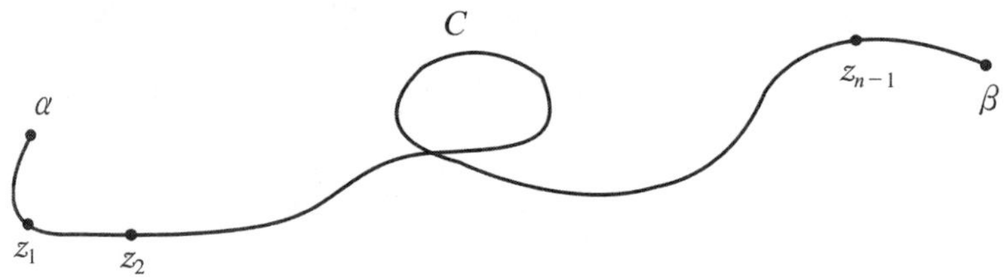

그림 8.5.5 적분 경로

정의 8.5.6 복소수 z에 대한 함수 $w = f(z)$가 복소수 영역 D에서 연속이라 하자. 이 영역 내의 두 점을 α, β라 하고 두 점을 연결하여 얻은 곡선을 C라 하자. 위의 그림에서와 같이 곡선 C를 n개의 점 $z_1, z_2, \cdots, z_n$에 대하여 n개의 소구간으로 분할하여 합

$$S_n = f(z_1)(z_1 - \alpha) + f(z_2)(z_2 - z_1) + \cdots + f(z_n)(\beta - z_{n-1})$$

을 만들고, 극한값

$$\lim_{n\to\infty} S_n = \lim_{n\to\infty} \sum_{k=1}^{n} f(z_k)(z_k - z_{k-1})$$

이 존재하면 이 값을 곡선 C를 따라서 α에서 β까지의 $f(z)$의 적분이라 하고 $\int_\alpha^\beta f(z)dz$으로 나타낸다.

주3 실직선에서의 정적분과는 달리, 복소적분은 일반적으로 적분의 시점과 종점이 같을지라도 적분 경로가 다르면 적분 값이 다르다. 그러므로 복소적분에서는 반드시 적분 경로를 표시한다.

정리 8.5.7 k는 복소수, C와 K가 부드러운 곡선이라 하고 $C+K$를 두 곡선을 포함하는 곡선이라 하자. 만일 복소수함수 $f(z)$가 곡선 C와 K에서 적분가능하다고 하면 다음이 성립한다.

(1) $\int_C kf(z)\,dz = k\int_C f(z)\,dz$

(2) $\int_C (f(z)+g(z))\,dz = \int_C f(z)\,dz + \int_C g(z)\,dz$

(3) $\int_{C+K} f(z)\,dz = \int_C f(z)\,dz + \int_K f(z)\,dz$

(4) $\int_{-C} f(z)\,dz = -\int_C f(z)\,dz$

정리 8.5.8 복소함수 $w=f(z)=u(x,\ y)+iv(x,\ y)$가 부드러운 곡선

$$C=\{z\ :\ z(t)=x(t)+iy(t),\ a\le t\le b\}$$

에서 연속이면 C에서 복소적분은 존재하고 다음과 같다.

$$\int_C f(z)dz = \int_C udx - \int_C vdy + i\int_C udy + i\int_C vdx$$

증명 $w=f(z)=u(x,\ y)+iv(x,\ y)$이 연속이고 $z(t)=x(t)+iy(t)$이므로

$$\begin{aligned}\int_C f(z)dz &= \int_a^b f(z(t))z'(t)dt \\ &= \int_a^b [u(x,y)+iv(x,y)](x'(t)+y'(t))dt \\ &= \int_a^b (ux'-vy')dt + i\int_a^b (uy'+vx')dt \\ &= \int_C (udx - vdy) + i\int_C (udy+vdx)\end{aligned}$$

이다. 다시 말하면 복소적분 $\int_C f(z)dz$를 두 개의 실선적분으로 나타낼 수 있다. ■

다음 정리는 복소적분에서 많이 쓰이는 코시정리를 증명하기 위한 중요한 정리이다. 그러나 증명은 복잡하여 증명없이 간단히 소개한다.

정리 8.5.9 **그린정리**

유계인 폐영역 R의 경계선 C가 유한개의 부드러운 곡선의 합으로 이루어지고, 함수 $P(x, y)$, $Q(x, y)$가 R을 포함하는 어떠한 영역에서 연속이고 연속인 편도함수를 가지면

$$\int_C (P(x, y)dx + Q(x, y)dy) = \int\int_R \left(\frac{\partial Q}{\partial x} - \frac{\partial P}{\partial y}\right)dxdy.$$

정리 8.5.10 **코시정리**

복소수함수 $f(z)$이 단순연결영역 D에서 정칙이고 $f'(z)$가 D에서 연속이라고 하자. C가 D 내의 단순폐곡선이면

$$\int_C f(z)\,dz = 0.$$

증명 $f(z) = u(x, y) + iv(x, y)$라 하면 정리 8.3.6에 의하여

$$f'(z) = u_x + iv_x = v_y - iu_y$$

이고 u_x, u_y, v_x, v_y도 모두 연속이다. 또한 C가 단순폐곡선이므로 그린정리에 의하여

$$\begin{aligned}\int_C f(z)dz &= \int_C (udx - vdy) + i\int (vdx + udy) \\ &= \int\int_R (-v_x - u_y)dxdy + i\int\int_R (u_x - v_y)dxdy\end{aligned}$$

이다. 여기에서 R은 C에 의하여 둘러싸인 영역을 나타낸다. 그리고 f가 해석적이므로 CR-방정식을 만족한다. 즉, $u_x = v_y$, $v_x = -u_y$가 성립한다. 따라서

$$\int_C f(z)\,dz = 0.$$ ■

예 8.5.3 영역 $C=\{z \mid z(t)=e,\ 0 \le t \le 2\pi\}$이고 $f(z)=z^2+z+1$이면 f는 C와 내점에서 해석적이므로 코시정리에 의하여

$$\int_C (z^2+2+1)\,dz=0.$$

코시정리에 의하여 다음을 쉽게 증명할 수 있다.

보조정리 8.5.11 복소수함수 $w=f(z)$이 영역 D에서 해석적이고, C_1과 C_2가 영역 D 내의 시점과 종점이 같은 두 곡선이라 하면,

$$\int_{C_1} f(z)\,dz=\int_{C_2} f(z)\,dz.$$

다시 말해서 함수 f가 영역에서 해석적이면, 시점과 종점이 일치하면 경로에 관계없이 적분 값이 같다.

증명 그림 8.5.6에서와 같이 C_1과 C_2가 시점과 종점이 일치하는 곡선이라 하자. $C=C_1-C_2$라 하면 C는 단순폐곡선이고 $f(z)$가 해석적이므로 코시정리에 의하여

$$\begin{aligned}\int_C f(z)dz &= \int_{C_1-C_2} f(z)dz \\ &= \int_{C_1} f(z)dz-\int_{C_2} f(z)dz=0.\end{aligned}$$

따라서

$$\int_{C_1} f(z)dz=\int_{C_2} f(z)dz.$$ ■

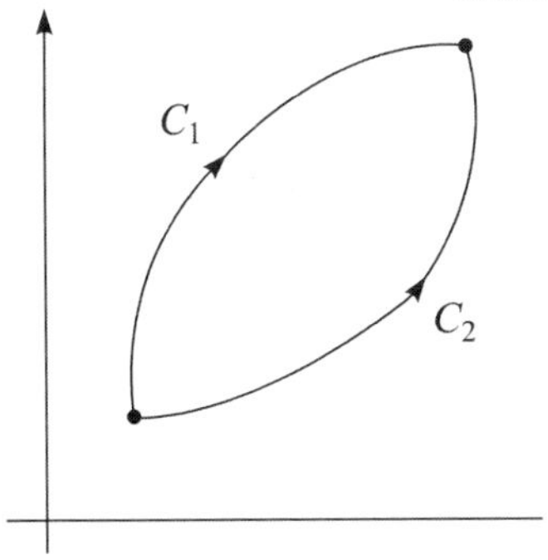

그림 8.5.6

정리 8.5.12 함수 $f(z)$가 영역 D에서 해석적이고 정칙함수 $F(z)$에 대하여 $F'=f$이라 하자. C가 영역 D내의 두 점 z_1, z_2를 연결하는 곡선이면

$$\int_C f(z)dz=F(z_2)-F(z_1)$$

이다. 특히, $z_1=z_2$이면, 즉 단순폐곡선이면

$$\int_C f(z)dz=0.$$

증명 곡선을 $C=\{z : z(t)=x(t)+iy(t),\ a\le t\le b\}$라면

$$\begin{aligned}\int_C f(z)dz &= \int_a^b f(z(t))z'(t)dt\\ &= \int_a^b F'(z(t))z'(t)dt\\ &= \int_a^b \frac{d}{dt}F(z(t))dt\\ &= F(z(b))-F(z(a))\\ &= F(z_2)-F(z_1).\end{aligned}$$

■

예 8.5.4 (1) $\displaystyle\int_{-i}^{1+i} 2z\,dz = z^2\Big|_{-i}^{1+i} = (1+i)^2-(-i)^2 = 1+2i$

(2) $\displaystyle\int_0^{\pi i} e^{z+1}dz = e^{z+1}\Big|_0^{\pi i} = e^{\pi i+1}-e^1 = -2e$

(3) $\displaystyle\int_\pi^i \sin z\,dz = -\cos z\Big|_\pi^i = -\cos i+\cos\pi = -1-\cos i$

정리 8.5.13 함수 $f(z)$가 영역 D에서 해석적이고 C_1이 D의 단순폐곡선이라 하자. 만일 C_2가 C_1과 겹치지 않고 C_1의 내부에 있는 단순폐곡선이라 하면

$$\int_{C_1} f(z)\,dz = \int_{C_2} f(z)dz.$$

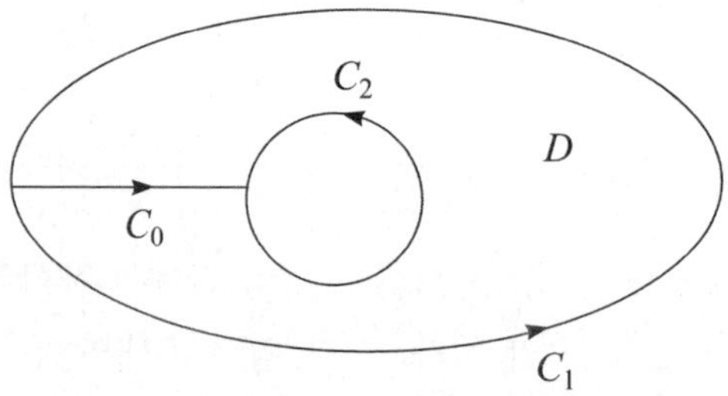

그림 8.5.7

증명 먼저 곡선 C_1과 C_2를 선분 C_0로 연결하면 C_1과 C_2 사이의 부분은 곡선 $C_1+C_0-C_2-C_0$에 의하여 둘러싸인 단순연결영역이다. 따라서 코시정리에 의하여

$$\int_{C_1+C_0-C_2-C_0} f(z)\,dz = 0$$

이다. 그러므로

$$\int_{C_1} f(z)dz+\int_{C_0} f(z)dz-\int_{C_2} f(z)dz-\int_{C_0} f(z)dz=0.$$

여기에서

$$\int_{-C_0} f(z)dz=-\int_{C_0} f(z)dz.$$

이므로

$$\int_{C_1} f(z)dz-\int_{C_2} f(z)dz=0.$$

그러므로

$$\int_{C_1} f(z)dz=\int_{C_2} f(z)dz.$$

■

주4 위의 정리는 다음과 같이 확장할 수 있다. 단순폐곡선 C의 내부에 서로 만나지 않는 n개의 단순폐곡선 $C_1, C_2, \cdots, C_n$이 있고 곡선 C와 $C_1, C_2, \cdots, C_n$ 사이에서 $f(z)$가 해석적이면

$$\int_C f(z)dz=\int_{C_1} f(z)dz+\int_{C_2} f(z)dz+\cdots+\int_{C_n} f(z)dz.$$

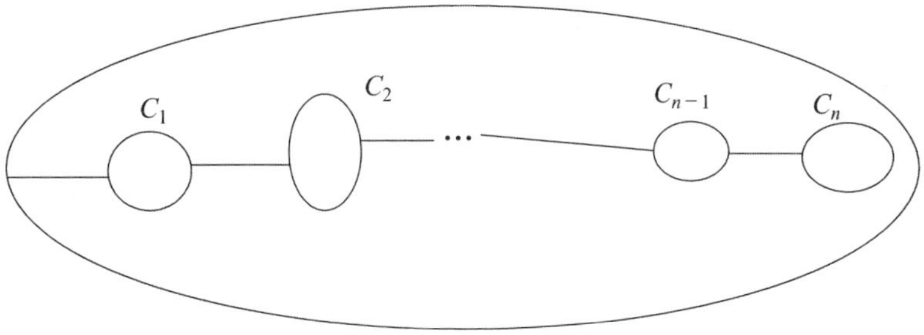

그림 8.5.8

예 8.5.5 점 $z=a$가 단순폐곡선 C의 내부에 있을 때 $\int_C \frac{1}{z-a}dz$를 구하여라.

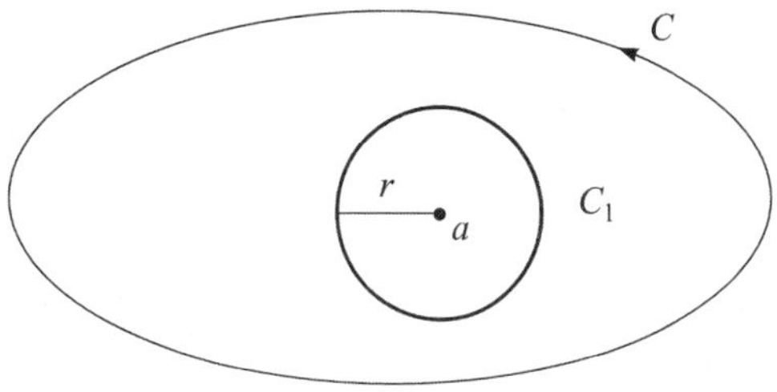

그림 8.5.9

풀이 함수 $f(z)=\frac{1}{z-a}$는 점 $z=a$를 제외하는 전 영역에서 해석적이다. 여기에서 점 $z=a$를 중심으로 하여 반지름이 $r>0$인 원을 그려 곡선 C 안에 있고, 그림과 같이 방향을 잡고 그것을 C_1이라 하면, 정리 8.5.13에 의하여

$$\int_C \frac{1}{z-a}dz = \int_{C_1} \frac{1}{z-a}dz.$$

그런데 C_1의 점 z에 대하여 $z=a+re^{i\theta}$ $(0 \le \theta \le 2\pi)$라 하면

$$\int_{C_1} \frac{1}{z-a}dz = \int_0^{2\pi} \frac{1}{re^{i\theta}} \cdot \frac{d}{d\theta}(a+re^{i\theta})d\theta = i\int_0^{2\pi} d\theta = 2\pi i.$$

그러므로 $\int_C \frac{1}{z-a}dz = \int_{C_1} \frac{1}{z-a}dz = 2\pi i.$ ■

예 8.5.6 곡선 C가 그림 8.5.10와 같을 때 적분 값 $\int_C \frac{1}{z-i}dz$을 구하여라.

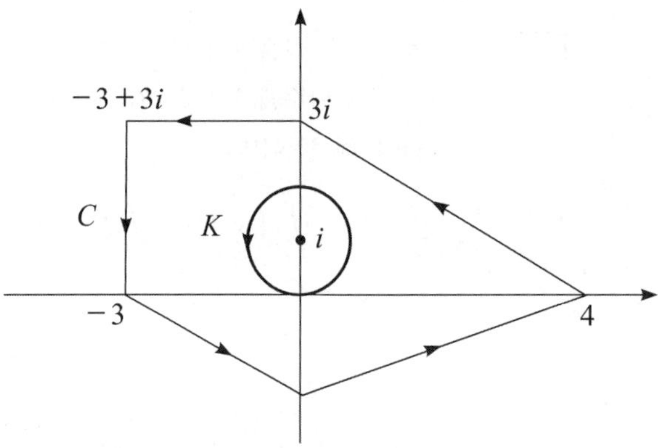

그림 8.5.10

풀이 먼저 함수 $f(z) = \frac{z}{1-i}$는 주어진 영역 안에서 해석적이 아니다.
그러므로 i를 중심으로 하고 반지름이 1인 원을 K라 하면 C를 지나는 적분은 K를 지나는 적분과 같다.

$$\int_C \frac{1}{z-i}dz = \int_K \frac{1}{z-i}dz$$

그리고 예 8.5.5에서와 같이 적분 값을 구하면

$$\int_C \frac{1}{z-i}dz = \int_K \frac{1}{z-i}dz = 2\pi i.$$ ■

예 8.5.7 $C=\{z : z(t) = 4e^{i't},\ 0 \le t \le 2\pi\}$일 때 다음 적분 값을 구하여라.

$$\int_C \left(\frac{4}{z+1} + \frac{3}{z+2i}\right)dz$$

풀이 피적분함수는 $z=-1$과 $z=-2i$에서 해석적이 아니다. 여기에서

$$K_1 = \{z : z(t) = -1+e^{it},\ 0 \le t \le 2\pi\},$$

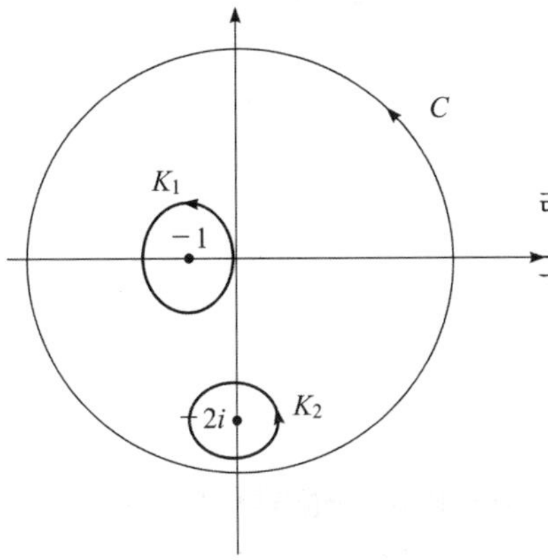

그림 8.5.11

$$K_2 = \left\{ z : z(t) = -2i + \frac{1}{2}e^{it},\ 0 \le t \le 2\pi \right\}$$

라 하면, 즉 K_1과 K_2는 각각 중심이 -1과 $-2i$이고 반지름이 1과 $\frac{1}{2}$인 원이다. 그러므로

$$\int_C \left(\frac{4}{z+1} + \frac{3}{z+2i} \right) dz$$
$$= \int_{K_1} \left(\frac{4}{z+1} + \frac{3}{z+2i} \right) dz + \int_{K_2} \left(\frac{4}{z+1} + \frac{3}{z+2i} \right) dz$$
$$= 4\int_{K_1} \frac{1}{z+1} dz + 3\int_{K_1} \frac{1}{z+2i} dz + 4\int_{K_2} \frac{1}{z+1} dz + 3\int_{K_2} \frac{1}{z+2i} dz.$$

여기에서 $\frac{1}{z+1}$은 K_2의 내부에서 해석적이고, $\frac{1}{z+2i}$는 K_1의 내부에서 해석적이므로

$$\int_{K_1} \frac{1}{z+2i} dz = 0, \quad \int_{K_2} \frac{1}{z+1} dz = 0$$

이다. 따라서

$$\int_C \left(\frac{4}{z+1} + \frac{3}{z+2i} \right) dz$$
$$= 4\int_{K_1} \frac{1}{z+1} dz + 3\int_{K_1} \frac{1}{z+2i} dz + 4\int_{K_2} \frac{1}{z+1} dz + 3\int_{K_2} \frac{1}{z+2i} dz$$
$$= 4 \cdot 2\pi i + 3 \cdot 0 + 4 \cdot 0 + 3 \cdot 2\pi i = 14\pi i.$$

■

예 8.5.8 $C = \{ z \mid z = 3e,\ 0 \le t \le 2\pi \}$일 때 $\int_C \frac{z}{z^2+1} dz$를 구하여라.

풀이 먼저 피적분함수를 부분 분해하면

$$\frac{z}{z^2+1} = \frac{1}{2}\left(\frac{1}{z+i} + \frac{1}{z-i} \right)$$

이다. 두 점 $z=i$, $z=-i$를 중심으로 하는 반지름이 $\frac{1}{2}$인 원을 C_1, C_2라 하면 예 8.5.7과 같은 방법으로

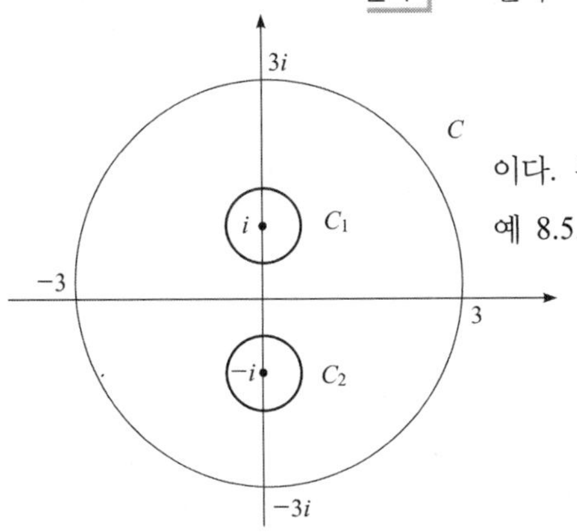

그림 8.5.12

$$\int_C \frac{z}{z^2+1} dz = \int_{C_1} \frac{z}{z^2+1} dz + \int_{C_2} \frac{z}{z^2+1} dz$$
$$= \frac{1}{2}\int_{C_1} \left(\frac{1}{z+i} + \frac{1}{z-i} \right) dz + \frac{1}{2}\int_{C_2} \left(\frac{1}{z+i} + \frac{1}{z-i} \right) dz$$
$$= \frac{1}{2}(0 + 2\pi i) + \frac{1}{2}(2\pi i + 0) = 2\pi i.$$

■

정리 8.5.14 **코시 적분표시**

함수 $w = f(z)$가 단순폐곡선 C의 위와 안에서 해석적이고 z_0가 C 안의 내점이라 하면

$$f(z_0) = \frac{1}{2\pi i}\int_C \frac{f(z)}{z - z_0}dz.$$

증명] 그림 8.5.13에서와 같이 K가 a를 중심으로 하고 r을 반경으로 하는 원이라 하면, 가정에 의하여 함수 f는 단순폐곡선 C와 그의 내부에서 해석적이나, 함수 $\frac{f(z)}{z - z_0}$는 z_0에서 해석적이 아니다. 그러나 이 함수는 원 K와 폐곡선 C 사이에서 해석적이므로 정리 8.5.13에 의하여

$$\int_C \frac{f(z)}{z - z_0}dz = \int_K \frac{f(z)}{z - z_0}dz.$$

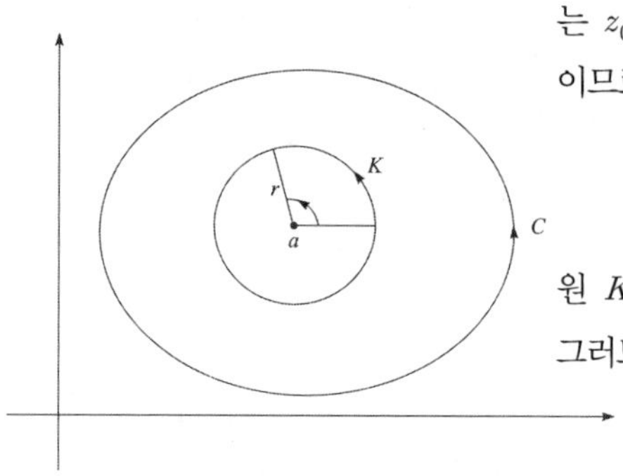

그림 8.5.13

원 K에서의 점을 z_0이라 하면 $z - z_0 = re^{it}$이므로, $z = z_0 + e^{it}$, $dz = i\,re^{it}dt$이다. 그러므로

$$\int_K \frac{f(z)}{z - z_0}dz = \int_0^{2\pi} \frac{f(z_0 + r^{it})}{re^{it}}\, i\,re^{it}dt = i\int_0^{2\pi} f(z_0 + re^{it})dt.$$

여기에서

$$\lim_{r \to 0} f(z_0 + re^{it}) = f(z_0)$$

이므로 다음이 성립한다.

$$\int_C \frac{f(z)}{z - z_0}dz = i\int_0^{2\pi} f(z_0)dt = if(z_0)\int_0^{2\pi} dt = 2i\pi f(z_0).$$ ■

[예 8.5.9 다음 주어진 곡선에서 적분 값을 구하여라.

(1) $\int_C \frac{1}{z^2 - 1}dz,\ C = \{z : z(t) = 2e^{it},\ 0 \le t \le 2\pi\}$

(2) $\int_C \frac{z^2}{z - i}dz,\ C = \{z : z(t) = 2e^{it},\ 0 \le t \le 2\pi\}$

(3) $\int_C \frac{1}{z(z + \pi i)}dz,\ C = \{z : z(t) = -3i + e^{it},\ 0 \le t \le 2\pi\}$

풀이] (1) 함수 $f(z) = 1$은 단순폐곡선 C의 위와 안에서 해석적이고 $z_0 = \pm 1$가 C 안의 내점이다. 그러므로 코시의 적분표시에 의하여

$$\int_C \frac{1}{z^2-1}dz = \frac{1}{2}\int_C \frac{1}{z-1}dz - \frac{1}{2}\int_C \frac{1}{z+1}dz$$
$$= \frac{1}{2}\cdot 2\pi i - \frac{1}{2}\cdot 2\pi i = 0.$$

(2) 함수 $f(z)=z^2$은 단순폐곡선 C의 위와 안에서 해석적이고 $z_0=i$가 C 안의 내점이다. 그러므로 코시의 적분표시에 의하여

$$\int_C \frac{z^2}{z-i}dz = 2\pi i\,[f(i)] = -2\pi i.$$

(3) 함수 $f(z)=\frac{1}{z}$은 단순폐곡선 C의 위와 안에서 해석적이다.
그러나 $z_0=-\pi i$가 C 안의 내점이므로 코시 적분표시에 의하여

$$\int_C \frac{1}{z(z+\pi i)}dz = \int_C \frac{1/z}{z+\pi i}dz = 2\pi i\,[f(-\pi i)] = -2.$$ ■

정리 8.5.15 **코시 적분표시의 일반화**

함수 $w=f(z)$가 단순폐곡선 C의 위와 안에서 해석적이고 z_0가 C 안의 내점이라 하면

$$f^{(n)}(z_0) = \frac{n!}{2\pi i}\int_C \frac{f(z)}{(z-z_0)^{n+1}}dz.$$

증명 엄밀한 증명은 하지 않고 간단히 생각해 보자. 코시 적분표시에 의하여

$$f(z_0) = \frac{1}{2\pi i}\int_C \frac{f(z)}{z-z_0}dz.$$

곡선 C 내의 다른점 $z_0+\Delta z_0$에 대하여

$$f(z_0+\Delta z_0) = \frac{1}{2\pi i}\int_C \frac{f(z)}{z-(z_0+\Delta z_0)}dz.$$

위의 두 식에 의하여

$$\frac{f(z_0+\Delta z_0)-f(z_0)}{\Delta z_0} = \frac{1}{2\pi i}\int_C \left[\frac{f(z)}{z-(z_0+\Delta z_0)} - \frac{f(z)}{z-z_0}\right]\cdot\frac{1}{\Delta z_0}dz$$
$$= \frac{1}{2\pi i}\int_C \frac{f(z)}{[z-(z_0+\Delta z_0)](z-z_0)}dz.$$

이 식의 양변에 극한을 취하면

$$\lim_{\Delta z_0\to 0}\frac{f(z_0+\Delta z_0)-f(z_0)}{\Delta z_0} = \lim_{\Delta z_0\to 0}\frac{1}{2\pi i}\int_C \left[\frac{f(z)}{z-(z_0-\Delta z_0)} - \frac{f(z)}{z-z_0}\right]\cdot\frac{1}{\Delta z_0}dz$$
$$= \frac{1}{2\pi i}\int_C \frac{f(z)}{(z-z_0)^2}dz.$$

그러므로

$$f'(z_0)=\frac{1}{2\pi i}\int_C \frac{f(z)}{(z-z_0)^2}dz.$$

같은 방법으로 n계 도함수를 구하면

$$f^{(n)}(z_0)=\frac{n!}{2\pi i}\int_C \frac{f(z)}{(z-z_0)^{n+1}}dz. \qquad ■$$

예 8.5.10 다음 주어진 곡선에서 적분 값을 구하여라.

(1) $\displaystyle\int_C \frac{e^z+z}{(z-1)^4}dz,\ C=\{z : z(t)=2e^{it},\ 0\le t\le 2\pi\}$

(2) $\displaystyle\int_C \frac{z^3+e^z}{(z+\pi i)^3}dz,\ C=\{z : z(t)=7e^{it},\ 0\le t\le 2\pi\}$

(3) $\displaystyle\int_C \frac{1}{(z-2)^2z^3}dz,\ C=\{z : z(t)=3+2e^{it},\ 0\le t\le 2\pi\}$

(4) $\displaystyle\int_C \frac{1}{(z-2)^2z^3}dz,\ C=\{z : z(t)=1+3e^{it},\ 0\le t\le 2\pi\}$

풀이

(1) $f(z)=e^z+z,\ z_0=1,\ n=3$이라 하면, 함수 f는 정칙함수이고 $z_0=1$가 C 안의 내점이다. 그러므로 정리 8.5.14에 의하여

$$\int_C \frac{e^z+z}{(z-1)^4}dz=\frac{2\pi i}{3!}\cdot f'''(1)=\frac{i\pi e}{3}.$$

(2) $f(z)=z^3+e^z,\ z_0=-\pi i,\ n=2$이라 하면, 함수 f는 정칙함수이고 $z_0=-\pi i$가 C 안의 내점이다. 그러므로

$$\int_C \frac{z^3+e^z}{(z+\pi i)^3}dz=\frac{2\pi i}{2!}\cdot f''(-\pi i)=6\pi^2-\pi i.$$

(3) 함수 $f(z)=\dfrac{1}{(z-2)^2z^3}$는 $z_0=2$에서 해석적이 아니고 이 점은 C 안의 내점이다. 그러나 $z_0=0$는 C 안에 포함되지 않는다. $f(z)=\dfrac{1}{z^3},\ z_0=2,\ n=1$이라 하면

$$\int_C \frac{1}{(z-2)^2z^3}dz=\int_C \frac{1/z^3}{(z-2)^2}dz=2\pi i f'(2)=-\frac{3\pi i}{8}.$$

(4) 함수 $f(z)=\dfrac{1}{(z-2)^2z^3}$는 $z_0=0,\ 2$에서 해석적이 아니고 이 두 점은 C 안의 내점이다. C_1과 C_2는 각각 0, 2를 중심으로 하는 서로 겹치지 않는 원이라 하자. 그러면 함수 $f_1(z)=\dfrac{1}{(z-2)^2}$는 곡선 C_1과 내점에서 해석적이고, $f_2(z)=\dfrac{1}{z^3}$는 곡선 C_2와 내점에서 해석적이다. 그러므로

$$\begin{aligned}\int_C \frac{1}{(z-2)^2 z^3}dz &= \int_{C_1} \frac{1}{(z-2)^2 z^3}dz + \int_{C_2} \frac{1}{(z-2)^2 z^3}dz \\ &= \int_{C_1} \frac{(z-2)^{-2}}{z^3}dz + \int_{C_2} \frac{z^{-3}}{(z-2)^2}dz \\ &= \frac{2\pi i}{2!}\cdot\frac{3}{8} + \frac{2\pi i}{1!}\cdot\left(-\frac{3}{16}\right) = 0.\end{aligned}$$

■

8.5 연습문제

[1-2] 다음 주어진 경로를 따르는 적분의 값을 구하여라.

01 $\int_C \bar{z}\, dz$, $C = C_1 + C_2 + C_3$

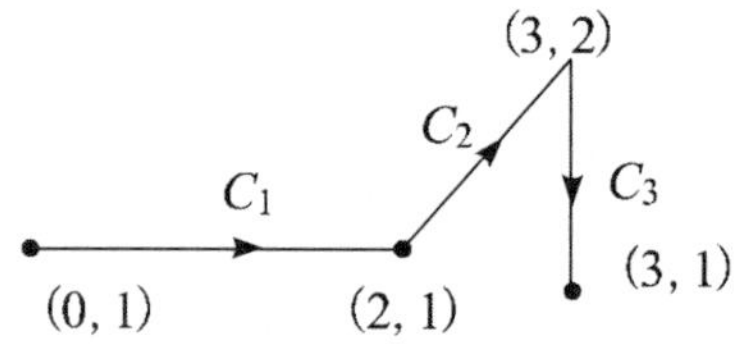

02 $\int_C (e^z + \sin z)dz$

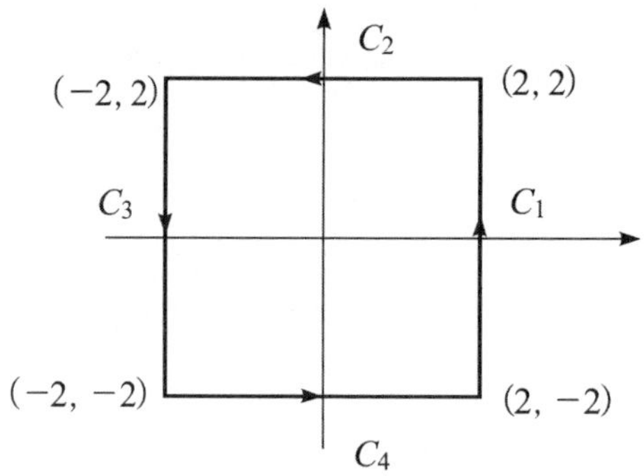

(1) $C = C_1 + C_2 + C_3 + C_4$ (2) $C = C_1 + C_2 + C_3$

(3) $C = C_2 + C_3 + C_4$ (4) $C = C_3 + C_4 + C_1$

[3-10] 다음 주어진 곡선에서의 적분 $\int_C f(z)\, dz$을 구하여라.

03 $f(z) = z^2 + z + \dfrac{1}{z}$, $C = \{z : z(t) = 4e^{it},\ 0 \le t \le 2\pi\}$

04 $f(z) = \dfrac{2}{z-1}$, $C = \{z : z(t) = 1 + 2e^{it},\ 0 \le t \le 2\pi\}$

05 $f(z) = \dfrac{3}{z^2-1}$, $C = \{z : z(t) = -i + 4e^{it},\ 0 \le t \le 2\pi\}$

06 $f(z) = \dfrac{4}{z^2-2z}$, $C = \{z : z(t) = e^{it},\ 0 \le t \le 2p\}$

07 $f(z) = \dfrac{5}{z^2-\pi^2}$, $C = \{z : z(t) = 3e^{it},\ 0 \le t \le 2\pi\}$

08 $f(z)=2z+ize^{iz}-\dfrac{i}{z+i},\ C=\{z : z(t)=2e^{it},\ 0\le t\le 2\pi\}$

09 $f(z)=\dfrac{\sin z}{z-1},\ C=\{z : z(t)=-i+e^{it},\ 0\le t\le 2\pi\}$

10 $f(z)=\mathrm{Log}\left(\dfrac{z}{2}\right)+\dfrac{i}{z-3},\ C=\left\{z : z(t)=2+\dfrac{3}{2}e^{it},\ 0\le t\le 2\pi\right\}$

[11-22] 다음 주어진 곡선에서의 적분 $\int_C f(z)\,dz$을 구하여라.

11 $f(z)=\dfrac{z^4}{z-6i},\ C=\{z : z(t)=10e^{it},\ 0\le t\le 2\pi\}$

12 $f(z)=\dfrac{1}{(z+i)z^4},\ C=\left\{z : z(t)=i+\dfrac{3}{2}e^{it},\ 0\le t\le 2\pi\right\}$

13 $f(z)=\dfrac{(e^{2z}-z^2)}{(z-2)^3},\ C=\{z : z(t)=1+3e^{it},\ 0\le t\le 2\pi\}$

14 $f(z)=\dfrac{\sin z}{(z-1)^2},\ C=\{z : z(t)=2e^{it},\ 0\le t\le 2\pi\}$

15 $f(z)=\dfrac{\cos z}{(z+3i)^6},\ C=\{z : z(t)=-i+e^{it},\ 0\le t\le 2\pi\}$

16 $f(z)=\dfrac{2}{z^2(z+i)^2},\ C=\{z : z(t)=5e^{it},\ 0\le t\le 2\pi\}$

17 $f(z)=\dfrac{1}{(z+1)^3}-\dfrac{z^5}{(z-\pi i)^3},\ C=\{z : z(t)=5e^{it},\ 0\le t\le 2\pi\}$

18 $f(z)=\dfrac{(z+1-e^z)}{z(z+3)},\ C=\{z : z(t)=i+2e^{it},\ 0\le t\le 2\pi\}$

19 $f(z)=\dfrac{z}{z^4-1},\ C=\{z : z(t)=1+i+2e^{it},\ 0\le t\le 2\pi\}$

20 $f(z)=\dfrac{z^2}{(z-i)(z+2)^2},\ C=\{z : z(t)=1+2e^{it},\ 0\le t\le 2\pi\}$

21 $f(z)=\dfrac{(e^z-z^6)}{(z-2i)^6},\ C=\{z : z(t)=3e^{it},\ 0\le t\le 2\pi\}$

22 $f(z)=\dfrac{(z^3-8)}{z^2-4z+4},\ C=\{z : z(t)=1+8e^{it},\ 0\le t\le 2\pi\}$

[23-24] 양의 실수 $a>0$에 대하여 주어진 폐곡선에서의 다음 적분 값을 구하여라.

$$\int_C \frac{e^z}{z^2+a^2}dz$$

23 $C=\{\, z : z(t)=2a\,e^{it},\ 0\le t\le 2\pi \,\}$

24 $C=\{\, z : z(t)=ai+a\,e^{it},\ 0\le t\le 2\pi \,\}$

[25-28] 주어진 폐곡선에서의 다음의 적분 값을 구하여라.

$$\int_C \frac{1}{(z+4)(z+i)(z^2+z)}dz$$

25 $C=\{\, z : z(t)=-4+e^{it},\ 0\le t\le 2\pi \,\}$

26 $C=\left\{\, z : z(t)=-1+\frac{1}{2}e^{it},\ 0\le t\le 2\pi \,\right\}$

27 $C=\{\, z : z(t)=-i+2e^{it},\ 0\le t\le 2\pi \,\}$

28 $C=\left\{\, z : z(t)=\frac{1}{2}e^{it},\ 0\le t\le 2\pi \,\right\}$

제9장 복소수 급수와 유수정리

무한급수는 매우 다양하게 응용되는데 미분방정식의 해를 구하거나 함수의 값을 수치적으로 구하거나 적분을 할 때 사용된다. 그러므로 복소수 값을 갖는 함수에 대한 무한급수의 표현은 매우 중요하며 특히, 4장에서의 무한급수와 8장에서 살펴본 코시 적분 공식에서의 여러 가지 결과에 대하여 응용할 수 있다. 또한 복소함수 $f(z)$가 점 z_0에서 해석적이면 이 함수는 이 점에서 무한번 미분가능하여 적당한 멱급수로 전개가 가능하다. 그러므로 이 장에서는 복소함수에 대한 멱급수와 로랑급수에 대하여 알아보고 그 응용에 대하여 알아본다.

9.1 복소수열과 멱급수

복소수열과 복소급수 및 이들에 대한 수렴과 발산에 대한 기본개념은 미적분학의 실수열과 실수급수에 대한 개념과 매우 유사하고 약간의 차이만이 있다.

정의 9.1.1 수열이란 정의역이 자연수집합인 함수 $f : \mathbb{N} \to \mathbb{R}$이며, 함수의 값이 복소수로 이루어진 수열 $f : \mathbb{N} \to \mathbb{C}$을 **복소수열**이라 한다.

예 9.1.1 다음은 복소수열이다.

(1) $\{z_n\} = 1+\sqrt{n}\,i$ (2) $z_n = \left\{\dfrac{i}{n}\right\}$ (3) $z_n = \left\{\dfrac{i^n}{n^2}\right\}$

정의 9.1.2 복소수열 $\{z_n\}$과 복소수 z_0에 대하여 $n \to \infty$일 때 수열 $\{z_n\}$이 z_0에 가까이 갈 때 수열 $\{z_n\}$은 **수렴한다**고 하고 z_0를 수열 $\{z_n\}$의 **극한값**이라 하고 다음과 같이 나타낸다.

$$\lim_{n \to \infty} z_n = z_0$$

만일 이 수열이 수렴하지 않으면 이 수열은 **발산한다**고 한다.

예 9.1.2 (1) 수열 $\{(-1)^n + i\}$는 n이 짝수이면 $1+i$이고 n이 홀수이면 $-1+i$이므로 발산한다.

(2) 수열 $\{i^n/n\} = \{i,\ -1/2,\ -i/3,\ 1/4,\ \cdots\}$은 0으로 수렴한다.

(3) 수열 $\{e^{ni}/n^2\}$에서 $|e^{ni}| = 1$이므로 $\lim_{n \to \infty} e^{ni}/n^2 = 0$가 되어 수렴한다.

정리 9.1.3 복소수열 $\{z_n\}=\{a_n+ib_n\}$이 수렴하기 위한 필요충분조건은 각 실수열 $\{a_n\}$과 $\{b_n\}$이 수렴하는 것이다. 즉, 적당한 상수 a, b에 대하여

$$\lim_{n\to\infty} z_n = a+bi$$

일 필요충분조건은

$$\lim_{n\to\infty} a_n = a \text{이고 } \lim_{n\to\infty} b_n = b$$

이 성립하는 것이다.

예 9.1.3

(1) $\lim_{n\to\infty} 1/n = 0$이고 $\lim_{n\to\infty} -1/n^2 = 0$이므로 $\lim_{n\to\infty}(1/n - i/n^2) = 0$

(2) $\lim_{n\to\infty} 1/n = 0$이지만 $\lim_{n\to\infty} n = \infty$이므로 $\{n-i/n\}$은 발산한다.

(3) $\lim_{n\to\infty}(2n^2)/n^2 = 2$이고 $\lim_{n\to\infty}(3n)/n^2 = 0$이므로 다음 수열의 극한은

$$\lim_{n\to\infty}\frac{2n^2-3ni}{n^2} = 2$$

다음으로 4.2절에서 살펴본 경우와 같은 방법으로 복소수의 무한급수에 대하여 알아보자.

정의 9.1.4 $\{z_n\}$을 복소수열이라 할 때 무한합

$$\sum_{n=1}^{\infty} z_n = z_1 + z_2 + \cdots$$

를 **무한급수**라 하며 모든 $n\in\mathbb{N}$에 대하여 첫 항에서 n항까지의 합

$$S_n = \sum_{k=1}^{n} z_k = z_1 + z_2 + \cdots + z_n$$

을 주어진 급수의 n번째 **부분합**이라 한다. 또한 이 부분합에 대한 수열 $\{S_n\}$이 복소수 z_0에 수렴할 때 이 급수는 **수렴한다**고 하고 이 극한값 z_0를 주어진 **급수의 합**이라 하고 기호

$$z_0 = \sum_{n=1}^{\infty} z_n$$

로 나타낸다.

예 9.1.4 (1) $\displaystyle\sum_{n=1}^{\infty} \frac{i^n}{n^2}$ (2) $\displaystyle\sum_{n=1}^{\infty} \left(\frac{1}{4} - \frac{i}{4}\right)^n$

(3) $\displaystyle\sum_{n=1}^{\infty} \frac{1}{(n-i)^2+3}$

정의 9.1.5 복소수열 $\{z_n\}$에서 각 항의 절댓값으로 구성된 급수

$$\sum_{k=1}^{\infty} |z_k| = |z_1| + |z_2| + \cdots$$

가 수렴하면 급수 $\displaystyle\sum_{k=1}^{\infty} z_k$는 **절대수렴한다**고 한다.

복소급수에서의 수렴성은 실수급수에서의 4장에서의 정의 4.2.14의 절대수렴성과 정리 4.2.17에서의 절대수렴에 대한 비판정법을 이용하여 같은 방법으로 쉽게 증명할 수 있다.

정리 9.1.6 (1) 절대 수렴하는 복소급수는 수렴한다.

(2) 각 항이 0이 아닌 복소급수 $\displaystyle\sum_{n=1}^{\infty} z_n$에 대하여

$$L = \lim_{n \to \infty} \left| \frac{z_{n+1}}{z_n} \right|$$

이라 하면 다음이 성립한다.

1) $L < 1$이면 급수 $\displaystyle\sum_{n=1}^{\infty} z_n$는 수렴한다.

2) $L > 1$이면 급수 $\displaystyle\sum_{n=1}^{\infty} z_n$는 발산한다.

예 9.1.5 (1) 급수 $\sum_{n=1}^{\infty} 1/(n+i)^2$은 절대수렴함을 보여라.

(2) 급수 $\sum_{n=1}^{\infty} \frac{z^2}{n!}$은 수렴함을 보여라.

(3) 급수 $\sum_{n=1}^{\infty} \frac{(5+i)^n}{(n+1)!}$은 수렴하는지 또는 발산하는지를 보여라.

풀이 (1) 복소수의 절댓값 $|n+i| = \sqrt{n^2+1}$ 이므로

$$\frac{1}{|n+i|^2} = \frac{1}{n^2+1} < \frac{1}{n^2} \text{ 이고 } \sum_{n=1}^{\infty} \frac{1}{n^2} < \infty$$

이므로 급수 $\sum_{n=1}^{\infty} 1/(n+i)^2$는 절대수렴하고 원급수는 수렴한다.

(2) $z = r(\cos\theta + i\sin\theta)$라고 하면 $z^n = r^n(\cos n\theta + i\sin n\theta)$이고 $|z^n| = r^n$이다. 또한 $\sum_{n=1}^{\infty} \frac{r^n}{n!}$는 수렴하므로 주어진 급수는 절대수렴하여 원급수는 모든 복소수 z에 대하여 수렴한다.

(3) $\left|\frac{z_{n+1}}{z_n}\right| = \frac{|5+i|^{n+1}}{(n+2)!} \cdot \frac{(n+1)!}{|5+i|^n} = \frac{|5+i|}{n+2}$ 이므로

$L = \lim_{n\to\infty}\left|\frac{z_{n+1}}{z_n}\right| = 0 < 1$이 되어 주어진 급수는 수렴한다.

4.3절에서의 내용의 연장으로서 복소수에서도 다음과 같이 멱급수를 정의할 수 있다. ■

정의 9.1.7 a와 $b_1, b_2, \cdots$가 임의의 복소상수일 때 $z-a$의 급수

$$\sum_{n=0}^{\infty} b_n(z-a)^n = b_0 + b_1(z-a) + b_2(z-a)^2 + \cdots$$

를 a를 중심으로 하는 **멱급수**라 한다.

일반적으로 복소급수는 다양한 형태의 수렴영역을 갖지만, 멱급수의 수렴영역은 적당한 수렴반경을 갖는 원이 된다. 멱급수의 수렴여부를 판단하기 위해서는 수렴반경을 조사하는 것이 중요하며 멱급수는 그의 계수에 의하여 정의되므로 이들 계수만을 가지고도 수렴반경을 결정할 수 있다. 다음의 정리는 정리 4.2.17에 의하여 쉽게 알 수 있다.

정리 9.1.8 멱급수 $\sum_{n=0}^{\infty} b_n (z-a)^n$에서

$$L = \lim_{n\to\infty} \left| \frac{b_{n+1}}{b_n} \right|$$

이라 하면 주어진 멱급수는 **수렴반경** $R = 1/L$에 대하여 $|z-a| < R$ 내부의 모든 점에서 수렴하고, 이 원의 외부의 모든 점에서는 발산하며, 이 원 위의 점에서는 절대수렴하거나 조건수렴, 또는 발산한다.

예 9.1.6 (1) 기하급수

$$\sum_{n=0}^{\infty} z^n = 1 + z + z^2 + \cdots$$

의 수렴반경은 1이고 $|z| < 1$에서 수렴하며 $|z| > 1$에서 발산한다.

(2) 멱급수 $\sum_{n=0}^{\infty} \frac{z^n}{n^3}$에서 수렴반경은

$$R = \lim_{n\to\infty} \frac{|b_n|}{|b_{n+1}|} = \lim_{n\to\infty} \frac{1/n^3}{1/(n+1)^3} = 1$$

이므로 $|z| < 1$에서 수렴하며 $|z| > 1$에서 발산한다.

(3) 멱급수 $\sum_{n=1}^{\infty} \frac{1}{(n+1)^3 4^n}(z-1)^n$에서 수렴반경은

$$R = \lim_{n\to\infty} \frac{|b_n|}{|b_{n+1}|} = \lim_{n\to\infty} \frac{(n+1)^3 4^n}{(n+2)^3 4^{n+1}} = \lim_{n\to\infty} \frac{(n+1)^3}{4(n+2)^3} = \frac{1}{4}$$

이므로 $|z-1| < 1/4$에서 수렴하고 $|z-1| > 1/4$에서 발산한다.

(4) 멱급수 $\sum_{n=0}^{\infty} n!(z+i)^n$에서 수렴반경은

$$R = \lim_{n\to\infty} \frac{|b_n|}{|b_{n+1}|} = \lim_{n\to\infty} \frac{n!}{(n+1)!} = \lim_{n\to\infty} \frac{1}{n+1} = 0$$

이므로 이 급수는 $-i$에서만 수렴하고 나머지 모든 점에서는 발산한다.

9.1 연습문제

01 주어진 복소수열이 수렴하는지 발산하는지를 밝히고, 수렴하면 극한을 구하여라.

(1) $\{(3i)^2\}$　　(2) $\{5i^n\}$

(3) $\left\{\dfrac{1}{n(1-i)^n}\right\}$　　(4) $\left\{\dfrac{2n-i}{n+2i}\right\}$

(5) $\left\{n-\dfrac{i}{n}\right\}$　　(6) $\{|z|^n\}$

02 다음 주어진 급수의 수렴성을 조사하여라.

(1) $\displaystyle\sum_{n=1}^{\infty}\frac{2i}{n^3}$　　(2) $\displaystyle\sum_{n=1}^{\infty}\frac{i^{2n}}{n}$

(3) $\displaystyle\sum_{n=1}^{\infty}i^n$　　(4) $\displaystyle\sum_{n=1}^{\infty}\frac{i^{4n}}{(2n)!}$

(5) $\displaystyle\sum_{n=1}^{\infty}\frac{(1-i)^{2n}}{n!}$　　(6) $\displaystyle\sum_{n=1}^{\infty}\left(\frac{1}{n+i}-\frac{1}{n+1+i}\right)$

03 다음의 멱급수에 대하여 수렴반경과 수렴원을 구하여라.

(1) $\displaystyle\sum_{n=0}^{\infty}\frac{z^n}{2^n}$　　(2) $\displaystyle\sum_{n=0}^{\infty}e^n(z+2)^n$

(3) $\displaystyle\sum_{n=0}^{\infty}n^2z^n$　　(4) $\displaystyle\sum_{n=0}^{\infty}\frac{(z-i)^n}{3^n}$

(5) $\displaystyle\sum_{n=0}^{\infty}\frac{e^nz^n}{n!}$　　(6) $\displaystyle\sum_{n=0}^{\infty}\frac{e^n(z+i)^n}{n}$

(7) $\displaystyle\sum_{n=0}^{\infty}\frac{2n(z+1)^n}{2n-1}$　　(8) $\displaystyle\sum_{n=0}^{\infty}\frac{n!(n+\pi i)}{2^n}$

(9) $\displaystyle\sum_{n=0}^{\infty}\frac{(2n)!z^n}{(n!)^2}$　　(12) $\displaystyle\sum_{n=0}^{\infty}\frac{n(n+1)(z+e)^n}{n^2-2}$

04 다음의 세 급수

$$\sum_{n=0}^{\infty} a_n z^n, \qquad \sum_{n=0}^{\infty} \frac{a_n}{n+1} z^{n+1}, \qquad \sum_{n=0}^{\infty} a_n n z^{n-1}$$

는 같은 수렴반경을 갖음을 보여라.

05 멱급수 $\sum_{n=0}^{\infty} a_n z^n$의 수렴반경이 R 이면, $\sum_{n=0}^{\infty} a_n z^{2n}$의 반경은 $\sqrt{R}$ 임을 증명하여라.

9.2 테일러 급수와 로랑급수

9.2.1 테일러 급수

테일러 급수는 실해석학에서와 같이 복소해석학에서도 매우 중요하다. 멱급수는 대부분 어떠한 특정한 점 $z=a$ 근방에서의 해석적함수로 나타낼 수 있다. 그러한 표현은 테일러에 의하여 표현되었으며 그 내용은 4.3절의 내용과 유사하다.

복소함수 $f(z)$가 $|z-z_0|<R$에서 다음과 같이 표현된다고 하자.

$$f(z)=\sum_{n=0}^{\infty}b_n(z-z_0)^n=b_0+b_1(z-z_0)+b_2(z-z_0)^2+\cdots$$

각 항을 미분하면

$$f'(z)=\sum_{n=1}^{\infty}nb_n(z-z_0)^{n-1}=b_1+2b_2(z-z_0)+3b_3(z-z_0)^2+\cdots$$

$$f''(z)=\sum_{n=2}^{\infty}n(n-1)b_n(z-z_0)^{n-2}=2\cdot 1b_2+3\cdot 2b_3(z-z_0)^2+\cdots$$

$$f'''(z)=\sum_{n=3}^{\infty}n(n-1)(n-2)b_n(z-z_0)^{n-3}=3\cdot 2b_3+\cdots$$

$$\vdots$$

이 된다. 여기에서 함수 f의 각 도함수에 대한 멱급수에 $z=z_0$를 대입하면

$$b_0=f(z_0),\quad b_1=\frac{f'(z_0)}{1!},\quad b_2=\frac{f''(z_0)}{2!},\quad b_3=\frac{f'''(z_0)}{3!},\quad \cdots$$

이 되므로 이를 원래의 함수에 대입하면

$$f(z)=\sum_{n=0}^{\infty}\frac{f^{(n)}(z_0)}{n!}(z-z_0)^n,\quad |z-z_0|<R$$

가 되는데 이를 $z=z_0$에서의 함수 f의 **테일러 급수**라 한다. 여기에서 $z_0=0$일 때의 급수

$$f(z)=\sum_{n=0}^{\infty}\frac{f^{(n)}(0)}{n!}z^n,\quad |z|<R$$

를 **매클로린 급수**라 한다.

정의 9.2.1 함수 $f(z)$가 단순폐곡선 C에서 해석적이라 하고 z와 z_0가 C의 내부에 있는 점이라 하면 C를 포함하는 $|z-z_0|<R$에서 $f(z)$에 수렴하는 멱급수

$$
\begin{aligned}
f(z) &= \sum_{n=0}^{\infty} \frac{f^{(n)}(z_0)}{n!}(z-z_0)^n \\
&= f(z_0)+f'(z_0)(z-z_0)+\cdots+\frac{f^{(n)}(z_0)}{n!}(z-z_0)^n+R_n
\end{aligned}
$$

가 유일하게 존재한다. 여기에서

$$R_n = \frac{(z-z_0)^n}{2\pi i}\int_C \frac{f(t)}{(t-z_0)^n(t-z)}dt$$

증명 적분의 분모에 z_0를 더하고 빼면 정리 8.5.14 코시의 적분표시에 의하여

$$
\begin{aligned}
f(z) &= \frac{1}{2\pi i}\int_C \frac{f(t)}{t-z}dt = \frac{1}{2\pi i}\int_C \frac{f(t)}{[(t-z_0)-(z-z_0)]}dt \\
&= \frac{1}{2\pi i}\int_C \frac{f(t)}{(t-z_0)}\left[\frac{1}{1-(z-z_0)/(t-z_0)}\right]dt
\end{aligned}
$$

이다. 임의의 변수 x에 대하여

$$\frac{1}{1-x} = 1+x+x^2+\cdots+x^{n-1}+\frac{x^n}{1-x}$$

이 성립하므로 위 적분의 오른쪽 항 $1/[1-(z-z_0)/(t-z_0)]$에 적용하면

$$\frac{1}{1-\dfrac{z-z_0}{t-z_0}} = 1+\frac{z-z_0}{t-z_0}+\left(\frac{z-z_0}{t-z_0}\right)^2+\cdots+\left(\frac{z-z_0}{t-z_0}\right)^{n-1}+\frac{(z-z_0)^n/(t-z_0)^n}{1-(z-z_0)/(t-z_0)}$$

이것을 위의 코시의 적분표시에 대입하면

$$
\begin{aligned}
f(z) &= \frac{1}{2\pi i}\int_C \frac{f(t)}{t-z_0}\left[1+\frac{z-z_0}{t-z_0}+\left(\frac{z-z_0}{t-z_0}\right)^2+\cdots+\left(\frac{z-z_0}{t-z_0}\right)^{n-1}+\frac{(z-z_0)^n/(t-z_0)^n}{1-(z-z_0)/(t-z_0)}\right]dt \\
&= \frac{1}{2\pi i}\int_C \frac{f(t)}{t-z_0}dt+\frac{z-z_0}{2\pi i}\int_C \frac{f(t)}{(t-z_0)^2}dt+\frac{(z-z_0)^2}{2\pi i}\int_C \frac{f(t)}{(t-z_0)^3}dt+\cdots \\
&\quad +\frac{(z-z_0)^{n-1}}{2\pi i}\int_C \frac{f(t)}{(t-z_0)^n}dt+\frac{(z-z_0)^n}{2\pi i}\int_C \frac{f(t)}{(t-z_0)^n(t-z)}dt
\end{aligned}
$$

이 된다. 정리 8.5.15의 코시 적분표시의 일반화에서 일반화에 필요한 계승을 제외하면 마지막 식의 첫 번째 n 항 내의 $z-z_0$의 연속인 멱의 계수는 $z=z_0$에서 계산된 $f(z)$의 도함수와 일치하므로 각 항에 필요한 계승으로 곱하거나 나누면

$$f(z)=f(z_0)+f'(z_0)(z-z_0)+\cdots+\frac{f^{(n-1)}(z_0)}{(n-1)!}(z-z_0)^{n-1}+\frac{(z-z_0)^n}{2\pi i}\int_C\frac{f(t)}{(t-z_0)^n(t-z)}dt$$

이 된다. ■

예 9.2.1 (1) $f(z)=e^z$는 정칙함수이고, $f'(z)=f''(z)=\cdots=e^z$이므로

$$f'(0)=f''(0)=\cdots=1.$$

그러므로 매클로린 급수는

$$e^z=1+z+\frac{z^2}{2!}+\cdots+\frac{z^n}{n!}+\cdots=\sum_{n=0}^{\infty}\frac{z^n}{n!}$$

특히, 여기에서 $z=ix$라 하면 그 급수는

$$e^{ix}=\sum_{n=0}^{\infty}\frac{(ix)^n}{n!}=\sum_{n=0}^{\infty}(-1)^n\frac{x^{2n}}{(2n)!}+i\sum_{n=0}^{\infty}(-1)^n\frac{x^{2n+1}}{(2n+1)!}$$

우변은 $\cos x$와 $\sin x$의 매클로린 급수이므로

$$e^{ix}=\cos x+i\sin x$$

이 됨을 알 수 있다.

(2) $f(z)=\dfrac{1}{1-z}$는 $z=1$을 제외한 모든 영역에서 해석적이고

$$f^{(n)}(z)=\frac{n!}{(1-z)^{n+1}}$$

이므로 $f^{(n)}(0)=n!$이 되어 매클로린 급수는

$$\frac{1}{1-z}=\sum_{n=0}^{\infty}z^n=1+z+z^2+\cdots$$

(3) $z=1$ 근방에서 $f(z)=\dfrac{3}{(3z-z^2)}$의 테일러 급수를 구하자. 먼저

$$f(z)=\frac{1}{z}+\frac{1}{3-z}=\frac{1}{1+(z-1)}+\frac{1}{2-(z-1)}$$

이 된다. 이것을 급수전개하면

$$\begin{aligned}f(z)=&\ 1-(z-1)+(z-1)^2-\cdots+(-1)^n(z-1)^n+\cdots\\&+\frac{1}{2}+\frac{1}{2^2}(z-1)+\frac{1}{2^3}(z-1)^2+\cdots+\frac{1}{2^{n+1}}(z-1)^n+\cdots\end{aligned}$$

오른쪽의 첫 번째 급수는 $|z-1|<1$인 원 내부에서 수렴하고, 두 번째 급수는 $|z-1|<2$인 원 내부에서 수렴하므로 주어진 함수의 급수

는 $|z-1|<1$인 원 내부에서 수렴한다.

(4) $z=2$ 근방에서의 $f(z)=\dfrac{z+1}{(z-1)(z-3)}$의 테일러 급수를 구하자.

$$f(z)=\frac{z+1}{(z-1)(z-3)}=\frac{2}{z-3}-\frac{1}{z-1}$$

이며 또한,

$$\frac{1}{z-3}=-\frac{1}{1-(z-2)}=-\sum_{n=0}^{\infty}(z-2)^n$$
$$\frac{1}{z-1}=\frac{1}{1+(z-2)}=\sum_{n=0}^{\infty}(-1)^{n+1}(z-2)^n$$

이므로

$$\begin{aligned}\frac{z+1}{(z-1)(z-3)}&=\frac{2}{z-3}-\frac{1}{z-1}\\&=-2\sum_{n=0}^{\infty}(z-2)^n+\sum_{n=0}^{\infty}(-1)^{n+1}(z-2)^n\\&=\sum_{n=0}^{\infty}[(-1)^{n+1}-2](z-2)^n\\&=-3-(z-2)-3(z-2)^2-(z-2)^3-\cdots\end{aligned}$$

(5) $z=0$에서의 $f(z)=\dfrac{1}{2+4z}$의 테일러 급수를 구하자. 먼저

$$\frac{1}{1+z}=\sum_{n=0}^{\infty}(-1)^n z^n$$

이므로 이것을 이용하면

$$\begin{aligned}\frac{1}{2+4z}&=\frac{1}{2}\cdot\frac{1}{1+2z}\\&=\frac{1}{2}\sum_{n=0}^{\infty}(-1)^n(2z)^n\\&=\frac{1}{2}\sum_{n=0}^{\infty}(-1)^n 2^n z^n\\&=\sum_{n=0}^{\infty}(-1)^n 2^{n-1} z^n\end{aligned}$$

이고 이 급수의 수렴반경은 $1/2$이다.

주1 함수에 대한 멱급수를 구할 때 테일러 급수의 계수를 구하는 일은 시간이 많이 소요된다. 다음의 내용을 사용하면 간단히 풀 수 있다.

(1) 기존의 내용을 이용하여 대입하는 방법

$$\frac{1}{1-z}=\sum_{n=0}^{\infty}z^n=1+z+z^2+\cdots$$

이므로 이것을 이용하면

$$\frac{1}{1+z^2}=\frac{1}{1-(-z^2)}=\sum_{n=0}^{\infty}(-z^2)^n$$
$$=\sum_{n=0}^{\infty}(-1)^n z^{2n}=1-z^2+z^4-z^6+\cdots$$

(2) 적분을 이용하는 방법

$f(z)=\tan^{-1}z$의 급수를 구하자. $f'(z)=\dfrac{1}{1+z^2}$이므로 위의 (1)에서의 식의 양변을 적분하면

$$\tan^{-1}z=z-\frac{1}{3}z^3+\frac{1}{5}z^5+\cdots$$

(3) 미분을 이용하는 방법

$\dfrac{1}{(1-z)^2}$의 급수를 구하자. $f(z)=\dfrac{1}{1-z}=\displaystyle\sum_{n=0}^{\infty}z^n$이므로

$$f'(z)=\frac{1}{(1-z)^2}=\sum_{n=1}^{\infty}nz^{n-1}$$

9.2.2 로랑급수

함수 $f(z)$의 테일러 급수전개는 함수가 해석적인 수렴반경 내의 모든 점에서 표시된다. 예를 들면, 멱급수 $\displaystyle\sum_{n=0}^{\infty}z^n$는 원 $|z|<1$ 내의 모든 점에서의 함수 $f(z)=\dfrac{1}{1-z}$의 멱급수 전개이지만 $z=1$에서는 정칙이 아니다. 그러므로 이 절에서는 함수 $f(z)$의 정의역이 단순폐곡선이 아닌 좀 더 복잡한 영역에서 정칙인 함수에 대한 급수전개에 대하여 알아본다. 많은 응용에서 함수가 해석적이지 않은 점이나 그 근방에서 함수를 급수로 전개해야 할 필요가 있다. 테일러 급수는 이러한 경우에 사용할 수 없으므로 로랑급수라는 새로운 급수의 형태가 필요하다.

실제로 로랑급수는 수렴하는 원의 내부와 외부에 특이점을 가질 수 있기 때문에 $z-z_0$의 양의 멱급수 뿐만 아니라, 음의 멱급수도 급수의 전개 내에 포함되고 그 계수는 함수에 의하여 계산된 도함수의 항으로 나타낼 수 없으며 다음의 정리에서와 같다.

정리 9.2.3

로랑정리

함수 $f(z)$가 중심이 z_0인 두 동심원 C_1, C_2 사이에서 정칙일 때 두 원 사이에서의 모든 점 z에서 $f(z)$는 다음과 같은 $z-z_0$의 양과 음의 멱급수로 표시된다.

$$f(z)=\sum_{n=-\infty}^{\infty} a_n (z-z_0)^n$$

여기에서 이 급수의 계수는

$$a_n=\frac{1}{2\pi i}\int_C \frac{f(\zeta)}{(\zeta-z_0)^{n+1}}d\zeta, \qquad n=\pm 1,\ \pm 2,\ \cdots$$

여기에서 경로 C는 C_1과 C_2 사이의 경로이며 적분은 양의 방향이다.

증명 그림에서와 같이 원 C_1과 C_2를 연결하는 C_0를 만들어 단일 폐곡선을 만들자. 그러면 C_1과 C_2사이의 부분은 곡선 $C=C_2+C_0-C_1-C_0$에 의하여 둘러싸인 단순 연결곡선이 된다. 그러므로 코시의 적분표시에 의하여

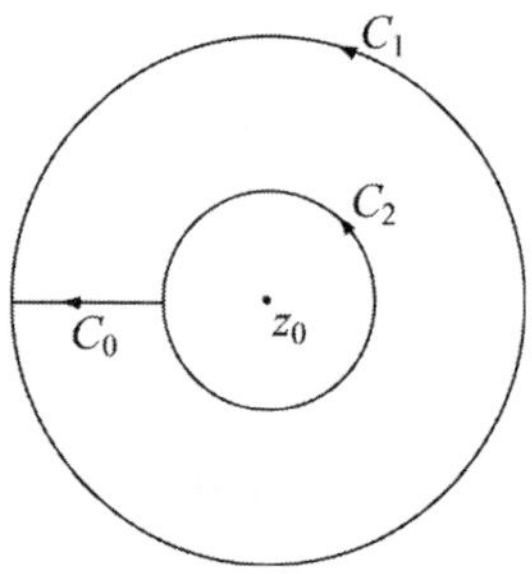

그림 9.2.1

$$f(z)=\frac{1}{2\pi i}\int_C \frac{f(\zeta)}{(\zeta-z)}d\zeta$$

여기에서 z는 위의 단순연결곡선 C 내의 임의의 점이고, ζ는 단일 폐곡선 위의 점이고

$$\begin{aligned}f(z)&=\frac{1}{2\pi i}\int_C \frac{f(\zeta)}{(\zeta-z)}d\zeta\\&=\frac{1}{2\pi i}\int_{C_2} \frac{f(\zeta)}{(\zeta-z)}d\zeta+\frac{1}{2\pi i}\int_{-C_1} \frac{f(\zeta)}{(\zeta-z)}d\zeta\\&=\frac{1}{2\pi i}\int_{C_2} \frac{f(\zeta)}{(\zeta-z)}d\zeta-\frac{1}{2\pi i}\int_{C_1} \frac{f(\zeta)}{(\zeta-z)}d\zeta\end{aligned}$$

이다. 여기에서

$$\begin{aligned}\frac{1}{\zeta-z}&=\frac{1}{(\zeta-z_0)-(z-z_0)}\\&=\frac{1}{(\zeta-z_0)}\cdot\frac{1}{1-(z-z_0)/(\zeta-z_0)}\\&=\frac{1}{\zeta-z_0}\left[1+\left(\frac{z-z_0}{\zeta-z_0}\right)+\left(\frac{z-z_0}{\zeta-z_0}\right)^2+\cdots+\left(\frac{z-z_0}{\zeta-z_0}\right)^n+\cdots\right]\end{aligned}$$

이므로

$$\frac{1}{2\pi i}\int_{C_2}\frac{f(\zeta)}{(\zeta-z)}d\zeta=\frac{1}{2\pi i}\int_{C_2}\frac{f(\zeta)}{(\zeta-z_0)}d\zeta+\frac{z-z_0}{2\pi i}\int_{C_2}\frac{f(\zeta)}{(\zeta-z_0)^2}d\zeta+\cdots+\frac{(z-z_0)^n}{2\pi i}\int_{C_2}\frac{f(\zeta)}{(\zeta-z)^{n+1}}d\zeta+\cdots$$

또한

$$\begin{aligned}\frac{1}{\zeta-z}&=-\frac{1}{(z-z_0)-(\zeta-z_0)}\\&=-\frac{1}{(z-z_0)}\cdot\frac{1}{1-(\zeta-z_0)/(z-z_0)}\\&=-\frac{1}{z-z_0}\left[1+\left(\frac{\zeta-z_0}{z-z_0}\right)+\left(\frac{\zeta-z_0}{z-z_0}\right)^2+\cdots+\left(\frac{\zeta-z_0}{z-z_0}\right)^n+\cdots\right],\end{aligned}$$

$$-\frac{1}{2\pi i}\int_{C_1}\frac{f(\zeta)}{(\zeta-z)}d\zeta=\frac{1}{z-z_0}\cdot\frac{1}{2\pi i}\int_{C_1}f(\zeta)d\zeta+\frac{1}{(z-z_0)^2}\cdot\frac{1}{2\pi i}\int_{C_1}(\zeta-z_0)d\zeta+\cdots+\frac{1}{(z-z_0)^n}\cdot\frac{1}{2\pi i}\int_{C_1}f(\zeta)(\zeta-z)^{n-1}d\zeta+\cdots$$

그러므로 $f(z)=\sum_{n=-\infty}^{\infty}a_n(z-z_0)^n$이고

$$a_n=\frac{1}{2\pi i}\int_C\frac{f(\zeta)}{(\zeta-z_0)^{n+1}}d\zeta,\qquad n=\pm 1,\ \pm 2,\ \cdots$$

예 9.2.2 (1) $f(z)=\dfrac{1}{z}$을 $z=1$을 중심으로 하는 로랑급수를 구하여라.

(2) $f(z)=\dfrac{\sin z}{z^3}$의 로랑급수를 구하여라.

(3) $f(z)=\dfrac{1}{(z-1)(z+1)}$를 영역 $0<|z-1|<2$에서의 로랑급수를 구하여라.

(4) $f(z)=\dfrac{1}{(z-1)(z-2)}$이 다음의 조건에서의 로랑급수를 구하여라.

(a) $|z|<1$ (b) $1<|z|<2$ (c) $|z|>2$

풀이 (1) 이 함수의 로랑급수는

$$\begin{aligned}\frac{1}{z}&=\frac{1}{(z-1)+1}=\frac{1}{z-1}\cdot\frac{1}{1+1/(z-1)}\\&=\frac{1}{z-1}\sum_{n=0}^{\infty}(-1)^n\left(\frac{1}{z-1}\right)^n\\&=\sum_{n=0}^{\infty}(-1)^n\frac{1}{(z-1)^{n+1}}\\&=\frac{1}{z-1}-\frac{1}{(z-1)^2}+\frac{1}{(z-1)^3}-\cdots\end{aligned}$$

이 급수의 수렴영역은 $|z-1|>1$이다.

(2) $f(z)$는 $z=0$에서 해석적이 아니므로 매클로린 급수로 전개할 수 없다. 그러나 $\sin z$는 정칙함수이고 그의 매클로린 급수는

$$\sin z = z - \frac{z^3}{3!} + \frac{z^5}{5!} - \frac{z^7}{7!} + \cdots$$

이므로 양변을 z^3으로 나누면

$$\frac{\sin z}{z^3} = \frac{1}{z^2} - \frac{1}{3!} + \frac{z^2}{5!} - \frac{z^4}{7!} + \cdots$$

가 되고 $|z| > 0$에서 수렴한다.

(3) 먼저

$$\begin{aligned}\frac{1}{z+1} &= \frac{1}{2+(z-1)} \\ &= \frac{1}{2}\sum_{n=0}^{\infty}(-1)^n\left(\frac{z-1}{2}\right)^n \\ &= \sum_{n=0}^{\infty}(-1)^n\frac{(z-1)^n}{2^{n+1}} \\ &= \frac{1}{2}\cdot\frac{1}{1+(z-1)/2}\end{aligned}$$

이므로 양변에 $1/(z-1)$을 곱하면 $f(z)$의 로랑급수는

$$\begin{aligned}\frac{1}{(z-1)(z+2)} &= \sum_{n=0}^{\infty}(-1)^n\frac{(z-1)^{n-1}}{2^{n+1}} \\ &= \frac{1}{2}\cdot\frac{1}{z-1} - \frac{1}{4} + \frac{1}{8}(z-1)\end{aligned}$$

(4) (a)

$$\begin{aligned}f(z) &= \frac{1}{z-2} - \frac{1}{z-1} = -\frac{1}{z-1} - \frac{1}{2(1-z/2)} \\ &= 1 + z + z^2 + \cdots z^n - \frac{1}{2}\left[1 + \frac{z}{2} + \left(\frac{z}{2}\right)^2 + \cdots + \left(\frac{z}{2}\right)^n + \cdots\right] \\ &= \frac{1}{2} + \frac{3}{4}z + \frac{8}{8}z^2 + \cdots + \left(1 - \frac{1}{2^{n+1}}\right)z^n + \cdots\end{aligned}$$

(b)

$$\begin{aligned}f(z) &= \frac{1}{z-2} - \frac{1}{z-1} \\ &= -\frac{1}{2(1-z/2)} - \frac{1}{z(1-1/z)} \\ &= -\frac{1}{2}\left[1 + \frac{z}{2} + \cdots + \frac{z^n}{2^n} + \cdots\right] - \frac{1}{z}\left[1 + \frac{1}{z} + \cdots + \frac{1}{z^n} + \cdots\right] \\ &= \cdots - \frac{1}{z} - \frac{1}{2} - \frac{z}{4} - \frac{z^2}{8} - \cdots - \frac{z^n}{2^{n+1}} + \cdots\end{aligned}$$

(c)

$$\begin{aligned}f(z) &= \frac{1}{z-2} - \frac{1}{z-1} \\ &= -\frac{1}{z(1-2/z)} - \frac{1}{z(1-1/z)}\end{aligned}$$

$$= \frac{1}{z}\left[1 + \frac{2}{z} + \cdots + \frac{2^n}{z^n} + \cdots\right] - \frac{1}{z}\left[1 + \frac{1}{z} + \cdots + \frac{1}{z^n} + \cdots\right]$$

$$= \frac{1}{z^2} + \frac{3}{z^3} + \cdots + \frac{2^{n-1}-1}{z^n} + \cdots$$ ■

주2 로랑급수는 $z - z_0$의 양의 멱급수 뿐만 아니라, 음의 멱급수도 급수의 전개 내에 포함한다. 그러므로 로랑급수는 테일러 급수의 일반화된 급수이다. 또한 로랑급수는 원의 내부에서 정의되는 것보다 두 원 사이에서 만들어지는 환에서 정의된다.

9.2 연습문제

01 다음 함수에 대하여 주어진 점에서의 테일러 급수를 구하고 수렴반경을 구하여라.

(1) $\dfrac{z}{1+z}$, $z_0 = 0$

(2) $\dfrac{z^2}{2+z}$, $z_0 = 0$

(3) e^{z+1}, $z_0 = 1$

(4) $\dfrac{1}{z}$, $z_0 = i$

(5) $\dfrac{1}{z}$, $z_0 = 4$

(6) e^z, $z_0 = 0$

(7) $\sinh z$, $z_0 = 0$

(8) $\mathrm{Log z}$, $\mathrm{z_0 = i}$

(9) $\dfrac{1-z}{1+2z}$, $z_0 = 0$

(11) $\dfrac{1-z}{1+2z}$, $z_0 = 1$

02 $z_0 = 1$에서 $f(z) = (z-1)^2 e^z$의 테일러 급수를 구하여라.

03 $z_0 = \pi$에서 $f(z) = \dfrac{\sin z}{z-\pi}$의 테일러 급수를 구하여라.

04 다음의 함수에 대하여 주어진 영역에서의 로랑급수를 구하여라.

(1) $\dfrac{1}{z+3}$, $|z| > 3$

(2) $\dfrac{1}{(z+2)(z-1)}$, $1 < |z-2| < 4$

(3) $\sin(1/z)$, $0 < |z| < \infty$

(4) $\dfrac{1}{(z+2)(z-1)}$, $4 < |z-2| < \infty$

(5) $\dfrac{e^z - (z+1)}{z^3}$, $0 < |z| < \infty$

(6) $\cos(z-1)z-1$, $0 < |z-1| < \infty$

(7) e^{1/z^2}, $0 < |z| < \infty$

(8) $\dfrac{\sinh z}{z^2}$, $0 < |z| < \infty$

(9) $\dfrac{1}{z^3 - 2z^2 + z}$, $0 < |z-1| < 1$

(10) $\dfrac{1}{z} + \dfrac{1}{z-1} + \dfrac{1}{z-i}$, $0 < |z| < 1$

9.3 특이점과 유수

정의 9.3.1 복소함수 $f(z)$가 $z = z_0$에서 해석적이 아니지만 z_0의 임의의 근방에 있는 어떤 점에서 해석적일 때 z_0를 $f(z)$의 **특이점**이라 한다. 즉, 점 $z = z_0$가 $f(z)$의 특이점이면 $f(z)$는 z_0에서 미분불가능하지만 z_0의 근방의 점에서는 미분가능한 점이 적어도 하나 존재한다.

예 9.3.1 함수 $f(z) = \dfrac{1}{z}$의 도함수는 $f'(z) = -\dfrac{1}{z^2}$이므로 $z = 0$는 이 함수의 특이점이다. 그러나 함수 $f'(z) = -\dfrac{1}{z^2}$은 어떤 점에서도 해석적이 아니므로 어떤 점도 특이점이 아니다.

정의 9.3.2 (1) 함수 $f(z)$의 특이점 z_0의 적당한 근방에 대하여 $f(z)$가 z_0를 제외한 모든 점에서 해석적일 때 z_0를 **고립특이점**이라 한다.

(2) $z = z_0$가 함수 $f(z)$의 고립특이점일 때, 만일 $\lim\limits_{z \to z_0} f(z)$이 존재하면 $z = z_0$를 **제거가능한 특이점**이라 한다.

예 9.3.2 (1) 함수 $f(z) = \dfrac{4i}{z^2+1}$는 $z = \pm i$에서 정의되지 않고 또한 해석적도 아니다. 그러나 $z \neq \pm i$인 모든 점에서 해석적이므로 $z = \pm i$는 고립특이점이다. 그러나 $\lim\limits_{z \to \pm i} f(z)$는 존재하지 않으므로 제거가능한 특이점도 아니다.

(2) 함수 $f(z) = \dfrac{\sin z}{z}$는 $z = 0$에서 정의되지 않고 물론 해석적도 아니다. 그러나 $z \neq 0$인 모든 점에서 해석적이므로 $z = 0$는 고립특이점이다. 여기에서 $f(0) = 1$이라고 정의하면 주어진 함수는 $z = 0$에서도 해석적이다. 또한 $\lim\limits_{z \to 0} \dfrac{\sin z}{z} = 1$이므로 $z = 0$는 제거가능한 특이점이다.

(3) 함수 $f(z)=\dfrac{1}{z}$에서 $z=0$는 고립특이점이다. 그러나 $\lim\limits_{z\to 0}f(z)=\pm\infty$이므로 $f(0)$를 어떻게 정의하여도 주어진 함수는 $z=0$에서도 해석적이 아니므로 제거가능한 특이점이 아니다.

정의 9.3.3 함수 $f(z)$가 $z=z_0$에서 고립특이점을 가질 때

$$\lim_{z\to z_0}(z-z_0)^k f(z)$$

의 값이 존재할 때 z_0를 k계의 **극**이라 하고, $f(z)$는 z_0에서 k계의 극을 갖는다라고 한다.

예 9.3.3 (1) 함수 $f(z)=\dfrac{1}{z^3}$은 $z=0$에서 3계의 극을 갖는다.

(2) 함수 $f(z)=\dfrac{1}{(z+2i)^{10}}$은 $z=-2i$에서 10계의 극을 갖는다.

(3) 함수 $f(z)=\dfrac{\cos z}{z^2}$은 $z=0$에서 2계의 극을 갖는다.

주1 z_0가 함수 $f(z)$의 고립특이점이고, 영역 $0<|z-z_0|<R$에서 해석적이라 하자. 그러면 z_0가 k계의 극일 필요충분조건은 함수 $(z-z_0)^k f(z)$에 대하여 $\lim\limits_{z\to z_0}(z-z_0)^k f(z)\neq 0$ (단, z_0는 제거가능한 특이점)인 것이다. 특히,

$$f(z)=\sum_{n=-k}^{\infty}c_n(z-z_0)^n$$

와 같이 주어지는 로랑급수로 표현된다.

예 9.3.4 (1) 함수 $f(z)=\dfrac{z+1}{z^2+1}$은 $z=\pm i$의 두 개의 극을 갖는다. 그런데

$$(z-i)f(z)=\frac{z+1}{z+i},\qquad (z+i)f(z)=\frac{z+1}{z-i}$$

$$\lim_{z\to i}(z-i)f(z)=\lim_{z\to i}\frac{z+1}{z+i}\neq 0,$$
$$\lim_{z\to -i}(z+i)f(z)=\lim_{z\to -i}\frac{z+1}{z-i}\neq 0$$

이므로 $z=\pm i$는 위수가 1인 극이다.

(2) 함수 $f(z)=\dfrac{1}{z^3(z+2i)^6}+\dfrac{1}{z^5(z+2i)^2}$에서 $f(z)$는 위수 5인 극 $z=0$와 위수 6인 극 $z=-2i$를 갖는다.

(3) 함수 $f(z)=\dfrac{e^z-1}{z^2}$는 $z=0$에서 위수 2인 극을 갖는 것처럼 보인다. 그러나 e^z을 테일러 전개하고 주1을 적용하면

$$\frac{e^z-1}{z^2}=\frac{1}{z^2}\left(\sum_{n=0}^{\infty}\frac{z^n}{n!}-1\right)=\frac{1}{z}+\frac{1}{2!}+\frac{1}{3!}z+\cdots$$

이 되어 함수 $f(z)$는 위수 1인 극 $z=0$를 갖는다.

지금부터 유수정리에 대하여 알아보고 이와 관련된 폐곡선에서의 적분에 대하여 살펴보도록 하자.

9.2절에서 로랑정리에서 함수 $f(z)$가 중심이 z_0인 두 동심원 C_1, C_2 사이에서 정칙일 때 두 원 사이에서의 모든 점 z에서 $f(z)$는 다음과 같은 $z-z_0$의 양과 음의 멱급수

$$f(z)=\sum_{n=-\infty}^{\infty}a_n(z-z_0)^n$$

로 표시되고 급수의 계수는

$$a_n=\frac{1}{2\pi i}\int_C\frac{f(\zeta)}{(\zeta-z_0)^{n+1}}d\zeta,\qquad n=\pm1,\pm2,\cdots$$

임을 알 수 있었다. 여기에서 로랑급수로 다시 나타내면

$$\begin{aligned}f(z)&=\sum_{n=-\infty}^{\infty}a_n(z-z_0)^n\\&=\sum_{n=0}^{\infty}a_n(z-z_0)^n+\frac{a_{-1}}{(z-z_0)}+\frac{a_{-2}}{(z-z_0)^2}+\cdots\end{aligned}$$

정의 9.3.4 함수 $f(z)$가 고립특이점 $z=z_0$의 근방 $0<|z-z_0|<R$에서 해석적이면

$$\begin{aligned}f(z)&=\sum_{n=-\infty}^{\infty}a_n(z-z_0)^n\\&=\sum_{n=0}^{\infty}a_n(z-z_0)^n+\frac{a_{-1}}{(z-z_0)}+\frac{a_{-2}}{(z-z_0)^2}+\cdots\end{aligned}$$

와 같이 유일하게 나타난다. 이때 $n=-1$이면

$$a_{-1}=\int_C f(z)dz$$

가 되고, 이것은 로랑급수에 대한 $\dfrac{1}{z-z_0}$의 계수인데 이것을 $z=z_0$에서의 $f(z)$의 유수라 하고 $\mathrm{Res}[f(z),\ z_0]$ 으로 나타낸다.

예 9.3.5 (1) $f(z)=e^{1/z}$의 특이점은 $z=0$이고

$$e^{1/z}=1+\frac{1}{z}+\frac{1}{2!z^2}+\frac{1}{3!z^3}+\cdots$$

이므로 $1/z$의 계수가 1이므로 $\text{Res}[f(z), 0]=1$이다.

(2) $f(z)=\dfrac{e^z}{z^2}$의 특이점은 $z=0$이고

$$\frac{1}{z^2}e^z=\frac{1}{z^2}\left[1+z+\frac{z^2}{2!}+\cdots\right]=\frac{1}{z^2}+\frac{1}{z}+\frac{1}{2!}+\frac{z}{3!}+\cdots$$

이고 $1/z$의 계수가 1이므로 $\text{Res}[f(z), 0]=1$이다.

다음의 정리는 복소함수의 유수를 계산하는 데 매우 유용한 정리이다.

정리 9.3.5 (1) 함수 $f(z)$가 $z=z_0$에서 위수 1인 극을 가지면

$$\text{Res}[f(z), z_0]=\lim_{z\to z_0}(z-z_0)f(z)$$

(2) 함수 $f(z)$가 $z=z_0$에서 위수 n의 극을 가지면

$$\text{Res}[f(z), z_0]=\frac{1}{(n-1)!}\lim_{z\to z_0}\frac{d^{n-1}}{dz^{n-1}}[(z-z_0)^n f(z)]$$

증명 (1) 함수 $f(z)$가 $z=z_0$에서 위수 1인 극을 가지므로 $(z-z_0)f(z)$는 테일러 급수로 표현되는 해석적인 함수이다. 그러므로

$$\begin{aligned}(z-z_0)f(z)&=(z-z_0)\left[\frac{a_{-1}}{z-z_0}+a_0+a_1(z-z_0)+\cdots\right]\\&=a_{-1}+a_0(z-z_0)+a_1(z-z_0)^2+\cdots\end{aligned}$$

이 된다. 그러므로 위의 양변에 $z\to z_0$일 때의 극한을 취하면 $\text{Res}[f(z), z_0]=a_{-1}$이다.

(2) 함수 $f(z)$가 $z=z_0$에서 위수 n인 극을 가지므로

$$f(z)=\frac{a_{-n}}{(z-z_0)^n}+\frac{a_{n-1}}{(z-z_0)^{n-1}}+\cdots+\frac{a_{-1}}{z-z_0}+a_0+a_1(z-z_0)+\cdots$$

가 된다. 그러므로 $(z-z_0)^n f(z)$는 z_0근방에서 해석함수가 되고

$$(z-z_0)^n f(z) = a_{-n} + a_{-n+1}(z-z_0) + \cdots + a_{-1}(z-z_0)^{n-1} + a_0(z-z_0)^n + \cdots$$

이므로 양변을 $n-1$번 미분하면

$$\frac{d^{n-1}}{dz^{n-1}}[(z-z_0)f(z)] = (n-1)!a_{-1} + n!a_0(z-z_0) + \cdots$$

이 됨을 알수 있다. 그러므로

$$\begin{aligned}(n-1)!a_{-1} &= (n-1)!\mathrm{Res}\,[\mathrm{f}\,(z),\, \mathrm{z}_0] \\ &= \lim_{z\to z_0}\frac{d^{n-1}}{dz^{n-1}}[(z-z_0)^n f(z)]\end{aligned}$$

이므로 위의 식이 성립한다. ■

예 9.3.6 (1) 함수 $f(z) = \dfrac{1}{(z-1)(z+1)}$의 위수가 1인 극은 $z = \pm 1$이므로

$$\mathrm{Res}[f(z),\ 1] = \lim_{z\to 1}(z-1)f(z) = \lim_{z\to 1}\frac{1}{z+1} = \frac{1}{2}$$

$$\mathrm{Res}[f(z),\ -1] = \lim_{z\to -1}(z+1)f(z) = \lim_{z\to -1}\frac{1}{z-1} = -\frac{1}{2}$$

(2) 함수 $f(z) = \dfrac{e^{iz} - \sin z}{(z-\pi)^3}$의 위수가 3인 극은 $z = \pi$이므로

$$(z-\pi)^3 f(z) = e^{iz} - \sin z$$

이다. 이것은 $z = \pi$에서 해석적이고

$$\lim_{z\to\pi}(z-\pi)^3 f(z) = e^{i\pi} - \sin\pi$$

이므로

$$\mathrm{Res}[f(z),\ \pi] = \frac{1}{2}\lim_{z\to\pi}\frac{d^2}{dz^2}(e^{iz} - \sin z) = \frac{1}{2}$$

(3) 함수 $f(z) = \dfrac{e^z}{(z-1)(z+3)^2}$에서 $z=1$은 위수 1인 극이고, $z=-3$은 위수 2인 극이다. 그러므로

$$\mathrm{Res}[f(z),\ 1] = \lim_{z\to 1}(z-1)f(z) = \lim_{z\to 1}\frac{e^z}{(z+3)^2} = \frac{e}{16}$$

$$\mathrm{Res}[f(z),\ -3] = \lim_{z\to -3}\frac{d}{dz}[(z+3)^2 f(z)] = -\frac{5}{4}e^{-4}$$

주2 유수의 정의로부터

$$\frac{1}{2\pi i}\int_C f(z)dz = a_{-1} = \mathrm{Res}[f(z),\ z_0]$$

이므로 다음이 성립한다.

$$\int_C f(z)\,dz = 2\pi\, i\,\mathrm{Res}[f(z),\ z_0]$$

정리 9.3.6 **유수정리**

단일 폐곡선 C 안에 들어가는 점 $z_1,\ z_2,\ \cdots,\ z_n$을 특이점이라 하고, 이 점들을 중심으로 하고 C 안의 작은 원을 $C_1,\ C_2,\ \cdots,\ C_n$이라 하면

$$\int_C f(z)dz = 2\pi\, i\sum_{k=1}^{n}\int_{C_k} f(z)dz = 2\pi\, i\sum_{k=1}^{n}\mathrm{Res}[f(z),\ z_k]$$

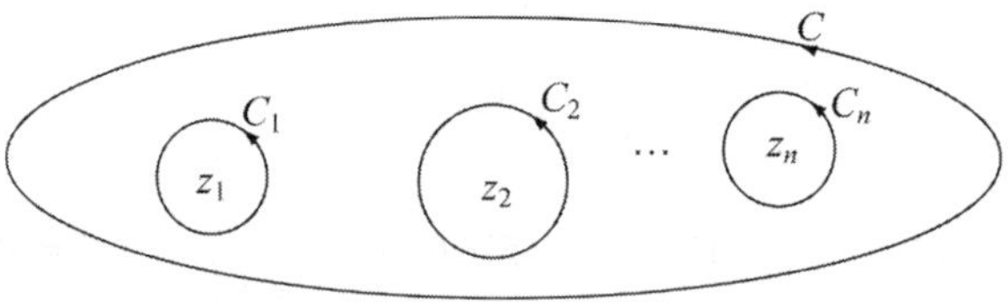

그림 9.3.1

증명 정리 8.5.13을 이용하면 간단히 증명할 수 있다. ■

예 9.3.7 예 9.3.6에서 주2와 유수정리를 이용하자.

(1) 함수 $f(z)=\dfrac{1}{(z-1)(z+1)}$이고 C가 $|z|=5$인 원이면

$$\mathrm{Res}[f(z),\ 1]=\frac{1}{2},\quad \mathrm{Res}[f(z),\ -1]=-\frac{1}{2}$$

이므로

$$\begin{aligned}\int_C \frac{1}{(z-1)(z+1)}dz &= 2\pi i\,(\mathrm{Res}[f(z),\ 1]+\mathrm{Res}[f(z),\ -1])\\ &= \frac{1}{2}-\frac{1}{2}=0\end{aligned}$$

(2) 함수 $f(z)=\dfrac{e^{iz}-\sin z}{(z-\pi)^3}$이고 C가 $|z-2|=4$인 원이면
$\mathrm{Res}[f(z),\pi]=\dfrac{1}{2}$이므로

$$\int_C \frac{e^{iz} - \sin z}{(z-\pi)^3} dz = 2\pi i \operatorname{Res}[f(z),\ \pi] = \pi i$$

(3) 함수 $f(z) = \dfrac{e^z}{(z-1)(z+3)^2}$ 이고 C가 $|z-1| = 5$인 원이면

$$\operatorname{Res}[f(z), 1] = \frac{e}{16,}\ \operatorname{Res}[f(z),\ -3] = -\frac{5}{4}e^{-4}$$

이므로

$$\int_C \frac{e^z}{(z-1)(z+3)^2} dz = 2\pi\, i \left[\frac{e}{16} - \frac{5}{4}e^{-4}\right]$$

다음은 유수를 계산하는 데 쓰이는 매우 유용한 정리이다.

정리 9.3.7 함수 $f(z)$와 $g(z)$가 z_0에서 해석적이고 $f(z_0) \neq 0$라 하자. 만일 $\dfrac{1}{g(z)}$가 위수가 1인 극을 갖으면

$$\operatorname{Res}\left[\frac{f(z)}{g(z)},\ z_0\right] = \frac{f(z_0)}{g'(z_0)}$$

예 9.3.8 (1) 함수 $f(z) = \dfrac{z^2+2z+5}{z-i}$ 에서 함수 $\dfrac{1}{z-i}$ 에서 i는 위수 1의 극이므로 정리 9.3.7에 의하여

$$\operatorname{Res}[f(z),\ i] = \frac{-1+2i+5}{1} = 4+2i$$

(2) 함수 $f(z) = \dfrac{z^2+2z+5}{e^z-1}$ 에서 분모의 함수 $\dfrac{1}{e^z-1}$ 에서 $z=0$는 위수 1의 극이므로

$$\operatorname{Res}[f(z),\ 0] = \frac{5}{1} = 5$$

이 되므로 C가 $|z| = 3$인 원이면

$$\int_C \frac{z^3+2z+5}{e^z-1} dz = 2\pi\, i\,(5) = 10\pi\, i$$

9.3 연습문제

01 다음 주어진 함수의 특이점이 제거가능한 특이점인지 아닌지를 밝히고, 극이 있으면 위수를 구하여라.

(1) $\dfrac{z^2+1}{z}$　　(2) $\cos\left(\dfrac{1}{z}\right)$

(3) $\dfrac{e^z-\cos(z-1)}{z-1}$　　(4) $\dfrac{1}{(z-1)(z-2)^2}$

(5) $\dfrac{\cos z-1}{z^2}$　　(6) $\dfrac{\cos(z+i)-1}{(z+i)^4}$

(7) $\dfrac{2}{z^2}+\dfrac{3}{z-\pi}$　　(8) $\dfrac{z^2-3z+2}{z-2}$

(9) $\dfrac{z^3-2z^{2-1}}{z+1}$　　(10) $\dfrac{e^{2z}-1}{z^4}$

02 다음 주어진 함수에서 특이점에 대한 유수를 구하여라.

(1) $\dfrac{e^{2z}-1}{z}$　　(2) $\dfrac{z^2+1}{z-1}$

(3) $\dfrac{(1-z^2)e^{2z}}{z^4}$　　(4) $\dfrac{\sinh z}{z^2}$

(5) $\dfrac{z^2-1}{(z-2)(z+1)(z-\pi)}$　　(6) $\dfrac{\sin(z-1)}{(z-1)^3}$

(7) $\dfrac{ze^z}{z^4-z^2}$　　(8) $\dfrac{\tan z}{z^3}$

(9) $\dfrac{e^z}{z^4-z^2}$

03 주어진 단순폐곡선 C를 따라 움직이는 적분을 계산하여라.

(1) $\dfrac{1}{z^2+4z+13}$,　$|z-3i|=3$

(2) $\dfrac{ze^z}{z^2-1}$,　$|z|=2$

(3) $\dfrac{\tan z}{z^2-2z}$,　$|z-1|=2$

(4) $\dfrac{e^z}{z}$, $\quad |z| = 1$

(5) $\dfrac{\tan z}{z^3}$, $\quad |z| = 1$

(6) $\dfrac{(z^2+1)e^z}{(z+i)(z-1)^3}$, $\quad |z| = \dfrac{1}{2}$

(7) $\dfrac{(z^2+1)e^z}{(z+i)(z-1)^3}$, $\quad |z-2| = 3$

(8) $\dfrac{1}{z^2(z-1)(z+\pi i)}$, $\quad |z| = 2$

(9) $\dfrac{z}{z^4-1}$, $\quad |z| = 4$

9.4 유수정리의 응용

앞 절에서 살펴본 유수정리를 이용하여 실수에서의 적분에 이용할 수 있다. 실수에서의 적분에서 치환적분이나 부분적분 등으로 해결하지 못하는 정적분을 적당한 복소적분과 경로를 선택하여 유수정리에 의하여 간단히 해결할 수 있다.

9.4.1 $\sin\theta$와 $\cos\theta$가 포함되어 있는 실수에서의 적분

이 절에서 다루는 다음의 함수 f는 $\sin\theta$와 $\cos\theta$와의 유리함수이고 유계인 폐구간 $[0, 2\pi]$에서 유계인 함수이다.

$$\int_0^{2\pi} f\,(\sin\theta, \cos\theta)d\theta$$

이를 적분하기 위하여 $z = e^{i\theta} = \cos\theta + i\sin\theta$로 치환하면 $z^{-1} = e^{-i\theta} = \cos\theta - i\sin\theta$이므로

$$\cos\theta = \frac{1}{2}(e^{i\theta} + e^{-i\theta}) = \frac{1}{2}\left(z + \frac{1}{z}\right)$$
$$\sin\theta = \frac{1}{2i}(e^{i\theta} - e^{-i\theta}) = \frac{1}{2i}\left(z - \frac{1}{z}\right)$$

이고

$$\frac{dz}{d\theta} = ie^{i\theta} = iz \quad \text{즉, } d\theta = \frac{dz}{iz}$$

이 되어 $f(\sin\theta, \cos\theta)$는 z에 대한 유리함수로 바뀌게 된다. 또한 θ가 0에서 2π까지 변하면 z는 단위원 $C = \{z : |z| = 1\}$위를 한바퀴 돌게 되므로 주어진 정적분은 단위원 위의 적분으로 바뀌게 되어 유수정리를 이용하여 계산할 수 있다.

$$\int_0^{2\pi} f\,(\sin\theta, \cos\theta)d\theta = \int_C f\,(z)dz = 2\pi i\sum_{k=1}^{n}\text{Res}[f\,(z), z_k]$$

여기에서 $z_1, \cdots, z_n$은 단위원 C 안의 극이다.

예 9.4.1 다음 정적분의 값을 구하여라.

(1) $\displaystyle\int_0^{2\pi}\frac{1}{2+\cos\theta}d\theta$ (2) $\displaystyle\int_0^{2\pi}\frac{\sin^2\theta}{5-4\cos\theta}d\theta$

풀이 (1) $z=e^{i\theta}$라 하면

$$\cos\theta=\frac{1}{2}\left(z+\frac{1}{z}\right),\quad d\theta=\frac{dz}{iz},\quad C=\{z:|z|=1\}$$

이므로 주어진 적분은

$$\begin{aligned}\int_0^{2\pi}\frac{1}{2+\cos\theta}d\theta&=-i\int_C\frac{1}{z[2+1/2(z+1/z)]}dz\\&=-2i\int_C\frac{1}{z^2+4z+1}dz\\&=-2i\int_C\frac{1}{(z+2+\sqrt{3})(z+2-\sqrt{3})}dz\end{aligned}$$

여기에서 단위원 C 내의 $z=-2+\sqrt{3}$은 함수 $f(z)=\dfrac{1}{(z+2+\sqrt{3})(z+2-\sqrt{3})}$의 위수가 1인 극이므로

$$\mathrm{Res}[\mathrm{f}(\mathrm{z}),\ -2+\sqrt{3}]=\frac{1}{2\sqrt{3}}$$

그러므로 구하는 적분은

$$\int_0^{2\pi}\frac{1}{2+\cos\theta}d\theta=2\pi i\cdot(-2i)\mathrm{Res}[f(z),-2+\sqrt{3}]=\frac{2\pi}{\sqrt{3}}$$

(2) $z=e^{i\theta}$라 하면

$$\sin\theta=\frac{1}{2i}\left(z-\frac{1}{z}\right),\quad \cos\theta=\frac{1}{2}\left(z+\frac{1}{z}\right),\quad d\theta=\frac{dz}{iz}$$

이므로 주어진 적분은

$$\begin{aligned}\int_0^{2\pi}\frac{\sin^2\theta}{5-4\cos\theta}d\theta&=\int_C\frac{[(z-1/z)/2i]^2}{5-4[1/2(z+1/z)]}(-i/z)dz\\&=-\frac{i}{4}\int_C\frac{z^4-2z^2+1}{z^2(2z^2-5z+2)}dz\\&=-\frac{i}{4}\int_C\frac{z^4-2z^2+1}{z^2(z-2)(2z-1)}dz\end{aligned}$$

여기에서 단위원 C 내의 함수 $f(z)=\dfrac{z^4-2z^2+1}{z^2(z-2)(2z-1)}$에 대하여 $z=1/2$은 위수가 1인 극이고 $z=0$는 위수가 2인 극이므로

$$\mathrm{Res}[f(z),\ 0]=\frac{5}{4},\quad \mathrm{Res}[f(z),\ 1/2]=-\frac{3}{4}$$

그러므로 구하는 적분은

$$\int_0^{2\pi} \frac{\sin^2\theta}{5-4\cos\theta} d\theta = -\frac{i}{4}\int_C \frac{z^4-2z^2+1}{z^2(z-2)(2z-1)} dz$$
$$= -\frac{i}{4}\left[2\pi i\left(\frac{5}{4}-\frac{3}{4}\right)\right] = \frac{\pi}{4}$$ ■

9.4.2 실가함수의 특이적분 $\int_{-\infty}^{\infty} f(x)dx$

이 절에서 다루는 함수 $f(x)$는 x에 대한 유리함수이고, 분모에는 실수축에서 영이 되는 인수가 없고(실수축에서 극을 갖지 않음) $\lim_{x\to\pm\infty} f(x)=0$인 함수이다. 여기에서 조건 $\lim_{x\to\pm\infty} f(x)=0$은 유리함수 $f(x)$의 분모의 차수가 분자의 차수보다 적어도 2 이상 크다는 것을 의미한다.

함수 $f(z)$가 그림 9.4.1에서와 같이 상반평면 $\mathrm{Im}(z)\geq 0$에서 유한개의 점 $z_1, \cdots, z_n$을 제외하고 정칙이고, 실수축에서는 극이 없다고 하자. 여기에서 상반면의 원호를 C_2, 실수축에서의 선분을 $C_1=[-R, R]$이라 하고, 이것을 합친 것을 $C=C_1+C_2$라 하면, 유수정리에 의하여

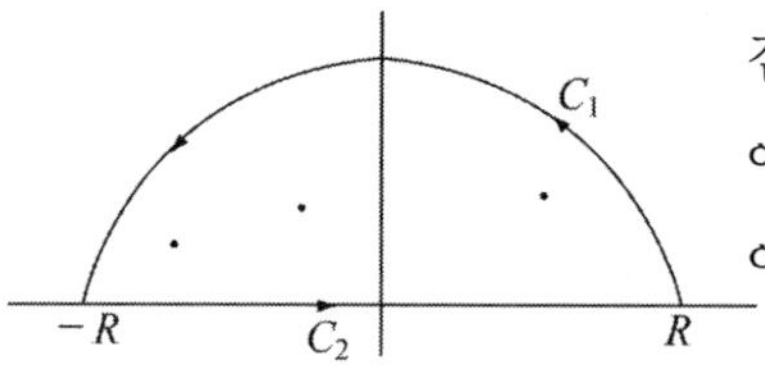

그림 9.4.1

$$\int_{C_1} f(z)dz + \int_{C_2} f(z)dz = \int_C f(z)dz = \sum_{k=1}^{n} \mathrm{Res}[f(z), z_k]$$

여기에서 C_2가 $z=Re^{i\theta}$ $(0\leq\theta\leq\pi)$상에서 $R\to\infty$일 때 $|f(z)|\leq \frac{M}{R^k}$를 만족하면

$$\left|\int_{C_2} f(z)dz\right| \leq \frac{M}{R^k}\cdot \pi R = \frac{\pi M}{R^{k-1}} \to 0$$

따라서 $\lim_{R\to\infty}\int_{C_2} f(z)dz = 0$. 그러므로 유수정리에 의하여

$$\int_{-\infty}^{\infty} f(x)dx = \lim_{R\to\infty}\int_C f(z)dz = 2\pi i\sum_{k=1}^{n} \mathrm{Res}[f(z), z_k]$$

만일 $f(x)$가 우함수이면

$$\int_0^{\infty} f(x)dx = \frac{1}{2}\int_{\infty}^{\infty} f(x)dx = \pi i\sum_{k=1}^{n} \mathrm{Res}[f(z), z_k]$$

예 9.4.2 다음의 특이적분의 값을 구하여라.

(1) $\displaystyle\int_{-\infty}^{\infty}\frac{x^2}{(x^2+1)(x^2+4)}dx$ (2) $\displaystyle\int_{-\infty}^{\infty}\frac{1}{(x^2+4)^2}dx$

풀이 (1) $f(z)=\dfrac{z^2}{(z^2+1)(z^2+4)}$이라 하면 원점을 중심으로 반지름이 $R>2$인 상반면에서의 위수가 1인 극점은 $z=i, 2i$이므로 정리 9.3.5에 의하여

$$\mathrm{Res}[f(z), i]=\lim_{z\to i}(z-i)f(z)=-\frac{1}{6i},\ \ \mathrm{Res}[f(z), 2i]=\lim_{z\to 2i}(z-2i)f(z)=\frac{1}{3i}.$$

그러므로

$$\int_{-\infty}^{\infty}\frac{x^2}{(x^2+1)(x^2+4)}dx=2\pi i\left(-\frac{1}{6i}+\frac{1}{3i}\right)=\frac{\pi}{3}.$$

(2) 함수 $f(z)=\dfrac{1}{(z^2+4)^2}$은 위수 2인 극, $\pm 2i$를 갖지만 $R>2$인 상반구에서의 극은 $2i$이므로 정리 9.3.5에 의하여

$$\mathrm{Res}[f(z), 2i]=\lim_{z\to 2i}\frac{d}{dz}(z-2i)^2f(z)=-\frac{i}{32}.$$

그러므로

$$\int_{\infty}^{\infty}\frac{1}{(x^2+4)^2}dx=\frac{\pi}{16}.$$

위의 방법은 유수정리를 이용하는 간단한 내용을 설명하는 것이다. 이러한 내용보다 다음과 같이 더욱 많은 내용을 생각할 수 있는데, 증명없이 서술하고자 한다.

	적분형태	조건	적분 값
1	$\int_{-\infty}^{\infty}f(x)dx$	f의 실수축에 극이 없음	$\int_{-\infty}^{\infty}f(x)dx=2\pi i\sum$ {원의 상반면의 f 의 유수}
2	$\int_{-\infty}^{\infty}\frac{p(x)}{q(x)}dx$	p, q는 다항함수, q의 차수는 p의 차수보다 2높음	$\int_{-\infty}^{\infty}\frac{p(x)}{q(x)}dx=2\pi i$ {원의 상반면의 p/q의 유수}
3	$\int_{-\infty}^{\infty}e^{iax}f(x)dx$	$a>0,\ f=p/q$이고 $q(z)$의 차수가 $p(z)+1$의 차수보다 크고 q가 실수축에서 극이 없음	$\int_{-\infty}^{\infty}e^{iax}f(x)dx=I\sum$ {$e^{iaz}f$의 상반구에서의 유수}

4	$\int_{-\infty}^{\infty}\cos(ax)f(x)dx$ $\int_{-\infty}^{\infty}\sin(ax)f(x)dx$	f 의 실수축	$\int_{-\infty}^{\infty}\cos(ax)f(x)dx=\text{Re}I$ $\int_{0}^{2\pi}f(\cos\theta,\sin\theta)d\theta=2\pi i\sum$ {단위원에서의 f 의 유수}
5	$\int_{0}^{2\pi}f(\cos\theta,\sin\theta)d\theta$	f 는 유리함수이고 단위원에서 극이 없음	$\int_{0}^{2\pi}f(\cos\theta,\sin\theta)d\theta=2\pi i\sum$ {단위원에서의 f 의 유수}
6	$\int_{-\infty}^{\infty}f(x)dx$	f 의 실수축에 단순극이 있음	$\int_{-\infty}^{\infty}f(x)dx=2\pi i\sum$ {원의 상반면의 f 의 유수} $+\pi i\sum$ {x 축의 유수}
7	$\int_{-\infty}^{\infty}\frac{p(x)}{q(x)}dx$	실수축에 단순극이 있음	$\int_{-\infty}^{\infty}\frac{p(x)}{q(x)}dx=2\pi i\sum$ {원의 상반면의 p/q 의 유수} $+\pi i\sum$ {x축의 유수}
8	$\sum_{-\infty}^{\infty}f(n)$	f 가 정수가 아닌 유한개의 극이 있고 $\lvert zf(z)\rvert < M$	$\sum_{-\infty}^{\infty}f(n)=-\sum$ {f 의 극에서 $\pi\cot f$ 의 유수}

예 9.4.3 적분 $\int_{0}^{\infty}\frac{1}{x^6+1}dx$를 계산하여라.

풀이 함수 $f(z)=1/(z^6+1)$의 극은 위수가 1인 극 $e^{\pi i/6}$, $e^{-\pi i/6}$, $e^{\pi i/2}$, $e^{-\pi i/2}$, $e^{5\pi i/6}$, $e^{-5\pi i/6}$이다. 여기에서 $e^{\pi i/6}$, $e^{\pi i/2}$, $e^{5\pi i/6}$만이 상반면에 있다. 그러므로 정리 9.3.5을 이용하면

$$\text{Res}[f(z),\ e^{\pi i/6}]=\frac{1}{(z^6+1)'}\bigg|_{z=e^{\pi i/6}}=\frac{1}{6z^5}\bigg|_{z=e^{\pi i/6}}=\frac{1}{6}e^{-5\pi i/6}$$

$$\text{Res}[f(z),\ i]=\frac{1}{(z^6+1)'}\bigg|_{z=e^{\pi/6}}=\frac{1}{6i^5}\bigg|_{z=e^{\pi/6}}=-\frac{i}{6}$$

$$\text{Res}[f(z),\ e^{5\pi i/6}]=\frac{1}{(z^6+1)'}\bigg|_{z=e^{5\pi/6}}=\frac{1}{6}e^{-25\pi i/6}=\frac{1}{6}e^{-\pi i/6}$$

앞의 표에서 $a=0$이라 하고 이용하면

$$\begin{aligned}\int_{-\infty}^{\infty}\frac{1}{x^6+1}dx&=\text{Re}\frac{1}{2}\cdot\frac{1}{6}\cdot 2\pi i[e^{-5\pi/6}-i+e^{-\pi/6}]\\&=\text{Re}\frac{\pi i}{6}\left(-\frac{\sqrt{3}}{2}-\frac{i}{2}-i+\frac{\sqrt{3}}{2}-\frac{i}{2}\right)\\&=\text{Re}\pi(-2i)=\frac{\pi}{3}.\end{aligned}$$

■

9.4 연습문제

01 다음 주어진 함수의 적분 값을 구하여라.

(1) $\int_0^{2\pi} \frac{3}{5+2\cos\theta} d\theta$

(2) $\int_0^{2\pi} \frac{1}{3-\sin\theta} d\theta$

(3) $\int_0^{2\pi} \frac{6}{2+\sin\theta} d\theta$

(4) $\int_{-\infty}^{\infty} \frac{1}{x^2+1} dx$

(5) $\int_{-\infty}^{\infty} \frac{x}{(x^2+1)^2} dx$

(6) $\int_0^{\infty} \frac{1}{x^{1/3}(x+1)} dx$

(7) $\int_0^{\infty} \frac{1}{x^4+1} dx$

(8) $\int_0^{2\pi} \frac{\cos\theta}{3+\sin\theta} d\theta$

(9) $\int_0^{\infty} \frac{x\sin x}{x^2+1} dx$

(10) $\int_0^{\infty} \frac{x\sin x}{(x^2+1)(x^2+4)} dx$

(11) $\int_{-\infty}^{\infty} \frac{x^2}{x^4+1} dx$

(12) $\int_{-\infty}^{\infty} \frac{1}{a^2+x^2} cosmxdx$

(13) $\int_{-\infty}^{\infty} \frac{x\sin\pi x}{x^2+2x+5} dx$

(14) $\int_{-\infty}^{\infty} \frac{x\cos x}{(x^2+1)(x^2+4)} dx$

02 실수 $a>0$, $b>0$에 대하여 다음이 성립함을 증명하여라.

$$\int_0^{\infty} \frac{\cos ax}{x^2+b^2} dx = \frac{\pi e^{-ab}}{2b}, \quad \int_0^{\infty} \frac{x\sin ax}{x^2+b^2} dx = \frac{\pi}{2} e^{-ab}$$

03 다음이 성립함을 증명하여라.

$$\int_0^{\infty} \cos(x^2) dx = \int_0^{\infty} \sin(x^2) dx = \frac{\sqrt{2\pi}}{4}$$

제10장
벡터해석

벡터장이란 한 벡터를 다른 하나의 벡터로 대응시키는 함수를 말한다. 이를테면 $\mathbb{R}^3$공간의 두 공간벡터의 외적은 두 벡터에 수직인 하나의 벡터를 결정한다. 미적분학에서 실가함수들의 미분과 적분 그리고 이들의 응용에 대하여 공부하였다. 이 장에서는 벡터함수와 벡터장을 정의하고 이들의 미적분에 대한 내용을 다룬다. 특히 이들 새로운 형태의 적분과 일변수함수의 적분, 중적분과의 연관성은 미적분학의 기본정리와 같은 그린 정리, 스토크스 정리, 발산정리로 설명한다.

10.1 벡터공간의 기본성질

7.3절에서 n차원 유클리드 공간 $\mathbb{R}^n$과 유니타리 공간 $\mathbb{C}^n$에 대하여 설명하였다. 이들 공간을 일반적으로 벡터공간이라 한다. 길이, 온도 및 질량과 같은 양은 그 크기를 나타내는 실수로 표현할 수 있다. 이와 같은 양을 스칼라라 한다. 한편 힘이나 속도와 같이 크기뿐만 아니라 방향을 가지고 있을 때 이러한 대상을 일반적으로 벡터라 한다. 이러한 물리적 대상인 벡터는 화살 모양의 유향선분으로 표시할 수 있다. 즉 벡터의 크기를 화살의 길이로, 벡터의 방향을 화살이 향하는 방향으로 표현할 수 있다. 또한 이러한 유향선분은 $\mathbb{R}^2$평면이나 $\mathbb{R}^3$공간에서 표현 가능하다.

이 절에서는 주로 벡터공간 $\mathbb{R}^2$와 $\mathbb{R}^3$에 대한 기본적인 개념과 벡터공간에서 주어지는 연산에 대하여 설명한다.

• 평면벡터

$\mathbb{R}^2$의 원소를 평면벡터라 하고 임의의 평면벡터 $\mathbf{x}=(a_1, b_1)$, $\mathbf{y}=(a_2, b_2)$와 임의의 실수 $\alpha \in R$에 대하여 덧셈과 상수곱은

$$\mathbf{x}+\mathbf{y}=(a_1+a_2,\ b_1+b_2)$$
$$\alpha\mathbf{x}=(\alpha a_1,\ \alpha b_1)$$

로 정의되고 임의의 평면벡터 $\mathbf{x}=(a, b)$의 노름은

$$\|\mathbf{x}\| = \sqrt{a^2+b^2}$$

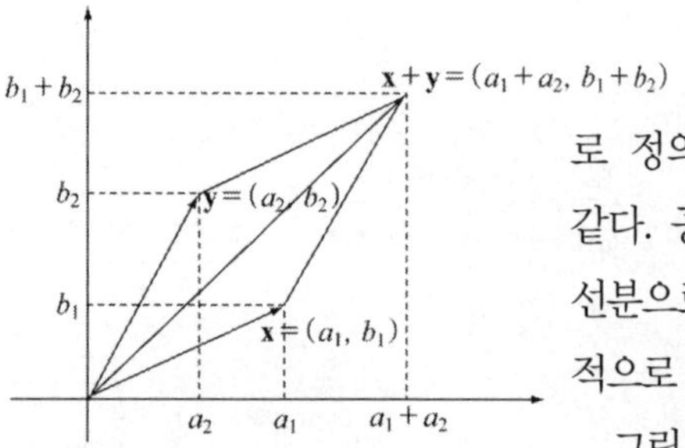

그림 10.1.1

로 정의된다. $\mathbf{x}+\mathbf{y}$을 좌표평면에 유향선분으로 표시하면 그림 10.1.1과 같다. 공학 및 자연과학 분야에서는 벡터를 크기와 방향을 가진 양 즉, 유향선분으로 생각한다. 유향선분으로 벡터를 이해하는 것은 벡터연산을 기하학적으로 연구하는 데 도움이 된다.

그림 10.1.1에서와 같이 두 벡터의 합 $\mathbf{x}+\mathbf{y}$는 $\mathbf{x}$의 종점과 $\mathbf{y}$의 시점을 일치시켰을 때 $\mathbf{x}$의 시점에서 $\mathbf{y}$의 종점으로 가는 유향선분이다. 벡터 $\mathbf{x}=(a, b)$의 노름을 $\|\mathbf{x}\| = \sqrt{a^2+b^2}$로 정의하였는데 이것은 평면상에서 원점

으로부터 좌표 (a, b)를 연결하는 선분의 길이가 된다. 따라서 노름은 피타고라스 정리를 이용한 자연스러운 정의이다. 이러한 의미에서 앞으로는 x의 노름을 x의 크기라 한다.

벡터의 크기가 0인 평면벡터 $(0, 0)$을 영벡터라 부르고 **0**라 표시한다.

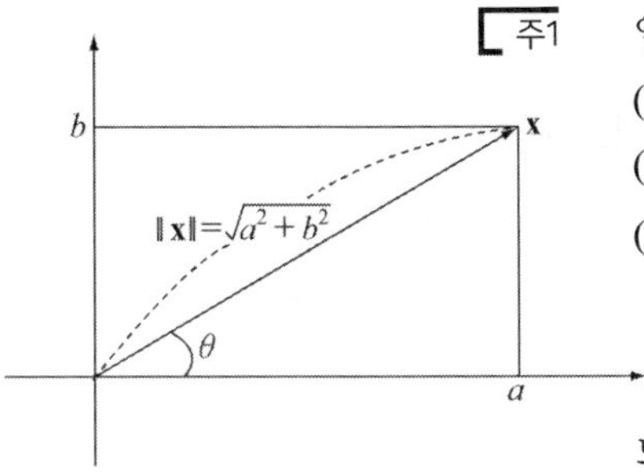

그림 10.1.2

주1 임의의 평면벡터 x, y와 임의의 $\alpha \in \mathbb{R}$에 대해 다음이 성립한다.

(1) $\|\alpha \mathbf{x}\| = |\alpha| \, \|\mathbf{x}\|$

(2) $\|\mathbf{x}+\mathbf{y}\| \leq \|\mathbf{x}\| + \|\mathbf{y}\|$: 삼각부등식

(3) $\|\mathbf{x}+\mathbf{y}\|^2 + \|\mathbf{x}-\mathbf{y}\|^2 = 2(\|\mathbf{x}\|^2 + \|\mathbf{y}\|^2)$: 평행사변형의 법칙

좌표평면상에서 유향선분으로 벡터 x를 표현할 때 시점은 항상 원점이 되고 종점은 x의 좌표인 (a, b)의 위치로 나타난다. 평면상에서 종점의 좌표를 $P(a, b)$로 표시할 때 $\mathbf{x} = \overrightarrow{\mathrm{OP}}$로 나타내기도 한다. 평면벡터 $\mathbf{x} \in \mathbb{R}^2$의 방향은 x축의 양의 방향으로부터 반시계방향으로의 각 θ를 말한다. 범위는 $0 \leq \theta < 2\pi$로 정의한다. 즉 $\mathbf{x} \neq (0, 0)$일 때

$$\tan\theta = \frac{b}{a}$$

$\|\mathbf{u}\| = 1$인 벡터 u를 **단위벡터**라 한다. $\mathbf{i} = (1, 0)$과 $\mathbf{j} = (0, 1)$이라 하면 임의의 평면벡터 $\mathbf{x} = (a, b)$에 대하여

$$\mathbf{x} = (a, b) = a(1, 0) + b(0, 1) = a\mathbf{i} + b\mathbf{j}$$

로 유일하게 표시된다. 이때 $\mathbf{i} = (1, 0)$과 $\mathbf{j} = (0, 1)$을 $\mathbb{R}^2$에서의 기본단위벡터라 한다. 예를 들면 $\mathbf{x} = (2, 2\sqrt{3}) \in \mathbb{R}^2$의 크기는 $\|\mathbf{x}\| = \sqrt{2^2 + (2\sqrt{3})^2} = \sqrt{16} = 4$이고 방향은 $\theta = \tan^{-1}(2\sqrt{3})/2 = \tan^{-1}\sqrt{3} = \pi/3$이다. 또한 $\mathbf{x} = 2\mathbf{i} + 2\sqrt{3}\mathbf{j}$ 이다. 여기에서 $\mathbf{u} = (a, b) = a\mathbf{i} + b\mathbf{j}$를 단위벡터라 하면 $\|\mathbf{u}\| = \sqrt{a^2 + b^2} = 1$이고 좌표 (a, b)는 단위원상의 점이 된다. 그러므로 u의 방향을 θ라 하면

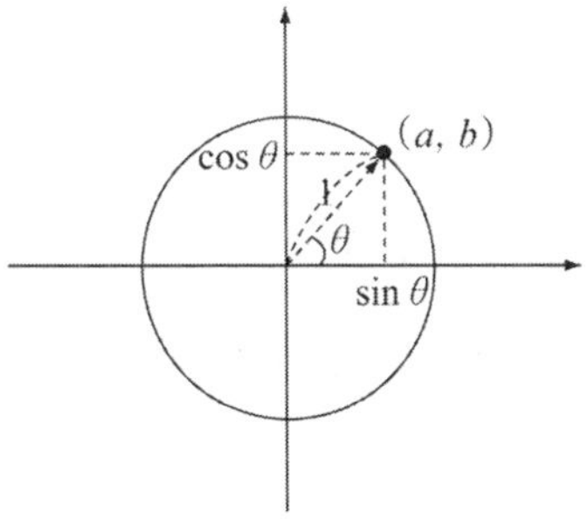

그림 10.1.3

$$\mathbf{u} = \cos\theta\mathbf{i} + \sin\theta\mathbf{j}$$

$\mathbf{x} = (a, b)$를 임의의 **0**이 아닌 벡터라고 하면

$\mathbf{u} = \dfrac{\mathbf{x}}{\|\mathbf{x}\|} = \dfrac{1}{\sqrt{a^2 + b^2}}(a, b)$는 x와 방향이 같은 단위벡터이다.

예 10.1.1 $\mathbf{x} = 3\mathbf{i} - 4\mathbf{j}$ 와 같은 방향을 가지는 단위벡터를 구하여라.

풀이 $\|\mathbf{x}\| = \sqrt{3^2 + (-4)^2} = \sqrt{25} = 5$이므로 $\mathbf{u} = \dfrac{\mathbf{x}}{\|\mathbf{x}\|} = \dfrac{3}{5}\mathbf{i} - \dfrac{4}{5}\mathbf{j}$. ■

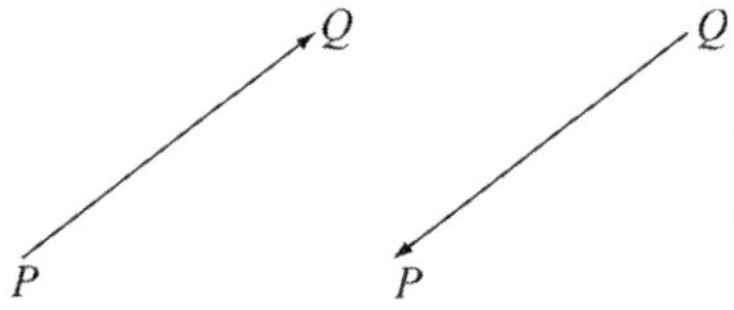

그림 10.1.4

종종 시점이 원점 (0, 0)이 아닌 벡터를 생각할 때가 편리할 수 있다. 점 $P(a_1,\ b_1)$와 $Q(a_2,\ b_2)$를 평면상의 두 점이라 하자. 이때 벡터 $\overrightarrow{PQ}$는 시점이 P이고 종점이 Q인 유향선분을 나타낸다.
따라서 $\overrightarrow{PQ}$ 와 $\overrightarrow{QP}$는 크기는 같지만 방향이 서로 반대인 두 벡터이다. 시점이 원점인 벡터로 $\overrightarrow{PQ}$를 표현하면

$$\overrightarrow{PQ} = \overrightarrow{OQ} - \overrightarrow{OP}$$

이고 이를 다시 좌표로 나타내면

$$\overrightarrow{PQ} = \overrightarrow{OQ} - \overrightarrow{OP} = (a_2,\ b_2) - (a_1,\ b_1) = (a_2 - a_1,\ b_2 - b_1).$$

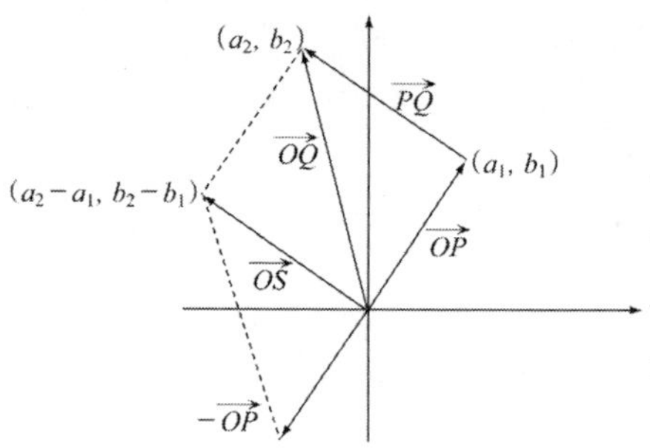

그림 10.1.5

시점이 원점이고 종점이 $(a_2 - a_1,\ b_2 - b_1)$인 벡터를 평면상에 나타내면 그림 10.1.5와 같이 $(a_2 - a_1,\ b_2 - b_1) = \overrightarrow{OS}$이다. 따라서 크기와 방향이 같은 두 벡터는 시점의 위치에 상관없이 같은 벡터로 동일시 한다. 시점이 원점인 벡터를 위치벡터라 한다.

• 공간벡터

$\mathbb{R}^3$의 원소를 공간벡터라 한다. 임의의 두 공간벡터 $\mathbf{x} = (a_1,\ b_1,\ c_1)$, $\mathbf{y} = (a_2,\ b_2,\ c_2)$와 임의의 실수 $\alpha \in \mathbb{R}$에 대하여

$$\mathbf{x} + \mathbf{y} = (a_1 + a_2,\ b_1 + b_2,\ c_1 + c_2)$$
$$\alpha\mathbf{x} = (\alpha a_1,\ \alpha b_1,\ \alpha c_1)$$

로 정의되고 임의의 공간벡터 $\mathbf{x} = (a,\ b,\ c)$의 크기(노름)는

$$\|\mathbf{x}\| = \sqrt{a^2 + b^2 + c^2}$$

로 정의된다. 평면벡터와 마찬가지로 $\mathbf{x}$의 크기는 $\mathbb{R}^3$의 원점과 $\mathbf{x}$의 종점 $(a,\ b,\ c)$을 연결하는 선분의 길이가 된다.

임의의 공간벡터 $\mathbf{x}$, $\mathbf{y}$와 임의의 $\alpha \in R$에 대하여

(1) $\|\alpha\mathbf{x}\| = |\alpha|\,\|\mathbf{x}\|$

(2) $\|\mathbf{x} + \mathbf{y}\| \leq \|\mathbf{x}\| + \|\mathbf{y}\|$

(3) $\|\mathbf{x} + \mathbf{y}\|^2 + \|\mathbf{x} - \mathbf{y}\|^2 = 2(\|\mathbf{x}\|^2 + \|\mathbf{y}\|^2)$

평면벡터와 같이 공간벡터 또한 방향을 각으로 정의하면 편리하다. 그러나 평면벡터와는 다른 방법으로 방향이 정의된다.

벡터 $\mathbf{w}=(a, b, c)$와 공간 $\mathbb{R}^3$의 x축 사이의 각을 α, y축 사이의 각을 β 그리고 z축 사이의 각을 γ라 하자. 이때 α, β, γ를 $\mathbf{x}$의 방향각이라 하고, 다음이 성립한다.

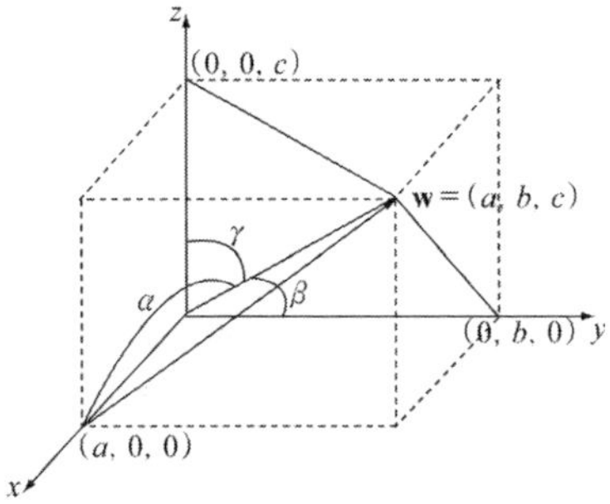

그림 10.1.6

$$\cos\alpha = \frac{a}{\|\mathbf{w}\|},\ \cos\beta = \frac{b}{\|\mathbf{w}\|},\ \cos\gamma = \frac{c}{\|\mathbf{w}\|}. \qquad (10.1.1)$$

이 값을 공간벡터 $\mathbf{w}$의 방향코사인이라 한다. 정의에 따라 α, β, γ의 범위는 $[0, \pi]$이고 임의의 공간벡터 $\mathbf{w}=(a, b, c)$에 대하여 다음이 성립한다.

$$\cos^2\alpha + \cos^2\beta + \cos^2\gamma = \frac{a^2+b^2+c^2}{\|\mathbf{w}\|^2} = 1.$$

평면벡터와 같이 $\|\mathbf{u}\| = 1$인 벡터 $\mathbf{u}$를 단위벡터라 한다. $\mathbf{i}=(1, 0, 0)$, $\mathbf{j}=(0, 1, 0)$, $\mathbf{k}=(0, 0, 1)$이라 하면 임의의 공간벡터 $\mathbf{w}=(a, b, c)$에 대하여

$$\mathbf{w} = a\mathbf{i} + b\mathbf{j} + c\mathbf{k}$$

로 유일하게 표시된다. 이때 $\mathbf{i}=(1, 0, 0)$, $\mathbf{j}=(0, 1, 0)$, $\mathbf{k}=(0, 0, 1)$을 $\mathbb{R}^3$에서의 기본단위벡터라 한다. $\mathbf{u}=(a_0, b_0, c_0)=a_0\mathbf{i}+b_0\mathbf{j}+c_0\mathbf{k}$를 단위벡터라하면 $\|\mathbf{u}\| = \sqrt{a_0^2+b_0^2+c_0^2} = 1$이고 $\mathbf{u}$의 방향코사인은

$$\cos\alpha = a_0,\ \cos\beta = b_0,\ \cos\gamma = c_0$$

이다. 임의의 벡터 $\mathbf{w}=(a, b, c)$에 대하여 방향코사인 (10.1.1)은 $\mathbf{w}$와 방향이 같은 유일한 단위벡터

$$\mathbf{u} = (\cos\alpha, \cos\beta, \cos\gamma) = \left(\frac{a}{\|\mathbf{w}\|}, \frac{b}{\|\mathbf{w}\|}, \frac{c}{\|\mathbf{w}\|}\right)$$

을 결정한다. 이 단위벡터 $\mathbf{u}$를 공간벡터 $\mathbf{w}$의 방향이라 한다.

예 10.1.2 공간벡터 $\mathbf{w}=3\mathbf{i}-4\mathbf{j}+5\mathbf{k}$의 방향을 구하여라.

풀이 $\|\mathbf{w}\| = \sqrt{3^2+(-4)^2+5^2} = \sqrt{50} = 5\sqrt{2}$이고 방향코사인은

$$\cos\alpha = \frac{3}{5\sqrt{2}},\ \cos\beta = -\frac{4}{5\sqrt{2}},\ \cos\gamma = \frac{5}{5\sqrt{2}}$$

이다. 따라서 $\mathbf{w}=3\mathbf{i}-4\mathbf{j}+5\mathbf{k}$의 방향은

$$u=\left(\frac{3}{5\sqrt{2}},\ -\frac{4}{5\sqrt{2}},\ \frac{1}{\sqrt{2}}\right)=\frac{3}{5\sqrt{2}}i-\frac{4}{5\sqrt{2}}j+\frac{1}{\sqrt{2}}k$$

이다.

R^3의 두 점 $P(x_1, y_1, z_1)$과 $Q=(x_2, y_2, z_2)$에 대하여 벡터 $\overrightarrow{PQ}$는

$$\begin{aligned}\overrightarrow{PQ} &= \overrightarrow{OQ}-\overrightarrow{OP}\\ &=(x_2, y_2, z_2)-(x_1, y_1, z_1)\\ &=(x_2-x_1, y_2-y_1, z_2-z_1)\\ &=(x_2-x_1)i+(y_2-y_1)j+(z_2-z_1)k\end{aligned}$$

로 정의된다. ■

• 벡터의 내적과 외적

7.3절에서 임의의 $\mathbb{R}^n$공간에서 내적을 정의하였다. 이 절에서는 $\mathbb{R}^2$와 $\mathbb{R}^3$에서의 내적의 성질과 $\mathbb{R}^3$에서 외적을 정의하고 내적과 외적의 관계를 설명한다.

임의의 공간벡터 $x=(x_1, x_2, x_3)$와 $y=(y_1, y_2, y_3)$에 대하여 내적은

$$x \cdot y = x_1y_1 + x_2y_2 + x_3y_3$$

로 정의된다. 다음은 내적의 정의를 이용하여 쉽게 증명할 수 있다.

정리 10.1.1 $\mathbb{R}^3$의 임의의 원소 $x=(x_1, x_2, x_3)$, $y=(y_1, y_2, y_3)$, $z=(z_1, z_2, z_3)$와 임의의 실수 k에 대하여 다음이 성립한다.

(1) $x \cdot y = y \cdot x$

(2) $(x+y) \cdot z = x \cdot z + y \cdot z$

(3) $(kx) \cdot y = k(x \cdot y)$

(4) $x \cdot x \geq 0$ 특히, $x \cdot x = 0 \Leftrightarrow x = 0$

(5) $x \cdot x = \|x\|^2$

(6) $|x \cdot y| \leq \|x\|\,\|y\|$: 코시-슈바르츠의 부등식

벡터의 내적의 기하학적인 의미를 알아보기 위해서 다음 그림을 생각해보자. 두 벡터 $x=(x_1, x_2, x_3)$와 $y=(y_1, y_2, y_3)$는 모두 영벡터가 아니고, 두

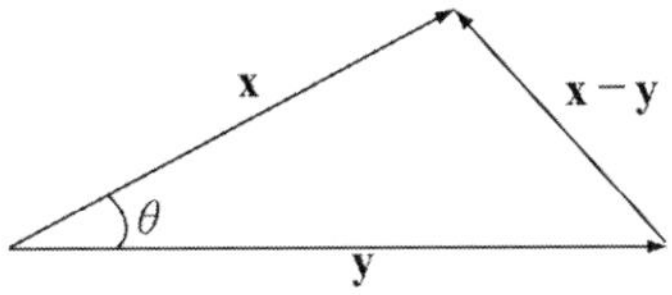

그림 10.1.7

벡터 사이의 각을 $\theta(0 \leq \theta \leq \pi)$라 하자.

그림 10.1.7에서 $\|\mathbf{x}\|$, $\|\mathbf{y}\|$와 $\|\mathbf{x}-\mathbf{y}\|$는 삼각형의 세 변의 길이가 된다. 제2코사인법칙에 의하여

$$\|\mathbf{x}-\mathbf{y}\|^2 = \|\mathbf{x}\|^2 + \|\mathbf{y}\|^2 - 2\|\mathbf{x}\|\,\|\mathbf{y}\|\cos\theta \tag{10.1.2}$$

이다. 한편 정리 10.1.1를 이용하면

$$\begin{aligned}\|\mathbf{x}-\mathbf{y}\|^2 &= (\mathbf{x}-\mathbf{y})\cdot(\mathbf{x}-\mathbf{y}) \\ &= \mathbf{x}\cdot\mathbf{x}-\mathbf{x}\cdot\mathbf{y}-\mathbf{y}\cdot\mathbf{x}+\mathbf{y}\cdot\mathbf{y} \\ &= \|\mathbf{x}\|^2 - 2\mathbf{x}\cdot\mathbf{y} + \|\mathbf{y}\|^2\end{aligned} \tag{10.1.3}$$

(10.1.2)식과 (10.1.3)식을 연립하면

$$\cos\theta = \frac{\mathbf{x}\cdot\mathbf{y}}{\|\mathbf{x}\|\,\|\mathbf{y}\|} \tag{10.1.4}$$

이다.

7.3절에서 $\mathbb{R}^n$의 임의의 두 벡터 $\mathbf{x}=(x_1, \cdots, x_n)$과 $\mathbf{y}=(y_1, \cdots, y_n)$에 대하여 $\mathbf{x}\cdot\mathbf{y}=0$이면 두 벡터는 서로 직교하는 것을 알 수 있다. $\mathbb{R}^2$공간이나 $\mathbb{R}^3$공간에서도 $\mathbf{x}\cdot\mathbf{y}=0$이면 식 (10.1.4)에서 $\cos\theta=0$이므로 $\theta=\pi/2$임을 알 수 있다.

예 10.1.3 두 벡터 $A=(2, 1, -2)$, $B=(3, -4, 0)$ 사이의 각을 구하여라.

풀이 두 사이각을 θ라 하면 (10.1.4)에 의하여

$$\cos\theta = \frac{\mathbf{x}\cdot\mathbf{y}}{\|\mathbf{x}\|\,\|\mathbf{y}\|} = \frac{2\cdot3+1\cdot(-4)+(-2)\cdot0}{\sqrt{4+1+4}\,\sqrt{9+16}} = \frac{2}{15}$$

따라서 $\theta=\cos^{-1}\frac{2}{15} \fallingdotseq 82°33'$. ■

벡터의 내적을 이용하는 중요한 예로서 다음 문제를 생각해보자. 두 벡터 $\mathbf{x}$, $\mathbf{y}$에 대하여 벡터 $\mathbf{y}$를 벡터 $\mathbf{x}$에 수평인 벡터 $\mathbf{y}_{\parallel}$와 수직인 벡터 $\mathbf{y}_{\perp}$로 분해해보자.

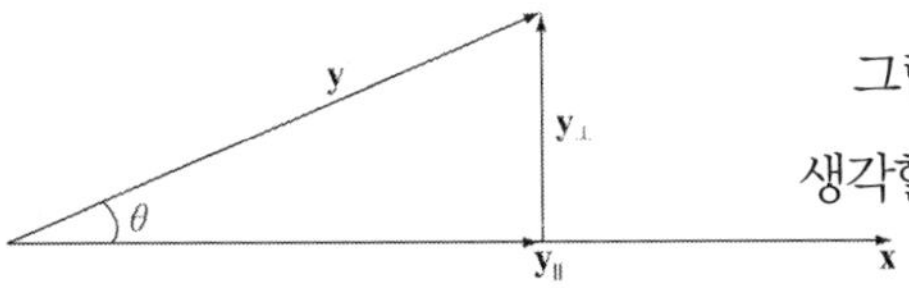

그림 10.1.8

그림 10.1.8로부터 $\mathbf{y}_{\parallel}$는 $\mathbf{x}$방향의 단위벡터에 $\mathbf{y}_{\parallel}$의 크기를 곱한 것이라 생각할 수 있다. 즉

$$\mathrm{y}_{\parallel} = \|\mathrm{y}_{\parallel}\| \frac{\mathrm{x}}{\|\mathrm{x}\|}.$$

$\|\mathrm{y}_{\parallel}\| = \|\mathrm{y}\|\cos\theta$이고 $\cos\theta = \dfrac{\mathrm{x} \cdot \mathrm{y}}{\|\mathrm{x}\|\,\|\mathrm{y}\|}$이므로 $\|\mathrm{y}_{\parallel}\| = \dfrac{\mathrm{x} \cdot \mathrm{y}}{\|\mathrm{x}\|}$이다. 따라서 다음을 얻는다.

$$\mathrm{y}_{\parallel} = \frac{\mathrm{x} \cdot \mathrm{y}}{\|\mathrm{x}\|} \frac{\mathrm{x}}{\|\mathrm{x}\|} = \frac{\mathrm{x} \cdot \mathrm{y}}{\mathrm{x} \cdot \mathrm{x}}\mathrm{x}. \tag{10.1.5}$$

$\mathrm{y}_{\parallel}$를 x 위로의 y의 **정사영벡터**라 하고 $\mathrm{Proj}_{\mathrm{x}}\mathrm{y}$로 표시한다.
한편 수직인 벡터 $\mathrm{y}_{\perp}$는

$$\mathrm{y}_{\perp} = \mathrm{y} - \mathrm{Proj}_{\mathrm{x}}\mathrm{y}. \tag{10.1.6}$$

예 10.1.4 벡터 $\mathrm{y} = (1, 1, 1)$를 벡터 $\mathrm{x} = (6, 2, -2)$에 수평인 벡터와 수직인 벡터로 분해하여라.

풀이 $\mathrm{y}_{\parallel}$와 $\mathrm{y}_{\perp}$를 각각 x에 수평인 벡터와 수직인 벡터라 하면 (10.1.5)와 (10.1.6)에 의하여

$$\mathrm{y}_{\parallel} = \mathrm{Proj}_{\mathrm{x}}\mathrm{y} = \frac{\mathrm{x} \cdot \mathrm{y}}{\mathrm{x} \cdot \mathrm{x}}\mathrm{x} = \frac{6+2-2}{1+1+1}(1, 1, 1) = (2, 2, 2)$$
$$\mathrm{y}_{\perp} = \mathrm{y} - \mathrm{y}_{\parallel} = (6, 2, -2) - (2, 2, 2) = (4, 0, -4)$$

두 벡터의 내적은 실수가 된다. 다음으로 두 벡터로 다른 벡터를 구성하는 하나의 형태를 소개한다.

정의 10.1.2 두 공간벡터 $\mathrm{x} = (x_1, x_2, x_3)$, $\mathrm{y} = (y_1, y_2, y_3)$에 대하여

$$\mathrm{x} \times \mathrm{y} = \begin{vmatrix} \mathrm{i} & \mathrm{j} & \mathrm{k} \\ x_1 & x_2 & x_3 \\ y_1 & y_2 & y_3 \end{vmatrix}$$

를 x와 y의 외적이라 한다.

외적의 정의와 행렬식의 성질에 의하여 $\mathrm{x} \times \mathrm{y}$는 다음과 같이 표현된다.

$$\begin{aligned} \mathrm{x} \times \mathrm{y} &= \begin{vmatrix} x_2 & x_3 \\ y_2 & y_3 \end{vmatrix}\mathrm{i} - \begin{vmatrix} x_1 & x_3 \\ y_1 & y_3 \end{vmatrix}\mathrm{j} + \begin{vmatrix} x_1 & x_2 \\ y_1 & y_2 \end{vmatrix}\mathrm{k} \\ &= (x_2y_3 - x_3y_2)\mathrm{i} - (x_1y_3 - x_3y_1)\mathrm{j} + (x_1y_2 - x_2y_1)\mathrm{k} \\ &= (x_2y_3 - x_3y_2, \ -x_1y_3 + x_3y_1, \ x_1y_2 - x_2y_1) \end{aligned}$$

예 10.1.5 벡터 $\mathbf{x}=(1,\ 2,\ -3)$와 $\mathbf{y}=(2,\ 0,\ -1)$에 대하여 $\mathbf{x}\times\mathbf{y}$를 구하여라.

풀이

$$\mathbf{x}\times\mathbf{y}=\begin{vmatrix} \mathbf{i} & \mathbf{j} & \mathbf{k} \\ 1 & 2 & -3 \\ 2 & 0 & -1 \end{vmatrix}=\begin{vmatrix} 2 & -3 \\ 0 & -1 \end{vmatrix}\mathbf{i}-\begin{vmatrix} 1 & -3 \\ 2 & -1 \end{vmatrix}\mathbf{j}+\begin{vmatrix} 1 & 2 \\ 2 & 0 \end{vmatrix}\mathbf{k}$$

$$=-2\mathbf{i}-5\mathbf{j}-4\mathbf{k}$$

$$=(-2,\ -5,\ -4)$$ ■

두 벡터 $\mathbf{x}$와 $\mathbf{y}$의 내적 $\mathbf{x}\cdot\mathbf{y}$와 외적 $\mathbf{x}\times\mathbf{y}$ 사이에는 다음 성질이 성립한다.

정리 10.1.3 두 공간벡터 $\mathbf{x}$와 $\mathbf{y}$에 대하여 다음이 성립한다.

(1) $\mathbf{x}\cdot(\mathbf{x}\times\mathbf{y})=0$이다. 즉 $\mathbf{x}$와 $\mathbf{x}\times\mathbf{y}$는 직교한다.

(2) $\mathbf{y}\cdot(\mathbf{x}\times\mathbf{y})=0$이다. 즉 $\mathbf{y}$와 $\mathbf{x}\times\mathbf{y}$는 직교한다.

(3) $\|\mathbf{x}\times\mathbf{y}\|^2=\|\mathbf{x}\|^2\|\mathbf{y}\|^2-(\mathbf{x}\cdot\mathbf{y})^2$

증명 외적과 내적의 정의를 이용하여 쉽게 확인할 수 있다. ■

예 10.1.6 벡터 $\mathbf{x}=(1,\ -2,\ 3)$와 $\mathbf{y}=(4,\ 1,\ -2)$인 경우

$$\mathbf{x}\times\mathbf{y}=\begin{vmatrix} \mathbf{i} & \mathbf{j} & \mathbf{k} \\ 1 & -2 & 3 \\ 4 & 1 & -2 \end{vmatrix}=(1,\ 14,\ 9)$$

이고

$$\mathbf{x}\cdot(\mathbf{x}\times\mathbf{y})=1\cdot1-2\cdot14+3\cdot9=0$$

$$\mathbf{y}\cdot(\mathbf{x}\times\mathbf{y})=4\cdot1+1\cdot14-2\cdot9=0.$$

예 10.1.7 공간벡터 $\mathbf{x}=(2,\ -1,\ 3)$와 $\mathbf{y}=(0,\ 2,\ -1)$에 동시에 수직인 단위벡터를 구하여라.

풀이

$$\mathbf{x}\times\mathbf{y}=\begin{vmatrix} \mathbf{i} & \mathbf{j} & \mathbf{k} \\ 2 & -1 & 3 \\ 0 & 2 & -1 \end{vmatrix}=(-5,\ 2,\ 4),\quad \|\mathbf{x}\times\mathbf{y}\|=3\sqrt{5}.$$

따라서 $\mathbf{x}$와 $\mathbf{y}$에 동시에 수직이 되는 단위벡터는

$$\frac{\mathbf{x}\times\mathbf{y}}{\|\mathbf{x}\times\mathbf{y}\|}=\frac{1}{3\sqrt{5}}(-5,\ 2,\ 4).$$

벡터 $\mathbf{x}$와 $\mathbf{y}$의 시점을 일치시키면 두 벡터는 한 평면을 이룬다. $\mathbf{x}\times\mathbf{y}$는 $\mathbf{x}$와 $\mathbf{y}$에 모두 수직이므로, 이 평면에 수직이다. 다음 그림은 $\mathbf{x}$, $\mathbf{y}$와 $\mathbf{x}\times\mathbf{y}$의 위치관계를

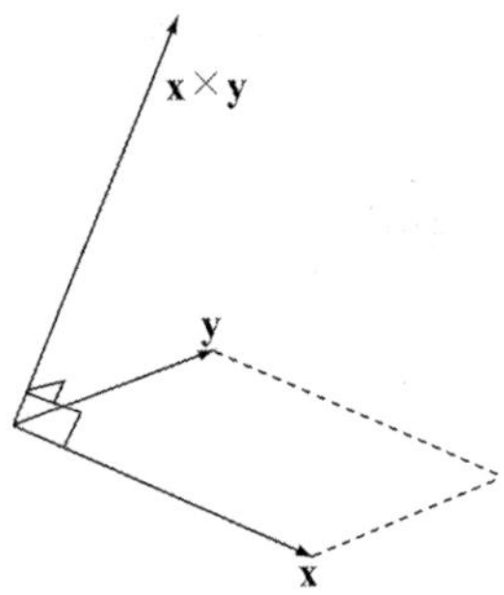

그림 10.1.9

나타낸다.

정리 10.1.3 (3)에 의하여

$$\begin{aligned}\|\mathbf{x}\times\mathbf{y}\|^2 &= \|\mathbf{x}\|^2\|\mathbf{y}\|^2 - \|\mathbf{x}\|^2\|\mathbf{y}\|^2\cos^2\theta \\ &= \|\mathbf{x}\|^2\|\mathbf{y}\|^2(1-\cos^2\theta) \\ &= \|\mathbf{x}\|^2\|\mathbf{y}\|^2\sin^2\theta\end{aligned}$$

이므로

$$\|\mathbf{x}\times\mathbf{y}\| = \|\mathbf{x}\|\,\|\mathbf{y}\|\sin\theta$$

이다. 두 벡터의 외적에 대하여 다음과 같은 정리를 얻는다. ■

정리 10.1.4 두 벡터 x, y에 대하여 u을 x × y의 방향으로의 단위벡터라 하자. 이때

$$\mathbf{x}\times\mathbf{y} = \|\mathbf{x}\|\|\mathbf{y}\|\sin\theta\,\mathbf{u}.$$

단, θ $(0 \le \theta \le \pi)$는 x, y벡터의 사이각이다. 즉 $\|\mathbf{x}\times\mathbf{y}\|$는 벡터 x, y가 만드는 평행사변형의 넓이와 같다.

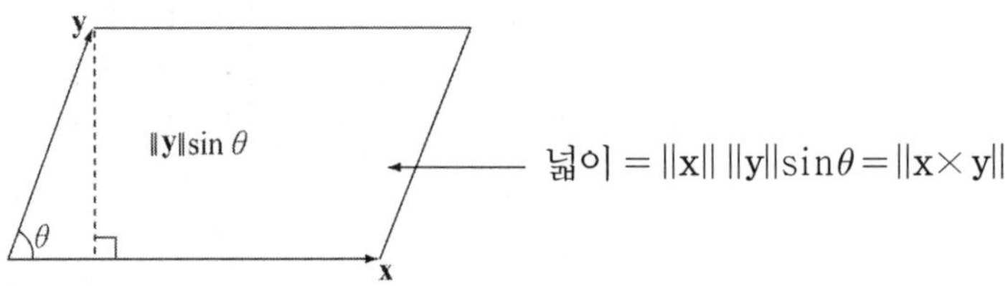

그림 10.1.10

예 10.1.8 점 $P_1(2, 2, 0)$, $P_2(-1, 0, 1)$, $P_3(0, 2, 3)$으로 결정되는 삼각형의 넓이를 구하여라.

풀이 $\mathbf{x} = \overrightarrow{P_1P_2} = (-3, -2, 1)$, $\mathbf{y} = \overrightarrow{P_1P_3} = (-2, 0, 3)$이라 하자. x와 y에 의하여 만들어지는 삼각형의 넓이는 평행사변형의 넓이의 $\frac{1}{2}$이므로 구하는 넓이 S는

$$S = \frac{1}{2}\|\mathbf{x}\times\mathbf{y}\|$$

이고 $\mathbf{x}\times\mathbf{y} = (-6, 7, -4)$이므로

$$S = \frac{1}{2}\sqrt{36+49+16} = \frac{1}{2}\sqrt{101}.$$ ■

벡터의 외적에 관한 기본적인 성질은 다음과 같다.

정리 10.1.5 공간벡터 $\mathrm{x}, \mathrm{y}, \mathrm{z} \in \mathbb{R}^3$와 실수 $k \in \mathbb{R}$에 대하여 다음이 성립한다.

(1) $\mathrm{x} \times \mathrm{y} = -\mathrm{y} \times \mathrm{x}$

(2) $\mathrm{x} \times (\mathrm{y} + \mathrm{z}) = \mathrm{x} \times \mathrm{y} + \mathrm{x} \times \mathrm{z}$

(3) $(\mathrm{x} + \mathrm{y}) \times \mathrm{z} = \mathrm{x} \times \mathrm{z} + \mathrm{y} \times \mathrm{z}$

(4) $k(\mathrm{x} \times \mathrm{y}) = (k\mathrm{x}) \times \mathrm{y} = \mathrm{x} \times (k\mathrm{y})$

(5) $\mathrm{x} \times 0 = 0 \times \mathrm{x} = 0$

(6) $\mathrm{x} \times \mathrm{x} = 0$

다음은 기본 단위벡터에 대하여 쉽게 얻을 수 있는 결과이다.

$$\begin{gathered} \mathrm{i} \times \mathrm{i} = \mathrm{j} \times \mathrm{j} = \mathrm{k} \times \mathrm{k} = 0 \\ \mathrm{i} \times \mathrm{j} = \mathrm{k},\ \mathrm{j} \times \mathrm{k} = \mathrm{i},\ \mathrm{k} \times \mathrm{i} = \mathrm{j} \\ \mathrm{j} \times \mathrm{i} = -\mathrm{k},\ \mathrm{k} \times \mathrm{j} = -\mathrm{i},\ \mathrm{i} \times \mathrm{k} = -\mathrm{j} \end{gathered}$$

다음은 3차원 공간 $\mathbb{R}^3$에서 중요한 개념인 스칼라 삼중적에 대하여 소개한다.

정의 10.1.6 $\mathrm{x}, \mathrm{y}, \mathrm{z}$를 3차원 공간벡터라 할 때

$$\mathrm{x} \cdot (\mathrm{y} \times \mathrm{z})$$

를 x, y와 z의 스칼라 삼중적이라 한다.

위의 정의로부터 $\mathrm{x} = (x_1,\ x_2,\ x_3)$, $\mathrm{y} = (y_1,\ y_2,\ y_3)$, $\mathrm{z} = (z_1,\ z_2,\ z_3)$라 하면

$$\begin{aligned} \mathrm{x} \cdot (\mathrm{y} \times \mathrm{z}) &= \mathrm{x} \cdot \left(\begin{vmatrix} y_2 & y_3 \\ z_2 & z_3 \end{vmatrix} \mathrm{i} - \begin{vmatrix} y_1 & y_3 \\ z_1 & z_3 \end{vmatrix} \mathrm{j} + \begin{vmatrix} y_1 & y_2 \\ z_1 & z_2 \end{vmatrix} \mathrm{k} \right) \\ &= x_1 \begin{vmatrix} y_2 & y_3 \\ z_2 & z_3 \end{vmatrix} - x_2 \begin{vmatrix} y_1 & y_3 \\ z_1 & z_3 \end{vmatrix} + x_3 \begin{vmatrix} y_1 & y_2 \\ z_1 & z_2 \end{vmatrix} \end{aligned}$$

$$= \begin{vmatrix} x_1 & x_2 & x_3 \\ y_1 & y_2 & y_3 \\ z_1 & z_2 & z_3 \end{vmatrix}$$

임을 알 수 있다.

예 10.1.9 벡터 $\mathbf{x} = 2\mathbf{i} - 3\mathbf{j} - 5\mathbf{k}$, $\mathbf{y} = \mathbf{i} + 4\mathbf{j} - \mathbf{k}$, $\mathbf{z} = 2\mathbf{j} + 3\mathbf{k}$에 대하여 스칼라 삼중적 $\mathbf{x} \cdot (\mathbf{y} \times \mathbf{z})$을 계산하여라.

풀이

$$\begin{aligned} \mathbf{x} \cdot (\mathbf{y} \times \mathbf{z}) &= \begin{vmatrix} 2 & -3 & -5 \\ 1 & 4 & -1 \\ 0 & 2 & 3 \end{vmatrix} \\ &= 2\begin{vmatrix} 4 & -1 \\ 2 & 3 \end{vmatrix} - (-3)\begin{vmatrix} 1 & -1 \\ 0 & 3 \end{vmatrix} + (-5)\begin{vmatrix} 1 & 4 \\ 0 & 2 \end{vmatrix} \\ &= 28 + 9 - 10 \\ &= 27. \end{aligned}$$

■

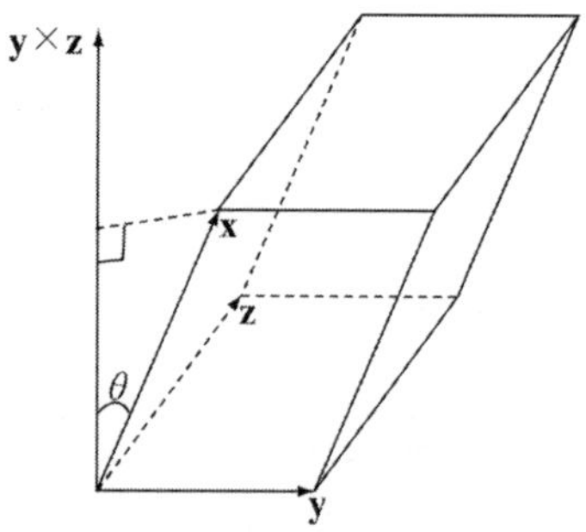

그림 10.1.11

스칼라 삼중적은 다음과 같은 기하학적인 의미가 있다. 시점을 한 점에 놓은 세 벡터 $\mathbf{x}, \mathbf{y}, \mathbf{z}$에 의하여 만들어지는 평행육면체를 생각해보자.

이 입체의 밑면은 평행사변형이고 넓이는 $\|\mathbf{y} \times \mathbf{z}\|$이다. 입체의 높이는 벡터 $\mathbf{y} \times \mathbf{z}$로의 $\mathbf{x}$의 사영의 길이이므로 $\|\mathbf{x}\|\cos\theta$이다. 따라서

$$\mathbf{x} \cdot (\mathbf{y} \times \mathbf{z}) = \|\mathbf{x}\| \, \|\mathbf{y} \times \mathbf{z}\| \cos\theta = \|\mathbf{y} \times \mathbf{z}\| \, \|\mathbf{x}\| \cos\theta$$

이므로 스칼라삼중적은 $\|\mathbf{x}\|, \|\mathbf{y}\|, \|\mathbf{z}\|$를 모서리로 하는 평행육면체의 부피를 나타낸다.

스칼라 삼중적은 행렬식으로 나타나는 실수이므로 행렬식의 성질을 이용하면 다음이 성립한다.

정리 10.1.7 세 벡터 $\mathbf{x}, \mathbf{y}, \mathbf{z}$에 대하여 다음이 성립한다.

(1) $\mathbf{x} \cdot (\mathbf{y} \times \mathbf{z}) = (\mathbf{x} \times \mathbf{y}) \cdot \mathbf{z}$

(2) $\mathbf{x} \cdot (\mathbf{y} \times \mathbf{z}) = -\mathbf{x} \cdot (\mathbf{z} \times \mathbf{y})$

세 벡터 $\mathbf{x}, \mathbf{y}, \mathbf{z}$에 대하여

$$(\mathbf{x} \times \mathbf{y}) \times \mathbf{z} \text{ 또는 } \mathbf{x} \times (\mathbf{y} \times \mathbf{z})$$

를 벡터 삼중적이라 한다.

일반적으로 $(\mathrm{x}\times\mathrm{y})\times\mathrm{z}$와 $\mathrm{x}\times(\mathrm{y}\times\mathrm{z})$는 같지 않다. 내적과 외적의 정의를 이용하면 다음을 쉽게 증명할 수 있다.

정리 10.1.8 벡터 x, y, z, u, v에 대하여 다음이 성립한다.

(1) $\mathrm{x}\times(\mathrm{y}\times\mathrm{z})=(\mathrm{x}\cdot\mathrm{z})\mathrm{y}-(\mathrm{x}\cdot\mathrm{y})\mathrm{z}$

(2) $(\mathrm{x}\times\mathrm{y})\times\mathrm{z}=(\mathrm{x}\cdot\mathrm{z})\mathrm{y}-(\mathrm{y}\cdot\mathrm{z})\mathrm{x}$

(3) $(\mathrm{x}\times\mathrm{y})\cdot(\mathrm{u}\times\mathrm{v})=(\mathrm{x}\cdot\mathrm{u})(\mathrm{y}\cdot\mathrm{v})-(\mathrm{x}\cdot\mathrm{v})(\mathrm{y}\cdot\mathrm{u})$

(4) $(\mathrm{x}\times\mathrm{y})\times(\mathrm{u}\times\mathrm{v})=[\mathrm{x}\cdot(\mathrm{y}\times\mathrm{v})]\mathrm{u}-[\mathrm{x}\cdot(\mathrm{y}\times\mathrm{u})]\mathrm{v}$

10.1 연습문제

01 다음 평면벡터의 크기와 방향을 구하고 주어진 벡터와 같은 방향의 단위벡터를 구하여라.

(1) $(-1, 1)$ (2) $(0, 5)$

(3) $(-2\sqrt{3}, -2)$ (4) $(-1, \sqrt{3})$

02 다음 공간벡터의 크기와 방향코사인을 구하고 주어진 벡터와 같은 방향의 단위벡터를 구하여라.

(1) $(3, -4, 5)$ (2) $(3, 0, 3)$

(3) $(0, 0, -3)$ (4) $(8, 0, -6)$

03 다음에 주어진 시점이 P_1, 종점이 P_2인 벡터의 성분을 구하여라.

(1) $P_1(3, 6)$, $P_2(3, 5)$ (2) $P_1(-3, 0)$, $P_2(-4, 3)$

(3) $P_1(3, -7, -2)$, $P_2(-1, -4, 3)$ (4) $P_1(0, a, 0)$, $P_2(b, 0, c)$

04 다음벡터를 기본단위벡터의 일차결합으로 표시하여라.

(1) $(1, 3) \in \mathbb{R}^2$ (2) $(2, 8, -3) \in \mathbb{R}^3$

05 각 주어진 두 벡터의 내적과 두 벡터가 이루는 각을 구하여라.

(1) $\mathrm{x} = (-7, -1)$, $\mathrm{y} = (-3, -4)$ (2) $\mathrm{x} = -\mathrm{i} + \mathrm{j}$, $\mathrm{x} = 2\mathrm{i}$

(3) $\mathrm{x} = (1, 0, -1)$, $\mathrm{y} = (2, 2, -1)$ (4) $\mathrm{x} = 2\mathrm{i} + \mathrm{j} + 3\mathrm{k}$, $\mathrm{y} = 3\mathrm{i} - 2\mathrm{j} + \mathrm{k}$

06 (1) 벡터 $8\mathrm{i} + \mathrm{j}$에 대하여 벡터$\mathrm{i} + 2\mathrm{j} - 2\mathrm{k}$ 위로의 정사영벡터를 구하여라.

(2) 벡터 $\mathrm{i} + \mathrm{j} + \mathrm{k}$에 대하여 벡터 $\mathrm{i} + \mathrm{j}$ 위로의 정사영벡터를 구하여라.

(3) 벡터 $\mathrm{i} + \mathrm{j}$와 방향이 같고 $2\mathrm{i} - 4\mathrm{k}$ 위로의 정사영의 크기가 1인 벡터를 구하여라.

(4) 벡터 $\mathrm{i} - 2\mathrm{j} - \mathrm{k}$와 방향이 같고 $\mathrm{i} - 2\mathrm{k}$ 위로의 정사영의 크기가 1인 벡터를 구하여라.

(5) 벡터 $6\mathrm{i} - 3\mathrm{j} - 6\mathrm{k}$를 벡터 $\mathrm{i} + \mathrm{j} + \mathrm{k}$에 대하여 수평, 수직인 벡터로 분해하여라.

07 $\mathbf{x}=(2, 3, -1)$, $\mathbf{y}=(2, -3, 0)$, $\mathbf{z}=(7, 2, 6)$이라 할 때, 다음을 계산하여라.

(1) $\mathbf{x}\times\mathbf{y}$ (2) $\mathbf{x}\cdot(\mathbf{y}\times\mathbf{z})$

(3) $\mathbf{x}\cdot(\mathbf{x}\times\mathbf{y})$ (4) $\mathbf{x}\times(\mathbf{y}\times\mathbf{z})$

08 $\mathbf{x}=(-3, 2, 1)$와 $\mathbf{y}=(5, 1, 3)$에 모두 직교하는 벡터를 구하여라.

09 다음 $\mathbf{x}$와 $\mathbf{y}$가 만드는 평행사변형의 넓이를 구하여라.

(1) $\mathbf{x}=(-1, 2, 1)$, $\mathbf{y}=(1, 3, 0)$

(2) $\mathbf{x}=2\mathbf{j}+3\mathbf{k}$, $\mathbf{y}=-2\mathbf{i}+2\mathbf{j}-\mathbf{k}$

10 다음 꼭짓점 $P(-1, 6, 2)$, $Q(1, 1, 1)$, $R(2, 6, 4)$을 갖는 삼각형의 넓이를 구하여라.

11 다음 벡터 $\mathbf{x}$, $\mathbf{y}$, $\mathbf{z}$에 대한 스칼라 삼중적을 구하여라.

(1) $\mathbf{x}=(-1, 2, 4)$, $\mathbf{y}=(3, 5, -2)$, $\mathbf{z}=(-1, 2, 3)$

(2) $\mathbf{x}=(3, -1, 5)$, $\mathbf{y}=(3, 4, 1)$, $\mathbf{z}=(5, -1, 2)$

12 꼭짓점이 $(0, 0, 0)$, $(1, -2, 1)$, $(2, 1, -1)$, $(-2, 3, -2)$인 사면체의 부피를 구하여라.

13 세 개의 벡터 $\mathbf{x}=(1, 2, -2)$, $\mathbf{y}=(4, 1, -3)$, $\mathbf{z}=(4, -3, 2)$로 구성되는 벡터 삼중적을 모두 구하여라.

10.2 벡터함수의 미분과 적분

• 벡터함수

이 절에서는 벡터를 값으로 가지는 함수를 생각한다. 우리가 알고 있는 미분과 적분의 개념이 벡터값을 갖는 함수에 대하여 어떻게 확장되고 어떤 성질을 갖는지를 설명한다.

미적분학에서 공부한 독립변수가 n개인 n변수 함수 f는 $\mathbb{R}^n$의 부분집합에서 정의되고 실수를 종속변수로 갖는 함수를 말한다. 이러한 함수를 실가함수라 한다. 그런데, 함숫값이 평면벡터나 공간벡터의 원소가 되는 함수를 물리학이나 공학에서 자주 사용한다. 이러한 함수를 벡터함수라 한다. 즉 정의역 안에 각 점에 대하여 단 하나의 벡터를 대응시키는 규칙을 벡터함수라 한다. 정의역이 실수의 부분집합이고 공역이 $\mathbb{R}^2$ 또는 $\mathbb{R}^3$인 벡터함수가 많이 응용된다.

정의역 I가 실수 $\mathbb{R}$의 부분집합이고 공역이 $\mathbb{R}^2$인 함수

$$\mathrm{F} : I \to \mathbb{R}^2, \ \mathrm{F}(t) = (f_1(t), f_2(t))$$

을 **평면벡터함수**라 하고 정의역이 실수 $\mathbb{R}$의 부분집합이고 공역이 $\mathbb{R}^3$인 함수

$$\mathrm{F} : I \to \mathbb{R}^3, \ \mathrm{F}(t) = (f_1(t), f_2(t), f_3(t))$$

를 **공간벡터함수**라 한다.

위와 같이 벡터함수 F의 함숫값 F(t)은 $\mathbb{R}^2$ 또는 $\mathbb{R}^3$의 원소이며 각 성분으로 표현되는 $f_i(t)$는 실가함수가 되는데, 이 각 $f_i(t)$를 **성분함수**라 한다.

예 10.2.1 벡터함수 $\mathrm{F}: (0, \infty) \to \mathbb{R}^3$, $\mathrm{F}(t) = (\ln t, \sin t, t^3)$의 성분함수는

$$f_1(t) = \ln t, \ f_2(t) = \sin t, \ f_3(t) = t^3$$

이다.

이 절에서는 주로 공간벡터함수를 중심으로 내용을 설명한다. 대부분의

성질은 평면벡터함수에서도 똑같이 성립한다.

$\mathbb{R}^3$의 기본단위 벡터 $\mathbf{i}, \mathbf{j}, \mathbf{k}$를 이용하여

$$\mathrm{F}(t) = (f_1(t),\ f_2(t),\ f_3(t))$$

을 다음과 같이 나타내기도 한다.

$$\mathrm{F}(t) = f_1(t)\mathrm{i} + f_2(t)\mathrm{j} + f_3(t)\mathrm{k}.$$

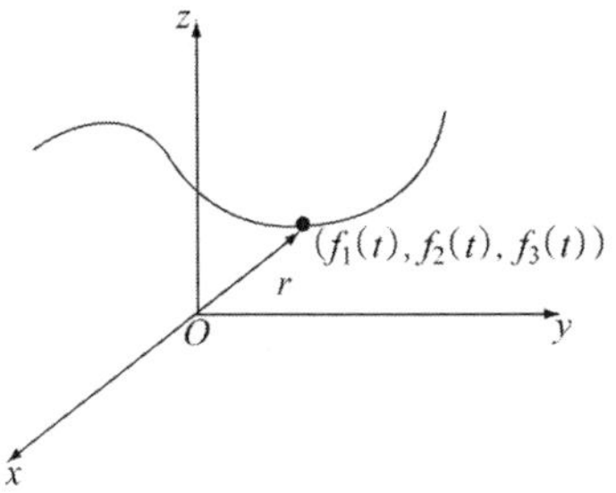

그림 10.2.1

만일 $\mathrm{F}(t)$가 위치벡터이면 종점의 좌표 $P(f_1(t), f_2(t), f_3(t))$는 F의 정의역 I에서 t가 변함에 따라 하나의 공간곡선을 그린다. 이것을 곡선 $\mathrm{r} = \mathrm{F}(t)$라 하기도 한다. 이 곡선을 매개방정식으로 표현하면 다음과 같다.

$$x = f_1(t),\ y = f_2(t),\ z = f_3(t),\ t \in I.$$

역으로 $\mathbb{R}^3$에서 그려지는 곡선이 있으면 그 곡선을 그래프로 갖는 벡터함수가 존재한다.

주1 벡터함수 $\mathrm{F}(t)$의 공역이 $\mathbb{R}^2$공간인 경우는 공역이 $\mathbb{R}^3$인 벡터함수 $\mathrm{F}(t)$의 성분함수에서 $f_3(t) = 0$으로 정의되는 함수로 이해할 수 있다. 따라서 공간벡터의 외적에 관한 성질을 제외하면 모든 성질이 그대로 성립한다.

예 10.2.2 $\mathbb{R}^3$에서 xy평면에서 그려지는 단위원을 매개방정식으로 표현하여라.

풀이 단위원 위의 점을 $P(a, b, 0)$라 하면 P를 종점으로 하는 벡터는 $\mathrm{r} = a\mathrm{i} + b\mathrm{j}$로 표현된다. ■

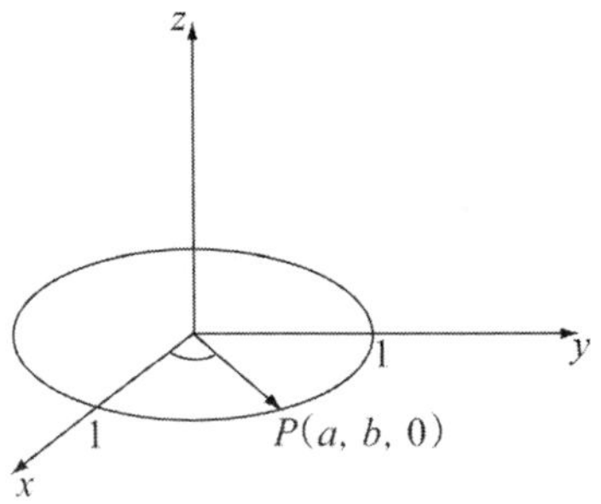

그림 10.2.2

한편 $\|\mathrm{r}\| = 1$이라 하고 r과 x축 사이의 각을 θ라 할 때 $a = \cos\theta$, $b = \sin\theta$인 관계를 얻는다. 따라서 구간 $[0, 2\pi]$에 있는 실수 θ에 대하여 $(\cos\theta, \sin\theta, 0)$은 원 위의 한 점을 나타내고 원을 나타내는 매개방정식

$$x = \cos\theta,\ y = \sin\theta,\ z = 0,\ 0 \le \theta \le 2\pi$$

을 얻는다. 한편 벡터함수 $\mathrm{F} : [0, 2\pi] \to \mathbb{R}^3$를 $\mathrm{F}(t) = \cos\theta\mathrm{i} + \sin\theta\mathrm{j}$라 하면 xy평면에서 그려지는 단위원은 F의 그래프가 된다.

벡터함수의 그래프는 $\mathbb{R}^2$ 또는 $\mathbb{R}^3$에서 그려지므로 벡터의 성질을 이용하여 다음을 정의할 수 있다.

정의 10.2.1 F, G가 벡터함수이고 f를 실가함수라 할 때 다음과 같이 벡터함수의 연산을 정의한다.

(a) 합 : $(\mathrm{F}+\mathrm{G})(t)=\mathrm{F}(t)+\mathrm{G}(t)$

(b) 차 : $(\mathrm{F}-\mathrm{G})(t)=\mathrm{F}(t)-\mathrm{G}(t)$

(c) 내적 : $(\mathrm{F}\cdot\mathrm{G})(t)=\mathrm{F}(t)\cdot\mathrm{G}(t)$

(d) 외적 : $(\mathrm{F}\times\mathrm{G})(t)=\mathrm{F}(t)\times\mathrm{G}(t)$

(e) 스칼라곱 : $(f\mathrm{F})(t)=f(t)\mathrm{F}(t)$

(f) 합성 : $(\mathrm{F}\circ f)(t)=\mathrm{F}(f(t))$

예 10.2.3 $\mathrm{F}(t)=\sin t\mathrm{i}+\cos t\mathrm{j}+2\mathrm{k}$, $\mathrm{G}(t)=-\cos t\mathrm{i}+\sin t\mathrm{j}+t\mathrm{k}$, $f(t)=2t$라 할 때, 함수 $\mathrm{F}-2\mathrm{G}$, $\mathrm{F}\cdot\mathrm{G}$, $\mathrm{F}\times\mathrm{G}$, $f\mathrm{F}$, $\mathrm{F}\circ f$를 구하여라.

풀이 정의로부터

$$(\mathrm{F}-2\mathrm{G})(t)=\mathrm{F}(t)-2\mathrm{G}(t)=(\sin t+2\cos t)\mathrm{i}+(\cos t-2\sin t)\mathrm{j}+(2-2t)\mathrm{k}$$

$$(\mathrm{F}\cdot\mathrm{G})(t)=\mathrm{F}(t)\cdot\mathrm{G}(t)=-\sin t\cos t+\sin t\cos t+2t=2t$$

$$(\mathrm{F}\times\mathrm{G})(t)=\mathrm{F}(t)\times\mathrm{G}(t)=(t\cos t-2\sin t)\mathrm{i}-(t\sin t+2\cos t)\mathrm{j}+\mathrm{k}$$

$$(f\mathrm{F})(t)=f(t)\mathrm{F}(t)=2t\sin t\mathrm{i}+2t\cos t\mathrm{j}+4t\mathrm{k}$$

$$(\mathrm{F}\circ f)(t)=\mathrm{F}(f(t))=\sin 2t\mathrm{i}+\cos 2t\mathrm{j}+2\mathrm{k}$$

벡터함수 $\mathrm{F}(t)=(f_1(t), f_2(t), f_3(t))$의 극한은 각 성분함수 $f_i(t)$의 극한으로 정의된다.

정의 10.2.2 벡터함수를 $\mathrm{F}(t)=f_1(t)\mathrm{i}+f_2(t)\mathrm{j}+f_3(t)\mathrm{k}$라 할 때 $\lim_{t\to t_0} f_1(t)$, $\lim_{t\to t_0} f_2(t)$와 $\lim_{t\to t_0} f_3(t)$가 존재하면

$$\lim_{t\to t_0}\mathrm{F}(t)=\lim_{t\to t_0} f_1(t)\mathrm{i}+\lim_{t\to t_0} f_2(t)\mathrm{j}+\lim_{t\to t_0} f_3(t)\mathrm{k}.$$

따라서 극한에 관한 성질도 실가함수의 성질과 유사하게 성립한다.

예 10.2.4 극한값

$$\lim_{t\to 0}\left(2\cos t\mathrm{i}+\frac{\sin t}{t}\mathrm{j}+(t^2+1)\mathrm{k}\right)$$

을 구하여라.

풀이 정의에 의하여

$$\begin{aligned}\lim_{t\to 0}\left(2\cos t\mathrm{i}+\frac{\sin t}{t}\mathrm{j}+(t^2+1)\mathrm{k}\right) &= \lim_{t\to 0}2\cos t\mathrm{i}+\lim_{t\to 0}\frac{\sin t}{t}\mathrm{j}+\lim_{t\to 0}(t^2+1)\mathrm{k} \\ &= 2\mathrm{i}+\mathrm{j}+\mathrm{k}.\end{aligned}$$

■

주2 $\lim_{t\to t_0}\mathrm{F}(t)=\mathrm{a}$, $\lim_{t\to t_0}\mathrm{G}(t)=\mathrm{b}$이고 $\lim_{t\to t_0}f(t)=k$이라 할 때 실가함수의 극한의 성질과 같이 다음 내용이 성립한다.

(a) $\lim_{t\to t_0}f(t)\mathrm{F}(t)=k\mathrm{a}$

(b) $\lim_{t\to t_0}(\mathrm{F}\pm\mathrm{G})(t)=\mathrm{a}\pm\mathrm{b}$

(c) $\lim_{t\to t_0}(\mathrm{F}\cdot\mathrm{G})(t)=\mathrm{a}\cdot\mathrm{b}$

(d) $\lim_{t\to t_0}(\mathrm{F}\times\mathrm{G})(t)=\mathrm{a}\times\mathrm{b}$

벡터함수의 극한개념으로부터 연속을 정의할 수 있다. 이 연속에 관한 정의는 실가함수에 관한 연속의 정의와 동일하다.

정의 10.2.3 벡터함수 F가 정의역 내의 한 점 t_0에서

$$\lim_{t\to t_0}\mathrm{F}(t)=\mathrm{F}(t_0)$$

를 만족하면 F는 점 t_0에서 연속이라 한다.

벡터함수의 극한의 정의와 연속의 정의로부터 다음 성질이 성립한다.

정리 10.2.4 벡터함수 F가 한 점 t_0에서 연속일 필요충분조건은 각 성분함수 $f_i(t)$가 t_0에서 연속인 것이다.

예 10.2.5 벡터함수 $\mathrm{F}(t)=e^t\mathrm{i}+\cos t\mathrm{j}-\sqrt[3]{t}\mathrm{k}$의 $t=0$에서의 연속성을 조사하여라.

풀이 F의 세 성분함수

$$f_1(t)=e^t,\ f_2(t)=\cos t,\ f_3(t)=-\sqrt[3]{t}$$

는 모두 $t=0$에서 연속이므로 주어진 벡터함수 F는 $t=0$에서 연속이다. ■

• 벡터함수의 미분

정의 10.2.5 벡터함수 $\mathrm{F}(t)$가 정의역의 한 점 t_0에 대하여

$$\lim_{\Delta t\to 0}\frac{\Delta \mathrm{F}}{\Delta t}=\lim_{\Delta t\to 0}\frac{\mathrm{F}(t_0+\Delta t)-\mathrm{F}(t_0)}{\Delta t} \tag{10.2.1}$$

가 존재하면 이를 t_0에서의 함수 F의 미분계수라고 하고 $\mathrm{F}'(t_0)$로 나타낸다. 이때 F는 t_0에서 미분가능하다고 한다.

벡터함수 F가 주어졌을 때, F가 미분가능한 각 점 t에 그 점에서의 미분계수 $\mathrm{F}'(t)$를 대응시키는 함수를 F의 도함수라 하고, 기호로는 F' 또는 $\dfrac{d\mathrm{F}}{dt}$로 나타낸다.

식 (10.2.1)에서 $\mathrm{F}(t)=f_1(t)\mathrm{i}+f_2(t)\mathrm{j}+f_3(t)\mathrm{k}$이면

$$\begin{aligned}&\lim_{\Delta t\to 0}\frac{\mathrm{F}(t_0+\Delta t)-\mathrm{F}(t_0)}{\Delta t}\\&=\lim_{\Delta t\to 0}\frac{f_1(t_0+\Delta t)-f_1(t_0)}{\Delta t}\mathrm{i}+\lim_{\Delta t\to 0}\frac{f_2(t_0+\Delta t)-f_2(t_0)}{\Delta t}\mathrm{j}+\lim_{\Delta t\to 0}\frac{f_3(t_0+\Delta t)-f_3(t_0)}{\Delta t}\mathrm{k}\\&=f_1'(t_0)\mathrm{i}+f_2'(t_0)\mathrm{j}+f_3'(t_0)\mathrm{k}\end{aligned}$$

이다. 즉 $\mathrm{F}(t)$가 미분가능하면

$$\mathrm{F}'(t)=f_1'(t)\mathrm{i}+f_2'(t)\mathrm{j}+f_3'(t)\mathrm{k}.$$

벡터함수의 도함수에 대한 기하학적 의미를 살펴보자. 벡터함수 $\mathrm{r}=\mathrm{F}(t)$에 대하여 $\mathrm{F}(t)$를 위치벡터 $\mathrm{r}(t)$로 생각하면 r'은 $\mathrm{r}(t)$의 종점의 속도벡터가 된다. $\mathrm{r}'=\mathrm{F}'(t)$는 $\mathrm{r}(t)$의 종점에서 곡선 $\mathrm{r}=\mathrm{F}(t)$에 접하는 벡터로서 t에 따라 $\mathrm{r}(t)$의 종점이 움직이는 방향을 향한다. 이때 $\mathrm{r}'(t)$를 $\mathrm{r}=\mathrm{F}(t)$의

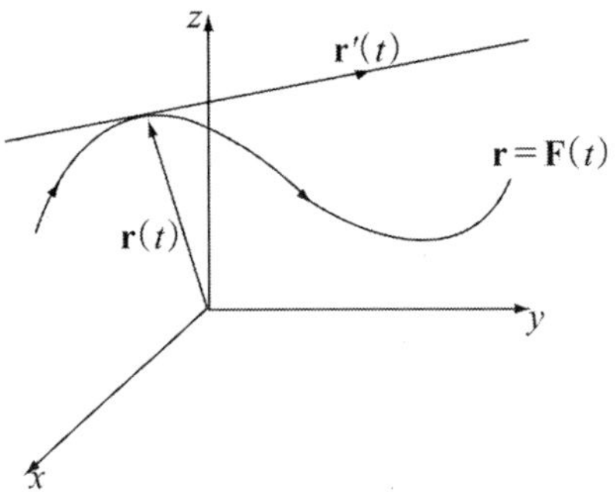

그림 10.2.3

접선벡터라 한다. $\mathbf{r}'(t) \neq 0$이면 공간곡선 $\mathbf{r} = \mathbf{F}(t)$위의 한 점 $P(f_1(t), f_2(t), f_3(t))$에 대한 접선은 P를 지나고 접선벡터 $\mathbf{r}'(t)$에 평행인 직선으로 정의된다. 크기가 1인 접선벡터를 단위접선벡터라 한다. 곡선 $\mathbf{r} = \mathbf{F}(t)$의 한 점 $P(f_1(t), f_2(t), f_3(t))$에서 접하는 **단위접선벡터는**

$$\mathrm{T}(t) = \frac{\mathbf{r}'(t)}{\|\mathbf{r}'(t)\|} \tag{10.2.2}$$

로 정의된다.

주3 벡터함수 $\mathbf{r} = \mathbf{F}(t)$의 1계 도함수가 존재하면 $\mathbf{r}'(t) = \mathbf{v}(t)$로 표시하고 $\mathbf{r}$의 **속도벡터**라 한다. 만일 $\mathbf{v}'$이 존재하면 $\mathbf{v}'(t) = \mathbf{a}(t)$로 표시하고 $\mathbf{r}$의 **가속도벡터**라 한다.

예 10.2.6 벡터함수 $\mathbf{F}(t) = (1+t^2)\mathbf{i} + e^{-2t}\mathbf{j} + \sin t\mathbf{k}$의 도함수를 구하고 공간곡선 $\mathbf{r} = \mathbf{F}(t)$의 $t=0$에서의 단위접선벡터를 구하여라.

풀이 $\mathbf{F}$의 세 성분함수 $f_1(t) = 1+t^2$, $f_2(t) = e^{-2t}$, $f_3(t) = \sin t$는 모두 미분가능한 실가 함수이고

$$f_1'(t) = 2t,\ f_2'(t) = -2e^{-2t},\ f_3'(t) = \cos t$$

이므로 $\mathbf{F}'(t) = 2t\mathbf{i} - 2e^{-2t}\mathbf{j} + \cos t\mathbf{k}$. 한편 곡선 $\mathbf{r} = \mathbf{F}(t)$의 접선의 식은 $\mathbf{r}'(t) = 2t\mathbf{i} - 2e^{-2t}\mathbf{j} + \cos t\mathbf{k}$이고 $\mathbf{r}'(0) = -2\mathbf{j} + \mathbf{k}$이다. 따라서 $t=0$일 때 $\mathbf{r}(0)$에서 접하는 단위접선벡터는

$$\mathrm{T}(0) = \frac{\mathbf{r}'(0)}{\|\mathbf{r}'(0)\|} = -\frac{2}{\sqrt{5}}\mathbf{j} + \frac{1}{\sqrt{5}}\mathbf{k}.$$

■

예 10.2.7 반지름의 길이가 1인 원을 따라 움직이는 입자의 $t = \frac{\pi}{6}$에서의 속도벡터와 가속도벡터를 구하여라.

풀이 반지름의 길이가 1인 평면상의 원은 평면벡터함수

$$\mathbf{r} = \mathbf{F}(t) = \cos t\mathbf{i} + \sin t\mathbf{j},\quad 0 \le t \le 2\pi$$

의 그래프가 된다. 속도벡터와 가속도벡터를 구하면

$$\mathbf{v}(t) = \mathbf{F}'(t) = -\sin t\mathbf{i} + \cos t\mathbf{j}$$
$$\mathbf{a}(t) = \mathbf{F}''(t) = -\cos t\mathbf{i} - \sin t\mathbf{j}$$

이고 따라서 $t=\frac{\pi}{6}$에서의 속도벡터와 가속도벡터는 다음과 같다.

$$\mathrm{v}\left(\frac{\pi}{6}\right)=-\frac{1}{2}\mathrm{i}+\frac{\sqrt{3}}{2}\mathrm{j},\quad \mathrm{a}\left(\frac{\pi}{6}\right)=-\frac{\sqrt{3}}{2}\mathrm{i}-\frac{1}{2}\mathrm{j}.$$ ■

정리 10.2.6 F, G를 미분가능한 벡터함수, f를 실가함수라 하면

(a) $(f(t)\mathrm{F}(t))'=f'(t)\mathrm{F}(t)+f(t)\mathrm{F}'(t)$

(b) $(\mathrm{F}(t)\pm\mathrm{G}(t))'=\mathrm{F}'(t)\pm\mathrm{G}'(t)$

(c) $(\mathrm{F}(t)\cdot\mathrm{G}(t))'=\mathrm{F}'(t)\cdot\mathrm{G}(t)+\mathrm{F}(t)\cdot G'(t)$

(d) $(\mathrm{F}(t)\times\mathrm{G}(t))'=\mathrm{F}'(t)\times\mathrm{G}(t)+\mathrm{F}(t)\times\mathrm{G}'(t)$

(e) $(\mathrm{F}(f(t)))'=\mathrm{F}'(f(t))f'(t)$

예 10.2.8 공간곡선 $\mathrm{r}(t)$에 대하여 $\|\mathrm{r}(t)\|=k$ 즉, 상수이면 모든 t에 대하여 $\mathrm{r}(t)$와 $\mathrm{r}'(t)$는 직교함을 보여라.

풀이 $\mathrm{r}(t)\cdot\ \mathrm{r}(t)=\|\mathrm{r}(t)\|^2=k^2$이므로 정리 10.2.6의 (c)에 의하여

$$0=(\mathrm{r}(t)\cdot\ \mathrm{r}(t))'=\mathrm{r}(t)\cdot\ \mathrm{r}'(t)+\mathrm{r}'(t)\cdot\ \mathrm{r}(t)=2\mathrm{r}(t)\cdot\ \mathrm{r}'(t)$$

이고 $\mathrm{r}(t)\cdot\ \mathrm{r}'(t)=0$이다. 따라서 $\mathrm{r}(t)$와 $\mathrm{r}'(t)$는 직교한다. ■

• 벡터함수의 적분

벡터함수 F는 그 성분함수에 의하여 결정된다. 따라서 기본적인 벡터함수의 적분은 성분함수의 적분으로 정의할 수 있다.

정의 10.2.7 벡터함수 $\mathrm{F}(t)=f_1(t)\mathrm{i}+f_2(t)\mathrm{j}+f_3(t)\mathrm{k}$가 정의역 $[a,b]$에서 연속일 때 이 함수의 정적분은 다음과 같이 정의된다.

$$\int_a^b \mathrm{F}(t)dt=\int_a^b f_1(t)dt\mathrm{i}+\int_a^b f_2(t)dt\mathrm{j}+\int_a^b f_3(t)dt\mathrm{k}$$

미적분학의 기본정리를 이용하면 $i=1,2,3$일 때 $F_i(t)$가 $f_i(t)$의 한 부정적분이면

$$\int_a^b f_i(t)dt = F_i(b) - F_i(a)$$

이 성립한다. 따라서 $\mathrm{R}(t) = F_1(t)\mathrm{i} + F_2(t)\mathrm{j} + F_3(t)\mathrm{k}$라 하면
$\mathrm{R}'(t) = f_1(t)\mathrm{i} + f_2(t)\mathrm{j} + f_3(t)\mathrm{k}$이고

$$\begin{aligned}\int_a^b \mathrm{F}(t)dt &= \int_a^b f_1(t)dt\mathrm{i} + \int_a^b f_2(t)dt\mathrm{j} + \int_a^b f_3(t)dt\mathrm{k} \\ &= (F_1(b) - F_1(a))\mathrm{i} + (F_2(b) - F_2(a))\mathrm{j} + (F_3(b) - F_3(a))\mathrm{k} \\ &= (F_1(b)\mathrm{i} + F_2(b)\mathrm{j} + F_3(b)\mathrm{k}) - (F_1(a)\mathrm{i} + F_2(a)\mathrm{j} + F_3(a)\mathrm{k}) \\ &= \mathrm{R}(b) - \mathrm{R}(a)\end{aligned}$$

이 성립한다. $\mathrm{F}(t)$의 부정적분은 $\int \mathrm{F}(t)dt$로 나타낸다.

예 10.2.9 벡터함수 $\mathrm{F}(t) = \sin t\mathrm{i} + e^{-t}\mathrm{j} + 3t^2\mathrm{k}$에 대하여 $\int \mathrm{F}(t)dt$와 $\int_0^{\pi/2} \mathrm{F}(t)dt$를 구하여라.

풀이 $\mathrm{F}(t) = \sin t\mathrm{i} + e^{-t}\mathrm{j} + 3t^2\mathrm{k}$이므로

$$\begin{aligned}\int \mathrm{F}(t)dt &= \int \sin tdt\mathrm{i} + \int e^{-t}dt\mathrm{j} + \int 3t^2dt\mathrm{k} \\ &= (-\cos t + C_1)\mathrm{i} + (-e^{-t} + C_2)\mathrm{j} + (t^3 + C_3)\mathrm{k} \\ &= -\cos t\mathrm{i} - e^{-t}bold\mathrm{j} + t^3\mathrm{k} + \mathrm{C}\end{aligned}$$

이다. 여기에서 $\mathrm{C} = C_1\mathrm{i} + C_2\mathrm{j} + C_3\mathrm{k}$는 적분의 벡터상수이다. 그리고

$$\int_0^{\pi/2} \mathrm{F}(t)dt = \left[-\cos t\mathrm{i} - e^{-t}\mathrm{j} + t^3\mathrm{k}\right]_0^{\pi/2} = \mathrm{i} - (e^{-\pi/2} - 1)\mathrm{j} + \frac{\pi^3}{8}\mathrm{k}.$$

벡터함수 $\mathrm{F}(t) = f_1(t)\mathrm{i} + f_2(t)\mathrm{j} + f_3(t)\mathrm{k}$가 주어졌을 때 성분함수 $f_1(t)$, $f_2(t)$, $f_3(t)$는 모두 실가함수이다. 따라서 벡터함수의 적분의 성질은 실가함수가 만족하는 성질을 모두 만족한다. ■

10.2 연습문제

01 다음 벡터함수의 성분함수를 구하여라.

(1) $\mathrm{F}(t) = t\mathrm{i} + t^2\mathrm{j} + \sin^2 2t\mathrm{k}$

(2) $\mathrm{F}(t) = \tan t\mathrm{i} - \mathrm{k}$

02 다음 벡터함수가 나타내는 공간곡선을 그려라.

(1) $\mathrm{F}(t) = \cos t\mathrm{i} + \sin t\mathrm{j} + t\mathrm{k}$

(2) $\mathrm{F}(t) = 3\cos t\mathrm{i} + 4\sin t\mathrm{k}$

03 벡터함수 $\mathrm{F}(t) = e^{2t}\mathrm{i} - \sin t\mathrm{j}$, $\mathrm{G}(t) = \cos t\mathrm{i} - t^2\mathrm{j} + \mathrm{k}$와 실가함수 $f(t) = \sqrt{t}$ 에 대하여 다음을 답하여라.

(1) $(\mathrm{F}+\mathrm{G})(t)$ (2) $(\mathrm{F}-\mathrm{G})(t)$

(3) $(\mathrm{F}\cdot\mathrm{G})(t)$ (4) $(\mathrm{F}\times\mathrm{G})(t)$

(5) $(f\mathrm{F})(t)$ (6) $(\mathrm{F}\circ f)(t)$

04 다음 극한값을 구하여라.

(1) $\lim_{t\to 0}\left(\cos t, \dfrac{\sin t}{t}, \dfrac{t^2-1}{t-1}\right)$

(2) $\lim_{t\to 1}\left(\sqrt{t+3}\,\mathrm{i} + \dfrac{t-1}{t^2-1}\mathrm{j} + \dfrac{\tan t}{t}\mathrm{k}\right)$

05 다음 벡터함수를 미분하여라.

(1) $\mathrm{F}(t) = 2t^2\mathrm{i} + (3+5t)\mathrm{j} + 2t^3\mathrm{k}$

(2) $\mathrm{G}(t) = \sinh t\mathrm{i} + e^{5t}\mathrm{j} + \tan^{-1}t\mathrm{k}$

(3) $\mathrm{H}(t) = \ln 4t\mathrm{i} + 3^t\mathrm{j} + 4\mathrm{k}$

06 벡터함수 $\mathrm{F}(t) = t\mathrm{i} + \sin t\mathrm{j} + e^t\mathrm{k}$, $\mathrm{G}(t) = \cos t\mathrm{i} + t^2\mathrm{j} - \tan t\mathrm{k}$와 실가함수 $f(t) = \cos t$ 에 대하여 다음을 계산하여라.

(1) $(f(t)\mathrm{F}(t))'$ (2) $(\mathrm{F}(t)-\mathrm{G}(t))'$

(3) $(\mathrm{F}(t)\cdot\mathrm{G}(t))'$ (4) $(\mathrm{F}(t)\times\mathrm{G}(t))'$

(5) $(\mathrm{F}(f(t)))$

07 다음 벡터함수로 주어지는 공간곡선의 단위접선벡터함수를 구하여라.

$$\mathbf{r}(t) = 3\sin 2t\mathbf{i} + 3\cos 2t\mathbf{j}, \quad 0 \le t \le \pi$$

08 다음 벡터함수의 적분을 계산하여라.

(1) $\displaystyle\int \left(t^2\mathbf{i} - (3t-1)\mathbf{j} - \frac{1}{t^3}\mathbf{k}\right)dt$

(2) $\displaystyle\int_0^1 (e^t\mathbf{i} + e^{-t}\mathbf{j} - t^3\mathbf{k})dt$

(3) $\displaystyle\int_{-\pi/3}^{\pi/3} (\sin t\mathbf{i} + e^{2t}\mathbf{j} - \sec^2 t\mathbf{k})dt$

10.3 곡선의 길이와 곡률

연속함수 f_1, f_2, f_3에 대하여 매개변수 방정식

$$x = f_1(t),\ y = f_2(t),\ z = f_3(t) \tag{10.3.1}$$

가 주어지면 하나의 벡터함수

$$\mathrm{r}(t) = f_1(t)\mathrm{i} + f_2(t)\mathrm{j} + f_3(t)\mathrm{k} \tag{10.3.2}$$

가 결정되고 매개변수 방정식 (10.3.1)을 만족하는 $(x, y, z) \in \mathbb{R}^3$는 한 곡선을 그린다. 따라서 실수 $\mathbb{R}$의 한 구간 I에서 정의되는 벡터함수 $\mathrm{r}(t) = f_1(t)\mathrm{i} + f_2(t)\mathrm{j} + f_3(t)\mathrm{k}$의 그래프는 곡선 $\mathrm{r}(t) = x\mathrm{i} + y\mathrm{j} + z\mathrm{k}$이 된다. $f_1(t)$, $f_2(t)$, $f_3(t)$가 구간 I에서 연속이므로 곡선 r은 연속적으로 그려진다.

정의 10.3.1 실수의 구간 I에서 정의된 연속인 벡터함수의 치역을 **공간곡선**이라 한다.

앞으로는 공간곡선을 나타내는 벡터함수를

$$\mathrm{r}(t) = x(t)\mathrm{i} + y(t)\mathrm{j} + z(t)\mathrm{k}$$

로 나타낸다.

$\mathbb{R}^3$공간에서 그려지는 곡선을 C라 하고, 곡선 C를 그래프로 갖는 공간곡선을 $\mathrm{r}(t)$라 하면 C는 벡터함수 r로 매개변수 표시하고 또는 r은 C의 매개변수 표시라고 한다.

$\mathrm{r} : [a, b] \to \mathbb{R}^3$을 공간곡선 C의 매개변수 표시라 하자.

1. 만일 $\mathrm{r}(a) = \mathrm{r}(b)$이면 C를 폐곡선이라 한다.
2. $I = [a, b]$ 내의 각 점 t에서 $\mathrm{r}'(t) \neq 0$이고 r'이 연속이면 벡터함수 r을 부드럽다고 하고, 곡선 C를 **부드러운 곡선**이라 한다.

예 10.3.1 $\mathbb{R}^3$에서 xy평면 위에 그려지는 단위원을 매개변수표시로 나타내면 다음과 같다.

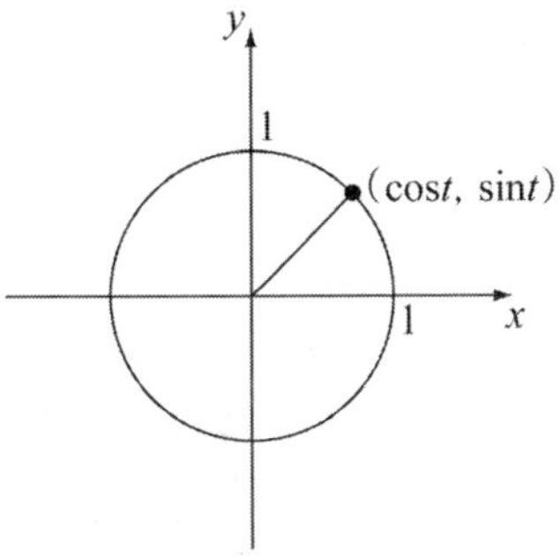

그림 10.3.1

$$\mathrm{r}(t) = \cos t\mathrm{i} + \sin t\mathrm{j},\ 0 \le t \le 2\pi.$$

$\mathrm{r}(0) = \mathrm{i} = \mathrm{r}(2\pi)$이므로 r에 의하여 표현되는 곡선은 폐곡선이다. 또한 $\mathrm{r}'(t) = -\sin t\mathrm{i} + \cos t\mathrm{j}$이고 각 성분함수

$$x'(t) = -\sin t,\ y'(t) = \cos t,\ z'(t) = 0$$

는 구간 $[0, 2\pi]$에서 연속이므로 곡선 C는 부드러운 곡선이다.

구간 $[a, b]$에서 정의되는 벡터함수

$$\mathrm{r}(t) = x(t)\mathrm{i} + y(t)\mathrm{j} + z(t)\mathrm{k},\ t \in [a, b]$$

을 부드러운 곡선 C의 매개변수표시라 하자. 이때 곡선의 길이함수 s를

$$s(t) = \int_a^t \|\mathrm{r}'(u)\| du = \int_a^t \sqrt{(x'(u))^2 + (y'(u))^2 + (z'(u))^2}\, du \quad (10.3.3)$$

로 정의한다. 여기에서 $t \ge a$이면 $s(t)$는 $\mathrm{r}(a)$에서 $\mathrm{r}(t)$ 사이를 연결하는 곡선의 길이가 된다.

(10.3.3) 식의 양변을 t로 미분하면

$$\frac{ds}{dt} = s'(t) = \|\mathrm{r}'(t)\| = \sqrt{(x'(t))^2 + (y'(t))^2 + (z'(t))^2} \quad (10.3.4)$$

이다. $\mathrm{r}(t)$가 시각 $t \ge a$에서의 물체의 위치를 나타낸다면 $s(t)$는 시각 a에서 t까지 물체의 움직인 거리를 나타내는 실가함수이고 $\|\mathrm{r}'(t)\|$는 시각 t에서의 속력을 나타내는 실가함수이다.

예 10.3.2 $\mathrm{r}(t) = \cos 2t\mathrm{i} + \sin 2t\mathrm{j} - 2t\mathrm{k},\ t \in [0, \pi]$일 때 $s(t)$와 $s'(t)$을 구하여라.

풀이 $\mathrm{r}'(t) = -2\sin 2t\mathrm{i} + 2\cos 2t\mathrm{j} - 2\mathrm{k}$이므로

$$s(t) = \int_0^t \sqrt{4\sin^2 2u + 4\cos^2 2u + 4}\, du = \int_0^t 2\sqrt{2}\, du$$
$$= [2\sqrt{2}u]_0^t = 2\sqrt{2}t$$

이고 $s'(t) = 2\sqrt{2}$이다. ■

구간 $I = [a, b]$에서 정의되는 벡터함수 $\mathrm{r} = \mathrm{F}(t)$가 부드러운 곡선 C의 매개변수 표시일 때 C 위의 한 점 $(x_1(t), y_2(t), z_3(t))$에서 접하는 단위

접선벡터는 식 (10.2.2)에 의하여

$$\mathrm{T}(t)=\frac{\mathbf{r}'(t)}{\|\mathbf{r}'(t)\|}$$

으로 주어진다. 단위접선벡터는 항상 크기가 1이며, 방향은 $\mathbf{r}'(t)$와 같으므로 $\mathbf{r}(t)$의 종점에서 곡선 C에 접하는 벡터이다.

곡선의 길이함수 $s=s(t)$가 증가함수인 경우를 생각하자. $s(t)$가 실가함수이므로 t가 a에서 b까지 증가하면 s는 $s(a)$에서 $s(b)$까지 증가한다. 이때 새로운 변수 s에 관한 단위접선벡터 $\mathrm{T}(t)$의 순간변화율 $\frac{d\mathrm{T}}{ds}$를 t에서의 **곡률벡터**라 한다. 단위접선벡터의 크기는 항상 1이므로 t가 변함에 따라 $\mathrm{T}(t)$는 방향만 변한다. 따라서 곡률벡터 $\frac{d\mathrm{T}(t)}{ds}$는 곡선의 길이함수 $s=s(t)$의 변화에 대한 접선방향의 변화율을 나타낸다. 합성함수미분법과 (10.3.4)식을 이용하면 다음을 얻는다.

$$\frac{d\mathrm{T}}{ds}=\frac{d\mathrm{T}}{dt}\cdot\frac{dt}{ds}=\frac{d\mathrm{T}(t)}{dt}\Big/\frac{ds(t)}{dt}=\frac{\mathrm{T}'(t)}{\|\mathbf{r}'(t)\|}.$$

정의 10.3.2 공간곡선 $\mathbf{r}(t)=x(t)\mathbf{i}+y(t)\mathbf{j}+z(t)\mathbf{k},\ t\in[a,b]$이 주어졌을 때 $\mathbf{r}(t)$의 종점에서의 곡률벡터의 크기를 **곡률**이라 하고 $\kappa(t)$로 나타낸다. 즉

$$\kappa(t)=\frac{\|\mathrm{T}'(t)\|}{\|\mathbf{r}'(t)\|}$$

이다. 또한 곡률의 역수 $\frac{1}{\kappa(t)}$을 t에서의 **곡률반지름**이라 한다.

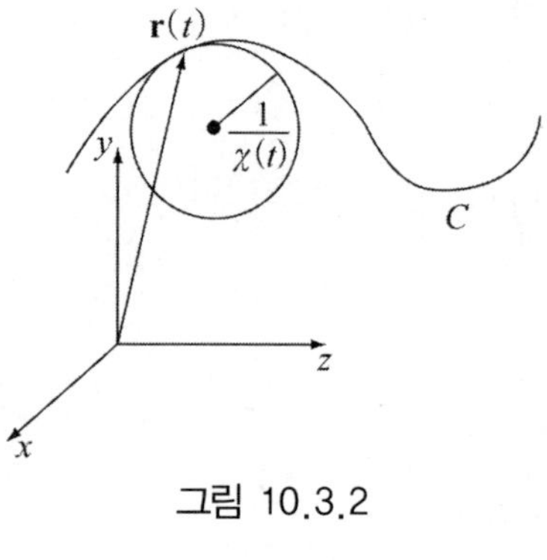

그림 10.3.2

곡률반지름은 다음과 같은 기하학적인 의미를 가진다. 곡률반지름 $\frac{1}{\kappa(t)}$는 공간곡선 곡선 $\mathbf{r}(t)$의 종점부근에서 그려지는 곡선 C에 가장 근사하게 그려지는 원의 반지름이 된다.

예 10.3.3 $\mathbf{r}(t) = 3\cos t\mathbf{i} + 3\sin t\mathbf{j} + 4t\mathbf{k},\ t \in [0, 2\pi]$일 때 곡률 $\kappa(t)$을 구하여라.

풀이 $\mathbf{r}'(t) = -3\sin t\mathbf{i} + 3\cos t\mathbf{j} + 4\mathbf{k}$이므로 임의의 점 $t \in [0, 2\pi]$에서 단위접선 벡터 $\mathbf{T}(t)$는

$$\mathbf{T}(t) = \frac{\mathbf{r}'(t)}{\|\mathbf{r}'(t)\|} = \frac{1}{5}(-3\sin t\mathbf{i} + 3\cos t\mathbf{j} + 4\mathbf{k})$$

이고

$$\mathbf{T}'(t) = \frac{1}{5}(-3\cos t\mathbf{i} - 3\sin t\mathbf{j}),\quad \|\mathbf{T}'(t)\| = \frac{3}{5}$$

이다. 그러므로 곡률 $\kappa(t)$는

$$\kappa(t) = \frac{\|\mathbf{T}'(t)\|}{\|\mathbf{r}'(t)\|} = \frac{3}{5} \cdot \frac{1}{5} = \frac{3}{25}.$$ ■

공간곡선의 곡률은 다음의 공식을 이용하여 구하는 것이 편리하다.

정리 10.3.3 벡터함수 $\mathbf{r} = \mathbf{r}(t)$의 각 성분함수 $x(t),\ y(t),\ z(t)$의 2계도함수가 존재하는 경우 $\mathbf{r}(t)$의 종점이 그리는 공간곡선의 곡률 $\kappa(t)$는

$$\kappa(t) = \frac{\|\mathbf{r}'(t) \times \mathbf{r}''(t)\|}{\|\mathbf{r}'(t)\|^3}.$$

예 10.2.8에서 설명한 것처럼 벡터함수 $\mathbf{r}(t)$의 크기가 임의의 변수 t에 대하여 항상 일정하면 $\mathbf{r}(t)$와 $\mathbf{r}'(t)$는 서로 직교한다. 공간곡선 C 위의 점 $\mathbf{r}(t)$에 접하는 단위접선 벡터 $\mathbf{T}(t)$의 크기는 항상 1이므로 $\mathbf{T}'(t)$는 $\mathbf{T}(t)$에 직교한다. $\mathbf{T}'(t)$와 방향이 같고 크기가 1인 벡터

$$\mathbf{N}(t) = \frac{\mathbf{T}'(t)}{\|\mathbf{T}'(t)\|}$$

를 곡선 $\mathbf{r}(t)$의 **주법선벡터**라 한다.

예 10.3.4 $\mathbf{r}(t) = t\mathbf{i} + t^2\mathbf{j}$일 때 주법선벡터 $\mathbf{N}(t)$을 구하여라.

풀이 $\mathbf{r}'(t) = \mathbf{i} + 2t\mathbf{j}$이므로 $\|\mathbf{r}'(t)\| = \sqrt{1+4t^2}$이다. 따라서

$$\mathbf{T}(t) = \frac{1}{\sqrt{1+4t^2}}\mathbf{i} + \frac{2t}{\sqrt{1+4t^2}}\mathbf{j}$$

이고

$$\mathrm{T}'(t) = -\frac{4t}{(1+4t^2)^{3/2}}\mathrm{i} + \frac{2}{(1+4t^2)^{3/2}}\mathrm{j}, \quad \|\mathrm{T}'(t)\| = \frac{2}{1+4t^2}$$

이다. 그러므로

$$\mathrm{N}(t) = -\frac{2t}{\sqrt{1+4t^2}}\mathrm{i} + \frac{1}{\sqrt{1+4t^2}}\mathrm{j}. \qquad ■$$

부드러운 곡선 C상의 임의의 점에서 단위접선벡터 $\mathrm{T}(t)$와 주법선벡터 $\mathrm{N}(t)$는 서로 수직이다. 따라서 이들 두 벡터에 의하여 결정되는 평면에 수직이고 시점이 $\mathrm{r}(t)$인 단위벡터 $\mathrm{B}(t)$는 다음과 같이 정의된다.

$$\mathrm{B}(t) = \frac{\mathrm{T}(t) \times \mathrm{N}(t)}{\|\mathrm{T}(t) \times \mathrm{N}(t)\|}.$$

이것을 곡선 C위의 점 $\mathrm{r}(t)$에서의 **종법선벡터**라 한다. 세 벡터함수 $\mathrm{T}(t)$, $\mathrm{N}(t)$, $\mathrm{B}(t)$는 시점을 일치시키면 서로 직교하는 단위벡터이다. 이들은 공간곡선을 설명하는 데 유용하게 사용된다.

10.3 연습문제

01 다음 주어진 곡선의 길이를 구하여라.

(1) $\mathrm{r}(t) = 6t^3\mathrm{i} + 3t^2\mathrm{j} + \mathrm{k};\quad 0 \le t \le 3$

(2) $\mathrm{r}(t) = e^t \sin t\mathrm{i} + e^t \cos t\mathrm{j} + e^t\mathrm{k};\quad 1 \le t \le 5$

(3) $\mathrm{r}(t) = (4+3t)\mathrm{i} + (2-2t)\mathrm{j} + (5+t)\mathrm{k};\quad 3 \le t \le 4$

(4) $\mathrm{r}(t) = t^3\mathrm{i} + t\mathrm{j} + \frac{1}{2}\sqrt{6}\,t^2\mathrm{k};\quad 1 \le t \le 3$

(5) $\mathrm{r}(t) = e^t\mathrm{i} + e^{-t}\mathrm{j} + \sqrt{2}\,t\mathrm{k};\quad 0 \le t \le 1$

02 주어진 곡선의 임의의 점에서의 단위접선벡터와 곡률을 구하여라.

(1) $\mathrm{r}(t) = t\mathrm{i} + t^2\mathrm{j} + t^3\mathrm{k}$

(2) $\mathrm{r}(t) = t^2\mathrm{i} + \frac{2}{t}\mathrm{j} + \frac{t}{2}\mathrm{k}$

(3) $\mathrm{r}(t) = e^t\mathrm{i} + e^{-t}\mathrm{j} + 2t\mathrm{k}$

(4) $\mathrm{r}(t) = e^t \cos t\mathrm{i} + e^t \sin t\mathrm{j} + t\mathrm{k}$

03 주어진 점 t 에서의 곡선의 단위접선벡터와 주법선벡터를 구하여라.

(1) $\mathrm{r}(t) = 4\cos t\mathrm{i} + 4\sin t\mathrm{j} + t\mathrm{k};\quad t = \frac{\pi}{2}$

(2) $\mathrm{r}(t) = t\mathrm{i} + \frac{1}{2}t^2\mathrm{j} + \frac{1}{3}t^3\mathrm{k};\quad t = 0$

(3) $\mathrm{r}(t) = 3\cos t\mathrm{i} + 4\sin t^3\mathrm{j} + t\mathrm{k};\quad t = \frac{\pi}{2}$

(4) $\mathrm{r}(t) = \mathrm{i} + t\mathrm{j} + t^2\mathrm{k};\quad t = \frac{\pi}{3}$

10.4 벡터장

정의역이 $\mathbb{R}$의 부분집합이고 공역이 $\mathbb{R}^2$ 또는 $\mathbb{R}^3$인 함수를 벡터함수라 한다. 한편 정의역이 $\mathbb{R}^2$ 또는 $\mathbb{R}^3$의 부분집합이고 공역이 $\mathbb{R}$인 함수를 스칼라장이라 하고 정의역이 $\mathbb{R}^2$ 또는 $\mathbb{R}^3$의 부분집합이고 공역도 $\mathbb{R}^2$ 또는 $\mathbb{R}^3$인 함수를 **벡터장**이라 한다. $\mathbb{R}^3$공간의 벡터들로 정의되는 내적은 항상 실수값으로 정의되므로 스칼라장이고 외적의 결과는 벡터가 되므로 벡터장이다.

이차원 벡터장과 삼차원 벡터장을 다음과 같이 정의한다.

정의 10.4.1

1. D를 $\mathbb{R}^2$상의 부분집합이라 할 때 $\mathbb{R}^2$상의 벡터장은 D에 속하는 각각의 점 (x, y)에 대하여, 이차원 벡터 $\mathbf{F}(x, y)$를 대응시키는 함수이다.
2. D를 $\mathbb{R}^3$상의 부분집합이라 할 때 $\mathbb{R}^3$상의 벡터장은 D에 속하는 각각의 점 (x,y,z)에 대하여, 삼차원 벡터 $\mathbf{F}(x, y, z)$를 대응시키는 함수이다.

주1 이 절에서는 스칼라장이라는 용어를 사용하지만 실제로 스칼라장은 다변수함수이다. 이차원 벡터공간에서 정의되는 스칼라장은 이변수 함수이고 삼차원 벡터공간에서 정의되는 스칼라장은 삼변수 함수이다.

D가 $\mathbb{R}^3$의 부분집합일 때 $\mathbf{F} : D \to \mathbb{R}^3$을 삼차원 벡터장이라 하자. 이때 $\mathbf{F}$는 적당한 성분함수 $f_1, f_2, f_3 : \mathbb{R}^3 \to \mathbb{R}$에 의하여

$$\mathbf{F}(x, y, z) = f_1(x, y, z)\mathbf{i} + f_2(x, y, z)\mathbf{j} + f_3(x, y, z)\mathbf{k}$$

로 정의된다. 벡터함수는 각 성분함수가 실가함수로 주어지는 반면 벡터장의 각 성분함수는 스칼라장이 된다.

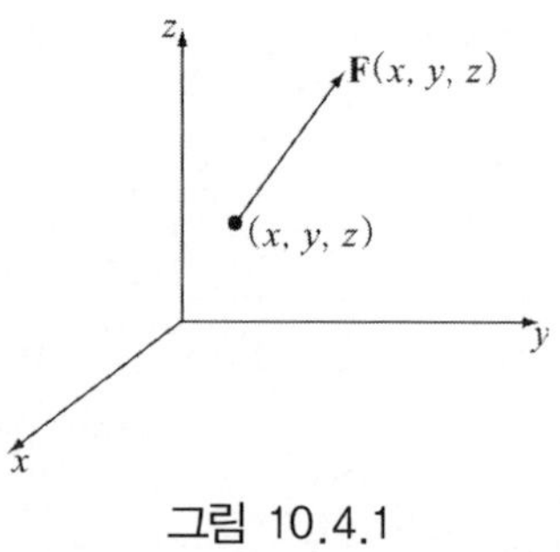

그림 10.4.1

간단히 설명하면 벡터장은 공간 내에 주어진 영역의 각 점에 하나의 벡터를 대응시킨다. 벡터장의 그래프의 그림은 정의역의 원소 (x, y, z)에 대응하는 벡터 $\mathbf{F}(x, y, z)$의 시점을 (x, y, z)로 나타낸다.

예 10.4.1 $\mathbb{R}^2$상의 벡터장이 $\mathbf{F}(x, y) = -y\mathbf{i} + x\mathbf{j}$로 정의될 때 $\mathbf{F}$의 그래프를 표현하여라.

풀이 $F(1, 0)=j$이므로 $\mathbb{R}^2$상에서 j의 시점을 $(1, 0)$로 이동하여 $F(1, 0)$을 표현한다. 같은 방법으로 $F(0, 1)=-i$, $F(-1, 0)=-j$, $F(0, -1)=i$를 표현하면 다음과 같이 그려진다.

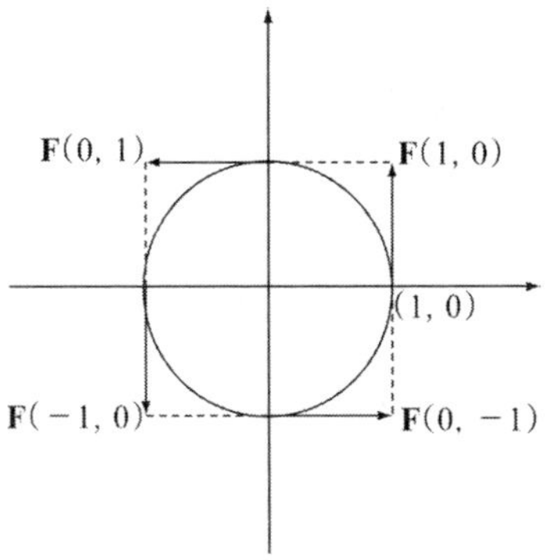

그림 10.4.2

각 화살은 원점이 중심인 원의 접선벡터이다. 실제로 $v=(x, y)=xi+yj$라 할 때

$$v \cdot F(v)=(xi+yj)\cdot(-yi+xj)=-xy+xy=0$$

이다. 이것은 $F(v)$와 v는 서로 직교함을 의미한다. 또한

$$\|F(x, y)\|=\sqrt{(-y)^2+x^2}=\|v\|$$

이므로 벡터 $F(v)$의 크기는 원의 반지름의 크기와 같다. ■

벡터함수와 같은 방법으로 벡터장의 연속성 및 미분가능성은 각 성분함수의 연속성과 미분가능성으로 정의할 수 있다. 단 성분함수는 스칼라장이고 스칼라장은 다변수함수이므로 다변수함수의 연속성이나 미분가능성은 미적분학 교재를 참고하기 바란다.

다음은 물리학이나 공학분야에서 많이 사용되는 벡터장을 설명한다.

• 기울기벡터장

f가 $\mathbb{R}^3$에서 $\mathbb{R}$로의 미분가능한 스칼라장일 때 f의 기울기벡터장 ∇f는

$$\nabla f(x, y, z)=\left(\frac{\partial f}{\partial x}, \frac{\partial f}{\partial y}, \frac{\partial f}{\partial z}\right)=\frac{\partial f}{\partial x}i+\frac{\partial f}{\partial y}j+\frac{\partial f}{\partial z}k \qquad (10.4.1)$$

로 정의된다. 간단히 ∇f 또는 $\mathrm{grad} f$로 나타낸다. ∇f는 함숫값이 벡터이므로 벡터장이다.

식 (10.4.1)에서

$$\nabla=\left(\frac{\partial}{\partial x}, \frac{\partial}{\partial y}, \frac{\partial}{\partial z}\right)=\frac{\partial}{\partial x}i+\frac{\partial}{\partial y}j+\frac{\partial}{\partial z}k$$

로 표시하고 **벡터미분연산자**라 한다.

벡터장 F가 적당한 미분가능한 스칼라장 f에 대하여 $F(x, y, z)=\nabla f(x, y, z)$를 만족하면 F를 **보존력장**이라 하고, 이 f를 **퍼텐셜 함수**라 한다.

예 10.4.2 함수 $f(x, y, z) = 3x^2yz - y^2z^3$에 대해 $\nabla f(-1, 1, 1)$을 구하여라.

풀이

$$\begin{aligned}\nabla f(x, y, z) &= \frac{\partial f}{\partial x}\mathrm{i} + \frac{\partial f}{\partial y}\mathrm{j} + \frac{\partial f}{\partial z}\mathrm{k} \\ &= 6xyz\mathrm{i} + (3x^2z - 2yz^3)\mathrm{j} + (3x^2y - 3y^2z^2)\mathrm{k}\end{aligned}$$

이므로 $\nabla f(-1, 1, 1) = -6\mathrm{i} + \mathrm{j}$. ■

• 벡터장의 발산

벡터장에 대해서도 도함수를 생각할 수 있는데 그 도함수는 두 가지로 정의된다. 하나는 스칼라장으로, 다른 하나는 다시 벡터장의 형태로 정의된다. 스칼라장으로 정의되는 도함수는 다음과 같다.

미분가능한 벡터장

$$\mathrm{F}(x, y, z) = f_1(x, y, z)\mathrm{i} + f_2(x, y, z)\mathrm{j} + f_3(x, y, z)\mathrm{k}$$

의 발산(divergence) divF는

$$\mathrm{divF} = \frac{\partial f_1}{\partial x} + \frac{\partial f_2}{\partial y} + \frac{\partial f_3}{\partial z}$$

로 정의되는 스칼라장이다. 형식적으로 벡터미분연산자와 내적을 이용하여 다음과 같이 표현할 수 있다.

$$\begin{aligned}\mathrm{divF} &= \frac{\partial f_1}{\partial x} + \frac{\partial f_2}{\partial y} + \frac{\partial f_3}{\partial z} \\ &= \left(\frac{\partial}{\partial x}\mathrm{i} + \frac{\partial}{\partial y}\mathrm{j} + \frac{\partial}{\partial z}\mathrm{k}\right) \cdot (f_1\mathrm{i} + f_2\mathrm{j} + f_3\mathrm{k}) = \nabla \cdot \mathrm{F}\end{aligned}$$

예 10.4.3 다음 벡터장 F의 발산 divF을 구하여라.

$$\mathrm{F}(x, y, z) = \frac{x}{(x^2 + y^2 + z^2)^{3/2}}\mathrm{i} + \frac{y}{(x^2 + y^2 + z^2)^{3/2}}\mathrm{j} + \frac{z}{(x^2 + y^2 + z^2)^{3/2}}\mathrm{k}.$$

풀이 $\dfrac{\partial f_1}{\partial x}$를 구하면 다음과 같다.

$$\begin{aligned}\frac{\partial f_1}{\partial x}(x, y, z) &= \frac{(x^2 + y^2 + z^2)^{3/2} - 3x^2(x^2 + y^2 + z^2)^{1/2}}{(x^2 + y^2 + z^2)^3} \\ &= \frac{(y^2 + z^2 - 2x^2)}{(x^2 + y^2 + z^2)^{5/2}}\end{aligned}$$

같은 방법으로

$$\frac{\partial f_2}{\partial y}(x, y, z) = \frac{(x^2+z^2-2y^2)}{(x^2+y^2+z^2)^{5/2}}, \quad \frac{\partial f_3}{\partial z}(x, y, z) = \frac{(x^2+y^2-2z^2)}{(x^2+y^2+z^2)^{5/2}}$$

그러므로

$$\begin{aligned} \mathrm{divF} &= \frac{\partial f_1}{\partial x} + \frac{\partial f_2}{\partial y} + \frac{\partial f_3}{\partial z} \\ &= \frac{(y^2+z^2-2x^2)}{(x^2+y^2+z^2)^{5/2}} + \frac{(x^2+z^2-2y^2)}{(x^2+y^2+z^2)^{5/2}} + \frac{(x^2+y^2-2z^2)}{(x^2+y^2+z^2)^{5/2}} = 0. \end{aligned}$$

위 예제와 같이 $\mathrm{divF}=0$인 벡터장 F를 **솔레노이드장**이라 한다. ■

• 벡터장의 회전

벡터장 F에 대하여 벡터장으로 정의되는 도함수는 다음과 같다.

미분가능한 벡터장

$$\mathrm{F}(x, y, z) = f_1(x, y, z)\mathrm{i} + f_2(x, y, z)\mathrm{j} + f_3(x, y, z)\mathrm{k}$$

의 **회전(curl)** curlF는

$$\mathrm{curlF} = \left(\frac{\partial f_3}{\partial y} - \frac{\partial f_2}{\partial z}\right)\mathrm{i} + \left(\frac{\partial f_1}{\partial z} - \frac{\partial f_3}{\partial x}\right)\mathrm{j} + \left(\frac{\partial f_2}{\partial x} - \frac{\partial f_1}{\partial y}\right)\mathrm{k}$$

로 정의되는 벡터이다. 형식적으로 벡터미분연산자와 외적을 이용하여 다음과 같이 표현할 수 있다.

$$\begin{aligned} \mathrm{curlF} &= \left(\frac{\partial f_3}{\partial y} - \frac{\partial f_2}{\partial z}\right)\mathrm{i} + \left(\frac{\partial f_1}{\partial z} - \frac{\partial f_3}{\partial x}\right)\mathrm{j} + \left(\frac{\partial f_2}{\partial x} - \frac{\partial f_1}{\partial y}\right)\mathrm{k} \\ &= \begin{vmatrix} \mathrm{i} & \mathrm{j} & \mathrm{k} \\ \frac{\partial}{\partial x} & \frac{\partial}{\partial y} & \frac{\partial}{\partial z} \\ f_1 & f_2 & f_3 \end{vmatrix} \\ &= \left(\frac{\partial}{\partial x}\mathrm{i} + \frac{\partial}{\partial y}\mathrm{j} + \frac{\partial}{\partial z}\mathrm{k}\right) \times (f_1\mathrm{i} + f_2\mathrm{j} + f_3\mathrm{k}) \\ &= \nabla \times \mathrm{F}. \end{aligned}$$

예 10.4.4 벡터장 $\mathrm{F}(x, y, z) = xy\mathrm{i} + xy^2z^2\mathrm{j} - e^{2xy}\mathrm{k}$의 회전 curlF을 구하여라.

풀이 정의에 의하여

$$\text{curl}\mathbf{F}(x, y, z) = \begin{vmatrix} \mathbf{i} & \mathbf{j} & \mathbf{k} \\ \frac{\partial}{\partial x} & \frac{\partial}{\partial y} & \frac{\partial}{\partial z} \\ xy & xy^2z^2 & -e^{2xy} \end{vmatrix}$$
$$= -2x(e^{2xy} + y^2z)\mathbf{i} + 2ye^{2xy}\mathbf{j} + (y^2z^2 - x)\mathbf{k}$$

$\text{curl}\mathbf{F} = 0$인 경우 F를 **비회전장**이라 한다. ■

정리 10.4.2 벡터장 F가 비회전장일 필요충분조건은 $\nabla f = \mathbf{F}$을 만족하는 스칼라장 f가 존재하는 것이다.

예 10.4.5 벡터장 $\mathbf{F}(x, y, z) = y^2\mathbf{i} + (2xy + e^{3z})\mathbf{j} + 3ye^{3z}\mathbf{k}$에 대하여 $\nabla f = \mathbf{F}$인 f를 구하여라.

풀이 조건에서

$$\nabla f = \frac{\partial f}{\partial x}\mathbf{i} + \frac{\partial f}{\partial y}\mathbf{j} + \frac{\partial f}{\partial z}\mathbf{k} = y^2\mathbf{i} + (2xy + e^{3z})\mathbf{j} + 3ye^{3z}\mathbf{k}$$

이므로

$$\frac{\partial f}{\partial x} = y^2 \quad (10.4.2)$$
$$\frac{\partial f}{\partial y} = 2xy + e^{3z} \quad (10.4.3)$$
$$\frac{\partial f}{\partial z} = 3ye^{3z} \quad (10.4.4)$$

가 된다. (10.4.2)의 양변을 x에 대하여 적분하면 $f(x, y, z) = xy^2 + \phi(y, z)$이 되고

$$\frac{\partial f}{\partial y} = 2xy + \frac{\partial \phi}{\partial y}(y, z)$$

이다. 이 식은 (10.4.3)과 같아야 하므로 $\frac{\partial \phi}{\partial y}(y, z) = e^{3z}$임을 알 수 있고 이 식을 y에 대하여 적분하면 $\phi(y, z) = ye^{3z} + \psi(z)$를 얻고 $f(x, y, z) = xy^2 + ye^{3z} + \psi(z)$을 알 수 있다.

$$\frac{\partial f}{\partial z} = 3ye^{3z} + \psi'(z)$$

이고 (10.4.4)식과 같아야 하므로 $\psi'(z) = 0$이다. 따라서 $\psi(z)$는 임의의 상수이고 다음 결과를 얻는다.

$$f(x, y, z) = xy^2 + ye^{3z} + C. \quad ■$$

주2 기울기벡터장, 발산, 회전 사이의 관계는 다음과 같다.

(1) $\mathrm{div}(\mathrm{curl}\mathbf{F})=0$

(2) $\mathrm{curl}(\nabla \mathrm{f})=0$

• 라플라시안

미분가능한 스칼라장 $f(x, y, z)$의 기울기벡터장 ∇f에 대한 발산

$$\begin{aligned}\mathrm{div}(\nabla f) &= \nabla \cdot \nabla f \\ &= \left(\frac{\partial}{\partial x}\mathrm{i}+\frac{\partial}{\partial y}\mathrm{j}+\frac{\partial}{\partial z}\mathrm{k}\right)\cdot\left(\frac{\partial f}{\partial x}\mathrm{i}+\frac{\partial f}{\partial y}\mathrm{j}+\frac{\partial f}{\partial z}\mathrm{k}\right) \\ &= \frac{\partial^2 f}{\partial x^2}+\frac{\partial^2 f}{\partial y^2}+\frac{\partial^2 f}{\partial z^2}\end{aligned}$$

을 **라플라시안**이라 하고 $\nabla^2 f$로 표시한다.

$$\nabla^2 = \frac{\partial^2}{\partial x^2}+\frac{\partial^2}{\partial y^2}+\frac{\partial^2}{\partial z^2}$$

을 **라플라스 연산자**라 한다.

$\nabla^2 f(x, y, z)=0$을 **라플라스 방정식**이라 하고 라플라스 방정식을 만족하는 스칼라장 $f(x, y, z)$를 **조화함수**라 한다.

예 10.4.6 스칼라장 $f(x, y, z)=x^3-3xy^2+7z$에 대하여 $\nabla^2 f$를 구하여라.

풀이 먼저 $\frac{\partial f}{\partial x}$, $\frac{\partial f}{\partial y}$, $\frac{\partial f}{\partial z}$를 구하면

$$\frac{\partial f}{\partial x}=3x^2-3y^2,\quad \frac{\partial f}{\partial y}=-6xy,\quad \frac{\partial f}{\partial z}=7$$

이다. 따라서

$$\frac{\partial^2 f}{\partial x^2}=6x,\quad \frac{\partial^2 f}{\partial y^2}=-6x,\quad \frac{\partial^2 f}{\partial z^2}=0$$

$$\nabla^2 f=\frac{\partial^2 f}{\partial x^2}+\frac{\partial^2 f}{\partial y^2}+\frac{\partial^2 f}{\partial z^2}=6x+(-6x)+0=0$$

이다. 그러므로 주어진 함수 $f(x, y, z)=x^3-3xy^2+7z$은 조화함수이다. ■

주3 $\mathbb{R}^2$상에서 정의되는 스칼라장 f, f_1, f_2와 이차원 벡터장 $\mathrm{F}=f_1\mathrm{i}+f_2\mathrm{j}$에 대한 기울기벡터장, 발산, 회전, 라플라시안은 다음과 같이 정의된다.

$$\nabla f(x, y)=\frac{\partial f}{\partial x}\mathrm{i}+\frac{\partial f}{\partial y}\mathrm{j},\quad \mathrm{curl}\mathrm{F}(x, y)=\left(\frac{\partial f_2}{\partial x}-\frac{\partial f_1}{\partial y}\right)\mathrm{k}$$

$$\mathrm{div}\mathrm{F}(x, y)=\frac{\partial f_1}{\partial x}+\frac{\partial f_2}{\partial y},\quad \nabla^2 f(x, y)=\frac{\partial^2 f}{\partial x^2}+\frac{\partial^2 f}{\partial y^2}$$

다음 공식들은 정의를 이용하여 간단히 증명된다.

주4 벡터장과 스칼라장 중에서 많이 응용되는 기울기벡터장, 발산, 회전, 라플라시안 사이에는 다음과 같은 관계가 있다.

(1) $\nabla(f+g)=\nabla f+\nabla g$

(2) $\nabla(cf)=c\nabla f$ (단, c는 상수)

(3) $\nabla(fg)=g\nabla f+f\nabla g$

(4) $\nabla(f/g)=(g\nabla f-f\nabla g)/g^2$ (단, $g\neq 0$)

(5) $\mathrm{div}(\mathrm{F}+\mathrm{G})=\mathrm{div}\mathrm{F}+\mathrm{div}\mathrm{G}$

(6) $\mathrm{curl}(\mathrm{F}+\mathrm{G})=\mathrm{curl}\mathrm{F}+\mathrm{curl}\mathrm{G}$

(7) $\mathrm{div}(\mathrm{F}\times\mathrm{G})=\mathrm{G}\cdot\mathrm{curl}\mathrm{F}+\mathrm{F}\cdot\mathrm{curl}\mathrm{G}$

10.4 연습문제

01 다음 스칼라장의 기울기벡터장을 구하여라.

(1) $f(x, y) = x^2 - x^3y^2 + y^4$

(2) $f(x, y, z) = -\dfrac{c}{(x^2+y^2+z^2)^{1/2}}$

(3) $f(x, y, z) = \sin(2x - y) + z^2$

(4) $f(x, y, z) = 2xy^2 - 3yz^2 + xz^2$

(5) $f(x, y, z) = \ln(x^2 + y^2 + z^2)$

02 다음 벡터장의 회전과 발산을 구하여라.

(1) $\mathbf{F}(x, y, z) = x^2\mathbf{i} - 2\mathbf{j} + yz\mathbf{k}$

(2) $\mathbf{F}(x, y, z) = xz^3\mathbf{i} + 2y^4z^2\mathbf{j} + 5yz^2\mathbf{k}$

(3) $\mathbf{F}(x, y, z) = 7y^2z^2\mathbf{i} - 8x^2z^5\mathbf{j} - 3xy^4\mathbf{k}$

(4) $\mathbf{F}(x, y, z) = e^{xy}\mathbf{i} - \cos y\mathbf{j} + \sin^2 z\mathbf{k}$

(5) $\mathbf{F}(x, y, z) = \dfrac{1}{\sqrt{x^2+y^2+z^2}}(x\mathbf{i} + y\mathbf{j} + z\mathbf{k})$

(6) $\mathbf{F}(x, y, z) = \ln x\mathbf{i} + e^{xyz}\mathbf{j} + \tan^{-1}(z/x)\mathbf{k}$

(7) $\mathbf{F}(x, y, z) = \sinh(xyz)\mathbf{j}$

(8) $\mathbf{F}(x, y, z) = \sinh(x - z)\mathbf{i} + 2y\mathbf{j} + (z - y^2)\mathbf{k}$

(9) $\mathbf{F}(x, y, z) = xye^x\mathbf{i} - x^3yze^z\mathbf{j} + xy^2e^y\mathbf{k}$

(10) $\mathbf{F}(x, y, z) = x^2\sin yz\mathbf{i} + z\cos xz^3\mathbf{j} + ye^{5xy}\mathbf{k}$

10.5 선적분

이 절에서는 1변수 함수의 정적분을 일반화한다. 구간 $[a, b]$에서 정의되는 함수를 적분하는 대신 공간 내에 곡선 C 위에서 적분을 정의한다. 따라서 이러한 적분을 선적분이라 한다. 선적분에는 스칼라장에 대한 선적분과 벡터장에 대한 선적분이 있다. 선적분을 정의하기 위하여 우선 곡선 C의 종류에 대하여 설명한다.

공간곡선 C의 매개변수 표현을

$$\mathbf{r}(t) = x\mathbf{i} + y\mathbf{j} + z\mathbf{j}$$
$$x = x(t),\ y = y(t),\ z = z(t),\ \ t \in [a, b]$$

라 하자.

1. $x'(t), y'(t), z'(t)$가 폐구간 $[a, b]$에서 모두 연속이고 개구간 (a, b)에서 모두 0이 아니면 C를 부드러운 곡선이라 한다.
2. C가 유한개의 부드러운 곡선 $C_1, C_2, \cdots, C_n$의 연결된 형태이면 C를 부분적으로 부드럽다고 한다. 이때 $C = C_1 \cup \cdots \cup C_n$으로 표시한다.
3. $\mathbf{r}(a) = \mathbf{r}(b)$이면 C를 폐곡선이라 한다.
4. $\mathbf{r}(a) = \mathbf{r}(b)$이고 임의의 $t_1, t_2 \in (a, b)$에 대하여 $\mathbf{r}(t_1) \neq \mathbf{r}(t_2)$이면 C를 단순폐곡선이라 한다.
5. 복소수평면에서의 영역과 같은 방법으로, 곡선 C의 양의 방향은 t의 증가하는 값에 대응하는 방향으로 정의한다. t가 감소하는 값에 대응하는 곡선은 $-C$로 표시한다.

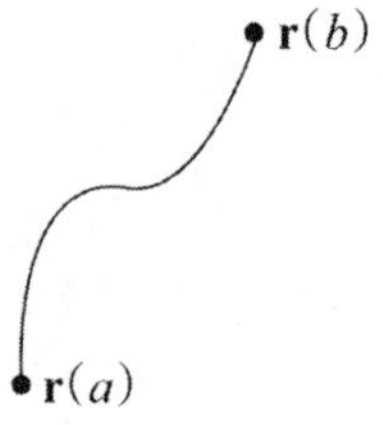

부드러운 곡선

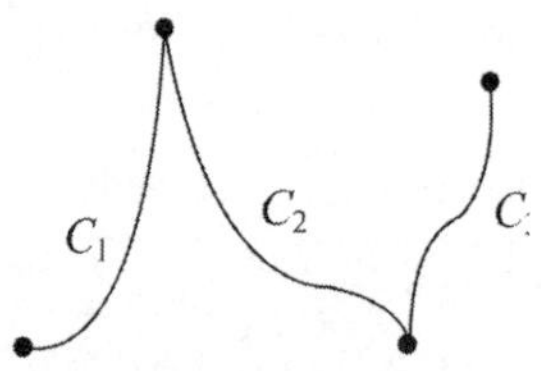

부분적으로 부드러운 곡선

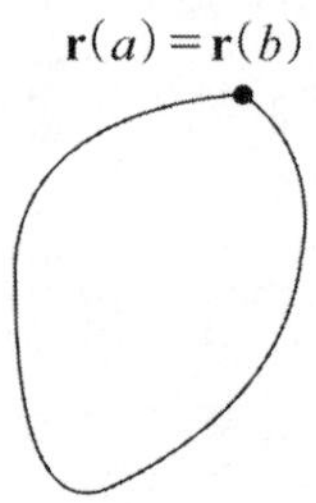

단순폐곡선

폐곡선

일반적인 선적분의 정의는 다음과 같다. 공간상의 한 영역 D 내에서 그려지는 부드러운 곡선 C가 매개변수 표현

$$\mathrm{r}(t) = x\mathrm{i} + y\mathrm{j} + z\mathrm{j}$$
$$x = x(t),\ y = y(t),\ z = z(t),\ \ t \in [a,\ b]$$

을 갖는다고 하자. 식 (10.3.3)에서 r에 의하여 그려지는 곡선의 길이함수 $s(t)$에 대하여 설명하였다. 이 식을 이용하여 곡선의 길이에 관한 선적분은 다음과 같이 정의된다.

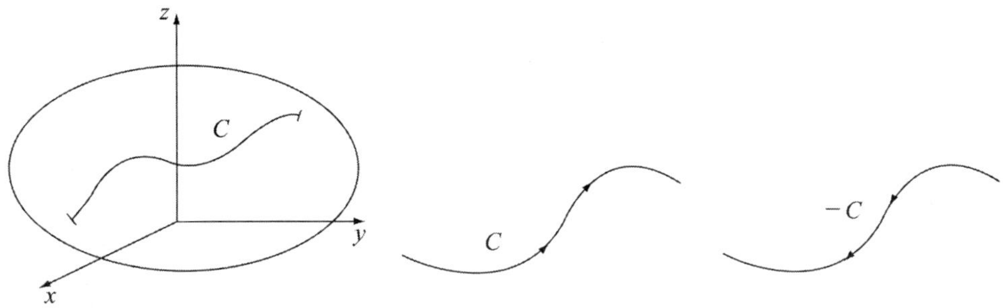

그림 10.5.1

정의 10.5.1 D에서 정의되는 스칼라장 $f(x,\ y,\ z)$의 곡선 C에서의 선적분은 다음과 같이 정의된다.

$$\int_C f(x,\ y,\ z)ds = \int_a^b f(x(t),\ y(t),\ z(t))\|\mathrm{r}'(t)\|dt \qquad (10.5.1)$$

여기에서 $\|\mathrm{r}'(t)\| = \sqrt{(x'(t))^2 + (y'(t))^2 + (z'(t))^2}$.

예 10.5.1 곡선 C가 $\mathbb{R}^3$상에서 점 $(0,\ 0,\ 0)$에서 점 $(2,\ 3,\ 1)$까지를 잇는 직선 선분일 때 스칼라장 $f(x,\ y,\ z) = x^2 - y + 3z$의 곡선 C에 대한 선적분을 구하여라.

풀이 곡선 C의 매개변수 표현을 구하면

$$\mathrm{r}(t) = 2t\mathrm{i} + 3t\mathrm{j} + t\mathrm{k},\ \ t \in [0,\ 1]$$

이다. 즉 $x(t) = 2t,\ y(t) = 3t,\ z(t) = t$이므로 $\|\mathrm{r}'(t)\| = \sqrt{14}$이고 $f(x,\ y,\ z) = 4t^2$이다. 그러므로 식 (10.5.1)에 의하여

$$\int_C f(x, y, z)ds = \int_0^1 4\sqrt{14}\, t^2 dt = \frac{4\sqrt{14}}{3}. \qquad ■$$

예 10.5.2 C가 매개변수방정식 $x(t) = \cos t,\ y = \sin t,\ z(t) = t,\ 0 \le t \le 2\pi$에 의하여 주어진 곡선일 때 $\int_C y\cos z ds$를 구하여라.

풀이 식 (10.5.1)에 의하여

$$\begin{aligned}\int_C y\cos z ds &= \int_0^{2\pi} \sin t \cos t \sqrt{\sin^2 t + \cos^2 t + 1}\, dt \\ &= \sqrt{2}\int_0^{2\pi} \sin t \cos t dt \\ &= \frac{\sqrt{2}}{2}[\sin^2 t]_0^{2\pi} \\ &= 0\end{aligned}$$

■

정의 10.5.2 D에서 정의되는 벡터장

$$\mathrm{F}(x, y, z) = f_1(x, y, z)\mathrm{i} + f_2(x, y, z)\mathrm{j} + f_3(x, y, z)\mathrm{k}$$

의 곡선 C에서의 선적분은 다음과 같이 정의된다.

$$\int_C \mathrm{F} \cdot d\mathrm{r} = \int_a^b \mathrm{F}(x(t), y(t), z(t)) \cdot \mathrm{r}'(t)dt \qquad (10.5.2)$$

$\mathrm{r}(t) = x(t)\mathrm{i} + y(t)\mathrm{j} + z(t)\mathrm{k}$이 부드러운 곡선이면 $\mathrm{r}'(t) = x'(t)\mathrm{i} + y'(t)\mathrm{j} + z'(t)\mathrm{k}$이다. 따라서

$$\begin{aligned}\mathrm{F}(x(t), y(t), z(t)) \cdot \mathrm{r}'(t) &= (f_1(x, y, z)\mathrm{i} + f_2(x, y, z)\mathrm{j} + f_3(x, y, z)\mathrm{k}) \cdot (x'\mathrm{i} + y'\mathrm{j} + z'\mathrm{k}) \\ &= f_1(x, y, z)x' + f_2(x, y, z)y' + f_3(x, y, z)z'\end{aligned}$$

이 되어

$$\int_C \mathrm{F} \cdot d\mathrm{r} = \int_a^b f_1(x, y, z)x'dt + \int_a^b f_2(x, y, z)y'dt + \int_a^b f_3(x, y, z)z'dt \qquad (10.5.3)$$

이고 마지막 식을 간단히

$$\int_C (f_1(x, y, z)dx + f_2(x, y, z)dy + f_3(x, y, z)dz)$$

로 표시한다. 그러므로 다음 식을 얻는다.

$$\int_C (f_1(x, y, z)dx + f_2(x, y, z)dy + f_3(x, y, z)dz)$$
$$= \int_a^b f_1(x, y, z)x'dt + \int_a^b f_2(x, y, z)y'dt + \int_a^b f_3(x, y, z)z'dt$$

예 10.5.3 C가 매개변수방정식 $\mathbf{r}(t) = \cos t\mathbf{i} + \sin t\mathbf{j} + t\mathbf{k}$, $0 \le t \le 2\pi$으로 주어졌을 때 벡터장 $\mathbf{F}(x, y, z) = -zy\mathbf{i} + zx\mathbf{j} + xy\mathbf{k}$의 곡선 C에 대한 선적분을 구하여라.

풀이 $\mathbf{r}'(t) = -\sin t\mathbf{i} + \cos t\mathbf{j} + \mathbf{k}$이고 $x(t) = \cos t$, $y(t) = \sin t$, $z(t) = t$이므로

$$\mathbf{F}(x, y, z) = -t\sin t\mathbf{i} + t\cos t\mathbf{j} + \cos t\sin t\mathbf{k}$$

이다. (10.5.2)에 의하여

$$\begin{aligned}\int_C \mathbf{F} \cdot d\mathbf{r} &= \int_0^{2\pi} (-t\sin t\mathbf{i} + t\cos t\mathbf{j} + \cos t\sin t\mathbf{k}) \cdot (-\sin t\mathbf{i} + \cos t\mathbf{j} + \mathbf{k})dt \\ &= \int_0^{2\pi} (t\sin^2 t + t\cos^2 t + \cos t\sin t)dt \\ &= \int_0^{2\pi} (t + \cos t\sin t)dt \\ &= 2\pi^2\end{aligned}$$

■

예 10.5.4 예 10.5.3에서 주어진 벡터장 $\mathbf{F}$를 매개변수방정식 $\mathbf{r}(t) = \mathbf{i} + t\mathbf{k}$, $0 \le t \le 2\pi$으로 표현되는 곡선 C에 대한 선적분을 구하여라.

풀이 $\mathbf{r}'(t) = \mathbf{k}$이고 $x(t) = 1$, $y(t) = 0$, $z(t) = t$이므로

$$\mathbf{F}(x, y, z) = t\mathbf{j}$$

이다. 식 (10.5.2)에 의하여

$$\int_C \mathbf{F} \cdot d\mathbf{r} = \int_0^{2\pi} t\mathbf{j} \cdot \mathbf{k}dt = \int_0^{2\pi} 0dt = 0$$

위 두 예에서 알 수 있듯이 일반적으로 시점과 종점이 같더라도 서로 다른 곡선을 따른 선적분 값은 서로 다르다. 즉 선적분은 경로에 종속적이다.

벡터장의 선적분은 다음과 같은 성질을 갖는다.

(1) $\int_{-C} \mathbf{F} \cdot d\mathbf{r} = -\int_C \mathbf{F} \cdot d\mathbf{r}$

(2) 부분적으로 부드러운 곡선 $C = C_1 \cup \cdots \cup C_n$에 대하여

$$\int_C \mathbf{F} \cdot d\mathbf{r} = \int_{C_1} \mathbf{F} \cdot d\mathbf{r} + \cdots + \int_{C_n} \mathbf{F} \cdot d\mathbf{r}$$

(3) $\int_C (\mathbf{F} + \mathbf{G}) \cdot d\mathbf{r} = \int_C \mathbf{F} \cdot d\mathbf{r} + \int_C \mathbf{G} \cdot d\mathbf{r}$

(4) $\int_C k\mathbf{F}\cdot d\mathbf{r} = k\int_C \mathbf{F}\cdot d\mathbf{r}$ ■

예 10.5.5 부분적으로 부드러운 곡선 C가 그림 10.5.2와 같이 주어졌을 때 벡터장 $\mathbf{F}(x, y, z) = yz\mathbf{i} + xz\mathbf{j} + xy\mathbf{k}$의 곡선 C에 대한 선적분을 구하여라.

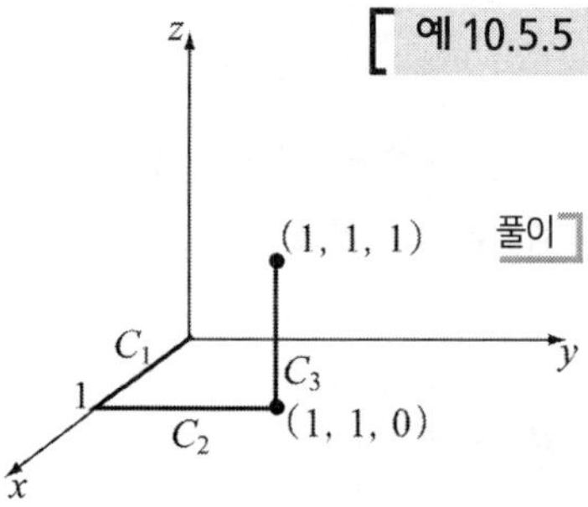

$C = C_1 \cup C_2 \cup C_3$

그림 10.5.2

풀이 곡선 $C = C_1 \cup C_2 \cup C_3$에서 각 C_1, C_2, C_3의 매개변수 표현을 구하면

$$C_1 : \mathbf{r}_1(t) = t\mathbf{i},\ 0 \le t \le 1,\quad x(t) = t,\ y(t) = z(t) = 0$$

$$C_2 : \mathbf{r}_2(t) = \mathbf{i} + t\mathbf{j},\ 0 \le t \le 1,\quad x(t) = 1,\ y(t) = t,\ z(t) = 0$$

$$C_3 : \mathbf{r}_3(t) = \mathbf{i} + \mathbf{j} + t\mathbf{k},\ 0 \le t \le 1,\quad x(t) = y(t) = 1,\ z(t) = t$$

따라서

$$\begin{aligned}\int_C \mathbf{F}\cdot d\mathbf{r} &= \int_{C_1}\mathbf{F}\cdot d\mathbf{r} + \int_{C_2}\mathbf{F}\cdot d\mathbf{r} + \int_{C_3}\mathbf{F}\cdot d\mathbf{r} \\ &= \int_0^1 (0\mathbf{i}+0\mathbf{j}+0\mathbf{k})\cdot(\mathbf{i}+0\mathbf{j}+0\mathbf{k})dt + \int_0^1 (0\mathbf{i}+0\mathbf{j}+t\mathbf{k})\cdot(0\mathbf{i}+\mathbf{j}+0\mathbf{k})dt + \int_0^1 (t\mathbf{i}+t\mathbf{j}+\mathbf{k})\cdot(0\mathbf{i}+0\mathbf{j}+\mathbf{k})dt \\ &= \int_0^1 0dt + \int_0^1 0dt + \int_0^1 dt \\ &= 1\end{aligned}$$

예 10.5.5에서 곡선 $C = C_1 \cup C_2 \cup C_3$는 공간상에서 시점이 원점이고 종점이 $(1, 1, 1)$인 부분적으로 부드러운 곡선이다. 매개변수 표현 $\mathbf{r}(t) = t\mathbf{i} + t\mathbf{j} + t\mathbf{k}$으로 주어지는 공간곡선 C^*을 생각하자. 이 곡선은 시점이 원점이고 종점이 $(1,1,1)$인 곡선이다. 또한 이 곡선 위에서 $x(t) = t$, $y(t) = t$, $z(t) = t$ $0 \le t \le 1$이므로

$$\int_{C^*}\mathbf{F}(x, y, z)\cdot d\mathbf{r} = \int_0^1 (t^2\mathbf{i}+t^2\mathbf{j}+t^2\mathbf{k})\cdot(\mathbf{i}+\mathbf{j}+\mathbf{k})dt = \int_0^1 3t^2 dt = 1$$

이다. 일반적으로 벡터장 $\mathbf{F}$의 선적분은 공간곡선 C의 모양에 종속적이다. 그러나 공간상에서 두 점 P와 Q를 연결하는 곡선의 모양에 상관없이 동일한 적분 값을 가질 때 $\int_C \mathbf{F}\cdot d\mathbf{r}$은 경로에 독립이라고 한다.

정리 10.5.3 공간의 한 영역 D에서 정의되는 벡터장 F가 부드러운 곡선일 때 경로에 독립일 필요충분조건은 F가 보존력장이 되는 것이다. 즉 D 내에서 정의되는 한 스칼라장 f에 대하여

$$\mathrm{F} = \nabla f$$

F가 보존력장일 때에는 비보존력장에 비하여 선적분의 계산이 쉬워진다. F가 보존력장이면 적당한 스칼라장 f에 대하여

$$\mathrm{F} = \nabla f = \frac{\partial f}{\partial x}\mathrm{i} + \frac{\partial f}{\partial y}\mathrm{j} + \frac{\partial f}{\partial z}\mathrm{k}$$

이다. 곡선 C의 매개변수표현을 $\mathrm{r} : [a, b] \to R$, $\mathrm{r}(t) = x(t)\mathrm{i} + y(t)\mathrm{j} + z(t)\mathrm{k}$이라 하면

$$\mathrm{r}'(t) = \frac{dx(t)}{dt}\mathrm{i} + \frac{dy(t)}{dt}\mathrm{j} + \frac{dz(t)}{dt}\mathrm{k}$$

이고

$$\begin{aligned}\mathrm{F}(x(t), y(t), z(t)) \cdot \mathrm{r}'(t) &= \left(\frac{\partial f}{\partial x}\mathrm{i} + \frac{\partial f}{\partial y}\mathrm{j} + \frac{\partial f}{\partial z}\mathrm{k}\right) \cdot \left(\frac{dx}{dt}\mathrm{i} + \frac{dy}{dt}\mathrm{j} + \frac{dz}{dt}\mathrm{k}\right) \\ &= \frac{\partial f}{\partial x}\frac{dx}{dt} + \frac{\partial f}{\partial y}\frac{dy}{dt} + \frac{\partial f}{\partial z}\frac{dz}{dt} \\ &= \frac{d}{dt}f(x(t), y(t), z(t))\end{aligned}$$

이다. 그러므로

$$\begin{aligned}\int_C \mathrm{F} \cdot d\mathrm{r}(t) &= \int_a^b \mathrm{F}(x(t), y(t), z(t)) \cdot \mathrm{r}'(t)dt \\ &= \int_a^b \frac{d}{dt}f(x(t), y(t), z(t))dt \\ &= [f(x(t), y(t), z(t))]_a^b \\ &= f(x(b), y(b), z(b)) - f(x(a), y(a), z(a))\end{aligned} \tag{10.5.4}$$

즉, C에서의 보존력장 F의 선적분은 C의 양 끝점에서의 포텐셜함수 f의 함숫값의 차이다. 이것을 선적분의 기본정리라 한다.

예 10.5.6 예 10.5.5에서 주어진 곡선과 벡터장 $\mathrm{F}(x, y, z) = yz\mathrm{i} + xz\mathrm{j} + xy\mathrm{k}$을 생각하자. 스칼라장 $f(x, y, z) = xyz$에 대하여

$$\begin{aligned}\mathrm{F}(x, y, z) &= yz\mathrm{i} + xz\mathrm{j} + xy\mathrm{k} \\ &= \frac{\partial(xyz)}{\partial x}\mathrm{i} + \frac{\partial(xyz)}{\partial y}\mathrm{j} + \frac{\partial(xyz)}{\partial z}\mathrm{k} \\ &= \nabla f(x, y, z)\end{aligned}$$

이고 따라서 F는 보존력장이다. 주어진 곡선 C의 시점은 $(0, 0, 0)$이고 종점은 $(1, 1, 1)$이다. 따라서 선적분의 기본정리에 의하여

$$\int_C \mathrm{F}\cdot d\mathrm{r} = f(1, 1, 1) - f(0, 0, 0) = 1 - 0 = 1.$$

예 10.5.7 곡선 C의 매개변수 표현이

$$\mathrm{r}(t) = \sin \pi t\mathrm{i} + t\mathrm{j} + \frac{1}{1+t^2}\mathrm{k},\ 0 \le t \le 1$$

일 때 C위에서의 벡터장

$$\mathrm{F}(x, y, z) = y^2\mathrm{i} + (2xy + e^{3z})\mathrm{j} + 3ye^{3z}\mathrm{k}$$

의 선적분을 구하여라.

풀이 예 10.4.5에 의하여 벡터장 F는 포텐셜함수

$$f(x, y, z) = xy^2 + ye^{3z} + C$$

을 갖는다. 주어진 곡선의 시점은 $t=0$일 때 $(0, 0, 1)$이고 종점은 $t=1$일 때 $(0, 1, 1/2)$가 된다. 따라서 선적분의 기본정리에 의하여

$$\int_C \mathrm{F}\cdot d\mathrm{r} = f(0, 1, 1/2) - f(0, 0, 1) = e^{3/2}.$$

■

다음은 경로에 독립일 또 하나의 필요충분조건이다.

정리 10.5.4 벡터장 $\mathrm{F}(x, y, z) = f_1(x, y, z)\mathrm{i} + f_2(x, y, z)\mathrm{j} + f_3(x, y, z)\mathrm{k}$에 대하여 $\int_C \mathrm{F}\cdot d\mathrm{r}$이 경로에 독립일 필요충분조건은

$$\frac{\partial f_1}{\partial y} = \frac{\partial f_2}{\partial x},\quad \frac{\partial f_1}{\partial z} = \frac{\partial f_3}{\partial x},\quad \frac{\partial f_2}{\partial z} = \frac{\partial f_3}{\partial y}.$$

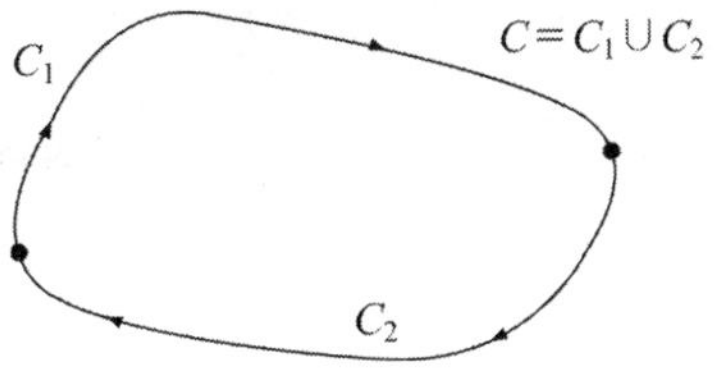

그림 10.5.3

$\int_C \mathrm{F} \cdot d\mathrm{r}$이 경로에 독립이면 곡선 C가 폐곡선일 때

$$\int_C \mathrm{F} \cdot d\mathrm{r} = 0$$

이다. 그림 10.5.3과 같이 $C = C_1 \cup C_2$라 하면

$$\int_C \mathrm{F} \cdot d\mathrm{r} = \int_{C_1} \mathrm{F} \cdot d\mathrm{r} + \int_{C_2} \mathrm{F} \cdot d\mathrm{r} = \int_{C_1} \mathrm{F} \cdot d\mathrm{r} - \int_{-C_2} \mathrm{F} \cdot d\mathrm{r}$$

이고 이때 C_1과 $-C_2$는 시점과 종점이 같은 곡선이 된다.
$\int_C \mathrm{F} \cdot d\mathrm{r}$가 경로에 독립이므로 $\int_{C_1} \mathrm{F} \cdot d\mathrm{r} = \int_{-C_1} \mathrm{F} \cdot d\mathrm{r}$이고

$$\int_C \mathrm{F} \cdot d\mathrm{r} = 0.$$

10.5 연습문제

01 다음 선적분을 계산하여라.

(1) $\int_C 2xyds,\quad x(t)=5\cos t,\quad y(t)=5\sin t,\quad 0\le t\le \pi/4$

(2) $\int_C (3x^2+6y^2)ds,\quad y=2x+1,\quad -1\le x\le 0$

(3) $\int_C zds,\quad x(t)=\cos t,\quad y(t)=\sin t,\quad z=t,\quad 0\le t\le \pi/2$

(4) $\int_C \sin x ds,\quad x(t)=t,\quad y(t)=2t,\quad z=3t,\quad 1\le t\le 3$

(5) $\int_C 3y^3ds,\quad x(t)=t,\quad y(t)=-2t,\quad z=5t,\quad 1\le t\le 4$

(6) $\int_C 3y^3ds,\quad x(t)=z(t)=t^2,\quad y(t)=1,\quad 0\le t\le 3$

(7) $\int_C (x+y)ds,\quad x(t)=y(t)=t,\quad z(t)=t^2,\quad 0\le t\le 2$

02 다음 선적분을 계산하여라.

(1) $\int_C \mathrm{F}\cdot d\mathrm{r},\ \mathrm{F}(t)=x\mathrm{i}-\mathrm{j}+z\mathrm{k},\ \mathrm{r}(t)=t\mathrm{i}+t\mathrm{j}+t^3\mathrm{k},\ 0\le t\le 1$

(2) $\int_C \mathrm{F}\cdot d\mathrm{r},\ \mathrm{F}(t)=\cos x\mathrm{i}-y\mathrm{j}+xz\mathrm{k},\ \mathrm{r}(t)=t\mathrm{i}-t^2\mathrm{j}+\mathrm{k},\ 0\le t\le 3$

(3) $\int_C (xdx+ydy-zdz),\ x(t)=\cos t,\ y(t)=\sin t,\ z(t)=0,$
$0\le t\le 2\pi$

(4) $\int_C \mathrm{F}\cdot d\mathrm{r},\ \mathrm{F}(t)=8x^2\mathrm{j},\ \mathrm{r}(t)=e^t\mathrm{i}-t^2\mathrm{j}+t\mathrm{k},\ 1\le t\le 2$

(5) $\int_C [(-y)dx+xydy+x^2dz],\ x(t)=\sqrt{t},\ y(t)=2t,\ z(t)=t,$
$1\le t\le 4$

03 다음 선적분에 대하여 $\int_C \mathrm{F} \cdot d\mathrm{r}$이 경로에 독립인지 밝혀라.

(1) $\int_C yzdx + \int_C xzdy + \int_C yxdz$

(2) $\int_C (2x\mathrm{i} + 3\mathrm{y}^2\mathrm{j} - 5\mathrm{z}^2\mathrm{k}) \cdot d\mathrm{r}$

(3) $\int_C [(2x\sin y + e^{3z})\mathrm{i} + \mathrm{x}^2\cos y\mathrm{i} + (3\mathrm{x}\mathrm{e}^{3z} + 5)\mathrm{k}] \cdot d\mathrm{r}$

(4) $\int_C [\mathrm{e}^{2z}dx + 3y^2dy + (x^2 + y^2)dy]$

10.6 그린 정리, 스토크스 정리와 발산정리

함수 f가 구간 $[a, b]$에서 연속이고 F가 f의 한 역도함수이면 미적분학의 기본정리에 의하여

$$\int_a^b f(x)dx = F(b) - F(a)$$

이다. 또한 벡터장 F가 시점이 (a_1, a_2, a_3)이고 종점이 (b_1, b_2, b_3)인 곡선 C를 포함하는 영역에서 정의되고 보존력장이면 즉, $\mathrm{F} = \nabla f$를 만족하는 스칼라장 f가 존재하면 선적분의 기본정리에 의하여

$$\int_C \mathrm{F} \cdot d\mathrm{r} = f(b_1, b_2, b_3) - f(a_1, a_2, a_3)$$

이다. 이런 기본정리를 평면이나 공간에서 정의되는 적분에 대하여 확장한다.

10.6.1 그린 정리

그린 정리는 단순폐곡선 C에서의 선적분과 C의 내부인 영역 D에서의 중적분 사이의 관계를 설명하고 있다. 단순폐곡선의 양의 방향은 반시계 방향으로 정의한다.

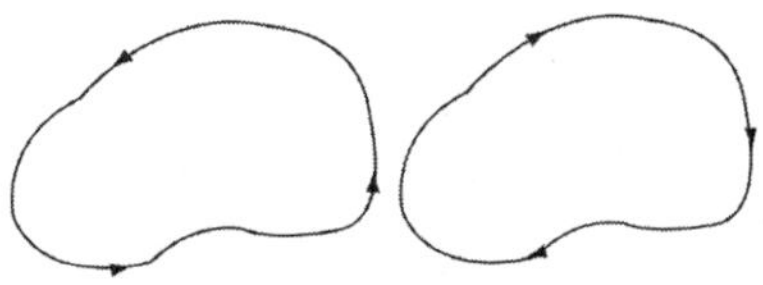

양의 방향　　음의 방향

그림 10.6.1

정리 10.6.1 **그린(Green) 정리**

부분적으로 부드러운 단순폐곡선 C의 내부영역을 D라 하고 $f(x, y)$, $g(x, y)$가 D를 포함하는 영역의 모든 점에서 연속이라 하자. 만일 f와 g가 연속인 편도함수 $\frac{\partial f}{\partial y}$와 $\frac{\partial g}{\partial x}$를 가지면

$$\int\int_D \left(\frac{\partial g}{\partial x} - \frac{\partial f}{\partial y}\right)dxdy = \int_C (fdx + gdy) \qquad (10.6.1)$$

주1 그린 정리에서 C는 D의 경계부분으로 생각할 수 있다. 이러한 의미에서 C를 ∂D로 표시하기도 한다.

그린 정리를 이용하여 단순 폐곡선 내부 D의 넓이를 구할 수 있다. 중적분의 정의에 의하여 영역 D의 넓이는 $A=\int\int_D dxdy$로 정의된다.

$f(x, y)=0$이고 $g(x, y)=x$이면 $\frac{\partial f}{\partial y}=0$이고 $\frac{\partial g}{\partial x}=1$이다. 그러므로 식 (10.6.1)은

$$\int\int_D dxdy=\int_{\partial D} xdy \qquad (10.6.2)$$

이다. 한편 $f(x, y)=-y$이고 $g(x, y)=0$이면

$$\int\int_D dxdy=-\int_{\partial D} ydx \qquad (10.6.3)$$

이 되고 (10.6.2)와 (10.6.3)을 정리하면

$$\int\int_D dxdy=\frac{1}{2}\int_{\partial D}(xdy-ydx)$$

이다. 즉 D의 내부의 넓이가 D의 경계인 단순 폐곡선 ∂D에서의 선적분으로 표시된다.

미적분학의 기본정리나 선적분의 기본정리와 같이 그린 정리의 의미는 영역위에서 주어지는 문제와 경계인 ∂D에서 주어지는 문제가 같다는 것이다. 그러나 실제적인 응용면에서의 활용은 선적분 문제에서 적분 경로 $C=\partial D$를 매개변수 표현을 구하지 않아도 면적분 문제로 바꾸어 계산하는 것이다. 그린 정리는 평면 벡터장에서 선적분의 문제에 많이 이용된다.

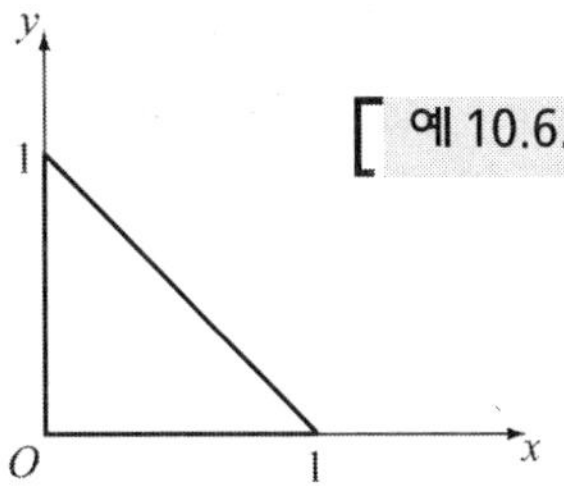

그림 10.6.2

예 10.6.1 평면 $\mathbb{R}^2$에서 곡선 $C=\partial D$가 그림 10.6.2와 같이 주어질 때 다음 적분을 구하여라.

$$\int_{\partial D}(xy^2dx+xydy)$$

풀이 $f(x, y)=xy^2$, $g(x, y)=xy$이므로 $\frac{\partial f}{\partial y}=2xy$이고 $\frac{\partial g}{\partial x}=y$이다. 그린 정리에 의하여

$$\begin{aligned}\int_{\partial D}(xy^2dx+xydy)&=\int\int_D(y-2xy)dxdy=\int_0^1\int_0^{-y+1}(y-2xy)dxdy\\&=\int_0^1\left[xy-x^2y\right]_0^{-y+1}dy=\int_0^1(-y^3+y^2)dy\\&=\left[-\frac{1}{4}y^4+\frac{1}{3}y^3\right]_0^1=\frac{1}{12}.\end{aligned}$$

■

예 10.6.2 곡선 $C=\partial D$가 평면 $\mathbb{R}^2$에서 단위원 $x^2+y^2=1$으로 표현 될 때 다음 적분을 구하여라.

$$\int_{\partial D}[(2x^4-y^3)dx+(3y^4+x^3)dy]$$

풀이 $f(x,y)=2x^4-y^3$, $g(x,y)=3y^4+x^3$이므로

$$\frac{\partial f}{\partial y}=-3y^2,\ \frac{\partial g}{\partial x}=3x^2$$

이다. 그린 정리에 의하여

$$\begin{aligned}\int_{\partial D}[(2x^4-y^3)dx+(3y^4+x^3)dy] &= \int\int_D(3x^2+3y^2)dxdy\\ &= 3\int_0^{2\pi}\int_0^1 r^2 r dr d\theta\\ &= 3\int_0^{2\pi}\left[\frac{r^4}{4}\right]_0^1 d\theta\\ &= \frac{3}{2}\pi.\end{aligned}$$

■

주2 지금까지 살펴본 바와 같이 평면벡터장 $\mathbf{F}(x,y)=f(x,y)\mathbf{i}+g(x,y)\mathbf{j}$에 대한 선적분 $\int_C \mathbf{F}\cdot d\mathbf{r}$을 계산할 때는 다음 세 가지 방법이 있다.

1. 곡선 C를 매개변수화 하여 $\int_C \mathbf{F}\cdot d\mathbf{r}=\int_C(fdx+gdy)$를 계산한다.
2. 벡터장 $\mathbf{F}$가 보존력장이면 선적분의 기본정리를 이용한다.
3. 곡선 C가 단순폐곡선이면 그린 정리를 사용한다.

그린 정리의 벡터 형식에 대하여 알아보자. 회전과 발산을 이용하여 그린 정리를 표현할 수 있다. 평면 벡터장 $\mathbf{F}(x,y)=f(x,y)\mathbf{i}+g(x,y)\mathbf{j}$에 대한 발산, 회전과 기울기 벡터장은 다음과 같이 정의된다.

$$\begin{aligned}\mathrm{div}\mathbf{F}(x,y) &= \frac{\partial f}{\partial x}+\frac{\partial g}{\partial y}\\ \mathrm{curl}\mathbf{F}(x,y) &= \left(\frac{\partial g}{\partial x}-\frac{\partial f}{\partial y}\right)\mathbf{k}\\ \nabla f(x,y) &= \frac{\partial f}{\partial x}\mathbf{i}+\frac{\partial f}{\partial y}\mathbf{j}.\end{aligned}$$

공간곡선의 단위접선벡터를 나타내는 식 (10.2.2)와 곡선의 길이함수를 나타내는 식 (10.3.4)는 평면 곡선 $\mathbf{r}(t)=x(t)\mathbf{i}+y(t)\mathbf{j}$에도 똑같이 성립한다. 즉 단위접선 벡터함수는

$$\mathbf{T}(t)=\frac{\mathbf{r}'(t)}{\|\mathbf{r}'(t)\|}=\frac{x'(t)\mathbf{i}+y'(t)\mathbf{j}}{\sqrt{(x'(t))^2+(y'(t))^2}}$$

이고 곡선의 길이함수는

$$s(t) = \int_a^t \|\mathrm{r}'(u)\| du = \int_a^t \sqrt{(x'(u))^2 + (y'(u))^2}\, du$$

이다. 평면곡선이나 공간곡선 어느 경우에도 다음이 성립한다.

$$\mathrm{T} = \frac{\mathrm{r}'}{\|\mathrm{r}'\|} = \frac{d\mathrm{r}/dt}{ds/dt} = \frac{d\mathrm{r}}{ds}$$

또는

$$d\mathrm{r} = \mathrm{T}ds$$

T를 평면에서의 단순폐곡선 $C = \partial D$에 대한 단위접선벡터라 하고 벡터장 $\mathrm{F}(x, y) = f(x, y)\mathrm{i} + g(x, y)\mathrm{j}$에 대하여 $f(x, y)$와 $g(x, y)$가 그린 정리의 가정을 만족한다고 하자. 이 경우에

$$fdx + gdy = (f\mathrm{i} + g\mathrm{j}) \cdot (dx\mathrm{i} + dy\mathrm{j}) = \mathrm{F} \cdot d\mathrm{r} = \mathrm{F} \cdot \mathrm{T}ds$$

이고

$$\int_{\partial D}(fdx + gdy) = \int_{\partial D} \mathrm{F} \cdot d\mathrm{r} = \int_{\partial D} \mathrm{F} \cdot \mathrm{T}ds \qquad (10.6.4)$$

한편 그린 정리에 의하여

$$\begin{aligned}\int_{\partial D}(fdx + gdy) &= \iint_D \left(\frac{\partial g}{\partial x} - \frac{\partial f}{\partial y}\right)dxdy \\ &= \iint_D \left(\frac{\partial g}{\partial x} - \frac{\partial f}{\partial y}\right)\mathrm{k} \cdot \mathrm{k}dxdy \qquad (10.6.5) \\ &= \iint_D \mathrm{curl}\mathrm{F} \cdot \mathrm{k}dxdy\end{aligned}$$

식 (10.6.4)와 (10.6.5)로부터 그린 정리의 제1벡터 형식

$$\int_{\partial D} \mathrm{F} \cdot \mathrm{T}ds = \iint_D \mathrm{curl}\mathrm{F} \cdot \mathrm{k}dxdy \qquad (10.6.6)$$

을 얻는다. 위 결과는 평면에서의 스토크스(Stokes) 정리라 하기도 한다. 평면에서 정의되는 스칼라장 $f(x, y)$의 기울기벡터장은

$$\nabla f(x, y) = \frac{\partial f}{\partial x}\mathrm{i} + \frac{\partial f}{\partial y}\mathrm{j}$$

이고 $\nabla = \frac{\partial}{\partial x}\mathrm{i} + \frac{\partial}{\partial y}\mathrm{j}$이다. $\mathrm{F}(x, y) = f(x, y)\mathrm{i} + g(x, y)\mathrm{j}$에 대하여

$$\nabla \times \mathrm{F} = \begin{vmatrix} \mathrm{i} & \mathrm{j} & \mathrm{k} \\ \frac{\partial}{\partial x} & \frac{\partial}{\partial y} & 0 \\ f & g & 0 \end{vmatrix} = \left(\frac{\partial g}{\partial x} - \frac{\partial f}{\partial y}\right)\mathrm{k} = \mathrm{curl}\mathrm{F}$$

이다. 따라서 식 (10.6.6)은 다음과 같이 표현가능하다.

$$\int_{\partial D} \mathrm{F} \cdot \mathrm{T}ds = \iint_D (\nabla \times \mathrm{F}) \cdot \mathrm{k}dxdy \qquad (10.6.7)$$

주3 식 (10.6.4), (10.6.5)과 (10.6.7)로부터 다음 관계를 얻는다.

$$\begin{aligned}\int_{\partial D} (fdx + gdy) &= \int_{\partial D} \mathrm{F} \cdot d\mathrm{r} \\ &= \int_{\partial D} \mathrm{F} \cdot \mathrm{T}ds \\ &= \iint_D \mathrm{curlF} \cdot \mathrm{k}dxdy \\ &= \iint_D (\nabla \times \mathrm{F}) \cdot \mathrm{k}dxdy\end{aligned}$$

그린 정리의 제1벡터 형식은 벡터장 F와 주어진 단순폐곡선 $C = \partial D$에서 정의되는 단위접선벡터 T의 내적에 대한 선적분 형태이다. 이것은 F의 회전으로 표현되는 스칼라장의 중적분으로 표현되었다. 이에 대응하여 F의 발산에 관련된 형태에 대하여 생각해본다. 벡터장 F와 단순폐곡선 $C = \partial D$의 주법선벡터 N의 내적에 대한 선적분은

$$\int_{\partial D} \mathrm{F} \cdot \mathrm{N}ds = \iint_D \mathrm{divF}dxdy \qquad (10.6.8)$$

으로 주어진다. 이 식을 그린 정리의 제2벡터 형식이라 한다.

$\mathrm{F}(x, y) = f(x, y)\mathrm{i} + g(x, y)\mathrm{j}$ 일 때 $\mathrm{divF} = \dfrac{\partial f}{\partial x} + \dfrac{\partial g}{\partial y}$ 이고

$\nabla = \dfrac{\partial}{\partial x}\mathrm{i} + \dfrac{\partial}{\partial y}\mathrm{j}$ 이므로

$$\nabla \cdot \mathrm{F} = \left(\frac{\partial}{\partial x}\mathrm{i} + \frac{\partial}{\partial y}\mathrm{j}\right) \cdot (f\mathrm{i} + g\mathrm{j}) = \frac{\partial f}{\partial x} + \frac{\partial g}{\partial y} = \mathrm{divF}$$

이므로 식 (10.6.8)은 다음과 같이 표현 가능하다.

$$\int_{\partial D} \mathrm{F} \cdot \mathrm{N}ds = \iint_D \nabla \cdot \mathrm{F}dxdy$$

예 10.6.3 평면벡터장 $\mathrm{F}(x, y) = (x^3y^3 + x)\mathrm{i} + x^2y^2\mathrm{j}$ 와 단순폐곡선 $C = \partial D$가 그림 10.6.3과 같이 주어졌을 때 다음을 계산하여라.

(1) curlF (2) divF

(3) $\int_{\partial D} \mathrm{F} \cdot \mathrm{T}ds$ (4) $\int_{\partial D} \mathrm{F} \cdot \mathrm{N}ds$

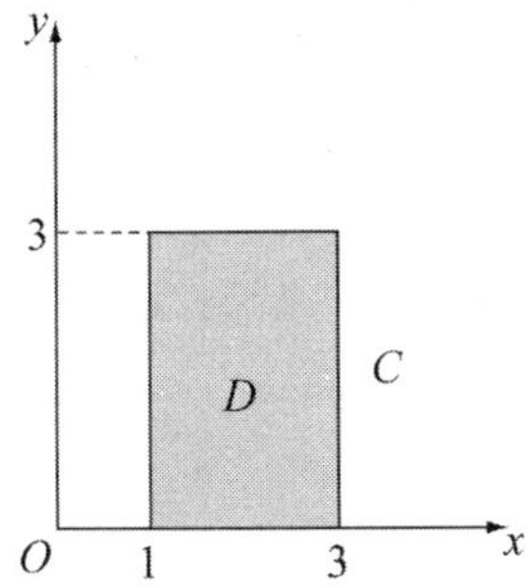

그림 10.6.3

풀이 $\mathrm{F}(x, y) = (x^3y^3 + x)\mathrm{i} + x^2y^2\mathrm{j}$ 에서 $f(x, y) = x^3y^3 + x$, $g(x, y) = x^2y^2$이라 하자. 회전과 발산의 정의에 의하여

$$\mathrm{curlF}(x, y) = \left(\frac{\partial g}{\partial x} - \frac{\partial f}{\partial y}\right)\mathrm{k} = (2xy^2 - 3x^3y^2)\mathrm{k}$$
$$\mathrm{divF}(x, y) = \left(\frac{\partial f}{\partial x} + \frac{\partial g}{\partial y}\right) = 3x^2y^3 + 1 + 2x^2y$$

이다. 폐곡선 ∂D의 내부는 $D = \{(x, y) \mid 1 \le x \le 3,\ 0 \le y \le 3\}$으로 표현된다. 그린 정리의 제1벡터 형식과 제2벡터 형식을 이용하면

$$\begin{aligned}\int_{\partial D} \mathrm{F} \cdot \mathrm{T}ds &= \int\int_D \mathrm{curlF} \cdot \mathrm{k}dxdy \\ &= \int_0^3\int_1^3 (2xy^2 - 3x^3y^2)dxdy \\ &= \int_0^3 \left[x^2y^2 - \frac{3}{4}x^4y^2\right]_1^3 dy \\ &= -\int_0^3 52y^2dy = -468\end{aligned}$$

이고

$$\begin{aligned}\int_{\partial D} \mathrm{F} \cdot \mathrm{N}ds &= \int\int_D \mathrm{divF}dxdy \\ &= \int_0^3\int_1^3 (3x^2y^3 + 1 + 2x^2y)dxdy \\ &= \int_0^3 \left[x^3y^3 + x + \frac{2}{3}x^3y\right]_1^3 dy \\ &= \int_0^3 \left(27y^3 + \frac{52}{3}y + 2\right)dy = \frac{1377}{2}.\end{aligned}$$

■

10.6.2 스토크스 정리와 발산정리

지금까지 평면 벡터장 $\mathrm{F}(x, y)$에 대한 선적분에 대하여 알아보았다. 그린 정리의 제1벡터 형식과 제2벡터 형식을 공간 벡터장 $\mathrm{F}(x, y, z)$에 대하여 표현한 내용이 각각 스토크스 정리와 발산정리이다.

그린 정리는 평면의 영역 D위에서 정의되는 중적분과 이 영역의 경계에서 정의되는 선적분과 관계가 있음을 설명해주는 반면 스토크스 정리와 발산정리는 공간에서 그려지는 곡면위에서 정의되는 곡면적분과 이 곡면의 경계에서 정의되는 선적분과의 관계가 있음을 설명한다.

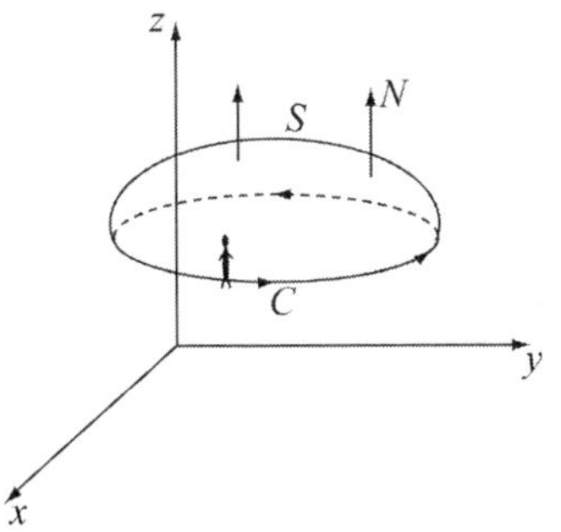

그림 10.6.4

그림 10.6.4에서는 주법선벡터 N을 가지는 유향곡면을 나타낸다. 곡면 S의 방향은 주접선벡터 N의 방향과 같이 생각한다. 경계를 이루는 단순폐곡

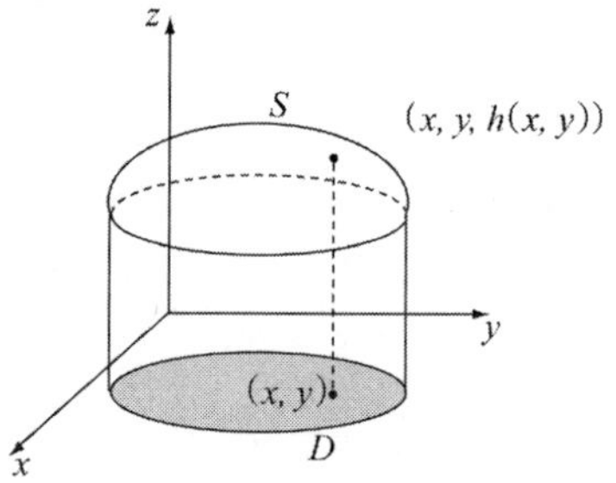

그림 10.6.5

선 C의 양의 방향은 그림과 같이 머리를 주법선벡터 N방향으로 향하여 걸어갈 때 왼쪽에 곡면이 있도록 정의한다.

공간 R^3에서 정의되는 함수 $f(x, y, z)$의 정의역이 그림 10.6.5와 같은 유한한 곡면 S로 제한되는 경우에 대한 곡면 적분을 생각하자.

$\mathbb{R}^3$에서 그려지는 곡면 S를 $\mathbb{R}^2$로 정사영한 영역을 D라 할 때 S는 영역 D에서 정의되는 이변수함수 $h(x, y)$의 그래프로 이해할 수 있다. 즉,

$$S = \{(x, y, z) \ : \ (x, y) \in D, \ z = h(x, y)\}.$$

이러한 경우에 곡면 S에서 정의되는 스칼라장 $f(x, y, z)$에 대하여 면적적분은 다음과 같이 정의된다.

$$\iint_s f(x, y, z)dS = \iint_D f(x, y, h(x, y))\sqrt{\left(\frac{\partial z}{\partial x}\right)^2 + \left(\frac{\partial z}{\partial y}\right)^2 + 1}\, dxdy \qquad (10.6.9)$$

예 10.6.4 S가 곡면 $z = x + y^2$, $0 \le x \le 1$, $0 \le y \le 2$일 때, $\iint_S ydS$를 구하여라.

풀이 S를 $\mathbb{R}^2$평면으로 정사영한 영역은 $D = \{(x, y) \mid 0 \le x \le 1, 0 \le y \le 2\}$이다. $\frac{\partial z}{\partial x} = 1$이고 $\frac{\partial z}{\partial y} = 2y$이므로 식 (10.6.9)에 의하여

$$\begin{aligned}\iint_S ydS &= \iint_D y\sqrt{\left(\frac{\partial z}{\partial x}\right)^2 + \left(\frac{\partial z}{\partial y}\right)^2 + 1}\ dxdy \\ &= \int_0^1 \int_0^2 y\sqrt{1+1+4y^2}\, dydx \\ &= \int_0^1 \left[\frac{1}{12}(1+4y^2)^{3/2}\right]_0^2 dx = \frac{13\sqrt{2}}{3}.\end{aligned}$$

■

곡면 S가 함수 $z = h(x, y)$의 그래프로 주어진 경우 S 위의 각 점 (x, y, z)에서 정의되는 주법선벡터 N은 다음과 같이 정의된다.

$$\mathrm{N} = \frac{-h_x(x, y)\mathbf{i} - h_y(x, y)\mathbf{j} + \mathbf{k}}{\sqrt{[h_x(x, y)]^2 + [h_y(x, y)]^2 + 1}}. \qquad (10.6.10)$$

평면에서 설명되는 그린 정리의 제1벡터 형식을 공간으로 확장한 스토크스 정리를 소개한다.

정리 10.6.2 **스토크스(Stokes) 정리**

공간 $\mathbb{R}^3$에서 유한한 곡면 S가 주접선벡터 N에 의하여 방향이 주어졌다고 하고 S의 경계가 되는 $C=\partial S$는 부분적으로 부드러운 단순폐곡선이라 하자. F가 S상에서 연속인 벡터장이고 F의 성분함수가 연속인 편도함수를 갖는다고 하면

$$\int_{\partial S} \mathrm{F} \cdot d\mathrm{r} = \iint_S \mathrm{curl}\mathrm{F} \cdot \mathrm{N}dS \qquad (10.6.11)$$

그린 정리의 제1벡터 형식은

$$\int_{\partial D} \mathrm{F} \cdot d\mathrm{r} = \int_{\partial D} \mathrm{F} \cdot \mathrm{T}ds = \iint_D \mathrm{curl}\mathrm{F} \cdot \mathrm{k}dxdy$$

으로 주어졌다. 이 식에서 k는 평면과 수직을 이루는 단위벡터이다. 그린 정리가 평면에서 주어진 선적분이 평면 영역의 중적분과 관련이 있음을 나타내는 것처럼 스토크스 정리는 공간에서 주어진 선적분이 공간의 곡면에서의 중적분과 관련이 있음을 알 수 있다.

예 10.6.5 $\mathrm{F}(x, y, z) = -y^2\mathrm{i} + x\mathrm{j} + z^2\mathrm{k}$이고 $C=\partial S$는 그림 10.6.6과 같은 공간에서 그려지는 평면 $y+z=2$와 원통 $x^2+y^2=1$이 만나서 생기는 곡선일 때 $\int_{\partial S} \mathrm{F} \cdot d\mathrm{r}$를 구하여라.

풀이 곡선 $C=\partial S$는 그림 10.6.6과 같이 타원이 된다. 스토크스 정리를 이용하기 위하여 curlF를 구하면

$$\mathrm{curl}\mathrm{F} = \begin{vmatrix} \mathrm{i} & \mathrm{j} & \mathrm{k} \\ \dfrac{\partial}{\partial x} & \dfrac{\partial}{\partial y} & \dfrac{\partial}{\partial z} \\ -y^2 & x & z^2 \end{vmatrix} = (1+2y)\mathrm{k}$$

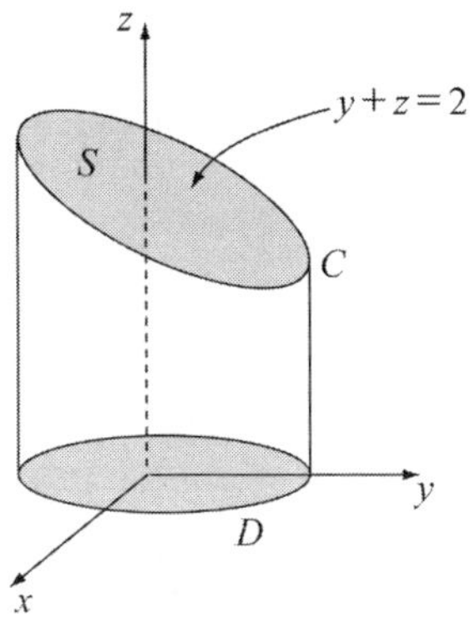

그림 10.6.6

스토크스 정리를 사용하기 위하여 곡선 C를 경계선으로 하는 곡면 중에서 그림 10.6.6과 같이 평면 $y+z=2$이 원통 $x^2+y^2=1$에 의해 잘라지는 면을 S라 하자. xy평면에 S를 정사영시킨 영역 D는 $D=\{(x, y) : x^2+y^2 \le 1\}$이다. 이때 $z=h(x, y)=2-y$이고 이 곡면에서의 단위법선벡터는 식 (10.6.10)에 의하여

$$\mathrm{N} = \frac{\mathrm{j}+\mathrm{k}}{\sqrt{2}} = \frac{1}{\sqrt{2}}\mathrm{j} + \frac{1}{\sqrt{2}}\mathrm{k}$$

이고

$$\text{curlF} \cdot \text{N} = \frac{1}{\sqrt{2}}(1+2y)$$

가 된다. 식 (10.6.11)과 (10.6.9)를 이용하면

$$\begin{aligned}\int_{\partial S} \text{F} \cdot d\text{r} &= \int\int_S \text{curlF} \cdot \text{N}dS \\ &= \int\int_S \frac{1}{\sqrt{2}}(1+2y)dS \\ &= \int\int_D \frac{1}{\sqrt{2}}(1+2y)\sqrt{2}\,dxdy \\ &= \int_0^{2\pi}\int_0^1 (1+2r\sin\theta)rdrd\theta \\ &= \int_0^{2\pi}\left[\frac{r^2}{2}+2\frac{r^3}{3}sin\theta\right]_0^1 d\theta \\ &= \int_0^{2\pi}\left(\frac{1}{2}+\frac{2}{3}\sin\theta\right)d\theta = \pi.\end{aligned}$$

■

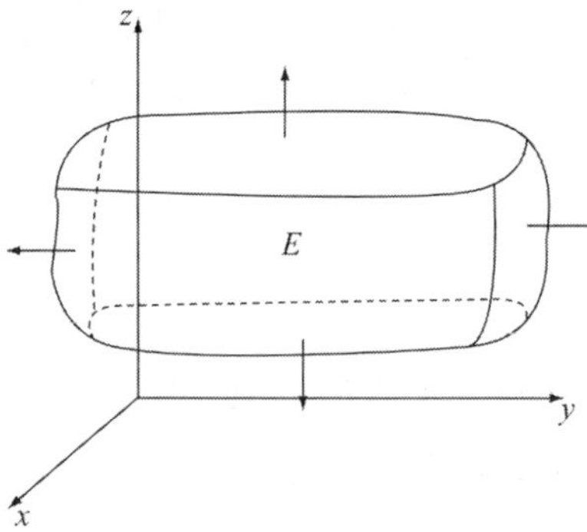

그림 12.6.7

그린 정리의 제2벡터 형식은

$$\int_{\partial D} \text{F} \cdot \text{N}ds = \int\int_D \text{divF}\,dxdy$$

으로 주어진다. 여기에서 $C=\partial D$는 평면에서의 영역 D의 경계를 이루는 폐곡선으로 양의 방향을 갖는다. 평면에서 정의되는 벡터장 F에 대한 그린 정리의 제2벡터 형식을 공간에서 정의되는 벡터장 F로 확장한 내용이 발산정리이다.

스토크스 정리가 공간에서 주어진 유한한 곡면에서 정의되는 면적분(이중적분)과 곡면의 경계가 되는 곡선에서 정의되는 선적분의 관계를 설명하지만 발산정리는 공간에서 주어진 입체의 부피에 대한 적분(삼중적분)과 주어진 입체의 겉 표면에서 정의되는 면적분과의 관계를 설명한다.

그림 10.6.7과 같이 공간상의 입체 E에 대하여 E의 경계 ∂E는 단힌 곡면이고 단위법선벡터 N은 E의 외부로 향하는 것으로 정의한다. 이러한 영역을 공간에서 단순폐영역이라 한다.

정리 10.6.3 **발산정리**

영역 E는 공간 $\mathbb{R}^3$에서 단순폐영역이라 하자. F는 E상에서 성분함수가 연속인 편도함수를 가지는 벡터장이라 할 때

$$\iint_{\partial E} \mathbf{F} \cdot \mathbf{N} dS = \iiint_E \operatorname{div}\mathbf{F}(x, y, z) dxdydz \qquad (10.6.12)$$

예 10.6.6 단위구면 ∂E에서 정의되는 벡터장 $\mathbf{F}(x, y, z) = z\mathbf{i} + y\mathbf{j} + x\mathbf{k}$에 대하여 다음을 계산하여라.

$$\iint_{\partial E} \mathbf{F} \cdot \mathbf{N} dS$$

풀이 발산정리를 이용하기 위하여 벡터장 $\mathbf{F}$의 발산을 구하면

$$\operatorname{div}\mathbf{F} = \frac{\partial}{\partial x}z + \frac{\partial}{\partial y}y + \frac{\partial}{\partial z}x = 1$$

이다. 공간상의 단위구면 ∂E의 식은 $x^2+y^2+z^2=1$이고 단위구 $x^2+y^2+z^2 \le 1$의 경계면이 된다. 따라서 식 (10.6.12)에 의하여

$$\iint_{\partial E} \mathbf{F} \cdot \mathbf{N} dS = \iiint_E \operatorname{div}\mathbf{F}(x, y, z)\, dxdydz = \iiint_E dxdydz$$

이다. 마지막 식은 단위구의 부피를 나타내므로

$$\iint_{\partial E} \mathbf{F} \cdot \mathbf{N} dS = \frac{4\pi}{3}.$$

■

그림 10.6.7에서의 입체는 직육면체의 형태처럼 이해할 때 여섯 개의 부분 곡면으로 둘러싸인 입체로 생각할 수 있다. 이 경우 곡면적분을 계산하기 위하여 여섯 개의 곡면의 식을 모두 계산해야하는 번거로움이 있다. 발산정리를 이용하면 이러한 계산을 보다 쉽게 할 수 있다.

예 10.6.7 영역 E가 그림 10.6.8과 같은 직육면체일 때 겉 표면 ∂E에서 정의되는 벡터장 $\mathbf{F}(x, y, z) = x\mathbf{i} + y\mathbf{j} + z^2\mathbf{k}$에 대하여 $\iint_{\partial E} \mathbf{F} \cdot \mathbf{N} dS$를 계산하여라.

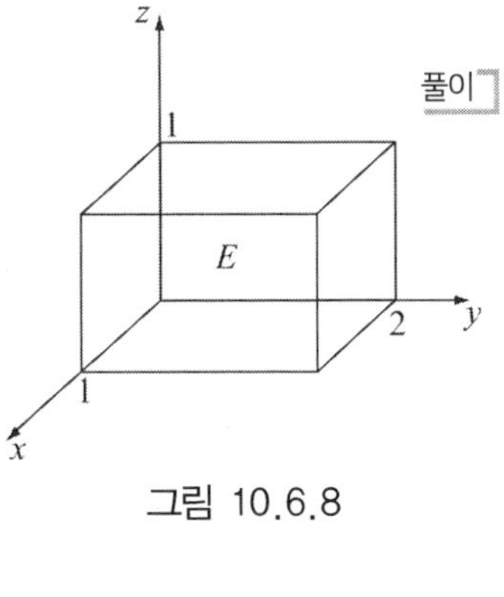

그림 10.6.8

풀이 면적분을 직접 계산하기 위하여 주어진 직육면체의 여섯 개의 면을 표현하는 식을 찾아야 하고 여섯 개의 면적분을 계산하여야 한다. 발산정리를 이용하면 삼중적분을 이용하여 문제를 쉽게 계산할 수 있다. 벡터장 $\mathbf{F}$에 발산을 구하면

$$\operatorname{div}\mathbf{F} = \frac{\partial}{\partial x}x + \frac{\partial}{\partial y}y + \frac{\partial}{\partial z}z^2 = 1 + 1 + 2z = 2(1+z)$$

이다. 주어진 입체는 $E = \{(x, y, z) \mid 0 \le x \le 1, 0 \le y \le 2, 0 \le z \le 1\}$이고 따라서 식 (10.6.12)에 의하여

$$\iint_{\partial E} \mathrm{F} \cdot \mathrm{N} dS = \iiint_E 2(1+z)dxdydz = \int_0^1 \int_0^2 \int_0^1 2(1+z)dxdydz$$
$$= \int_0^1 \int_0^2 2(1+z)dydz = \int_0^1 4(1+z)dz$$
$$= [2(1+z)^2]_0^1 = 6.$$

■

10.6 연습문제

01 다음에 음 선적분을 그린 정리를 이용하여 계산하여라.

(1) $\int_{\partial D}(-x^2ydx+x^3dy)$, $D=\{(x,y)|x^2+y^2=4\}$.

(2) $\int_{\partial D}[2y^3dx+(x^4+6y^2x)dy]$, D는 평면에서 $x^4+y^4=1$와 x축, y축으로 둘러싸인 1사분면에서의 영역.

(3) $\int_{\partial D}(x^4dx+xydy)$, D는 세 점 $(0,0)$, $(1,0)$, $(0,1)$을 연결하는 삼각형의 내부영역.

(4) $\int_{\partial D}[(3y-e^{\sin x})dx+(7x+\sqrt{y^4+1})dy]$, $D=\{(x,y)|x^2+y^2=3\}$.

(5) $\int_{\partial D}[xydx+7x+(x-y)dy]$, $D=\{(x,y)\mid 0\le x\le 1,\ 1\le y\le 3\}$.

02 스토크스 정리를 이용하여 다음 선적분을 계산하여라.

(1) $\int_{\partial S}\mathrm{F}\cdot d\mathrm{r}$, $\mathrm{F}(x,y,z)=(z-2y)\mathrm{i}+(3x-4y)\mathrm{j}+(z+3y)\mathrm{k}$,

∂S는 평면 $z=2$에서의 단위원.

(2) $\int_{\partial S}\mathrm{F}\cdot d\mathrm{r}$, $\mathrm{F}(x,y,z)=(z-2y)\mathrm{i}+(3x-4y)\mathrm{j}+(z+3y)\mathrm{k}$,

∂S는 세 점 $(2,0,0)$, $(0,2,0)$, $(0,0,2)$를 꼭지점으로 갖는 삼각형.

(3) $\int_{\partial S}[(x+y)dx+(z-2x+y)dy+(y-z)dz]$,

∂S는 평면 $z=5$에서의 단위원.

(4) $\int_{\partial S}[e^xdx+x\sin ydy+(y^2-x^2)dz]$,

∂S는 평면 $x+y+z=3$과 xy평면, yz평면, zx평면과의 교선.

03 발산정리를 이용하여 다음 면적분을 계산하여라.

(1) $\displaystyle\iint_{\partial E} \mathbf{F}\cdot\mathbf{N}\,dS,\ \mathbf{F}(x,\ y,\ z) = x^2\mathbf{i} + 2y\mathbf{j} + 4z^2\mathbf{k},$

$E = \{(x,y,z)|x^2+y^2=4,\ 0 \le z \le 2\}$

(2) $\displaystyle\iint_{\partial E} \mathbf{F}\cdot\mathbf{N}\,\mathrm{dS},\ \mathbf{F}(x,\ y,\ z) = x\mathbf{i} + y\mathbf{j} + z\mathbf{k},$

$\partial E = \{(x,y,z)|x^2+y^2+z^2=1\}$

(3) $\displaystyle\iint_{\partial E} \mathbf{F}\cdot\mathbf{N}\,dS,\ \mathbf{F}(x,y,z) = (y^2+z^2)^{3/2}\mathbf{i} + \sin(x^2-z^5)^{4/3}\mathbf{j} + e^{x^2-y^3}\mathbf{k},$

$$\partial E = \left\{(x,y,z)\,\middle|\,\frac{x^2}{a^2}+\frac{y^2}{b^2}+\frac{z^2}{c^2}=1\right\}$$

(4) $\displaystyle\iint_{\partial E} \mathbf{F}\cdot\mathbf{N}\,dS,\ \mathbf{F}(x,\ y,\ z) = xy\mathbf{i} + y^2\mathbf{j} + yz\mathbf{k},$

∂E는 꼭지점이 $(0,\ 0,\ 0)$,$(1,\ 0,\ 0)$, $(0,\ 1,\ 0)$, $(0,\ 0,\ 1)$인 사면체의 경계면.

제11장
확률 및 통계

어느 고등학교 신입생의 평균 신장이 얼마 정도인가를 알아보고자 할 때 신입생 전체의 신장을 조사하여 볼 수 있고, 또 어느 회사에서 생산되는 시계의 평균 수명이 얼마나 되는지를 알아보고자 할 때는 생산되는 시계들의 일부를 뽑아 수명을 알아볼 수 있을 것이다. 이와 같이 집단의 모든 개체들의 측정하는 것이 불가능할 때 일부만을 뽑아 성질을 관측하여 볼 수 있을 것이다. 이와 같이 관측의 대상인 전체 집단을 모집단이라 하고 결과를 얻고자 하는 모집단으로부터 일부 집단이 표본이다. 그러므로 여기에는 수학적인 확률의 이론이 필요하며 수학적 확률의 이론이 통계학에서 기본적이고 중요하다는 것을 알 수 있다.

이 장에서는 확률론의 기본 또는 수학적 확률의 개념에 대하여 생각하고, 이와 관계되는 확률분포를 유도하고 이 확률분포들이 경험적인 표본분산에 대비하여 모집단의 모형에 도움을 주는 이론적인 분포임을 알게 될 것이다.

모집단에서 추출한 표본을 관측하여 얻은 자료를 정리하고 분석한 다음에 모집단에 대한 성질을 추정함으로써 불확실성 상황에 있는 모집단에 대한 적절한 결과를 얻어내려는 방법을 연구하는 것이 통계학이다. 그러므로 통계학의 주관심은 표본에 대한 관측의 결과로서 얻어지는 결과를 통하여 원래의 모집단에 관한 적절한 결론을 얻는 데 있다.

11.1 실험과 확률의 기본이론

잘 정의된 규칙에서의 집합에서 시행되고 각 시행의 결과는 우연에 의하여 일어나는 과정을 확률실험 또는 간단히 실험이라 하고 실험의 한 가지 실행결과를 그 실험의 결과라 한다. 예를 들면, 주사위를 던지거나 동전을 던지는 것은 우연한 게임의 예이다.

어떤 실험에서 가능한 시행의 결과 전체 집합을 그 실험의 표본공간이라 한다. 예를 들면 동전을 던지면 두 개의 가능한 시행결과인 앞면 H와 뒷면 T가 있으므로, 표본공간은

$$S=\{H,\ T\}$$

과 같이 두 개의 원소를 갖는다. 또한 주사위를 한 번만 던진다면, 점이 $1, 2, 3, 4, 5, 6$이므로 이 중 하나만 나타난다. 따라서 표본공간은

$$S=\{1, 2, 3, 4, 5, 6\}$$

이 된다. 앞에서 동전을 던지는 시행에서의 표본공간을 숫자로 표시하면 즉, H는 1로 T는 0으로 표시하는 것이 여러 가지로 편리하다.

표본공간에서 관심있는 실험결과의 집합을 사건 또는 사상이라 하며, 이러한 집합은 표본공간의 부분집합이 된다. 예를 들면, 주사위를 던졌을 때의 표본공간 $S=\{1,\ 2,\ 3,\ 4,\ 5,\ 6\}$에 대하여 $A=\{2,\ 4\}$는 표본공간 S의 부분집합이 되고 사건이라 한다.

확률론의 응용에서 단 하나의 사건보다는 여러 개의 관련된 사건들을 다루어야 한다. 표본공간 S와 이 공간의 두 사건 A, B에 대하여

$$A \cup B$$

를 사건 A가 일어나거나 B가 일어나거나 또는 A와 B가 동시에 나타날 경우에 일어나는 사건을 뜻하고 이것을 사건 A와 B의 **합사건**이라 한다. 또한

$$A \cap B$$

는 두 사건 A와 B가 동시에 발생하는 사건을 뜻하고 이것을 사건 A와 B의 **곱사건**이라 한다. 그리고

$$A^c$$

는 A가 발생하지 않을 사건을 뜻하고 이것을 사건 A의 **여사건**이라 한다. 두 사건에서

$$A \subset B$$

이면 사건 A는 사건 B의 **부분사건**이라 한다. 두 사건 A, B에서 $A \cap B = \phi$일 때 두 사건은 동시에 나타나지 않음을 나타내고, 이때 두 사건 A, B는 서로 **배반적**이라 한다. 예를 들면, 주사위를 한 번 던질 때 두 사건 A : 짝수, B : 홀수는 서로 배반적이다.

예 11.1.1 주사위를 한 번 던지는 실험에서 다음 사건에 대하여 알아보자.

A : 짝수 B : 홀수
C : 2로 나누어지는 수 D : 3으로 나누어지는 수

에서 $A=\{2,4,6\}$, $B=\{1,3,5\}$, $C=\{2,4,6\}$, $D=\{3,6\}$이므로 A와 C는 같은 사건이고, $A \cap B=\phi$이므로 서로 배반인 사건이다. 또한 $B \cap D=\{3\}$인 사건이다.

위의 내용에서 합사건과 곱사건은 두 개 이상의 사건으로 확장할 수 있다.

다음으로 라플라스에 의하여 정의된 확률론에서의 고전적 개념에 대하여 알아보자.

표본공간 S가 유한이고, 이것의 각 원소가 일어날 가능성이 같다고 하자. 확률실험에서 어떤 사건 A의 확률 $P(A)$는

$$P(A)=\frac{|A|}{|S|}=\frac{n}{m}$$

으로 정의하며 여기에서 $|A|=n$은 사건 A의 원소의 개수이고 $|S|=m$은 표본공간 S의 실험에서 가능한 모든 경우의 개수를 나타낸다.

예 11.1.2 균형있는 주사위를 던지면 1, 2, 3, 4, 5, 6 여섯 개의 숫자 중에 하나가 나타난다. 그러므로 표본공간은 $S=\{1, 2, 3, 4, 5, 6\}$이고 5라는 시행의 결과는 확률 $P=1/6$이고, 홀수라는 사건 $A=\{1, 3, 5\}$이므로 홀수가 일어나는 확률은 $P=1/2$이다.

다음은 수학적 확률의 공리이다.

공리 11.1.1

수학적 확률의 공리

1. A가 표본공간 S에서의 임의 사건이면

$$0 \leq P(A) \leq 1$$

2. $P(S) = 1$
3. 두 사건 A와 B가 서로 배반적이면

$$P(A \cup B) = P(A) + P(B)$$

여기에서 위의 세 조건을 만족하는 P를 S에서의 확률함수라 하며 $P(A)$를 사건 A에 대한 확률이라 한다.

다음은 공리 11.1.1의 2, 3번을 이용하면 쉽게 알 수 있다.

보조정리 11.1.2

(1) $P(\phi) = 0$

(2) 서로 배반인 사상 $A_1, A_2, \cdots$에 대하여

$$P(A_1 \cup A_2 \cup \cdots) = P(A_1) + P(A_2) + \cdots$$

(3) 임의의 사건 A에 대하여

$$P(A^c) = 1 - P(A)$$

증명 (1)과 (2)는 공리 11.1.1에 의하여 쉽게 알 수 있고, (3)에 대하여 증명하자. S를 표본공간이라 하면 $A \cap A^c = \phi$이므로 (2)에 의하여

$$1 = P(S) = P(A \cup A^c) = P(A) + P(A^c)$$

이므로 다음을 알 수 있다.

$$P(A^c) = 1 - P(A).$$ ■

예 11.1.3 주사위를 던지면 표본공간은 $S=\{1,2,3,4,5,6\}$이 되어

$$P(\{1\})=\frac{1}{6},\ P(\{2\})=\frac{1}{6},\ \cdots,\ P(\{6\})=\frac{1}{6}$$

가 된다. 여기에서 A를 짝수, B를 홀수인 사건이라 하면

$$P(A)=P(\{2\})+P(\{4\})+P(\{6\})=\frac{1}{2}$$

$$P(B)=P(\{1\})+P(\{3\})+P(\{5\})=\frac{1}{2}$$

가 된다. 또한, 예제 11.1.1에서 살펴본 것과 같이 두 사건은 서로 배반적이므로

$$P(S)=P(A)+P(B)=\frac{1}{2}+\frac{1}{2}=1$$

이 됨을 알 수 있다.

정리 11.1.3 임의의 표본공간 S의 두 사건 A, B에 대하여

$$P(A\cup B)=P(A)+P(B)-P(A\cap B) \qquad (11.1.1)$$

증명 사건 $A\cup B$는 $A\cap B$, $A\cap B^c$, $A^c\cap B$의 서로 배반적인 사건에 한하여 일어나고

$$A\cup B=(A\cap B)\cup(A^c\cap B)\cup(A\cap B^c)$$

이므로

$$P(A\cup B)=P(A\cap B)+P(A^c\cap B)+P(A\cap B^c) \qquad (11.1.2)$$

가 된다. 또한 $A\cap B$는 사건 B^c와 A^c와 서로 배반적이므로

$$P(A)=P(A\cap B)+P(A\cap B^c),$$
$$P(B)=P(A\cap B)+P(A^c\cap B)$$

이 된다. 두 식을 더하면

$$P(A)+P(B)=2P(A\cap B)+P(A^c\cap B)+P(A\cap B^c)$$

따라서 이 식과 (11.1.2)식에 의하여 (11.1.1)을 얻을 수 있다. ■

예 11.1.4 주사위를 두 번 던질 때, 적어도 한 번은 3이 나올 확률을 구하여라.

풀이 사건

A : 첫 번째 3이 나옴
B : 두 번째 시행에서 3이 나옴

들은 모두 $P(A)=P(B)=1/6$이고 사건

$A \cap B$: 첫째, 두 번째 시행 모두에서 3이 나옴

는 $P(A \cap B)=1/36$이 된다. 그러므로

$$P(A \cup B)=P(A)+P(B)-P(A \cap B)=\frac{1}{6}+\frac{1}{6}-\frac{1}{36}=\frac{11}{36}.$$ ■

11.1 연습문제

01 두 사건 A, B에서 사건 A가 사건 B에 부분사건일 때 $P(A) \le P(B)$임을 증명하여라.

02 균형이 잡힌 다섯 개의 동전을 동시에 던졌을 때 적어도 앞면이 한 개가 나타날 확률을 구하여라.

03 세 개의 볼트와 세 개의 너트가 들어있는 상자에서 임의로 두 개를 선택하였을 때 한 개가 볼트이고 한 개가 너트일 확률을 구하여라.

04 세 개의 주사위를 동시에 던졌을 때 나타나는 세 개의 수 가운데 적어도 두 개가 서로 다른 사건일 확률을 구하여라.

05 두 주사위를 던졌을 때 두 개의 숫자의 최댓값이 4보다 클 확률을 구하여라.

06 다음을 증명하여라.

(1) 공집합의 확률 $P(\phi) = 0$이다.

(2) $A \subset B$인 두 사건에 대하여 $P(A) \le P(B)$이다.

(3) 임의의 n에 대하여 배반인 사건 $A_1, A_2, \cdots$에 대하여

$$P(A_1 \cup A_2 \cup \cdots \cup A_n) = P(A_1) + P(A_2) + \cdots + P(A_n)$$

07 두 사건 A, B에 대하여 $P(A \cup B) = 7/8$, $P(A \cap B) = 1/4$, $P(A^c) = 5/8$일 때 $P(A \cap B^c)$를 구하여라.

08 두 사건 A, B에 대하여 $P(A) = 1/2$, $P(A \cup B) = 3/4$, $P(B^c) = 5/8$일 때 $P(A \cap B)$, $P(A^c \cap B^c)$, $P(A^c \cup B^c)$를 구하여라.

09 (1) 동전을 열 번 던질 때 앞면이 적어도 한 번 나올 확률을 구하여라.

(2) 동전을 다섯 번 던질 때 앞면이 전혀 나오지 않을 확률을 구하여라.

10 두 개의 주사위를 던졌을 때 나타나는 눈이 서로 다르게 나타날 확률을 구하여라.

11.2 조건부확률과 곱셈공식

조건부 확률은 한 사건이 일어났을 때 다른 사건이 일어나는 확률, 즉 사건 A가 일어났을 때 사건 B가 일어날 확률이다. 다시 말하면 표본공간 S에서 축소된 공간 A에 관한 B의 상대확률로서 $P(B \mid A)$로 나타낸다. 이때 A는 새로운 표본공간의 역할을 하고 구하는 확률은 다음과 같이 $P(A \cap B)$의 $P(A)$에 대한 비이다.

$$P(B|A) = \frac{P(A \cap B)}{P(A)}, \quad P(A) \neq 0 \tag{11.2.1}$$

또는

$$P(A \cap B) = P(A)P(B \mid A). \tag{11.2.2}$$

같은 방법으로 사건 B가 주어졌을 때 A의 조건부확률은

$$P(A \mid B) = \frac{P(B \cap A)}{P(B)}, \quad P(B) \neq 0 \tag{11.2.3}$$

따라서 $P(A \cap B) = P(A)P(B \mid A)$이 성립한다.

위의 식을 이용하면 다음의 곱셈공식을 얻을 수 있다.

정리 11.2.1 **곱셈공식**

S가 표본공간이고, 이 공간에서의 두 사건 A, B에 대하여 $P(A) > 0$, $P(B) > 0$이면 다음을 만족한다.

$$P(A \cap B) = P(A)P(B \mid A) = P(B)P(A \mid B) \tag{11.2.4}$$

다음은 주어진 대상으로부터 표본을 얻기 위하여 추출하는 일을 생각하여 보자.

1. 복원추출: 임의의 추출된 대상을 주어진 원래의 모임으로 되돌리고 다음의 대상을 임의로 추출하는 방법이다.

2. 비복원추출: 추출된 대상을 되돌리지 않고 나머지에서 다음 대상을 추출하는 방법이다.

예 11.2.1 주사위를 한 번 던질 때 두 사건

$$A \ : \ \text{홀수가 나옴} \qquad B \ : \ \text{눈이 3이상}$$

일 때 $P(B|A)$를 구하여라.

풀이 $P(B)=2/3,\ P(A \cap B)=1/3$이므로

$$P(A|B)=\frac{P(A \cap B)}{P(B)}=\frac{1/3}{2/3}=\frac{1}{2}. \qquad ■$$

예 11.2.2 두 개의 주사위를 던져 눈의 합이 5일 때 3이 적어도 한 번 나올 확률을 구하여라.

풀이 눈의 합이 5가 나올 사건은

$$A=\{(1,4),\ (2,3),\ (3,2),\ (4,1)\}$$

이고 적어도 3이 한 번 나올 사건은

$$B=\{(3,1),\ (3,2),\ (3,3),\ (3,4),\ (3,5),\ (3,6),\ (1,3),\ (2,3),\ (4,3),\ (5,3),\ (6,3)\}$$

이므로 $A \cap B=\{(2,3),\ (3,2)\}$이다. 그러므로 $P(A)=1/9,\ P(A \cap B)=1/18$이고

$$P(B|A)=\frac{P(A \cap B)}{P(A)}=\frac{1/18}{1/9}=\frac{1}{2}. \qquad ■$$

예 11.2.3 상자에 전구가 10개 있는데 그 중 3개는 불량품이다. 전구 2개를 임의로 꺼낼 때 전구 2개가 모두 불량품이 아닌 사건의 확률을 구하여라.

풀이 다음의 두 사건을 생각하자.

A : 첫 번째 전구가 불량품이 아님
B : 두 번째 전구가 불량품이 아님

10개의 전구 가운데 7개가 불량품이 아니고 임의로 추출하므로 각각의 전구를 꺼낼 확률은 모두 1/10이므로 $P(A)=7/10$이다. 만일 사건 A가 일어난다면 상자에는 9개의 전구가 남아있고 그 중 3개가 불량품이다. 그러므로

$$P(B|A)=\frac{6}{9}=\frac{2}{3}$$

따라서

$$P(A \cap B) = P(B|A)P(A) = \frac{7}{10} \cdot \frac{2}{3} = \frac{7}{15}. \qquad \blacksquare$$

식 (11.2.2)는 유한개의 사건으로 확장할 수 있다. n개의 사건 A_1, $\cdots$, A_n에 대하여

$$\begin{aligned} &P(A_1 \cap A_2 \cap \cdots \cap A_n) \\ &= P(A_1)P(A_2 \mid A_1)P(A_3 \mid A_1 \cap A_2) \cdots P(A_n \mid A_1 \cap A_2 \cap \cdots \cap A_{n-1}) \end{aligned} \tag{11.2.5}$$

표본공간 S의 분할 $A_1, A_2, \cdots, A_n$ 즉,

$$(1)\ A_i \cap A_j = \phi \quad (i \neq j) \quad (2)\ S = A_1 \cup A_2 \cup \cdots \cup A_n$$

이라 하면, 임의의 사상 B에 대하여

$$\begin{aligned} B = B \cap S &= B \cap (A_1 \cup A_2 \cup \cdots \cup A_n) \\ &= (A_1 \cap B) \cup (A_2 \cap B) \cup \cdots \cup (A_n \cap B) \end{aligned}$$

이고 모든 $A_k \cap B$는 모두 서로 배반인 사건이므로 사건 B에 대한 A_k의 조건부 확률은

$$P(A_k|B) = \frac{P(B \cap A_k)}{P(B)}$$

로 구할 수 있다. 식 (11.2.2)에 의하여

$$P(A_k \cap B) = P(A_k|B)P(A_k) \tag{11.2.6}$$

이다. $A_k \cap B$는 모두 서로 배반인 사건이므로

$$\begin{aligned} P(B) &= P(B|A_1)P(A_1) + P(B|A_2)P(A_2) + \cdots + P(B|A_n)P(A_n) \\ &= \sum_{j=1}^{n} P(B|A_j)P(A_j) \end{aligned}$$

이것을 식 (11.2.6)에 대입하면

$$P(A_k|B) = \frac{P(A_k \cap B)}{\sum_{j=1}^{n} P(B|A_j)P(A_j)}. \tag{11.2.7}$$

이것을 베이즈(Bayes) 정리라 한다.

예 11.2.4 공장에서 세 개의 기계 N_1, N_2, N_3가 전체품목에서 40%, 35%, 25%를 생산한다고 하자. 이 기계들의 생산품에 대한 불량률은 각각 5%, 3%, 4%이다. 한 생산품을 무작위로 꺼낼 때 이 생산품이 불량품일 확률을 구하고 이 생산품이 N_1에서 생산되었을 확률을 구하여라.

풀이 다음의 사건을 생각하자.

A_1 : N_1의 생산품 A_2 : N_2의 생산품

A_3 : N_3의 생산품 B : 불량품

여기에서

$$\begin{aligned} P(B) &= P(A_1 \cap B) + P(A_2 \cap B) + P(A_3 \cap B) \\ &= P(A_1)P(B|A_1) + P(A_2)P(B|A_2) + P(A_3)P(B|A_3) \\ &= \frac{4}{10}\times\frac{5}{100} + \frac{3.5}{10}\times\frac{3}{100} + \frac{2.5}{10}\times\frac{4}{100} = 0.0405. \end{aligned}$$

이 생산품이 N_1에서 생산되었을 확률은 베이즈 정리에 의하여

$$P(A_1|B) = \frac{P(A_1 \cap B)}{P(B)} = \frac{P(A_1)P(B|A_1)}{\sum_{j=1}^{3} P(A_j)P(B|A_j)} = \frac{0.02}{0.0405} \fallingdotseq \frac{1}{2}.$$ ■

다음으로 확률의 기본적인 개념인 독립인 사건에 대해 알아보자. 두 사건 A, B가

$$P(A \cap B) = P(A)P(B) \tag{11.2.8}$$

을 만족하면 두 사건은 독립이라 한다. 또한 독립이 아니면 종속이라 한다.

두 사건 A, B가 독립이고 $P(A) > 0$, $P(B) > 0$를 만족하면 곱셈공식 (11.2.4)로부터

$$P(A \cap B) = P(A)P(B) = P(A)P(B|A) = P(B)P(A|B)$$

여기에서 다음의 두 식을 얻을 수 있다.

$$P(A|B) = P(A), \quad P(B|A) = P(B)$$

앞의 식에서는 사건 B에 관계없이 사건 A가 일어난다는 것을 의미하고, 마찬가지로 뒤의 식은 사건 A에 관계없이 사건 B가 일어난다는 것을 의미한다. 독립의 정의는 $P(A) = 0$ 또는 $P(B) = 0$일 때도 성립한다. 이

경우 $P(A|B)$와 $P(B|A)$가 정의되지 않는다.

위의 정의로부터 다음을 쉽게 알 수 있다.

1. 두 사건 A, B가 독립이면 A와 B^c, A^c와 B, A^c와 B^c도 각각 독립이다.
2. 세 사건 A, B, C이 다음을 만족하면 독립이다.
   (1) $P(A \cap B) = P(A)P(B)$
   $P(A \cap C) = P(A)P(C)$
   $P(B \cap C) = P(B)P(C)$
   (2) $P(A \cap B \cap C) = P(A)P(B)P(C)$

예 11.2.5 한 개의 동전을 두 번 던졌을 때 다음의 세 사건의 독립성에 대하여 조사하여라.

A : 첫 번째 동전이 앞면
B : 두 번째 동전이 앞면
C : 앞면과 뒷면이 한 번씩 나올 확률

풀이 다음의 사건을 생각하자.

H : 동전의 앞면, T : 동전의 뒷면

동전을 두 번 던졌으므로 표본공간은 $S = \{HH, HT, TH, TT\}$이고 $A = \{HH, HT\}$, $B = \{HH, TH\}$, $C = \{HT, TH\}$이므로

$$P(A) = P(B) = P(C) = \frac{1}{2}, \quad P(A \cap B) = P(\{HH\}) = \frac{1}{4}$$
$$P(A \cap C) = P(\{HT\}) = \frac{1}{4}, \quad P(B \cap C) = P(\{TH\}) = \frac{1}{4}$$

이다. 그러므로 독립의 정의로부터 세 사건 중 두 사건들은 각각 모두 독립인 사건이다. 그러나

$$P(A \cap B \cap C) = P(\phi) = 0, \quad P(A)P(B)P(C) = \frac{1}{8}$$

이므로 세 사건은 종속이다. ■

예 11.2.6 총 52장인 한 벌의 카드에는 네 종류의 모양이 있고 각 모양에는 에이스가 한 장씩 있다. 한 장을 꺼내고 다시 집어넣고 무작위로 다시 꺼내는 사건을 생각하자. 즉, 복원추출을 하자. 두 번 꺼냈을 때 두 번 다 에이스일 확률을

구하여라.

풀이 다음의 사건을 생각하자.

$$A : \text{첫 번째 카드가 에이스}, \quad B : \text{두 번째 카드가 에이스}$$

카드 한 벌은 52장이고 에이스가 4장이므로 $P(A)=4/52=1/13$이고 A와 B는 독립이므로 $P(B)=4/52=1/13$이다. 그러므로

$$P(A\cap B)=P(A)P(B)=\frac{1}{13}\times\frac{1}{13}=\frac{1}{169}.$$ ■

예 11.2.7 상자에 10개의 전구가 있고 그 중 3개가 불량품이다. 임의로 2개를 꺼낼 때 복원추출일 때와 비복원추출일 때의 경우로 나누어 2개 모두 불량품이 아닐 확률을 구하여라.

풀이 다음과 같은 사건을 생각하자.

A: 첫 번째 전구가 불량품이 아님
B: 두 번째 전구가 불량품이 아님

10개의 전구 중 7개가 불량품이 아니고 각각의 전구를 꺼낼 확률은 1/10이므로 $P(A)=7/10$이다. 먼저 복원추출이면 이 사건은 독립이고 $P(B)=7/10$이므로

$$P(A\cap B)=P(A)P(B)=\frac{7}{10}\times\frac{7}{10}=\frac{49}{100}.$$

비복원 추출하면 $P(A)=7/10,\ P(B|A)=6/9=2/3$이므로

$$P(A\cap B)=P(A)P(B|A)=\frac{7}{10}\times\frac{2}{3}=\frac{7}{15}.$$ ■

이 절의 끝으로 확률과 통계에서 자주 쓰이는 순열과 조합에 대하여 간단히 알아보자.

간단한 게임이나 표본선택의 방법 또는 순서와 배열에서의 문제에 관한 표본공간은 유한이며 동일한 확률이 모든 시행에 할당된다. 예를 들면, 표본공간 S의 원소의 개수가 n개이면 모든 원소의 확률은 $1/n$이며, 이 표본공간의 사건 A의 원소의 개수로서 확률을 구한다.

n개의 원소가 주어 졌다고 하고 이것들을 임의의 순서로 배열하고자 하자. 이러한 배열을 **순열**이라 한다. 예를 들면 세 숫자 1, 2, 3을 배열하는 방법, 즉 순열은 다음과 같이 여섯 가지이다.

123 213 312 132 231 321

정리 11.2.2 서로 다른 n개의 원소를 모두 택하는 순열의 개수는

$$n! = 1 \cdot 2 \cdot 3 \ \cdots \ n \qquad (11.2.9)$$

증명 임의의 자연수 n에 대하여 수학적 귀납법을 사용하여 쉽게 증명할 수 있다. ■

정리 11.2.3 주어진 n개의 원소에 같은 종류에 속한 것은 똑같고 다른 종류에 속한 것끼리는 서로 다르도록 k 종류로 나눈다면 한 번에 이 모두를 택하는 순열의 수는

$$\frac{n!}{n_1! n_2! \ \cdots \ n_k!} \quad (n_1 + n_2 + \cdots + n_k = n) \qquad (11.2.10)$$

여기에서 n_i는 i 번째 종류에 있는 원소의 개수이다.

정리 11.2.4 서로 다른 n개의 원소에서 중복을 허용하지 않고 한 번에 k개를 택하는 서로 다른 순열의 개수는

$$\frac{n!}{(n-k)!} = n(n-1)(n-2) \ \cdots \ (n-k+1) \qquad (11.2.11)$$

이 되고 중복을 허용할 때는

$$n^k \qquad (11.2.12)$$

이다.

순열에서 선택하는 원소 자체도 중요하지만 그것의 순열도 중요하다. 주어진 원소의 조합은 순서를 생각하지 않고 이들 가운데 한 개 이상을 택하는 것이다. 조합은 다음의 정리에서와 같이 중복을 허용하는 경우와 허용하지 않는 경우의 두 가지를 생각할 수 있다.

정리 11.2.5 서로 다른 n개의 원소에서 중복을 허용하지 않고 한 번에 k개를 택하는 서로 다른 조합의 개수는

$$\binom{n}{k}=\frac{n!}{k!(n-k)!}=\frac{n(n-1)\cdots(n-k+1)}{1\cdot 2\cdots k} \tag{11.2.13}$$

중복을 허용한 조합의 개수는

$$\binom{n+k-1}{k} \tag{11.2.14}$$

이다.

예 11.2.8 (1) 알파벳 5개를 배열하는 방법은

$$26^5$$

개의 서로 다른 방법이 있고, (11.2.11)로부터 $\frac{26!}{(26-5)!}$가지의 서로 다른 각 문자가 많아야 한 번만 있는 배열이 있다.

(2) 1000개의 볼트에서 5개를 추출하는 방법은

$$\binom{1000}{5}=\frac{1000!}{5!\,995!}$$

가지이다.

서로 다른 n개의 원소를 모두 택하는 순열의 개수인 $n!$과 이항계수에 대하여 간략히 알아보자. 먼저 $0!=1$이라 하고 모든 자연수 n에 대하여

$$(n+1)!=(n+1)n!.$$

k가 음이 아닌 정수이고 a가 임의의 실수일 때 이항계수는 다음과 같이 정의한다.

$$\binom{a}{k}=\frac{a(a-1)(a-2)\cdots(a-k+1)}{k!}. \tag{11.2.15}$$

또한

$$\binom{a}{0}=1,\quad \binom{0}{0}=1$$

로 정의한다. 그리고 위의 값은 이항급수

$$(b+c)^n = \sum_k \binom{n}{k} b^{n-k} c^k$$

의 계수이다.

11.2 연습문제

01 세 개의 동전을 던졌을 때 다음의 경우의 확률을 구하여라.

(1) 첫 번째 동전이 앞면

(2) 동전 중에 적어도 하나는 앞면

02 상자에 10개의 전구가 있고 그 중 3개는 불량품이다. 이때 3개의 전구를 비복원추출하여 모두 불량품이 아닐 사건 A의 확률을 구하여라.

03 상자 안에 삼각형 2개, 사각형 3개, 오각형 4개의 조각물이 있다고 하자. 비복원추출로 2개를 꺼냈을 때 첫 번째는 삼각형 1개와 두 번째는 사각형이 1개 나올 확률은 얼마인가?

04 2개의 주사위를 던질 때 한 개의 눈이 6이 나왔다. 두 눈의 합이 10을 넘을 확률을 구하여라.

05 볼트가 100개 들어있는 자루에 A형의 불량품이 10개, B형의 불량품이 5개, 그리고 A형과 B형의 양쪽 모두의 불량품이 2개가 있다. 자루에서 1개의 볼트를 추출하였을 때 그것이 A형 불량품이라고 가정하자. 두 번째로 B형의 볼트를 추출할 확률을 구하여라.

06 독립인 두 사건 A, B에 대하여

$$P(A \cup B) = 1 - P(A^c)P(B^c)$$

임을 증명하여라.

07 두 사건 A,B에 대하여 $P(A) = 1/2$, $P(B) = 1/3$, $P(A \cap B) = 1/4$일 때 다음을 구하여라.

(1) $P(A|B)$ (2) $P(B|A)$

(3) $P(A \cup B)$ (4) $P(A^c \cup B^c)$

08 고등학교에서 학생 25/100가 수학에, 15/100가 영어에 낙제했고, 10/100이 수학과 영어에 동시에 낙제하였다.

(1) 학생이 영어에 낙제하였다면 수학에 낙제할 확률을 구하여라.

(2) 수학에서 학생이 낙제한 영어에 낙제할 확률을 구하여라.

(3) 학생이 수학 또는 영어에 낙제할 확률을 구하여라.

09 동전을 4회 던졌을 때 처음 두 번은 앞면이 나타나고 다음 두 번은 뒷면이 나올 확률을 구하여라.

10 두 개의 주사위를 던져 첫 번째는 짝수가 나오고 두 번째는 홀수가 나올 사건 A에 대한 확률을 구하여라.

11 공장에서 A, B, C 세 개의 기계가 전체 품목의 60%, 30%, 10%를 생산하고 이 기계들의 불량률은 각각 2%, 3%, 4%이라 하자. 한 개의 품목을 꺼냈을 때 기계 C에서 나온 상품이 불량품일 확률을 구하여라.

12 어느 가정에서 남자아이와 여자아이의 성비가 같게 태어난다고 할 때 다음의 확률을 구하여라.

(1) 5명의 아이가 모두 같은 성일 확률

(2) 3명의 아이 중 남자아이와 여자아이가 모두 있을 확률

13 한 부부에서 남편이 10년 이상 살 확률은 1/4이고 부인이 10년 이상 살 확률은 1/3일 때 다음의 확률을 구하여라.

(1) 부부 둘 다 10년 이상 살 확률

(2) 적어도 한 사람이 10년을 살 확률

(3) 둘 다 10년을 살지 못할 확률

(4) 부인만 10년을 살 확률

14 8개의 품목이 있는 A상자에 세 개의 불량품이 있고 5개의 품목이 들어있는 B상자에는 두 개의 불량품이 있다. 두 개의 상자에서 한 품목씩 무작위로 꺼냈을 때 다음의 확률을 구하여라.

(1) 두 개 모두 불량품이 아닐 확률

(2) 하나는 불량품이고 다른 하나는 불량품이 아닐 확률

(3) 한 개가 불량품이고 다른 하나가 불량품일 때 상자 A로부터 불량품이 나올 확률

11.3 확률변수

동전을 던지면 앞면과 뒷면의 두 가지로 나타날 수 있다. 균등한 동전이라면, 앞면이 나올 확률도 뒷면이 나올 확률도 똑같이 1/2이다. 이 동전으로 다음과 같이 내기를 하자. 앞면이 나오면 100만원, 뒷면이 나오면 10만원을 받을 수 있다고 하고, 이때 동전이 앞면이나 뒷면이 나올지는 모른다고 하자. 이와 같이, 그 값이 확률에 의존해 있어서 하나의 값으로는 정해지지 않는 것을 확률변수라 한다. 다시 말하면 확률변수 X는 우연에 의한 실수 값을 갖는 함수이다. 정확한 정의는 표본공간 S에서 실수로 가는 함수를 말한다. 그러므로 X는 어떤 실험의 표본공간 S에서 정의되고 그 함숫값은 실수이다.

두 확률변수 X와 Y가 임의의 집합 A, B에 대하여

$$P(X \in A,\ Y \in B) = P(X \in A)P(Y \in B)$$

를 만족하면 두 확률변수는 **독립**이라고 한다. 다시 말하면 확률변수 X와 Y가 독립이면 모든 집합 A, B에 대하여 사건 $E_A = (X \in A)$와 $E_B = (X \in B)$가 독립이라는 것을 뜻한다.

11.3.1 이산확률변수

동전 던지기나 이항분포에서는 확률변수는 두 개의 값 외에는 갖지 않는다. 그러나 현실에서는 주사위는 1부터 6까지의 값을 갖고, 경마에서는 발주기의 개수에 대응하는 수의 배당이 있다. 그러므로 두 개 이상의 값을 갖는 확률변수를 생각하여 보자. 이 절에서 고려하고자 하는 것은 연속하지 않은 값을 갖는 확률변수이다. 이러한 확률분포를 갖는 확률변수를 이산확률변수라 한다.

확률변수를 보통 대문자 X로 나타내며 확률변수 X의 값을 $x_1, \cdots, x_n$으로 나타내고 그 전체 값을 모아 놓은 것을 표본공간 $S = \{x_1, \cdots, x_n\}$이라 한다. 주사위이면 $S = \{1, 2, \cdots, 6\}$이고 12마리의 경마일 때 i 번째 발주기의 말의 배당을 x_i로 하면 $S = \{x_1, \cdots, x_{12}\}$가 된다. 확률변수 X가

x_i 값을 갖는 확률(또는 확률함수)을 p_i 라 하고 이것을

$$P\{X = x_i\} = p_i$$

로 나타내자. P는 확률의 시작이 되는 문자이다. 영어의 어순으로 설명하면 확률변수 X가 값 x_i 를 갖는 확률이 p_i 라고 말한다. 다시 말하면 $P(X = x_i) = p_i$ 이다. 확률변수는 표 11.3.1과 같이 표시하면 이해하기 쉽다.

표 11.3.1 확률변수의 분포표

X의 값	x_1	x_2	$\cdots$	x_n
X의 확률	p_1	p_2	$\cdots$	p_n

또한 확률은 다음의 두 가지 성질을 만족한다.

(1) $0 \le p_i \le 1 \quad (i = 1, 2, \cdots, n)$ (2) $\sum_{i=1}^{n} p_i = 1$

예 11.3.1 두 개의 주사위를 던졌을 때 확률변수 X를 두 숫자의 합이라 하면, 확률변수는 $X = \{2, 3, \cdots, 12\}$ 이고 각각의 확률을 구해보자.

$$P(X = 2) = P(\{(1, 1)\}) = \frac{1}{36}$$
$$P(X = 3) = P(\{(1, 2), (2, 1)\}) = \frac{1}{18}$$
$$\vdots$$
$$P(\{(6, 6)\}) = \frac{1}{36}$$

그러므로 각 p_i는 0과 1 사이의 실수 값이고 그 합은 $\sum p_i = 1$임을 알 수 있다.

이산확률변수 X의 누적분포함수 $F(x)$는 다음과 같이 정의한다.

$$F(x) = P(X \le x) = \sum_{x_i \le x} p_i.$$

누적분포함수는 정의로부터 다음의 성질을 만족한다.

(1) $F(-\infty) = 0,\ F(\infty) = 1,\ 0 \le F(x) \le 1$

(2) $P(a \le X \le b) = F(b) - F(a)$

예 11.3.2 동전을 한 번 던질 때 나타나는 앞면의 수를 X라 할 때 이 확률변수의 누적분포를 구하여라.

풀이 확률변수 X는 0과 1만을 값으로 가지므로 0과 1에 대응하는 확률은 모두 1/2이다. 따라서 $x < 0$이면 $F(x) = 0$이다. 그리고 $P(X = 0) = 1/2$이므로

$$F(0) = P(X \leq 0) = 1/2$$

이다. 같은 방법으로

$$F(1) = P(X \leq 1) = P(X = 0) + P(X = 1) = 1/2 + 1/2 = 1$$

이고 $x > 1$이면 $F(x) = 1$이다. 이것을 표로 나타내면

x	$x < 0$	$0 \leq x < 1$	$x \geq 1$
$F(x)$	0	1/2	1

■

예 11.3.3 두 개의 동전을 던질 때 앞면이 나오는 횟수를 X라 할 때 누적분포함수를 구하여라.

풀이 다음의 표를 참고하면

X의 값	0	1	2
X의 확률	1/4	2/4	1/4

$$F(0) = P(X \leq 0) = P(X = 0) = 1/4$$
$$F(1) = P(X \leq 1) = P(0) + P(1) = 1/4 + 2/4 = 3/4$$
$$F(2) = P(X \leq 2) = P(0) + P(1) + P(2) = 1/4 + 2/4 + 1/4 = 1$$

■

확률변수 X의 기댓값(평균)을 $E(X)$로 나타내고, 정의는

$$E(X) = x_i p_i + \cdots + x_n p_n = \sum_{i=1}^{n} x_i\, p_i$$

이며 X의 각각의 값 x_i에 그 확률을 곱하여 더한 것을 의미한다.

표 11.3.2 확률변수의 분포표

X의 값	x_1	x_2	$\cdots$	x_n	
X의 확률	p_1	p_2	$\cdots$	p_n	$\sum p_i = 1$
기댓값	$x_1 p_1$	$x_2 p_2$	$\cdots$	$x_n p_n$	$\sum x_i\, p_i = E(X)$

예 11.3.4 주사위를 던질 때 나오는 수를 X라 할 때 이에 대응하는 확률함수는

$$p_i = P(X = x_i) = \begin{cases} 1/6, & x_i = 1, 2, 3, 4, 5, 6 \\ 0\ , & \text{그밖에} \end{cases}$$

이므로 기댓값의 정의로부터 다음을 얻는다.

$$E(X) = 1 \cdot \frac{1}{6} + 2 \cdot \frac{1}{6} + 3 \cdot \frac{1}{6} + 4 \cdot \frac{1}{6} + 5 \cdot \frac{1}{6} + 6 \cdot \frac{1}{6} = 3.5$$

이것은 주사위를 던질 때 나오는 수의 합의 기댓값을 나타내며, 예를 들면 주사위를 1000번 던지면 나오는 수의 합은 대략 $1000 \times 3.5 = 3500$이 된다.

각 확률변수는 여러 가지 특징이 있는데, 기댓값이 대표적인 예이다. 이것은 분포의 중심을 나타낸다. 그러나 이것만으로 확률변수의 성질을 나타내기 충분하지 않다. 즉, 평균은 같으나 흩어진 정도가 다를 수 있다. 그러므로 X의 분포가 기댓값으로부터 얼마나 멀어진 정도를 측정한 값을 생각할 수 있다. 이러한 값을 분산이라 하는데 분산 $V(X)$는

$$V(X) = (x_1 - E(X))^2 p_1 + \cdots + (x_n - E(X))^2 p_n = \sum_{i=1}^{n} (x_i - E(X))^2 p_i$$

로 나타낸다. 다시 말하면, 평균까지의 거리의 제곱의 기댓값(평균)이라고 할 수 있고

$$V(X) = E(X - E(X)^2)$$

이다. 분산은 기댓값에서 얼마나 흩어져있는가를 나타낸다. 분산의 값이 크면 흩어짐이 크고, 분산이 작으면 흩어짐이 작은 것을 의미한다. 특히, $V(X) = 0$이면 확률변수는 기댓값만 갖는다. 분산의 양의 제곱근을 표준편차라 한다. 표준편차 $\sigma(X)$는

$$\sigma(X) = \sqrt{V(X)}$$

이다. 예를 들면, 확률변수가 미터라는 단위로 나타낼 수 있으면 분산은 미터의 제곱으로 나타나고 표준편차는 미터가 된다. 표준편차의 단위계가 확률변수의 단위계와 일치하므로 실용적인 면에서는 표준편차를 사용하나 이론적으로는 분산의 사용이 편리하다고 할 수 있다.

만일 두 개의 확률변수가 다르지만 그 분포표가 일치하면 기댓값과 분산은 일치한다. 같은 기댓값과 분산을 갖는 확률변수는 같은 확률분포를 갖는다 또는 같은 확률분포를 따른다고 한다.

예를 들면 동전을 두 번 던질 때 첫 번째 동전을 던지는 것과 두 번째 동

전을 던지는 것은 같은 표 11.3.3을 가지므로 같은 확률분포를 갖는 것을 알 수 있다. 따라서 기댓값과 분산을 생각하는 것은 확률분포만을 생각하여도 좋을 것이다.

표 11.3.3 동전의 확률분포도

값	0	1
확률	1/2	1/2

그러나 첫 번째와 두 번째의 동전 던지기는 전혀 다르기 때문에 확률분포가 같아도 확률변수가 같지 않은 것에 주의하여야 한다.

예 11.3.5 동전을 던질 때 나오는 앞면의 개수를 X라 할 때 분산을 구하여라.

풀이 동전을 던질 때 앞면이 나오는 확률과 뒷면이 나오는 확률은 같으므로

$$P(X=0)=\frac{1}{2},\quad P(X=1)=\frac{1}{2}$$

이다. 그러므로 기댓값은

$$E(X)=0\cdot\frac{1}{2}+1\cdot\frac{1}{2}=\frac{1}{2}$$

이므로 분산은

$$V(X)=\left(0-\frac{1}{2}\right)^2\cdot\frac{1}{2}+\left(1-\frac{1}{2}\right)^2\cdot\frac{1}{2}=\frac{1}{4}.$$

■

• 자료의 평균과 분산

통계자료를 $x_1, \cdots, x_n$이라 하면 **평균** $\overline{X}$(기댓값과 비교할 때는 **표본평균**이라 한다)는

$$\overline{X}=\frac{x_1+x_2+\cdots+x_n}{n}$$

로 표시하며 이것은 같은 확률을 갖는 기댓값과 완전히 같다. 이것은 자료를 하나씩 카드에 쓰고 그 카드 속에서 무작위로 하나 뽑아내는 확률변수에 대응하는 것이다. 그러므로 확률변수의 각 값에 대한 확률이 같으면 이때 기댓값과 평균은 일치하며 보통 구분없이 사용한다.

정리 11.3.1 **기댓값, 분산의 성질**

X를 확률변수 a, b를 상수라 할 때 기댓값과 분산의 성질은 다음과 같다.

표 11.3.4 확률변수 X의 분포표

X의 값	x_1	x_2	$\cdots$	x_n
X의 확률	p_1	p_2	$\cdots$	p_n

(1) $E(aX+b)=aE(X)+b$

(2) $V(aX+b)=a^2V(X),\ \sigma(aX+b)=|a|\sigma(X)$

(3) $V(X)=E(X^2)-(E(X))^2$

증명 (1) X에서 만들어내는 새로운 확률변수 $aX+b$에서 표 11.3.5을 알 수 있다.

표 11.3.5 확률변수 $aX+b$의표

값 확률	ax_1+b p_1	ax_2+b p_2	$\cdots$ $\cdots$	ax_n+b p_n
기댓값	$(ax_1+b)p_1$	$(ax_2+b)p_2$	$\cdots$	$(ax_n+b)p_n$

그러므로

$$\begin{aligned} E(aX+b) &= \sum_i (ax_i+b)p_i = a\sum_i x_i p_i + b\sum_i p_i \\ &= aE(X)+b \end{aligned}$$

(2) 확률변수 X의 분산이 $V(X)=E((X-E(X))^2$이므로

$$V(aX+b)=E(((aX+b)-E(aX+b))^2)$$

에 위의 내용을 적용하면

$$\begin{aligned} V(aX+b) &= E((aX+b-aE(X)-b)^2)=E(a^2(X-E(X))^2) \\ &= a^2E((X-E(X))^2)=a^2V(X) \end{aligned}$$

b는 확률변수의 평행이동이므로, 분산은 상수에 영향을 받지 않는다는 것을 알 수 있다. 이 식은 표준편차로 생각하여 제곱근을 취하면 $\sigma(aX+b)=|a|\sigma(X)$

이다. 여기서 a가 아니고 $|a|$라는 것에 유의하고 분산이나 표준편차는 반드시 양의 값을 갖는다.

(3) 계산을 쉽게 하기 위하여 $E(X)=m$이라 하면

$$\begin{aligned} V(X) &= E((X-m)^2) \\ &= E(X^2-2mX+m^2) \\ &= E(X^2)-2mE(X)+m^2 \\ &= E(X^2)-2(E(X))^2+(E(X))^2 \\ &= E(X^2)-(E(X))^2 \end{aligned}$$

표 11.3.6 확률변수의 표

X의 값	x_1	x_2	$\cdots$	x_n	
X^2의 값	x_1^2	x_2^2	$\cdots$	x_n^2	
X의 확률	p_1	p_2	$\cdots$	p_n	
기댓값	x_1p_1	x_2p_2	$\cdots$	x_np_n	$\sum_i x_i p_i$
$E(X^2)$	$x_1^2p_1$	$x_2^2p_2$	$\cdots$	$x_n^2p_n$	$\sum_i x_i^2 p_i$

그러므로 분산은

$$v=\sum_i x_i^2 p_i-\left(\sum_i x_i p_i\right)^2$$

이 된다. ■

예 11.3.6 확률변수 X의 확률이 다음과 같을 때 $E(2X+1)$, $E(X^2+X)$, $V(2X-1)$을 구하여라.

X	-1	0	1
p_i	1/4	1/2	1/4

풀이 기댓값의 성질을 이용하면

$$\begin{aligned} E(2X+1) &= 2E(X)+1 \\ &= 2\left(-1\cdot\frac{1}{4}+0\cdot\frac{1}{2}+1\cdot\frac{1}{4}\right)+1=1 \\ E(X^2+X) &= E(X^2)+E(X) \\ &= (-1)^2\cdot\frac{1}{4}+0^2\cdot\frac{1}{2}+1^2\cdot\frac{1}{4}+0=\frac{1}{2} \end{aligned}$$

그리고 분산을 구하면

$$\begin{aligned} V(X) &= E(X^2) - (E(X))^2 \\ &= (-1)^2 \cdot \frac{1}{4} + 0^2 \cdot \frac{1}{2} + 1^2 \cdot \frac{1}{4} - 0 = \frac{1}{2} \end{aligned}$$

이므로 분산의 성질을 이용하면

$$V(2X-1) = 4V(X) = 4 \cdot \frac{1}{2} = 2. \qquad ■$$

11.3.2 연속확률변수

확률변수의 값이 이산형이 아니고 연속적인 값을 갖는 경우를 연속형 확률변수라 한다. 본질적으로 이산형의 경우와 크게 다른 점은 없다.

연속형의 경우 특히 언급하지 않으면, 확률변수가 갖는 값 전체의 공간 S는 $(-\infty, \infty)$로 생각하자. 이렇게 가정해도 큰 무리는 없다. X가 구간 (a, b)에 있을 확률은

$$P(X \in (a, b))$$

로 표시할 수 있다. 연속형을 이해하기 어려운 점은 한 점에서의 확률, 예를 들면 X가 값 a가 되는 확률이 $P(X = a) = 0$인 것이다. 아래는 간단한 예이다.

예 11.3.7 $U(0, 1)$로 표시되는 구간 $(0, 1)$ 위의 평등분포를 생각하자. 이 확률분포를 따르는 확률변수 X는 구간 $(0, 1)$에 포함되는 (a, b)에 대하여

$$P(X \in (a, b)) = b - a$$

그러므로 구간의 길이가 확률이 된다. 확률변수 X의 값이 1/2와 같이되는 확률을 생각하여 보자. $\left(\frac{1}{2} - \frac{1}{10}, \frac{1}{2} + \frac{1}{10}\right)$의 확률은 1/5이고 당연히

$$P\left(X = \frac{1}{2}\right) \le \frac{1}{5}$$

이다. 또한 $\left(\frac{1}{2} - \frac{1}{100}, \frac{1}{2} + \frac{1}{100}\right)$의 확률은 $\frac{1}{50}$인 것과 같이 $\left(\frac{1}{2} - \frac{1}{10^n}, \frac{1}{2} + \frac{1}{10^n}\right)$의 확률은 $\frac{1}{5 \times (10)^{n-1}}$이므로

$$P\left(X = \frac{1}{2}\right) \le \frac{1}{5 \times (10)^{n-1}}.$$

그러므로 n을 무한히 크게 하면 $P\{X=1/2\}=0$임을 알 수 있다.

정의 11.3.2 이산형의 확률변수가 각 점의 확률로 정하지만, 연속형의 확률변수 X는 **확률밀도함수**(간단히 밀도함수)라 하는 $\rho(x)$에 의하여

$$P(a \le X \le b) = \int_a^b \rho(x)dx$$

로 정의한다. 따라서 구간 $(0,\ 1)$위의 평등분포 $U(0,\ 1)$이면

$$\rho(x) = \begin{cases} 1, & x \in (0,\ 1) \\ 0, & \text{그밖에} \end{cases}$$

이 된다. 일반적으로 밀도함수는

(1) $\rho(x) \ge 0$

(2) $\int_{-\infty}^{\infty} \rho(x)dx = 1$

을 만족한다. 즉, 밀도함수는 음이 아니고 $\rho(x)$가 그리는 그래프 밑에 있는 전체 영역의 넓이는 1이다. 일반적인 표현으로 나타내면 밀도함수가

$$\rho(x) = \begin{cases} \dfrac{1}{b-a}, & a < x < b \\ 0, & \text{그밖에} \end{cases} \tag{11.3.1}$$

인 분포를 구간 (a,b)에서의 **평등분포**라 한다.

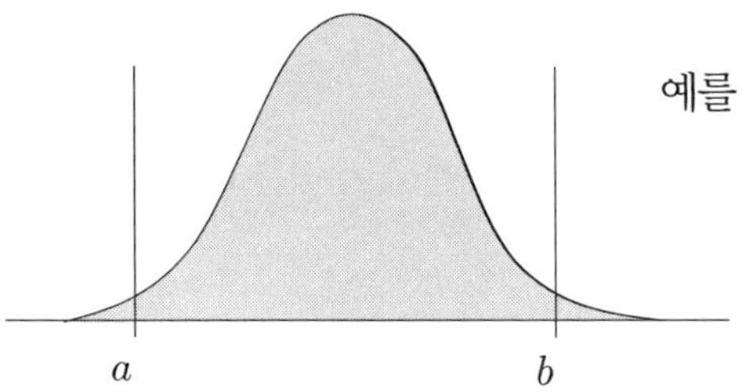

그림 11.3.1

예를 들면, 가장 중요한 표준정규분포의 밀도함수는 다음과 같다.

$$\frac{1}{\sqrt{2\pi}} e^{-\frac{x^2}{2}} \tag{11.3.2}$$

정의 11.3.3 $\rho(x)$를 연속확률변수 X의 밀도함수라 하면 누적분포함수는 다음과 같이 정의한다.

$$F(x) = P(X \le x) = \int_{-\infty}^{x} \rho(t)dt$$

주1 연속확률변수에 대한 누적분포함수는 다음의 성질을 만족한다.

1. $F(-\infty)=0,\ F(\infty)=1,\quad 0\le F(x)\le 1,\ F(a)=\int_{-\infty}^{a}\rho(x)dx$
2. $P(a<X\le b)=F(b)-F(a)=\int_{a}^{b}\rho(x)dx$
3. $F'(x)=\rho(x)$이므로 F는 $\rho(x)$의 부정적분이다.

예 11.3.8 고정된 방향과 바늘이 가르키는 방향 사이의 각을 X라 하고 바늘이 일정하게 움직인다면 0과 2π 사이의 각 x에 대하여 확률 $P(X\le x)$는 원의 중심각 2π와 각 x의 비율과 같다. 그러므로 확률분포함수는

$$F(x)=\begin{cases}0\ , & x\le 0\\ x/2\pi\ , & 0<x\le 2\pi\\ 1\ , & x>2\pi\end{cases}$$

이다. 이것을 미분하면 밀도함수는 다음과 같다.

$$\rho(x)=\begin{cases}1/2\pi\ , & 0<x\le 2\pi\\ 0\ , & \text{기타}\end{cases}$$

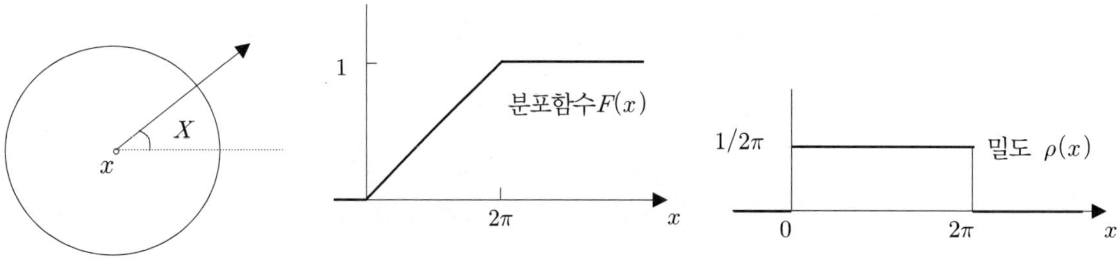

그림 11.3.2 분포함수와 밀도

예 11.3.9 확률변수 X가 다음의 분포함수를 갖을 때 상수 k를 구하고 누적분포함수 $F(x)$와 확률 $P(0\le X\le 1)$을 구하여라.

$$\rho(x)=\begin{cases}kx\ , & 0\le x\le 2\\ 0\ , & x<0 \text{ 또는 } x>2\end{cases}$$

풀이 연속확률변수에 대한 밀도함수이므로

$$\int_{-\infty}^{\infty}\rho(x)dx=\int_{0}^{2}kxdx=2k=1$$

이다. 그러므로 $k=1/2$이고 누적분포함수는 다음과 같다.

$$F(x)=\begin{cases}0\ , & x\le 0\\ x^2/4\ , & 0\le x\le 2\\ 1\ , & x>2\end{cases}$$

여기에서 $0 \le x \le 2$이면 $F(x)=\int_0^x \frac{t}{2}dt = \frac{x^2}{4}$이다. 따라서

$$P(0 \le X \le 1) = F(1) = \frac{1}{4}.$$ ■

기댓값을 생각해보자. 연속형은 각 점에서의 무게는 0이므로, 밀도함수 $\rho(x)$의 두께를 갖는 막대를 생각하면 a에서 b까지의 무게는 $\int_a^b \rho(x)dx$가 된다. 이 막대의 균형을 갖는 점이 기댓값 $E[X]$가 되는 것이다. 구체적으로 나타내면

$$E(X) = \int_{-\infty}^{\infty} x\rho(x)dx \tag{11.3.3}$$

이 된다. 분산은 $V(X) = E[(X-E(X))^2]$이므로

$$V(X) = \int_{-\infty}^{\infty} (x-E(X))^2 \rho(x)dx \tag{11.3.4}$$

가 된다.

예 11.3.10 평등분포에서의 기댓값(이 경우는 평균)은 $E(X) = \frac{a+b}{2}$이고 분산은

$$V(X) = \int_a^b \left(x - \frac{a+b}{2}\right)^2 \frac{1}{b-a}dx = \frac{(b-a)^2}{12}.$$

두 개 이상의 확률변수의 경우에는 밀도함수도 두 개 이상의 변수를 갖는 함수가 된다. X와 Y의 밀도함수를 $\rho(x, y)$이라 하면

$$P(X \in (a, b),\ Y \in (c, d)) = \int_a^b \int_c^d \rho(x, y)dydx$$

라 쓸 수 있다. X의 밀도함수를 $\rho^X(x)$로 표시하면

$$P(X \in (a, b)) = \int_a^b \rho^X(x)dx$$

이지만 한편 두 개의 확률변수를 고려하면 X가 (a, b)내의 값을 갖는 것은 X가 (a, b)내의 값을 갖고 Y는 어떤 값을 가져도 좋다는 뜻이므로, 그 확률은

$$\begin{aligned} P(X \in (a, b)) &= P(X \in (a, b),\ Y \in (-\infty, \infty)) \\ &= \int_a^b \int_{-\infty}^{\infty} \rho(x, y)\, dydx \end{aligned}$$

이므로

$$\rho^X(x) = \int_{-\infty}^{\infty} \rho(x,y)dy$$

임을 알 수 있다. 이와 같이 Y의 밀도함수를 $\rho^Y(y)$로 표시하면

$$\rho^Y(y) = \int_{-\infty}^{\infty} \rho(x,y)dx$$

인 것을 알 수 있다. 이런 것을 **주변분포 밀도함수**라 한다.

주2 표준정규분포의 밀도함수가 (11.3.2)을 만족한다는 것은

$$\int_0^{\infty} e^{-x^2}dx = \frac{\sqrt{\pi}}{2}$$

를 나타내는 것이고 이것은

$$\left(\int_0^{\infty} e^{-x^2}dx\right)^2 = \int_0^{\infty} e^{-x^2}dx \int_0^{\infty} e^{-y^2}dy$$

에서 유도할 수 있다. 우변을 xy평면에서의 적분이라 하고 $x = r\cos\theta$, $y = r\sin\theta$로 변수변환하면, $dxdy = rdrd\theta$이고

$$\left(\int_0^{\infty} e^{-x^2}dx\right)^2 = \int_0^{\pi/2}\int_0^{\infty} e^{-r^2}rdrd\theta = \frac{\pi}{2}\int_0^{\infty} e^{-r^2}rdr$$

이 된다. $r^2 = z$이라 하면 $2rdr = dz$에서

$$\left(\int_0^{\infty} e^{-x^2}dx\right)^2 = \frac{\pi}{4}\int_0^{\infty} e^{-z}dz = \frac{\pi}{4}$$

가 된다.

정리 11.3.4 **기댓값, 분산의 성질**

확률변수 X, Y와 상수 a, b에 대하여 다음이 성립한다.

(1) $E(aX+b) = aE(X)+b$

(2) $E(X+Y) = E(X)+E(Y)$

(3) $V(aX+b) = a^2V(X)$

(4) $V(X) = E(X^2)-(E(X))^2$

(5) X와 Y가 독립이면 $V[X+Y] = V[X]+V[Y]$

증명 (1) 여기에서의 증명은 이산확률변수에서 합을 적분으로 하는 것이다. $\rho(x)$를 확률

변수 X의 밀도함수라 하면

$$P(c < aX+b < d) = P\left(\frac{c-d}{a} < X < \frac{d-b}{a}\right) = \int_{(c-b)/a}^{(d-b)/a} \rho(x)dx$$

이므로 $y = ax+b$로 변수변환하면

$$P(c < aX+b < d) = \int_{c}^{d} \rho\left(\frac{y-b}{a}\right)\frac{1}{a}dy$$

이므로 $aX+b$의 밀도함수가 $\frac{1}{a}\rho\left(\frac{y-b}{a}\right)$임을 알 수 있다.

따라서

$$E(aX+b) = \int_{-\infty}^{\infty} y \cdot \frac{1}{a}\rho\left(\frac{y-b}{a}\right)dy$$

이므로 다시 변수변환 $x = \frac{y-b}{a}$을 하면 다음을 얻는다.

$$E(aX+b) = \int_{-\infty}^{\infty} (ax+b)\rho(x)dx = aE(X)+b$$

(2) 같은 방법으로 $D = \{(x, y) : c < x+y < d\}$이라 하면

$$P(c < X+Y < d) = \iint_D \rho(x, y)dxdy$$

이므로 $z = x+y$로 하면 $dxdy = dzdy$이므로

$$P(c < X+Y < d) = \int_{c}^{d}\int_{-\infty}^{\infty} \rho(z-y, y)dzdy$$

에서 $X+Y$의 밀도함수는 $\int_{-\infty}^{\infty} \rho(z-y, y)dy$ 인 것을 알 수 있다. 따라서 기대값은

$$\begin{aligned} E(X+Y) &= \int_{-\infty}^{\infty} z\int_{-\infty}^{\infty} \rho(z-y, y)dzdy \\ &= \int_{\infty}^{\infty}\int_{-\infty}^{\infty} (x+y)\rho(x, y)dxdy \\ &= \int_{-\infty}^{\infty} x\rho^X(x)dx + \int_{-\infty}^{\infty} y\rho^Y(y)dy = E(X)+E(Y) \end{aligned}$$

이다. 어느 쪽의 증명도 한 번의 변수변환을 통하여 밀도함수를 구하고 기댓값을 계산하는 것을 다시 그 반대의 변수변환을 해서 구하는 방법을 쓰고 있다.

(3), (4), (5)도 같은 방법으로 증명한다. ■

11.3 연습문제

01 함수

$$f(x) = \begin{cases} kx, & 0 \le x \le 2 \\ 0, & \text{그밖에} \end{cases}$$

가 연속확률변수의 확률밀도함수가 되기 위한 상수 k 를 구하여라.

02 예제 14.3.8에서의 평등분포에 해당하는 분포함수를 구하여라.

03 함수

$$f(x) = \begin{cases} bx(1-x), & 0 < x < 1 \\ 0 \quad\quad , & \text{그밖에} \end{cases}$$

가 밀도함수가 되는 b 를 구하고, $P(0 < X < 0.75)$를 구하여라.

04 밀도함수가

$$f(x) = \begin{cases} 2x, & 0 < x < 1 \\ 0, & \text{그밖에} \end{cases}$$

인 모집단에서 두 개의 표본을 추출할 때 모두 1/2보다 커질 확률을 구하여라.

05 동전을 던질 때 앞면이 나타나는 횟수가 뒷면이 나타나는 횟수의 3배인 이상한 동전이 있다. 이 동전을 반복하여 3회 던지고 나타난 표면의 수를 X 라 하자. X 의 확률분포와 분포함수를 구하여라.

06 연속인 확률변수의 밀도함수가

$$f(x) = \begin{cases} ax \quad\quad , & 0 \le x \le 1 \\ a \quad\quad\;\; , & 1 \le x \le 2 \\ -ax+3a, & 2 \le x \le 3 \\ 0 \quad\quad\;\; , & \text{그밖에} \end{cases}$$

일 때 상수 a를 구하여라.

11.4 적률생성함수

정의에 따라 기댓값과 분산을 구하는 것이 어려운 경우가 있다. 이러한 경우 도움이 되는 것이 적률생성함수이다. 수학적으로 특성함수를 이용하는 것이 의미가 있고 유용하지만 허수가 나오는 경우가 있으므로 엄밀성을 주지 않기로 하자.

먼저 확률변수 X가 이산인 경우에 대하여 알아보자.

표 11.4.1 확률변수표

값	x_1	x_2	$\cdots$
확률	p_1	p_2	$\cdots$

표 11.4.1과 같은 확률분포를 갖는 확률변수 X를 생각하자. 이 때 **적률생성함수(모멘트함수)**는

$$M_X(t) = \sum_{i=1}^{n} e^{tx_i} p_i = e^{tx_1}p_1 + e^{tx_2}p_2 + \cdots + e^{tx_n}p_n$$

로 정의한다. 여기에서 t는 의미를 갖지 않는 변수이다. e^{tx}라는 확률변수를 생각하면 표 11.4.1에서와 같은 확률분포가 되는 적률생성함수는 e^{tx}의 기댓값 $M_X(t) = E(e^{tx})$이 되는 것을 알 수 있다. 이 함수들을 t로 미분하면

$$M_X{}'(t) = E(Xe^{tX}) = x_1 e^{tx_1}p_1 + x_2 e^{tx_2}p_2 + \cdots + x_n e^{tx_n}p_n$$

그러므로 $t=0$을 대입하면

$$M_X{}'(0) = x_1p_1 + x_2p_2 + \cdots + x_np_n = E(X)$$

이 된다. 두 번 미분하면

$$M_X{}''(t) = E(X^2 e^{tX}) = x_1^2 e^{tx_1}p_1 + x_2^2 e^{tx_2}p_2 + \cdots + x_n^2 e^{tx_n}p_n$$

이므로

$$M_X''(0) = E(X^2) = x_1^2 p_1 + x_2^2 p_2 + \cdots + x_n^2 p_n$$

가 된다. 이것을 이용하면

$$V(X) = E(X^2) - (E(X))^2 = M_X''(0) - (M_X'(0))^2$$

이므로 분산을 구할 수 있다.

정의를 보면 적률생성함수는 기댓값이나 분산과 같이 확률분포에만 관계된다. 따라서 동분포의 확률변수에 대해서는 같은 적률생성함수를 갖는다. 이제부터 확률변수를 명시할 필요가 없을 때에는 확률변수를 생략하고 적률생성함수를 $M(t)$라고 표시한다.

같은 방법으로 연속형의 확률변수에 대한 적률생성함수를 다음과 같이 정의할 수 있다. X가 연속인 확률변수이고 $\rho(x)$가 밀도함수이면 적률생성함수는

$$M_X(t) = E(e^{tX}) = \int_{-\infty}^{\infty} e^{tx} \rho(x) dx$$

으로 정의한다. 이것을 사용하면 이산형일 때와 같은 방법으로

$$\begin{aligned} M_X'(t) &= \frac{d}{dt} M_X(t) = \frac{d}{dt} \int_{-\infty}^{\infty} e^{tx} \rho(x) dx \\ &= \int_{-\infty}^{\infty} \frac{d}{dt} e^{tx} \rho(x) dx = \int_{-\infty}^{\infty} x\, e^{tx} \rho(x) dx \\ &= E(Xe^{tX}) \end{aligned}$$

여기에서 $t=0$를 대입하면 $E(X) = M_X'(0)$. 또한

$$M_X''(t) = \frac{d}{dt} E(Xe^{tX}) = E(X \frac{d}{dt} e^{tX}) = E(X^2 e^{tX})$$

그러므로 $M_X''(0) = E(X^2)$이 된다. 따라서

$$\begin{aligned} E[X] &= M_X'(0) \\ V[X] &= E[X^2] - (E[X])^2 = M_X''(0) - (M_X'(0))^2 \end{aligned} \qquad (11.4.1)$$

이 된다. 주의해야 할 것은 이산형과 다르게 적분이 발산하는 경우가 있는 것이지만 이 절에서는 모두 존재하는 것으로 생각한다.

다음은 적률생성함수의 몇 가지 성질이다.

정리 11.4.1 확률변수 X의 적률생성함수가 존재하면 모든 자연수 n에 대하여

(1) $E(X^n) = M_X^{(n)}(0)$

(2) $M_X(t) = 1 + \sum_{n=1}^{\infty} \frac{E(X^n)t^n}{n!}$

증명 (1) 임의의 자연수 n에 대하여 $M_X^{(n)}(t) = E(X^n e^{tX})$이므로 $t=0$를 대입하면 $E(X^n) = M_X^{(n)}(0)$

(2) 먼저 함수 e^{tX}의 테일러 전개는

$$e^{tX} = \sum_{n=0}^{\infty} \frac{(tX)^n}{n!} = \sum_{n=0}^{\infty} \frac{t^n X^n}{n!} = 1 + \sum_{n=1}^{\infty} \frac{t^n X^n}{n!}$$

이므로

$$\begin{aligned} M_X(t) = E(e^{tX}) &= E\left(1 + \sum_{n=1}^{\infty} \frac{t^n X^n}{n!}\right) \\ &= 1 + \sum_{n=1}^{\infty} \frac{E(X^n)t^n}{n!}. \end{aligned}$$

■

정리 11.4.2 확률변수 X에 대하여 $Y = aX + b$이라 하면 임의의 상수 a, b에 대하여

$$M_Y(t) = e^{bt} M_X(at)$$

증명

$$M_Y(t) = E(e^{tY}) = E(e^{t(aX+b)}) = E(e^{atX} e^{bt}) = e^{bt} E(e^{(at)X}) = e^{bt} M_X(at).$$

■

위의 정리는 확률변수 X와 상수 a에 대한 새로운 확률변수 $(X-a)^n$의 기댓값을 구하는 데 유용하게 쓰이는 공식을 유도한다. $M_{X-a}(t) = e^{-at} M_X(t)$이므로

$$E((X-a)^n) = \frac{d^n}{dt^n}[e^{-at} M_X(t)]\bigg|_{t=0}.$$

적률생성함수의 다른 중요한 성질 중의 하나는 다음과 같이, 서로 독립인 두 확률변수의 합의 적률생성함수는 각각의 적률생성함수의 곱과 같다는 것이다.

정리 11.4.3 확률변수 X, Y가 독립이라 하고 M_X, M_Y를 X, Y의 대한 적률생성함수라 하면, $X+Y$의 적률생성함수는

$$M_{X+Y}(t) = M_X(t)M_Y(t)$$

증명 $\rho(x, y)$를 X, Y의 밀도함수라 하면 11.3절에서와 같이

$$M_{X+Y}(t) = E(e^{t(X+Y)}) = E(e^{tX}e^{tY}) = \int_{-\infty}^{\infty}\int_{-\infty}^{\infty} e^{tx}e^{ty}\rho(x, y)dxdy$$

이 된다. 여기에서 X, Y가 독립이므로

$$\begin{aligned}\int_{-\infty}^{\infty}\int_{-\infty}^{\infty} e^{tx}e^{ty}\rho(x,y)dxdy &= \int_{-\infty}^{\infty} e^{tx}\rho^X(x,y)dx\int_{-\infty}^{\infty} e^{ty}\rho^Y(x,y)dy \\ &= M_X(t)M_Y(t)\end{aligned}$$

따라서 다음을 알 수 있다.

$$M_{X+Y}(t) = M_X(t)M_Y(t).$$

■

11.5 여러 가지 확률분포

11.5.1 이산확률분포

앞 절에서 살펴본 것과 같이 확률변수는 이산형과 연속형의 두 가지가 있다. 먼저 이산형의 확률분포의 예를 생각하고 기댓값과 분산을 구해보자. 확률분포의 표만 주면 확률변수 X를 표시하지 않으면 기댓값을 $E(X)$, 분산을 $V(X)$라고 나타낼 수 없다. 먼저 기댓값을 m, 분산을 v로 나타내자.

(1) 베르누이 분포

표 11.5.1 베르누이형의 확률분포

값	x_1	x_2
확률	p_1	p_2

표 11.5.1에서와 같이 값 x_1, x_2 만을 갖는 확률분포라 하면, 이 확률분포의 기댓값은

$$m = x_1 p_1 + x_2 p_2$$

분산은

$$\begin{aligned} v &= (x_1 - m)^2 p_1 + (x_2 - m)^2 p_2 \\ &= [x_1(1-p_1) - x_2 p_2]^2 p_1 + [x_2(1-p_2) - x_1 p_1]^2 p_2 \\ &= (x_1 p_2 - x_2 p_2)^2 p_1 + (x_2 p_1 - x_1 p_1)^2 p_2 \\ &= (x_1 - x_2)^2 (p_2 + p_1) p_1 p_2 \\ &= (x_1 - x_2)^2 p_1 p_2 \end{aligned}$$

동전던지기가 이 대표적인 예이다.

(2) 같은 확률을 갖는 확률분포

표 11.5.2 같은 확률을 갖는 확률분포

값	x_1	x_2	$\cdots$	x_n
확률	$1/n$	$1/n$	$\cdots$	$1/n$

n개의 같은 값을 갖는 확률 $1/n$로 갖는 확률분포표 11.5.2처럼 표시하는 것이다. 표 11.5.2로부터 알 수 있는 기댓값은

$$m = x_1 \times \frac{1}{n} + \cdots + x_n \times \frac{1}{n} = \frac{x_1 + \cdots + x_n}{n}$$

이고 분산은

$$\begin{aligned} v &= (x_1 - m)^2 \times \frac{1}{n} + \cdots + (x_n - m)^2 \times \frac{1}{n} \\ &= \frac{(x_1 - m)^2 + \cdots + (x_n - m)^2}{n} \end{aligned}$$

(3) 이항분포

이항모델이라는 확률분포는 $B(n, p)$로 나타낸다. 앞면을 1, 뒷면을 0으로 하였을 때 앞면이 나올 확률이 p 라 하면 뒷면이 나올 확률은 $q = 1 - p$의 동전을 n번 던질 때 표면의 횟수가 이 확률분포를 나타낸다. 표면이 r번, 뒷면이 $n-r$번 나올 확률은 $p^r q^{n-r}$이고, 이것이 일어나는 경우의 수는

$$\binom{n}{r} = \frac{n!}{r!(n-r)!}$$

가지이고 확률분포는 표 11.5.3과 같다.

표 11.5.3 이항분포

값	0	1	$\cdots$	r	$\cdots$	n
확률	q^n	npq^{n-1}	$\cdots$	$\binom{n}{r} p^r q^{n-r}$	$\cdots$	p^n

이항정리에 따라서

$$q^n + npq^{n-1} + \cdots + p^n = \sum_{r=0}^{n} \binom{n}{r} p^r q^{n-r} = (p+q)^n = 1$$

이 된다. 이 기댓값은

$$m = 0 \times q^n + 1 \times npq^{n-1} + \cdots + n \times p^n \tag{11.5.1}$$

이 되고, 계산이 약간 복잡하나 적률생성함수를 이용하면 간단히 구할 수 있다. 이때 직관적으로 이해하기 쉬운 …라 쓰는 식 (11.5.1)보다 다음과 같이 형식적인 합의 기호를 사용하여 표시하는 것이 좋은 방법이다.

$$m = \sum_{r=0}^{n} r \binom{n}{r} p^r q^{n-r} = \sum_{r=0}^{n} r \frac{n!}{(n-r)!r!} p^r q^{n-r}$$

여기에서 $r = 0$이면 우변은 0이고, $r \geq 1$이면 분모의 $r!$과 r을 약분하여 다음을 얻는다.

$$\begin{aligned} m &= \sum_{r=0}^{n} r \frac{n!}{(n-r)!r!} p^r q^{n-r} \\ &= np \sum_{r=1}^{n} \frac{(n-1)!}{((n-1)-(r-1))!(r-1)!} p^{r-1} q^{(n-1)-(r-1)} \end{aligned}$$

또한, $r-1 = s$라 하면

$$m = np \sum_{s=0}^{n-1} \frac{(n-1)!}{(n-1-s)!s!} p^s q^{(n-1)-s}$$

이므로 다시 이항정리로부터

$$m = np(p+q)^{n-1} = np$$

가 된다. 분산도 같은 방법으로 얻는다.

$$\begin{aligned} v &= \sum_{r=0}^{n} (r-m)^2 \binom{n}{r} p^r q^{n-r} \\ &= \sum_{r=0}^{n} r^2 \binom{n}{r} p^r q^{n-r} - 2m \sum_{r=0}^{n} r \binom{n}{r} p^r q^{n-r} + m^2 (p+q)^n \end{aligned}$$

여기에서 기댓값의 결과를 이용하여 식을 변형하면

$$\begin{aligned} v &= \sum_{r=1}^{n} r(r-1) \binom{n}{r} p^r q^{n-r} + \sum_{r=1}^{n} r \binom{n}{r} p^r q^{n-r} - 2m^2 + m^2 \\ &= \sum_{r=2}^{n} \frac{n!}{(n-r)!(r-2)!} \binom{n}{r} p^r q^{n-r} + m - m^2 \\ &= n(n-1)p^2 (p+q)^{n-2} \\ &= n(n-1)p^2 + m - m^2 \end{aligned}$$

이므로 $m = np$를 대입하면

$$v = n(n-1)p^2 + np - n^2 p^2 = np(1-p) = npq$$

가 된다. 기댓값이 np가 되는 것은 다음의 모델을 보면 쉽게 알 수 있다. 앞면이 나올 확률이 p인 동전을 n번 던졌을 때 앞면의 평균횟수는 $n \times p$이다. 적어도 앞면과 뒷면이 반반으로 나오는 동전을 100회 던지면 앞면의 평균회수가 50회라고 하는 것은 계산이 필요 없이 자명한 문제이다.

(4) 포아송분포

이 확률분포는 지금까지와는 다르게 갖는 값이 무한개인 것이다. 매개변수 $\lambda > 0$에 대한 표 11.5.4가 된다.

표 11.5.4 포아송분포

값	0	1	$\cdots$	r	$\cdots$
확률	$e^{-\lambda}$	$e^{-\lambda}\lambda$	$\cdots$	$e^{-\lambda}\dfrac{\lambda^r}{r!}$	$\cdots$

모든 확률을 더하면 e^{λ}의 테일러 전개를 생각하면

$$e^{-\lambda}\left(1+\lambda+\cdots+\frac{\lambda^r}{r!}+\cdots\right)=e^{-\lambda}e^{\lambda}=1$$

이 된다. 기댓값은

$$\begin{aligned} m &= 0\times e^{-\lambda}+1\times\lambda e^{-\lambda}+\cdots+r\times\frac{\lambda^r}{r!}e^{-\lambda}+\cdots \\ &= \sum_{r=0}^{\infty} r\frac{\lambda^r}{r!}e^{-\lambda} \\ &= e^{-\lambda}\sum_{r=1}^{\infty}\frac{\lambda^r}{(r-1)!} \end{aligned}$$

여기에서 $r-1=s$라 하면

$$m=e^{-\lambda}\sum_{s=0}^{\infty}\lambda\frac{\lambda^s}{s!}=e^{-\lambda}\lambda e^{\lambda}=\lambda$$

분산도 이항분포와 같이

$$\begin{aligned} v &= \sum_{r=0}^{\infty}(r-m)^2\frac{\lambda^r}{r!}e^{-\lambda} \\ &= \sum_{r=0}^{\infty}r^2\frac{\lambda^r}{r!}e^{-\lambda}-\sum_{r=0}^{\infty}2\frac{\lambda^r}{r!}e^{-\lambda}+\sum_{r=0}^{\infty}m^2\frac{\lambda^r}{r!}e^{-\lambda} \\ &= \sum_{r=0}^{\infty}r(r-1)\frac{\lambda^r}{r!}e^{-\lambda}+\sum_{r=0}^{\infty}r\frac{\lambda^r}{r!}e^{-\lambda}-2m^2+m^2 \end{aligned}$$

$$= \sum_{r=2}^{\infty} \frac{\lambda^r}{(r-2)!} e^{-\lambda} + m - m^2$$
$$= \lambda^2 + m - m^2$$

이므로 $m = \lambda$라 하면

$$v = \lambda^2 + \lambda - \lambda^2 = \lambda$$

(5) 기하분포

동전을 던지고 처음으로 앞면이 나올 때까지의 뒷면이 나오는 횟수에 해당한다. 앞면이 나오는 확률을 p, 뒷면이 나올 확률을 q라 하면 처음으로 앞면이 나올 때까지 n번 뒷면이 나올 확률은 $q^n p$이므로 확률분포의 표 11.5.5가 된다.

표 11.5.5 기하분포

값	0	1	$\cdots$	r
확률	p	pq	$\cdots$	pq^r

전체확률은 등비급수의 합의공식에 의하여

$$p + pq + \cdots + pq^r + \cdots = p\frac{1}{1-q} = 1$$

된다. 기댓값은

$$m = 0 \times q + 1 \times pq + \cdots + r \times pq^r + \cdots = \sum_{r=0}^{\infty} rpq^r$$

그러나 이것도 애매하다. 보통의 방법으로는 표현할 수 없으므로 미분을 이용하면 $rq^{r-1} = (q^r)'$이므로

$$m = pq\sum_{r=0}^{\infty}(q^r)' = pq\left(\sum_{r=0}^{\infty} q^r\right)'$$

그러므로 등비급수의 합의공식에 의하여

$$m = pq\left(\frac{1}{1-q}\right) = pq\frac{1}{(1-q)^2} = pq\frac{1}{p^2} = \frac{q}{p}$$

분산도

$$\begin{aligned} v &= \sum_{r=0}^{\infty}(r-m)^2 pq^r \\ &= \sum_{r=0}^{\infty} r(r-1)pq^r + \sum_{r=0}^{\infty} rpq^r - 2m\sum_{r=0}^{\infty} rpq^r + m^2 \\ &= pq^2\left(\sum_{r=0}^{\infty} q^r\right)'' + m - m^2 \\ &= pq^2\left(\frac{1}{1-q}\right)'' + m - m^2 \\ &= pq^2 2(1-q)^{-3} + m - m^2 \end{aligned}$$

이므로 $m = q/p$를 대입하면

$$v = pq^2 2(1-q)^{-3} + \frac{q}{p} - \left(\frac{q}{p}\right)^2 = 2\frac{q^2}{p^2} + \frac{q}{p} - \frac{q^2}{p^2} = \frac{q^2+pq}{p^2} = \frac{q}{p^2}.$$

예 11.5.1 (이항분포)

(1) 한 벌의 카드에서 복원추출로 여섯 장의 카드를 뽑으면 적어도 세 장의 에이스가 얻을 확률 P를 구하여라.

(2) 주사위를 세 번 던졌을 때 1 또는 3이 적어도 한 번 나올 확률 P를 구하여라.

풀이 (1) 전체 카드는 $N=52$장이고 에이스가 $A=4$장이 있으므로 이 중에서 에이스가 나올 확률은 $p=4/52=1/13$이고 나오지 않을 확률은 $q=12/13$이다. 그러므로 적어도 세 장이 나올 확률은

$$P = \sum_{k=3}^{6}\binom{6}{k}\left(\frac{1}{13}\right)^k\left(\frac{12}{13}\right)^{6-k} = \frac{3}{4}.$$

(2) 한 번의 시행에서 사건

$$A:\ 1 \text{ 또는 } 3\text{이 나옴}$$

의 확률은 $p=1/3$이므로 $q=2/3$이다. 그러므로 1 또는 3이 적어도 한 번 나올 확률은

$$P = 1 - \left(\frac{2}{3}\right)^3 = \frac{19}{27}.$$

■

예 11.5.2 (포아송분포)

공장에서 생산된 전구의 2%가 불량품이라면 100개의 전구 중 세 개가 불량품일 확률 P를 구하여라.

풀이 불량품의 개수 X는 $n=100,\ p=0.02$인 이항분포이므로 포아송근사 $\lambda=np=2$이다. 그러므로 세 개가 불량품일 확률은

$$P(X=3)=\frac{e^{-2}2^3}{3!}=0.08$$

이 된다. ■

위 분포의 기댓값과 분산을 적률생성함수를 이용하여 구해보자.

(1) 베르누이분포

위에서 알 수 있듯이 이 확률분포의 기댓값과 분산은 쉽게 구할 수 있지만 적률생성함수를 이용하여 구하면 $M(t)=e^{tx_1}p_1+e^{tx_2}p_2$이므로

$$M'(t)=x_1e^{tx_1}p_1+x_2e^{tx_2}p_2$$
$$M''(t)=x_1^2e^{tx_1}p_1+x_2^2e^{tx_2}p_2$$

이다. 여기에 $t=0$를 대입하면

$$\begin{aligned}m&=M'(0)=x_1p_1+x_2p_2\\ v&=M''(0)-M'(0)=x_1^2p_1+x_2^2p_2-(x_1p_1+x_2p_2)^2\\ &=x_1^2p_1p_2-2x_1x_2p_1p_2+x_2^2p_2p_1\\ &=(x_1-x_2)^2p_2p_1\end{aligned}$$

(2) 같은 확률을 갖는 확률분포

적률생성함수는

$$M(t)=e^{tx_1}\times\frac{1}{n}+\cdots+e^{tx_n}\times\frac{1}{n}=\frac{e^{tx_1}+\cdots+e^{tx_n}}{n}$$

이 되어 쉽게 구할 수 있다.

(3) 이항분포 $B(n,\ p)$

적률생성함수는 이항정리를 사용하여

$$\begin{aligned}M(t)&=e^0q^n+e^tnpq^{n-1}+\cdots+e^{tn}p^n\\ &=\sum_{r=0}^{\infty}\binom{n}{r}p^rq^{n-r}=(e^tp+q)^n\end{aligned}$$

이 된다. 이것을 이용하면

$$M'(t) = n(e^t p + q)^{n-1} pe^t$$
$$M''(t) = n(n-1)(e^t p + q)^{n-2}(pe^t)^2 + n(e^t p + q)^{n-1} pe^t$$

이 되고 여기에 $t = 0$를 대입하면

$$m = M'(0) = n(p+q)^{n-1}p = np$$
$$v = M''(0) - (M'(0))^2 = n(n-1)p^2 + np - (np)^2$$
$$= -np^2 + np = npq$$

이것은 직접 구하는 것보다 쉽게 구할 수 있다.

(4) 포아송분포

e^{λ}의 테일러전개를 생각하면 적률생성함수는

$$M(t) = \sum_{r=0}^{\infty} e^{tr} e^{-\lambda} \frac{\lambda^r}{r!} = e^{-\lambda} \sum_{r=0}^{\infty} \frac{(e^t\lambda)^r}{r!} = \exp[e^t\lambda - \lambda]$$

이 된다. 여기에서 $\exp[x] = e^x$이다. 그러므로 e를 사용하면 지수부분이 표시하기 불편하므로 exp를 사용한다.

$$M'(t) = e^t\lambda \exp[e^t\lambda - \lambda]$$
$$M''(t) = e^t\lambda \exp[e^t\lambda - \lambda] + (e^t\lambda)^2 \exp[e^t\lambda - \lambda]$$

이므로

$$m = M'(0) = e^0\lambda \exp[e^0\lambda - \lambda] = \lambda$$
$$v = M''(0) - (M'(0))^2$$
$$= e^0\lambda \exp[e^0\lambda - \lambda] + (e^0\lambda)^2 \exp[e^0\lambda - \lambda] - \lambda^2$$
$$= \lambda + \lambda^2 - \lambda^2 = \lambda$$

(5) 기하분포

적률생성함수는 등비급수를 사용하여 구하면

$$M(t) = e^0 p + e^t pq + \cdots + e^{tr} pq^r + \cdots$$
$$= p \sum_{r=0}^{\infty} (e^t q)^r = p \frac{1}{1 - e^t q} \quad (e^t q < 1)$$

이므로

$$M'(t) = p\frac{e^t q}{(1-e^t q)^2}$$
$$M''(t) = pq\frac{e^t(1-e^t q)^2 + 2(e^t)^2 q}{(1-e^t q)^3}$$

여기에서 $e^0 q = q < 1$이므로 $t=0$를 대입하면

$$m = M'(0) = p\frac{e^0 q}{(1-e^0 q)^2} = p\frac{q}{p^2} = \frac{q}{p}$$
$$v = M''(0) - (M'(0))^2 = pq\frac{e^0(1-e^0 q) + 2(e^0)^2 q}{(1-e^0 q)^3}\left(\frac{q}{p}\right)^2$$
$$= pq\frac{p+2q}{p^3} - \left(\frac{q}{p}\right)^2$$
$$= \frac{pq+q^2}{p^2} = \frac{q}{p^2}$$

11.5.2 연속확률분포

이 절에서는 연속형의 확률분포를 생각하고 기댓값과 분산을 구하여 보자.

연속형의 확률변수 X의 경우 적률생성함수는

$$M_X(t) = \int_{-\infty}^{\infty} e^{tX}\rho(x)dx$$

라는 정의를 자세히 보면 실제로는 $\rho(x)$의 라플라스 변환이다. 이것을 이산형 등에 확장한 것이다. 또 특성함수는 푸리에 변환이다. 일반적인 경우 푸리에 변환의 정의를 확률측도의 푸리에 변환까지 확장하여 정의하는 것이다. 확률분포의 성질이 적률생성함수나 특성함수로 결정되는 것은 라플라스 변환이나 푸리에 변환이 가지는 해석적인 성질에서 유도된다.

(1) 평등분포

구간 (a, b)의 어느 정도 등 확률로 나타나는 확률분포이다. $U(a, b)$로 표시한다. 전체의 길이 $b-a$이므로 밀도함수는

$$\rho(x) = \begin{cases} \dfrac{1}{b-a} & x \in (a, b) \\ 0 & \text{그밖에} \end{cases}$$

이고 기댓값은

$$m = \int_a^b x \frac{1}{b-a} dx = \frac{1}{b-a}\left[\frac{1}{2}x^2\right]_a^b = \frac{a+b}{2}$$

이다. 분산은

$$\begin{aligned} v &= \int_a^b x^2 \frac{1}{b-a} dx - m^2 \\ &= \frac{1}{b-a}\left[\frac{1}{3}x^3\right]_a^b - \left(\frac{a+b}{2}\right)^2 \\ &= \frac{a^2+ab+b^2}{3} - \left(\frac{a+b}{2}\right)^2 = \frac{(a-b)^2}{12}. \end{aligned}$$

이며 적률생성함수는

$$M(t) = \int_a^b e^{tx} \frac{1}{b-a} dx = \frac{1}{b-a} \frac{e^{tb}-e^{ta}}{t}.$$

이것을 사용하면

$$\begin{aligned} M'(t) &= \frac{e^{tb}-e^{ta}+ate^{at}-bte^{bt}}{(a-b)t^2} \\ M''(t) &= \frac{2e^{at}-2e^{bt}-2ate^{at}+2tbe^{bt}+a^2t^2e^{bt}-b^2t^2e^{bt}}{(a-b)t^3} \end{aligned}$$

이므로 $M'(0)$를 구하고 싶지만, 분모가 이대로는 0이 되므로 로피탈 정리를 사용하면

$$\begin{aligned} m &= M'(0) = \frac{a+b}{2} \\ v &= M''(0) - (M'(0))^2 = \frac{2(a^3-b^3)}{6} - \left(\frac{a+b}{2}\right)^2 \\ &= \frac{(a-b)^2}{12}. \end{aligned}$$

(2) **지수분포**

이산형의 기하분포의 연속형이다. 밀도함수는

$$\rho(x) = \begin{cases} \lambda e^{-\lambda x}, & x > 0 \\ 0, & \text{그밖에} \end{cases}$$

이다. 이 적률생성함수는

$$\begin{aligned} M(t) &= \int_0^\infty e^{tx}\lambda e^{-\lambda x} dx = \lambda \int_0^\infty e^{(t-\lambda)x} dx \\ &= \lambda\left[\frac{e^{(t-\lambda)x}}{t-\lambda}\right]_0^\infty = -\frac{\lambda}{t-\lambda} \quad (t < \lambda). \end{aligned}$$

따라서

$$M'(t) = \frac{\lambda}{(t-\lambda)^2}, \qquad M''(t) = -\frac{2\lambda}{(t-\lambda)^3}$$

에 의해서

$$m = M'(0) = \frac{1}{\lambda}$$
$$v = M''(0) - (M'(0))^2 = 2\frac{1}{\lambda^2} - \left(\frac{1}{\lambda}\right)^2 = \frac{1}{\lambda^2}$$

이 된다.

다음은 연속형의 중에서 가장 중요하고 많이 사용되는 정규분포이다.

(3) 정규분포

연속형의 중에서 가장 중요한 확률분포는 정규분포(또는 가우스분포)이다. 브라운 운동도 정규분포에서 유도된다. 또, 정규분포에서 유도되는 여러 가지 확률분포가 통계에 중요한 구실을 한다. 또, 실제의 우리의 생활 중에서도 편차 등 여러 가지 형에서 정규분포를 사용한다.

확률변수 X가 평균이 m이고 분산이 σ^2인 정규분포를 따른다고 하고 $X \sim N(m,\ \sigma^2)$로 표시한다. 그 밀도함수는

$$\rho_{(m,\sigma^2)}(x) = \frac{1}{\sqrt{2\pi\sigma^2}} e^{\frac{-(x-m)^2}{2\sigma^2}} \tag{11.5.2}$$

로 주어진다.

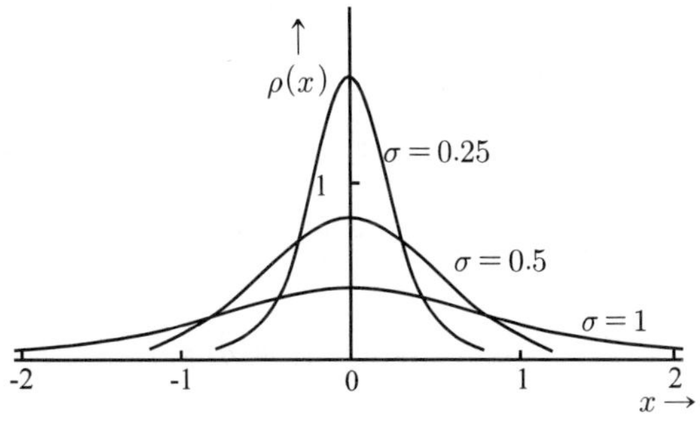

그림 11.5.1 표준정규분포의 밀도함수

이러한 분포를 갖는 확률변수를 정규분포한다고 한다. 이것의 그래프는 $x = m$에서 대칭이다. 이러한 정규분포의 분포함수는

$$F(x) = \frac{1}{\sigma\sqrt{2\pi}} \int_{-\infty}^{x} e^{-\frac{(v-m)^2}{2\sigma^2}} dv \tag{11.5.3}$$

이다. 만일 확률변수 X가 정규분포한다면, X의 값이 구간 $(a, b]$에 속할 확률은

$$P(a < X \leq b) = F(b) - F(a) = \frac{1}{\sigma\sqrt{2\pi}} \int_{a}^{b} e^{-\frac{(v-m)^2}{2\sigma^2}} dv. \tag{11.5.4}$$

평균 0, 분산 1의 정규분포를 표준정규분포라고 하고, $N(0, 1)$로 표시한다. 이 밀도함수는

$$\rho_{(0,1)}(x) = \frac{1}{\sqrt{2\pi}} e^{-\frac{x^2}{2}} \tag{11.5.5}$$

이다. 표준정규분포가 z이하의 값을 갖는 확률을

$$\Phi(z) = \int_{-\infty}^{z} \rho_{(0,1)}(x) dx \tag{11.5.6}$$

로 표시하고, 표준정규분포의 분포함수라고 한다.

식 (11.5.4)에서 $u = (v-m)/\sigma$이라 하면 $du/dv = 1/\sigma$이고 $dv = \sigma du$이다. 또한 v가 $-\infty$에서 x까지의 적분이므로 u는 $-\infty$에서 $z = (x-m)/\sigma$까지 적분한다. 그러면 (11.5.3)식에서

$$F(x) = \frac{1}{\sigma\sqrt{2\pi}} \int_{-\infty}^{(x-m)/\sigma} e^{-\frac{u^2}{2}} \sigma\, dv$$

가 되고 σ가 소거된다. 오른쪽의 식은 (11.5.3)에서 $z = (x-m)/\sigma$로 한 것과 같다. 그러므로 기본적인 관계는

$$F(x) = \Phi\left(\frac{x-m}{\sigma}\right) \tag{11.5.7}$$

이다. (11.5.3)과 (11.5.7)에서

$$P(a < X \leq b) = F(b) - F(a) = \Phi\left(\frac{b-m}{\sigma}\right) - \Phi\left(\frac{a-m}{\sigma}\right). \tag{11.5.8}$$

특히, $a = m - \sigma$, $b = m + \sigma$이면 (11.5.8)의 우변은 $\Phi(1) - \Phi(-1)$이고, $a = m - 2\sigma$, $b = m + 2\sigma$이면 우변은 $\Phi(2) - \Phi(-2)$이다.

다음을 주의하자.

(1) 표준정규분포가 a와 b의 사이의 값($a < b$)를 갖는 확률은

$$\Phi(b) - \Phi(a) = \int_a^b \rho_{(0,\,1)}(x)dx.$$

(2) 표준정규분포의 밀도함수는 원점으로 대칭이므로

$$\Phi(a) = \int_{-\infty}^{a} \rho_{(0,\,1)}(x)dx = \int_{-a}^{+\infty} \rho_{(0,\,1)}(x)dx = 1 - \Phi(-a).$$

확률변수 X가 표준정규분포에 따를 때, 다음 값을 자주 사용한다.

$$P(X \in [0,\,1]) = \Phi(1) - \Phi(0) = \int_0^1 \rho_{(0,\,1)}(x)dx = \text{약 } 34\%$$

$$P(X \in [-1,\,1]) = \Phi(1) - \Phi(-1) = \int_{-1}^{1} \rho_{(0,\,1)}(x)dx = \text{약 } 68\%$$

$$P(X \in [0,\,1.96]) = \Phi(1.96) - \Phi(0) = \int_0^{1.96} \rho_{(0,\,1)}(x)dx = \text{약 } 47.5\%$$

$$P(X \in [-1.96,\,1.96]) = \Phi(1.96) - \Phi(-1.96) = \int_{-1.96}^{1.96} \rho_{(0,\,1)}(x)dx = \text{약 } 95\%$$

특히 $P\{X \in [-1.96,\,1.96]\} =$ 약 95%로 있는 것은 통계의 추정이나 검정으로 많이 사용한다. 왜, 이런 복잡한 확률분포가 중요한 역할을 하는지는 밀도함수를 보고 있는 것만으로는 알 수 없다. $N(m,\,v)$의 적률생성함수를 생각하면

$$\begin{aligned}
M_X(t) &= E\left[e^{tX}\right] = \int_{-\infty}^{+\infty} e^{tx}\rho(x)dx \\
&= \int_{-\infty}^{+\infty} e^{tx}\frac{1}{\sqrt{2\pi v}}e^{-\frac{(x-m)^2}{2v}}dx \\
&= \frac{1}{\sqrt{2\pi v}}\int_{-\infty}^{+\infty} e^{-\frac{x^2-2mx-2vtx+m^2}{2v}}dx \\
&= \frac{1}{\sqrt{2\pi v}}\int_{-\infty}^{+\infty} e^{-\frac{-x(m+vt)^2-2mvt-(vt)^2}{2v}}dx \\
&= e^{\frac{mt+(vt)^2}{2}}\frac{1}{\sqrt{2\pi v}}\int_{-\infty}^{+\infty} e^{\frac{-(x-(m+vt))^2}{2v}}dx \\
&= e^{\frac{mt+(vt)^2}{2}}\frac{1}{\sqrt{2\pi}}\int_{-\infty}^{+\infty} e^{\frac{-x^2}{2}}dx = e^{\frac{mt+(vt)^2}{2}}
\end{aligned}$$

이 된다. 특히 표준정규분포의 모멘트 모함수는

$$M(t) = e^{\frac{t^2}{2}}$$

로서 간단한 형태이다. 정규분포의 적률생성함수는 평균과 분산만으로 정하는 단순한 모양을 하고 있다. 즉, 평균과 분산만을 가지고 다루는 확률분포

가 정규분포라고 할 수 있다. 만원전철을 생각하면 인간의 개성도 체격과 신장이라는 두 개의 요소를 제외해서 없어지는 것처럼 여러 가지 개성을 갖는 확률분포도 다수 모이면, 평균과 분산이라는 개성만으로 정하는 개성이 없는 확률분포로 있는 정규분포로 간주해도 좋다.

정리 11.5.1 정규분포 $N(m, v)$를 따르는 확률변수 X에 대하여

(1) $aX+b$의 확률분포는 $N(am+b, a^2v)$

(2) 두 개의 독립인 확률변수 X와 Y의 확률분포가 $N(m_x, v_x)$와 $N(m_y, v_y)$이면 $aX+bY+c$의 확률분포는

$$N(am_x + bm_y + c,\ a^2v_x + b^2v_y)$$

증명 (1) 밀도함수를 생각해보면

$$\begin{aligned} P(aX+b \in (c, d)) &= P\left\{X \in \left(\frac{c-b}{a}, \frac{d-b}{a}\right)\right\} \\ &= \int_{\frac{c-b}{a}}^{\frac{d-b}{a}} \frac{1}{\sqrt{2\pi v}} e^{-\frac{(x-m)^2}{2v}} dx \end{aligned} \tag{11.5.8}$$

여기에서 $ax+b = y$로 하면,

$$\begin{aligned} P(aX+b \in (c,d)) &= \int_c^d \frac{1}{\sqrt{2\pi v}} e^{-\frac{((y-b)/a-m)^2}{2v}} \frac{1}{a} dy \\ &= \int_c^d \frac{1}{\sqrt{2\pi a^2 v}} e^{-\frac{(y-(am+b))^2}{2a^2v}} \frac{1}{a} dy \end{aligned}$$

에서 $aX+b$의 밀도함수는

$$\frac{1}{\sqrt{2\pi a^2 v}} e^{-\frac{(y-(am+b))^2}{2a^2v}}$$

즉, $N(am+b, a^2v)$는 $aX+bY+c$의 밀도함수이다.

(2) 여기에서도 적분의 변수변환을 해서 유도할 수 있지만 어렵다. 적률생성함수를 사용하는 것이 간단하다. 적률생성함수는

$$M_{X,Y}(t, s) = E[e^{tX+sY}]$$

로 정의한다. 여기에서

$$E[e^{tX+sY}] = E[e^{tX}] \times E[e^{sY}]$$

이 성립된다. 그러므로

$$
\begin{aligned}
M_{aX+bY+c}(t) &= E\left[e^{t(aX+bY+c)}\right] \\
&= E[e^{taX}] \times E[e^{tbY}] \times e^{ct} \\
&= M_X(ta) \times M_Y(tb) \times e^{ct} \\
&= e^{\frac{(ta)m_x+(ta)^2 v_x/2}{2}} e^{\frac{(tb)m_y+(tb)^2 v_y/2}{2}} e^{ct} \\
&= e^{\frac{t(am_x+bm_y+c)+t^2(a^2v_x+b^2v_y)/2}{2}}
\end{aligned}
$$

에서 $aX+bY+c$의 적률생성함수는 $N(am_x+bm_y+c,\ a^2v_x+b^2v_y)$의 적률생성함수와 일치하는 것을 알 수 있다. 따라서 $aX+bY+c$의 확률분포가

$$N(am_x+bm_y+c,\ a^2v_x+b^2v_y)$$

임을 알 수 있다. ■

정규분포에서는 여러 가지 유용한 확률분포가 유도된다. 통계로 사용하는 것은 독립인 $X_1,\ \cdots,\ X_n$가 표준정규분포 $N(0,\ 1)$을 따를 때 다음의 분포를 생각할 수 있다.

(1) $\chi^2 = X^{2}_{+\cdots+X_n^2}1$ 의 확률분포를 자유도 n의 χ^2분포라 한다.

(2) $\dfrac{\overline{X}}{\sqrt{\chi^2/(n-1)}}$의 확률분포를 자유도 $n-1$의 t분포라고 하고 여기에서

$$\overline{X} = \frac{X_1^2+\cdots+X_n^2}{n}$$

(3) $Y = e^x$의 분포를 대수정규분포라고 한다. 즉, $\log Y$의 분포가 정규분포에 따른다.

χ^2분포나 t분포의 값은 각각 대응하는 수표나 컴퓨터를 사용하지 않으면 얻을 수 없지만, 대수정규분포의 값은 정규분포표로 구할 수 있다. 실제로

$$
\begin{aligned}
P(a < Y < b) &= P\{a < e^x < b\} \\
&= P\{\log a < X < \log b\} \\
&= P\left\{\frac{\log a - m}{\sqrt{v}} < \frac{X-m}{\sqrt{v}} < \frac{\log b - m}{\sqrt{v}}\right\} \\
&= \Phi\left(\frac{\log b - m}{\sqrt{v}}\right) - \Phi\left(\frac{\log a - m}{\sqrt{v}}\right)
\end{aligned}
$$

의해서, 정규분포표로 $\dfrac{\log a - m}{\sqrt{v}}$ 와 $\dfrac{\log b - m}{\sqrt{v}}$ 의 값을 찾으면 된다.

예 11.5.3 확률변수 X가 표준정규분포를 따른다고 할 때 다음의 확률을 부록을 이용하여 구하여라.

(1) $P(X \leq 2.44)$ (2) $P(X \leq -1.66)$

(3) $P(X \leq 1.923)$ (4) $P(X \geq 1)$

(5) $P(X \geq -2.9)$ (6) $P(2 \leq X \leq 10)$

풀이 부록을 이용하면

(1) 0.9927

(2) 0.0485

(3) 0.9726

(4) $1 - P(X \leq 1) = 1 - 0.8413 = 0.1587$

(5) $1 - P(X \leq -2.9) = 1 - \Phi(-2.9) = 0.9981$

(6) $\Phi(10) = 1,\ \Phi(2) = 0.9772$이므로 $\Phi(10) - \Phi(2) = 0.0228$ ■

예 11.5.4 어느 대학교의 학생의 키는 평균 171cm, 표준편차 5인 정규분포를 따른다. 한 학생을 임의로 택하였을 때 그 학생의 키가 165cm보다 작을 확률을 구하여라.

풀이 학생의 키를 X라 하면 X는 평균 171cm, 표준편차 5인 정규분포를 따르므로

$$z = \frac{X - 171}{5}$$

라 하면 z는 평균이 0이고 분산이 1인 정규분포를 따른다. 그러므로

$$P(X < 165) = P\left(z < \frac{165 - 171}{5}\right) = P(z < -1.2) = 0.1151.$$ ■

예 11.5.5 예제 11.5.3에서 확률변수 X가 평균 0.8, 분산이 4인 정규분포라 할 때 다음을 구하여라.

(1) $F(2.44)$ (2) $F(-1.16)$ (3) $F(1.923)$

풀이 예제 11.5.3와 11.5.4를 이용하면 다음을 알 수 있다.

(1) $F(2.44) = \Phi\left(\dfrac{2.44 - 0.80}{2}\right) = \Phi(0.82) = 0.7939$

(2) $F(-1.16) = \Phi(-0.98) = 0.1635$

(3) $F(1.923) = \Phi(0.5615) = 0.7128$ ■

예 11.5.6 확률변수 X는 평균이 0이고 분산이 1인 정규분포를 따른다고 할 때 다음을 만족하는 상수 c의 값을 구하여라.

(1) $P(X \geq c) = 0.1$ (2) $P(X \leq c) = 0.05$

(3) $P(0 \leq X \leq c) = 0.45$ (4) $P(-c \leq X \leq c) = 0.99$

풀이 부록표를 이용하면 다음을 얻는다.

(1) $1 - P(X \leq c) = 1 - \Phi(c) = 0.1$이므로 $\Phi(c) = 0.9$가 된다. 그러므로 $c = 1.282$.

(2) $c = -1.645$

(3) $\Phi(c) - \Phi(0) = \Phi(c) - 0.5 = 0.45$이므로 $\Phi(c) = 0.05$가 된다. 그러므로 $c = 1.645$

(4) $c = 2.576$ ■

11.5 연습문제

01 아이가 한 명 태어나는 실험에서 남녀 아이가 태어날 확률은 같다고 하고 반복되는 시행이라 하면, 네 명의 아이가 태어날 가정에 대하여 다음의 확률을 구하여라.

(1) 한 명이 남자이고 세 명이 여자일 확률
(2) 두 명이 남자이고 두 명이 여자일 확률
(3) 세 명이 남자이고 한 명이 여자일 확률
(4) 네 명이 모두 남자일 확률

02 어떤 논문에 압력에 대한 15개의 측정값을 구하였다. 이 측정값 가운데 14개는 끝자리 수가 홀수이다. 끝자리 수가 홀수, 짝수인 것은 같은 정도로 가능하다면 15개의 측정값 가운데 끝자리 수가 많아야 1개의 짝수일 확률을 구하여라.

03 5개의 동전을 던질 때 확률변수 X를 앞면의 개수라 할 때 확률함수를 구하고, 앞면이 하나도 나오지 않을 확률, 1번만 나올 확률, 적어도 1번 이상 나올 확률 그리고 앞면이 4번보다 많이 나오지 않을 확률을 구하여라.

04 전구가 24시간의 검사에서 끊어질 확률은 1%라 하자. 이러한 전구가 10개 있을 때 24시간 동안 모두 끊어지지 않을 확률을 구하여라. 여기에서 각 전구는 독립이다.

05 어떤 기계가 생산하는 나사의 3%가 불량품이고 불량품은 생산하는 과정에서 임의로 생긴다. 만약 1상자당 50개의 나사가 들어 있다면 1상자 가운데 x개의 불량품이 포함될 포아송 근사를 구하여라.

05 어떤 종류의 붉은 꽃의 구근을 1000개씩 그릇에 담아서 판매한다. 경험적으로 이 구근의 1% 이상이 구근이 아니라 하면, 주어진 그릇 안의 구근의 1% 이상이 다른 종류일 확률을 구하여라.

07 사람에게 혈청을 주사한 결과 음성으로 나올 확률은 0.001이다. 1000명의 사람 가운데 2명 이상이 음성일 확률을 구하여라.

08 X는 평균이 100이고 분산이 36인 정규분포를 따른다고 할 때 다음을 구하여라.

(1) $P(X>110)$ (2) $P(X<105)$ (3) $P(90<X<110)$

09 저항기를 생산할 때 저항기의 저항이 평균 $m=100\,\Omega$, 표준편차 $\sigma=2\,\Omega$인 정규분포를 따른다고 하자. 저항이 98Ω과 102Ω 사이의 저항기는 몇 %인가? 그리고 95Ω과 105Ω 사이는 몇 %인가?

10 어느 고등학교에서 키의 크기가 평균 68인치, 표준편차 2.5인치인 정규분포를 따른다고 하자. 200명을 임의로 택하였을 때 다음을 구하여라.

(1) 68인치 이상은 몇 명인가?

(2) 70인치 이상은 몇 명인가?

11 연속확률변수 X의 분포함수가 다음과 같을 때 물음에 답하여라.

$$F(x)=1-e^{-0.1x}$$

(1) 확률밀도함수 $\rho(x)$를 구하여라.

(2) $P(4\le X\le 5)$

12 분포함수가

$$F(x)=\begin{cases} 0\ , & x<0 \\ \dfrac{x+1}{2}, & 0\le x<1 \\ 1\ , & x\ge 1 \end{cases}$$

일 때 확률 $P(-3<X<1/2)$를 구하여라.

13 확률밀도함수가

$$\rho(x)=\begin{cases} 1, & 0\le x\le 1 \\ 0, & \text{그밖에} \end{cases}$$

일 때 기댓값과 분산을 구하여라.

14 원래의 부품과 예비물품으로 구성된 한 시스템이 1개월당 X의 밀도함수가 다음과 같을 때 상수 c의 값을 구하고, 적어도 5개월 작동할 확률을 구하여라.

$$\rho(x) = \begin{cases} kxe^{-x/2}, & x > 0 \\ 0, & x \le 0 \end{cases}$$

15 확률변수 X는 평균이 8이고 표준편차 4를 갖는 정규분포일 때 다음을 구하여라.

(1) $P(5 \le X \le 10)$ (2) $P(10 \le X \le 15)$

(3) $P(X \ge 15)$ (4) $P(X \le 5)$

11.6 표본분포

11.6.1 표본분포

앞으로 다루는 모든 모집단은 무한이거나 그 개체의 수가 아주 크다고 하자. 이 경우 모집단에 대한 어떤 정보를 얻기 위하여 모집단 전체를 측정하거나 관측하는 것은 불가능하거나 또는 시간과 경비가 너무 많이 소요되므로, 모집단의 일부분을 적당히 뽑아서 표본으로 삼고, 이 표본에 대한 관측을 통하여 모집단에 대한 정보를 귀납적으로 추측할 수 있도록 연구하여야 한다. 여기에서 모집단에서 표본을 뽑아내는 것을 표본을 **추출**(sampling)한다고 하고, 추출된 표본의 개체의 수를 표본의 **크기**라 한다. 특히 표본을 모집단으로부터 추출할 때 각 개체가 표본으로 추출될 기회가 동등하도록 즉, 모든 대상에 대하여 추출될 확률이 같도록 하는 방법을 **확률표본**(random sampling)이라 한다.

다음은 서로 독립이고 동일한 분포를 따르는 확률변수들이 확률표본이 된 예이다. 한 회사에서 생산하는 전구의 수명시간에 대하여 알기 위하여 100개의 전구를 택하여 수명시간을 $X_1, \cdots, X_{100}$을 기록하였다고 한다. 이 회사에서 전구를 많이 생산하였다고 가정할 때 전구의 수명시간의 분포를 알아보자. 이러한 경우에 모집단의 분포에 대한 이론적 모형으로서 모르는 확률분포를 설정할 수 있고 $X_1, \cdots, X_{100}$의 값들은 실제 수명시간의 분포에 따라 나타나는 빈도가 결정될 것이다. 여기에서 $X_1, \cdots, X_{100}$는 서로 독립이며 미지의 수명시간의 분포를 따르는 확률변수로 생각할 수 있다.

모집단의 성질을 알아보기 위하여 모집단에서 개체를 임의로 추출하여 관측한다고 할 때, 모집단의 개체를 임의로 추출하는 행위는 하나의 실험이며 이 실험의 출현 가능한 모든 결과들의 집합은 모집단 전체가 되므로 모집단을 표본공간으로 생각할 수 있고, 추출된 개체를 관측하여 수치로 표현하는 일은 이 표본공간에서 정의된 확률변수로 생각할 수 있다. 이와 같이 확률변수 X의 분포는 확률밀도함수 $f(x)$로 나타낸다. 이 확률밀도함수를 **모집단분포**라 하고, X의 평균 μ을 **모평균**, 분산 σ^2을 **모분산**이라 한다.

모집단의 분포와 확률표본은 다음과 같이 정의된다.

> **모집단의 분포와 확률표본**
> 1. 미지의 모집단의 분포는 확률밀도함수 $f(x)$로 나타낸다.
> 2. 모집단의 확률밀도함수 $f(x)$로 부터 확률표본 $X_1, \cdots, X_n$이란 $f(x)$를 확률밀도 함수로 갖는 독립인 확률변수들을 뜻한다.

여기에서 확률표본 $X_1, \cdots, X_n$는 추출과정에서 나타날 수 있는 모든 값을 택할 수 있으며 확률표본 $X_1, \cdots, X_n$의 관측 값 $x_1, \cdots, x_n$을 자료 또는 표본이라 한다. 또한 이러한 n개의 확률표본은 모집단의 확률변수 X와 동일한 확률분포를 따른다.

통계조사에서는 n개의 확률표본 $X_1, \cdots, X_n$을 이용하여 모집단의 분포에 대한 추론을 하여 모집단의 특성을 생각한다. 일반적으로, 확률표본의 함수를 통계량이라 한다. 즉, 통계량은 확률변수이다. 확률표본의 표본평균은

$$\overline{X} = \frac{1}{n}\sum_{i=1}^{n} X_i$$

로 정의하며 이는 모평균의 추론에 사용된다. 또한 확률표본의 분산은

$$S^2 = \frac{1}{n-1}\sum_{i=1}^{n}(X_i - \overline{X})^2$$

으로 정의하며 모분산 σ^2의 추론에 사용한다. 또한, 표본표준편차는

$$S = \sqrt{\frac{1}{n-1}\sum_{i=1}^{n}(X_i - \overline{X})^2}$$

로 정의한다. n개의 확률표본 $X_1, \cdots, X_n$에 의한 자료를 $x_1, \cdots, x_n$이라 하면 이 자료들의 평균, 분산, 표준편차는

$$\overline{x} = \frac{1}{n}\sum_{i=1}^{n} x_i, \quad s^2 = \frac{1}{n-1}\sum_{i=1}^{n}(x_i - \overline{x})^2, \quad s = \sqrt{\frac{1}{n-1}\sum_{i=1}^{n}(x_i - \overline{x})^2}$$

은 각각 표본평균 $\overline{X}$, 표본분산 S^2, 표본표준편차 S의 한 값으로 생각할 수 있다. 확률표본 $X_1, \cdots, X_n$에 의한 자료를 $x_1, \cdots, x_n$이라 하면 표본평균 $\overline{X}$는

$$\overline{x} = \frac{1}{n}\sum_{i=1}^{n} x_i$$

을 그 관측 값으로 택하게 됨을 알 수 있다.

예 11.6.1 모집단의 분포가 아래와 같을 때 이 집단에서 크기 2인 확률표본 X_1, X_2를 추출하려고 한다. 표본평균 $\overline{X}=(X_1+X_2)/2$의 확률분포를 구하여라.

x	0	1	2	3
$f(x)$	0.3	0.4	0.2	0.1

풀이 확률표본은 X_1, X_2는 독립이므로, 결합확률은 각각의 주변확률의 곱으로 나타난다. 예를 들면

$$P(X_1=1,\ X_2=2)=P(X_1=1)P(X_2=2)=0.4\times 0.2=0.08.$$

같은 방법으로 X_1, X_2의 결합분포는 다음과 같다.

x_1 \ x_2	0	1	2	3	합
0	0.09	0.12	0.06	0.03	0.3
1	0.12	0.16	0.08	0.04	0.4
2	0.06	0.08	0.04	0.02	0.2
3	0.03	0.04	0.02	0.01	0.1
합	0.3	0.4	0.2	0.1	1

$\overline{X}=(X_1+X_2)/2$의 확률분포를 구하기 위하여 먼저 $\overline{X}$가 택할 가능할 값을 찾고 이들의 확률은 위의 표로 구할 수 있다. 예를 들면 $(X_1, X_2)=(0,3)$, $(1,2)$, $(2,1)$, $(3,0)$인 경우에 $\overline{X}=1.5$이므로

$$P(\overline{X}=1.5)=0.03+0.08+0.08+0.03=0.22$$

와 같이 구할 수 있다. 그러므로 주어진 표본평균의 분포를 다음과 같이 구할 수 있다.

$\overline{x}$	0	0.5	1	1.5	2	2.5	3	합계
확률	0.09	0.24	0.28	0.22	0.12	0.04	0.01	1

통계량은 하나의 확률변수이므로 일정한 확률분포를 따르게 되는데 이 분포를 표본분포라 한다. 통계량이 어떤 값을 어느 정도의 빈도로 택하는가는 표본분포에 의하여 결정되고, 통계적 추론에서 표본분포는 매우 중요하다. ■

11.6.2 표본평균의 분포

이 절에서는 모평균의 추론에 주로 사용되는 표본평균 $\overline{X}$의 기본성질과

모집단이 정규분포를 따르지 않더라도 표본의 크기가 충분히 크면 표본평균은 정규분포를 따른다는 중심극한정리에 대하여 알아본다.

정리 11.6.1 n개의 확률표본 $X_1, \cdots, X_n$의 모평균을 μ, 모분산을 σ^2이라 하면, 이 확률표본의 표본평균 $\overline{X}$의 평균과 분산은 다음과 같다.

$$E(\overline{X}) = \mu, \qquad V(\overline{X}) = \frac{\sigma^2}{n}$$

증명 $\overline{X} = \frac{1}{n}\sum_{i=1}^{n} X_i$ 이므로 기댓값의 선형성에 의하여

$$E(\overline{X}) = \frac{1}{n}E(X_1 + \cdots + X_n) = \frac{1}{n}[E(X_1) + \cdots + E(X_n)] = \frac{1}{n}n\mu = \mu$$

또한 확률표본 $X_1, \cdots, X_n$은 독립이므로

$$\begin{aligned} V(\overline{X}) &= V\left(\frac{1}{n}\sum_{i=1}^{n} X_i\right) = V\left(\frac{1}{n}(X_1 + \cdots + X_n)\right) \\ &= \frac{1}{n^2}V(X_1 + \cdots + X_n) \\ &= \frac{1}{n^2}[V(X_1) + \cdots + V(X_n)] \\ &= \frac{1}{n^2}n\sigma^2 = \frac{\sigma^2}{n}. \end{aligned}$$

■

위의 정리에서 $\overline{X}$의 표준편차는 $\sigma/\sqrt{n}$ 임을 알 수 있고, 표본평균 $\overline{X}$의 평균은 모집단의 평균과 일치하며, 표본의 크기 n이 클수록 그 분산이 0에 가까워져서 표본의 크기가 클 때 $\overline{X}$는 모집단의 평균인 μ 근처에 집중되어 분포한다는 것을 알 수 있다.

주1 모집단의 분포가 정규분포 $N(\mu, \sigma^2)$인 경우에 $\overline{X}$의 분포는 정규분포가 되고 기댓값은 μ이고 분산이 σ^2/n임을 알 수 있다. 즉,

$$\overline{X} \sim N\left(\mu, \frac{\sigma^2}{n}\right)$$

그러므로 표준화된 확률변수

$$Z = \frac{\overline{X} - \mu}{\sigma/\sqrt{n}}$$

는 표준정규분포 $N(0, 1)$을 따른다.

예 11.6.2 어떤 회사에서 생산되는 전구들의 수명이 평균 800시간, 표준편차가 40시간을 가진 정규분포를 따른다고 하자. 만일 16개의 전구를 임의로 추출하였을 때 이 전구들이 평균수명 시간이 755시간 이하가 될 확률을 구하여라.

풀이 $\overline{X}$의 분포는 $\mu=800$, $\sigma=40/\sqrt{16}=10$인 정규분포를 따르므로 $\overline{X}<755$일 확률은

$$P(\overline{X}<755)=\left(\frac{\overline{X}-800}{10}<\frac{775-800}{10}\right)=(Z<-2.5)=0.006.$$ ■

주1은 모집단의 분포가 정규분포가 아닐 때에도 일반적으로 성립하는 것은 아니다. 그러나 표본의 크기 n을 충분히 크게 할 때는 임의의 모집단으로부터 표본평균이라 하더라도 그 분포가 정규분포에 근사한다는 사실이 알려져 있으며, 이것이 다음의 중심극한정리이며 증명은 생략한다.

정리 11.6.2 **중심극한정리**

평균이 μ이고 분산이 σ^2인 모집단에서 크기 n인 확률표본에서의 표본평균 $\overline{X}$는 n이 크게 되면 근사적으로 정규분포 $N(0,\,1)$을 따른다. 즉, n이 클 때

$$Z=\frac{\overline{X}-\mu}{\sigma/\sqrt{n}}\ \sim\ N(0,\,1)$$

예 11.6.3 평균이 $\mu=20$이고 분산이 $\sigma^2=16$인 모집단에서 크기가 64인 표본을 임의로 추출하였을 때 이 표본의 평균이 19와 21 사이에 있을 확률을 구하여라.

풀이 $\overline{X}$의 평균값은 $\mu=20$이고 표준편차는 $\sigma/\sqrt{n}=4/8=1/2$이므로 $19<\overline{X}<21$일 확률은

$$\begin{aligned}P(19<\overline{X}<21)&=P\left(\frac{19-20}{1/2}<\frac{\overline{X}-20}{1/2}<\frac{21-20}{1/2}\right)\\&=P(-2<Z<2)\\&=2P(0\le Z<2)=0.95.\end{aligned}$$ ■

예 11.6.4 신입생의 신장의 평균값이 168이고 표준편차가 6이라 하자. 100명의 신입생을 임의로 택할 때 표본평균이 167에서 169 사이일 확률을 구하여라.

풀이 모평균은 $\mu=168$, 표준편차는 $\sigma=6$이고 $n=100$이므로 $\overline{X}$는 근사적으로 정규분포한다. $\overline{X}$의 평균값은 $\mu=168$이고 표준편차는 $\sigma/\sqrt{n}=0.6$이므로

$$\begin{aligned} P(167<\overline{X}<169) &= P\left(\frac{167-168}{0.6}<\frac{\overline{X}-168}{0.6}<\frac{169-168}{0.6}\right) \\ &= P(-1.67<Z<1.67) \\ &= 2P(0\le Z<1.67)=0.9050. \end{aligned}$$ ■

주2 중심극한정리에서 평균이 μ, 분산이 σ^2인 모집단에서 크기 n의 독립적인 표본을 추출할 때, 표본수 n이 충분히 크면 표본평균 $\overline{X}$의 분포는 정규분포 $N(\mu,\sigma^2/n)$에 근사한다는 것을 알 수 있고 각 분포에 적용하면 다음과 같다.

(1) $\overline{X}$가 평균이 np, 분산이 npq인 이항 모집단에서의 표본평균이면, $\overline{X}$는 정규분포 $N(np,pq)$에 근사한다.

(2) $\overline{X}$가 평균이 $(a+b)/2$, 분산이 $(b-a)^2/12$인 이항 모집단에서의 표본평균이면, $\overline{X}$는 정규분포

$$N(a+b/2,\ (b-a)^2/(12n))$$

에 근사한다.

(3) $\overline{X}$가 평균이 $1/\lambda$, 분산이 $1/\lambda^2$인 이항 모집단에서의 표본평균이면, $\overline{X}$는 정규분포 $N(1/\lambda, 1/(n\lambda^2))$에 근사한다.

11.6.3 표본비율의 분포

유용한 근삿값을 얻기 위한 표본의 크기는 모집단의 형태가 정규분포와 얼마나 유사한가에 따라 다르게 된다. 물론 모집단이 정규분포이면 $\overline{X}$의 분포는 정규분포를 따른다. 대체적으로 $n>30$이면 근사 정도가 만족할 만하다고 알려져 있다.

표본평균 $\overline{X}$를 대응하는 모집단의 평균 μ의 근삿값으로 생각하는 것은 매우 자연스럽다. 이러한 방법으로 n이 표본의 크기라 할 때

$$\hat{\mu}=\overline{X}=\frac{1}{n}(x_1+x_2+\cdots+x_n)$$

같은 방법으로 표본분산 S^2을 모집단이 분산 σ^2의 근삿값으로 생각할 수 있다. 따라서 σ^2에 대한 추정 값 $\widehat{\sigma^2}=S^2$을 얻는다. 즉,

$$\widehat{\sigma^2}=S^2=\frac{1}{n-1}\sum_{j=1}^{n}(x_j-\overline{X})^2$$

어떤 특정한 분포에서는 μ가 모수로 되는 경우가 있다. 그 예로서 정규분포와 포아송분포가 있다.

이항분포의 경우에 대하여 알아보자. 여론조사에서 찬성이거나 반대, 생산되는 제품이 합격이거나 불합격이거나의 경우에서와 같이 어떤 모집단이 성공 또는 실패의 두 가지 특성만을 가졌을 때 그 집단을 **이항 모집단**이라 한다. 이 이항 모집단에서 성공의 비율을 p라 하면, 이 p를 모비율이라 한다.

모비율이 p인 이항 모집단에서 추출한 크기 N의 확률표본에서 성공 출현횟수를 확률변수 X라 할 때 다음의 값을

$$\overline{P} = \frac{X}{n}$$

을 표본비율이라 하고, $\overline{P}$의 표본분포를 **표본비율분포**라 한다.

모비율이 p인 이항 모집단에서 추출된 크기가 n인 확률표본에서 성공 출현횟수를 나타내는 확률변수 X는 $E(X) = np$, $V(X) = npq$이므로 표본비율 $\overline{P}$의 평균과 분산은

$$E(\overline{P}) = E(X/n) = \frac{1}{n}E(X) = p$$
$$V(\overline{P}) = V(X/n) = \frac{1}{n^2}V(X) = \frac{pq}{n}$$

가 된다. 따라서 표본비율 $\overline{P} = X/n$에 대하여 중심극한정리를 적용하면 다음과 같은 정리를 얻는다.

정리 11.6.3 **표본비율의 정규근사**

모비율이 p인 이항 모집단에서 추출된 크기 n이 충분히 큰($n \geq 30$) 확률분포에서 표본비율 $\overline{P}$는 근사적으로 정규분포 $N(p,\ pq/n)$을 따른다. 즉, 표준화된 확률변수

$$Z = \frac{\overline{P} - p}{\sqrt{pq/n}}$$

는 표준정규분포 $N(0,\ 1)$를 따른다.

예 11.6.5 공장에서 생산되는 제품의 불량률이 10%라 한다. 생산되는 제품 중에서 크기 $n = 50$인 표본을 임의로 추출한다고 할 때 (1) 표본비율 $\overline{P}$의 평균과

분산을 구하고, (2) 임의로 추출된 하나의 표본에 대한 $\overline{P}$의 값이 0.15보다 클 확률을 구하여라.

풀이 (1) $E(\overline{P})=0.1, \quad V(\overline{P})=\frac{1}{50}(0.1)(0.9)=0.0018$

(2) $$\begin{aligned} P(\overline{P}>0.15) &= P\left(\frac{\overline{P}-0.1}{0.04243}>\frac{0.15-0.1}{0.04243}\right) \\ &= P(Z>1.18) \\ &= 1-P(z \le 1.18) \\ &= 0.119 \end{aligned}$$ ■

11.6.4 정규모집단에서의 표본분포

이 절에서는 여러 가지 통계적 추론에서 다양하게 사용되는 정규 모집단에서의 몇 가지 중요한 표본분포에 대하여 알아본다.

통계학의 응용적인 문제에서 S^2의 분포보다는 S^2에 $(n-1)$을 곱하고 모집단의 분산인 σ^2으로 나누어 얻은 통계량

$$X^2=\frac{(n-1)S^2}{\sigma^2}=\sum_{i=1}^{n}\frac{(X_i-\overline{X})^2}{\sigma^2}$$

의 분포가 실제적으로 더 유용하게 쓰인다.

(1) 감마분포와 카이제곱분포

상수 $\alpha>0$에 대하여 4.6절에서 살펴본 감마함수

$$\Gamma(\alpha)=\int_0^\infty y^{\alpha-1}e^{-y}dy \tag{11.6.1}$$

는 존재하며 다음의 성질을 만족한다.

$$\Gamma(\alpha+1)=\alpha\,\Gamma(\alpha)$$

특히, n이 자연수일 때 $\Gamma(n+1)=n!$이 되고 $\Gamma(1)=\int_0^\infty e^{-y}dy=1$임을 쉽게 알 수 있다. 또한 (11.6.1)에서 $y=x/\beta$라 하면

$$\Gamma(\alpha)=\int_0^\infty\left(\frac{x}{\beta}\right)^{\alpha-1}e^{-x/\beta}\left(\frac{1}{\beta}\right)dx$$

이므로 다음이 성립한다.

$$\int_0^\infty \frac{1}{\Gamma(\alpha)\beta^\alpha} x^{\alpha-1} e^{-x/\beta} dx = 1$$

또한 $\alpha, \beta > 0$, $\Gamma(\alpha) > 0$이 된다.

정의 11.6.4 $\alpha, \beta > 0$일 때 다음의 밀도함수를 감마분포의 확률밀도함수라 한다.

$$\rho(x) = \begin{cases} \dfrac{1}{\Gamma(\alpha)\beta^\alpha} x^{\alpha-1} e^{-x/\beta}, & 0 < x < \infty \\ 0, & \text{그밖에} \end{cases}$$

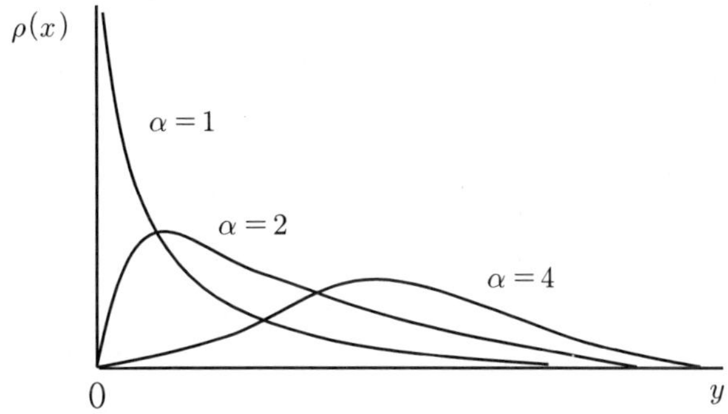

그림 11.6.1 감마분포의 그래프

정의에서 $\beta = 1$일 때 $\alpha = 1, 2, 4$인 경우의 감마분포의 확률밀도함수의 그래프는 그림 11.6.1과 같다.

예 11.6.6 감마분포를 하는 확률변수 X의 확률밀도함수가 다음과 같을 때 상수 k의 값을 구하여라.

$$\rho(x) = \begin{cases} kx^3 e^{-x/2}, & x > 0 \\ 0, & \text{그밖에} \end{cases}$$

풀이 감마분포의 밀도함수를 비교하면

$$\frac{1}{\Gamma(\alpha)\beta^\alpha} = k, \ \alpha - 1 = 3, \ \beta = 2$$

이므로

$$\alpha = 4, \quad k = \frac{1}{\Gamma(4)2^4} = \frac{1}{6 \cdot 16} = \frac{1}{96}.$$

■

정리 11.6.5 확률변수 X가 감마분포를 한다면 이 분포의 평균과 분산은

$$\mu = \alpha\beta, \quad \sigma^2 = \alpha\beta^2 \text{이다.}$$

증명 확률변수 X의 적률생성함수는

$$M_X(t) = \frac{1}{\beta^\alpha \Gamma(\alpha)} \int_0^\infty x^{\alpha-1} e^{-(1-\beta t)x/\beta} dx$$

과 다음을 이용하면 쉽게 구할 수 있다.

$$M_X{}'(0) = E(X), \quad V(X) = M_X{}''(0) - (M_X{}'(0))^2. \quad ■$$

정의 11.6.6 감마분포에서 $\alpha = \frac{n}{2}$이고 $\beta = 2$일 때의 다음과 같은 분포를 자유도가 n인 카이제곱분포(χ^2-분포)라 한다.

$$\rho(x) = \begin{cases} \dfrac{1}{2^{\frac{n}{2}} \Gamma\left(\frac{n}{2}\right)} x^{\frac{n}{2}-1} e^{-\frac{x}{2}}, & 0 < x < \infty \\ 0, & \text{그밖에} \end{cases}$$

이때 카이제곱분포를 따르는 확률변수 X는 자유도 n인 카이제곱분포(χ^2-분포)를 따른다고 한다.

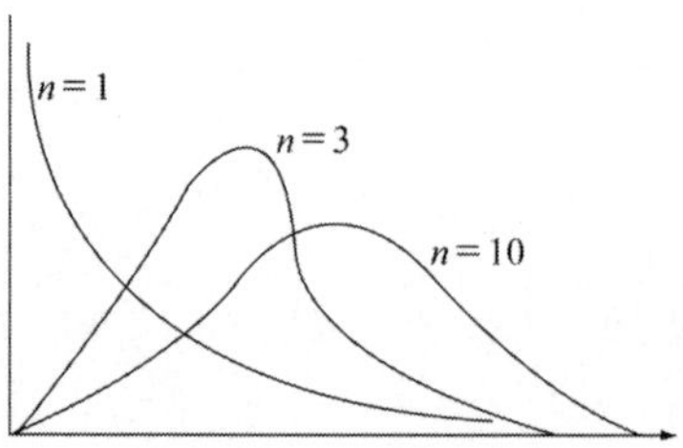

그림 11.6.2 χ^2-분포

그림 11.6.2는 자유도 n의 변화에 따른 χ^2-분포를 나타낸 것이다.

확률변수 X가 자유도가 n인 χ^2-분포를 따를 때 $0 < \alpha < 1$인 임의의 실수 α에 대하여

$$P(X > \chi_0^2) = \alpha$$

가 되는 값 χ_0^2을 자유도 n인 χ^2-분포의 α점이라 하고, $\chi_n^2(\alpha)$ 또는 $\chi^2(n, \alpha)$로 나타낸다. 그림 11.6.3은 빗금친 부분의 넓이가 α와 같게 되는 X의 값 $\chi_n^2(\alpha)$가 α점이다.

만일 자유도가 $n = 5$일 때, 1% 점($\alpha = 0.01$)은 부록의 수표에서

$$\chi^2(5,\ 0.01) = 15.086$$

이다.

수표를 보면

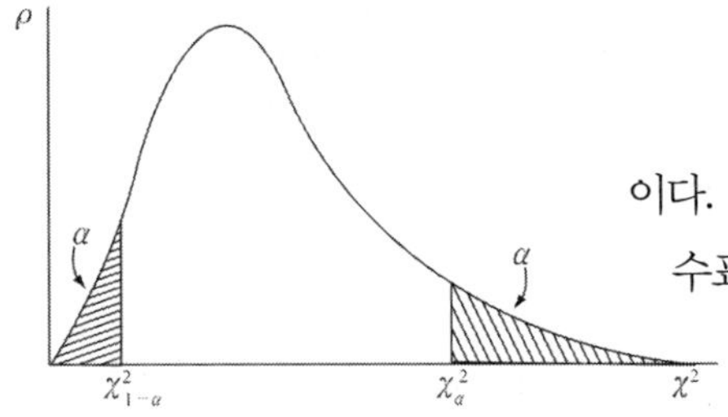

그림 11.6.3 χ^2-분포의 α 점

$$\alpha = 0.995,\ 0.990,\ 0.975,\ 0.950,\ 0.050,\ 0.025,\ 0.010,\ 0.005$$

에 대한 점들이 주어져 있으므로 빠진 것은 아래의 예와 같이 비례를 이용하여 구한다. $\chi^2(73,\ 0.01)$은 수표에 없으므로, 자유도 $n = 80$과 $n = 70$에서의 값 $\chi^2(70,\ 0.01) = 100.4$, $\chi^2(80,\ 0.01) = 112.3$을 이용하여

$$\chi^2(73,\ 0.01) = 100.4 + (112.3 - 100.4) \times 0.3 = 104.0.$$

예 11.6.7 비례를 이용하여 다음의 χ^2-분포를 구하여라.

(1) $\chi^2(63,\ 0.05)$ (2) $\chi^2(55,\ 0.05)$

풀이 (1) 자유도 n에 따른 χ^2-분포는 다음과 같으므로

n	$\chi^2(n,\ 0.05)$
60	79.1
70	90.5

$$\chi^2(63,\ 0.05) = 79.1 + (90.5 - 79.1) \times 0.3 = 82.52.$$

(2) 자유도 n에 따른 χ^2-분포는 다음과 같으므로

n	$\chi^2(n,\ 0.05)$
50	67.5
60	79.1

$$\chi^2(55,\ 0.05) = 67.5 + (79.1 - 67.5) \times 0.5 = 73.3.$$

다음은 적률생성함수를 이용하여 쉽게 알 수 있다.

따름정리 11.6.7 확률변수 X가 자유도가 n인 χ^2-분포를 따를 때, X의 평균과 분산은

$$\mu = n, \qquad \sigma^2 = 2n$$

예 11.6.8 어떤 상품의 하루 매상고의 평균은 25로 χ^2분포를 따르고 있다. 37.7 이상 팔리는 날은 100일 중 며칠로 기대되는가?

풀이 χ^2-분포의 평균은 자유도 n과 같으므로 $\chi^2(25,\alpha) = 37.7$인 α를 구한다. 수표를 이용하면 $\alpha = 0.05$이므로 약 5일로 기대된다. ■

정리 11.6.8 확률변수 X가 정규분포 $N(\mu, \sigma^2)$를 따를 때

$$Z^2 = \left(\frac{X-\mu}{\sigma}\right)^2$$

의 자유도 $n = 1$인 χ^2-분포를 따른다.

증명 Z^2에 대한 적률생성함수 $M_{Z^2}(t)$를 이용하면 쉽게 증명할 수 있다. ■

따름정리 11.6.9 확률변수 X가 이항분포 $B(np, npq)$를 따를 때 통계량 $T = (X - np)/\sqrt{npq}$는 표준정규분포 $N(0, 1)$을 따른다. 그러므로

$$Z^2 = \frac{(X-np)^2}{npq}$$

는 자유도 $n = 1$인 χ^2-분포이다.

예 11.6.9 인구 50만의 도시에서 A당의 지지도는 1/2이라 한다. 여기에서 400명의 표본조사에서 기대도수 200에 대하여 40이상의 편차를 가져올 확률을 구하여라.

풀이 $n = 400$, 지지율 $p = 1/2$이므로

$$np = 400 \times \frac{1}{2} = 200, \quad npq = 400 \times \frac{1}{2} \times \frac{1}{2} = 100.$$

그러므로

$$\chi^2 = \frac{(X-100)^2}{100} \geq \frac{40^2}{100} = 16$$

이 되어 구하는 확률은

$$P(|X-100|^2 \geq 40) = P(\chi^2 \geq 16).$$

자유도 $\nu = 1$이므로 부록에서 $P(\chi^2 \geq 16) < 0.05$이다. ■

다음의 두 정리는 적률생성함수와 독립성을 이용하여 쉽게 알 수 있다.

정리 11.6.10 평균이 μ, 분산이 σ^2인 정규 모집단에서 서로 독립인 n개의 확률표본 $X_1, \cdots, X_n$을 추출할 때

$$Y = \sum_{i=1}^{n} \left(\frac{X - \mu}{\sigma} \right)^2$$

는 자유도가 n인 χ^2-분포를 따른다.

정리 11.6.11 확률표본 $X_1, \cdots, X_n$이 서로 독립이고, 자유도가 $\nu_1, \nu_2, \cdots, \nu_n$ 인 χ^2분포를 따르는 확률변수라 하면, 확률변수

$$Y = X_1 + \cdots + X_n$$

는 자유도 $\nu = \nu_1 + \cdots + \nu_n$인 χ^2-분포를 따른다.

위의 정리 11.6.11는 χ^2-분포를 따르는 서로 독립인 확률변수의 합의 분포는 각 자유도의 합을 자유도로 가지는 χ^2-분포를 따른다는 것을 나타낸다.

정리 11.6.12

n개의 확률표본 $X_1, \cdots, X_n$의 표본분산을 $S^2 = (\sum_{i=1}^{n}(X_i - \overline{X}))/(n-1)$ 이라 할 때

$$\frac{(n-1)S^2}{\sigma^2}$$

은 자유도가 $n-1$인 χ^2-분포를 따른다.

위의 정리 11.6.12에서 자유도가 $n-1$이라는 것은

$$(X_1 - \overline{X}) + \cdots + (X_n - \overline{X}) = 0$$

이므로 $X_1 - \overline{X}, \cdots, X_n - \overline{X}$ 가운데 $n-1$개만이 독립이고 이것의 자유도를 뜻한다.

예 11.6.10 분산 $\sigma^2 = 5.0$인 정규 모집단에서 크기가 5인 표본의 특정 X 값이 다음과 같을 때

$$\chi^2 = \frac{1}{\sigma^2}\sum_{i=1}^{n}(X_i - \overline{X})^2.$$

이 그 실현 값 χ_0보다 커질 확률을 구하여라.

$$24.5, \quad 18.9, \quad 23.7, \quad 23.0, \quad 17.4$$

풀이 표본의 크기는 $n=5$이고 표본평균 $\overline{X}$의 실현값 $\overline{x}=21.5$, χ^2의 실현값

$$\begin{aligned}\chi_0^2 &= \frac{1}{5}[(24.5-21.5)^2 + (18.9-21.5)^2 + (23.7-21.5)^2 \\ &\quad + (23-21.5)^2 + (17.4-21.5)^2] \\ &= \frac{39.66}{5.0} = 7.93.\end{aligned}$$

자유도는 $\nu = 5-1 = 4$이므로 부록을 참조하면

$$P(\chi^2 > 7.93) = 0.10.$$

■

(2) t 분포

$X_1,\ \cdots,\ X_n$ 이 정규 모집단 $N(\mu,\ \sigma^2)$으로부터의 확률표본일 때 표본평균 $\overline{X}$에 대하여

$$\overline{X} \sim N\left(\mu,\ \frac{\sigma^2}{n}\right)$$

이면, 이것을 표준정규화시키면

$$\frac{\overline{X}-\mu}{\sigma/\sqrt{n}} \sim N(0,\ 1)$$

이 성립한다. 여기에서 평균 μ에 대한 통계적 추론에서 σ가 미지인 경우 σ대신에 표본표준편차 $S=\sqrt{\sum_{i=1}^{n}(X_i-\overline{X})/(n-1)}$ 을 대입하여 만들어진 확률변수

$$\frac{\overline{X}-\mu}{S/\sqrt{n}}$$

의 분포를 필요로 하는 경우가 많다. 다음의 정의는 이러한 확률변수의 분포를 잘 나타내는 t 분포이다.

정의 11.6.13 표준정규분포 $N(0,\ 1)$을 따르는 확률변수를 X라 하고 이것과는 독립이고 자유도가 k인 카이제곱분포를 따르는 확률변수를 V라 하면

$$T=\frac{X}{\sqrt{V/k}}$$

의 분포를 자유도 k인 t 분포라 하고 기호로서 다음과 같이 나타낸다.

$$T \sim t(k)$$

위에서 정의된 t분포는 정규 모집단에서 표본의 크기가 작을 때 유용하게 쓰인다. 그림 11.6.4는 자유도가 5인 t분포와 표준정규분포를 비교한 것으로서, t 분포는 표준정규분포와 같이 0을 중심으로 좌우대칭이지만 표준정규분포에 비하여 양 끝부분이 두터움을 알 수 있다.

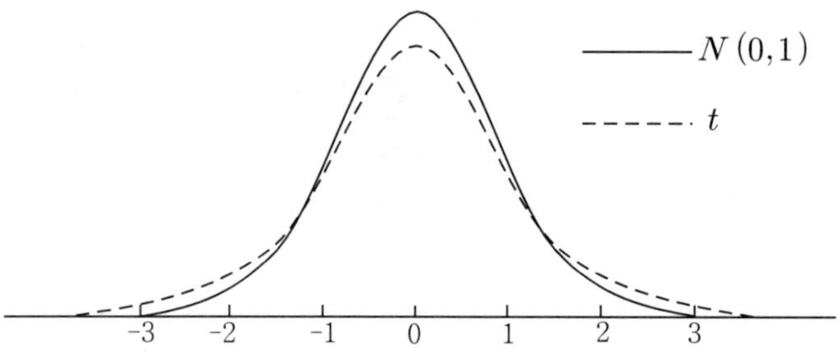

그림 11.6.4 $N(0,\ 1)$과 자유도 5인 t 분포의 비교

예 11.6.11 확률변수 X가 자유도 4인 t분포를 따를 때

$$P(X \geq t) = 0.01$$

이 성립하는 t 의 값을 구하여라.

풀이 자유도는 4이고 $\alpha = 0.01$이므로 부록의 표에 의하여 $t = 3.747$을 얻을 수 있다. ■

위의 예제에서와 같이 $X \sim t(k)$일 때

$$P(X \geq t) = \alpha$$

가 성립하는 t 의 값을 자유도가 k인 t분포의 $100(1-\alpha)$%백분위수 또는 상위 100α%백분위수라 하며 보통 $t(k,\ \alpha)$로 나타낸다.

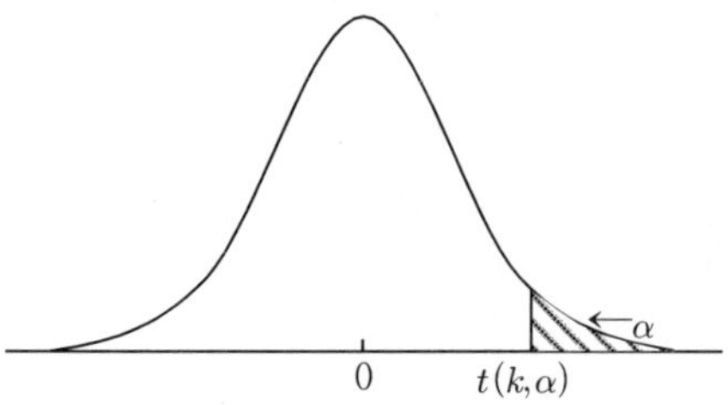

그림 11.6.5 t 분포

예를 들면,

$$t(4,\ 0.05) = 2.132, \quad t(20,\ 0.1) = 1.325, \quad t(30,\ 0.005) = 2.750$$

정리 11.6.14 확률표본 $X_1,\ \cdots,\ X_n$이 정규분포 $N(\mu,\ \sigma^2)$을 따르면

$$\frac{\overline{X} - \mu}{S/\sqrt{n}} \sim t(n-1)$$

이 성립한다.

(3) F분포

이 절에서는 두 정규 모집단의 분산의 비교에 대한 추론에 주로 사용되는 F분포에 대하여 알아본다.

정의 11.6.15 X_1과 X_2를 각각 자유도 k_1, k_2인 카이제곱분포를 따르는 서로 독립인 확률변수라 할 때

$$F = \frac{V_1/k_1}{V_2/k_2}$$

의 분포를 자유도 (k_1, k_2)인 F분포라 하고 기호로서 다음과 같이 나타낸다.

$$F \sim F(k_1, k_2)$$

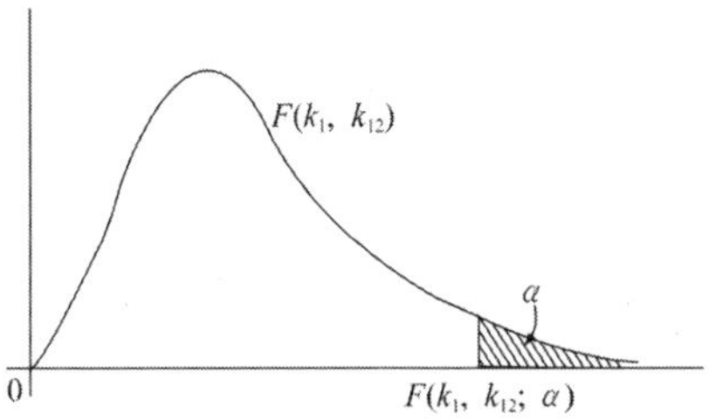

그림 11.6.6 F분포의 형태

F분포도 자유도에 따라 그 모양이 다르지만 대체적인 형태는 그림 11.6.6과 같다.

또한 부록의 표를 이용하면 여러 가지 자유도에 대한 F분포의 분포표를 이용하여 여러 가지 확률을 계산하는 데 사용할 수 있다.

예 11.6.12 확률변수 X가 자유도 (5, 2)인 F분포를 따를 때

$$P(X \geq f) = 0.10$$

가 되는 f를 구하여라.

풀이 부록에서 $k_1 = 5,\ k_2 = 2,\ \alpha = 0.10$이므로 $f = 9.29$가 된다. ■

위의 예제에서 $F \sim F(k_1, k_2)$일 때 $P(F \geq f) = \alpha$가 성립하는 f를 자유도 (k_1, k_2)인 F분포에서의 $100(1-\alpha)\%$ 백분위수라 하며 보통 $F(k_1, k_2, \alpha)$로 나타낸다. 예를 들면

$$F(2, 7, 0.10) = 3.26, \quad F(9, 15, 0.05) = 2.59$$

이다.

다음은 F분포의 성질에서 자유도가 (k_1, k_2)인 F분포를 따르는 확률변수의 여러 가지 확률을 계산하는 데 매우 유용한 F분포의 성질이다.

정의 11.6.16 확률변수 F가 자유도 (k_1, k_2)인 F분포를 따를 때

$$\frac{1}{F} \sim F(k_2, k_1)$$

이 성립한다.

예 11.6.13 예제 11.6.12에서 $F(5, 2, 0.10) = 9.29$이므로

$$F(2, 5, 0.90) = \frac{1}{F(5, 2, 0.10)} = \frac{1}{9.29} = 0.11.$$

다음은 F분포와 t 분포와의 관계를 나타내는 정리이다.

정리 11.6.17 확률변수 X가 자유도가 k인 t분포를 따를 때 다음이 성립한다.

$$X^2 \sim F(1, k)$$

11.7 추정

모집단에서 무작위 표본을 추출하여 표본자료에 함축된 정보를 이용하여 모집단의 특성을 찾아내는 분석과정을 통계적 추론이라 한다. 통계적 추론은 크게 미지의 모수를 추정하는 것과 모수에 대한 가설검정의 두 분야로 구분한다.

이 절에서는 표본으로부터 미지의 모수 값을 추측하는 점추정과 미지의 모수 값을 포함할 만한 구간을 설정하는 구간추정에 대하여 알아보자.

(1) **점추정**

점추정이란 표본에서 얻어지는 정보를 이용하여 미지인 모수의 참값으로 생각되는 하나의 수 값을 일정한 방법에 따라 택하게 하는 방법이다. 이때 어떠한 수 값을 택할 것인가를 지정해주는 방법을 점추정량 또는 추정량이라고 한다. 또한 특정한 관측값에 대하여 정해진 추정량을 사용하여 택하여진 수 값을 추정 값이라 한다.

점추정의 과정을 좀더 엄밀히 생각해 보기 위하여, 미지인 모수 θ에 의하여 특정지어지는 모집단으로부터의 확률표본을 $X_1, \cdots, X_n$이라 하자. 확률표본 $X_1, \cdots, X_n$의 관측값 $x_1, \cdots, x_n$이 얻어지면 지정된 방법 T에 의하여 하나의 수 값 $T(x_1, \cdots, x_n)$을 계산하고, 이를 θ의 참값으로 추측하게 된다. 이때 $T(x_1, \cdots, x_n)$은 통계량으로서 θ의 추정을 목적으로 사용되므로 θ의 **추정량**이라 하고, 흔히 $\hat{\theta}(X_1, \cdots, X_n)$ 또는 $\hat{\theta}$으로 나타낸다. 또한, 특정한 관측값 $x_1, \cdots, x_n$에 대한 추정량 $\hat{\theta}(X_1, \cdots, X_n)$의 관측값 $\hat{\theta}(x_1, \cdots, x_n)$을 θ의 **추정 값**이라 하고, 추정량과 혼동이 되지 않을 때에는 추정량과 마찬가지로 $\hat{\theta}$으로 나타낸다.

정의 11.7.1 추정량 $\hat{\theta}$의 기댓값이 참값 θ일 때 즉, $E(\hat{\theta}) = \theta$이면 $\hat{\theta}$를 θ의 **불편의추정량**이라 하고 아닌 추정량을 **편의추정량**이라 하고 다음의 그림은 불편의추정량과 편의추정량의 분포를 나타낸다.

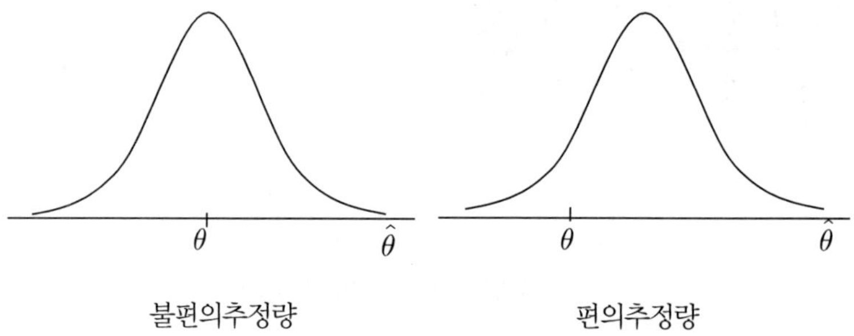

그림 11.7.1 불편추정량과 편의추정량의 분포

예를 들어 표본평균 $\overline{X}$는 모평균 μ의 불편의추정량이다.

$$E(\overline{X}) = E\left(\frac{1}{n}\sum_{i=1}^{n} X_i\right) = \frac{1}{n}E(X_1 + X_2 + \cdots X_n) = \frac{1}{n}(\mu + \cdots + \mu) = \mu$$

또한 표본분산 s^2은 모분산 σ^2의 불편의추정량이다.
$V(\overline{X}) = E(\overline{X}^2) - E^2(\overline{X})$이므로

$$\begin{aligned} E(s^2) &= E\left(\frac{1}{n-1}\sum_{i=1}^{n}(x_i - \overline{x})^2\right) \\ &= \frac{1}{n-1}E\left(\sum_{i=1}^{n} x_i^2 - n\overline{x}^2\right) \\ &= \frac{1}{n-1}\left(\sum_{i=1}^{n} E(x_i^2) - nE(\overline{x})^2\right) \\ &= \frac{1}{n-1}\left(n(\mu^2 + \sigma^2) - n\left(\mu^2 + \frac{\sigma^2}{n}\right)\right) = \sigma^2 \end{aligned}$$

그러나 표본표준편차 s는 모표준편차 σ의 불편의추정량은 아니지만 $(E(s) < \sigma)$ $n > 10$이면 오차가 아주 작아 s를 σ의 불편의추정량으로 간주한다. 어떤 추정량의 표준편차는 그 추정량의 정밀도를 나타낸다. 이런 추정량의 표준편차를 표준오차라 한다. 다시 말하면 추정량 $\hat{\theta}$의 표준편차를 $\hat{\theta}$의 표준오차라 하고 이를

$$SE(\hat{\theta}) = \sqrt{V(\hat{\theta})}$$

으로 나타낸다. 또한, 두 불편의추정량 $\hat{\theta_1}$, $\hat{\theta_2}$에 대해

$$SE(\hat{\theta_1}) < SE(\hat{\theta_2})$$

이면, 추정량 $\hat{\theta_1}$이 $\hat{\theta_2}$보다 유효하다고 한다.

예 11.7.1 어떤 통조림의 내용물이 $300g$이라고 표시되어 있다. 실제 무게를 추정하기 위하여 열 개의 통조림을 무작위로 추출하여 조사한 결과 다음의 정보를 얻었을 때 통조림 무게의 평균과 표준오차를 구하여라.

295 302 285 290 310 298 305 300 292 287

풀이

$$\bar{x} = \sum_{i=1}^{10} \frac{x_i}{10} = \frac{2964}{10} = 296.4,$$

$$s^2 = \frac{1}{10-1} \sum_{i=1}^{10} (x_i - \bar{x})^2 = 64.6$$

$$s = \sqrt{s^2} = 8.04$$

따라서 μ의 추정량 $\hat{\mu} = \bar{x} = 296.4$이고, 표준오차는

$$\widehat{SE}(\overline{X}) = \frac{S}{\sqrt{10}} = \frac{8.07}{\sqrt{10}} = 2.55$$

이다. ■

모비율은 실업률, 찬성률, 불량률 등과 같이 모집단에서 어떤 특성을 갖는 개체들의 비율이다. 모집단 전체에서 지정된 특성을 갖는 개체들의 비율을 p라 하고 크기 n의 랜덤표본 $x_1, \cdots, x_n$을 추출하며 지정된 특성을 갖는 관측의 개수를 n이라 하자. 이때 X는 이항분포 $B(n, p)$를 따른다.

정의 11.7.2 모비율 p의 추정량을 표본비율 $\hat{p}$이라 하고 다음과 같다.

$$\hat{p} = \frac{X}{n}$$

표본비율 $\hat{p}$는 다음 성질이 있다.

(1) $\hat{p}$는 p의 불편의추정량이다. 즉 $E(\hat{p}) = p$

$$E(\hat{p}) = E\left(\frac{X}{n}\right) = \frac{E(X)}{n} = \frac{np}{n} = p.$$

(2) $V(\hat{p}) = V\left(\frac{X}{n}\right) = \frac{V(X)}{n^2} = \frac{p(1-p)}{n}$

따라서 표준오차 $\widehat{SE}(\hat{p}) = \sqrt{\frac{\hat{p}(1-\hat{p})}{n}}$ 이다.

예 11.7.2 방송국에서 새 프로그램에 대한 여론을 조사하기 위하여 1,000명을 무작위로 추출하여 찬반을 조사했다. 조사 결과 900명이 찬성했다. 찬성률에 대한 추정 값을 구하고 표준오차를 구하여라.

풀이

$$\hat{p}=\frac{X}{n}=\frac{900}{1000}=\frac{9}{10},\quad \widehat{SE}(\hat{p})=\sqrt{\frac{(0.9)(0.1)}{1000}}=\frac{0.3}{10\sqrt{10}}.$$ ■

(2) 구간추정

정규모집단에서 모평균 μ가 미지일 때 모평균 μ에 대한 신뢰구간을 추정하여 보자. $\overline{X} \sim N(\mu, \sigma^2/n)$이므로 표준화시키면 $Z=\dfrac{\overline{X}-\mu}{\sigma/\sqrt{n}} \sim N(0, 1)$을 따른다. 표준정규분포의 성질을 이용하여

$$P(-z_{\sigma/2} < Z < z_{\sigma/2})=1-\alpha$$

이므로

$$P\left(-z_{\alpha/2} < \frac{\overline{X}-\mu}{\sigma/\sqrt{n}} < z_{\alpha/2}\right)=1-\alpha$$

이다. 만일 유의수준이 $\alpha=0.05$라고 하면 $-1.96<z<1.96$에서 $z=(\overline{X}-\mu)/(\sigma/\sqrt{n})$이므로 $-1.96<\dfrac{\overline{X}-\mu}{\sigma/\sqrt{n}}<1.96$이 된다. 이것을 정리하면

$$\mu-1.96\frac{\sigma}{\sqrt{n}}<\overline{X}<\mu+1.96\frac{\sigma}{\sqrt{n}}$$

이 되므로

$$\overline{X}-1.96\frac{\sigma}{\sqrt{n}}<\mu<\overline{X}+1.96\frac{\sigma}{\sqrt{n}}$$

이다. 그러므로 $P(-1.96<z<1.96)=0.95$이면

$$P\left(\overline{X}-1.96\frac{\sigma}{\sqrt{n}}<\mu<\overline{X}+1.96\frac{\sigma}{\sqrt{n}}\right)=0.95$$

이 되어 미지의 모수 μ에 대한 95% 신뢰구간은 다음과 같다.

$$\left(\overline{X}-1.96\frac{\sigma}{\sqrt{n}},\quad \overline{X}+1.96\frac{\sigma}{\sqrt{n}}\right).$$

정의 11.7.3 점추정에 오차의 개념을 포함한 추정법을 **구간추정**이라 한다. $(1-\alpha)$로 신뢰도가 지정되면 $P(L < \theta < U) = 1-\alpha$이다. 이때 (L, U)를 모수 θ에 대한 **$100(1-\alpha)\%$ 신뢰구간**이라 하고 $(1-\alpha)$를 **구간의 신뢰수준**이라 하고 α는 **유의수준**, L은 **신뢰하한**, U는 **신뢰상한**이라 한다.

(a) **대표본**$(n > 30)$에서 **모평균의 신뢰구간**

모집단의 분포가 정규분포이면 표본분포 $\overline{X}$도 정규분포이고 모집단이 비정규분포일지라도 n이 충분히 클 때에는 중심극한정리에 의하여 $\overline{X}$는 근사적으로 정규분포를 따르므로 μ의 신뢰구간은 다음과 같다.

표본에서 모평균 μ의 $100(1-\alpha)\%$ 신뢰구간은

$$\left(\overline{X}-Z_{\frac{\alpha}{2}}\frac{s}{\sqrt{n}},\quad \overline{X}+Z_{\frac{\alpha}{2}}\frac{s}{\sqrt{n}}\right)$$

(b) **소표본**$(n \le 30)$에서 **모평균의 신뢰구간**

소표본에서는 모집단이 정규분포를 따를 때에도 σ 대신에 s를 대입한 것이 정규분포와 차이가 있으므로 t분포를 따른다.

t분포: $X_1, \cdots, X_n$이 $N(\mu, \sigma^2)$에서 무작위 표본일 때

$$t = \frac{\overline{X}-\mu}{s/\sqrt{n}}$$

는 자유도 $n-1$인 t 분포를 이루고 자유도는 독립변수의 개수이다.

소표본에서 모평균: μ의 $100(1-\alpha)\%$ 신뢰구간

$$\left(\overline{X}-t_{\alpha/2}(n-1)\frac{s}{\sqrt{n}},\quad \overline{X}+t_{\alpha/2}(n-1)\frac{s}{\sqrt{n}}\right)$$

모집단의 분포가 정규분포를 따르지 않고 표본의 크기가 작으면 $(n \le 30)$ 모평균 μ에 대한 신뢰구간을 구할 수 없다.

예 11.7.3 어느 고등학교 3학년 학생의 평균 수면시간을 조사하기 위하여 64명에 대하여 조사한 결과 $\overline{x}=6$(시간), $s=1$(시간)이었다. 평균 수면시간의 95% 신뢰구간을 구하여라.

풀이 무작위 표본의 크기가 $64(>30)$개이므로 대표본으로 간주하며 다음의 신뢰구간을 얻는다. μ에 대한 95% 신뢰구간

$$\left(\overline{X} - z_{0.025}\frac{s}{\sqrt{n}},\ \overline{X} + z_{0.025}\frac{s}{\sqrt{n}}\right) = \left(6 - 1.96\frac{1}{\sqrt{64}},\ 6 + 1.96\frac{1}{\sqrt{64}}\right)$$
$$= (6 - 0.245,\ 6 + 0.245)$$
$$= (5.755,\ 6.245).$$ ■

여기에서 $z_{0.025} = 1.96$이다.

예 11.7.4 시중에서 인기 있는 일곱 가지 통조림의 주성분의 비율을 조사하기 위하여 다음의 자료를 얻었을 때 평균 주성분의 비율의 90% 신뢰구간을 구하여라.

72 65 31 78 62 57 81

풀이 확률 표본의 크기가 7이므로 소표본이다. 여기에서 $\overline{X} = 63.714$, $s = 16.790$, $t_{0.05}(7-1) = 1.943$이므로

$$\left(\overline{X} - t_{0.05}(n-1)\frac{s}{\sqrt{n}},\ \overline{X} + t_{0.05}(n-1)\frac{s}{\sqrt{n}}\right)$$
$$= \left(63.714 - 1.943 \times \frac{16.790}{\sqrt{7}},\ 63.714 + 1.943 \times \frac{16.790}{\sqrt{7}}\right)$$
$$= (51.384,\ 76.044).$$ ■

(c) 모비율의 신뢰구간

X는 이항분포 $B(n, p)$를 따르고 표본비율 $\hat{p} = \frac{X}{n}$이므로, n이 충분히 클 때 X의 분포는 근사적으로 $N(np, np(1-p))$이 되고

$$z = \frac{X - np}{\sqrt{n\hat{p}(1-p)}} = \frac{\hat{p} - p}{\sqrt{\frac{\hat{p}(1-p)}{n}}}$$

는 근사적으로 $N(0, 1)$을 따른다.

모비율 p의 $100(1-\alpha)\%$ 신뢰구간

$$\left(\hat{p} - z_{\frac{\alpha}{2}}\sqrt{\frac{\hat{p}(1-p)}{n}},\ \hat{p} + z_{\frac{\alpha}{2}}\sqrt{\frac{\hat{p}(1-p)}{n}}\right)$$

예 11.7.5 시중에서 판매되는 컴퓨터의 불량을 추정하려 한다. 870대의 컴퓨터를 무작위로 추출하여 조사하였더니 불량품이 330대였을 때 판매되는 컴퓨터의 불량률에 대한 90% 신뢰구간을 구하여라.

풀이

$$\hat{p}=\frac{330}{870}=0.38,$$
$$s=\sqrt{\frac{(0.38)(1-0.38)}{870}}=0.016,$$
$$z_{\frac{\alpha}{2}}=z_{0.05}=1.64$$

이므로 신뢰구간은

$$(0.38-1.64(0.016),\ 0.38+1.64(0.016))=(0.354,\ 0.406).$$ ■

11.7 연습문제

01 어느 모집단의 표준편차는 4이고 그 집단에서 100개를 추출하여 평균을 알아보니 501.2였다. 모집단의 평균 μ에 대한 95% 신뢰구간을 구하여라.

02 어느 회사의 자동차 타이어의 수명은 평균 30000km이고, 표준편차 2000km인 정규분포에 따른다고 한다. 한 사람이 타이어 네 개를 샀을 때 이 네 개의 평균수명이 25000km 이상일 확률을 구하여라.

03 $X_1, X_2, \cdots, X_{100}$이 서로 독립으로 $N(50, 15^2)$을 따를 때

$$\overline{X} = \frac{1}{100}(X_1 + \cdots + X_{100}) \text{인 } \overline{X}\text{가 } 47 < \overline{X} < 53$$

인 범위에 있을 확률을 구하여라.

04 한 타이어 제조 회사에서 개발 중인 공정은 기존의 공정에 비하여 타이어의 평균수명은 증가하고 표준편차는 기존 공정의 표준편차 $\sigma = 5000$km가 그대로 유지되리라고 기대된다. 새로운 공정에 의한 시제품을 $n = 100$개 생산하여 실험한 결과 표본의 평균수명이 $\overline{x} = 38000$km이었다. 새로운 공정에 의한 타이어의 평균수명 μ를 구하고 표본평균의 표준편차를 구하여라.

05 한 공장에서 생산하는 플라스틱판의 경우에 그 두께의 변이 정도가 중요한 특성이라고 한다. 이 공장에서 생산되는 플라스틱판 중에서 열 개의 표본을 추출하여 그 두께를 측정한 결과가 mm단위로 다음과 같았다.

$$236,\ 228,\ 226,\ 225,\ 232,\ 227,\ 225,\ 230$$

이 공장에서 생산하는 플라스틱판 두께의 표준편차 σ의 추정 값을 구하여라.

11.8 가설검정

통계추론의 또 다른 분야는 가설검정이다. 가설검정은 표본에 담긴 정보를 이용하여 가설의 옳고 그름을 통계적으로 판정한다. 수집된 표본결과가 확률적 오차를 수반하므로 오류의 허용 확률을 미리 정해놓고 그 기준에 따라 가설의 채택이나 기각을 결정한다. 예를 들어 어느 전구 생산 공장에서 평균수명이 1000시간이 되도록 품질관리를 하였다. 이제 품질을 개선하기 위하여 새로운 공법이 개발되었고 기존의 전구에 비하여 평균수명이 길다고 주장한다. 이와 같은 주장을 확인하기 위해 100개의 표본을 무작위로 추출하여 수명을 측정한 결과 평균수명 $\bar{x}=1030$(시간), 표준편차 $s=100$(시간)이었다. 이 자료로부터 새 공법에 의한 전구의 평균수명은 기존의 전구의 평균수명보다 길어졌다고 확신할 수 있는가? 이와 같은 문제에서는 새 공법에 의한 평균수명이 기존의 공법에 의한 평균수명보다 증가했다는 확신이 있을 때에만 새 공법을 채택하게 된다. 따라서 다음과 같은 가설을 세운다.

$$H_0 : \mu = 1000,\ \ H_1 : \mu > 1000$$

여기에서 H_0을 **귀무가설**이라 하며 H_1을 **대립가설**이라 한다. 표본으로부터 확실한 근거에 의하여 입증하고자 하는 가설을 대립가설 H_1으로 정하고 H_0는 대립가설이 참이라는 확실한 근거가 없는 경우에 받아들이는 가설이다. 그러므로 귀무가설 H_0을 채택할 때에는 아무런 확신도 할 수 없다.

귀무가설 H_0와 대립가설 H_1 중에서 어느 것을 선택할 것인가는 표본평균 $\overline{X}$의 값에 따른다. 즉 $\overline{X}$의 값이 충분히 크면 대립가설 H_1을 채택하고, 새 공법을 선택하는 결정을 내린다. 표본분포 $\overline{X}$는 정규분포 $N\left(\mu,\ \dfrac{\sigma^2}{n}\right)$을 따르므로

$$Z = \frac{\overline{X}-1000}{\dfrac{100}{\sqrt{100}}} = \frac{\overline{X}-1000}{10}$$

은 표준정규분포 $N(0,\ 1)$이다.

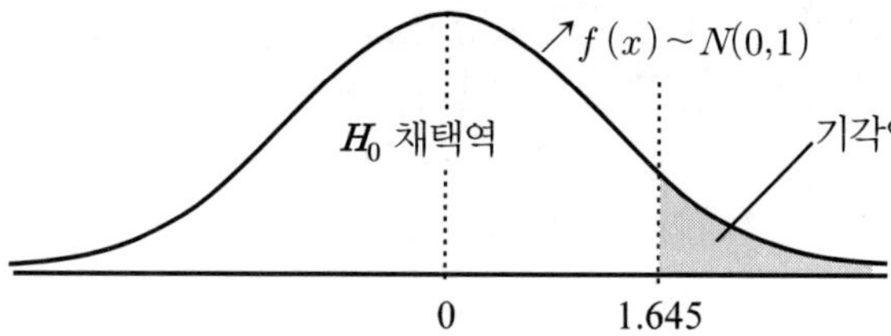

그림 11.8.1

이제 $\overline{X}$의 값이 충분히 커서 $Z \geq z_{0.05} = 1.645$(즉, 유의수준 $\alpha = 0.05(5\%)$) 일 때 H_0를 기각하고 H_1를 채택한다. 따라서

$$Z = \frac{\overline{X} - 1000}{10} = \frac{1030 - 1000}{10} = \frac{30}{10} \geq 1.645$$

이므로, 귀무가설 H_0를 기각하고 대립가설 H_1을 채택하는 결정을 내린다.

대립가설 H_1은 분석자가 주장하는 가설 즉, 모집단의 특성에 대한 새로운 사실을 주장하는 가설이고, 귀무가설 H_0은 대립가설이 참이 아닌 가설을 말한다.

유의수준은 귀무가설 H_0가 참일 때 대립가설 H_1을 채택하는 오류를 범할 확률의 최대허용한계를 말하는데 흔히 사용하는 유의수준 α의 값은 0.05(5%), 0.01(1%), 0.1(10%) 등이다.

대립가설에는 모수의 영역이 한쪽만 주어지는 단측검정(one-sided test)과 양쪽이 주어지는 양측검정(two-sided test)이 있다. 즉

(a) $H_1 : \theta > \theta_0$ (단측) $\quad H_0 : \theta = \theta_0$

(b) $H_1 : \theta < \theta_0$ (단측) $\quad H_0 : \theta = \theta_0$

(c) $H_1 : \theta \neq \theta_0$ (양측) $\quad H_0 : \theta = \theta_0$

(1) 모평균의 검정

(a) 대표본에서 모평균의 검정 ($n \geq 30$)

모평균 μ는 표본평균 $\overline{X}$로 추정하며 μ_0는 가정된 모평균의 값이며 α는 유의수준이고 Z_α는 표준정규분포에서 오른쪽 꼬리부분의 면적이 α가 되는 점이다.

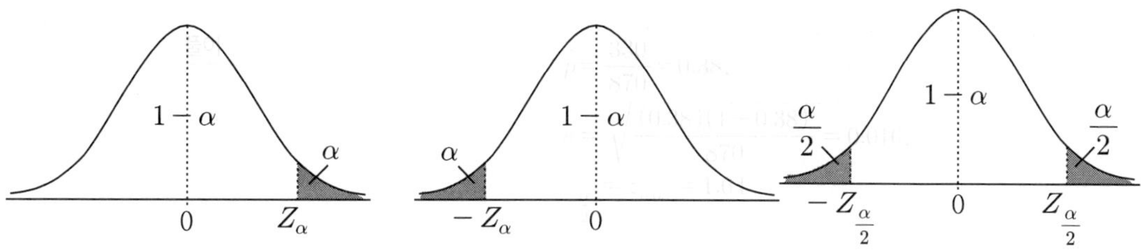

그림 11.8.2 대표본에서 모평균의 검정

귀무가설 : $H_0 : \mu = \mu_0$

검정통계량: $z = \dfrac{\overline{x} - \mu_0}{\frac{s}{\sqrt{n}}}$

기각역 : (a) $H_1 : \mu > \mu_0$ 일 때 $z \geq z_\alpha$

(대립가설) (b) $H_1 : \mu < \mu_0$ 일 때 $z \leq -z_\alpha$

(c) $H_1 : \mu \neq \mu_0$ 일 때 $|z| \geq z_{\frac{\alpha}{2}}$

예 11.8.1 어느 꽁치 통조림의 염분 함량이 5.0%라고 표시되어 있다. 이를 확인하기 위하여 64통을 조사한 결과 염분 함량이 $\overline{x}$ = 5.2(%), s =0.8(%)이었다. 이 통조림의 염분 함량 표시는 정당하다고 할 수 있는가? 유의수준 5%에서 검정하여라.

풀이 함량표시가 정당하지 않은 것은 $\mu \neq 5.0$(%)이다. 따라서 다음 검정을 시행한다.

귀무가설 : $H_0 \ : \ \mu = 5.0$

대립가설 : $H_1 \ : \ \mu \neq 5.0$

유의수준 : $\alpha = 0.05, \ |z| \geq z_{\frac{\alpha}{2}} = z_{0.025} = 1.96$

검정통계량 : $z = \dfrac{\overline{x} - \mu_0}{\frac{s}{\sqrt{n}}} = \dfrac{5.2 - 5}{\frac{0.8}{\sqrt{64}}} = 2 > 1.96$

따라서 유의수준 5%에서 H_0는 기각된다. 즉, 함량 표시는 정당하지 않다. ■

(b) 소표본에서 모평균의 검정

모집단의 분포가 정규분포이면 소표본($n \leq 30$)이 추출되는 경우 t통계량 $t = \dfrac{\overline{X} - \mu}{\frac{s}{\sqrt{n}}}$는 자유도 $n-1$인 t분포를 이용한다.

소표본에서 모평균의 검정

귀무가설 : $H_0 \quad : \quad \mu = \mu_0$

검정통계량 : $t = \dfrac{\overline{X} - \mu}{\dfrac{s}{\sqrt{n}}}$

기각역 : (a) $H_1 \quad : \quad \mu > \mu_0$ 일 때 $t \geq t_a(n-1)$

(대립가설) (b) $H_1 \quad : \quad \mu < \mu_0$ 일 때 $t \leq t_a(n-1)$

(c) $H_1 \quad : \quad \mu \neq \mu_0$ 일 때 $|t| \leq t_{\frac{a}{2}}(n-1)$

예 11.8.2 새로 나온 담배 한 개피당 니코틴 함량이 20mg이라고 하자. 이를 확인하기 위하여 열 개피를 조사한 결과 다음 자료를 얻었다.

20 18 23 20 22 19 25 23 24 21

평균 니코틴 함량이 20mg 이상이라고 할 수 있는가? 유의수준 5%에서 검정하여라.

풀이 표본의 크기가 10이므로 t분포를 이용한다.

귀무가설 $H_0 \quad : \quad \mu = 20$

대립가설 $H_1 \quad : \quad \mu > 20$

$$\overline{x} = 21.5, \quad s = 2.273, \quad t_{0.05}(9) = 1.383$$

$$t = \frac{21.5 - 20}{\dfrac{2.273}{\sqrt{10}}} = 2.087 > 1.383$$

따라서 유의수준 5%에서 H_0을 기각한다. 즉 평균 니코틴 함량이 20mg 이상이라고 할 수 있다. ■

(2) 모비율의 검정

X가 이항분포 $B(n, p)$이며 표본비율 $\hat{p} = \dfrac{X}{n}$의 기댓값과 분산은 각각 $p,\ p\dfrac{(1-p)}{n}$이다. 표본크기 n개의 랜덤표본을 추출하여 n이 충분히 크면 $(np_0 > 5,\ n(1-p_0) > 5)$ $Z = \dfrac{\hat{p} - p}{\sqrt{\dfrac{p(1-p)}{n}}}$는 근사적으로 표준정규분포를 따른다.

대표본에서 모비율의 검정

귀무가설 : $H_0 \quad : \quad p = p_0$

검정통계량 : $z = \dfrac{\hat{p} - p_0}{\sqrt{\dfrac{p_0(1-p_0)}{n}}}$

기각역 : (a) $H_1 \quad : \quad p > p_0$일 때 $z \geq z_a$

(대립가설) (b) $H_1 \quad : \quad p < p_0$일 때 $z \leq -z_a$

(c) $H_1 \quad : \quad p \neq p_0$일 때 $|z| \leq z_{\frac{a}{2}}$

예 11.8.3 어느 항공사의 예약 취소율을 10% 정도로 예상하였다. 실제로 금년의 예약 취소는 100건 중에 15건이었다. 이 항공사의 예상이 잘못되었다고 확신할 수 있는가? 유의수준 5%에서 검정하여라.

풀이 귀무가설과 대립가설은 다음과 같이 세울 수 있다.

$$H_0 \quad : \quad p = 0.1, \quad H_1 \quad : \quad p \neq 0.1$$

주어진 자료에서 $p_0 = 0.1$이고 $\hat{p} = \dfrac{15}{100} = 0.15$이다. 검정통계량의 값은

$$|\ z\ | = \frac{0.15 - 0.1}{\sqrt{\dfrac{0.1 \times 0.9}{100}}} = 1.67 < Z_{0.025} = 1.96$$

따라서 H_0을 기각하지 못한다. 즉 항공사의 예측이 잘못되었다고 할 수 없다. ■

11.8 연습문제

01 어느 벨트 생산공장에서 생산된 제품은 평균 1850시간을 사용할 수 있는데, 그 표준편차는 120시간 정도라고 한다. 새로운 기술 도입으로 생산된 신형 벨트 중에서 60개를 임의 표본조사를 해본 결과 그 표본평균 사용 시간이 1900시간으로 계산되었다고 한다. 이때 사용 시간을 늘리게 되었다고 광고하는 이 공장의 주장을 5%의 유의수준에 검정하여라.

02 새로운 전구를 개발하여 판매하는 회사가 이 새로운 전구의 평균수명이 1950시간을 상회한다고 주장한다. 생산되는 전구 중 20개를 추출하여 그 수명시간을 기록한 결과가 다음 표와 같다. 전구의 수명시간이 표준편차가 20시간인 정규분포를 따른다고 할 때 회사 측의 주장이 옳는지를 검정하여라.

전구의 수명시간

1939	1975	1920	1972	1950	2000	1950	1943	1975	1954
1951	1985	1975	1993	1980	1942	1925	1977	1949	1962

03 어떤 제약회사에서 무좀약을 새로 개발하여, 일주일간 치료하면 치유율이 70% 이상이라고 선전하였다. 이를 확인하기 위하여 30명의 무좀 환자에게 이 약을 바르게 한 결과 이 중에 27명이 완치되었다. 이 제약회사의 선전은 신빙성이 있다고 할 수 있는가? 유의수준 5%에서 검정하여라.

04 100g으로 표시된 커피용기의 실제 내용물의 무게는 $N(\mu, \sigma^2)$을 따른다고 한다. $H_0 : \mu \ge 100$, $H_1 : \mu < 100$을 검정하기 위해 $n = 10$인 확률표본을 조사해본 결과 $\overline{X} = 99.3$이 나타났다. 이때 $\sigma^2 = 1.5$인 경우 H_0을 기각하는가?(유의수준 0.05에서 검정하여라.)

참고문헌

1. D.B. Ames, *Fundamentals of Linear Algebra*, International Textbook Company, 1970.
2. H. Anton, *Elementary Linear Algebra 5th ed.*, John Wiley & Sons, 1987.
3. Lars V. Ahlfors, *Complex Analysis, 3rd ed.*, McGraw-Hill Kogakusha, Ltd., 1979.
4. G. Birkhoff and G.-C. Rota, *Ordinary Differential Equations, 3rd ed.*, Wiley, New York, 1978.
5. W. Boyce and Diprima, *Elementary Differential Equations, 4th ed.*, Wiley, New York, 1986.
6. F. Brauer and J. Nohel, *Introduction to Differential Equations with Applications*, Harper & Row, New York, 1986.
7. Ruel V. Churchill and James Ward Brown, *Complex Variables and Applications*, McGraw-Hill Book Company, 1984.
8. John B. Fraleigh, *A First Course in Abstract Algebra*, Addison-Wesley Publishing Company, 1982.
9. Watson Fulks, *Advanced Calculus, 3rd ed.*, John Wiley & Sons, 1978.
10. I. N. Herstein, *Abstract Algebra*, Macmillan Publishing Company, 1986.
11. N. Jacobson, *Lectures in Abstract Algebra Vol. I,* D. Van Nostrasnd Company, Inc., 1953.
12. Erwin Kreyszig, *Advanced Engineering Mathematics,* John Wiley and Sons, 1988.
13. Larry E. Mansfield, *Linear Algebra with Geometric Applications*, Marcel Dekker, Inc, 1976.
14. R. Kent Nagle and Edward B. Safe, *Fundamentals of Differential Equations,* The Benjamin/Cumminfs Publishing Company, Inc. 1993.
15. John D. Paliouras, *Complex Variables for Scientist and Engineers*, Macmillan Publishing Co., Inc., 1975.
16. Dennis G. Zill, *A first Course in Differential Equations, 3rd ed.*, Prindle, Webber & Schmidt, Boston, 1986.

| 부록 | 분포표

[표 1] 조합 $\binom{n}{r}$의 수

n \ r	2	3	4	5	6	7	8	9	10
2	1								
3	3	1							
4	6	4	1						
5	10	10	5	1					
6	15	20	15	6	1				
7	21	35	35	21	7	1			
8	28	56	70	56	28	8			
9	36	84	126	126	84	36	9	1	
10	45	120	210	252	210	120	45	10	1
11	55	165	330	462	462	330	165	55	11
12	66	220	495	792	924	792	495	220	66
13	78	286	715	1,287	1,716	1,716	1,287	715	286
14	91	364	1,001	2,002	3,003	3,432	3,003	2,002	1,001
15	105	455	1,365	3,003	5,005	6,435	6,435	5,005	3,003
16	120	560	1,820	4,368	8,008	11,448	12,870	11,440	8,008
17	136	680	2,380	6,188	12,376	19,448	24,310	24,310	19,448
18	153	816	3,060	8,568	18,564	31,824	43,758	48,620	43,758
19	171	969	3,876	11,628	27,132	50,388	75,582	92,378	92,378
20	190	1,140	4,845	15,504	38,760	77,520	125,970	167,960	184,756

[표 2] 이항 누적분포함수

$$B(x\,;n,p)=\sum_{k=0}^{x}\binom{n}{k}p^{k}(1-p)^{n-k}$$

		p								
n	x	0.05	0.10	0.15	0.20	0.25	0.30	0.35	0.40	0.45
1	0	0.9500	0.9000	0.8500	0.8000	0.7500	0.7000	0.6500	0.6000	0.5500
2	0	0.9025	0.8100	0.7225	0.6400	0.5625	0.4900	0.4225	0.3600	0.3025
	1	0.9975	0.9900	0.9775	0.9600	0.9375	0.9100	0.8775	0.8400	0.7975
3	0	0.8574	0.7290	0.6141	0.5120	0.4219	0.3430	0.2746	0.2160	0.1664
	1	0.9928	0.9720	0.9393	0.8960	0.8438	0.7840	0.7182	0.6480	0.5748
	2	0.9999	0.9990	0.9967	0.9920	0.9844	0.9730	0.9571	0.9360	0.9089

		p									
n	x	0.50	0.55	0.60	0.65	0.70	0.75	0.80	0.85	0.90	0.95
1	0	0.5000	0.4500	0.4000	0.3500	0.3000	0.2500	0.2000	0.1500	0.1000	0.0500
2	0	0.2500	0.2025	0.1600	0.1225	0.0900	0.0625	0.0400	0.0225	0.0100	0.0025
	1	0.7500	0.6975	0.6400	0.5775	0.5100	0.4375	0.3600	0.2775	0.1900	0.0975
3	0	0.1250	0.0911	0.0640	0.0429	0.0270	0.0156	0.0080	0.0034	0.0010	0.0001
	1	0.5000	0.4252	0.3520	0.2818	0.2160	0.1406	0.1040	0.0608	0.0280	0.0072
	2	0.8750	0.8336	0.7840	0.7254	0.6570	0.5625	0.4880	0.3859	0.2710	0.1426

		p								
n	*x*	0.05	0.10	0.15	0.20	0.25	0.30	0.35	0.40	0.45
4	0	0.8145	0.6561	0.5220	0.4096	0.3164	0.2401	0.1785	0.1296	0.0915
	1	0.9860	0.9477	0.8905	0.8192	0.7383	0.6517	0.5630	0.4752	0.3910
	2	0.9995	0.9963	0.9880	0.9728	0.9492	0.9163	0.8735	0.8208	0.7585
	3	1.0000	0.9999	0.9995	0.9984	0.9961	0.9919	0.9850	0.9744	0.9590
5	0	0.7738	0.5905	0.4437	0.3277	0.2373	0.1681	0.1160	0.0778	0.0503
	1	0.9774	0.9185	0.8352	0.7373	0.6328	0.5282	0.4284	0.3370	0.2562
	2	0.9988	0.9914	0.9734	0.9421	0.8965	0.8369	0.7648	0.6826	0.5931
	3	1.0000	0.9995	0.9978	0.9933	0.9844	0.9692	0.9460	0.9130	0.8688
	4	1.0000	1.0000	0.9999	0.9997	0.9990	0.9976	0.9947	0.9898	0.9815
6	0	0.7351	0.5314	0.3771	0.2621	0.1780	0.1176	0.0754	0.0467	0.0277
	1	0.9672	0.8857	0.7765	0.6554	0.5339	0.4202	0.3191	0.2333	0.1636
	2	0.9978	0.9842	0.9527	0.9011	0.8306	0.7443	0.6471	0.5443	0.4415
	3	0.9999	0.9987	0.9941	0.9830	0.9624	0.9295	0.8826	0.8208	0.7447
	4	1.0000	0.9999	0.9996	0.9984	0.9954	0.9891	0.9777	0.9590	0.9308
	5	1.0000	1.0000	1.0000	0.9999	0.9998	0.9993	0.9982	0.9959	0.9917
7	0	0.6983	0.4783	0.3206	0.2097	0.1335	0.0824	0.0490	0.0280	0.0152
	1	0.9556	0.8503	0.7166	0.5767	0.4449	0.3294	0.2338	0.1586	0.1024
	2	0.9962	0.9743	0.9262	0.8520	0.7564	0.6471	0.5323	0.4199	0.3164
	3	0.9998	0.9973	0.9879	0.9667	0.9294	0.8740	0.8002	0.7102	0.6083
	4	1.0000	0.9998	0.9988	0.9953	0.9871	0.9712	0.9444	0.9037	0.8471
	5	1.0000	1.0000	0.9999	0.9996	0.9987	0.9962	0.9910	0.9812	0.9643
	6	1.0000	1.0000	1.0000	1.0000	0.9999	0.9998	0.9994	0.9984	0.9963

		p									
n	*x*	0.50	0.55	0.60	0.65	0.70	0.75	0.80	0.85	0.90	0.95
4	0	0.0625	0.0410	0.0256	0.0150	0.0081	0.0039	0.0016	0.0005	0.0001	0.0000
	1	0.3125	0.2415	0.1792	0.1265	0.0837	0.0508	0.0272	0.0120	0.0037	0.0005
	2	0.6875	0.6090	0.5248	0.4370	0.3483	0.2617	0.1808	0.1095	0.0523	0.0140
	3	0.9375	0.9085	0.8704	0.8215	0.7599	0.6836	0.5904	0.4780	0.3439	0.1855
5	0	0.0312	0.0185	0.0102	0.0053	0.0024	0.0010	0.0003	0.0001	0.0000	0.0000
	1	0.1875	0.1312	0.0870	0.0540	0.0308	0.0156	0.0067	0.0022	0.0005	0.0000
	2	0.5000	0.4069	0.3174	0.2352	0.1631	0.1035	0.0579	0.0266	0.0086	0.0012
	3	0.8125	0.7438	0.6630	0.5716	0.4718	0.3672	0.2627	0.1648	0.0815	0.0226
	4	0.9688	0.9497	0.9222	0.8840	0.8319	0.7627	0.6723	0.5563	0.4095	0.2262
6	0	0.0156	0.0083	0.0041	0.0018	0.0007	0.0002	0.0001	0.0000	0.0000	0.0000
	1	0.1094	0.0692	0.0410	0.0223	0.0109	0.0046	0.0016	0.0004	0.0001	0.0000
	2	0.3438	0.2553	0.1792	0.1174	0.0705	0.0376	0.0170	0.0059	0.0013	0.0001
	3	0.6562	0.5585	0.4557	0.3529	0.2557	0.1694	0.0989	0.0473	0.0158	0.0022
	4	0.8906	0.8364	0.7667	0.6809	0.5798	0.4661	0.3446	0.2235	0.1143	0.0328
	5	0.9844	0.9723	0.9533	0.9246	0.8824	0.8220	0.7379	0.6229	0.4686	0.2649
7	0	0.0078	0.0037	0.0016	0.0006	0.0002	0.0001	0.0000	0.0000	0.0000	0.0000
	1	0.0625	0.0357	0.0188	0.0090	0.0038	0.0013	0.0004	0.0001	0.0000	0.0000
	2	0.2266	0.1529	0.0963	0.0556	0.0288	0.0129	0.0047	0.0012	0.0002	0.0000
	3	0.5000	0.3917	0.2898	0.1998	0.1260	0.0706	0.0333	0.0121	0.0027	0.0002
	4	0.7734	0.6836	0.5801	0.4677	0.3529	0.2436	0.1480	0.0738	0.0257	0.0038
	5	0.9375	0.8976	0.8414	0.7662	0.6706	0.5551	0.4233	0.2834	0.1497	0.0444
	6	0.9922	0.9848	0.9720	0.9510	0.9176	0.8665	0.7903	0.6794	0.5217	0.3017

		p								
n	*x*	0.05	0.10	0.15	0.20	0.25	0.30	0.35	0.40	0.45
8	0	0.6634	0.4305	0.2725	0.1678	0.1001	0.0576	0.0319	0.0168	0.0084
	1	0.9428	0.8131	0.6572	0.5033	0.3671	0.2553	0.1691	0.1064	0.0632
	2	0.9942	0.9619	0.8948	0.7969	0.6785	0.5518	0.4278	0.3154	0.2201
	3	0.9996	0.9950	0.9786	0.9437	0.8862	0.8059	0.7064	0.5941	0.4770
	4	1.0000	0.9996	0.9971	0.9896	0.9727	0.9420	0.8939	0.8263	0.7396
	5	1.0000	1.0000	0.9998	0.9988	0.9958	0.9887	0.9747	0.9502	0.9115
	6	1.0000	1.0000	1.0000	0.9999	0.9996	0.9987	0.9964	0.9915	0.9819
	7	1.0000	1.0000	1.0000	1.0000	1.0000	0.9999	0.9998	0.9993	0.9983
9	0	0.6302	0.3874	0.2316	0.1342	0.0751	0.0404	0.0207	0.0101	0.0046
	1	0.9288	0.7748	0.5995	0.4362	0.3003	0.1960	0.1211	0.0705	0.0385
	2	0.9916	0.9470	0.8591	0.7382	0.6007	0.4628	0.3373	0.2318	0.1495
	3	0.9994	0.9917	0.9661	0.9144	0.8343	0.7297	0.6089	0.4826	0.3614
	4	1.0000	0.9991	0.9944	0.9804	0.9511	0.9012	0.8283	0.7334	0.6214
	5	1.0000	0.9999	0.9994	0.9969	0.9900	0.9747	0.9464	0.9006	0.8342
	6	1.0000	1.0000	1.0000	0.9997	0.9987	0.9957	0.9888	0.9750	0.9502
	7	1.0000	1.0000	1.0000	1.0000	0.9999	0.9996	0.9986	0.9962	0.9909
	8	1.0000	1.0000	1.0000	1.0000	1.0000	1.0000	0.9999	0.9997	0.9992
10	0	0.5987	0.3487	0.1969	0.1074	0.0563	0.0282	0.0135	0.0060	0.0025
	1	0.9139	0.7361	0.5443	0.3758	0.2440	0.1493	0.0860	0.0464	0.0233
	2	0.9885	0.9298	0.8202	0.6778	0.5256	0.3828	0.2616	0.1673	0.0996
	3	0.9990	0.9872	0.9500	0.8791	0.7759	0.6496	0.5138	0.3823	0.2660
	4	0.9999	0.9984	0.9901	0.9672	0.9219	0.8497	0.7515	0.6331	0.5044
	5	1.0000	0.9999	0.9986	0.9936	0.9803	0.9527	0.9051	0.8338	0.7384
	6	1.0000	1.0000	0.9999	0.9991	0.9965	0.9894	0.9740	0.9452	0.8980
	7	1.0000	1.0000	1.0000	0.9999	0.9996	0.9984	0.9952	0.9877	0.9726
	8	1.0000	1.0000	1.0000	1.0000	1.0000	0.9999	0.9995	0.9983	0.9955
	9	1.0000	1.0000	1.0000	1.0000	1.0000	1.0000	1.0000	0.9999	0.9997

		p									
n	x	0.50	0.55	0.60	0.65	0.70	0.75	0.80	0.85	0.90	0.95
8	0	0.0039	0.0017	0.0007	0.0002	0.0001	0.0000	0.0000	0.0000	0.0000	0.0000
	1	0.0352	0.0181	0.0085	0.0036	0.0013	0.0004	0.0001	0.0000	0.0000	0.0000
	2	0.1445	0.0885	0.0498	0.0253	0.0113	0.0042	0.0012	0.0002	0.0000	0.0000
	3	0.3633	0.2604	0.1737	0.1061	0.0580	0.0273	0.0104	0.0029	0.0004	0.0000
	4	0.6367	0.5230	0.4059	0.2936	0.1941	0.1138	0.0563	0.0214	0.0050	0.0004
	5	0.8555	0.7799	0.6846	0.5722	0.4482	0.3215	0.2031	0.1052	0.0381	0.0058
	6	0.9648	0.9368	0.8936	0.8309	0.7447	0.6329	0.4967	0.3428	0.1869	0.0572
	7	0.9961	0.9916	0.9832	0.9681	0.9424	0.8999	0.8322	0.7275	0.5695	0.3366
9	0	0.0020	0.0008	0.0003	0.0001	0.0000	0.0000	0.0000	0.0000	0.0000	0.0000
	1	0.0195	0.0091	0.0038	0.0014	0.0004	0.0001	0.0000	0.0000	0.0000	0.0000
	2	0.0898	0.0498	0.0250	0.0112	0.0043	0.0013	0.0003	0.0000	0.0000	0.0000
	3	0.2539	0.1658	0.0994	0.0536	0.0253	0.0100	0.0031	0.0006	0.0001	0.0000
	4	0.5000	0.3786	0.2666	0.1717	0.0988	0.0489	0.0196	0.0056	0.0009	0.0000
	5	0.7461	0.6386	0.5174	0.3911	0.2703	0.1657	0.0856	0.0339	0.0083	0.0006
	6	0.9102	0.8505	0.7682	0.6627	0.5372	0.3993	0.2618	0.1409	0.0530	0.0084
	7	0.9805	0.9615	0.9295	0.8789	0.8040	0.6997	0.5638	0.4005	0.2252	0.0712
	8	0.9980	0.9954	0.9899	0.9793	0.9596	0.9249	0.8658	0.7684	0.6126	0.3698
10	0	0.0010	0.0003	0.0001	0.0000	0.0000	0.0000	0.0000	0.0000	0.0000	0.0000
	1	0.0107	0.0045	0.0017	0.0005	0.0001	0.0000	0.0000	0.0000	0.0000	0.0000
	2	0.0547	0.0274	0.0123	0.0048	0.0016	0.0004	0.0001	0.0000	0.0000	0.0000
	3	0.1719	0.1020	0.0548	0.0260	0.0106	0.0035	0.0009	0.0001	0.0000	0.0000
	4	0.3770	0.2616	0.1662	0.0949	0.0473	0.0197	0.0064	0.0014	0.0001	0.0000
	5	0.6230	0.4956	0.3669	0.2485	0.1503	0.0781	0.0328	0.0099	0.0016	0.0001
	6	0.8281	0.7340	0.6177	0.4862	0.3504	0.2241	0.1209	0.0500	0.0128	0.0010
	7	0.9453	0.9004	0.8327	0.7384	0.6172	0.4474	0.3222	0.1798	0.0702	0.0115
	8	0.9893	0.9767	0.9536	0.9140	0.8507	0.7560	0.6242	0.4557	0.2639	0.0861
	9	0.9990	0.9975	0.9940	0.9865	0.9718	0.9437	0.8926	0.8031	0.6513	0.4013

		p								
n	*x*	0.05	0.10	0.15	0.20	0.25	0.30	0.35	0.40	0.45
15	0	0.4633	0.2059	0.0874	0.0352	0.0134	0.0047	0.0016	0.0005	0.0001
	1	0.8290	0.5490	0.3186	0.1671	0.0802	0.0353	0.0142	0.0052	0.0017
	2	0.9638	0.8159	0.6042	0.3980	0.2361	0.1268	0.0617	0.0271	0.0107
	3	0.9945	0.9444	0.8227	0.6482	0.4613	0.2969	0.1727	0.0905	0.0424
	4	0.9994	0.9873	0.9383	0.8358	0.6865	0.5155	0.3519	0.2173	0.1204
	5	0.9999	0.9978	0.9832	0.9389	0.8516	0.7216	0.5643	0.4032	0.2608
	6	1.0000	0.9997	0.9964	0.9819	0.9434	0.8689	0.7548	0.6098	0.4522
	7	1.0000	1.0000	0.9994	0.9958	0.9827	0.9500	0.8868	0.7869	0.6535
	8	1.0000	1.0000	0.9999	0.9992	0.9958	0.9848	0.9578	0.9050	0.8182
	9	1.0000	1.0000	1.0000	0.9999	0.9992	0.9963	0.9876	0.9662	0.9231
	10	1.0000	1.0000	1.0000	1.0000	0.9999	0.9993	0.9972	0.9907	0.9745
	11	1.0000	1.0000	1.0000	1.0000	1.0000	0.9999	0.9995	0.9981	0.9937
	12	1.0000	1.0000	1.0000	1.0000	1.0000	1.0000	0.9999	0.9997	0.9989
	13	1.0000	1.0000	1.0000	1.0000	1.0000	1.0000	1.0000	1.0000	0.9999
	14	1.0000	1.0000	1.0000	1.0000	1.0000	1.0000	1.0000	1.0000	1.0000
20	0	0.3585	0.1216	0.0388	0.0115	0.0032	0.0008	0.0002	0.0000	0.0000
	1	0.7358	0.3917	0.1756	0.0692	0.0243	0.0076	0.0021	0.0005	0.0001
	2	0.9245	0.6769	0.4049	0.2061	0.0913	0.0355	0.0121	0.0036	0.0009
	3	0.9841	0.8670	0.6477	0.4114	0.2252	0.1071	0.0444	0.0160	0.0049
	4	0.9974	0.9568	0.8298	0.6296	0.4148	0.2375	0.1182	0.0510	0.0189
	5	0.9997	0.9887	0.9327	0.8042	0.6172	0.4164	0.2454	0.1256	0.0553
	6	1.0000	0.9976	0.9781	0.9133	0.7858	0.6080	0.4166	0.2500	0.1299
	7	1.0000	0.9996	0.9941	0.9679	0.8982	0.7723	0.6010	0.4159	0.2520
	8	1.0000	0.9999	0.9987	0.9900	0.9591	0.8867	0.7624	0.5956	0.4143
	9	1.0000	1.0000	0.9998	0.9974	0.9861	0.9520	0.8782	0.7553	0.5914
	10	1.0000	1.0000	1.0000	0.9994	0.9961	0.9829	0.9468	0.8725	0.7507
	11	1.0000	1.0000	1.0000	0.9999	0.9991	0.9949	0.9804	0.9435	0.8692
	12	1.0000	1.0000	1.0000	1.0000	0.9998	0.9987	0.9940	0.9790	0.9420
	13	1.0000	1.0000	1.0000	1.0000	1.0000	0.9997	0.9985	0.9935	0.9786
	14	1.0000	1.0000	1.0000	1.0000	1.0000	1.0000	0.9997	0.9984	0.9936
	15	1.0000	1.0000	1.0000	1.0000	1.0000	1.0000	1.0000	0.9997	0.9985
	16	1.0000	1.0000	1.0000	1.0000	1.0000	1.0000	1.0000	1.0000	0.9997
	17	1.0000	1.0000	1.0000	1.0000	1.0000	1.0000	1.0000	1.0000	1.0000
	18	1.0000	1.0000	1.0000	1.0000	1.0000	1.0000	1.0000	1.0000	1.0000
	19	1.0000	1.0000	1.0000	1.0000	1.0000	1.0000	1.0000	1.0000	1.0000
	20	1.0000	1.0000	1.0000	1.0000	1.0000	1.0000	1.0000	1.0000	1.0000

		p									
n	*x*	0.50	0.55	0.60	0.65	0.70	0.75	0.80	0.85	0.90	0.95
15	0	0.0000	0.0000	0.0000	0.0000	0.0000	0.0000	0.0000	0.0000	0.0000	0.0000
	1	0.0005	0.0001	0.0000	0.0000	0.0000	0.0000	0.0000	0.0000	0.0000	0.0000
	2	0.0037	0.0011	0.0003	0.0001	0.0000	0.0000	0.0000	0.0000	0.0000	0.0000
	3	0.0176	0.0063	0.0019	0.0005	0.0001	0.0000	0.0000	0.0000	0.0000	0.0000
	4	0.0592	0.0255	0.0093	0.0028	0.0007	0.0001	0.0000	0.0000	0.0000	0.0000
	5	0.1509	0.0769	0.0338	0.0124	0.0037	0.0008	0.0001	0.0000	0.0000	0.0000
	6	0.3036	0.1818	0.0950	0.0422	0.0152	0.0042	0.0008	0.0001	0.0000	0.0000
	7	0.5000	0.3465	0.2131	0.1132	0.0500	0.0173	0.0042	0.0006	0.0000	0.0000
	8	0.6964	0.5478	0.3902	0.2452	0.1311	0.0566	0.0181	0.0036	0.0003	0.0000
	9	0.8491	0.7392	0.5968	0.4357	0.2784	0.1484	0.0611	0.0168	0.0022	0.0001
	10	0.9408	0.8796	0.7827	0.6481	0.4845	0.3135	0.1642	0.0617	0.0127	0.0006
	11	0.9824	0.9576	0.9095	0.8273	0.7031	0.5387	0.3518	0.1773	0.0556	0.0055
	12	0.9963	0.9893	0.9729	0.9383	0.8732	0.7639	0.6020	0.3958	0.1841	0.0362
	13	0.9995	0.9983	0.9948	0.9858	0.9647	0.9198	0.8329	0.6814	0.4510	0.1710
	14	1.0000	0.9999	0.9995	0.9984	0.9953	0.9866	0.9648	0.9126	0.7941	0.5367
20	0	0.0000	0.0000	0.0000	0.0000	0.0000	0.0000	0.0000	0.0000	0.0000	0.0000
	1	0.0000	0.0000	0.0000	0.0000	0.0000	0.0000	0.0000	0.0000	0.0000	0.0000
	2	0.0002	0.0000	0.0000	0.0000	0.0000	0.0000	0.0000	0.0000	0.0000	0.0000
	3	0.0013	0.0003	0.0000	0.0000	0.0000	0.0000	0.0000	0.0000	0.0000	0.0000
	4	0.0059	0.0015	0.0003	0.0000	0.0000	0.0000	0.0000	0.0000	0.0000	0.0000
	5	0.0207	0.0064	0.0016	0.0003	0.0000	0.0000	0.0000	0.0000	0.0000	0.0000
	6	0.0577	0.0214	0.0065	0.0015	0.0003	0.0000	0.0000	0.0000	0.0000	0.0000
	7	0.1316	0.0580	0.0210	0.0060	0.0013	0.0002	0.0000	0.0000	0.0000	0.0000
	8	0.2517	0.1308	0.0565	0.0196	0.0051	0.0009	0.0001	0.0000	0.0000	0.0000
	9	0.4119	0.2493	0.1275	0.0532	0.0171	0.0039	0.0006	0.0000	0.0000	0.0000
	10	0.5881	0.4086	0.2447	0.1218	0.0480	0.0139	0.0026	0.0002	0.0000	0.0000
	11	0.7483	0.5857	0.4044	0.2376	0.1133	0.0409	0.0100	0.0013	0.0001	0.0000
	12	0.8684	0.7480	0.5841	0.3990	0.2277	0.1018	0.0321	0.0059	0.0004	0.0000
	13	0.9423	0.8701	0.7500	0.5834	0.3920	0.2142	0.0867	0.0219	0.0024	0.0000
	14	0.9793	0.9447	0.8744	0.7546	0.5836	0.3828	0.1958	0.0673	0.0113	0.0003
	15	0.9941	0.9811	0.9490	0.8818	0.7625	0.5852	0.3704	0.1702	0.0432	0.0026
	16	0.9987	0.9951	0.9840	0.9556	0.8929	0.7748	0.5886	0.3523	0.1330	0.0159
	17	0.9998	0.9991	0.9964	0.9879	0.9645	0.9087	0.7939	0.5951	0.3231	0.0755
	18	1.0000	0.9999	0.9995	0.9979	0.9924	0.9757	0.9308	0.8244	0.6083	0.2642
	19	1.0000	1.0000	1.0000	0.9998	0.9992	0.9968	0.9885	0.9612	0.8784	0.6415
	20	1.0000	1.0000	1.0000	1.0000	1.0000	1.0000	1.0000	1.0000	1.0000	1.0000

[표 3] 포아송 누적분포함수 $F(x\,;\mu)=\sum_{k=0}^{x}\frac{e^{-\mu}\mu^{k}}{k!}$

x	μ									
	0.1	0.2	0.3	0.4	0.5	0.6	0.7	0.8	0.9	1.0
0	0.9048	0.8187	0.7408	0.6730	0.6065	0.5488	0.4966	0.4493	0.4066	0.3679
1	0.9953	0.9825	0.9631	0.9384	0.9098	0.8781	0.8442	0.8088	0.7725	0.7358
2	0.9998	0.9989	0.9964	0.9921	0.9856	0.9769	0.9659	0.9526	0.9371	0.9197
3	1.0000	0.9999	0.9997	0.9992	0.9982	0.9966	0.9942	0.9909	0.9865	0.9810
4		1.0000	1.0000	0.9999	0.9998	0.9996	0.9992	0.9986	0.9977	0.9963
5				1.0000	1.0000	1.0000	0.9999	0.9998	0.0997	0.9994
6							1.0000	1.0000	1.0000	0.9999

x	μ									
	2.0	3.0	4.0	5.0	6.0	7.0	8.0	9.0	10.0	15.0
0	0.1353	0.0498	0.0183	0.0067	0.0025	0.0009	0.0003	0.0001	0.0000	
1	0.4060	0.1991	0.0916	0.0404	0.0174	0.0073	0.0030	0.0012	0.0005	
2	0.6767	0.4232	0.2381	0.1247	0.0620	0.0296	0.0138	0.0062	0.0028	0.0000
3	0.8571	0.6472	0.4335	0.2650	0.1512	0.0818	0.0424	0.0212	0.0103	0.0002
4	0.9473	0.8153	0.6288	0.4405	0.2851	0.1730	0.0996	0.0550	0.0293	0.0009
5	0.9834	0.9161	0.7851	0.6160	0.4457	0.3007	0.1912	0.1157	0.0671	0.0028
6	0.9955	0.9665	0.8893	0.7622	0.6063	0.4497	0.3134	0.2068	0.1301	0.0076
7	0.9989	0.9881	0.9489	0.8666	0.7440	0.5987	0.4530	0.3239	0.2202	0.0180
8	0.9998	0.9962	0.9786	0.9319	0.8472	0.7291	0.5925	0.4557	0.3328	0.0374
9	1.0000	0.9989	0.9919	0.9682	0.9161	0.8305	0.7166	0.5874	0.4579	0.0699
10		0.9997	0.9972	0.9863	0.9574	0.9015	0.8159	0.7060	0.5830	0.1185
11		0.9999	0.9991	0.9945	0.9799	0.9466	0.8881	0.8030	0.6968	0.1848
12		1.0000	0.9997	0.9980	0.9912	0.9730	0.9362	0.8758	0.7916	0.2676
13			0.9999	0.9993	0.9964	0.9872	0.9658	0.9261	0.8645	0.3632
14			1.0000	0.9998	0.9986	0.9943	0.9827	0.9585	0.9165	0.4657
15				0.9999	0.9995	0.9976	0.9918	0.9780	0.9513	0.5681
16				1.0000	0.9998	0.9990	0.9963	0.9889	0.9730	0.6641
17					0.9999	0.9996	0.9984	0.9947	0.9857	0.7489
18					1.0000	0.9999	0.9994	0.9976	0.9928	0.8195
19						1.0000	0.9997	0.9989	0.9965	0.8752
20							0.9999	0.9996	0.9984	0.9170
21							1.0000	0.9998	0.9993	0.9469
22								0.9999	0.9997	0.9673
23								1.0000	0.9999	0.9805
24									1.0000	0.9888
25										0.9938
26										0.9967
27										0.9983
28										0.9991
29										0.9996
30										0.9998
31										0.9999
32										1.0000

[표 4] 표준정규분포—오른쪽 꼬리 확률

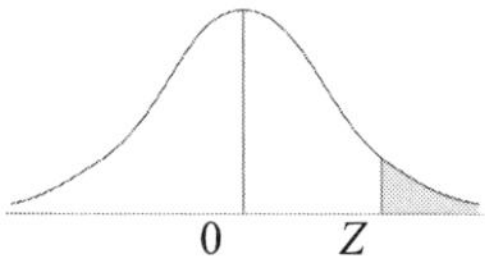

$$P\{Z \leq z\} = \int_{-\infty}^{z} \frac{1}{\sqrt{2\pi}} e^{-\frac{t^2}{2}} dt$$

z	0.00	0.01	0.02	0.03	0.04	0.05	0.06	0.07	0.08	0.09
0.0	0.5000	0.4960	0.4920	0.4880	0.4840	0.4801	0.4761	0.4721	0.4681	0.4641
0.1	0.4602	0.4562	0.4522	0.4483	0.4443	0.4404	0.4364	0.4325	0.4286	0.4247
0.2	0.4207	0.4168	0.4129	0.4090	0.4052	0.4013	0.3974	0.3936	0.3897	0.3859
0.3	0.3821	0.3783	0.3745	0.3707	0.3669	0.3632	0.3594	0.3557	0.3520	0.3483
0.4	0.3446	0.3409	0.3372	0.3336	0.3300	0.3264	0.3228	0.3192	0.3156	0.3121
0.5	0.3085	0.3050	0.3015	0.2981	0.2946	0.2912	0.2877	0.2843	0.2810	0.2776
0.6	0.2743	0.2709	0.2676	0.2643	0.2611	0.2578	0.2546	0.2514	0.2483	0.2451
0.7	0.2420	0.2389	0.2358	0.2327	0.2296	0.2266	0.2236	0.2206	0.2177	0.2148
0.8	0.2119	0.2090	0.2061	0.2033	0.2005	0.1977	0.1949	0.1922	0.1894	0.1867
0.9	0.1841	0.1814	0.1788	0.1762	0.1736	0.1711	0.1685	0.1660	0.1635	0.1611
1.0	0.1587	0.1562	0.1539	0.1515	0.1492	0.1469	0.1446	0.1423	0.1401	0.1379
1.1	0.1357	0.1335	0.1314	0.1292	0.1271	0.1251	0.1230	0.1210	0.1190	0.1170
1.2	0.1151	0.1131	0.1112	0.1093	0.1075	0.1056	0.1038	0.1020	0.1003	0.0985
1.3	0.0968	0.0951	0.0934	0.0918	0.0901	0.0885	0.0869	0.0853	0.0838	0.0823
1.4	0.0808	0.0793	0.0778	0.0764	0.0749	0.0735	0.0721	0.0708	0.0694	0.0681
1.5	0.0668	0.0655	0.0643	0.0630	0.0618	0.0606	0.0594	0.0582	0.0571	0.0559
1.6	0.0548	0.0537	0.0526	0.0516	0.0505	0.0495	0.0485	0.0475	0.0465	0.0455
1.7	0.0446	0.0436	0.0427	0.0418	0.0409	0.0401	0.0392	0.0384	0.0375	0.0367
1.8	0.0359	0.0351	0.0344	0.0336	0.0329	0.0322	0.0314	0.0307	0.0301	0.0294
1.9	0.0287	0.0281	0.0274	0.0268	0.0262	0.0256	0.0250	0.0244	0.0239	0.0233
2.0	0.0228	0.0222	0.0217	0.0212	0.0207	0.0202	0.0197	0.0192	0.0188	0.0183
2.1	0.0179	0.0174	0.0170	0.0166	0.0162	0.0158	0.0154	0.0150	0.0146	0.0143
2.2	0.0139	0.0136	0.0132	0.0129	0.0125	0.0122	0.0119	0.0116	0.0113	0.0110
2.3	0.0107	0.0104	0.0102	0.0099	0.0096	0.0094	0.0091	0.0089	0.0087	0.0084
2.4	0.0082	0.0080	0.0078	0.0075	0.0073	0.0071	0.0069	0.0068	0.0066	0.0064
2.5	0.0062	0.0060	0.0059	0.0057	0.0055	0.0054	0.0052	0.0051	0.0049	0.0048
2.6	0.0047	0.0045	0.0044	0.0043	0.0041	0.0040	0.0039	0.0038	0.0037	0.0036
2.7	0.0035	0.0034	0.0033	0.0032	0.0031	0.0030	0.0029	0.0028	0.0027	0.0026
2.8	0.0026	0.0025	0.0024	0.0023	0.0023	0.0022	0.0021	0.0021	0.0020	0.0019
2.9	0.0019	0.0018	0.0018	0.0017	0.0016	0.0016	0.0015	0.0015	0.0014	0.0014
3.0	0.0013	0.0013	0.0013	0.0012	0.0012	0.0011	0.0011	0.0011	0.0010	0.0010
3.1	0.0010	0.0009	0.0009	0.0009	0.0008	0.0008	0.0008	0.0008	0.0007	0.0007
3.2	0.0007	0.0007	0.0006	0.0006	0.0006	0.0006	0.0006	0.0005	0.0005	0.0005
3.3	0.0005	0.0005	0.0005	0.0004	0.0004	0.0004	0.0004	0.0004	0.0004	0.0003
3.4	0.0003	0.0003	0.0003	0.0003	0.0003	0.0003	0.0003	0.0003	0.0003	0.0002

[표 5] 카이제곱분포—오른쪽 꼬리 확률

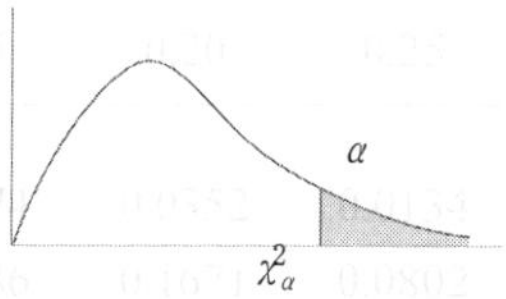

df \ α	0.9995	0.999	0.9975	0.995	0.990	0.975	0.950	0.900	0.750	0.500
1	0.00	0.00	0.00	0.00	0.00	0.00	0.00	0.02	0.10	0.45
2	0.00	0.00	0.01	0.01	0.02	0.05	0.10	0.21	0.58	1.39
3	0.02	0.02	0.04	0.07	0.11	0.22	0.35	0.58	1.21	2.37
4	0.06	0.09	0.14	0.21	0.30	0.48	0.71	1.06	1.92	3.36
5	0.16	0.21	0.31	0.41	0.55	0.83	1.15	1.61	2.67	4.35
6	0.30	0.38	0.53	0.68	0.87	1.24	1.64	2.20	3.45	5.35
7	0.48	0.60	0.79	0.99	1.24	1.69	2.17	2.83	4.25	6.35
8	0.71	0.86	1.10	1.34	1.65	2.18	2.73	3.49	5.07	7.34
9	0.97	1.15	1.45	1.73	2.09	2.70	3.33	4.17	5.90	8.34
10	1.26	1.48	1.83	2.16	2.56	3.25	3.94	4.87	6.74	9.34
11	1.59	1.83	2.23	2.60	3.05	3.82	4.57	5.58	7.58	10.34
12	1.93	2.21	2.66	3.07	3.57	4.40	5.23	6.30	8.44	11.34
13	2.31	2.62	3.11	3.57	4.11	5.01	5.89	7.04	9.30	12.34
14	2.70	3.04	3.58	4.07	4.66	5.63	6.57	7.79	10.17	13.34
15	3.11	3.48	4.07	4.60	5.23	6.26	7.26	8.55	11.04	14.34
16	3.54	3.94	4.57	5.14	5.81	6.91	7.96	9.31	11.91	15.34
17	3.98	4.42	5.09	5.70	6.41	7.56	8.67	10.09	12.79	16.34
18	4.44	4.90	5.62	6.26	7.01	8.23	9.39	10.86	13.68	17.34
19	4.91	5.41	6.17	6.84	7.63	8.91	10.12	11.65	14.56	18.34
20	5.40	5.92	6.72	7.43	8.26	9.59	10.85	12.44	15.45	19.34
21	5.90	6.45	7.29	8.03	8.90	10.28	11.59	13.24	16.34	20.34
22	6.40	6.98	7.86	8.64	9.54	10.98	12.34	14.04	17.24	21.34
23	6.92	7.53	8.45	9.26	10.20	11.69	13.09	14.85	18.14	22.34
24	7.45	8.08	9.04	9.89	10.86	12.40	13.85	15.66	19.04	23.34
25	7.99	8.65	9.65	10.52	11.52	13.12	14.61	16.47	19.94	24.34
26	8.54	9.22	10.26	11.16	12.20	13.84	15.38	17.29	20.84	25.34
27	9.09	9.80	10.87	11.81	12.88	14.57	16.15	18.11	21.75	26.34
28	9.66	10.39	11.50	12.46	13.56	15.31	16.93	18.94	22.66	27.34
29	10.23	10.99	12.13	13.12	14.26	16.05	17.71	19.77	23.57	28.34
30	10.80	11.59	12.76	13.79	14.95	16.79	18.49	20.60	24.48	29.34
40	16.91	17.92	19.42	20.71	22.16	24.43	26.51	29.05	33.66	39.34
50	23.46	24.67	26.46	27.99	29.71	32.36	34.76	37.69	42.94	49.33
60	30.34	31.74	33.79	35.53	37.48	40.48	43.19	46.46	52.29	59.33
80	44.79	46.52	49.04	51.17	53.54	57.15	60.39	64.28	71.14	79.33
100	59.90	61.92	64.86	67.33	70.06	74.22	77.93	82.36	90.13	99.33

[표 5] 카이제곱분포—오른쪽 꼬리 확률(계속)

df \ α	0.250	0.200	0.150	0.100	0.050	0.025	0.020	0.010	0.005	0.0025	0.001	0.0005
1	1.32	1.64	2.07	2.71	3.84	5.02	5.41	6.63	7.88	9.14	10.83	12.12
2	2.77	3.22	3.79	4.61	5.99	7.38	7.82	9.21	10.60	11.98	13.82	15.20
3	4.11	4.64	5.32	6.25	7.81	9.35	9.84	11.34	12.84	14.32	16.27	17.73
4	5.39	5.99	6.74	7.78	9.49	11.14	11.67	13.28	14.86	16.42	18.47	20.00
5	6.63	7.29	8.12	9.24	11.07	12.83	13.39	15.09	16.75	18.39	20.51	22.11
6	7.84	8.56	9.45	10.64	12.59	14.45	15.03	16.81	18.55	20.25	22.46	24.10
7	9.04	9.80	10.75	12.02	14.07	16.01	16.62	18.48	20.28	22.04	24.32	26.02
8	10.22	11.03	12.03	13.36	15.51	17.53	18.17	20.09	21.95	23.77	26.12	27.87
9	11.39	12.24	13.29	14.68	16.92	19.02	19.68	21.67	23.59	25.46	27.88	29.67
10	12.55	13.44	14.53	15.99	18.31	20.48	21.16	23.21	25.19	27.11	29.59	31.42
11	13.70	14.63	15.77	17.28	19.68	21.92	22.62	24.72	26.76	28.73	31.26	33.14
12	14.85	15.81	16.99	18.55	21.03	23.34	24.05	26.22	28.30	30.32	32.91	34.82
13	15.98	16.98	18.20	19.81	22.36	24.74	25.47	27.69	29.82	31.88	34.53	36.48
14	17.12	18.15	19.41	2.106	23.68	26.12	26.87	29.14	31.32	33.43	36.12	38.11
15	18.25	19.31	20.60	22.31	25.00	27.49	28.26	30.58	32.80	34.95	37.70	39.72
16	19.37	20.47	21.79	23.54	26.30	28.85	29.63	32.00	34.27	36.46	39.25	41.31
17	20.49	21.61	22.98	24.77	27.59	30.19	31.00	33.41	35.72	37.95	40.79	42.88
18	21.60	22.76	24.16	25.99	28.87	31.53	32.35	34.81	37.16	39.42	42.31	44.43
19	22.72	23.90	25.33	27.20	30.14	32.85	33.69	36.19	38.58	40.88	43.82	45.97
20	23.83	25.04	26.50	28.41	31.41	34.17	35.02	37.57	40.00	42.34	45.31	47.50
21	24.93	26.17	27.66	29.62	32.67	35.48	36.34	38.93	41.40	43.78	46.80	49.01
22	26.04	27.30	28.82	30.81	33.92	36.78	37.66	40.29	42.80	45.20	48.27	50.51
23	27.14	28.43	29.98	32.01	35.17	38.08	38.97	41.64	44.18	46.62	49.73	52.00
24	28.24	29.55	31.13	33.20	36.42	39.36	40.27	42.98	45.56	48.03	51.18	53.48
25	29.34	30.68	32.28	34.38	37.65	40.65	41.57	44.31	46.93	49.44	52.62	54.95
26	30.43	31.79	33.43	35.56	38.89	41.92	42.86	45.64	48.29	50.83	54.05	56.41
27	31.53	32.91	34.57	36.74	40.11	43.19	44.14	46.96	49.64	52.22	55.48	57.86
28	32.62	34.03	35.71	37.92	41.34	44.46	45.42	48.28	50.99	53.59	56.89	59.30
29	33.71	35.14	36.85	39.09	42.56	45.72	46.69	49.59	52.34	54.97	58.30	60.73
30	34.80	36.25	37.99	40.26	43.77	46.98	47.96	50.89	53.67	56.33	59.70	62.16
40	45.62	47.27	49.24	51.81	55.76	59.34	60.44	63.69	66.77	69.70	73.40	76.09
50	56.33	58.16	60.35	63.17	67.50	71.42	72.61	76.15	79.49	82.66	86.66	89.56
60	66.98	68.97	71.34	74.40	79.08	83.30	84.58	88.38	91.95	95.34	99.61	102.7
80	88.13	90.41	93.11	96.58	101.9	106.6	108.1	112.3	116.3	120.1	124.8	128.3
100	109.1	111.7	114.7	118.5	124.3	129.6	131.1	135.8	140.2	144.3	149.4	153.2

[표 6] 스튜던트 t 분포—오른쪽 꼬리 확률

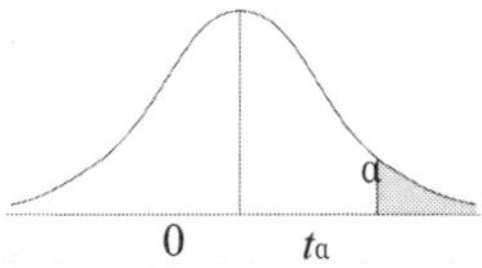

df \ α	0.25	0.20	0.15	0.10	0.05	0.025	0.02	0.01	0.005	0.0025	0.001	0.0005
1	1.000	1.376	1.963	3.078	6.314	12.71	15.89	31.82	63.66	127.3	318.3	636.6
2	0.816	1.061	1.386	1.886	2.920	4.303	4.849	6.965	9.925	14.09	22.33	31.60
3	0.765	0.978	1.250	1.638	2.353	3.182	3.482	4.541	5.841	7.453	10.21	12.92
4	0.741	0.941	1.190	1.533	2.132	2.776	2.999	3.747	4.604	5.598	7.173	8.610
5	0.727	0.920	1.156	1.476	2.015	2.571	2.757	3.365	4.032	4.773	5.893	6.869
6	0.718	0.906	1.134	1.440	1.943	2.447	2.612	3.143	3.707	4.317	5.208	5.959
7	0.711	0.896	1.119	1.415	1.895	2.365	2.517	2.998	3.499	4.029	4.785	5.408
8	0.706	0.889	1.108	1.397	1.860	2.306	2.449	2.896	3.355	3.833	4.501	5.041
9	0.703	0.883	1.100	1.383	1.833	2.262	2.398	2.821	3.250	3.690	4.297	4.781
10	0.700	0.879	1.093	1.372	1.812	2.228	2.359	2.764	3.169	3.581	4.144	4.587
11	0.697	0.876	1.088	1.363	1.796	2.201	2.328	2.718	3.106	3.497	4.025	4.437
12	0.695	0.873	1.083	1.356	1.782	2.179	2.303	2.681	3.055	3.428	3.930	4.318
13	0.694	0.870	1.079	1.350	1.771	2.160	2.282	2.650	3.012	3.372	3.852	4.221
14	0.692	0.868	1.076	1.345	1.761	2.145	2.264	2.624	2.977	3.326	3.787	4.140
15	0.691	0.866	1.074	1.341	1.753	2.131	2.249	2.602	2.947	3.286	3.733	4.073
16	0.690	0.865	1.071	1.337	1.746	2.120	2.235	2.583	2.921	3.252	3.686	4.015
17	0.689	0.863	1.069	1.333	1.740	2.110	2.224	2.567	2.898	3.222	3.646	3.965
18	0.688	0.862	1.067	1.330	1.734	2.101	2.214	2.552	2.878	3.197	3.611	3.922
19	0.688	0.861	1.066	1.328	1.729	2.093	2.205	2.539	2.861	3.174	3.579	3.883
20	0.687	0.860	1.064	1.325	1.725	2.086	2.197	2.528	2.845	3.153	3.552	3.850
21	0.686	0.859	1.063	1.323	1.721	2.080	2.189	2.518	2.831	3.135	3.527	3.819
22	0.686	0.858	1.061	1.321	1.717	2.074	2.183	2.508	2.819	3.119	3.505	3.792
23	0.685	0.858	1.060	1.319	1.714	2.069	2.177	2.500	2.807	3.104	3.485	3.768
24	0.685	0.857	1.059	1.318	1.711	2.064	2.172	2.492	2.797	3.091	3.467	3.745
25	0.684	0.856	1.058	1.316	1.708	2.060	2.167	2.485	2.787	3.078	3.450	3.725
26	0.684	0.856	1.058	1.315	1.706	2.056	2.162	2.479	2.779	3.067	3.435	3.707
27	0.684	0.855	1.057	1.314	1.703	2.052	2.158	2.473	2.771	3.057	3.421	3.690
28	0.683	0.855	1.056	1.313	1.701	2.048	2.154	2.467	2.763	3.047	3.408	3.674
29	0.683	0.854	1.055	1.311	1.699	2.045	2.150	2.462	2.756	3.038	3.396	3.659
30	0.683	0.854	1.055	1.310	1.697	2.042	2.147	2.457	2.750	3.030	3.385	3.646
40	0.681	0.851	1.050	1.303	1.684	2.021	2.123	2.423	2.704	2.971	3.307	3.551
50	0.679	0.849	1.047	1.299	1.676	2.009	2.109	2.403	2.678	2.937	3.261	3.496
60	0.679	0.848	1.045	1.296	1.671	2.000	2.099	2.390	2.660	2.915	3.232	3.460
80	0.678	0.846	1.043	1.292	1.664	1.990	2.088	2.374	2.639	2.887	3.195	3.416
100	0.677	0.845	1.042	1.290	1.660	1.984	2.081	2.364	2.626	2.871	3.174	3.390
1,000	0.675	0.842	1.037	1.282	1.646	1.962	2.056	2.330	2.581	2.813	3.098	3.300
∞	0.674	0.841	1.036	1.282	1.645	1.960	2.054	2.326	2.576	2.807	3.091	3.291

[표 7] F 분포—오른쪽 꼬리 확률

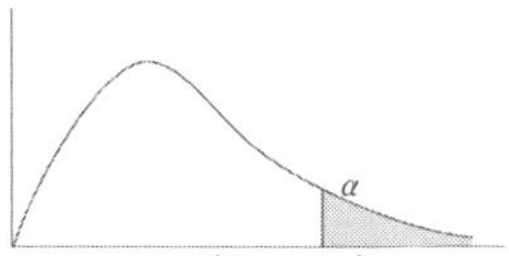

$F(k_1,\ k_2;\ \alpha)$

분모의 자유도	α	1	2	3	4	5	6	7	8	9	10
		분자의 자유도									
1	0.100	39.86	49.50	53.59	55.83	57.24	58.20	58.91	59.44	59.86	60.19
	0.050	161.45	199.50	215.71	224.58	230.10	233.99	236.77	238.88	240.54	241.88
	0.025	647.79	799.50	864.16	899.58	921.85	937.11	948.22	956.66	963.28	968.63
	0.010	4052.2	4999.5	5403.4	5624.6	5763.6	5859.0	5928.4	5981.1	6022.5	6055.8
	0.001	405284	500000	540379	562500	576405	585937	592873	598144	602284	605621
2	0.100	8.53	9.00	9.16	9.24	9.29	9.33	9.35	9.37	9.38	9.39
	0.050	18.51	19.00	19.16	19.25	19.30	19.33	19.35	19.37	19.38	19.40
	0.025	38.51	39.00	39.17	39.25	39.30	39.33	39.36	39.37	39.39	39.40
	0.010	98.50	99.00	99.17	99.25	99.30	99.33	99.36	99.37	99.39	99.40
	0.001	998.50	999.00	999.17	999.25	999.30	999.33	999.36	999.37	999.39	999.40
3	0.100	5.54	5.46	5.39	5.34	5.31	5.28	5.27	5.25	5.24	5.23
	0.050	10.13	9.55	9.28	9.12	9.01	8.94	8.89	8.85	8.81	8.79
	0.025	17.44	16.04	15.44	15.10	14.88	14.73	14.62	14.54	14.47	14.42
	0.010	34.12	30.82	29.46	28.71	28.24	27.91	27.67	27.49	27.35	27.23
	0.001	167.03	148.50	141.11	137.10	134.58	132.85	131.58	130.62	129.86	129.25
4	0.100	4.54	4.32	4.19	4.11	4.05	4.01	3.98	3.95	3.94	3.92
	0.050	7.71	6.94	6.59	6.39	6.26	6.16	6.09	6.04	6.00	5.96
	0.025	12.22	10.65	9.98	9.60	9.36	9.20	9.07	8.98	8.90	8.84
	0.010	21.20	18.00	16.69	15.98	15.52	15.21	14.98	14.80	14.66	14.55
	0.001	74.14	61.25	56.18	53.44	51.71	50.53	49.66	49.00	48.47	48.05
5	0.100	4.06	3.78	3.62	3.52	3.45	3.40	3.37	3.34	3.32	3.30
	0.050	6.61	5.79	5.41	5.19	5.05	4.95	4.88	4.82	4.77	4.74
	0.025	10.01	8.43	7.76	7.39	7.15	6.98	6.85	6.76	6.68	6.62
	0.010	16.26	13.27	12.06	11.39	10.97	10.67	10.46	10.29	10.16	10.05
	0.001	47.18	37.12	33.20	31.09	29.75	28.83	28.16	27.65	27.24	26.92
6	0.100	3.78	3.46	3.29	3.18	3.11	3.05	3.01	2.98	2.96	2.94
	0.050	5.99	5.14	4.76	4.53	4.39	4.28	4.21	4.15	4.10	4.06
	0.025	8.81	7.26	6.60	6.23	5.99	5.82	5.70	5.60	5.52	5.46
	0.010	13.75	10.92	9.78	9.15	8.75	8.47	8.26	8.10	7.98	7.87
	0.001	35.51	27.00	23.70	21.92	20.80	20.03	19.46	19.03	18.69	18.41

[표 7] F 분포—오른쪽 꼬리 확률(계속)

분모의 자유도	α	분자의 자유도 12	15	20	25	30	40	50	60	120	1,000
	0.100	60.71	61.22	61.74	62.05	62.26	62.53	62.69	62.79	63.06	63.30
	0.050	243.91	245.95	248.01	249.26	250.10	251.14	251.77	252.20	253.25	254.11
1	0.025	976.71	984.87	993.10	998.08	1001.4	1005.6	1008.1	1009.8	1014.0	1017.7
	0.010	6106.3	6157.3	6208.7	6239.8	6260.6	6286.8	6302.5	6313.0	6339.4	6362.7
	0.001	610668	615764	620908	624017	626099	628712	630285	631337	633972	636301
	0.100	9.41	9.42	9.44	9.45	9.46	9.47	9.47	9.47	9.48	9.49
	0.050	19.41	19.43	19.45	19.46	19.46	19.47	19.48	19.48	19.49	19.49
2	0.025	39.41	39.43	39.45	39.46	39.46	39.47	39.48	39.48	39.49	39.50
	0.010	99.42	99.43	99.45	99.46	99.47	99.47	99.48	99.48	99.49	99.50
	0.001	999.42	999.43	999.45	999.46	999.47	999.47	999.48	999.48	999.49	999.50
	0.100	5.22	5.20	5.18	5.17	5.17	5.16	5.15	5.15	5.14	5.13
	0.050	8.74	8.70	8.66	8.63	8.62	8.59	8.58	8.57	8.55	8.53
3	0.025	14.34	14.25	14.17	14.12	14.08	14.04	14.01	13.99	13.95	13.91
	0.010	27.05	26.87	26.69	26.58	26.50	26.41	26.35	26.32	26.22	26.14
	0.001	128.32	127.37	126.42	125.84	125.45	124.96	124.66	124.47	123.97	123.53
	0.100	3.90	3.87	3.84	3.83	3.82	3.80	3.80	3.79	3.78	3.76
	0.050	5.91	5.86	5.80	5.77	5.75	5.72	5.70	5.69	5.66	5.63
4	0.025	8.75	8.66	8.56	8.50	8.46	8.41	8.38	8.36	8.31	8.26
	0.010	14.37	14.20	14.02	13.91	13.84	13.75	13.69	13.65	13.56	13.47
	0.001	47.41	46.76	46.10	45.70	45.43	45.09	44.88	44.75	44.40	44.09
	0.100	3.27	3.24	3.21	3.19	3.17	3.16	3.15	3.14	3.12	3.11
	0.050	4.68	4.62	4.56	4.52	4.50	4.46	4.44	4.43	4.40	4.37
5	0.025	6.52	6.43	6.33	6.27	6.23	6.18	6.14	6.12	6.07	6.02
	0.010	9.89	9.72	9.55	9.45	9.38	9.29	9.24	9.20	9.11	9.03
	0.001	26.42	25.91	25.39	25.08	24.87	24.60	24.44	24.33	24.06	23.82
	0.100	2.90	2.87	2.84	2.81	2.80	2.78	2.77	2.76	2.74	2.72
	0.050	4.00	3.94	3.87	3.83	3.81	3.77	3.75	3.74	3.70	3.67
6	0.025	5.37	5.27	5.17	5.11	5.07	5.01	4.98	4.96	4.90	4.86
	0.010	7.72	7.56	7.40	7.30	7.23	7.14	7.09	7.06	6.97	6.89
	0.001	17.99	17.56	17.12	16.85	16.67	16.44	16.31	16.21	15.98	15.77

[표 7] F 분포—오른쪽 꼬리 확률(계속)

분모의 자유도	α	분자의 자유도 1	2	3	4	5	6	7	8	9	10
7	0.100	3.59	3.26	3.07	2.96	2.88	2.83	2.78	2.75	2.72	2.70
	0.050	5.59	4.74	4.35	4.12	3.97	3.87	3.79	3.73	3.68	3.64
	0.025	8.07	6.54	5.89	5.52	5.29	5.12	4.99	4.90	4.82	4.76
	0.010	12.25	9.55	8.45	7.85	7.46	7.19	6.99	6.84	6.72	6.62
	0.001	29.25	21.69	18.77	17.20	16.21	15.52	15.02	14.63	14.33	14.08
8	0.100	3.46	3.11	2.92	2.81	2.73	2.67	2.62	2.59	2.56	2.54
	0.050	5.32	4.46	4.07	3.84	3.69	3.58	3.50	3.44	3.39	3.35
	0.025	7.57	6.06	5.42	5.05	4.82	4.65	4.53	4.43	4.36	4.30
	0.010	11.26	8.65	7.59	7.01	6.63	6.37	6.18	6.03	5.91	5.81
	0.001	25.41	18.49	15.83	14.39	13.48	12.86	12.40	12.05	11.77	11.54
9	0.100	3.36	3.01	2.81	2.69	2.61	2.55	2.51	2.47	2.44	2.42
	0.050	5.12	4.26	3.86	3.63	3.48	3.37	3.29	3.23	3.18	3.14
	0.025	7.21	5.71	5.08	4.72	4.48	4.32	4.20	4.10	4.03	3.96
	0.010	10.56	8.02	6.99	6.42	6.06	5.80	5.61	5.47	5.35	5.26
	0.001	22.86	16.39	13.90	12.56	11.71	11.13	10.70	10.37	10.11	9.89
10	0.100	3.29	2.92	2.73	2.61	2.52	2.46	2.41	2.38	2.35	2.32
	0.050	4.96	4.10	3.71	3.48	3.33	3.22	3.14	3.07	3.02	2.98
	0.025	6.94	5.46	4.83	4.47	4.24	4.07	3.95	3.85	3.78	3.72
	0.010	10.04	7.56	6.55	5.99	5.64	5.39	5.20	5.06	4.94	4.85
	0.001	21.04	14.91	12.55	11.28	10.48	9.93	9.52	9.20	8.96	8.75
11	0.100	3.23	2.86	2.66	2.54	2.45	2.39	2.34	2.30	2.27	2.25
	0.050	4.84	3.98	3.59	3.36	3.20	3.09	3.01	2.95	2.90	2.85
	0.025	6.72	5.26	4.63	4.28	4.04	3.88	3.76	3.66	3.59	3.53
	0.010	9.65	7.21	6.22	5.67	5.32	5.07	4.89	4.74	4.63	4.54
	0.001	19.69	13.81	11.56	10.35	9.58	9.05	8.66	8.35	8.12	7.92
12	0.100	3.18	2.81	2.61	2.48	2.39	2.33	2.28	2.24	2.21	2.19
	0.050	4.75	3.89	3.49	3.26	3.11	3.00	2.91	2.85	2.80	2.75
	0.025	6.55	5.10	4.47	4.12	3.89	3.73	3.61	3.51	3.44	3.37
	0.010	9.33	6.93	5.95	5.41	5.06	4.82	4.64	4.50	4.39	4.30
	0.001	18.64	12.97	10.80	9.63	8.89	8.38	8.00	7.71	7.48	7.29
13	0.100	3.14	2.76	2.56	2.43	2.35	2.28	2.23	2.20	2.16	2.14
	0.050	4.67	3.81	3.41	3.18	3.03	2.92	2.83	2.77	2.71	2.67
	0.025	6.41	4.97	4.35	4.00	3.77	3.60	3.48	3.39	3.31	3.25
	0.010	9.07	6.70	5.74	5.21	4.86	4.62	4.44	4.30	4.19	4.10
	0.001	17.82	12.31	10.21	9.07	8.35	7.86	7.49	7.21	6.98	6.80

[표 7] F 분포—오른쪽 꼬리 확률(계속)

분모의 자유도	α	분자의 자유도									
		12	15	20	25	30	40	50	60	120	1,000
7	0.100	2.67	2.63	2.59	2.57	2.56	2.54	2.52	2.51	2.49	2.47
	0.050	3.57	3.51	3.44	3.40	3.38	3.34	3.32	3.30	3.27	3.23
	0.025	4.67	4.57	4.47	4.40	4.36	4.31	4.28	4.25	4.20	4.15
	0.010	6.47	6.31	6.16	6.06	5.99	5.91	5.86	5.82	5.74	5.66
	0.001	13.71	13.32	12.93	12.69	12.53	12.33	12.20	12.12	11.91	11.72
8	0.100	2.50	2.46	2.42	2.40	2.38	2.36	2.35	2.34	2.32	2.30
	0.050	3.28	3.22	3.15	3.11	3.08	3.04	3.02	3.01	2.97	2.93
	0.025	4.20	4.10	4.00	3.94	3.89	3.84	3.81	3.78	3.73	3.68
	0.010	5.67	5.52	5.36	5.26	5.20	5.12	5.07	5.03	4.95	4.87
	0.001	11.19	10.84	10.48	10.26	10.11	9.92	9.80	9.73	9.53	9.36
9	0.100	2.38	2.34	2.30	2.27	2.25	2.23	2.22	2.21	2.18	2.16
	0.050	3.07	3.01	2.94	2.89	2.86	2.83	2.80	2.79	2.75	2.71
	0.025	3.87	3.77	3.67	3.60	3.56	3.51	3.47	3.45	3.39	3.34
	0.010	5.11	4.96	4.81	4.71	4.65	4.57	4.52	4.48	4.40	4.32
	0.001	9.57	9.24	8.90	8.69	8.55	8.37	8.26	8.19	8.00	7.84
10	0.100	2.28	2.24	2.20	2.17	2.16	2.13	2.12	2.11	2.08	2.06
	0.050	2.91	2.85	2.77	2.73	2.70	2.66	2.64	2.62	2.58	2.54
	0.025	3.62	3.52	3.42	3.35	3.31	3.26	3.22	3.20	3.14	3.09
	0.010	4.71	4.56	4.41	4.31	4.25	4.17	4.12	4.08	4.00	3.92
	0.001	8.45	8.13	7.80	7.60	7.47	7.30	7.19	7.12	6.94	6.78
11	0.100	2.21	2.17	2.12	2.10	2.08	2.05	2.04	2.03	2.00	1.98
	0.050	2.79	2.72	2.65	2.60	2.57	2.53	2.51	2.49	2.45	2.41
	0.025	3.43	3.33	3.23	3.16	3.12	3.06	3.03	3.00	2.94	2.89
	0.010	4.40	4.25	4.10	4.01	3.94	3.86	3.81	3.78	3.69	3.61
	0.001	7.63	7.32	7.01	6.81	6.68	6.52	6.42	6.35	6.18	6.02
12	0.100	2.15	2.10	2.06	2.03	2.01	1.99	1.97	1.96	1.93	1.91
	0.050	2.69	2.62	2.54	2.50	2.47	2.43	2.40	2.38	2.34	2.30
	0.025	3.28	3.18	3.07	3.01	2.96	2.91	2.87	2.85	2.79	2.73
	0.010	4.16	4.01	3.86	3.76	3.70	3.62	3.57	3.54	3.45	3.37
	0.001	7.00	6.71	6.40	6.22	6.09	5.93	5.83	5.76	5.59	5.44
13	0.100	2.10	2.05	2.01	1.98	1.96	1.93	1.92	1.90	1.88	1.85
	0.050	2.60	2.53	2.46	2.41	2.38	2.34	2.31	2.30	2.25	2.21
	0.025	3.15	3.05	2.95	2.88	2.84	2.78	2.74	2.72	2.66	2.60
	0.010	3.96	3.82	3.66	3.57	3.51	3.43	3.38	3.34	3.25	3.18
	0.001	6.52	6.23	5.93	5.75	5.63	5.47	5.37	5.30	5.14	4.99

[표 7] F 분포—오른쪽 꼬리 확률(계속)

분모의 자유도	α	1	2	3	4	5	6	7	8	9	10
		분자의 자유도									
14	0.100	3.10	2.73	2.52	2.39	2.31	2.24	2.19	2.15	2.12	2.10
	0.050	4.60	3.74	3.34	3.11	2.96	2.85	2.76	2.70	2.65	2.60
	0.025	6.30	4.86	4.24	3.89	3.66	3.50	3.38	3.29	3.21	3.15
	0.010	8.86	6.51	5.56	5.04	4.69	4.46	4.28	4.14	4.03	3.94
	0.001	17.14	11.78	9.73	8.62	7.92	7.44	7.08	6.80	6.58	6.40
15	0.100	3.07	2.70	2.49	2.36	2.27	2.21	2.16	2.12	2.09	2.06
	0.050	4.54	3.68	3.29	3.06	2.90	2.79	2.71	2.64	2.59	2.54
	0.025	6.20	4.77	4.15	3.80	3.58	3.41	3.29	3.20	3.12	3.06
	0.010	8.68	6.36	5.42	4.89	4.56	4.32	4.14	4.00	3.89	3.80
	0.001	16.59	11.34	9.34	8.25	7.57	7.09	6.74	6.47	6.26	6.08
16	0.100	3.05	2.67	2.46	2.33	2.24	2.18	2.13	2.09	2.06	2.03
	0.050	4.49	3.63	3.24	3.01	2.85	2.74	2.66	2.59	2.54	2.49
	0.025	6.12	4.69	4.08	3.73	3.50	3.34	3.22	3.12	3.05	2.99
	0.010	8.53	6.23	5.29	4.77	4.44	4.20	4.03	3.89	3.78	3.69
	0.001	16.12	10.97	9.01	7.94	7.27	6.80	6.46	6.19	5.98	5.81
17	0.100	3.03	2.64	2.44	2.31	2.22	2.15	2.10	2.06	2.03	2.00
	0.050	4.45	3.59	3.20	2.96	2.81	2.70	2.61	2.55	2.49	2.45
	0.025	6.04	4.62	4.01	3.66	3.44	3.28	3.16	3.06	2.98	2.92
	0.010	8.40	6.11	5.19	4.67	4.34	4.10	3.93	3.79	3.68	3.59
	0.001	15.72	10.66	8.73	7.68	7.02	6.56	6.22	5.96	5.75	5.58
18	0.100	3.01	2.62	2.42	2.29	2.20	2.13	2.08	2.04	2.00	1.98
	0.050	4.41	3.55	3.16	2.93	2.77	2.66	2.58	2.51	2.46	2.41
	0.025	5.98	4.56	3.95	3.61	3.38	3.22	3.10	3.01	2.93	2.87
	0.010	8.29	6.01	5.09	4.58	4.25	4.01	3.84	3.71	3.60	3.51
	0.001	15.38	10.39	8.49	7.46	6.81	6.35	6.02	5.76	5.56	5.39
19	0.100	2.99	2.61	2.40	2.27	2.18	2.11	2.06	2.02	1.98	1.96
	0.050	4.38	3.52	3.13	2.90	2.74	2.63	2.54	2.48	2.42	2.38
	0.025	5.92	4.51	3.90	3.56	3.33	3.17	3.05	2.96	2.88	2.82
	0.010	8.18	5.93	5.01	4.50	4.17	3.94	3.77	3.63	3.52	3.43
	0.001	15.08	10.16	8.28	7.27	6.62	6.18	5.85	5.59	5.39	5.22
20	0.100	2.97	2.59	2.38	2.25	2.16	2.09	2.04	2.00	1.96	1.94
	0.050	4.35	3.49	3.10	2.87	2.71	2.60	2.51	2.45	2.39	2.35
	0.025	5.87	4.46	3.86	3.51	3.29	3.13	3.01	2.91	2.84	2.77
	0.010	8.10	5.85	4.94	4.43	4.10	3.87	3.70	3.56	3.46	3.37
	0.001	14.82	9.95	8.10	7.10	6.46	6.02	5.69	5.44	5.24	5.08

[표 7] F 분포—오른쪽 꼬리 확률(계속)

분모의 자유도	α	분자의 자유도									
		12	15	20	25	30	40	50	60	120	1,000
	0.100	2.05	2.01	1.96	1.93	1.91	1.89	1.87	1.86	1.83	1.80
	0.050	2.53	2.46	2.39	2.34	2.31	2.27	2.24	2.22	2.18	2.14
14	0.025	3.05	2.95	2.84	2.78	2.73	2.67	2.64	2.61	2.55	2.50
	0.010	3.80	3.66	3.51	3.41	3.35	3.27	3.22	3.18	3.09	3.02
	0.001	6.13	5.85	5.56	5.38	5.25	5.10	5.00	4.94	4.77	4.62
	0.100	2.02	1.97	1.92	1.89	1.87	1.85	1.83	1.82	1.79	1.76
	0.050	2.48	2.40	2.33	2.28	2.25	2.20	2.18	2.16	2.11	2.07
15	0.025	2.96	2.86	2.76	2.69	2.64	2.59	2.55	2.52	2.46	2.40
	0.010	3.67	3.52	3.37	3.28	3.21	3.13	3.08	3.05	2.96	2.88
	0.001	5.81	5.54	5.25	5.07	4.95	4.80	4.70	4.64	4,47	4.33
	0.100	1.99	1.94	1.89	1.86	1.84	1.81	1.79	1.78	1.75	1.72
	0.050	2.42	2.35	2.28	2.23	2.19	2.15	2.12	2.11	2.06	2.02
16	0.025	2.89	2.79	2.68	2.61	2.57	2.51	2.47	2.45	2.38	2.32
	0.010	3.55	3.41	3.26	3.16	3.10	3.02	2.97	2.93	2.84	2.76
	0.001	5.55	5.27	4.99	4.82	4.70	4.54	4.45	4.39	4.23	4.08
	0.100	1.96	1.91	1.86	1.83	1.81	1.78	1.76	1.75	1.72	1.69
	0.050	2.38	2.31	2.23	2.18	2.15	2.10	2.08	2.06	2.01	1.97
17	0.025	2.82	2.72	2.62	2.55	2.50	2.44	2.41	2.38	2.32	2.26
	0.010	3.46	3.31	3.16	3.07	3.00	2.92	2.87	2.83	2.75	2.66
	0.001	5.32	5.05	4.78	4.60	4.48	4.33	4.24	4.18	4.02	3.87
	0.100	1.93	1.89	1.84	1.80	1.78	1.75	1.74	1.72	1.69	1.66
	0.050	2.34	2.27	2.19	2.14	2.11	2.06	2.04	2.02	1.97	1.92
18	0.025	2.77	2.67	2.56	2.49	2.44	2.38	2.35	2.32	2.26	2.20
	0.010	3.37	3.23	3.08	2.98	2.92	2.84	2.78	2.75	2.66	2.58
	0.001	5.13	4.87	4.59	4.42	4.30	4.15	4.06	4.00	3.84	3.69
	0.100	1.91	1.86	1.81	1.78	1.76	1.73	1.71	1.70	1.67	1.64
	0.050	2.31	2.23	2.16	2.11	2.07	2.03	2.00	1.98	1.93	1.88
19	0.025	2.72	2.62	2.51	2.44	2.39	2.33	2.30	2.27	2.20	2.14
	0.010	3.30	3.15	3.00	2.91	2.84	2.76	2.71	2.67	2.58	2.50
	0.001	4.97	4.70	4.43	4.26	4.14	3.99	3.90	3.84	3.68	3.53
	0.100	1.89	1.84	1.79	1.76	1.74	1.71	1.69	1.68	1.64	1.61
	0.050	2.28	2.20	2.12	2.07	2.04	1.99	1.97	1.95	1.90	1.85
20	0.025	2.68	2.57	2.46	2.40	2.35	2.29	2.25	2.22	2.16	2.09
	0.010	3.23	3.09	2.94	2.84	2.78	2.69	2.64	2.61	2.52	2.43
	0.001	4.82	4.56	4.29	4.12	4.00	3.86	3.77	3.70	3.54	3.40

[표 7] F 분포—오른쪽 꼬리 확률(계속)

분모의 자유도	α	1	2	3	4	5	6	7	8	9	10
	0.100	2.96	2.57	2.36	2.23	2.14	2.08	2.02	1.98	1.95	1.92
	0.050	4.32	3.47	3.07	2.84	2.68	2.57	2.49	2.42	2.37	2.32
21	0.025	5.83	4.42	3.82	3.48	3.25	3.09	2.97	2.87	2.80	2.73
	0.010	8.02	5.78	4.87	4.37	4.04	3.81	3.64	3.51	3.40	3.31
	0.001	14.59	9.77	7.94	6.95	6.32	5.88	5.56	5.31	5.11	4.95
	0.100	2.95	2.56	2.35	2.22	2.13	2.06	2.01	1.97	1.93	1.90
	0.050	4.30	3.44	3.05	2.82	2.66	2.55	2.46	2.40	2.34	2.30
22	0.025	5.79	4.38	3.78	3.44	3.22	3.05	2.93	2.84	2.76	2.70
	0.010	7.95	5.72	4.82	4.31	3.99	3.76	3.59	3.45	3.35	3.26
	0.001	14.38	9.61	7.80	6.81	6.19	5.76	5.44	5.19	4.99	4.83
	0.100	2.94	2.55	2.34	2.21	2.11	2.05	1.99	1.95	1.92	1.89
	0.050	4.28	3.42	3.03	2.80	2.64	2.53	2.44	2.37	2.32	2.27
23	0.025	5.75	4.35	3.75	3.41	3.18	3.02	2.90	2.81	2.73	2.67
	0.010	7.88	5.66	4.76	4.26	3.94	3.71	3.54	3.41	3.30	3.21
	0.001	14.20	9.47	7.67	6.70	6.08	5.65	5.33	5.09	4.89	4.73
	0.100	2.93	2.54	2.33	2.19	2.10	2.04	1.98	1.94	1.91	1.88
	0.050	4.26	3.40	3.01	2.78	2.62	2.51	2.42	2.36	2.30	2.25
24	0.025	5.72	4.32	3.72	3.38	3.15	2.99	2.87	2.78	2.70	2.64
	0.010	7.82	5.61	4.72	4.22	3.90	3.67	3.50	3.36	3.26	3.17
	0.001	14.03	9.34	7.55	6.59	5.98	5.55	5.23	4.99	4.80	4.64
	0.100	2.92	2.53	2.32	2.18	2.09	2.02	1.97	1.93	1.89	1.87
	0.050	4.24	3.39	2.99	2.76	2.60	2.49	2.40	2.34	2.28	2.24
25	0.025	5.69	4.29	3.69	3.35	3.13	2.97	2.85	2.75	2.68	2.61
	0.010	7.77	5.57	4.68	4.18	3.85	3.63	3.46	3.32	3.22	3.13
	0.001	13.88	9.22	7.45	6.49	5.89	5.46	5.15	4.91	4.71	4.56
	0.100	2.91	2.52	2.31	2.17	2.08	2.01	1.96	1.92	1.88	1.86
	0.050	4.23	3.37	2.98	2.74	2.59	2.47	2.39	2.32	2.27	2.22
26	0.025	5.66	4.27	3.67	3.33	3.10	2.94	2.82	2.73	2.65	2.59
	0.010	7.72	5.53	4.64	4.14	3.82	3.59	3.42	3.29	3.18	3.09
	0.001	13.74	9.12	7.36	6.41	5.80	5.38	5.07	4.83	4.64	4.48
	0.100	2.90	2.51	2.30	2.17	2.07	2.00	1.95	1.91	1.87	1.85
	0.050	4.21	3.35	2.96	2.73	2.57	2.46	2.37	2.31	2.25	2.20
27	0.025	5.63	4.24	3.65	3.31	3.08	2.92	2.80	2.71	2.63	2.57
	0.010	7.68	5.49	4.60	4.11	3.78	3.56	3.39	3.26	3.15	3.06
	0.001	13.61	9.02	7.27	6.33	5.73	5.31	5.00	4.76	4.57	4.41

[표 7] F 분포—오른쪽 꼬리 확률(계속)

분모의 자유도	α	분자의 자유도									
		12	15	20	25	30	40	50	60	120	1,000
	0.100	1.87	1.83	1.78	1.74	1.72	1.69	1.67	1.66	1.62	1.59
	0.050	2.25	2.18	2.10	2.05	2.01	1.96	1.94	1.92	1.87	1.82
21	0.025	2.64	2.53	2.42	2.36	2.31	2.25	2.21	2.18	2.11	2.05
	0.010	3.17	3.03	2.88	2.79	2.72	2.64	2.58	2.55	2.46	2.37
	0.001	4.70	4.44	4.17	4.00	3.88	3.74	3.64	3.58	3.42	3.28
	0.100	1.86	1.81	1.76	1.73	1.70	1.67	1.65	1.64	1.60	1.57
	0.050	2.23	2.15	2.07	2.02	1.98	1.94	1.91	1.89	1.84	1.79
22	0.025	2.60	2.50	2.39	2.32	2.27	2.21	2.17	2.14	2.08	2.01
	0.010	3.12	2.98	2.83	2.73	2.67	2.58	2.53	2.50	2.40	2.32
	0.001	4.58	4.33	4.06	3.89	3.78	3.63	3.54	3.48	3.32	3.17
	0.100	1.84	1.80	1.74	1.71	1.69	1.66	1.64	1.62	1.59	1.55
	0.050	2.20	2.13	2.05	2.00	1.96	1.91	1.88	1.86	1.81	1.76
23	0.025	2.57	2.47	2.36	2.29	2.24	2.18	2.14	2.11	2.04	1.98
	0.010	3.07	2.93	2.78	2.69	2.62	2.54	2.48	2.45	2.35	2.27
	0.001	4.48	4.23	3.96	3.79	3.68	3.53	3.44	3.38	3.22	3.08
	0.100	1.83	1.78	1.73	1.70	1.67	1.64	1.62	1.61	1.57	1.54
	0.050	2.18	2.11	2.03	1.97	1.94	1.89	1.86	1.84	1.79	1.74
24	0.025	2.54	2.44	2.33	2.26	2.21	2.15	2.11	2.08	2.01	1.94
	0.010	3.03	2.89	2.74	2.64	2.58	2.49	2.44	2.40	2.31	2.22
	0.001	4.39	4.14	3.87	3.71	3.59	3.45	3.36	3.29	3.14	2.99
	0.100	1.82	1.77	1.72	1.68	1.66	1.63	1.61	1.59	1.56	1.52
	0.050	2.16	2.09	2.01	1.96	1.92	1.87	1.84	1.82	1.77	1.72
25	0.025	2.51	2.41	2.30	2.23	2.18	2.12	2.08	2.05	1.98	1.91
	0.010	2.99	2.85	2.70	2.60	2.54	2.45	2.40	2.36	2.27	2.18
	0.001	4.31	4.06	3.79	3.63	3.52	3.37	3.28	3.22	3.06	2.91
	0.100	1.81	1.76	1.71	1.67	1.65	1.61	1.59	1.58	1.54	1.51
	0.050	2.15	2.07	1.99	1.94	1.90	1.85	1.82	1.80	1.75	1.70
26	0.025	2.49	2.39	2.28	2.21	2.16	2.09	2.05	2.03	1.95	1.89
	0.010	2.96	2.81	2.66	2.57	2.50	2.42	2.36	2.33	2.23	2.14
	0.001	4.24	3.99	3.72	3.56	3.44	3.30	3.21	3.15	2.99	2.84
	0.100	1.80	1.75	1.70	1.66	1.64	1.60	1.58	1.57	1.53	1.50
	0.050	2.13	2.06	1.97	1.92	1.88	1.84	1.81	1.79	1.73	1.68
27	0.025	2.47	2.36	2.25	2.18	2.13	2.07	2.03	2.00	1.93	1.86
	0.010	2.93	2.78	2.63	2.54	2.47	2.38	2.33	2.29	2.20	2.11
	0.001	4.17	3.92	3.66	3.49	3.38	3.23	3.14	3.08	2.92	2.78

[표 7] F 분포—오른쪽 꼬리 확률(계속)

분모의 자유도	α	분자의 자유도 1	2	3	4	5	6	7	8	9	10
28	0.100	2.89	2.50	2.29	2.16	2.06	2.00	1.94	1.90	1.87	1.84
	0.050	4.20	3.34	2.95	2.71	2.56	2.45	2.36	2.29	2.24	2.19
	0.025	5.61	4.22	3.63	3.29	3.06	2.90	2.78	2.69	2.61	2.55
	0.010	7.64	5.45	4.57	4.07	3.75	3.53	3.36	3.23	3.12	3.03
	0.001	13.50	8.93	7.19	6.25	5.66	5.24	4.93	4.69	4.50	4.35
29	0.100	2.89	2.50	2.28	2.15	2.06	1.99	1.93	1.89	1.86	1.83
	0.050	4.18	3.33	2.93	2.70	2.55	2.43	2.35	2.28	2.22	2.18
	0.025	5.59	4.20	3.61	3.27	3.04	2.88	2.76	2.67	2.59	2.53
	0.010	7.60	5.42	4.54	4.04	3.73	3.50	3.33	3.20	3.09	3.00
	0.001	13.39	8.85	7.12	6.19	5.59	5.18	4.87	4.64	4.45	4.29
30	0.100	2.88	2.49	2.28	2.14	2.05	1.98	1.93	1.88	1.85	1.82
	0.050	4.17	3.32	2.92	2.69	2.53	2.42	2.33	2.27	2.21	2.16
	0.025	5.57	4.18	3.59	3.25	3.03	2.87	2.75	2.65	2.57	2.51
	0.010	7.56	5.39	4.51	4.02	3.70	3.47	3.30	3.17	3.07	2.98
	0.001	13.29	8.77	7.05	6.12	5.53	5.12	4.82	4.58	4.39	4.24
40	0.100	2.84	2.44	2.23	2.09	2.00	1.93	1.87	1.83	1.79	1.76
	0.050	4.08	3.23	2.84	2.61	2.45	2.34	2.25	2.18	2.12	2.08
	0.025	5.42	4.05	3.46	3.13	2.90	2.74	2.62	2.53	2.45	2.39
	0.010	7.31	5.18	4.31	3.83	3.51	3.29	3.12	2.99	2.89	2.80
	0.001	12.61	8.25	6.59	5.70	5.13	4.73	4.44	4.21	4.02	3.87
50	0.100	2.81	2.41	2.20	2.06	1.97	1.90	1.84	1.80	1.76	1.73
	0.050	4.03	3.18	2.79	2.56	2.40	2.29	2.20	2.13	2.07	2.03
	0.025	5.34	3.97	3.39	3.05	2.83	2.67	2.55	2.46	2.38	2.32
	0.010	7.17	5.06	4.20	3.72	3.41	3.19	3.02	2.89	2.78	2.70
	0.001	12.22	7.96	6.34	5.46	4.90	4.51	4.22	4.00	3.82	3.67
60	0.100	2.79	2.39	2.18	2.04	1.95	1.87	1.82	1.77	1.74	1.71
	0.050	4.00	3.15	2.76	2.53	2.37	2.25	2.17	2.10	2.04	1.99
	0.025	5.29	3.93	3.34	3.01	2.79	2.63	2.51	2.41	2.33	2.27
	0.010	7.08	4.98	4.13	3.65	3.34	3.12	2.95	2.82	2.72	2.63
	0.001	11.97	7.77	6.17	5.31	4.76	4.37	4.09	3.86	3.69	3.54
100	0.100	2.76	2.36	2.14	2.00	1.91	1.83	1.78	1.73	1.69	1.66
	0.050	3.94	3.09	2.70	2.46	2.31	2.19	2.10	2.03	1.97	1.93
	0.025	5.18	3.83	3.25	2.92	2.70	2.54	2.42	2.32	2.24	2.18
	0.010	6.90	4.82	3.98	3.51	3.21	2.99	2.82	2.69	2.59	2.50
	0.001	11.50	7.41	5.86	5.02	4.48	4.11	3.83	3.61	3.44	3.30

[표 7] F 분포—오른쪽 꼬리 확률(계속)

분모의 자유도	α	분자의 자유도									
		12	15	20	25	30	40	50	60	120	1,000
	0.100	1.79	1.74	1.69	1.65	1.63	1.59	1.57	1.56	1.52	1.48
	0.050	2.12	2.04	1.96	1.91	1.87	1.82	1.79	1.77	1.71	1.66
28	0.025	2.45	2.34	2.23	2.16	2.11	2.05	2.01	1.98	1.91	1.84
	0.010	2.90	2.75	2.60	2.51	2.44	2.35	2.30	2.26	2.17	2.08
	0.001	4.11	3.86	3.60	3.43	3.32	3.18	3.09	3.02	2.86	2.72
	0.100	1.78	1.73	1.68	1.64	1.62	1.58	1.56	1.55	1.51	1.47
	0.050	2.10	2.03	1.94	1.89	1.85	1.81	1.77	1.75	1.70	1.65
29	0.025	2.43	2.32	2.21	2.14	2.09	2.03	1.99	1.96	1.89	1.82
	0.010	2.87	2.73	2.57	2.48	2.41	2.33	2.27	2.23	2.14	2.05
	0.001	4.05	3.80	3.54	3.38	3.27	3.12	3.03	2.97	2.81	2.66
	0.100	1.77	1.72	1.67	1.63	1.61	1.57	1.55	1.54	1.50	1.46
	0.050	2.09	2.01	1.93	1.88	1.84	1.79	1.76	1.74	1.68	1.63
30	0.025	2.41	2.31	2.20	2.12	2.07	2.01	1.97	1.94	1.87	1.80
	0.010	2.84	2.70	2.55	2.45	2.39	2.30	2.25	2.21	2.11	2.02
	0.001	4.00	3.75	3.49	3.33	3.22	3.07	2.98	2.92	2.76	2.61
	0.100	1.71	1.66	1.61	1.57	1.54	1.51	1.48	1.47	1.42	1.38
	0.050	2.00	1.92	1.84	1.78	1.74	1.69	1.66	1.64	1.58	1.52
40	0.025	2.29	2.18	2.07	1.99	1.94	1.88	1.83	1.80	1.72	1.65
	0.010	2.66	2.52	2.37	2.27	2.20	2.11	2.06	2.02	1.92	1.82
	0.001	3.64	3.40	3.14	2.98	2.87	2.73	2.64	2.57	2.41	2.25
	0.100	1.68	1.63	1.57	1.53	1.50	1.46	1.44	1.42	1.38	1.33
	0.050	1.95	1.87	1.78	1.73	1.69	1.63	1.60	1.58	1.51	1.45
50	0.025	2.22	2.11	1.99	1.92	1.87	1.80	1.75	1.72	1.64	1.56
	0.010	2.56	2.42	2.27	2.17	2.10	2.01	1.95	1.91	1.80	1.70
	0.001	3.44	3.20	2.95	2.79	2.68	2.53	2.44	2.38	2.21	2.05
	0.100	1.66	1.60	1.54	1.50	1.48	1.44	1.41	1.40	1.35	1.30
	0.050	1.92	1.84	1.75	1.69	1.65	1.59	1.56	1.53	1.47	1.40
60	0.025	2.17	2.06	1.94	1.87	1.82	1.74	1.70	1.67	1.58	1.49
	0.010	2.50	2.35	2.20	2.10	2.03	1.94	1.88	1.84	1.73	1.62
	0.001	3.32	3.08	2.83	2.67	2.55	2.41	2.32	2.25	2.08	1.92
	0.100	1.61	1.56	1.49	1.45	1.42	1.38	1.35	1.34	1.28	1.22
	0.050	1.85	1.77	1.68	1.62	1.57	1.52	1.48	1.45	1.38	1.30
100	0.025	2.08	1.97	1.85	1.77	1.71	1.64	1.59	1.56	1.46	1.36
	0.010	2.37	2.22	2.07	1.97	1.89	1.80	1.74	1.69	1.57	1.45
	0.001	3.07	2.84	2.59	2.43	2.32	2.17	2.08	2.01	1.83	1.64

연습문제 해답

연습문제 1.1

01	선형, 2계	02	선형, 1계
03	선형, 1계	04	비선형, 1계
05	선형, 1계	06	선형, 2계
07	선형, 1계	08	비선형, 1계
09-12	생략		
13	$y'+2y=0$	14	$xy'-(x+1)y=0$
15	$y'+y^2=1$	16	$(y')^2+1=\frac{1}{y^2}$

연습문제 1.2

01	$y^3=cx^2$	02	$x^2+y^2=10$
03	$\frac{1+y}{1-y}=c\left(\frac{1+x}{1-x}\right)$	04	$2x+\sin 2x-4\cos y=c$
05	$\frac{1}{p}=\frac{b}{a}+ce^{-at}$	06	$\ln N=(t-1)e^{t+2}-t+1$
07	$\sqrt{x^2+1}=x(y+1)^2e^{\frac{y^2}{2-y}}$	08	$x^xy^y=c$
09	$y^2=x^2+x+9$	10	$x+y+\ln(y/x^x)=c$
11	$2y+\sin(2y)=4\tan^{-1}x+c$	12	$y=\frac{1}{c-e^{\cos x}}$
13	$4v^2=1+cx^{-8/3}$		

연습문제 1.3

01	동차	02	동차
03	비동차	04	동차
05	비동차	06	$x\ln\lvert x\rvert+y=cx$
07	$(x-y)\ln\lvert x-y\rvert=y+c(x-y)$	08	$x+y\ln\lvert x\rvert=cy$
09	$\ln(x^2+y^2)+2\tan^{-1}(y/x)=c$	10	$\ln\lvert y\rvert=2\sqrt{x/y}+c$
11	$y^9=c(x^3+y^3)^2$	12	$\left(\frac{y}{x}\right)^2=2\ln\lvert x\rvert+c$

13 $e^{\frac{2x}{y}} = 8\ln|y| + c$

14 $x\cos(y/x) = c$

15 $y + x = cx^2 e^{y/x}$

16 $3x^{3/2}\ln|x| + 3x^{1/2}y + 2y^{3/2} = 5x^{3/2}$

17 $(x+y)\ln|y| + x = 0$

연습문제 1.4

01 $x^3 - 3x^2y - y^2 = c$

02 $t(x^2-1) = c$

03 완전 미분방정식이 아님

04 $3x\cos y + y^3 = c$

05 $\sin^2\theta + r^2(1-\theta^2) = c$

06 $u^2 - ue^{3v} + y^3 = c$

07 $\cos x \sin y - \ln|\cos x| = c$

08 완전이 아님

09 $x^3y + 4x^2y^2 + 4y^3 = 4$

10 $2\cos x \cos y = 1$

11 $A = 6,\ x^{3y} + 3xy^2 = c$

12 $A = 2,\ 2x^2\cos y + 2x^3y - y^2 = c$

13 $\mu(x,y) = y^2,\ 3x^2y^3 + y^4 = c$

14 $\mu(x,y) = x,\ x^2y^2 + x^3 = c$

15 $\mu(x,y) = x,\ x^3e^y + x^2y = c$

연습문제 1.5

01 $y = ce^{-2x}$

02 $x = ce^{-y^4}$

03 $y = (c + 1/2x^2)e^{-x^2}$

04 $xy + x\cos x - \sin x = c$

05 $x = \dfrac{1}{\sqrt{1+y^2}}(c + \ln(y + \sqrt{1+y^2}))$

06 $y = \dfrac{1}{5} + ce^{-5x}$

07 $y = \dfrac{1}{x}(\sin x + c) - \cos x$

08 $y = x^4[(x-1)e^x + c]$

09 $z = \dfrac{1}{4} + ce^{-2x^2}$

10 $y = (x+c)\operatorname{cosec} x$

11 $y = 1 + \dfrac{c}{\sqrt{x^2+9}}$

12 $y = (x+c)e^{mx}$

13 $y = \dfrac{1}{2x^2}(e^x + ce^{-x})$

14 $y = \dfrac{b}{k-a}x^k + cx^a$

15 $y^2 = \dfrac{1}{2}x^2 + cx^{-2}$

16 $y^{-2} = \dfrac{2}{5x} + cx^4$

17 $x^{-3}y = 2 + c\sqrt{y}$

18 $y^{-4} = \dfrac{3}{4}e^{-4x} - x + \dfrac{1}{4}$

연습문제 1.6

01 $5x^2+4xy+y^2+2x+2y=c$

02 $\ln[x(x^2+y^2-2x+2y+2)]+4\tan^{-1}\left(\dfrac{y+1}{x-1}\right)=0$

03 $12x^2+16xy+4y^2+4x+8y-89=0$

04 $x+2y-\ln|2x+3y-1|=0$

연습문제 2.1

01 독립

02 독립

03 종속

04 독립

05 독립

06 독립

07 독립

08 독립

09 종속

10 종속

11 $D(3D-1)$

12 $(D-1)^2$

13 $D^2(D-1)(D+1)$

14 $(D+1)(D^2-D+1)$

15 $(D+(3+4i))(D-(3+4i))$

16 $2x+x^2$

17 $4e^{2x}$

18 $\cos x-3\sin x$

19 0

20 0

연습문제 2.2

01 $y=c_1+c_2e^{-2x}$

02 $y=(c_1+c_2x)e^{3x}$

03 $y=c_1\sin x+c_2\cos x$

04 $y=c_1e^x\cos 2x+c_2e^x\sin 2x$

05 $y=c_1x^3+c_2x^{-2}$

06 $y=(c_1\ln x+c_2)\sqrt{x}$

07 $y=c_1+c_2\ln\left(\dfrac{1+x}{1-x}\right)$

08 $y=\dfrac{1}{\sqrt{x}}(c_1\sin x+c_2\cos x)$

연습문제 2.3

01 $y=c_1+c_2e^{x/3}$

02 $y=c_1e^x+c_2xe^x$

03 $y=e^{-x/2}\left(c_1\cos\dfrac{\sqrt{3}}{2}x+c_2\sin\dfrac{\sqrt{3}}{2}x\right)$

04 $y=c_1e^x+c_2e^{-3x}$

05 $y=c_1e^{-x/3}+c_2xe^{-x/3}$

06 $y=e^{x/4}\left(c_1\cos\frac{\sqrt{7}}{4}x+c_2\sin\frac{\sqrt{7}}{4}x\right)$

07 $y=c_1e^{x}+e^{-x/2}\left(c_1\cos\frac{\sqrt{3}}{2}x+c_2\sin\frac{\sqrt{3}}{2}x\right)$

08 $y=c_1e^{-x}+c_2xe^{-x}+c_3x^2e^{-x}$

09 $y=c_1+c_2x+e^{-3x/2}\left(c_3\cos\frac{\sqrt{5}}{2}x+c_4\sin\frac{\sqrt{5}}{2}x\right)$

10 $y=c_1e^{-x/2}+c_2xe^{-x/2}+c_3x^2e^{-x/2}$

11 $y=(c_1+c_2x)e^{2x}+(c_3+c_4x)e^{-3x/2}$

12 $y=c_1e^{-x}+c_2e^{2x}+c_3e^{-x/2}+c_4e^{3x/2}$

13 $y=e^{2x}(c_1\cos x+c_2\sin x)+c_3\cos\sqrt{5}\,x+c_4\sin\sqrt{5}\,x$

14 $y=c_1+c_2x+c_3e^{-5x}$

연습문제 3.1

01 $y=c_1+c_2e^{-x}+\frac{1}{2}(\cos x-\sin x)$

02 $y=(c_1+c_2x)e^{3x}+\frac{1}{4}e^{x}$

03 $y=c_1\cos 2\sqrt{2}\,x+c_2\sin 2\sqrt{2}\,x+\frac{2}{9}e^{-x}+\frac{5}{8}$

04 $y=c_1\cos 2x+c_2\sin 2x+\sin x+\frac{4}{3}cos x-2$

05 $y=c_1e^{4x}+c_2e^{-x}+6xe^{4x}$

06 $y=e^{x}(c_1\cos 2x+c_2\sin 2x)+\frac{1}{3}e^{x}\sin x$

07 $y=c_1e^{4x}+c_2e^{-x}+6xe^{4x}$

08 $y=e^{x}(c_1\cos 2x+c_2\sin 2x)+\frac{1}{3}e^{x}\sin x$

09 $y=e^{-x/2}\left(c_1\cos\frac{\sqrt{3}}{2}x+c_2\sin\frac{\sqrt{3}}{2}x\right)+1+\frac{3}{13}\cos 2x-\frac{2}{13}\sin 2x$

10 $y=c_1e^{2x}+c_2e^{-2x}+c_3e^{-x}+\frac{1}{2}+x-xe^{-x}$

11 $x=-\frac{1}{8}t^2e^{t}\cos 2t+\frac{1}{16}te^{t}\sin 2t$

12 $z=\left(\frac{3}{40}x+\frac{1}{25}\right)\cos 3x+\left(-\frac{1}{40}x+\frac{13}{400}\right)\sin 3x$

13 $y=-\frac{1}{4}x^2e^{-x}\cos x+\frac{3}{4}xe^{-x}\sin x$

14 $y=2\cos(x+3)-2\sin(x+3)$

연습문제 3.2

01 $y=c_1e^x+c_2e^{-x}+\frac{1}{4}(2x-1)e^x$

02 $y=c_1\cos3x+c_2\sin3x+\frac{1}{36}(\sin3x-6x\cos3x)$

03 $y=(c_1+\ln|\cos x|)\cos x+(c_2+x)\sin x$

04 $y=c_1\cos x+c_2\sin x+\frac{1}{6}sec^2x-\frac{1}{2}+\frac{1}{2}sinx\ln|\sec x+\tan x|$

05 $y=c_1\cos x+(c_2+\ln|\mathrm{cosec}x-\cot x|)\sin x$

06 $y=(c_1-\ln|\sec x+\tan x|)\cos x+(c_2-\ln|\mathrm{cosec}x-\cot x|)\sin x$

07 $y=\left(c_1+c_2x+\frac{1}{2}x^2+\frac{1}{6}x^3\right)e^{2x}$

08 $y=\left(c_1+c_2x+\frac{1}{2}x^2\ln|x|-\frac{3}{4}x^2\right)e^{-x}$

09 $y=c_1e^x+c_2e^{-x}-\sin(e^{-x})-e^x\cos(e^{-x})$

10 $y=\left(c_1+\frac{1}{2}cot^2x)\cos x+(c_2-\frac{1}{3}cot^3x\right)\sin x$

11 $y=c_1e^x+c_2xe^x-\frac{5}{36}x^3e^x+\frac{1}{6}x^3e^x\ln x$

12 $y=c_1e^x+c_2xe^x+\frac{1}{4}e^x\sin^{-1}x+\frac{1}{2}x^2e^x\sin^{-1}x+\frac{3}{4}xe^x\sqrt{1-x^2}$

13 $y=c_1e^{-x}+c_2xe^{-2x}+(e^{-x}+e^{-2x})[\ln(1+e^x)]$

14 $y=c_1\sin x+c_2\cos x+\sin[\ln(1+\sin x)]-x\cos x-\frac{\cos^2x}{1+\sin x}$

연습문제 4.1

01 $y=c_1x+c_2x^5$

02 $y=(c_1+c_2\ln x)x$

03 $y=c_1+c_2x^{1/3}$

04 $y=x^3(c_1\cos(4\ln x)+c_2\sin(4\ln x))$

05 $y=(c_1+c_2\ln x)x^3+x^3(\ln x)^2$

06 $y=c_1x^2+c_2x^3+2x-1$

07 $y=c_1x^{-1}+c_2x+\frac{1}{2}x\ln x$

08 $y=c_1x+c_2x^2+x^3\left(\ln x-\frac{3}{2}\right)$

09 $y=x^3-2x^2$

10 $y=\frac{1}{10}x^2[9\cos(3\ln x)-7\sin(3\ln x)]+\frac{1}{10}x^3$

11 $y=c_1x+c_2\cos(\ln x)+c_3\sin(\ln x)$

12 $y=(c_1+c_2\ln x)x+c_3x^2+\frac{1}{4}x^3$

13 $y=c_1+c_2x^2+c_3x^3$

14 $y=(c_1+c_2\ln x)x^3+c_3x^{-2}$

15 $y=c_1\sin(\ln x^2)+c_2\cos(\ln x^2)+\frac{1}{5}x\ln x^2-\frac{4}{25}x$

연습문제 4.2

01	수렴	02	발산
03	발산	04	발산
05	수렴	06	발산
07	수렴	08	수렴
09	수렴	10	수렴
11	발산	12	수렴
13	수렴	14	발산
15	수렴	16	수렴
17	수렴	18	수렴
19	수렴	20	발산
21	수렴	22	수렴
23	절대수렴	24	발산
25	절대수렴	26	조건부수렴
27	발산	28	조건부수렴
29	절대수렴	30	조건부수렴
31	발산	32	조건부수렴
33	절대수렴	34	절대수렴
35	절대수렴	36	절대수렴

연습문제 4.3

01 $1-2x+2x^2-\frac{4}{3}x^3$

02 $2x-\frac{4}{3}x^3$

03 $x+\frac{1}{3}x^3$

04 $x+x^3+\frac{x^3}{2!}+\frac{x^4}{3!}$

05 $1+\frac{1}{2}x^2+\frac{5}{24}x^4$

06 $\ln 3+\frac{2}{3}x-\frac{2}{9}x^2+\frac{8}{81}x^3-\frac{4}{81}x^4$

07 $e+e(x-1)+\frac{e}{2!}(x-1)^2+\frac{e}{3!}(x-1)^3$

08 $2+\frac{1}{4}(x-4)-\frac{1}{64}(x-4)^2+\frac{1}{512}(x-4)^3$

09 $\frac{\sqrt{2}}{2}-\frac{\sqrt{2}}{2}\left(x-\frac{\pi}{4}\right)-\frac{\sqrt{2}}{4}\left(x-\frac{\pi}{4}\right)+\frac{\sqrt{2}}{12}\left(x-\frac{\pi}{4}\right)^3$

10 $-\frac{\sqrt{3}}{2}+\frac{\pi}{2}\left(x+\frac{1}{3}\right)+\frac{\sqrt{3}}{4}\pi^2\left(x+\frac{1}{3}\right)-\frac{\pi^3}{12}\left(x+\frac{1}{3}\right)^3$

11 $\sum_{n=0}^{\infty}(-1)^n\frac{x^n}{n!}$

12 $\sum_{n=0}^{\infty}(-1)^n x^n$

13 $\sum_{n=0}^{\infty}(-1)^n\frac{x^n}{n}$

14 $\sum_{n=0}^{\infty}(-1)^n\frac{x^{2n}}{4^n(2n)!}$

15 $\sum_{n=0}^{\infty}(-1)^n\frac{x^{2n}}{(2n)!}$

연습문제 4.4

01 -1

02 없다

03 $-1,2$

04 없다

05 $0,3$

06 $0,1$

07 $y=c_0\left[1+\sum_{n=1}^{\infty}\frac{(-1)^n x^{2n}}{2\cdot 4\cdot 6\cdots(2n)}\right]+c_1\left[x+\sum_{n=1}^{\infty}\frac{(-1)^n x^{2n+1}}{3\cdot 5\cdot 7\cdots(2n+1)}\right]$

08 $y=c_0\left(1-\frac{x^2}{2}-\frac{x^4}{24}+\cdots\right)+c_1\left(x-\frac{x^3}{3}-\frac{x^5}{30}+\cdots\right)$

09 $y=c_0\left(1-x^2-\frac{x^3}{2}+\frac{x^4}{3}+\frac{11}{40}x^5+\cdots\right)+c_1\left(x-\frac{x^3}{2}-\frac{x^3}{4}+\frac{x^5}{8}+\cdots\right)$

10 $y=c_0\left(1-\frac{x^3}{6}-\frac{3}{40}x^5+\cdots\right)+c_1\left(x-\frac{x^3}{6}-\frac{x^4}{12}+\frac{3x^5}{40}+\cdots\right)$

11 $y=c_0\left(1+\frac{x^3}{6}+\frac{x^6}{18}+\cdots\right)+c_1\left(x+\frac{x^4}{6}+\frac{17x^7}{252}+\cdots\right)$

12 $y=x-1+c_0\sum_{n=0}^{\infty}\frac{(-1)^n}{n!}x^n$

연습문제 4.5

01 $x=0,3$: 정칙특이점

02 $x=1$: 정칙특이점, $x=0$: 비정칙특이점

03 $x=\pm 1$: 정칙특이점, $x=0$: 비정칙특이점

04 $x=\pm i$: 정칙특이점, $x=0$: 비정칙특이점

05 $x=0$: 정칙특이점, $x=4$: 비정칙특이점

06 $y=c_0\left(1+2x+\frac{1}{3}x^2\right)+c_1x^{1/2}\left(1+\frac{1}{2}x+\frac{1}{40}x^2+\cdots\right)$

07 $y=c_0\left(1-x+\frac{15}{14}x^2+\cdots\right)+c_1x^{-3/2}(1-10x)$

08 $y=c_0x^{-1}+c_1x^{1/2}$

09 $y=c_0x^{1/2}\left(1-x+\frac{1}{6}x^2+\cdots\right)+c_1x\left(1-\frac{1}{3}x+\frac{1}{30}x^2+\cdots\right)$

10 $y=c_0x^{-1}\left(1+\frac{1}{2}x^2-\frac{1}{24}x^4+\cdots\right)+c_1x^{3/2}\left(1-\frac{1}{18}x^2+\frac{1}{936}x^4-\cdots\right)$

11 $y=(c_0+c_1\ln x)(1+4x+4x^2+\cdots)-c_1\left(8x+12x^2+\frac{176}{27}x^3+\cdots\right)$

12 $y=(c_0+c_1\ln x)xe^x-c_1\left(x^2+\frac{3}{4}x^3+\frac{11}{36}x^4+\cdots\right)$

13 $y=(c_0+c_1\ln x)x^{-2}$

14 $y=(c_0+c_1\ln x)x-c_1\left(x^2-\frac{1}{4}x^3+\frac{1}{18}x^4+\cdots\right)$

15 $y=c_0\left(1-x+\frac{x^2}{2}-\frac{x^3}{6}+\cdots\right)+c_1x^{-1}\left(1+\frac{3x^2}{2}-\frac{x^3}{3}+\cdots\right)$

16 $y=c_1x\left[1+2\sum_{n=1}^{\infty}\frac{(-1)^nx^n}{n!(n+2)!}\right]+c_2\left[x^{-1}\left(-\frac{1}{2}-\frac{x}{2}+\frac{29x^2}{144}+\cdots\right)+\frac{1}{4}y_1(x)\ln|x|\right]$

17 $y=c_1x^4\left[11-\frac{x^2}{2}+\frac{x^4}{10}-\cdots\right]+c_2\left[x^{-2}\left(-\frac{1}{6}-\frac{x^2}{6}-\frac{x^4}{6}+\cdots\right)+\frac{2}{9}y_1(x)\ln|x|\right]$

연습문제 5.1

01 $\frac{1}{s^2}$

02 $\frac{n!}{s^{n+1}}$

03 $\frac{s}{s^2+k^2}$

04 $\frac{b-c}{(s+a)(s+b)}$

05 $\frac{s}{s^2-k^2}$

06 $\frac{s\sin b+a\cos b}{s^2+a^2}$

07 $\frac{s^2-2k^2}{s(s^2-4k^2)}$

08 $\frac{s-a}{(s-a)^2-k^2}$

09 $\frac{1}{(s-a)^2}$

10 $\frac{2s(s^2-3k^2)}{(s^2+k^2)^3}$

11 $\frac{s^2+2k^2}{s(s^2+4k^2)}$

12 $\frac{k}{s^2+4k^2}$

13 $\frac{6}{s+3}-\frac{2}{s^3}+\frac{2}{s^2}-\frac{8}{s}$

14 $\frac{6}{s^4}-\frac{1}{(s-1)^2}+\frac{s-4}{(s-4)^2}+1$

15 $\frac{6}{(s-3)^2+36}-\frac{6}{s^4}+\frac{1}{s-1}$

16 $\frac{s^3}{s^4+4k^4}$

17 $\frac{3(s+4)}{(s+4)^2+16}-\frac{24(s+4)}{[(s+4)^2+16]^2}$

18 $\ln\left(\frac{s+1}{s-1}\right)$

19 $\frac{3s}{4(s^2+1)}+\frac{s}{4(s^2+9)}$

20 $\frac{s}{2(s^2+9)}-\frac{s}{2(s^2+49)}$

21 $\frac{n+m}{2[s^2+(n+m)^2]}+\frac{m-n}{2[s^2+(m-n)^2]}$

22 $\frac{s+1}{s\,[(s+1)^2+1]}$

23 $\frac{1}{s^2(s-1)}$

24 $\frac{3s^2+1}{s^2(s^2+1)^2}$

연습문제 5.2

01 $e^t t^3$

02 $e^{-t}\cos 3t$

03 $\frac{1}{2}e^{-t}\sin 2t$

04 $2e^{-2t}\cos 3t + 4e^{-2t}\sin 3t$

05 $\frac{3}{2}e^t\cos 2t - 3e^t\sin 2t$

06 $\frac{1}{3}e^{-\frac{2}{3}t}\left(5\cos\frac{2\sqrt{5}}{3}t - \frac{8\sqrt{5}}{5}\sin\frac{2\sqrt{5}}{3}t\right)$

07 $1-e^{-t}$

08 $e^{-2t}(1-4t+2t^2)$

09 $-\frac{1}{100}+\frac{5}{324}e^{4t}-e^{-5t}\left(\frac{11}{2025}+\frac{4}{45}t\right)$

10 $\frac{1}{3}(e^{-t}-e^t)+\frac{5}{12}(e^{2t}-e^{-2t})$

11 $-\frac{1}{6}-\frac{2}{15}e^{-3t}+\frac{3}{10}e^{2t}$

12 $\frac{3}{50}e^{3t}-\frac{1}{25}e^{-2t}+\frac{1}{50}e^{-t}(9\sin 2t-\cos 2t)$

13 $\frac{1}{3}+e^t+\frac{14}{3}e^{6t}$

14 $8e^{2t}-e^{-t}\cos 2t+3e^{-t}\sin 2t$

15 $-\frac{5}{3}e^{-t}+\frac{5}{12}e^{2t}+\frac{5}{4}e^{-2t}$

16 $\frac{1}{3}-\frac{e^{-t}}{2}+\frac{e^{-3t}}{6}$

17 $\frac{4t\sin 2t+3\sin 2t-6t\cos 2t}{16}$

18 $\frac{5}{24}t^4e^{-2t}$

연습문제 5.3

01 $2e^t\cos 2t+e^t\sin 2t$

02 $-e^{-3t}+3te^{-3t}$

03 $t^2+\cos t-\sin t$

04 $\cos t-4e^{5t}+8e^{2t}$

05 $3te^t-e^{-6t}$

06 $2-t+e^{2-t}+2e^{t-2}$

07 $\frac{7}{5}\sin t+\frac{11}{5}\cos t+\frac{3}{5}e^{2t-\pi}-e^{-(t-\frac{\pi}{2})}$

08 $\left(\frac{1}{4} - \frac{1}{4}\cos 2t\right) - \left[\frac{1}{2} - \frac{1}{2}cos\,(t-1)\right] U(t-1)$
$+ \left[\frac{1}{4} - \frac{1}{4}\cos 2(t-2)\right] U(t-2)$

09 $2e^{-2t} - 2e^{-3t}$
$+ \left[\frac{1}{36} + \frac{1}{6}(t-1) - \frac{1}{4}e^{-2(t-1)} + \frac{2}{9}e^{-3(t-1)}\right] U(t-1)$
$- \left[\frac{19}{36} + \frac{1}{6}(t-5) - \frac{7}{4}e^{-2(t-5)} + \frac{11}{9}e^{-3(t-5)}\right] U(t-5)$

10 $\frac{1}{4}\sin 4t + \frac{1}{8}t\sin 4t$

11 $\frac{1}{4}\sin 4t + \frac{1}{8}t\sin 4t - \frac{1}{8}(t-\pi)\sin 4(t-\pi)\,U(t-\pi)$

12 e^{-t}

13 $\sin t - \frac{1}{2}t\sin t$

연습문제 6.2

01 (1) $A+B=\begin{pmatrix} 4 & 3 & 5 \\ 2 & 3 & 15 \\ 0 & -3 & 4 \end{pmatrix}$, $B-A=\begin{pmatrix} 2 & -1 & -3 \\ 2 & -3 & -3 \\ 2 & 5 & 4 \end{pmatrix}$

(2) $AB=\begin{pmatrix} 11 & 5 & 29 \\ 15 & 9 & 54 \\ -11 & -1 & -25 \end{pmatrix}$, $BA=\begin{pmatrix} 2 & 5 & 21 \\ -4 & -20 & 8 \\ -3 & -11 & 13 \end{pmatrix}$

(3) $(A+B)^t=\begin{pmatrix} 4 & 2 & 0 \\ 3 & 3 & -3 \\ 5 & 15 & 4 \end{pmatrix}=A^t+B^t$

(4) $(AB)^t=\begin{pmatrix} 11 & 15 & -11 \\ 5 & 9 & -1 \\ 29 & 54 & -25 \end{pmatrix}$, $A^tB^t=\begin{pmatrix} 2 & -4 & -3 \\ 5 & -20 & -11 \\ 21 & 8 & 13 \end{pmatrix}$

$B^tA^t=\begin{pmatrix} 11 & 15 & -11 \\ 5 & 9 & -1 \\ 29 & 54 & -25 \end{pmatrix}$, $(3B)^t=\begin{pmatrix} 9 & 6 & 3 \\ 3 & 0 & 3 \\ 3 & 18 & 12 \end{pmatrix}$

(5) $(A+B)^2=\begin{pmatrix} 22 & 6 & 85 \\ 14 & -30 & 115 \\ -6 & -21 & 29 \end{pmatrix}$,

$A^2+2AB+B^2=\begin{pmatrix} 31 & 6 & 93 \\ 33 & -1 & 161 \\ -14 & -11 & -67 \end{pmatrix}$, $B^2+2BA+B^2=\begin{pmatrix} 13 & 6 & 77 \\ 14 & -59 & 69 \\ 2 & -31 & 9 \end{pmatrix}$

02 생략

03 $A=\begin{pmatrix} 0 & 1 \\ 0 & 0 \end{pmatrix}$

04 생략

연습문제 6.3

01 (1) $x_1 = \frac{34}{7}$, $x_2 = -\frac{43}{7}$

(2) $x_1 = -\frac{17}{8}$, $x_2 = \frac{5}{8}$

(3) $x_1 = -\frac{171}{100}$, $x_2 = \frac{151}{100}$, $x_3 = \frac{77}{100}$

(4) $x_1 = -\frac{8}{5}t + \frac{29}{5}$, $x_2 = t$, $x_3 = \frac{7}{20}t - \frac{21}{20}$

(5) $x_1 = 1$, $x_2 = 2$, $x_3 = -2$

(6) $x_1 = -\frac{3}{2}t - \frac{2}{3}$, $x_2 = -\frac{13}{2}t + \frac{7}{3}$, $x_3 = \frac{7}{2}t + \frac{1}{3}$, $x_4 = t$

02 (1) $x_1 = -1$, $x_2 = 4$, $x_3 = -3$ (2) $x_1 = x_2 = x_3 = 0$

(3) $x_1 = \frac{7}{5}$, $x_2 = -\frac{2}{5}$, $x_3 = -\frac{1}{5}$ (4) $x_1 = 1$, $x_2 = 2$, $x_3 = 2$

연습문제 6.5

01 (1) 정칙, $\begin{pmatrix} -\frac{1}{4} & \frac{1}{4} \\ \frac{5}{12} & -\frac{1}{12} \end{pmatrix}$ (2) 정칙이 아니다.

(3) 정칙, $\frac{1}{22}\begin{pmatrix} -3 & -7 & 15 \\ 5 & 19 & -25 \\ 2 & -10 & 12 \end{pmatrix}$ (4) 정칙, $\frac{1}{47}\begin{pmatrix} -7 & 35 & -12 \\ 6 & -30 & 17 \\ 10 & -3 & -3 \end{pmatrix}$

(5) 정칙, $-\frac{1}{86}\begin{pmatrix} 4 & 18 & 0 & -20 \\ 13 & 37 & -43 & -22 \\ -16 & 14 & 0 & -6 \\ -10 & -88 & 0 & 50 \end{pmatrix}$

(6) 정칙, $-\frac{1}{60}\begin{pmatrix} 0 & 0 & 0 & -15 \\ -8 & 20 & -32 & -13 \\ -12 & 0 & 12 & 3 \\ 16 & -40 & 4 & 41 \end{pmatrix}$

02 (1) $x = 3$, $y = 0$

(2) $x = \frac{10}{9}$, $y = \frac{11}{9}$, $z = -\frac{20}{9}$

(3) $x = 3$, $y = 1$,$z = 2$

(4) $x = \frac{98}{13}$, $y = \frac{41}{13}$, $z = \frac{57}{13}$

(5) $x_1 = \frac{3}{5}$, $x_2 = \frac{38}{15}$, $x_3 = \frac{86}{15}$, $x_4 = \frac{101}{15}$

(6) $x_1 = 1$, $x_2 = -2$, $x_3 = 2$, $x_4 = -2$

연습문제 7.1

01 고윳값 $\lambda_1=-1,\ \lambda_2=3$ 고유벡터 $X_1=\begin{pmatrix}0\\c\end{pmatrix},\ X_2=\begin{pmatrix}c\\2c\end{pmatrix}$ 단, c는 임의의 상수.

02 고윳값 $\lambda_1=i,\ \lambda_2=-i$ 고유벡터 $X_1=\begin{pmatrix}c\\-(2+i)c\end{pmatrix},\ X_2=\begin{pmatrix}c\\-(2-i)c\end{pmatrix}$

단, c는 임의의 상수.

03 고윳값 $\lambda_1=1+\sqrt{6},\ \lambda_2=1-\sqrt{6}$ 고유벡터 $X_1=c\begin{pmatrix}\sqrt{6}/2\\1\end{pmatrix},\ X_2=c\begin{pmatrix}-\sqrt{6}/2\\1\end{pmatrix}$

단, c는 임의의 상수.

04 고윳값 $\lambda_1=-5,\ \lambda_2=2$ 고유벡터 $X_1=c\begin{pmatrix}7\\-1\end{pmatrix},\ X_2=c\begin{pmatrix}0\\1\end{pmatrix}$ 단, c는 임의의 상수.

05 고윳값 $\lambda_1=1,\ \lambda_2=\lambda_3=5$ 고유벡터 $X_1=\begin{pmatrix}c\\c\\0\end{pmatrix},X_2=\begin{pmatrix}-c\\c\\0\end{pmatrix},\ X_3=\begin{pmatrix}0\\0\\c\end{pmatrix}$ 단, c는 임의의 상수.

06 고윳값 $\lambda_1=0,\ \lambda_2=1,\ \lambda_3=7,$ 고유벡터 $X_1=c\begin{pmatrix}14\\7\\10\end{pmatrix},\ X_2=c\begin{pmatrix}6\\0\\5\end{pmatrix},\ X_3=c\begin{pmatrix}0\\0\\7\end{pmatrix}$

단, c는 임의의 상수.

07 고윳값 $\lambda_1=1,\ \lambda_2=2,\ \lambda_3=\frac{1}{2}(-1+\sqrt{53}),\ \lambda_4=\frac{1}{2}(-1-\sqrt{53})$

고유벡터 $X_1=c\begin{pmatrix}-2\\-11\\0\\1\end{pmatrix},\ X_2=c\begin{pmatrix}0\\0\\1\\0\end{pmatrix},\ X_3=c\begin{pmatrix}-7+\sqrt{53}\\0\\0\\2\end{pmatrix},\ X_4=c\begin{pmatrix}-7-\sqrt{53}\\0\\0\\2\end{pmatrix}$

단, c는 임의의 상수.

08 (1) $-\frac{1}{2},\ \frac{1}{5}$ (2) $\frac{17}{3},\ \frac{66}{25}$

09 고윳값 : $\lambda_1=2,\ \lambda_2=-3$ 고유벡터 : $X_1=\begin{pmatrix}1\\1\end{pmatrix},\ X_2=\begin{pmatrix}-1/4\\1\end{pmatrix},$

$P=\begin{pmatrix}1&-1/4\\1&1\end{pmatrix},\ D=\begin{pmatrix}2&0\\0&-3\end{pmatrix}$

10 고윳값 : $\lambda_1=4,\ \lambda_2=2+\sqrt{3},\ \lambda_3=2-\sqrt{3}$

고유벡터 : $X_1=\begin{pmatrix}0\\0\\1\end{pmatrix},\ X_2=\begin{pmatrix}1\\\sqrt{3}\\0\end{pmatrix},\ X_3=\begin{pmatrix}1\\-\sqrt{3}\\0\end{pmatrix}$

$$P=\begin{pmatrix}0&1&1\\0&\sqrt{3}&-\sqrt{3}\\1&0&0\end{pmatrix},\ D=\begin{pmatrix}4&0&0\\0&2+\sqrt{3}&0\\0&0&2-\sqrt{3}\end{pmatrix}$$

11 생략.

연습문제 7.2

01 $\begin{pmatrix}1&2\\2&4\end{pmatrix}$

02 $\begin{pmatrix}1&2&0\\2&1&-1\\0&-1&3\end{pmatrix}$

03 $\begin{pmatrix}1&-1&1&-1\\-1&1&1&-1\\1&1&1&-1\\-1&-1&-1&1\end{pmatrix}$

04 A

05 B

06 A, B, C, D

07 D

08 B

09 C.

10 $A^*=\begin{pmatrix}-2i&-2&0\\3&-i&1+2i\end{pmatrix}$, $B^*=\begin{pmatrix}-2i&-1&i\\2-3i&\sqrt{3}-2i&2\\1+i&i&\sqrt{3}\end{pmatrix}$

11 $a=3-2i,\ b=5+\sqrt{3}\,i,\ c=-7i.$

연습문제 7.3

01 $\|x\|=\sqrt{2},\ \|x\|=\sqrt{2},\ x\cdot x,\ \|x_1-x_2\|=2.$

02 $\|x\|=2\sqrt{3},\ \|x\|=\sqrt{6},\ x\cdot x,\ \|x_1-x_2\|=\sqrt{22+2\sqrt{3}}.$

03 $\|x\|=\sqrt{10},\ \|x\|=\sqrt{3},\ x\cdot x,\ \|x_1-x_2\|=\sqrt{13+2\sqrt{2}}.$

04 $\frac{1}{8}\begin{pmatrix}3+\sqrt{7}i&3-\sqrt{7}i\\-8&-8\end{pmatrix}$

05 대각화 가능하지 않다

06 $\begin{pmatrix}0&5&0\\1&1&-3/2\\0&0&1\end{pmatrix}$

07 대각화 가능하지 않다

08 $\begin{pmatrix}1&0&0&0\\0&1&\frac{2-3\sqrt{5}}{41}&\frac{2+3\sqrt{5}}{41}\\0&0&-\frac{1+\sqrt{5}}{41}&-\frac{1-\sqrt{5}}{41}\\0&0&1&1\end{pmatrix}$

09 대각화 가능하지 않다.

10 $\begin{pmatrix}1&0\\\frac{1-15^{18}}{4}&5^{18}\end{pmatrix}$

11 $\begin{pmatrix}0&2^{22}\\-2^{21}&0\end{pmatrix}$

12 고윳값 $\lambda_1=0, \lambda_2=5$ 고유벡터 $X_1=\begin{pmatrix}1\\2\end{pmatrix}$, $X_2=\begin{pmatrix}-2\\1\end{pmatrix}$ 직교행렬 $\frac{1}{\sqrt{5}}\begin{pmatrix}1&-2\\2&1\end{pmatrix}$

13 고윳값 $\lambda_1=5+\sqrt{2}, \lambda_2=5-\sqrt{2}$ 고유벡터 $X_1=\begin{pmatrix}1+\sqrt{2}\\1\end{pmatrix}$, $X_2=\begin{pmatrix}1-\sqrt{2}\\1\end{pmatrix}$

직교행렬 $\begin{pmatrix} \dfrac{1+\sqrt{2}}{\sqrt{4+2\sqrt{2}}} & \dfrac{1-\sqrt{2}}{\sqrt{4-2\sqrt{2}}} \\ \dfrac{1}{\sqrt{4+2\sqrt{2}}} & \dfrac{1}{\sqrt{4-2\sqrt{2}}} \end{pmatrix}$

14 고윳값 $\lambda_1 = 3,\ \lambda_2 = -1+\sqrt{2},\ \lambda_3 = -1-\sqrt{2}$

고유벡터 $X_1 = \begin{pmatrix} 0 \\ 0 \\ 1 \end{pmatrix},\ X_2 = \begin{pmatrix} 1+\sqrt{2} \\ 1 \\ 0 \end{pmatrix},\ X_3 = \begin{pmatrix} 1-\sqrt{2} \\ 1 \\ 0 \end{pmatrix}$

직교행렬 $\begin{pmatrix} 0 & \dfrac{1+\sqrt{2}}{\sqrt{4+2\sqrt{2}}} & \dfrac{1-\sqrt{2}}{\sqrt{4-2\sqrt{2}}} \\ 0 & \dfrac{1}{\sqrt{4+2\sqrt{2}}} & \dfrac{1}{\sqrt{4-2\sqrt{2}}} \\ 1 & 0 & 0 \end{pmatrix}$

15 고윳값 $\lambda_1 = 0,\ \lambda_2 = \dfrac{1}{2}(5+\sqrt{41}),\ \lambda_3 = \dfrac{1}{2}(5-\sqrt{41})$

고유벡터 $X_1 = \begin{pmatrix} 0 \\ 1 \\ 0 \end{pmatrix},\ X_2 = \begin{pmatrix} 5+\sqrt{41} \\ 0 \\ 4 \end{pmatrix},\ X_3 = \begin{pmatrix} 5-\sqrt{41} \\ 0 \\ 4 \end{pmatrix}$

직교행렬 $\begin{pmatrix} 0 & \dfrac{5+\sqrt{41}}{\sqrt{82+10\sqrt{41}}} & \dfrac{5-\sqrt{41}}{\sqrt{82-10\sqrt{41}}} \\ 1 & 0 & 0 \\ 1 & \dfrac{4}{\sqrt{82+10\sqrt{41}}} & \dfrac{4}{\sqrt{82-10\sqrt{41}}} \end{pmatrix}$

16 고윳값 $\lambda_1 = 0,\ \lambda_2 = \dfrac{1}{2}(1+\sqrt{17}),\ \lambda_3 = \dfrac{1}{2}(1-\sqrt{17})$

고유벡터 $X_1 = \begin{pmatrix} 1 \\ 0 \\ 0 \end{pmatrix},\ X_2 = \begin{pmatrix} 0 \\ -1-\sqrt{17} \\ 4 \end{pmatrix},\ X_3 = \begin{pmatrix} 0 \\ -1+\sqrt{17} \\ 4 \end{pmatrix}$

직교행렬 $\begin{pmatrix} 1 & 0 & 0 \\ 0 & -\dfrac{1+\sqrt{17}}{\sqrt{34+2\sqrt{17}}} & -\dfrac{1-\sqrt{17}}{\sqrt{34-2\sqrt{17}}} \\ 0 & \dfrac{4}{\sqrt{34+2\sqrt{17}}} & \dfrac{4}{\sqrt{34-2\sqrt{17}}} \end{pmatrix}$

17 고윳값 $\lambda_1 = \lambda_2 = 0,\ \lambda_3 = -1,\ \lambda_4 = 3$

고유벡터 $X_1 = \begin{pmatrix} 1 \\ 0 \\ 0 \\ 0 \end{pmatrix},\ X_2 = \begin{pmatrix} 0 \\ 0 \\ 0 \\ 1 \end{pmatrix},\ X_3 = \begin{pmatrix} 0 \\ 1 \\ 1 \\ 0 \end{pmatrix},\ X_4 = \begin{pmatrix} 0 \\ -1 \\ 1 \\ 0 \end{pmatrix}$

직교행렬 $\begin{pmatrix} 1 & 0 & 0 & 0 \\ 0 & 0 & \dfrac{1}{\sqrt{2}} & -\dfrac{1}{\sqrt{2}} \\ 0 & 0 & \dfrac{1}{\sqrt{2}} & \dfrac{1}{\sqrt{2}} \\ 0 & 1 & 0 & 0 \end{pmatrix}$

18 에르미트도 반에르미트도 아니다. 고윳값 $\lambda=2$(특성방정식의 중근)

고유벡터 $X=\begin{pmatrix}-i\\1\end{pmatrix}$, 대각화 가능하지 않다.

19 반에르미트행렬 고윳값 $\lambda_1=0,\ \lambda_2=\sqrt{3}\,i,\ \lambda_3=-\sqrt{3}\,i$

고유벡터 $X_1=\begin{pmatrix}1\\0\\\frac{1+i}{2}\end{pmatrix},\ X_2=\begin{pmatrix}1\\\sqrt{3}\,i\\-1-i\end{pmatrix},\ X_3=\begin{pmatrix}1\\-\sqrt{3}\,i\\-1-i\end{pmatrix},\ \begin{pmatrix}1&1&1\\0&\sqrt{3}\,i&-\sqrt{3}\,i\\\frac{1+i}{2}&-1-i&-1-i\end{pmatrix}$

20 에르미트행렬 고윳값 $\lambda_1=0,\ \lambda_2=4+3\sqrt{2},\ \lambda_3=4-3\sqrt{2}$

고유벡터 $X_1=\begin{pmatrix}0\\i\\0\end{pmatrix},\ X_2=\begin{pmatrix}4+3\sqrt{2}\\-1\\-i\end{pmatrix},\ X_2=\begin{pmatrix}4-3\sqrt{2}\\-1\\-i\end{pmatrix},\ \begin{pmatrix}0&4+3\sqrt{2}&4-3\sqrt{2}\\i&-1&-1\\1&-i&-i\end{pmatrix}.$

연습문제 7.4

01 $x(t)=-2c_1e^{2t}-\frac{1}{3}c_2e^{-3t},\ y(t)=c_1e^{2t}+c_2e^{-3t}$

02 $x(t)=-\frac{1}{5}(4c_2+2c_3)\cos2t+\frac{1}{5}(2c_2-4c_3)\sin2t-\frac{1}{4}t^2+\frac{1}{8},$

$y(t)=c_1+c_2\cos2t+c_3\sin2t+\frac{1}{12}t^3+\frac{1}{4}t^2-\frac{1}{8}t.$

03 $x(t)=c_1e^{2t}+c_2te^{2t}+\frac{1}{4}-4e^t,\ y(t)=(c_1-c_2)e^{2t}+c_2te^{2t}-\frac{1}{4}-8e^t$

04 $x(t)=c_1e^t+c_2te^t,\ y(t)=(c_1-c_2)e^t+c_2te^t.$

05 $x(t)=\frac{1}{2}c_1\cos t+\frac{1}{2}c_2\sin t-2c_3\cos\sqrt{6}\,t-2c_4\sin\sqrt{6}\,t,$

$y(t)=c_1\cos t+c_2\sin t+c_3\cos\sqrt{6}\,t+c_4\sin\sqrt{6}\,t.$

06 $x(t)=c_1-c_2\cos t+c_3\sin t+\frac{17}{15}e^{3t},\ y(t)=c_1+c_2\sin t+c_3\cos t-\frac{4}{15}e^{3t}$

07 $x(t)=c_1e^t+c_2e^{-t/2}\cos\frac{\sqrt{3}}{2}t+c_3e^{-t/2}\sin\frac{\sqrt{3}}{2}t,$

$y(t)=\left(-\frac{3}{2}c_2-\frac{\sqrt{3}}{2}c_3\right)e^{-t/2}\cos\frac{\sqrt{3}}{2}t+\left(\frac{\sqrt{3}}{2}c_2-\frac{3}{2}c_3\right)e^{-t/2}\sin\frac{\sqrt{3}}{2}t.$

08 $x(t)=c_1+c_2t+c_3e^t+c_4e^{-t}-\frac{1}{2}t^2,\ \ y(t)=(c_1-c_2+2)+(c_2+1)t+c_4e^{-t}-\frac{1}{2}t^2.$

09 $x(t)=c_1e^t+c_2e^{-t/2}\sin\frac{\sqrt{3}}{2}t+c_3e^{-t/2}\cos\frac{\sqrt{3}}{2}t,$

$y(t)=c_1e^t+\left(-\frac{1}{2}c_2-\frac{\sqrt{3}}{2}c_3\right)e^{-t/2}\sin\frac{\sqrt{3}}{2}t+\left(\frac{\sqrt{3}}{2}c_2-\frac{1}{2}c_3\right)e^{-t/2}\cos\frac{\sqrt{3}}{2}t,$

$z(t)=c_1e^t+\left(-\frac{1}{2}c_2+\frac{\sqrt{3}}{2}c_3\right)e^{-t/2}\sin\frac{\sqrt{3}}{2}t+\left(-\frac{\sqrt{3}}{2}c_2-\frac{1}{2}c_3\right)e^{-t/2}\cos\frac{\sqrt{3}}{2}t.$

10 $x(t)=-6c_1e^{-t}-3c_2e^{-2t}+2c_3e^{3t},\ y(t)=c_1e^{-t}+c_2e^{-2t}+c_3e^{3t},$

$z(t)=5c_1e^{-t}+c_2e^{-2t}+c_3e^{3t}.$

11 $x(t)=-\frac{\sqrt{2}}{10}sin\sqrt{2}t+\frac{\sqrt{3}}{5}sin2\sqrt{3}t,\ y(t)=-\frac{\sqrt{2}}{5}sin\sqrt{2}t-\frac{\sqrt{3}}{10}sin2\sqrt{3}t.$

12 $x(t)=-\frac{1}{3}e^{-2t}+\frac{1}{3}e^t,\ y(t)=\frac{1}{3}e^{-2t}+\frac{2}{3}e^t.$

13 $x(t)=-\cos3t-\frac{5}{3}sin3t,\ y(t)=2\cos3t-\frac{7}{3}sin3t$

14 $x(t)=-2e^{3t}+\frac{5}{2}e^{2t}-\frac{1}{2},\ y(t)=\frac{8}{3}e^{3t}-\frac{5}{2}e^{2t}-\frac{1}{6}$

15 $x(t)=-\frac{1}{2}t-\frac{3}{4}\sqrt{2}sin\sqrt{2}t,\ y(t)=-\frac{1}{2}t+\frac{3}{4}\sqrt{2}sin\sqrt{2}t$

16 $x(t)=8+\frac{1}{3}t^3+\frac{1}{24}t^4,\ y(t)=-\frac{1}{3}t^3+\frac{1}{24}t^4$

연습문제 7.5

01 (1) $X'=\begin{pmatrix}3&-5\\4&8\end{pmatrix}X,\ X=\begin{pmatrix}x\\y\end{pmatrix}$ (2) $X'=\begin{pmatrix}4&-7\\5&0\end{pmatrix}X,\ X=\begin{pmatrix}x\\y\end{pmatrix}$

(3) $X'=\begin{pmatrix}-3&4&-9\\6&-1&0\\10&4&3\end{pmatrix}X,\ X=\begin{pmatrix}x\\y\\z\end{pmatrix}$ (4) $X'=\begin{pmatrix}1&-1&0\\1&0&2\\-1&0&1\end{pmatrix}X,\ X=\begin{pmatrix}x\\y\\z\end{pmatrix}$

(5) $X'=\begin{pmatrix}1&-1&1\\2&1&-1\\1&1&1\end{pmatrix}X+\begin{pmatrix}t-1\\-3t^2\\t^2-t+2\end{pmatrix},\ X=\begin{pmatrix}x\\y\\z\end{pmatrix}$

(6) $X'=\begin{pmatrix}-3&4\\5&9\end{pmatrix}X+\begin{pmatrix}e^{-t}\sin2t\\4e^{-t}\cos2t\end{pmatrix},\ X=\begin{pmatrix}x\\y\end{pmatrix}$

02 생략

03 (1) 기본계 (2) 기본계 (3) 기본계가 아니다

04 생략

연습문제 7.6

01 (1) $X=c_1\begin{pmatrix}1\\2\end{pmatrix}e^{5t}+c_2\begin{pmatrix}1\\-1\end{pmatrix}e^{-t}$

02 $X=c_1\begin{pmatrix}2\\1\end{pmatrix}e^{-3t}+c_2\begin{pmatrix}2\\5\end{pmatrix}e^t$

03 $X=c_1\begin{pmatrix}5\\2\end{pmatrix}e^{8t}+c_2\begin{pmatrix}1\\4\end{pmatrix}e^{-10t}$

04 $X=c_1\begin{pmatrix}1\\0\\0\end{pmatrix}e^{t}+c_2\begin{pmatrix}2\\3\\1\end{pmatrix}e^{2t}+c_3\begin{pmatrix}1\\0\\2\end{pmatrix}e^{-t}$

05 $X=c_1\begin{pmatrix}-1\\0\\1\end{pmatrix}e^{-t}+c_2\begin{pmatrix}1\\4\\3\end{pmatrix}e^{3t}+c_3\begin{pmatrix}1\\-1\\3\end{pmatrix}e^{-2t}$

06 $X=c_1\begin{pmatrix}4\\0\\-1\end{pmatrix}e^{-t}+c_2\begin{pmatrix}-12\\6\\5\end{pmatrix}e^{-t/2}+c_3\begin{pmatrix}4\\2\\-1\end{pmatrix}e^{-3t/2}$

07 $X=c_1\begin{pmatrix}\cos t\\2\cos t+\sin t\end{pmatrix}e^{4t}+c_2\begin{pmatrix}\sin t\\2\sin t-\cos t\end{pmatrix}e^{4t}$

08 $X=c_1\begin{pmatrix}\cos t\\-\cos t-\sin t\end{pmatrix}e^{4t}+c_2\begin{pmatrix}\sin t\\-\sin t+\cos t\end{pmatrix}e^{4t}$

09 $X=c_1\begin{pmatrix}5\cos 3t\\4\cos 3t+3\sin 3t\end{pmatrix}+c_2\begin{pmatrix}5\sin 3t\\4\sin 3t-3\cos 3t\end{pmatrix}$

10 $X=c_1\begin{pmatrix}1\\0\\0\end{pmatrix}+c_2\begin{pmatrix}-\cos t\\\cos t\\\sin t\end{pmatrix}+c_3\begin{pmatrix}\sin t\\-\sin t\\\cos t\end{pmatrix}$

11 $X=c_1\begin{pmatrix}0\\2\\1\end{pmatrix}e^{t}+c_2\begin{pmatrix}\sin t\\\cos t\\\cos t\end{pmatrix}e^{t}+c_3\begin{pmatrix}\cos t\\-\sin t\\-\sin t\end{pmatrix}e^{t}$

12 $X=c_1\begin{pmatrix}28\\-5\\25\end{pmatrix}e^{2t}+c_2\begin{pmatrix}5\cos 3t\\-4\cos 3t-3\sin 3t\\0\end{pmatrix}e^{-2t}+c_3\begin{pmatrix}5\sin t\\-4\sin 3t+3\cos 3t\\0\end{pmatrix}e^{-2t}$

13 $X=c_1\begin{pmatrix}1\\3\end{pmatrix}+c_2\left[\begin{pmatrix}1\\3\end{pmatrix}t+\begin{pmatrix}1/4\\-1/4\end{pmatrix}\right]$

14 $X=c_1\begin{pmatrix}1\\1\end{pmatrix}e^{2t}+c_2\left[\begin{pmatrix}1\\1\end{pmatrix}te^{2t}+\begin{pmatrix}-1/3\\0\end{pmatrix}e^{2t}\right]$

15 $X=c_1\begin{pmatrix}-4\\-5\\2\end{pmatrix}+c_2\begin{pmatrix}2\\0\\-1\end{pmatrix}e^{5t}+c_3\left[\begin{pmatrix}2\\0\\-1\end{pmatrix}te^{5t}+\begin{pmatrix}-1/2\\-1/2\\-1\end{pmatrix}e^{5t}\right]$

16 $X=c_1\begin{pmatrix}0\\1\\1\end{pmatrix}e^{t}+c_2\left[\begin{pmatrix}0\\0\\1\end{pmatrix}te^{t}+\begin{pmatrix}0\\1\\0\end{pmatrix}e^{t}\right]+c_3\left[\begin{pmatrix}0\\0\\1\end{pmatrix}\frac{t^2}{2}e^{t}+\begin{pmatrix}0\\1\\0\end{pmatrix}te^{t}+\begin{pmatrix}1/2\\0\\0\end{pmatrix}e^{t}\right]$

연습문제 7.7

01 $X=c_1\begin{pmatrix}1\\1\end{pmatrix}+c_2\begin{pmatrix}3\\2\end{pmatrix}e^{t}-\begin{pmatrix}11\\11\end{pmatrix}t-\begin{pmatrix}15\\10\end{pmatrix}$

02 $X=c_1\begin{pmatrix}2\\1\end{pmatrix}e^{t/2}+c_2\begin{pmatrix}10\\3\end{pmatrix}e^{3t/2}-\begin{pmatrix}13/2\\13/4\end{pmatrix}te^{t/2}-\begin{pmatrix}15/2\\9/4\end{pmatrix}e^{t/2}$

03 $X=c_1\begin{pmatrix}2\\1\end{pmatrix}e^{t}+c_2\begin{pmatrix}1\\1\end{pmatrix}e^{2t}+\begin{pmatrix}3\\3\end{pmatrix}e^{t}+\begin{pmatrix}4\\2\end{pmatrix}te^{t}$

04 $X=c_1\begin{pmatrix}4\\1\end{pmatrix}e^{3t}+c_2\begin{pmatrix}-2\\1\end{pmatrix}e^{-3t}-\begin{pmatrix}-12\\0\end{pmatrix}t-\begin{pmatrix}4/3\\4/3\end{pmatrix}$

05 $X=c_1\begin{pmatrix}1\\-1\end{pmatrix}e^{t}+c_2\begin{pmatrix}-t\\1/2-t\end{pmatrix}e^{t}+\begin{pmatrix}1/2\\-2\end{pmatrix}e^{-t}$

06 $X=c_1\begin{pmatrix}\cos t\\\sin t\end{pmatrix}+c_2\begin{pmatrix}\sin t\\-\cos t\end{pmatrix}+\begin{pmatrix}\cos t\\\sin t\end{pmatrix}t+\begin{pmatrix}-\sin t\\\cos t\end{pmatrix}ln|\cos t|$

07 $X=c_1\begin{pmatrix}\cos t\\\sin t\end{pmatrix}e^{t}+c_2\begin{pmatrix}\sin t\\-\cos t\end{pmatrix}e^{t}+\begin{pmatrix}\cos t\\\sin t\end{pmatrix}te^{t}$

08 $X=c_1\begin{pmatrix}\cos t\\-\sin t\end{pmatrix}+c_2\begin{pmatrix}\sin t\\\cos t\end{pmatrix}+\begin{pmatrix}\cos t\\-\sin t\end{pmatrix}t+\begin{pmatrix}-\sin t\\\sin t\tan t\end{pmatrix}-\begin{pmatrix}\sin t\\\cos t\end{pmatrix}ln|\cos t|$

09 $X=c_1\begin{pmatrix}2\sin t\\\cos t\end{pmatrix}e^{t}+c_2\begin{pmatrix}2\cos t\\-\sin t\end{pmatrix}e^{t}+\begin{pmatrix}3\sin t\\\frac{3}{2}\cos t\end{pmatrix}te^{t}$

$+\begin{pmatrix}\cos t\\-\frac{1}{2}\sin t\end{pmatrix}e^{t}\ln|\sin t|+\begin{pmatrix}2\cos t\\-\sin t\end{pmatrix}e^{t}\ln|\cos t|$

10 $X=c_1\begin{pmatrix}1\\-1\\0\end{pmatrix}+c_2\begin{pmatrix}1\\1\\0\end{pmatrix}e^{2t}+c_3\begin{pmatrix}0\\0\\1\end{pmatrix}e^{3t}+\begin{pmatrix}-\frac{1}{4}e^{2t}+\frac{1}{2}te^{2t}\\-e^{t}+\frac{1}{4}e^{2t}+\frac{1}{2}te^{2t}\\\frac{1}{2}t^2e^{3t}\end{pmatrix}$

연습문제 8.1

01 (1) 실수부 $\frac{4}{5}$ 허수부 $-\frac{3}{5}$ (2) 실수부 $\frac{2}{5}$ 허수부 $-\frac{1}{5}$

(3) 실수부 0 허수부 2 (4) 실수부 $-\frac{2}{13}$ 허수부 $-\frac{3}{13}$

02 (1) $5\sqrt{2}$ (2) $\frac{1}{5}$

(3) $\frac{\sqrt{65}}{26}$ (4) 10

03 (1) $2(\cos\pi+i\sin\pi)$ (2) $2\left(\cos\frac{\pi}{2}-i\sin\frac{\pi}{2}\right)$

(3) $\frac{1}{2}\left(\cos\frac{\pi}{3}+i\sin\frac{\pi}{3}\right)$ (4) $4\sqrt{6}\left(\cos\frac{11}{12}\pi+i\sin\frac{11}{12}\pi\right)$

연습문제 8.2

01 (1)

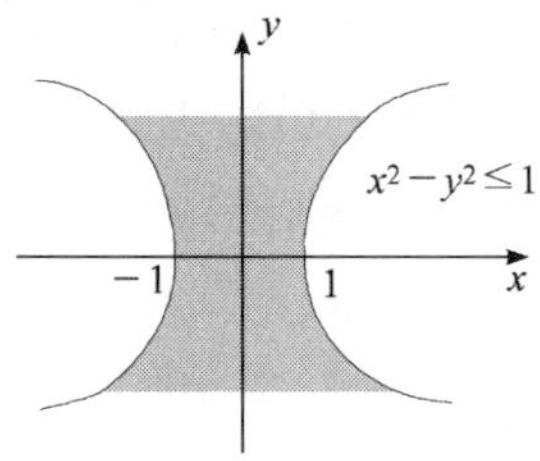

(2)

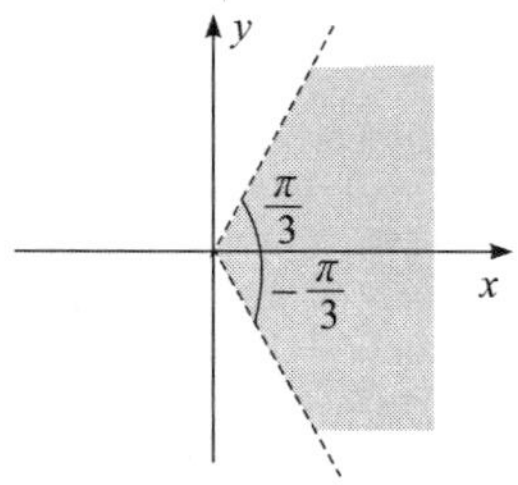

(3)

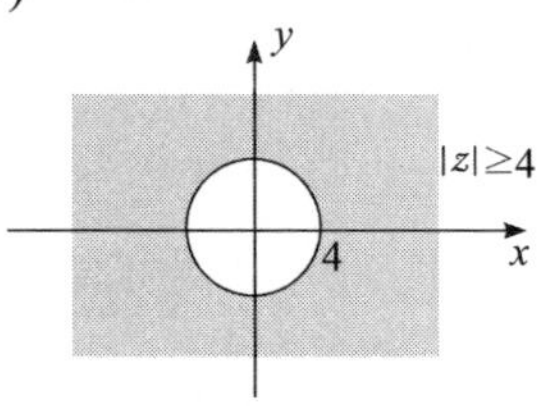

(4)

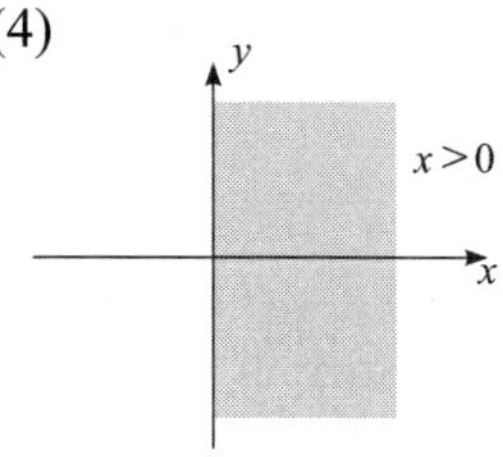

(5) 생략　　(6) 생략

02 생략

연습문제 8.3

01 (1) $3+2i$　　(2) 2

(3) $\frac{13}{5}-\frac{51}{5}i$　　(4) $3a^2$

(5) $1+i$　　(6) $n-1$

(7) i　　(8) -1

(9) $-\cos 2-i\sin 2$

02 (1) $1-i$　　(2) $\frac{4}{5}-4i$

(3) 0

03 (1) 직선 $y=x$를 경로로 하는 극한: $-i$

직선 $y=2x$를 경로로 하는 극한: $-i$

직선 $y=x^2$를 경로로 하는 극한: $-i$

(2) 직선 $y=x$를 경로로 하는 극한: 극한값이 존재하지 않는다.

직선 $y=2x$를 경로로 하는 극한: 극한값이 존재하지 않는다.

직선 $y=x^2$를 경로로 하는 극한: 극한값이 존재하지 않는다.

04 (1) C, $f'(z)=1$　　(2) C, $f'(z)=3z^2$

(3) C, $f'(z)=0$ (4) $S=\left\{z \mid \mathrm{Re}(z)=-\frac{1}{2}\right\}$, $f'(z)=2x$

(5) C, $f'(z)=\cos x\cosh y-i\sin x\sinh y$

(6), (7), (8) 모든 점에서 미분 불가능하다

(9) $z=0$에서만 미분가능하다. $f'(0)=0$

(10) $S=\left\{z \mid y=\frac{4}{9}x\right\}$, $f'(z)=4x$

(11) C, $f'(z)=3r^2(\cos2\theta+i\sin2\theta)$

(12) $C-\{0\}$, $f'(z)=-\frac{1}{r^2}(\cos2\theta-i\sin2\theta)$

연습문제 8.4

01 (1) $0+i$ (2) $-e$

(3) -1 (4) $1+\sqrt{3}i$

(5) e^2

02 (1) $\frac{\pi}{2}i$ (2) $\mathrm{Log}2+\frac{\pi}{6}i$

(3) $e^{-\frac{\pi}{4}}(\cos\mathrm{Log}\sqrt{2}+i\sin\mathrm{Log}\sqrt{2})$ (4) $e^{\frac{\pi}{4}}(\cos\mathrm{Log}\sqrt{2}+i\sin\mathrm{Log}\sqrt{2})$

03 (1) $z=\mathrm{Log}3-\frac{\pi}{2}i$ (2) $z=\mathrm{Log}\sqrt{2}-\frac{\pi}{4}i$

(3) i (4) $-e$

(5) i (6) $-i\mathrm{Log}(\sqrt{5}-2)$

(7) $\frac{\pi}{4}+2n\pi \quad (n\in Z)$ (8) e^3+1

연습문제 8.5

01
$$\begin{aligned}\int_C \bar{z}dz &= \int_{C_1}\bar{z}dz+\int_{C_2}\bar{z}dz+\int_{C_3}\bar{z}dz\\ &= \int_0^2(t-i)dt+\int_2^3[(1-i)t+i](1+i)dt+\int_0^1[(3-2i)+it](-i)dt\\ &= (2-2i)+(4+i)+\left(-\frac{3}{2}-3i\right)=\frac{9}{2}-4i\end{aligned}$$

02 생략 03 $2\pi i$

04 $4\pi i$ 05 0

06 $-4\pi i$ 07 0

08 2π

09 0

10 -2π

11 $2592\pi i$

12 $-2\pi i$

13 $2\pi i(2e^4-1)$

14 $-\pi i\sin 1$

15 0

16 0

17 $-20\pi^4$

18 0

19 $\frac{\pi}{2}i$

20 $\frac{-2\pi i}{(2+i)^2}$

21 $\frac{\pi i}{60}(e^{2i}-1440i)$

22 $24\pi i$

23 $-\frac{\pi}{a}e^{-ai}+\frac{\pi}{a}e^{ai}$

24 $\frac{\pi}{a}e^{ai}$

25 $\frac{-\pi i}{6(4-i)}$

26 $\frac{2\pi i}{3(1-i)}$

27 $-\frac{1}{102}\pi+\frac{2}{51}\pi i$

28 $\frac{\pi}{2}$

연습문제 9.1

01 (1) 발산 (2) 발산 (3) 수렴, 0
(4) 수렴, 0 (5) 발산
(6) $|z|<1$이면 수렴, $|z|>1$이면 발산.

02 (1) 수렴 (2) 수렴 (3) 발산
(4) 수렴 (5) 수렴 (6) 수렴

03 (1) $2, |z|=2$ (2) $e^{-1}, |z+2|=e^{-1}$ (3) $1, |z|=1$
(4) $3, |z-i|=3$ (5) $\infty, |z|=\infty$ (6) $e^{-1}, |z+i|=e^{-1}$
(7) $1, |z+1|=1$ (8) $0, |z+\pi i|=0$ (9) $1/4, |z|=1/4$
(10) $1, |z+e|=1$

04, 05는 생략

연습문제 9.2

01 (1) $\sum_{n=0}^{\infty}(-1)^n z^{n+1}, \quad R=1$ (2) $\sum_{n=0}^{\infty}\frac{(-1)^n}{2^{n+1}}z^{n+2}, \quad R=2$

(3) $\sum_{n=0}^{\infty} \frac{e^2}{n!}(z-1)^n, \quad R=\infty$ (4) $\sum_{n=0}^{\infty} \frac{(-1)^n}{i^{n+1}}(z-i)^n, \quad R=1$

(5) $\sum_{n=0}^{\infty} \frac{(-1)^n}{4^{n+1}}(z-4)^n, \quad R=4$ (6) $\sum_{n=0}^{\infty} \frac{(-1)^n}{n!} z^n, \quad R=\infty$

(7) $\sum_{n=0}^{\infty} \frac{z^{2n+1}}{(2n+1)!}, \quad R=\infty$ (8) $\mathrm{Log}\, i+\sum_{n=0}^{\infty} \frac{(-1)^n}{i^{n+1}(n+1)}(z-i)^{n+1}, \quad R=1$

(9) $\sum_{n=0}^{\infty}(-1)^n 2^n z^n-\sum_{n=0}^{\infty}(-1)^n 2^n z^{n+1}, \quad R=1/2$

(10) $\sum_{n=0}^{\infty}(-1)^{n+1} \frac{2^n}{3^{n+1}}(z-1)^{n+1}, \quad R=3/2$

02 $\sum_{n=0}^{\infty}(z-1)^{n+1}$

03 $-\sum_{n=0}^{\infty} \frac{(z+3)^n}{2^{n+1}}$

04 (1) $\sum_{n=0}^{\infty} \frac{(-1)^n 3^n}{z^{n+1}}$ (2) $\sum_{n=0}^{\infty}(-1)^n\left[\frac{1}{(z-2)^{n+1}}-\frac{(z-2)^n}{4^{n+1}}\right]$

(3) $\sum_{n=0}^{\infty} \frac{(-1)^n}{(2n+1)!} \cdot \frac{1}{z^{2n+1}}$ (4) $\frac{1}{3} \sum_{n=0}^{\infty}(-1)^n \frac{1-4^n}{(z-2)^{n+1}}$

(5) $\sum_{n=0}^{\infty} \frac{z^{n-1}}{(n+2)!}$ (6) $\sum_{n=0}^{\infty} \frac{(-1)^n}{(2n)!}(z-1)^{2n-1}$

(7) $\sum_{n=0}^{\infty} \frac{1}{n! z^{2n}}$ (8) $\sum_{n=0}^{\infty} \frac{z^{2n-1}}{(2n+1)!}$

(9) $\sum_{n=0}^{\infty}(-1)^n(z-1)^{n-2}$ (10) $\frac{1}{z}+\sum_{n=0}^{\infty}\left(\frac{1}{i^{n-1}}-1\right) z^n$

연습문제 9.3

01 (1) $z=0$, 위수 1 (2) $z=0$ 제거불가능

(3) $z=1$, 위수 1 (4) $z+1$, 위수 1, $z=2$, 위수 2

(5) $z=0$, 제거가능 (6) $z=-i$, 위수 2

(7) $z=0$, 위수 2, $z=\pi$, 위수 1

(8) $z=2$, 제거가능 (9) $z=-1$, 제거가능

(10) $z=0$, 위수 3

02 (1) 0 (2) 2

(3) −2/3 (4)

(5) $1/(2-\pi)$, 0, $(\pi-1)/(\pi-2)$ (6) 0

(7) $z=0:-1, \quad z=-1: 1/2e^z, \quad z=1: e/2$

(8) 0 (9) $z=0:-1, \quad z=-1:-1/2e^z, \quad z=1: e/2$

03 (1) $\pi/3$ (2) $2\pi i\cosh 1$ (3) $-4i$
(4) $2\pi i$ (5) 0 (6) 0
(7) $e\pi(1+3i)$ (8) $-2i/\pi(1+\pi i)$ (9) 0

연습문제 9.4

01 (1) $6\pi/\sqrt{21}$ (2) $\pi/\sqrt{2}$ (3) $12\pi/\sqrt{3}$
(4) π (5) 0 (6) $2\pi/\sqrt{3}$
(7) $\sqrt{2}\pi/4$ (8) 0 (9) $\pi/2e$
(10) $\pi(e-1)/6e^2$ (11) $\pi/\sqrt{2}$ (12) $\frac{\pi}{a}e^{-ma}$
(13) $-\pi e^{-2\pi}$ (14) 0

02, 03 생략.

연습문제 10.1

01 (1) $\sqrt{2}$, $3\pi/4$, $(-1/\sqrt{2},1/\sqrt{2})$
(2) 5, $\pi/2$, $(0,1)$
(3) 4, $7\pi/6$, $(-\sqrt{3}/2,-1/2)$
(4) 2, $2\pi/3$, $(-1/2,\sqrt{3}/2)$

02 (1) $5\sqrt{2}, \cos\alpha=\frac{3}{5\sqrt{2}}$, $\cos\beta=-\frac{4}{5\sqrt{2}}$, $\cos\gamma=\frac{1}{\sqrt{2}}$,
$\left(\frac{3}{5\sqrt{2}}, -\frac{4}{5\sqrt{2}}, \frac{1}{\sqrt{2}}\right)$
(2) $3\sqrt{2}, \cos\alpha=1/\sqrt{2}$, $\cos\beta=0$, $\cos\alpha=1/\sqrt{2}$, $(1/\sqrt{2}, 0, 1/\sqrt{2})$
(3) $3, \cos\alpha=0, \cos\beta=0$, $\cos\gamma=-1$, $(0, 0, -1)$
(4) $10, \cos\alpha=4/5$, $\cos\beta=0$, $\cos\gamma=3/4$, $(4/5, 0, -3/5)$

03 (1) $\overrightarrow{P_1P_2}=(0,-1)$ (2) $\overrightarrow{P_1P_3}=(-1,3)$
(3) $\overrightarrow{P_1P_2}=(-4,3,5)$ (4) $\overrightarrow{P_1P_2}=(b,-a,c)$

04 (1) $(1, 3)=\mathrm{i}+3\mathrm{j}$ (2) $(2, 8, -3)=2\mathrm{i}+8\mathrm{j}-3\mathrm{k}$

05 (1) $\mathrm{x}\cdot \mathrm{y}=25$, $\theta=\pi/4$ (2) $\mathrm{x}\cdot \mathrm{y}=-2$, $\theta=3\pi/4$
(3) $\mathrm{x}\cdot \mathrm{y}=3$, $\theta=\pi/4$ (4) $\mathrm{x}\cdot \mathrm{y}=7$, $\theta=\pi/3$

06 (1) $\frac{10}{9}\mathrm{i}+\frac{20}{9}\mathrm{j}-\frac{20}{9}\mathrm{k}$ (2) $\mathrm{i}+\mathrm{j}$

(3) $\sqrt{5}\mathrm{i}+\sqrt{5}\mathrm{j}$ (4) $\frac{4}{3\sqrt{5}}\mathrm{i}-\frac{8}{3\sqrt{5}}\mathrm{j}-\frac{4}{3\sqrt{5}}\mathrm{k}$

(5) $(-1,-1,-1)$, $(7,-2,-5)$

07 (1) $(-3,-2,-12)$ (2) -97

(3) 0 (4) $(63,-32,30)$

08 $(5,14,-13)$, $(-5,-14,13)$

09 (1) $\sqrt{35}$ (2) $2\sqrt{29}$

10 $\frac{1}{2}\sqrt{236}$

11 (1) 11 (2) -87

12 3

13 $\mathrm{x}\times(\mathrm{y}\times\mathrm{z})=(-24,-6,18)$, $\mathrm{x}\times(\mathrm{z}\times\mathrm{y})=(24,6,-18)$,

$\mathrm{y}\times(\mathrm{x}\times\mathrm{z})=(7,14,-14)$, $\mathrm{y}\times(\mathrm{z}\times\mathrm{x})=(-7,-14,14)$,

$\mathrm{z}\times(\mathrm{x}\times\mathrm{y})=(31,20,-32)$, $\mathrm{z}\times(\mathrm{y}\times\mathrm{x})=(-31,-20,32)$

연습문제 10.2

01 (1) $f_1(t)=t,\ f_2(t)=t^2,\ f_3(t)=\sin^2 2t$

(2) $f_1(t)=\tan t,\ f_2(t)=0,\ f_3(t)=-1$

02 생략.

03 (1) $(\mathrm{F}+\mathrm{G})(\mathrm{t})=(\mathrm{e}^{2\mathrm{t}}+\cos t)\mathrm{i}-(\sin t+t^2)\mathrm{j}+\mathrm{k}$

(2) $(\mathrm{F}-\mathrm{G})(\mathrm{t})=(\mathrm{e}^{2\mathrm{t}}-\cos t)\mathrm{i}-(\sin t-t^2)\mathrm{j}-\mathrm{k}$

(3) $(\mathrm{F}\cdot\mathrm{G})(\mathrm{t})=\mathrm{e}^{2\mathrm{t}}\cos t\mathrm{i}+\mathrm{t}^2\sin t\mathrm{j}$

(4) $(\mathrm{F}\times\mathrm{G})(\mathrm{t})=-\sin t\mathrm{i}-\mathrm{e}^{2\mathrm{t}}\mathrm{j}+(\sin t\cos t-t^2e^{2t})\mathrm{k}$

(5) $(f\mathrm{F})(\mathrm{t})=\sqrt{\mathrm{t}}\,\mathrm{e}^{2\mathrm{t}}\mathrm{i}-\sqrt{\mathrm{t}}\sin\mathrm{t}\mathrm{j}$

(6) $(\mathrm{F}\circ\mathrm{f})(\mathrm{t})=\mathrm{e}^{2\sqrt{\mathrm{t}}}\mathrm{i}-\sin\sqrt{t}\,\mathrm{j}$

04 (1) $(1,1,2)$ (2) $2\mathrm{i}+\frac{1}{2}\mathrm{j}+\mathrm{k}$

05 (1) $\mathrm{F}'(\mathrm{t})=4\mathrm{t}\mathrm{i}+5\mathrm{j}+6\mathrm{t}^2\mathrm{k}$ (2) $\mathrm{G}'(\mathrm{t})=\cosh t\mathrm{i}+5\mathrm{e}^{5\mathrm{t}}\mathrm{j}+\frac{1}{1+\mathrm{t}^2}\mathrm{k}$

(3) $\mathrm{H}(\mathrm{t})=\frac{1}{\mathrm{t}}\mathrm{i}+3^{\mathrm{t}}\ln 3\mathrm{j}$

06 (1) $(f(t)\mathrm{F}(\mathrm{t}))'=(\cos t-t\sin t)\mathrm{i}+(\cos^2 t-\sin^2 t)\mathrm{j}+\mathrm{e}^{\mathrm{t}}(\cos t-\sin t)\mathrm{k}$

(2) $(\mathrm{F}(\mathrm{t})-\mathrm{G}(\mathrm{t}))'=(1+\sin t)\mathrm{i}+(\cos t-2t)\mathrm{j}+(\mathrm{e}^{\mathrm{t}}+\sec^2 t)\mathrm{k}$

(3) $(\mathrm{F}(\mathrm{t})\cdot\mathrm{G}(\mathrm{t}))'=(1+\mathrm{t}^2)\cos t+t\sin t-e^t(\tan t+\sec^2 t)$

(4) $(\mathbf{F}(t)\times\mathbf{G}(t))' = -\{\sin t(1+\sec^2 t)+t(t+2)e^t\}\mathbf{i}$

$+\{\tan t+t\sec^2 t+e^t(\cos t-\sin t)\}\mathbf{j}+(3t^2+\sin^2 t-\cos^2 t)\mathbf{k}$

(5) $(\mathbf{F}(f(t))) = -\sin t\mathbf{i}-\sin t\cos(\cos t)\mathbf{j}-\sin t e^{\cos t}\mathbf{k}$

07 $\mathrm{T}(t)=\cos 2t\mathbf{i}-\sin 2t\mathbf{j}$

08 (1) $\int \mathrm{F}(t)dt=\frac{1}{3}t^3\mathbf{i}-\left(\frac{3}{2}t^2-t\right)\mathbf{j}+\frac{1}{2t^2}\mathbf{k}$

(2) $(e-1)\mathbf{i}+(1-e^{-1})\mathbf{j}-\frac{1}{4}\mathbf{k}$

(3) $\frac{1}{2}(e^{2\pi/3}-e^{-2\pi/3})\mathbf{j}-2\sqrt{3}\mathbf{k}$

연습문제 10.3

01 (1) $\frac{2(82^{3/2}-1)}{9}$ (2) $\sqrt{2}e(e^4-1)$ (3) $\sqrt{14}$

(4) 28 (5) $e-e^{-1}$

02 (1) $\frac{\mathrm{T}(t)=\mathbf{i}+2t\mathbf{j}+3t^2\mathbf{k}}{\sqrt{1+4t^2+9t^4}}$, $\kappa(t)=\frac{2\sqrt{9t^4+9t^2+1}}{(9t^4+4t^2+1)^{3/2}}$

(2) $\mathrm{T}(t)=\frac{4t\mathbf{i}-4t^{-2}\mathbf{j}+\mathbf{k}}{\sqrt{16t^2+16t^{-4}+1}}$, $\kappa(t)=\frac{8|t^3|\sqrt{t^6+144t^2+4}}{(16t^6+t^4+16)^{3/2}}$

(3) $\mathrm{T}(t)=\frac{e^{2t}\mathbf{i}-\mathbf{j}+2e^t\mathbf{k}}{\sqrt{e^{4t}+4e^{2t}+1}}$, $\kappa(t)=\frac{2e^{2t}\sqrt{e^{4t}+e^{2t}+1}}{(e^{4t}+4e^{2t}+1)^{3/2}}$

(4) $\mathrm{T}(t)=\frac{e^t(\cos t-\sin t)\mathbf{i}+e^t(\cos t+\sin t)\mathbf{j}+\mathbf{k}}{\sqrt{2e^{2t}+1}}$, $\kappa(t)=\frac{2e^t\sqrt{e^{2t}+1}}{(2e^{2t}+1)^{3/2}}$

03 (1) $\mathrm{T}=-\frac{4}{\sqrt{17}}\mathbf{i}+\frac{1}{\sqrt{17}}\mathbf{k}$, $\mathrm{N}=-\mathbf{j}$ (2) $\mathrm{T}=\mathbf{i}$, $\mathrm{N}=\mathbf{j}$

(3) $\mathrm{T}=-\frac{3}{\sqrt{10}}\mathbf{i}+\frac{1}{\sqrt{10}}\mathbf{k}$, $\mathrm{N}=-\mathbf{j}$ (4) $\mathrm{T}=\frac{1}{\sqrt{5}}\mathbf{i}+\frac{2}{\sqrt{5}}\mathbf{k}$, $\boldsymbol{N}=-\frac{2}{\sqrt{5}}\boldsymbol{i}$

연습문제 10.4

01 (1) $\nabla f(x,y)=(2x-3x^2y^2)\mathbf{i}-(2x^3y-4y^3)\mathbf{j}$

(2) $\nabla f(x,y,z)=\frac{c}{(x^2+y^2+z^2)^{3/2}}(x\mathbf{i}+y\mathbf{j}+z\mathbf{k})$

(3) $\nabla f(x,y,z)=2\cos(2x-y)\mathbf{i}-\cos(2x-y)\mathbf{j}+2z\mathbf{k}$

(4) $\nabla f(x,y,z)=(2y^2+z^2)\mathbf{i}+(4xy-3z^2)\mathbf{j}-(6yz^2-2xz)\mathbf{k}$

(5) $\nabla f(x, y, z) = \dfrac{2x}{x^2+y^2+z^2}\mathrm{i} + \dfrac{2y}{x^2+y^2+z^2}\mathrm{j} + \dfrac{2z}{x^2+y^2+z^2}\mathrm{k}$

02 생략

연습문제 10.5

01 (1) $125/2$ (2) $3\sqrt{5}$ (3) $\sqrt{2}\pi^2/8$
(4) $\sqrt{14}(\cos 1 - \cos 3)$ (5) $-1530\sqrt{30}$ (6) $27\sqrt{2}$
(7) $26\sqrt{2}/3$

02 (1) 0 (2) $\sin 3 - 81/2$ (3) 0
(4) $-12e^4 + 4e^2$ (5) $1573/30$

03 (1) 독립 (2) 독립 (3) 독립
(4) 독립이 아니다.

연습문제 10.6

01 (1) 16π (2) $4/5$ (3) $1/6$
(4) 36π (5)1

02 (1) 5π (2) -6 (3) -3π
(4) $21 - \sin 3$

03 (1) 80π (2) 4π (3) 0
(4) 108π

연습문제 11.1

01 생략

02 31/32

03 3/5

04 35/36

05 20/36

06 (1) S를 표본공간이라 하면 임의의 사건 A에 대하여 $P(A^c) = 1 - P(A)$이므로 $A = \phi$라 하면 $A^c = S$이다. 그러므로 $P(\phi) = 1 - P(S) = 1 - 1 = 0$

(2) $A \subset B$이므로 $B = A \cup (A^c \cap B)$이고 $A \cap (A^c \cap B) = \phi$이므로
$P(B) = P(A \cup (A^c \cap B)) = P(A) + P(A^c \cap B)$
이 되고 $P(A^c \cap B) \geq 0$이므로 $P(A) \leq P(B)$이다.

(3) 수학적 귀납법을 사용

07 1/2

08 $P(A \cap B) = P(A) + P(B) - P(A \cup B) = P(A) - (1 - P(B)) - P(A \cup B) = 1/8$

$P(A^c \cap B^c) = P((A \cup B)^c) = 1 - P(A \cup B) = 1 - 3/4 = 1/4$

$P(A^c \cup B^c) = P((A \cap B)^c) = 1 - P(A \cap B) = 1 - 1/8 = 7/8$

09 (1) $1 - (1/2)^{10} = 1023/1024$

(2) 앞면이 전혀 나오지 않는다는 것은 모두 뒷면이 나오는 확률이므로 1/32이다.

10 5/6

연습문제 11.2

01 (1) 1/4 (2) 1/7

02 $P(A) = (7/10)(6/9)(5/8) = 29/100$

03 1/12

04 1/3

05 2/10

06 $P(A \cup B) = 1 - P((A \cup B)^c) = 1 - P(A^c \cap B^c) = 1 - P(A^c)P(B^c)$

07 (1) 3/4 (2) 1/2

(3) 7/12 (4) 5/8

08 (1) 0.015 (2) 0.6 (3) 0.3

09 1/16

10 1/4

11 0.08

12 (1) 1/16

(2) 0, 1, 2, 3명의 소년에 대하여 각각 1/8, 3/8, 3/8, 1/8

13 (1) 1/12 (2) 1/2

(3) 1/2 (4) 1/4

14 (1) 3/20 (2) 9/160 (3) 9/40

연습문제 11.3

01 $k = 1/2$

02 $F(x) = \begin{cases} 0, & x < 0 \\ x^2/4, & 0 \le x \le 2 \\ 1, & x > 2 \end{cases}$

03 27/32

04 3/4

05 $P(X=0)=1/64,\quad P(X=1)=9/64,\quad P(X=2)=27/64,\quad P(X=3)=27/64$

06 1/2

연습문제 11.5

01 (1) 3/8 (2) 1/4 (3) 1/16

02 $\frac{1}{2^{15}}\left(\binom{15}{0}+\binom{15}{1}\right)=\frac{1}{2048}$

03 $P(x)=\binom{5}{x}(0.5)^5,\ P(0)=0.03125,\ P(1)=0.15625,\ 1-P(0)=0.96875$

$1-P(5)=0.96875$

04 $P=(0.99)^{10}=90.4\%$

05 $P(x)=1.5^x e^{-1.5}/x!$

06 $\sum_{x=11}^{1000}\binom{1000}{x}(0.01)^x(0.99)^{-x}=e^{-10}\sum_{x=11}^{1000}\frac{10^x}{x!}=1-e^{-10}\sum_{x=0}^{10}\frac{10^x}{x!}=42\%$

07 $p=0.001,\ np=1,\ P(X\le 1)=2e^{-1}=0.736$이므로 26.4%

08 (1) 4.8% (2) 79.7% (3) 90.5%

09 68%, 98.8%

10 (1) 32 (2) 32

11 (1) $\rho(x)=F'(x)=0.1e^{-0.1x}$

(2) $P(4\le X\le 5)=\int_4^5 \rho(x)dx=e^{-0.4}-e^{-0.5}$

12 $P(-3<X<1/2)=F(1/2)-F(-3)=3/4-0=3/4$

13 $E(X)=\int_{-\infty}^{\infty} x\rho(x)dx=\int_0^1 xdx=\frac{1}{2},$

$V(X)=E(X^2)-(E(X))^2=\int_0^1 x^2\rho(x)dx-(1/2)^2=\frac{1}{12}$

14 $1=\int_0^{\infty} cxe^{-x/2}dx$이므로 $c=1/4$이고, 적어도 5개월 작동할 확률은

$P(X>5)=\int_0^{\infty}\rho(x)dx=\int_5^{\infty}\frac{1}{4}xe^{-x/2}dx=\frac{7}{2}e^{-5/2}$

15 (1) $P(5\le X\le 10)=P\left(\frac{5-8}{4}\le z\le\frac{10-8}{4}\right)$

$=P(-0.75\le z\le 0.5)=0.1915+0.2734=0.4649$

(2) $P(10\le X\le 15)=P\left(\frac{10-8}{4}\le z\le\frac{15-8}{4}\right)$

$=P(0.5\le z\le 1.75)=0.4599-0.1915=0.2684$

(3) $P(X \geq 15) = P\left(z \geq \frac{15-8}{4}\right) = P(z \geq 1.75)$

$= 0.5 - P(z \leq 1.75) = 0.5 - 0.4595 = 0.0401$

(4) $P(X \leq 5) = P\left(z \leq \frac{5-8}{4}\right) = P(z \leq -0.75)$

$= 0.5 - P(z \leq 0.75) = 0.5 - 0.2734 = 0.2266$

연습문제 11.7

01 (500.416, 501.884)

02 1

03 0.95

04 500

05 5.1556, 2.275

연습문제 11.8

01 성공적이다.

02 평균수명이 1950시간을 상회한다는 증거가 있다.

03 치유율이 70%이상이다.

04 기각한다.

찾아보기

■ ㅇ ■

■ ㅈ ■

■ ㅊ ■

■ ㅋ ■

■ ㅌ ■

■ ㅍ ■

■ ㅎ ■

■ 기타 ■

■ 저자 소개

장승준
단국대학교 수학과 학사
서강대학교 대학원 수학과 석·박사
현재 단국대학교 과학기술대학 수학과 교수

이상덕
단국대학교 사범대학 수학교육과 졸업
단국대학교 대학원 수학과 석사
경희대학교 대학원 수학과 박사
현재 단국대학교 과학기술대학 수학과 교수

이민영
단국대학교 사범대학 수학교육과 졸업
미국 Temple University 수학과 석·박사
현재 단국대학교 과학기술대학 수학과 교수

포인트 공업수학

지은이 장승준 · 이상덕 · 이민영
펴낸이 조경희
펴낸곳 경문사
펴낸날 2020년 3월 2일 1판 1쇄
2024년 3월 5일 1판 3쇄
등 록 1979년 11월 9일 제 1979-000023호
주 소 04057, 서울특별시 마포구 와우산로 174
전 화 (02)332-2004 팩스 (02)336-5193
이메일 kyungmoon@kyungmoon.com

값 29,000원

ISBN 979-11-6073-314-3